普通高等教育“十二五”规划教材

Creo Parametric 2.0 机械设计案例教程

孙江宏　康志强　编著

中国水利水电出版社
www.waterpub.com.cn

内 容 提 要

本书注重从实用角度出发，循序渐进，用大量的工程实践问题作为机械设计操作实例，有针对性地引导读者逐步掌握Creo Parametric的特点及具体应用，使读者在学习理论知识后自己理解程序，达到切实掌握的目的。

全书分为三部分，其中设计起航篇主要介绍计算机辅助设计与Creo Parametric的对应关系、Creo的模块及机械设计的对应关系、零件设计和特征的基本概念，以及Creo的用户界面、文件管理等基本操作；操作进阶篇主要介绍轮廓草绘、基准特征和三维实体的建模与编辑以及多个效率工具；专业实战篇按照机械零件的结构特点，介绍了5类基本零件，分别是轴套类零件、轮盘类零件、叉架类零件、箱体类零件和复杂零件，以及一些常用零部件的建模与装配，并最终生成工程图。

本书的主要读者群是机械类与近机类专业大中专院校学生以及工程技术人员，还可以作为广大计算机辅助设计人员自学Creo Parametric的参考资料。

本书配有电子教案和源文件，读者可以从中国水利水电出版社网站和万水书苑免费下载，网址为：http://www.waterpub.com.cn/softdown/和 http://www.wsbookshow.com。

图书在版编目（CIP）数据

Creo Parametric 2.0机械设计案例教程 / 孙江宏，康志强编著. -- 北京 : 中国水利水电出版社, 2013.11
普通高等教育“十二五”规划教材
ISBN 978-7-5170-1345-7

Ⅰ. ①C… Ⅱ. ①孙… ②康… Ⅲ. ①机械设计－计算机辅助设计－应用软件－高等学校－教材 Ⅳ. ①TH122

中国版本图书馆CIP数据核字(2013)第257412号

策划编辑：雷顺加/周春元　责任编辑：陈　洁　加工编辑：刘晶平　封面设计：李　佳

书　名	普通高等教育“十二五”规划教材 Creo Parametric 2.0 机械设计案例教程
作　者	孙江宏　康志强　编著
出版发行	中国水利水电出版社 （北京市海淀区玉渊潭南路1号D座　100038） 网址：www.waterpub.com.cn E-mail：mchannel@263.net（万水） sales@waterpub.com.cn 电话：（010）68367658（发行部）、82562819（万水）
经　售	北京科水图书销售中心（零售） 电话：（010）88383994、63202643、68545874 全国各地新华书店和相关出版物销售网点
排　版	北京万水电子信息有限公司
印　刷	北京蓝空印刷厂
规　格	184mm×240mm　16开本　27印张　626千字
版　次	2013年11月第1版　2013年11月第1次印刷
印　数	0001—3000册
定　价	48.00元

I

前　言

Creo Parametric 是 PTC 公司推出的 CAD/CAM 集成软件，它的内容广泛而深入，涉及平面制图、三维造型、虚拟装配、工业标准交互传输等。这些内容每个部分都可以独立应用，并有各自的技术特点。它的最大优势就是三维模型和参数化。正是由于其设计思想先进，所以一经推出，就占据了广大的三维建模市场，成为业内翘楚。Creo Parametric 的功能强大，它的模块分配非常明确，我们在组织本书的过程中，对 Creo Parametric 进行了综合比较，对其常用功能进行了总结。在讲解过程中，注重从教学角度出发，循序渐进，引导读者逐步掌握该软件的特点和具体应用。

本书试图用典型机械零件的创建方法来解释 Creo Parametric 建模的奥秘。在此，笔者并非想给出关于建模问题的直截了当的答案。我倒希望能够如此，但是目前似乎太困难了。当然，某些类似的书籍中似乎认为已经解决了这一问题，但对笔者而言，他们的解释并不完全具有科学性。往往会造成读者按照讲解逐步做没有问题，但是当独自建立一个全新模型的时候却无从下手。这里笔者想做的是勾画出建模意识的本质，并提出一些如何用分析方法来研究这一问题的建议。我将要提出的是一个建模策略，而不是一个充分发展的理论。笔者想要让读者知道的是，当看某个几何体时，在头脑中究竟发生什么样的印象和想法。

某些读者也许会发现这种思维方法有点令人失望，因为这里没有所谓的"技巧"或"独门秘籍"。实际上，要想轻松地建立一个模型，仅仅靠技巧是不可能赢得效率的，还需要拥有经过长期训练后能进行有效分析的敏感和直觉，制定出合理快捷的方案，然后才能有效完成工作。这个道理同样适合于解决科学难题。

本书是为那些具有建模需求却没有专业知识的一般读者而写的。这意味着必须用相对简单的术语去解释关于建模的方方面面。即便如此，某些读者仍会发现本书的某些部分难以理解。对此，我想说：不要因为某些细节和复杂性而泄气。再坚持一下，或者干脆只是浏览一下这些难懂的章节，大致的意思一般是很容易懂的。

本书主要分为 3 个部分。

第一部分为设计启航篇，分为两章，分别介绍了计算机辅助设计与 Creo Parametric 的对应关系，Creo Parametric 的模块及与机械设计的对应关系；零件设计和特征的基本概念；Creo Parametric 用户界面、文件管理、视图管理、模型与特征、工作环境设置等。

第二篇为操作进阶篇，分为三章，分别介绍了零件设计和特征的基本概念，轮廓草绘、基准特征和三维实体的建模与编辑，并介绍了多个效率工具。

第三篇为专业实战篇，按照机械零件的结构特点，分 5 类基本零件：轴套类零件、轮盘类零件、叉架类零件、箱体类零件和复杂零件，另外还讲解了一些常用零部件，包括齿轮、弹簧等，讲解了机械设计中的典型零件建模与装配，并最终生成工程图。

每个实例都来自于工程实践，是机械设计人员经常遇到的问题，所以针对性强。具体讲解分任务概述、难点分析、操作步骤、修饰处理等部分，其间穿插各种提示，帮助读者总结操作经验。

在本书的讲解过程中，一直按照纯粹的三维参数化造型方式来介绍 Creo Parametric，而没有介绍柔性建模技术。这是因为对于典型机械零部件而言，该项技术并不常用。在学习的过程中，需要读者从头做起，从基础教程方式开始学习。读者可以以节为单位，先读一遍内容，然后从每节提供的实例中进行学习，勤动手，多思考，举一反三，方能学好该软件。

本书的阅读对象是工程技术人员以及大中专 CAD 研究和设计人员，尤其适合于进行课程设计等常规学习任务的机械与近机类专业学生。

全书内容丰富实用、语言通俗易懂，层次清晰严谨，可作为广大计算机技术爱好者自学 Creo Parametric 技术的参考资料。

本书主要由孙江宏、康志强编著。其他参加编写工作的人员还有张万民、毕首权、马向辰、于美云、许九成、赵维海、魏德亮、赵洁、朱存铃、罗珅等，在此一并表示感谢。

虽然经过数月的努力和辛勤劳动完成了本书，但是由于水平所限，难免有疏漏之处，敬请读者不吝指教。

如果读者有问题，请通过 E-mail 地址 278796059@qq.com 联系。我们也会在适当时间进行修订和补充。

编者

2013 年 8 月

目　录

第3篇　专业实战篇

1 参数化与直接建模

本章介绍计算机辅助设计的发展及系统组成，讲述了参数化设计与设计意图，并分析了Pro/Engineer的模块与工程设计关系等。

1.1 CAD技术的发展及应用

1.1.1 CAD技术的发展历程

计算机辅助设计（Computer Aided Design，CAD）是一种将人和计算机的最佳特性结合起来以辅助进行产品的设计与分析的技术，是综合了计算机与工程设计方法的最新发展而形成的一门新兴学科。它的产生和不断发展，对工业生产、工程设计、科学研究等领域的技术进步和发展产生了巨大影响。

计算机辅助设计技术萌芽于20世纪50年代后期，是现代产品设计中使用广泛的设计方法和手段，也是一门多学科综合应用技术，包括设计、绘图、工程分析与文档制作等活动。经过50多年的发展，CAD技术及系统的应用已经广泛深入到国民经济的大多数设计和生产领域，从其诞生至今，主要经历了3个发展阶段。

（1）第一阶段——CAD专用系统阶段。在CAD系统诞生初期，CAD系统价格相对昂贵，其研究和应用的范围非常狭窄，仅有经费充足的企业单位才有能力购置开发，而且相互之间基本封闭，所以其典型特点是用途单一、通用性差。

（2）第二阶段——CAD通用系统阶段。从20世纪60年代末期，开始有商业化的CAD系统不断推出，各大公司的专用系统也逐步进入市场。由于技术上的限制，刚开始都只提供简单的二维绘图功能，进入20世纪70年代以后逐步扩展为三维线框、曲面、实体造型和特征造型等功能。这类系统典型特点是通用性强，只考虑到普通应用，面向所有用户，并以成套系统的方式交付，但是无法满足用户特殊的专业需求。

（3）第三阶段——CAD 支撑系统阶段。进入 20 世纪 90 年代以后，计算机辅助设计技术已经广泛应用于产品生命周期的各个阶段，CAD 系统不再以信息孤岛的形式存在，而是积极与 CAM、CAE、CAPP 等其他计算机辅助系统紧密协作，共同构成了综合性应用环境，可以说，CAD 系统集成已经成为 CAD 系统发展的主要趋势。集成化的基础就在于建立一个合适的 CAD 支撑平台，因此，20 世纪 90 年代以后涌现出一批 CAD 支撑系统，已有的商业系统也纷纷向支撑系统转型。其最典型的特点是模块化，并按照用户需求提供单独的模块，从而适应用户变化的需求和满足个性化用户定制的要求。

1.1.2　三维 CAD 技术的技术历程

自从 CAD 技术发展以来，到今天的广泛应用，此间经历了五次大的技术性革新，今天就处于第四次和第五次技术转型期间，且以第三代技术为主。按照其具体顺序，现分别介绍如下。

基本的发展情况如图 1-1 所示。

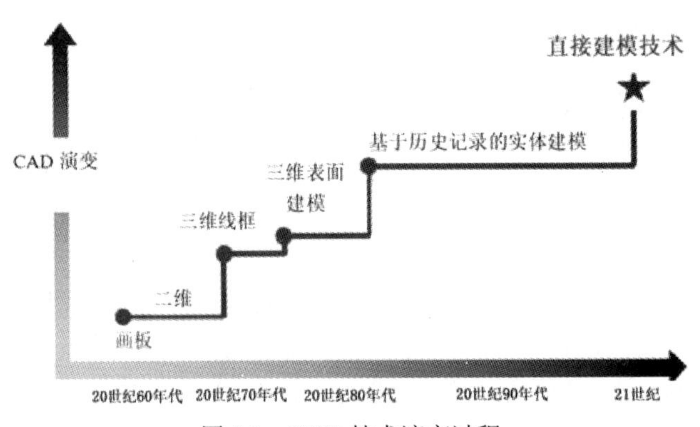

图 1-1　CAD 技术演变过程

1. 三维线框系统

20 世纪 60 年代开始，人们将注意力转向了三维造型方面，原来的二维图形技术仍然在大踏步发展，出现的三维 CAD 系统只是简单的线框式系统，只能表达基本的几何信息，而不能有效表达几何数据间的拓扑关系。由于线框之间除了交点之外没有任何联系，所以缺乏形体的表面信息，因此造成 CAE 及 CAM 等与质量等信息相关的技术均无法实现。但是相比之下，该技术已经从理念上跨出了一大步。

2. 曲面造型系统

进入 20 世纪 70 年代，飞机和汽车工业蓬勃发展，在其制造过程中遇到了大量的自由曲面问题，在当时只能用多截面视图和特征纬线的方式来表达。由于三视图方法表达的不完整性以及工业上应用需求的推动，法国人提出了贝塞尔算法，为计算机处理曲线及曲面问题提供了坚实的理论基础。

法国达索飞机制造公司基于贝塞尔算法，开发出以表面模型为特点的三维造型系统 CATIA，从而标志着计算机辅助设计技术突破了单纯模仿工程图纸三视图的模式，首次实现完整描述产品零件的主要信息，使得 CAM 技术有了实现基础。

3. 实体造型技术

20 世纪 80 年代初，尽管曲面造型系统解决了 CAM 问题，但由于表面模型只能表达形体表面信息，难以准确表达零件的物理特性，如质量、重心、惯性矩等，所以无法进行 CAE 前处理。基于对 CAD/CAE 一体化技术发展的探索，1979 年 SDRC 公司发布了世界上第一个完全基于实体造型技术的大型 CAD/CAE 软件——I-DEAS。由于实体造型技术能够精确表达零件的全部属性，在理论上有助于统一 CAD/CAE/CAM 的模型表达，代表着未来 CAD 技术的发展方向。

实体造型技术带来了算法改进和未来发展希望的同时，也带来了数据计算量的极度膨胀。在当时的硬件条件下，由于实体造型的计算及显示速度很慢，且以实体模型为基础的 CAE 技术本身普及面窄，实体造型技术没能在整个行业迅速推广。但在此后 10 年里，实体造型技术又逐渐为众多 CAD 系统所采用。其中，CV 公司最先在曲面算法上取得突破，计算速度提高很大，并提出集成各种软件为企业提供全方位解决的思路，另外，采取了将软件运行平台向价格较低的小型机转移等有利措施，一举成为 CAD 领域的领导者。此时的造型技术都属于无约束自由造型。

4. 参数化技术

进入 20 世纪 80 年代中期，CV 公司内部提出了一种比无约束自由造型更新颖、更好的算法——参数化实体造型方法，这种算法主要有基于特征、全尺寸约束、全数据相关、尺寸驱动设计修改等特点。由于设计理念上的冲突，策划参数化技术的人员单独成立了参数化技术公司（Parametric Technology Corp，PTC），开始研制名为 Pro/Engineer 的参数化软件，并第一次实现了尺寸驱动零件设计修改。

在刚开始技术未成熟的条件下，PTC 瞄准了中低档市场，迎合了众多中小企业在 CAD 上的需求，一举取得成功。进入 20 世纪 90 年代，参数化技术逐渐成熟，充分体现出其在通用件、零部件设计上的优势。PTC 在先行挤占了低端市场外，逐渐进入高端 CAD 市场，与 CATIA、CV、UG 等传统公司进行竞争。目前，PTC 在 CAD 市场份额排名已名列前茅。可以说，参数化技术的应用主导了 CAD 发展史上的第四次技术革命。

5. 变量化技术

参数化技术的成功应用，使许多传统软件厂商纷纷采用，如 CATIA、CV、UG、EDCLID 等。但是，由于重新开发一套完全参数化的造型系统将花费很大的人力和财力，因此他们采用的参数化系统基本上是在原有非参数化模型基础上进行局部、小块修补。这并不是真正意义上的参数化，所以他们均称这种技术为复合建模技术。这样的系统在参数化和非参数化两方面都不占优势，系统整体竞争力不高，只能依靠某些实用性模块的特殊能力来增强竞争力。

另外，参数化技术有许多不足：首先，全尺寸约束的硬性规定干扰和制约着设计者创造力和想象力的发挥；其次，如在设计中关键的拓扑关系发生改变，失去了某些约束特征也会造成系统数据混乱。

基于以上两个原因，SDRC 开发人员提出了一种更为先进的实体造型技术——变量化技术，作为今后的开发方向。变量化技术既保持了参数化技术的原有优点，同时又克服了它的许多不足之处。它的成功应用，为 CAD 技术的发展提供了更大的空间和机遇。这也促成了 SDRC 公司营业额的增长。目前，I-DEAS 已经与 UG 合并，更加增强了其竞争优势。

从我国目前的应用现状看，以 Pro/Engineer 为首的参数化设计技术占据着主导地位，并且还在迅速膨胀，其发展势头犹如 AutoCAD 刚刚进入中国一样。随着变量化技术的逐步扩展和完善，预计不远的将来，变量化技术将会进入新的应用时期。

6. 同步建模技术

同步建模也称为直接建模，其真正意义的问世是在 2008 年 4 月 22 日，Siemens PLM Software 在汉诺威工业博览会上举办的全球媒体和分析师大会上正式发布了该项技术，引起业内的广泛关注。同步建模技术把约束驱动技术与直接建模完美地结合在一起，可谓是数字化开发领域的一项重大突破，一时被称为 CAD 领域的又一次革命。

同步建模技术的最大创新在于成就了对基于特征的参数建模和基于特征的非参数建模的完美兼容。实际上，每种建模方式都有各自的优缺点，传统的参数化建模按序列把规则应用于几何图形，虽然可以自动完成设计意图的变更，但却无法解决计划之外的工程变更，设计人员必须重新计算在构造历史记录模块的情况下创建一致的特征；无参数建模则以一种不受约束的方式集中处理几何图形，但由于技术的限制，往往牺牲了系统智能和设计意图。而同步建模技术则融合了基于特征的参数建模和基于特征的非参数建模，具备八大建模优势：特征树型结构变为特征集、在无约束模型上进行受控编辑、在参数约束模型上进行编辑、父/子结构、尺寸方向控制、程序特征、模型创建以及快速进行“假设”变更。

同步建模技术兼具几大优点：突破了基于历史的建模系统所固有的系统架构所产生的障碍。该技术具有识别当前几何体状态的功能，实时分析确认定位依属关系，不必从编辑的角度对模型进行传统的完全重建，即可实现模型的变更。根据模型的不同复杂程度和编辑历史的长短，用户就能获得显著的性能提升。

1.1.3 常用 CAD 系统及其特点

CAD/CAM 技术经过几十年的发展，先后走过大型机、小型机、工作站、微机时代，每个时代都有当时流行的 CAD/CAM 软件。现在，工作站和微机平台 CAD/CAM 软件已经占据主导地位，并且出现了一批比较优秀、比较流行的商品化软件。

1. 国外软件

（1）Unigraphics(UG)与 I-DEAS。

UG 是 UGS 公司的拳头产品。该公司首次突破传统 CAD/CAM 模式，为用户提供了一个全面的产品建模系统。在 UG 中，优越的参数化和变量化技术与传统的实体、线框和表面功能结合在一起，并被大多数 CAD/CAM 软件厂商所采用。

UG 最早应用于美国麦道飞机公司，它是从二维绘图、数控加工编程、曲面造型等功能发展起来的软件。20 世纪 90 年代初，美国通用汽车公司选中 UG 作为全公司的 CAD/CAE/CAM/CIM 主导系统，这进一步推动了UG的发展。

I-DEAS是美国SDRC公司开发的CAD/CAM软件。该公司是国际上著名的机械CAD/CAE/CAM公司，在全球范围享有盛誉，国外许多著名公司，如波音、索尼、三星、现代、福特等公司均是SDRC公司的大客户和合作伙伴。

I-DEAS在CAD/CAE一体化技术方面一直雄居世界榜首，软件内含诸如结构分析、热力分析、优化设计、耐久性分析等真正提高产品性能的高级分析功能。

SDRC也是全球最大的专业CAM软件生产厂商。I-DEASCAMAND是CAM行业的顶级产品。I-DEASCAMAND可以方便地仿真刀具及机床的运动，可以从简单的2轴、2.5轴到7轴5联动方式来加工极为复杂的工件表面，并可以对数控加工过程进行自动控制和优化。

由于目前两个软件的合并，都集成在UGS PLM Solutions中，所以集中了两方面的开发技术人员，便于发挥各自的技术优势，从而保证了其市场占有率。

（2）SOLIDEDGE。

SOLIDEDGE是真正Windows软件。它不是将工作站软件生硬地搬到Windows平台上，而是充分利用Windows 的先进技术COM重写代码。SOLIDEDGE与Microsoft Office兼容，与Windows的OLE技术兼容，这使得设计师们在使用CAD系统时，能够进行Windows文字处理、电子报表、数据库操作等。

SOLIDEDGE是基于参数和特征实体造型的新一代机械设计CAD系统，它是为设计人员专门开发、易于理解和操作的实体造型系统。

（3）AutoCAD。

AutoCAD是Autodesk公司的主导产品，是当今最流行的二维绘图软件，它在二维绘图领域拥有广泛的用户群。AutoCAD有强大的二维功能，如绘图、编辑、剖面线和图案绘制、尺寸标注及二次开发等功能，同时有部分三维功能。AutoCAD提供AutoLISP、ADS、ARX作为二次开发的工具。在许多实际应用领域（如机械、建筑、电子）中，一些软件开发商在AutoCAD的基础上已开发出许多符合实际应用的软件。

在我国，平面出图基本上都是以AutoCAD为主。

（4）SolidWorks。

SolidWorks是生信国际有限公司推出的基于Windows的机械设计软件。它是以Windows为平台，以SolidWorks为核心的各种应用的集成，包括结构分析、运动分析、工程数据管理和数控加工等。SolidWorks是全参数化特征造型软件，它可以十分方便地实现复杂的三维零件实体造型、复杂装配和生成工程图。

（5）Cimatron。

Cimatron系统是以色列Cimatron公司的CAD/CAM/PDM产品，是较早在微机平台上实现三维CAD/CAM全功能的系统。该系统提供了比较灵活的用户界面，优良的三维造型、工程绘图，全面的数控加工，各种通用、专用数据接口及集成化的产品数据管理。主要在国际上的模具制造业备受欢迎。

（6）Creo Parametric。

Creo Parametric 软件是在美国参数技术公司（简称 PTC）的产品 Pro/Engineer 以及 Creo CoCreate 产品整合后推出的新产品。它集成了原来 Pro/Engineer 系统的单一数据库、参数化、基于特征、全相关的概念，并有机地与直接建模技术结合起来，成为一个新的软件平台，必将带动 CAD 领域的大力发展。

2. 国内软件

目前，国内 CAD 软件在经过了一段时间的发展后，也逐渐走入正轨，并伴随着中国特色而各自占据了自己的领域，发挥着越来越大的作用。

（1）高华（同方）CAD。

高华 CAD 是由北京高华计算机有限公司推出的 CAD 产品，包括计算机辅助绘图支撑系统 GHDrafting、机械设计及绘图系统 GHMDS、工艺设计系统 GHCAPP、三维几何造型系统 GHGEMS、产品数据管理系统 GHPDMS 及自动数控编程系统 GHCAM。其中 GHMDS 是基于参数化设计的 CAD/CAE/CAM 集成系统，它具有全程导航、图形绘制、明细表处理、全约束参数化设计、参数化图素拼装、尺寸标注、标准件库、图像编辑等功能模块。

（2）CAXA 电子图板和 CAXA 制造工程师。

CAXA 电子图板和 CAXA 制造工程师软件的开发与销售单位是北京北航海尔软件有限公司（原北京航空航天大学华正软件研究所）。CAXA 电子图板是一套高效、方便、智能化的通用中文设计绘图软件，可帮助设计人员进行零件图、装配图、工艺图表、平面包装的设计，适合所有需要二维绘图的场合，使设计人员可以把精力集中在设计构思上，彻底甩掉图板，满足现代企业快速设计、绘图、信息电子化的要求。

CAXA 制造工程师是面向机械制造业的自主开发的、中文界面、三维复杂型面 CAD/CAM 软件。

（3）GS-CAD。

GS-CAD 是浙江大天电子信息工程有限公司开发的基于特征的参数化造型系统。GS-CAD98 是一个具有完全自主版权、基于微机、中文 Windows 平台的三维 CAD 系统。该软件参照 SolidWorks 的用户界面风格及主要功能开发完成，实现了三维零件设计与装配设计，工程图生成的全程关联，在任一模块中所做的变更，在其他模块中都能自动地做出相应变更。

（4）金银花系统。

金银花系统是由广州红地技术有限公司开发的基于 STEP 标准的 CAD/CAM 系统。主要应用于机械产品设计和制造中，可以实现设计/制造一体化和自动化。该软件起点高，以制造业最高国际标准 ISO-10303（STEP）为系统设计的依据。该软件采用面向对象的技术，使用先进的实体建模、参数化特征造型、二维和三维一体化、SDAI 标准数据存取接口的技术；具备机械产品设计、工艺规划设计和数控加工程序自动生成等功能；同时还具有多种标准数据接口，如 STEP、DXF 等；支持产品数据管理（PDM）。

（5）开目 CAD。

开目 CAD 是华中理工大学机械学院开发的具有自主版权的基于微机平台的 CAD 和图纸管理

软件，它面向工程实际，模拟人的设计绘图思路，操作简便，机械绘图效率比 AutoCAD 高得多。开目 CAD 支持多种几何约束种类及多视图同时驱动，具有局部参数化的功能，能够处理设计中的过约束和欠约束的情况。开目 CAD 实现了 CAD、CAPP、CAM 的集成，适合我国设计人员的习惯，是全国 CAD 应用工程主推产品之一。

如表 1-1 所示，可以看到目前主流产品的技术特点。

表 1-1　主流产品的技术特点

CAD 软件建模技术表			
软件	建模技术	是否有直接建模技术	直接建模相似技术
PTC	参数化	CoCreate	动态建模
NX	参数化	是	同步技术
CATIA	参数化	无	功能模型模块
Solidworks	参数化	无	
Inventor	参数化	无	
CAXA	参数化	是	特征式/拖拽式建模
SpaceClaim	直接建模	是	完全直接建模

1.1.4　CAD 系统的基本组成与选型

1. 系统的形式

按硬件组成并结合计算机技术的发展历程，CAD 系统一般可分为 4 类：大（中）型机系统、工作站系统、微机系统和基于网络的微机工作站系统。

（1）大（中）型机系统。

这类系统以一台大（中）型计算机为中心，采用分时操作系统集中支持几十个甚至上百个 CAD 终端运行。通常具有高速、大容量的内存和外存，可配置高精度、高速度、大幅面的图形输入/输出设备，通常用于运行规模较大的支撑软件或自行开发的大型应用软件，可以进行复杂的 CAD 工作。

主机系统主要用于支持复杂的工程设计和科学计算，如少数的研究机构或飞机、汽车、船舶等超大型企业。主机系统在 20 世纪 70 年代较为流行，现在使用者较少。

（2）工作站系统。

工作站包括工程工作站和图形工作站，是为满足用户在工程和图形图像处理上的专业需求和克服原有大（中）型计算机由于其系统庞大，不能适应工程和图形处理中灵活多变的缺点而研制的专用计算机。

由于工作站具有便于逐步投资、逐步发展等优点，因而受到了用户的广泛欢迎。目前，大多数高端 CAD 支撑软件和应用软件主要以工程工作站为运行平台。

（3）微机系统。

微机 CAD 系统以 32 位或 64 位超级微机作为主机，并配有高分辨率图形显示系统、大幅面绘图仪、高容量硬盘等 CAD 必备硬件，从而保证了 CAD 作业的顺利进行。

基于微机的 CAD 系统主要用于绘制二维工程图和一些简单的三维设计。随着微机运算和图形处理性能的迅速提高，许多过去只能在工作站上运行的著名高端 CAD 支撑软件，如 CATIA、UG NX、Pro/Engineer、I-DEAS 等，目前均有移植到微机上的版本。

微机 CAD 系统目前主要用于运行中、低端的 CAD 支撑软件和应用软件。微机 CAD 系统具有丰富的商品化支撑软件与应用软件，其原始投资少、见效快、成本低，具有良好的可扩充性。因此，这类系统受到中、小型企业和个人用户的普遍欢迎，成为国内外中、小企业开展 CAD 工作的主要形式。

（4）网络型系统。

对于独立的微机 CAD 系统和在一定范围内联网的工作站 CAD 系统，其作业的分散性和各自独立或孤岛式的工作方式，使得设计信息无法进行充分的交流，也无法使各种作业协调一致地进行。

随着现代网络技术的迅速发展，基于网络的微机、工作站系统得以实现并得到迅速发展。它应用计算机技术和网络通信技术，将分布于各处的多台各类计算机连接起来，使分散于同一单位不同部门、不同地点的微机及工作站共享软、硬件资源，充分和准确地交流设计信息，协调各种作业，完成并行工程。

2. CAD 系统选型

（1）基本要素。

CAD 系统的构建是一项复杂的系统工程，其构建是否合理，直接影响到使用单位 CAD 技术的应用效果。CAD 系统选型应该把握几个基本要素，即软件选型、运行环境选型、技术支持和价格等。

1）软件选型：主要包括基本建模能力、系统辅助特性、专业设计工具、工程分析能力、数控加工软件、高级建模能力等。

2）运行环境：包括 CAD 软件所依赖的硬件平台、操作系统和网络环境等。硬件方面通常需要有较快的速度、较大的内存、大容量的硬盘、高性能的图形显示、快速的网络传输等。可以选择图形工作站或高档微机。以往工作站的操作系统通常运行的是 UNIX 操作系统。随着 CAD 硬件平台不断向微机下移，以及 Windows NT/2000 操作系统性能的提升，Windows 系列操作系统因其界面简单、友好、熟悉而深受广大工程技术人员的欢迎。

3）技术支持：一般包括软件系统的升级、培训体系、提供咨询、联络的方式以及及时有效的技术支持。

（2）选型原则。

在具体选择和配置 CAD 系统时，应考虑以下原则：

1）软件系统的选择应优于硬件且应具有优越的性能。

软件是 CAD 系统的核心，应根据软件的功能需要来配置合适的硬件。软件系统应具有良好的用户界面、齐全的技术文档，应该注重软件的几何造型功能、强大的图形编辑能力、具有内部统一的数据库以及能够支持对应的各种应用等方面。

2）硬件系统应该符合国际工业标准，具有良好的开放性。

3）整个软硬件系统运行可靠，维护简单，具有较高的性价比。

4）良好的售后服务体系，提供培训、故障排除及其他增值服务。

1.2 直接建模设计

19 世纪 80 年代早期在实体建模中引入商业解决方案，由于它们依赖于求并、求差和求交的布尔运算，所以仍然保持显式性质。在 19 世纪 80 年代中期，随着参数建模以及嵌入在基于顺序历史记录架构中的模型特征概念的出现，CAD 设计经历了第二次革命。经过 19 世纪 90 年代以及近年的发展，尽管少数例外仍然基于显式建模技术，大量商业 CAD 应用程序都采用了参数化、特征、基于历史记录的方法。这其中的代表就是 PTC 的 Pro/Engineer。

实际上，以上两种方法都有其优缺点。利用显式建模，设计人员能够直接编辑几何模型，无需担心编辑的任何影响。设计人员只控制变更内容。然而，这也可以视为一个缺陷。因为直到最近，显式建模器都还不能识别可以代表形状特征的模型特征集合（比如孔或者槽），需要设计人员仔细选择所有适当的实体面作为任何编辑的一部分。另外，显式建模器大部分都不能记录和记忆用户施加的几何约束和参数化尺寸公式。

在建模领域，基于历史记录、参数化、特征驱动的应用程序擅长于捕捉知识和用户施加的约束。对 CAD 模型进行的变更将自动更新几何造型的依赖部分。但是，这些长处也可能带来一场噩梦。对此，很多设计人员都可以证实——通过了解嵌入在大型模型中的关系复杂性来确定变更的影响可能令人畏惧。通常，只有初始创建者才能记住用于创建模型的设计战略，而且还是在模型是最近才设计的情况下。最后，设计人员必须接受从顺序构建历史记录中编辑点开始重新生成整个模型所导致的性能损失。

最近，CAD 系统能力的重大发展——实时“挖掘”在一般实体几何模型中找到的信息——扩展了“直接几何模型”编辑功能，甚至在基于历史记录、参数化系统中也可以。这些改进为技术的又一次革命性飞跃奠定了基础——直接建模技术。结合对当前的几何模型条件进行深度、富有洞察力的检查，把这些信息与所有用户定义的约束和参数驱动尺寸结合在一起，然后实时确定模型特征及定位相关等特性依赖，直接建模技术集成了两种方法的精华。

直接建模，就是不管有无特征（从其他 CAD 系统读入的非参数化模型），都可以直接进行后续模型的创建，不管是修改还是增加几何，无需关注模型的建立过程。这样就可以在一个自由的三维设计环境下工作，比以往任何时候更快地进行模型的创建和编辑。不同于基于特征的参数化三维设计系统，直接建模能够让用户以最直观的方式对模型直接进行编辑，所见即所得，自然流畅地进行随心所欲的模型操作，无需关注模型的创建过程，不再需要模型树和历史树等辅助工具。

参数化技术和直接建模技术的整合是三维 CAD 设计历史中的一个新的里程碑，直接建模技术在交互式三维实体建模中是一个成熟的、突破性的飞跃。新技术在参数化、基于历史记录建模的基础上前进了一大步，同时与先前技术共存。

直接建模技术实时检查产品模型当前的几何条件，并且将它们与设计人员添加的参数和几何约束合并在一起，以便评估、构建新的几何模型并且编辑模型，无需重复全部历史记录。

1. 直接建模的优势

（1）加快设计周期。

直接建模设计方法可与几何进行即时的实时交互，从而节省时间，而且这种方法能够以经济的方式捕获信息，并将其嵌入模型定义中，从而加快开发速度。加快开发速度后，将能增加反复次数，提高设计质量，更轻松地进入市场，并延长产品的市场寿命，决定它将如何采用最佳方式满足您的业务需求。

（2）可灵活处理意外和激进的变更。

进行一次性产品设计（如唯一款式、市场新品或定制的按订单设计产品）的公司在整个设计周期中面临着不断变化的要求。利用直接建模技术，可以在设计过程的后期更为快速和频繁地进行未预料的变更。

（3）灵活的设计团队。

利用直接建模技术，任何团队成员都能够获取并处理高清三维产品设计，就像任何人都能够获取并处理 Microsoft Word 文档一样。因此，当不同的工程师（甚至是工程团队）在项目过程中退出时，将能够轻松地重新分配设计责任。

（4）可灵活地处理多源 CAD 数据。

直接建模技术的优点在于可以导入和修改多源 CAD 数据，从而使为采购组件或设计分包工作于广泛供应链中的公司从中获益。

（5）了解和使用三维 CAD 的最简便方法。

直接建模技术是了解和使用三维 CAD 的最简单方法，因为能够直接并直观地与模型几何交互。

2. 工作过程

（1）在概念设计初期，同步建模技术能够快速地在用户思考创意的时候就将其捕捉下来，设计人员能够有效地进行尺寸驱动的直接建模，而不用像先前一样必须考虑相关性及约束等情况，因而可以花更多的时间用来进行创新。在创建或编辑时，这项技术能自定义选择的尺寸、参数和设计规则，而不需要一个经过排序的历史记录。

（2）在设计过程中，该技术可以在几秒钟内自动完成预先设定好的或未作设定设计变更，而以前则需要几个小时，编辑的方式与传统的 CAD 系统完全不同，新的设计更改方式无需考虑设计源自何处，也无需考虑历史树。

（3）在数据交换过程中，同步建模技术允许用户重用来自其他 CAD 系统的数据，无需重新建模。用户通过一个快速、灵活的系统，能够以相比原始系统更快的速度编辑其他 CAD 系统的数据，并且编辑方法与采用何种设计方法无关。

3. 直接建模与参数化建模区别的技术细节

（1）特征树型结构变为特征集。在目前基于历史记录的系统中，特征树型结构具有顺序依赖关系。改变历史记录树型结构的顺序可能导致重大的模型变化或者导致模型失效。利用同步建模技术，所显示的树型结构变为一个特征集。利用该特征集，设计人员能够快速地选择和操作其模型的零件。然而，它并不影响构建模型的方式。这样为设计人员提供了大量有利的可能性。特征集还可以按照特征类型进行分类，比如把所有圆形聚集在一起。

（2）在无约束模型上进行受控编辑。在该领域的一端，模型可能完全无约束，有时称为无参数实体，这些模型通常都来自从一个专有 CAD 系统到另一个之间的数据交换、转换。一个无约束模型不包括永久的几何约束，也没有分配给几何模型尺寸的参数化数值。采用直接建模方式则可以突破该模型的限制。

首先，在为用户给定了一个没有嵌入式约束的部件模型的时候，如同与供应商合作时经常出现的情况一样——要么是因为利用行业标准（比如 STEP）对该模型进行了转换，要么是因为供应商有意识地去掉了嵌入式约束以保护其知识产权——用户仍然可以轻易地进行智能编辑，没有不得不添加明显条件的几何关系的负担。

其次，对设计建模的性质而言更为重要。因为系统要求较少的嵌入在模型中的公开定义的关系（这个案例中没有）来进行智能解算，所以设计人员可以选择不用这类嵌入式约束来编辑初始模型，因为知道将识别和管理明显的几何条件，可以极大地简化设计编辑工作流。设计人员不必研究和揭示复杂的约束关系以了解如何进行编辑，也不用担心编辑的下游牵连。同步建模技术实时地发现和解析这些关系。

（3）在参数约束模型上进行编辑。同步建模技术与用户施加的参数约束共存。

（4）父/子结构。不再受限于父/子结构的限制。

（5）尺寸方向控制。同步建模技术为用户与产品模型进行互操作提供了大量新的可能性。

（6）程序特征。同步建模技术引入了一个称为程序特征的概念。这些特征专门设计用于在没有发生有序解算的系统中进行操作。一个特征必须能够自我生成才被视为程序特征。当然，不是所有特征都能够或者都需要是这种类型的。

（7）模型创建。

1）利用协调的二维草图解算器和三维几何模型解算器，能够以三维形式绘制草图，在此两种解算同时进行。

2）打开轮廓用于把图纸简化为简单草图，二维直接连接到三维。

3）通过简单线条在整个平面上创建区域。

4）通过直接选择一个平面集并且操作几何控制，还可以添加、去除或者旋转材料。

（8）快速进行“假设”变更。

有了同步建模技术，评审人员能够轻易建议一些可能的模型变更，以便纠正问题。

1.3 Creo 的发展及 Creo Parametric 功能

1.3.1 Creo 的发展历程

Creo 是 PTC 公司设计软件中的一套新产品系列，它将现有的 Pro/Engineer、CoCreate 和

ProductView 产品纳入到 Creo 旗下，并以 Creo 元素为其重新命名。

Creo 将是一款可伸缩、大小合适、具备互操作性的集成化设计应用程序套件（简称应用程序），涵盖产品开发的全部范围。通过解决设计软件业中悬而未决的重大问题，Creo 将帮助企业发掘自身的创造力、提高团队合作从而释放出内在的潜力，最终提高工作效率，实现企业的价值目标。

Creo 建立在 Pro/Engineer、CoCreate 和 ProductView 三者的技术之上，并包含了大量的突破性技术，其中一些技术已经提交了专利申请。Creo 在跨应用程序的基础上提供了一个共同的用户体验，并具备了共有数据模型和 PLM 平台的优势。虽然 Creo 提供了一种全新的方式，但它仍然尊重并维护了目前对数据、工作流、方法论和应用程序方面的投入。PTC 的软件合作伙伴也将开发一系列的补充型应用来扩展 Creo 的功能。

1. Creo 应对的挑战

Creo 将解决长期困扰着 CAD 行业客户的四大问题：易用性、互操作性、技术锁定及装配建模。这些挑战往往束缚了组织的内部潜力。

（1）易用性。对于那些参与产品开发流程的普通用户来说，CAD 可能会过于复杂且令人生畏。有些用户发现参数化 CAD 难以学习、熟记和使用。在产品开发团队的某些用户看来，参数化 CAD 可能过于强大且提供的服务过多。即便是 CAD 专家，如果使用了错误的应用工具也会变得效率低下并难以完成任务。在现有的 CAD 工具中，可用性是建模范式（二维、三维直接，三维参数化）和用户界面的一个要素，而仅调整用户界面是无法提高可用性的。

（2）互操作性。在所有建模范式之间或三维参数化范式的内部，均缺乏互操作性。这让人有时难以针对不同的任务选择不同的工具进行应用，或是难以与使用各种 CAD 系统的供应商或其他组织进行合作。由于缺乏互操作性，企业往往被迫在单一的范式系统上实施标准化，虽然这个系统并非所有用户的最佳选择。此外，虽然企业选择了标准化，但强制实行标准化几乎是不可能的，最终仍将造成设计流程的效率低下。

（3）技术锁定。许多客户都为传统的工具所困。由于无法在不同系统间轻松地传输数据，人们难以抛弃旧的工具而转向新的技术、应用或供应商。其结果是，公司要么承受高额的转换成本去采用新工具，要么满足于传统工具束缚下的有限创新。

（4）装配管理。对于设计一些相对简单的、变型较少的产品，一款单纯基于 CAD 的装配建模方法就够用了。对于更复杂的即可能有数百种甚至数千种构造的产品，单纯基于 CAD 的装配方法可能就不适用了。在这种情况下，以 PLM（产品生命周期管理）为基础的方法是必需的。目前，PLM 系统和基于 CAD 的装配建模工具间缺乏深刻的联系，从而限制了现有 PLM 工具在某些方面的影响力，如创建、验证以及在下游使用高度可配置的、某个具体编号的产品设计。

2. Creo 独特之处

Creo 拥有 4 项突破性的技术，将帮助企业发掘出组织内部的巨大潜力。

（1）AnyRole 应用。在恰当的时间向正确的用户提供合适的工具，使组织中的所有人都参与到产品开发过程中。最终激发新思路、创造力及个人效率。

（2）AnyMode 建模。提供业内唯一真正的多范型设计平台，使用户能够采用二维、三维直接或三维参数等方式进行设计。在某一个模式下创建的数据能在任何其他模式中访问和重用，每个用户可以在所选择的模式中使用自己或他人的数据。此外，AnyMode 建模将让用户在模式之间进行无缝切换，而不丢失信息或设计思路，从而提高团队效率。

（3）采用 AnyDATA。用户能够集成任何 CAD 系统生成的数据，从而实现多 CAD 设计的效率和价值。Creo 将使所有人都能访问在多 CAD 产品开发流程中创建的重要信息（承包商、供应商以及使用其他 CAD 系统的部门所创建的数据）。

此外，Creo 将提高原有系统数据的重用率，降低了技术锁定所需的高昂转换成本。

（4）AnyBOM 装配。为团队提供所需的能力和可扩展性，以创建、验证和重用高度可配置产品的信息。Creo 可支持自下而上或自上而下的设计流程。用户能轻松地计划并即时创建任何构造。利用 BOM 驱动组件以及与 PTC Windchill PLM 软件的紧密集成，用户将开启实现团队乃至企业前所未有的效率和价值水平。

3. Creo 对 PTC 现有产品的影响

PTC 重命名了现有的产品系列：

- Pro/Engineer 成为 Creo Parametric。
- CoCreate 成为 Creo Direct。
- ProductView 成为 Creo View。

现有产品 Pro/Engineer、CoCreate 和 ProductView 将不会停止开发，PTC 将对这些产品重新命名并进一步完善其功能，未来它们将作为 Creo 系列的子产品继续发展。

1.3.2 Creo Paremetric 的功能

Pro/Engineer 是个集成的并且完全相关的软件。集成参数化设计包（如 Pro/Engineer）可以与它的多个不同的操作模块共享数据。Pro/Engineer 是强大的适合于集成和并行环境的基础应用软件，在 Pro/Engineer 中创建的对象可以被其他的应用软件使用。由于零件的参数是相关联的，所以在一个模块中对对象的修改会在另一个模块里反映出来。例如，一个零件可以在零件模块里建模，在这种建模过程里，可以在绘图模块中创建正交工程图。另外，这个零件可以在组件模块中和其他零件一起装配。在零件、草绘或者组件模块中，零件的参数都可以修改。经过再生，这个修改可以在这个零件驻留的其他模块中反映出来。

（1）三维实体建模。

- 无论模型有多复杂都能创建精确的几何图形。
- 自动创建草绘尺寸，从而能快速轻松地进行重用。
- 快速构建可靠的工程特征，如倒圆角、倒角、孔等。
- 使用族表创建系列零件。

（2）可靠的装配建模。

- 享受到更智能、更快速的装配建模性能。
- 即时创建简化表示。

- 使用独有的 Shrinkwrap 工具共享轻量但完全准确的模型表示。
- 充分利用实时的碰撞检测。
- 使用 AssemblySense 嵌入拟合、形状和函数知识，以快速、准确地创建装配。

（3）包含二维和三维工程图的详细文档。

- 按照国际标准（包括 ASME、ISO 和 JIS）创建二维和三维工程图。
- 自动创建关联的物料清单（BOM）和关联的球标说明。
- 用模板自动创建工程图。

（4）专业曲面设计。

- 利用自由风格功能更快速地创建复杂的自由形状。
- 使用扫描、混合、延伸、偏移和其他各种专门的特征开发复杂的曲面几何。
- 使用诸如拉伸、旋转、混合和扫描等工具修剪/延伸曲面。
- 执行诸如复制、合并、延伸和变换等曲面操作。
- 显式地定义复杂的曲面几何。

（5）革命性的扭曲技术。

- 对选定的三维几何进行全局变形。
- 动态缩放、拉伸、折弯和扭转模型。
- 将“扭曲”应用于从其他 CAD 工具导入的几何。

（6）钣金件建模。

- 使用简化的用户界面创建壁、折弯、冲头、凹槽、成型和止裂槽。
- 自动从三维几何生成平整形态。
- 使用各种弯曲余量计算来创建设计的平整形态。

（7）数字化人体建模。

- 利用 Manikin Lite 功能在 CAD 模型中插入数字化人体并对其进行处理。
- 在设计周期的早期，获得有关您的产品与制造、使用和维护它的人员之间的交互的重要见解。

（8）焊接建模和文档。

- 定义连接要求。
- 从模型中提取重要信息，如质量属性、间隙、干涉和成本数据。
- 轻松产生完整的二维焊缝文档。

（9）分析特征。

- 利用 CAE Lite 功能在零件和组件上执行基本的静态结构分析。
- 从运动学上验证设计产品的运动情况。
- 与 PTC Mathcad（工程计算软件）的互操作性允许将 Mathcad 工作表与设计集成在一起，以预测行为和驱动重要的参数和尺寸（Mathcad 是可选购的）。
- 将 Microsoft Excel 文件添加到设计中。

（10）实时照片渲染。

- 快速创建精确并如照片般逼真的产品图像，同时甚至可以渲染最大的组件。
- 可动态更改几何，同时保持照片般逼真的特效，如阴影、反射、纹理和透明集成的设计动画。
- 从建模环境中直接创建装配/分解动画。
- 轻松地重用模型，同时可以选择包括机构模拟。

（11）集成的 NC 功能。

- 利用集成的 CAM Lite 功能在更短的时间内创建出 2 1/2 轴铣削程序。
- 利用 5 轴定位加工棱柱形零件。
- 用二维工程图导入向导控制工程图实体。

（12）数据交换。

- 使用各种标准的文件格式，包括 STEP、IGES、DXF、STL、VRML、AutoCAD DWG、DXF（导入具有关联二维内容的三维文件）、ACIS 导入/导出、Parasolid 导入/导出。
- 使用 AutobuildZ 转换向导，根据二维工程图创建全特征的参数化三维设计。

（13）Web 功能提供即时的访问。

- 支持 Internet/Intranet，可快速访问电子邮件、FTP 和 Web，这一切在 Creo Parametric 内就可完成。
- 无缝访问 Windchill 以管理内容和流程。

（14）完善的零件、特征、工具库及其他项目库。

- 使用 J-Link 编程接口下载预定义的零件和符号。
- 自定义 Creo Parametric 用户界面以满足您的特定需求。
- 利用集成的教程、帮助资源和额外的 PTC University 培训内容更快速地上手。

1.4 零件建模方法、准则与启动

1.4.1 三维造型方法与准则

在深入了解 Creo Parametric 的工作原理之前，首先来了解一下三维造型的方法。从目前大多数的计算机辅助绘图软件的工作方式看，主要有 3 种方式。

1. 线框形式

将三维几何模型利用线条的形式搭起来，经常如透视图一样，只是一个示意而已，不能包含任何的表面、体积等信息。

2. 三维曲面形式

利用一定的曲面拟合方式建立一些具有一定轮廓的几何外形，可以进行渲染、消隐等复杂处理，但是它就相当于一个物体表面的表皮而已。3D Studio Max 就属于这种方式。它是肯定没有质量信息的。但此时从外表看它已经具备了一定的三维真实感。如果进行剖切的话可以看到，它只是一个外壳罢了。

3. 实体模型形式

在 AutoCAD、MicroStation 等软件中均包含了这种模式。它已经成为真正意义上的几何形体了。不但包括外壳，而且壳内还包含一个“体”，也就是说，具有了质量信息。实体模型完整地定义了三维实体，它的数据信息量肯定要大大超过前两者。Creo Parametric 就是采用了这样的形式。

下面就对这 3 种形式进行一下详细比较，如表 1-2 所示。

表 1-2 三维造型方式比较

项目	线框形式	三维曲面形式	实体模型形式
表达方式	点，边	点，边，面	点，线，面，体
工程图能力	好	有限制	好
剖视图	只有交点	只有交线	交线与剖面
消隐	否	有限制	行
渲染	否	行	行
干涉检查	凭视觉	渲染后直接感性判断	自动判断
计算机要求	低	一般	32 位机

1.4.2 设计准则及方法

1. 设计准则

通常所说的设计准则不是硬性规定，而是指在进行建模过程中希望用户掌握的一些计划。

（1）确定特征顺序。重点决定基本特征，并选择适当的构造特征作为设计中心。

（2）简化特征类型。以最简单的特征组合模型，充分考虑到尺寸参数的控制。

（3）建立特征的父子关系，解决关联问题。

（4）适当采用特征复制操作。复制会产生一个特征阵列，此时如果改变其中任意一个特征，那么更改也将反映到其他阵列元素中去。

2. 建模过程

（1）分析零件特征，确定特征创建顺序。

（2）启动零件设计方式。

（3）创建草绘特征。它是其他特征的父特征，必须注意。

（4）确定参考平面。

（5）绘制其他构造特征。

（6）进行修改和尺寸标注。

（7）保存图形。

2

Creo Parametric 用户界面

2.1　启动与用户界面

2.1.1　启动与退出

1. *启动*

Creo Parametric 的启动过程有多种，分别是通过菜单、对话框和快捷方式进行。具体的启动方式如下：

- 利用 Windows 任务栏启动。依次选择桌面上的“开始”→“所有程序”→Creo Parametric 命令即可。
- 利用“运行”对话框启动。选择“开始”→“运行”命令，打开“运行”对话框，直接在“打开”文本框中输入或选择 Creo Parametric 的批处理文件的完整路径与文件名，然后单击“确定”按钮即可。
- 利用快捷方式进行。如果没有在桌面上建立快捷图标，则可以在“开始”菜单或文件夹中找到 Creo Parametric，右击该图标后从弹出菜单中选择“创建快捷方式”命令，建立快捷方式图标后再将该图标拖动到桌面上。如果要启动，在桌面上双击即可完成。

启动后的 Creo Parametric 的主界面如图 2-1 所示。

2. *退出*

当绘图工作完成后，就可以退出 Creo Parametric 系统了。具体的退出方式有两种：

- 选择主菜单中的“文件”→“退出”命令。
- 单击主界面右上角的“关闭”按钮。

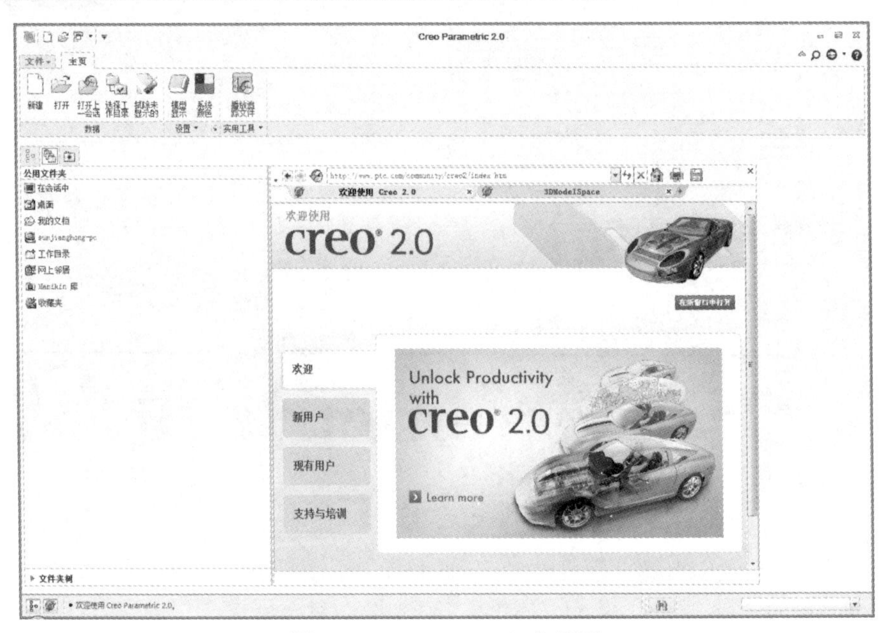

图 2-1　Creo Parametric 主界面

此时系统将弹出提示对话框，如图 2-2 所示，提示用户是否真的退出。单击“是”按钮即可退出；单击“否”按钮可以返回系统继续工作。

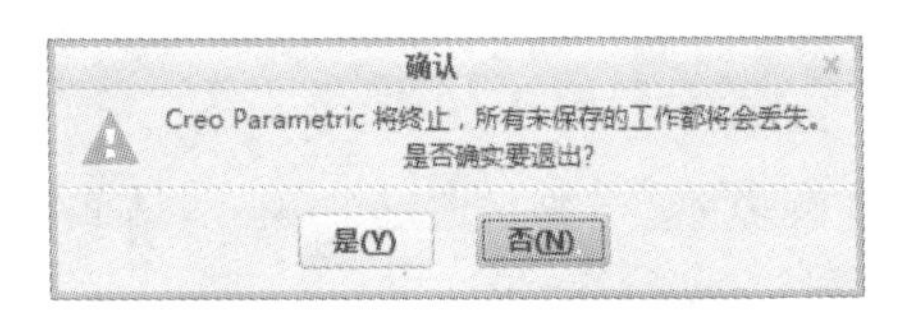

图 2-2　“确认”对话框

2.1.2　用户界面

当用户按照上面讲解的方法启动 Creo Parametric 后，将进入其主窗口中，如图 2-3 所示。这个窗口是一个零件模式下的工作窗口，其中组成元素与图 2-1 有所不同。图 2-1 是一个未进行任何操作的窗口环境。

从这个窗口中可以看到，Creo Parametric 是完全符合 Windows 窗口标准的。唯一特别的就是它的菜单管理器是一个下拉弹出式的。另外，它提供了信息控制区可以在上面看到当前操作的提示信息。Creo Parametric 的主窗口界面包括主菜单、工具栏、状态栏、菜单管理器、导航器、对话框、图形窗口等。本节将就这些展开介绍。

1. 主菜单栏

在 Creo Parametric 建模环境中，只有“文件”主菜单，如图 2-4 所示。当某一菜单命令后面有“▸”标志时，表示其后还有弹出菜单，将这下一级菜单称为子菜单。

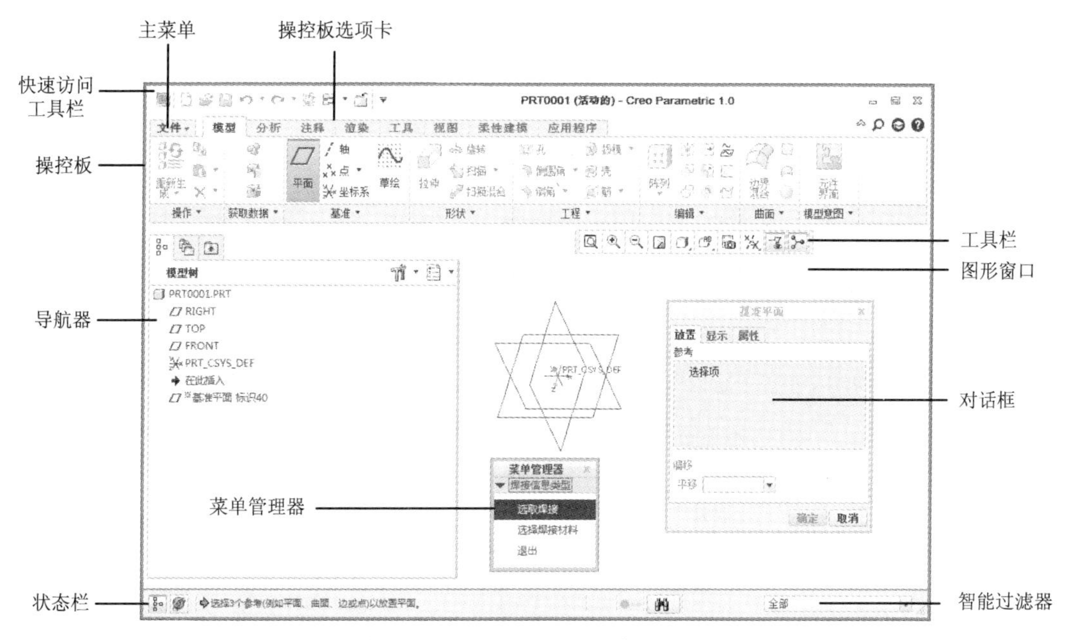

图 2-3 Creo Parametric 主窗口界面

2. 工具栏

在图 2-3 中有两个工具栏，主窗口最上方的“快速访问工具栏”用于进行文件操作，图形窗口上部的工具栏主要用于模型视图操作。建议用户能够熟练掌握工具栏操作。如果将光标放置在工具按钮上停留一会儿，则将显示关于该按钮的提示，这样就可以很快知道它们的作用了。用户可以根据自身的需要自定义工具栏内容。对于快速访问工具栏而言，可以单击其最右侧的 按钮，如图 2-5 所示，进行按钮内容的定义及位置定义。类似地，在工具栏上右击，如图 2-6 所示，也可以定义其按钮内容、位置和尺寸等。

图 2-4 “文件”菜单

图 2-5 “快速访问工具栏”下拉菜单　　　图 2-6 图形操作工具栏快捷菜单

3. 状态栏

状态栏显示系统提示的必要消息和要求用户输入的必要参数。它提示了用户的当前状态和下一步要如何操作，并在操作失误时给出出错信息。当执行了多项操作后，用户可以通过信息条右边的滚动条浏览当前状态前后的操作信息。有时在它上面会出现一个文本框，用户可以从中选择或者直接输入信息。

4. 菜单管理器

菜单管理器是 Creo Parametric 前身 Pro/Engineer 的一个重要特点。但是，随着软件的发展，尤其到了 Creo Parametric 中，菜单管理器已经让位于操控板，但仍然在一些如有限元分析、焊接等模块中起着重要作用。它采用动态弹出式来引导用户进行依次操作。这样既可以节省所占有的空间，也可以起到向导的作用。由于本书内容不过多涉及该方面内容，故在出现时单独讲解，在此不再赘述。

5. 导航器模型树

模型树显示了当前模型的建立过程，在每个操作步骤的左边是表示操作方式的图形标志。用户可以对这些特征进行重定义、删除或者编辑参照等操作。首先在导航器中单击中的“模型树”选项卡，将显示模型树状态。当在某个特征上右击时，将弹出快捷菜单，从中可以进行编辑操作。随着选择的选项卡不同，导航器显示的内容也不同。

6. 对话框

在进行模型处理、特征创建过程中，对话框的使用是非常多的。其操作符合 Windows 标准。

7. 图形窗口

图形窗口就是绘图对象区域，是用户进行绘图、渲染等工作的场所，它相当于绘图板。

8. 操控板

操控板区位于图形窗口的下方，选择相应的选项卡，将显示不同的操控板。在其中可以选择操作方式、输入具体参数等。这是 Creo Parametric 的主要建模方式。

9. 智能过滤器

智能过滤器位于状态栏最右端。随着具体操作的不同，过滤器中提供的可选择对象的类型也将有所不同。建议用户能够熟练地将该工具同具体操作结合使用，可以达到事半功倍的效果。

2.2 文件与工作目录管理

在 Creo Parametric 中，它的文件管理包括文件的建立、打开、关闭和保存等。

2.2.1 文件格式

由于 Creo Parametric 是按照模块化方式提供给用户的，所以随着模块的不同，其文件格式就有多种。下面将同设计、加工和制造有关的文件格式列出来，如表 2-1 所示。

表 2-1 Creo Parametric 文件名及其意义

文件名	意义
***.sec	草绘名称
s2d####.sec	默认草绘名称
***.prt	零件名称
prt####.prt	默认零件名称
***.drw	工程图名称
drw####.drw	默认工程图名称
***.frm	工程图图框名称
***.asm	装配件名称
asm####.asm	默认装配件名称
***.mfg	制造文件名称
color.map	颜色贴图名
names.inf	信息输出文件名
rels.inf	关系式输出文件名
layer_all.inf	所有层信息文件名
layer_***.inf	单一层信息文件名

续表

文件名	意义
partname.inf	零件信息文件名
assemblyname.inf	组合件信息文件名
feature.inf	零件加工特性信息文件名
config.pro	环境设置文件名
trail.txt	轨迹文件名
text.ibl	坐标点文件名
text.pts	点文件名
creo View 文件	包括.ol、.ed、.edz 等

说明：表中的####表示数字，而***表示任意字母。

作为三维绘图软件的领头羊，Creo Parametric 可以非常好地同其他绘图软件进行图形数据交换。其图形数据格式有多种，如 Inventor、IGES、STL 等，通过打开或保存的方式就可以直接交互。

Creo Parametric 可以支持的常见 CAD 文件格式如表 2-2 所示。

表 2-2 Creo Parametric 转换文件格式

文件名	意义
objectname.igs	IGES 文件
objectname.neu	Creo Parametric Neutral 文件
drawingname.dxf	以 active 制图为名的 DXF 文件
filename.stl	任意名称的 SLA 文件
filename.spl	任意名称的 RENDER 文件
partname.ans	以激活零件为名的 ANSYS 输出文件
partname.ntr	以激活零件为名的 PATRAN 文件
partname.pat	以激活零件为名的 PATRAN 输出文件
partname.nas	以激活零件为名的 NASTRAN 输出文件
partname.vda	以激活零件为名的 VDA 文件
partname.stp	以激活零件为名的 STEP 文件
partname.cat	激活 CATIA 文件，其他还包括 model、exp、session、catpart 等
partname.jpg	输出 JPEG 图片文件
partname.tiff	输出 TIFF 图片文件
partname.cgm	输出二进制编码屏幕矢量文件
partname.obj	输出 Wavefront 公司的二进制矢量图形文件

续表

文件名	意义
partname.wrl	输出 VRML 的场景模型文件
partname.dwg	输出 AutoCAD 公司的 dwg 绘图文件
partname.emn	输出 ECAD 的 IDF 格式文件
partname.idx	输出 EDMD 格式文件
partname.emp	输出 ECAD 的增强图元文件
partname.shd	输出 shd 十六进制格式文件
partname.icm	输出显示器颜色配置的文件
partname.asc	输出标准二进制文件
partname.sat	输出 ACIS 的几何信息文件
partname parasolid	输出 parasolid 格式文件，如.x_t 等
partname.vtx	输出顶点文件
partname.prt	输出 Unigraphics 格式文件
partname.ipt、.asm	输出 Inventor 格式文件，包括零件文件和装配文件等
partname.jt	输出中性三维轻量化数据格式文件
partname.3dm	输出 Rhino 格式文件

2.2.2 工作目录设置

当进行建模和装配等操作时，Creo Parametric 都是从内存和当前所在的目录中调用文件的，这个目录称为工作目录。在这里简单介绍一下如何设置工作目录，如图 2-7 所示，依次选择主菜单中"文件"→"管理会话"→"选择工作目录"命令，系统弹出同名对话框，选择目录并确定即可。

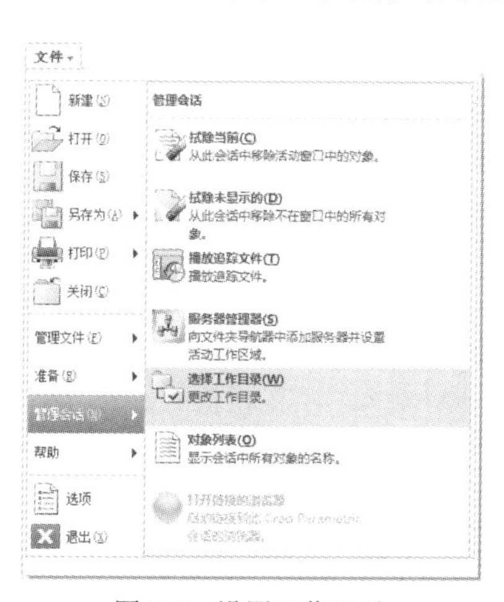

图 2-7 设置工作目录

2.2.3 文件新建与打开

1. 新建文件

从“文件”菜单中选择“新建”命令，或者直接按下组合键 Ctrl+N，也可以直接单击“快速访问工具栏”中的“新建”按钮，屏幕显示如图 2-8 所示的对话框。

在这个对话框中，首先需要进行工作模式的选择，它位于“类型”区域中，默认情况是“零件”模式。与计算机辅助设计有关的模式主要有以下几种：

（1）“草绘”模式：创建二维参数化草图。

（2）“零件”模式：创建零件的三维模型。

（3）“装配”模式：将多个零件组装为装配图的三维模型。

（4）“绘图”模式：建立带有装配尺寸标注的二维绘图模型。

（5）“格式”模式：创建图纸格式。

每种模式下的操作模式有多种，体现在右边的“子类型”列表框中，用户根据需要进行选择即可。选择后在下面的“名称”文本框中输入文件名，系统将自动添加文件名后缀。

在图 2-8 中有一个“使用默认模板”复选框。如果选中它，单击“确定”按钮将直接进入到绘图窗口中。如果不选中，则系统将打开一个选择模板文件的对话框，如图 2-9 所示。

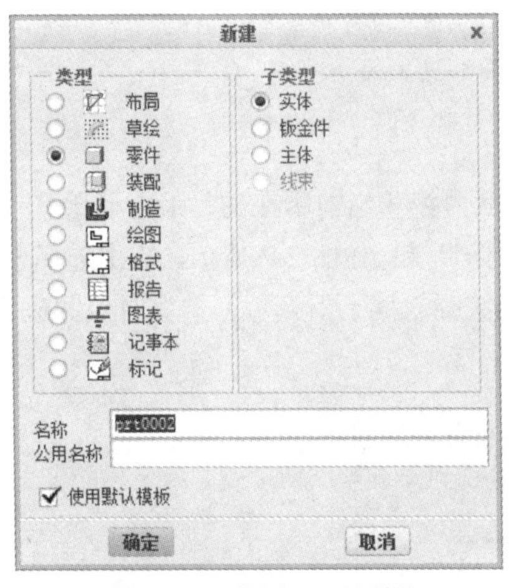

图 2-8 “新建”对话框

图 2-9 “新文件选项”对话框

用户可以从“模板”下拉列表框中选择模板，也可以单击“浏览”按钮选择模板文件。当选择后，可以在 DESCRIPTION 文本框中输入关于该模板的说明，也可以在 MODELED_BY 文本框中输入建模者的姓名。这样用户就可以选择自己需要的模板来完成相应的工作。

2. 打开文件

从“文件”菜单中选择“打开”命令，或者单击工具栏中的图标按钮，也可以直接按下快捷键 Ctrl+O，打开如图 2-10 所示的对话框。

图 2-10　“文件打开”对话框

在“类型”下拉列表框中选择文件类型，在前面列出的文件类型都包含其中。此时，“子类型”下拉列表框将可以选择。图 2-10 就是在选择了“零件”文件类型后，“子类型”中的显示选项。

同标准 Windows 操作不同的是，只要不退出 Creo Parametric，则关闭文件后，文件将仍驻留在内存中，当用户再使用时可以重新从内存中打开它。具体操作为：重复前面的打开文件操作，选择对话框左侧的“在会话中”按钮，将显示当前内存中的文件，从中选择文件名即可。

2.2.4　文件保存与备份

Creo Parametric 的保存操作有以下几种：

（1）保存激活对象。从主菜单“文件”中选择“保存”命令，或者单击工具栏中的图标按钮，也可以使用快捷键 Ctrl+S，系统弹出“保存到”对话框，选择目录后确定即可。此时无法修改文件名称。

（2）保存副本。从主菜单“文件”中选择“另存为”下的“保存副本”命令，系统显示如图 2-11 所示对话框。基本操作同“文件打开”对话框一致。在“新名称”文本框中输入新的文件名并单击“确定”按钮即可。如果对当前文件不满意，可以进行更多的选择。

（3）备份文件。从主菜单“文件”中“另存为”下的选择“保存备份”命令，系统显示“备份”对话框。它基本上同保存一致，只是“保存到”变为“备份到”，选择文件夹名称并确定即可。与保存文件不同的是，备份文件还处理内存中的文件。

2.2.5　文件拭除与删除

当打开多个文件后，由于窗口开得很多，占用内存大，将大大影响操作质量，所以需要对不用的文件进行拭除或删除。需要注意的一点是，即使关闭了某个文件，只要不退出 Creo Parametric 环境，该文件始终会驻留在内存中，虽然暂时看不到，但会影响当前的操作。所以，需要拭除。

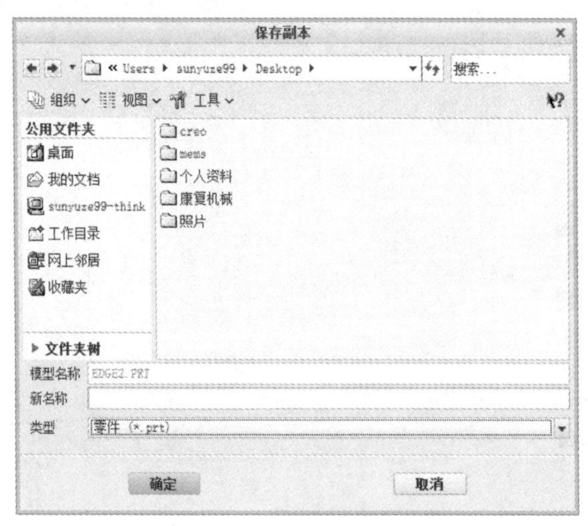

图 2-11 “保存副本”对话框

1．拭除

具体操作步骤如下：

（1）选择“文件”主菜单中“管理会话”下的“拭除”相关选项，如图 2-12 所示。

（2）选择“拭除当前”选项，可将当前激活的模型从内存中清除。

（3）如果是删除非激活模型，可以选择“拭除未显示的”项，系统将显示如图 2-13 所示对话框，让用户选择不需要的模型文件。

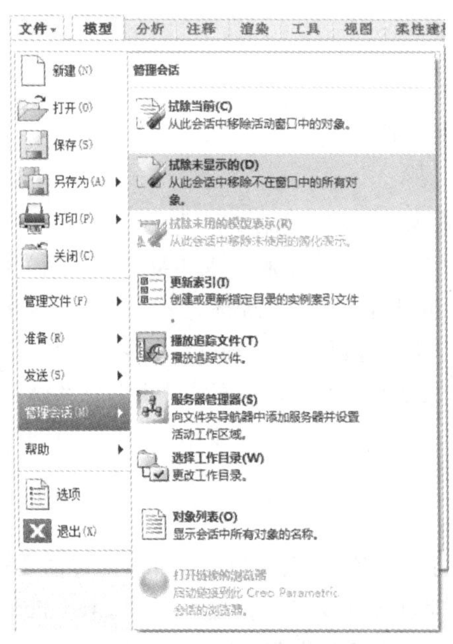

图 2-12 选择拭除操作

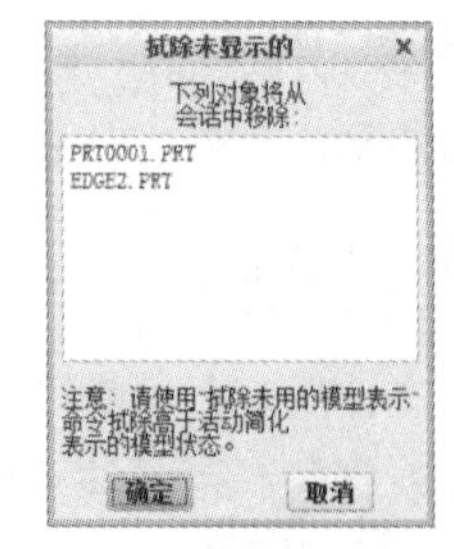

图 2-13 拭除未显示文件

2. 删除

拭除只是从内存中清除文件，与之相比，删除操作则是直接从硬盘上删除文件，而且不可恢复。相比之下，删除有两种：一种是删除旧版本，这是因为 Creo Parametric 在不断的保存中会生成同一文件的多个版本；另一种是删除所有版本，包括当前版本。

具体操作步骤如下：

（1）在“文件”主菜单中选择“管理文件”下的“删除”相关选项，如图 2-14 所示。

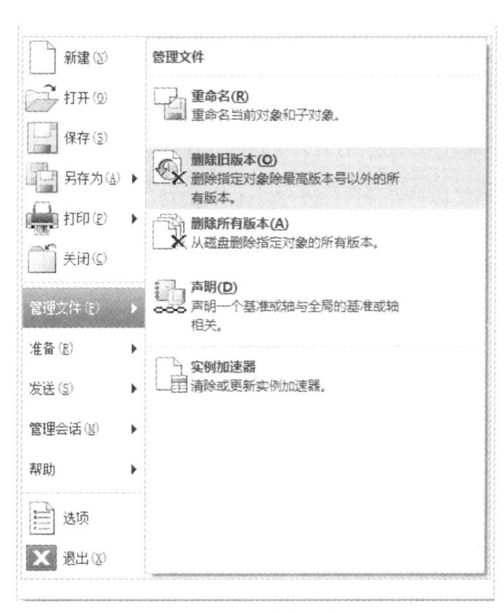

图 2-14 “删除”选项

（2）如果选择“删除旧版本”项，将在信息区中显示如图 2-15 所示提示框。从中输入文件名后回车，将删除该模型的所有旧版本。

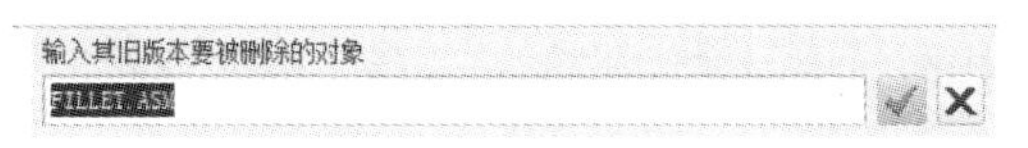

图 2-15 删除旧版本

（3）如果选择“删除所有版本”项，系统将显示如图 2-16 所示对话框。提示用户将在工作进程和磁盘上将有关该模型的所有文件删除。

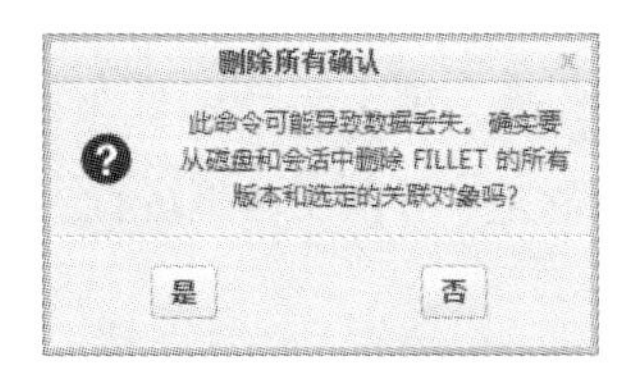

图 2-16 全部删除确认

2.3 视图管理

要建立一个模型，必须首先清楚它将以什么方式显示，或者以什么颜色显示，或者显示比例到底有多大。因此，模型操作及其相关设置就是必需的了。另外，对于某些视图位置、显示状态等也可以在需要的时候随时调出来，所以，本节将讲解有关视图管理和模型操作的知识。

为了便于说明，选择 Creo Parametric 自带的 Chuck_Callar.prt 文件，该模型窗口如图 2-17 所示。

2.3.1 模型的显示处理

模型的显示包括显示缩放、显示状态等。具体内容如下：

（1）模型缩放。按下鼠标中键对模型进行前后拉动，观察效果。当鼠标向后推动时，模型逐渐向用户方向移动放大；当鼠标向前推动时，模型逐渐向远离用户方向移动缩小。

（2）模型区域放大显示。单击图形显示工具栏（下同）中的图标按钮，信息区中将提示“指示两位置来定义缩放区域的框”。在窗口中通过单击和拖动鼠标来设置放大区域，图 2-18 即为选择工作状态。当选择后，该模型将向用户方向移动放大。

图 2-17 Chuck_Callar 模型

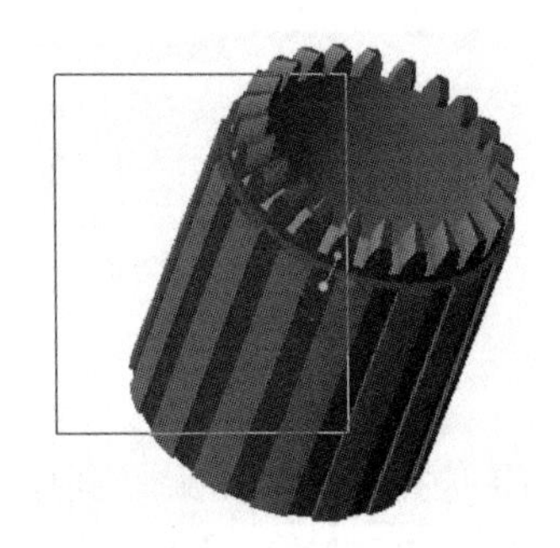

图 2-18 模型窗口

（3）单击工具栏中的比例缩小图标按钮，该模型将向远离用户方向移动缩小。

（4）单击工具栏中的重新调整图标按钮，将调整视图中心和比例，使整个零件拟合（最大化）显示在视图边界内。

（5）单击工具栏中的“显示”下拉菜单中的命令，可对模型显示样式进行设置。

1）单击线框按钮图标，以线框形式显示模型，结果如图 2-19 所示。

2）单击工具栏中的隐藏线按钮图标，以隐藏形式显示模型，结果如图 2-20 所示。

3）单击工具栏中的消隐按钮图标，以无隐藏线形式显示模型，结果如图 2-21 所示。它的被挡住的线条不见了。为了让用户看清楚，所以在这里进行了系统颜色调整，请读者自行按照前面的讲解进行设置。

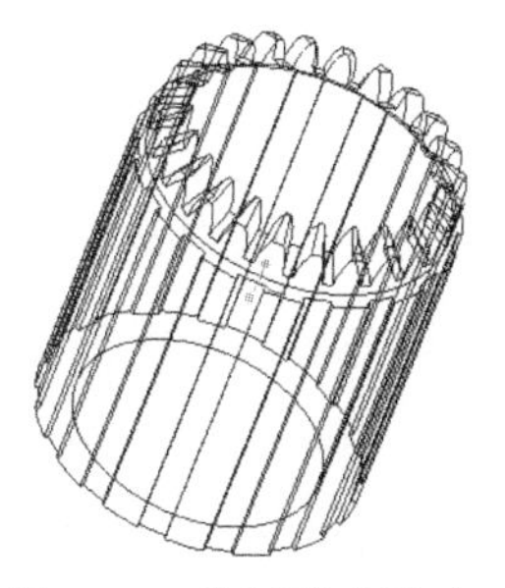

图 2-19　线框形式显示

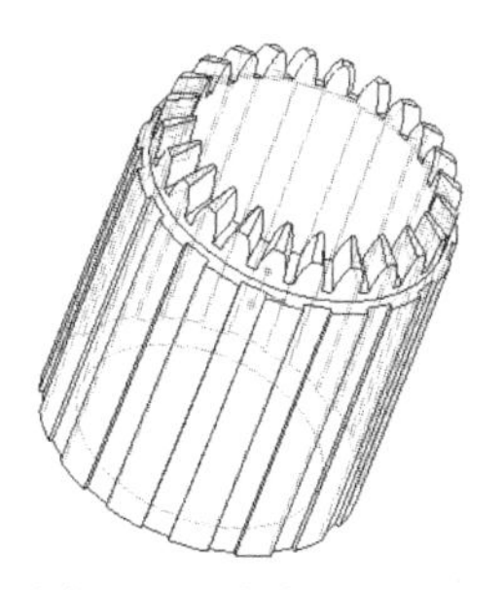

图 2-20　隐藏线显示

4）单击工具栏中的着色按钮图标，以着色形式显示模型，它是默认设置，如图 2-22 所示。

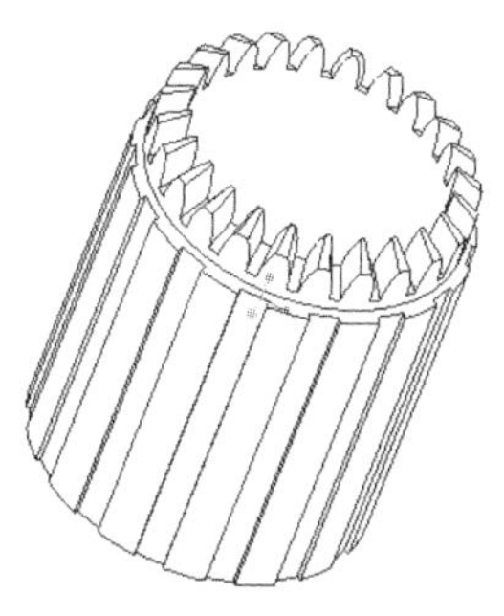

图 2-21　非隐藏显示

图 2-22　着色模式

5）单击工具栏中的带反射着色按钮图标，以反射状态着色显示模型，结果如图 2-23 所示。
6）单击工具栏中的带边着色按钮图标，对边进行着色显示，如图 2-24 所示。

图 2-23　带反射着色显示

图 2-24　着色模式

（6）如果在进行多次操作后使画面变得很乱，可以单击工具栏中的重画图标按钮，重新进行更新绘制，恢复到着色形式。

2.3.2 模型的显示模式设置

模型的显示可以通过“文件”主菜单中“选项”命令进行，系统显示如图 2-25 所示对话框。

图 2-25 “Creo Parametric 选项”对话框

（1）在图 2-25 中，选择“图元显示”，在“几何显示设置”区域中可以设置显示类型，并决定边质量显示和相切边的类型。下面的“基准显示设置”区域则决定了基准的显示内容。“尺寸、注释、注解和位号显示设置”决定了这些附加信息的显示状态，如“显示尺寸公差”决定了是否显示尺寸公差，选中它并应用的话，模型如图 2-26 所示，在右下角将出现公差范围等。

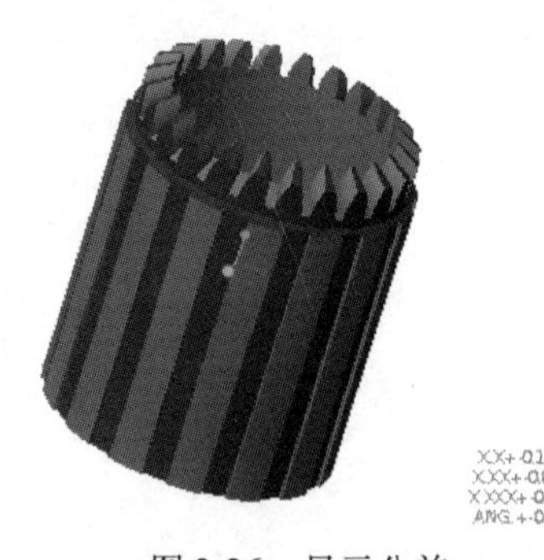

图 2-26 显示公差

（2）在“模型显示”中可以决定着色的质量和效果，如图 2-27 所示。如果选中“显示轮廓边”

复选框，将在渲染模型上高亮显示边，如图 2-28 所示。用户还可以在“将着色品质设置为”数值框中进行质量等级的设定。

图 2-27　模型显示设置

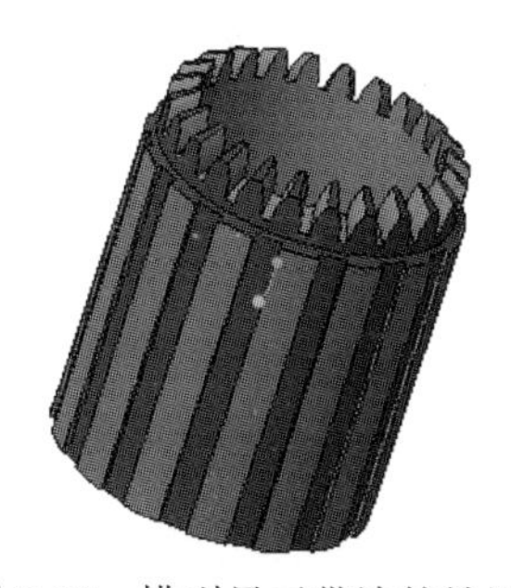

图 2-28　模型显示带边的效果

直接在模型上选择某个特征并不容易，可以借助模型树，在其上单击某个特征，则该特征将在模型上直接显示出来。通过观察就可以看到各特征的不同。

2.3.3　视图的保存与切换

三维模型的观察位置也是可以随时变化的。使用三键鼠标的用户对这一操作并不困难，但是使用两键鼠标则显得很麻烦。另外，有时用户需要某些精确角度的视图，因此，下面主要就视图的保存与切换进行讲解。

1. 视图保存

具体操作步骤如下：选择“视图”选项卡，单击该操控板的“方向”面板上“重定向”按钮，或者在图形显示工具栏中单击“重定向”按钮，在弹出的对话框中选择“类型”下拉列表框中的“动态定向”方式，如图 2-29 所示。

具体的操作如下：

- 平移：在“平移”选项组中分别拖动 H、V 中的滑块，或者在其后的数值框中输入大小值，就可以改变模型在显示窗口中的水平和垂直位置。
- 缩放：在“缩放”选项组中拖动滑块，或者在其后的数值框中输入大小值，就可以改变模型在显示窗口中的大小。
- 旋转：在“旋转”选项组中如果选择，将围绕显示窗口中心轴围绕水平、垂直和正交轴旋转；分别拖动 H、V、C 中的滑块，或者在其后的数值框中输入大小值，就可以改变模型在显示窗口中的观察角度。如果选择，将围绕所选择的旋转中心轴的水平、垂直和正交轴旋转；分别拖动 X、Y、Z 中的滑块，或者在其后的数值框中输入大小值，就可以改变模型在显示窗口中的观察角度。

另外，用户可以在“保存的视图”中选择一个视图来快速定位。

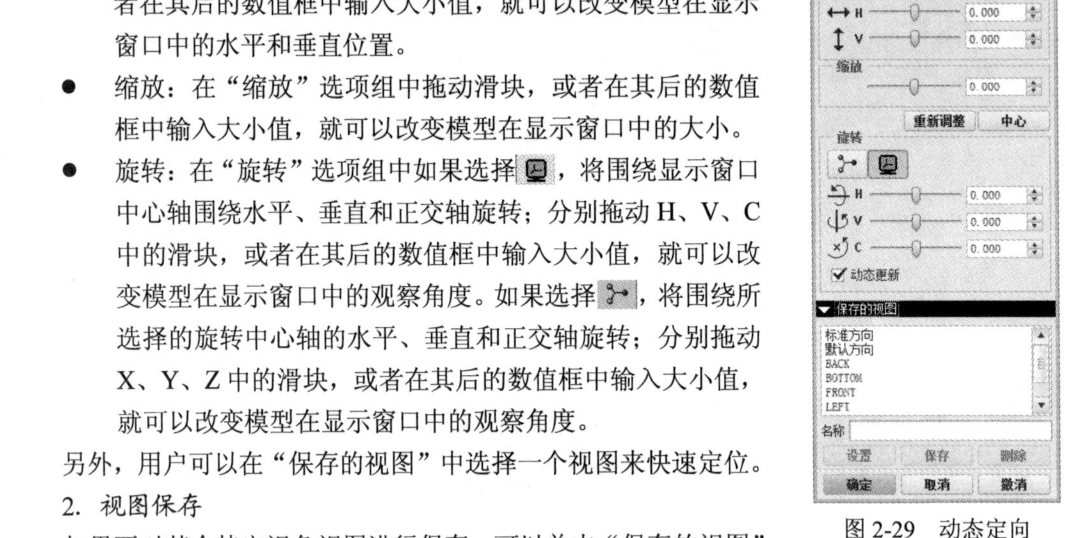

图 2-29　动态定向

2. 视图保存

如果要对某个特定视角视图进行保存，可以单击“保存的视图”选项，在“名称”文本框中输入视图名称，单击“保存”按钮完成视图保存。

3. 快捷转换视角

用户可以建立一些特殊位置的视图，然后在必要的时候随时打开。具体步骤如下：当需要某个视角的视图时，在视图显示工具栏上单击“保存的视图列表”按钮，将出现下拉菜单，如图 2-30 所示，从中选择需要的视图即可。也可以在“方向”面板上单击“已命名视图”按钮，同样打开相同的下拉菜单。

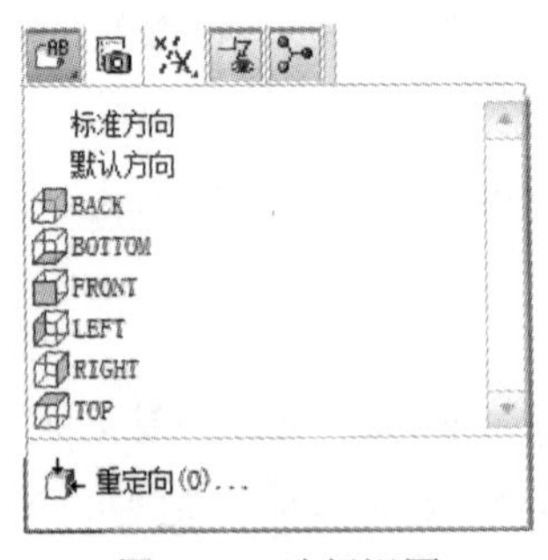

图 2-30　选择视图

2.4 工作环境设置

2.4.1 显示设置

打开“Creo Parametric 选项”对话框，选择“系统颜色”，如图 2-31 所示，用于设置系统环境和各图元显示颜色。

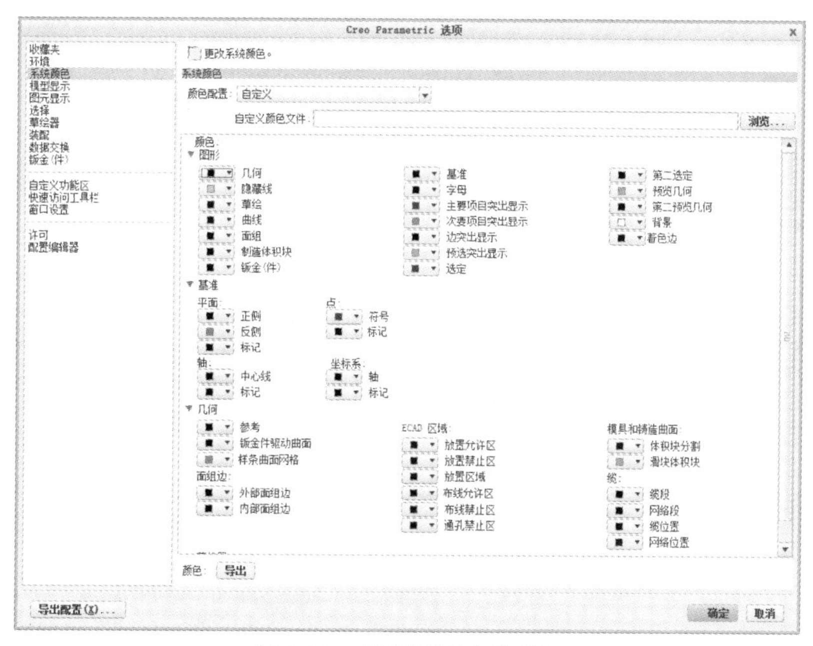

图 2-31 “系统颜色”选项卡

在该对话框中，每个选项前都有颜色按钮，如果单击该图标，选中“更多颜色”选项，系统弹出“颜色编辑器”对话框，如图 2-32 所示。

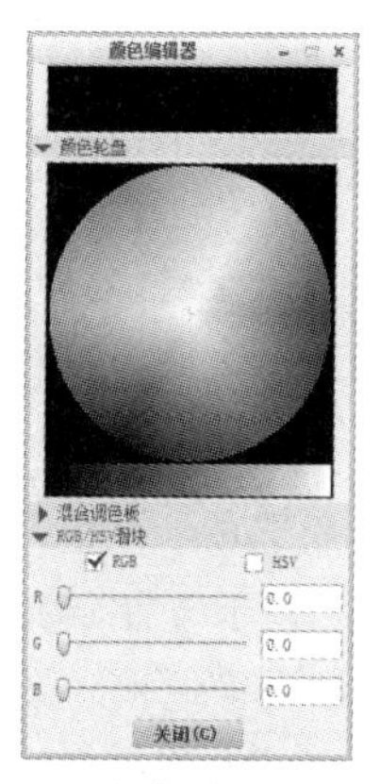

图 2-32 “颜色编辑器”对话框

在“颜色编辑器”对话框中对颜色的调整有 3 种方法：“颜色轮盘”、“混合调色板”、“RGB/HSV 滑块”，默认情况是“RGB/HSV 滑块”方法，使用鼠标拖动 R、G、B 滑条就可以改变颜色，改变的颜色就显示在上方的颜色显示框中。如果要使用另外两种方法来调整颜色，那么分别单击对话框中的“颜色轮盘”、“混合调色板”字样的颜色条，系统就会拉下该颜色条并显示之。

“系统颜色”对话框中包含了许多控制颜色的设置项：“背

景”、“几何”、“隐藏线”、“边突出显示”、“着色边”和“制造体积块”等。

此外，在“系统颜色”选项卡的顶部还有一个“颜色配置”下拉列表框，其中“白底黑色”选项是将背景设置为白色，而其他的图元和模型设置为黑色；“深色背景”选项则相反；“默认”选项则是将系统颜色设置为默认颜色。另外，可以进行颜色自定义。如果单击“浏览”按钮，可以打开原有的颜色定义方案文件。如果单击最下方的“导出”按钮，则可以将定义好的颜色方案保存起来。

2.4.2 定制屏幕

Creo Parametric 除了提供很好的操作界面外，还允许用户根据自己的个性特点，对界面屏幕进行自定义。

单击“Creo Parametric 选项”对话框中的“窗口设置”选项卡，如图 2-33 所示。

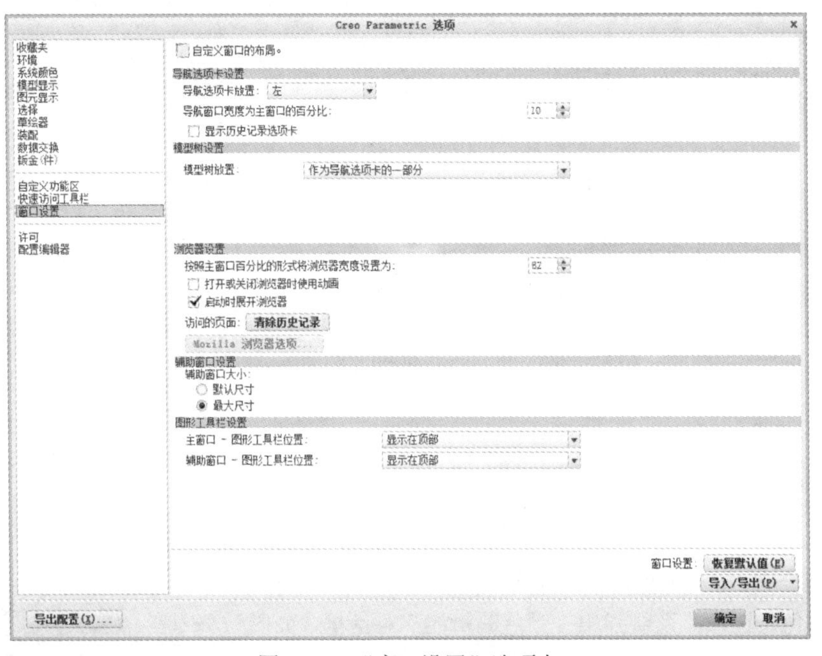

图 2-33 “窗口设置”选项卡

“窗口设置”对话框有 5 个选项域，分别是“导航选项卡设置”、“模型树设置”、“浏览器设置”、“辅助窗口设置”和“图形工具栏设置”，下面将分别进行介绍。

1. “导航选项卡设置”选项域

“导航选项卡设置”选项域如图 2-33 所示，主要用于设置导航器的位置和宽度。“导航选项卡放置”一栏用于设置导航选项卡的位置，如果选中“左”选项，那么导航选项卡将在图形窗口左侧；如果选中“右”选项，那么将显示在图形窗口右侧。可以在“导航窗口宽度为主窗口的百分比”数值框中输入或选择它在整个主窗口所占比例。

“显示历史记录选项卡”复选框用于设置是否在模型树窗口中添加“历史记录”选项卡。如果选中，则带有该选项卡；否则没有。

2. “模型树设置”选项域

“模型树设置”域用于设置模型树的位置和大小。在“模型树放置”下拉列表框中有 3 个选项，“作为导航选项卡的一部分”选项表示模型树是导航器中的一部分；如果选中“图形区域上方”选项，表示将模型树放置在图形窗口之上；“图形区域下方”选项表示将模型树放置在图形窗口之下。在后两种情况下，对话框添加“模型树高度为主窗口的百分比”选项，用于调整模型树的高度。

3. “浏览器设置”选项域

“浏览器设置”选项域主要用于设置浏览器的宽度和打开与关闭时的显示效果。

4. “辅助窗口设置”选项域

设置辅助窗口大小，一般保持默认设置即可。

5. “图形工具栏设置”选项域

“图形工具栏设置”选项域主要用于设置主窗口和辅助窗口工具栏的出现与位置。它可以显示在图形窗口的顶、左、右和底部，也可以作为状态栏的一部分来显示。

2.4.3 选项设置

在“Creo Parametric 选项”对话框中单击“配置编辑器”选项卡，如图 2-34 所示，用于对系统配置进行直接定制。

图 2-34　“Creo Parametric 选项”对话框

在对话框右下角有一个“导入/导出”按钮，可以打开或者导入已有的配置文件。在 Creo Parametric 中，配置文件的扩展名是 pro，如 current_session.pro。“排序”下拉列表框用于选取配置文件各选项的排序方法，单击其右边的按钮，系统将下拉一个列表，显示系统提供的排序方法，系统提供了 3 种排序方法：“按字母顺序”、“按设置”和“按类别”。

“选项”列表框显示当前配置文件的一些配置选项、选项值、选项状态和一些说明等。通过单击“添加”和“删除”按钮，可以添加或者删除某个选项。

如果单击“查找”按钮，系统将弹出“查找选项”对话框，如图 2-35 所示，用于帮助查找需要修改的选项。

图 2-35 “查找选项”对话框

2.4.4 快速访问工具栏设置

在“Creo Parametric 选项”对话框中单击“快速访问工具栏”选项卡，如图 2-36 所示，它用来设置“快速访问工具栏”上的按钮，目的是提高工作效率。在“从下列位置选取命令”下拉列表框中可以选择所需要的命令，如图 2-37 所示。确定后，选择左侧列表框中需要的命令，单击“添加”按钮，将其添加到“自定义快速访问工具栏”列表框中。另外，可以通过单击最右侧的“上移”按钮和“下移”按钮调整这些按钮的排列顺序。如果对某些按钮不满意，可以在右侧列表框中选择后单击“移除”按钮将其去掉。

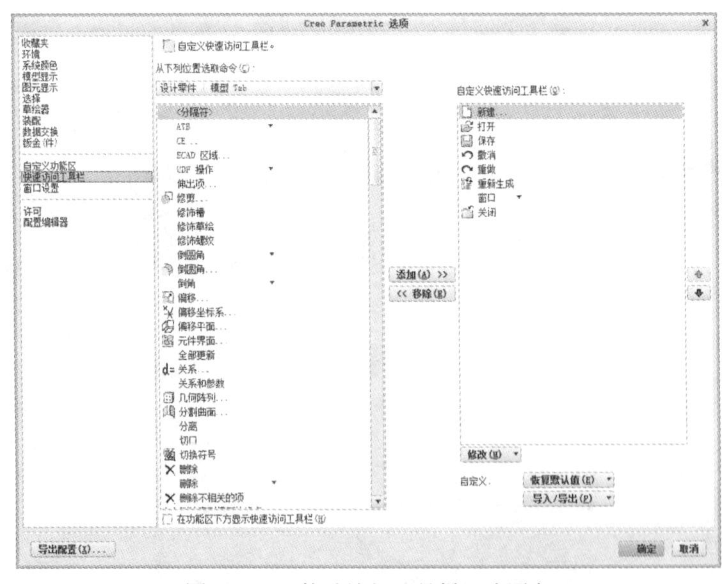

图 2-36 “快速访问工具栏”选项卡

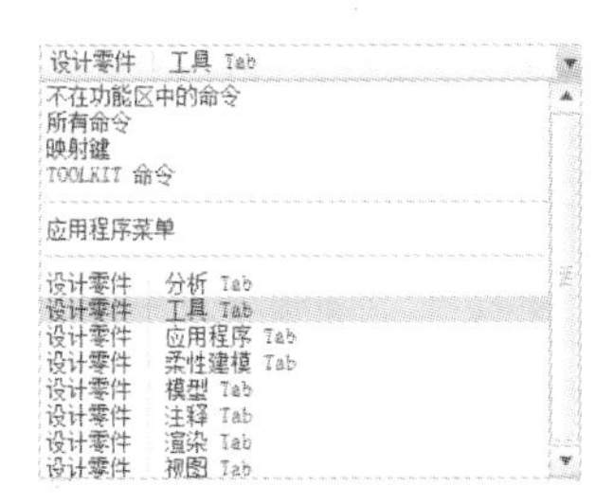

图 2-37 确定命令选择模块

另外，用户可以将当前的配置文件保存起来，也可以导入已有文件。

2.5 模型分析

Creo Parametric 提供了零件设计分析工具。当用户完成三维零件的设计或者零件装配后，可以利用 Creo Parametric 提供的分析工具对零件或者装配体的特性进行各种分析，如模型分析、曲线分析及曲面分析等。

当完成零件或者装配体的设计后，选择 Creo Parametric 的“分析”选项卡，主菜单栏的“分析”命令，系统将弹出如图 2-38 所示的操控面板，显示了管理、测量、模型报告等命令。

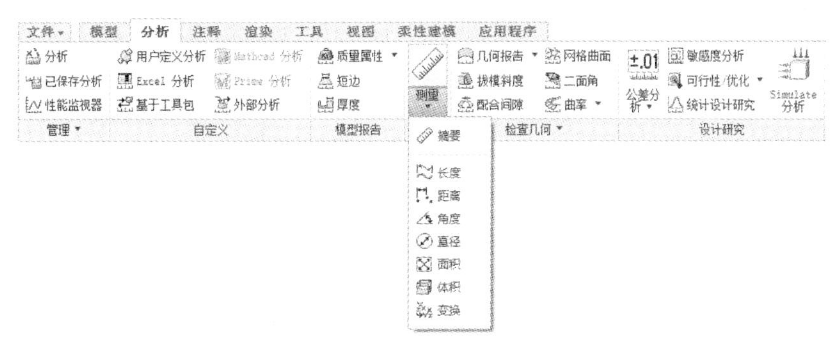

图 2-38 “分析”操控面板

在零件的设计或者装配过程中，用户也可以对零件或者装配体进行各种分析，但是此时用户只能对零件或者装配体进行测量、模型分析、曲线分析、曲面分析及 Excel 分析等，而不能对其进行敏感度分析、可行性 / 优化分析以及多目标设计研究分析等。下面就简单地介绍一下分析工具中测量、模型报告、曲线分析及曲面分析等几个常用命令。

2.5.1 测量

选择“测量”面板中的命令可以测量零件或者装配体模型的曲线长度、距离、角度及面积等几何形体特性。选择某个选项后，将显示类似图 2-39 所示的对话框。选择需要的测量对象后，将在列表中显示具体结果。

2.5.2 模型分析

用户可以使用 Creo Parametric“分析”操控面板中的“模型报告”和“测量”选项卡命令来测量零件或者装配体模型的质量属性、横截面质量属性、模型大小和短边等。

在选取前两种方式时，当选取“测量”选项卡中的命令时，系统会弹出如图 2-39 所示的对话框。选择需要的分析对象后，将在列表中显示具体结果，包括长度、距离、角度、直径、面积、体积和变换。

当选取“模型报告”选项卡中的“横截面属性”命令时，将弹出如图 2-40 所示对话框，从中可以选择具体横截面并获取其相关信息。

图 2-39 “测量：距离”对话框

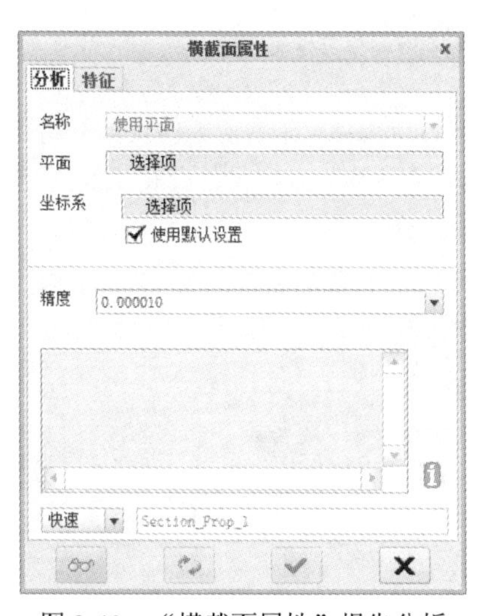

图 2-40 “横截面属性”报告分析

当选取“模型报告”选项卡中的“短边”命令，则弹出如图 2-41 所示的对话框，显示其最短边的长度。

图 2-41 “短边”对话框

2.5.3 几何分析

当选择“分析”操控面板的“检查几何”选项卡命令时，用户可以对零件模型上的曲线或者曲面等进行分析，包括曲率、半径、切线、偏差、二面角以及某点信息等。例如，当选择“二面角”命令时，其对话框如图 2-42 所示。

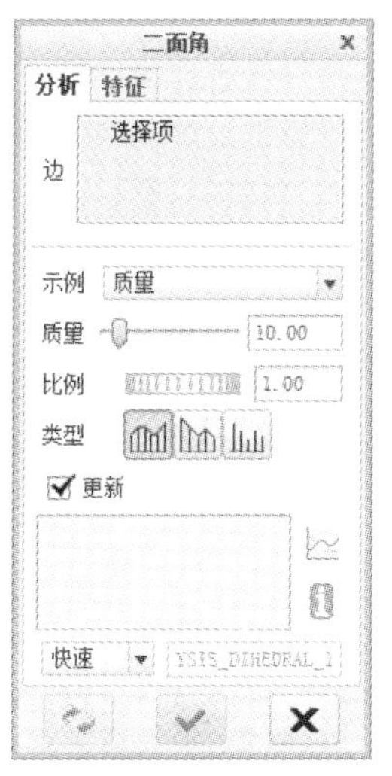

图 2-42　曲线二面角分析

3 草图绘制

在学习 Creo Parametric 的时候，先了解如何绘制草图是十分重要的，它将为以后的实体建模打下良好的基础。本章将对 Creo Parametric 中草图绘制模式中的命令功能、绘制草图应遵循的规则及草图特征上的提示作详细介绍。

3.1 草绘环境与准备

3.1.1 草图绘制环境

在“文件”主菜单中选择“新建”命令，或者单击快速访问工具栏中的“新建”按钮□，将出现“新建”对话框，选中“类型”框中“草绘”单选按钮，在“名称”文本框中输入草图名称，单击“确定”按钮，进入草图绘制环境，其工作界面如图 3-1 所示。

“草绘”操控面板提供了进行绘图的各种工具，包括草绘（绘图）、编辑（修改）、尺寸（标注）等。与 AutoCAD 等平面制图软件不同的是，Creo Parametric 的“草绘”模块主要用来绘制三维实体的轮廓，而非真正的三视图。

按照操控板内容划分，主要的工具分别如下：

（1）设置。进行图形显示区域背景及线条的设置。

（2）获取数据。导入已有平面绘图文件，包括 AutoCAD 的 DXF、DWG 等格式文件。

（3）操作。进行对象选择方式的设置等。

（4）基准。绘制草图参照的坐标系统，如坐标原点方式、中心线方式和坐标系方式。

（5）草绘。进行各种图形绘制。

（6）编辑。对绘制的图形元素进行修改。

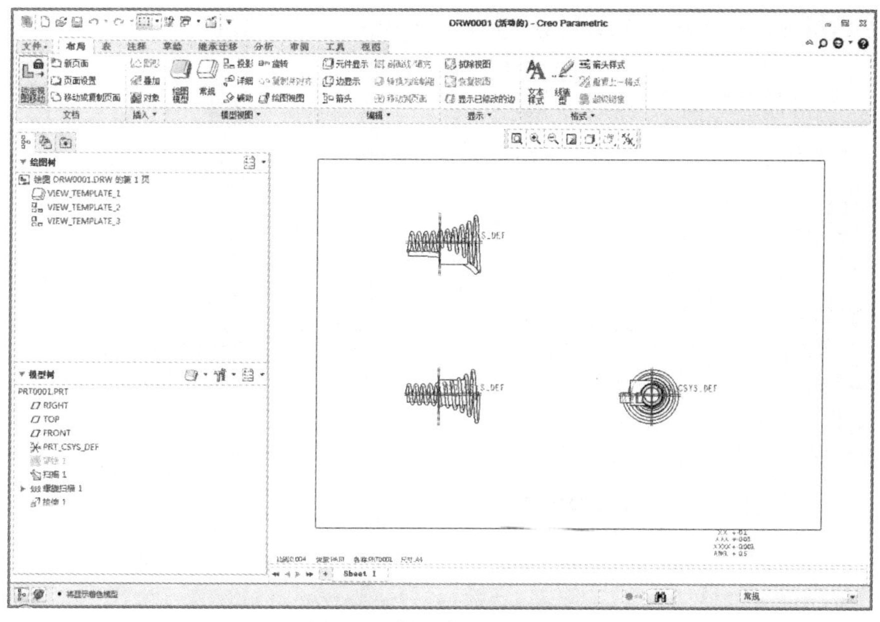

图 3-1　草图绘制工作界面

（7）约束。设置图形元素的几何位置关系。

（8）尺寸。进行图形尺寸标注。

（9）检查。对需要重点检查的对象进行亮显等方式的设置。

3.1.2　草图绘制准备工作

当系统进入草图绘制模式后，就可以进行图形绘制了。不过在此之前，可以进行环境基本设置，提高绘图效率。具体可以进行的工作主要有以下几项：

1. 设置

（1）显示栅格。在图形窗口中，进行基本定位并不太方便，有时可以显示栅格，从而提供辅助选择参照。在“设置”面板中单击“栅格”按钮，系统弹出“栅格设置”对话框，如图 3-2 所示。在其中确定栅格的类型及间距即可。

此时如果还没有显示栅格，可以在图形工具栏中单击按钮，如图 3-3 所示。选中“显示栅格”复选框，结果如图 3-4 所示。

（2）设置线型。在“设置”面板中选择“设置线造型”选项，可以对将要绘制的线条属性进行设置，如图 3-5 所示，从中可以决定线型样式、线型和颜色。如果要对已绘制的图形进行修改，则要单击“选择线”按钮，然后进行设置即可。

2. 获取已有图形数据

单击“获取数据”操控板中“文件系统”按钮，系统将打开如图 3-6 所示对话框。在其中的“类型”下拉列表框中可以选择图形类型，如 DXF、DWG 等格式，导入已绘制好的图形文件。

导入的图形文件自动带有参数，这样可以方便进行编辑。

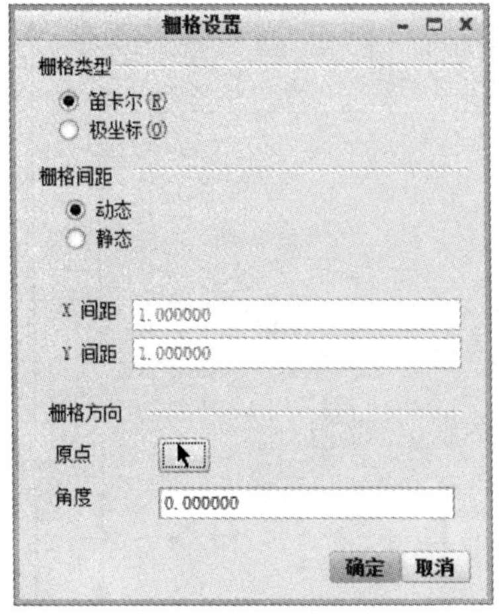

图 3-2 “栅格设置”对话框

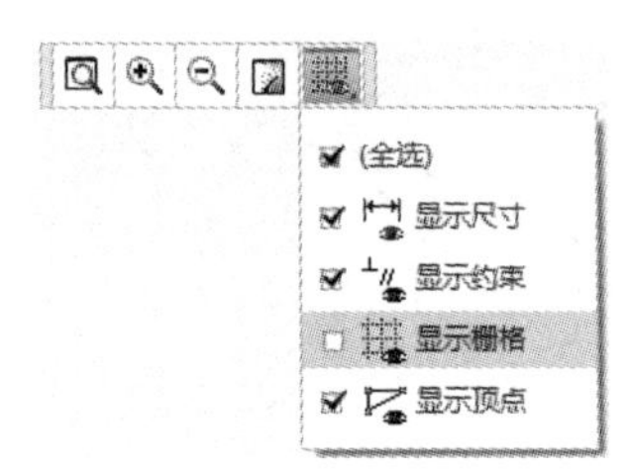

图 3-3 显示栅格设置

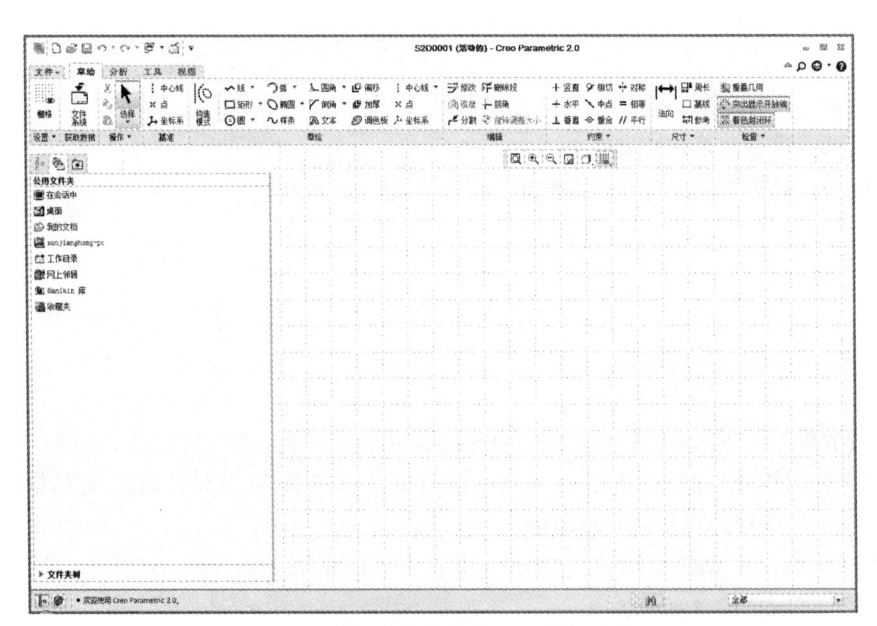

图 3-4 显示栅格的草图绘制工作界面

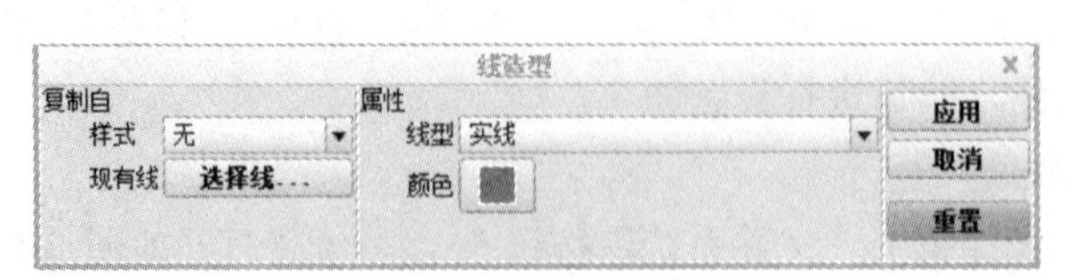

图 3-5 设置线型

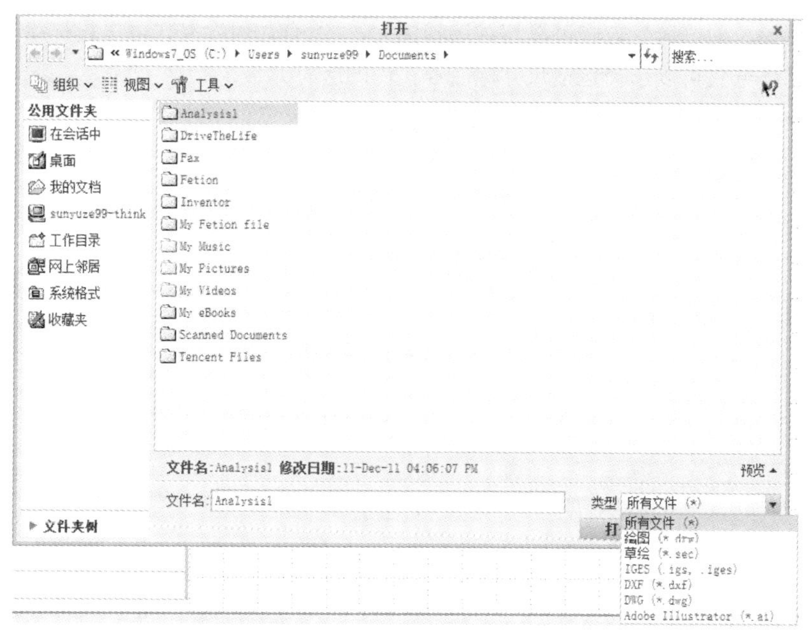

图 3-6　导入文件

Creo Parametric 目前尚不能打开 AutoCAD 2010 以上格式文件。

3. 检查设置

检查设置就是为了能够快速找到一些需要的图形原色而提供的显示工具。

（1）重叠几何。单击该按钮后，图形窗口中将高亮显示重叠部分，默认是红色显示。

（2）突出显示开放端。单击该按钮后，图形窗口将已放大的点方式显示如线段短点等开放图形的端部，如图 3-7 所示。

（3）着色封闭环。单击该按钮后，将对封闭图形进行着色显示，如图 3-8 所示。

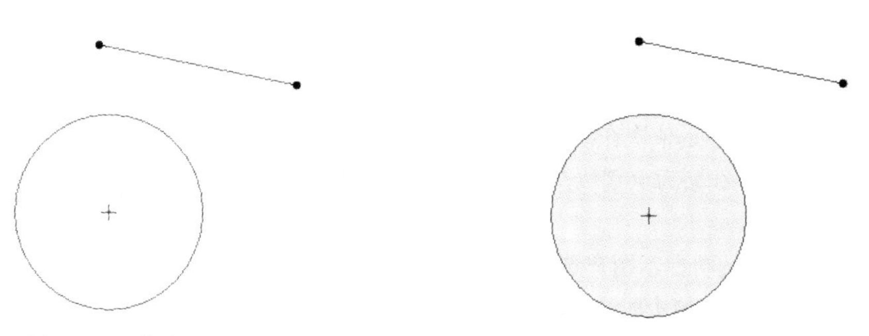

图 3-7　开放端图形显示　　　　图 3-8　封闭图形着色显示

另外 3 个“检查”工具则用来显示交点、相切点和图元的信息，在此不再赘述。

4. 选择方式设置

在“操作”操控板中，可以进行图形元素选择方式的确定，如图 3-9 所示。“依次”方式每次只能选择一个图元，而“链”方式可以连续选择图元，“所有几何”方式可以选择绘制的全部几何图形，而“全部”方式可以选择包括尺寸标注等在内的所有元素。

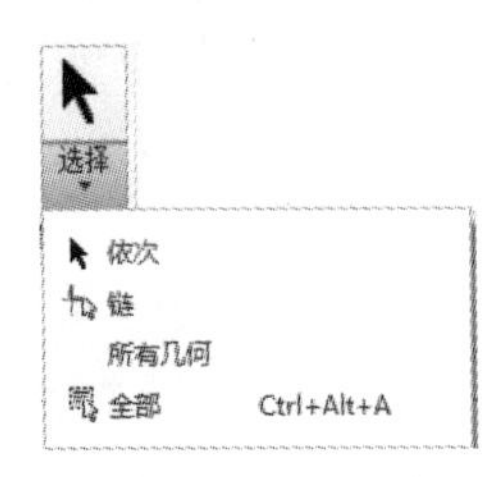

图 3-9 选择方式确定

另外，在图形窗口上部还有图形工具栏，各按钮命令内容如表 3-1 所示。

表 3-1 图形显示工具

按钮	含义	按钮	含义
	使图形完全显示于绘图窗口		放大草绘视图
	缩小草绘视图		重画所有图形
	显示样式的控制		草绘器显示过滤器

3.2 草图绘制

本节就草图的基本绘制功能进行介绍。

1. 绘制几何基准

“草绘”操控面板中提供了“基准”工具。所谓基准就是几何图形尺寸等的参照起始，包括点、中心线和坐标系。

（1）绘制中心线。

按钮用于绘制中心线，中心线常用于旋转、镜像几何图形。

直接单击按钮，然后依次在绘图窗口单击鼠标以确定中心线的起点、终点，即可完成绘制中心线的操作。该中心线线型为点划线，且理论上无限长。在进入三维环境后该中心线自动转换为轴。

（2）绘制几何点。

单击按钮，系统将提示用户选取点的位置，此时在绘图窗口内单击鼠标，即可创建一个几何点，在进入三维模型环境中时该点将自动转换为基准点。

（3）绘制几何坐标系。

坐标系是通过指定一点来定义一个坐标系统的。分为两种，即坐标系与几何坐标系。

如果单击按钮，系统将提示用户选取坐标系的位置，此时在绘图窗口内单击鼠标，可以绘制几何坐标系，在进入三维模型环境中时该坐标系将自动转换为基准坐标系。

实际上，从上面3个基准图形可以看出，它们同“草绘”面板中的对应操作不同点在于，前三者都将转换为三维环境中相应的基准特征，而后三者只显示在“草绘”环境中。

另外，基准与构造模式下的图形元素是不同的。基准将继续在三维模型环境下起作用，而构造只在草绘模式下起作用，且只作为参考图形，不能作为轮廓线的一部分。默认情况下，构造模式所绘制的对象都是虚线。构造模式位于“草绘”面板最左侧，单击即可设置。要取消则可以再次单击。“草绘”面板中的各按钮作用如表3-2所示。

表3-2 “草绘”面板按钮

按钮	含义	按钮	含义
	设置构造模式		绘制连续线段
	绘制一条与两图元（如圆弧、圆或样条曲线等）相切的直线		绘制拐角矩形
	绘制斜矩形		从中心点向四周延伸绘制矩形
	绘制平行四边形		从圆心向四周延伸绘制圆
	绘制同心圆		选取位于圆上的三个点来绘制一个圆
	绘制一个与另外三个图元（如圆弧、圆或样条曲线等）相切的圆		通过确定3点或相切端的方式来绘制一条圆弧
	通过确定圆心和端点的方式来绘制一条圆弧		绘制一个与另外三个图元（如直线、圆、弧、样条曲线等）相切的圆弧
	绘制一个与其他圆弧或圆同心的圆弧		绘制一条圆锥线
	通过长短轴绘制椭圆		通过中心与长短半轴绘制椭圆
	绘制样条曲线		绘制圆形圆角
	绘制圆形圆角，去掉多余圆角线		绘制椭圆形圆角
	绘制椭圆形圆角，去掉多余圆角线		绘制构造线倒角
	绘制倒角		创建文本
	通过偏移实体边界的方式创建图元		通过偏移实体边并加厚方式创建图元
	添加已有常用图形		绘制构造中心线
	绘制一条与两图元（如圆弧、圆或样条曲线等）相切的构造中心线		绘制构造点
	创建构造坐标系		

2. 直线

在 Creo Parametric 中，用户可以绘制各种线段、与图元相切的直线、中心线、与两图元相切的直线及几何中心线等。

（1）绘制直线链。

直接单击按钮，系统将在信息提示区提示用户依次选取直线的起点与终点，此时即可在绘图窗口单击鼠标，确定该直线的起点，然后移动鼠标，并在合适位置单击鼠标以确定直线的终点，如图 3-10 所示，最后单击鼠标中键，即可完成绘制直线的操作。

（2）绘制与两图元相切的直线。

按钮用于绘制一条与两图元（如圆弧、圆或样条曲线等）相切的直线。

直接单击按钮，然后依次选取两段圆弧、圆或样条曲线，即可完成绘制直线的操作，如图 3-11 所示。

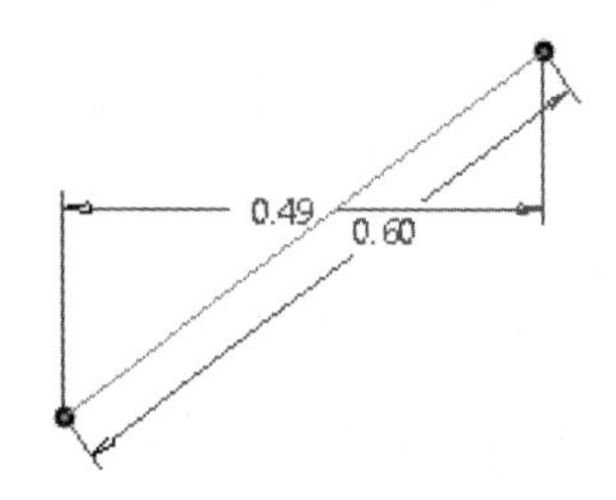

图 3-10　通过两点绘制直线

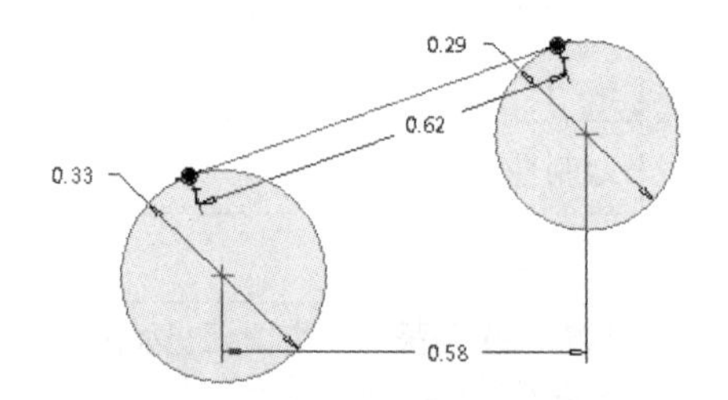

图 3-11　绘制与两图元相切的直线

（3）绘制中心线。

单击按钮，将绘制一条中心线。方法与绘制直线链相同，只是它将无限长。

（4）绘制与两图元相切的中心线。

“中心线相切”按钮用于绘制一条与两图元（如圆弧、圆或样条曲线等）相切的中心线，如图 3-12 所示。

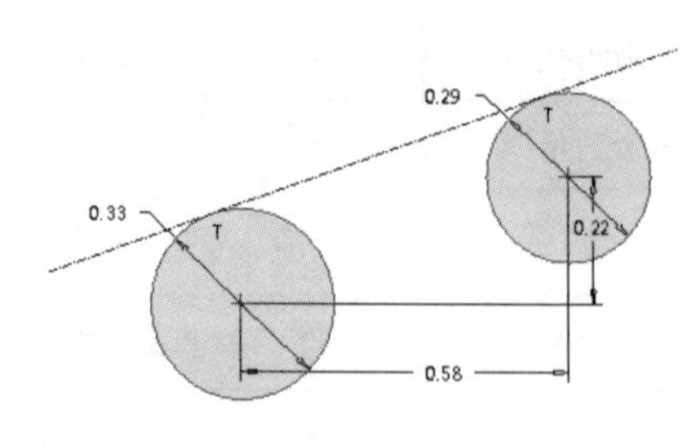

图 3-12　中心线相切

单击该按钮，然后依次选取两段圆弧、圆或样条曲线，即可完成绘制中心线的操作。

3. 四边形

在 Creo Parametric 中，用户可以绘制矩形或者平行四边形。单击“草绘”工具按钮右侧的▾

图标，系统将弹出相应按钮列表。

（1）绘制正矩形。

单击□按钮，然后在绘图窗口依次单击鼠标以确定矩形对角线的起点 1、终点 2，最后单击鼠标中键即可完成绘制矩形的操作，如图 3-13 所示。

（2）绘制斜矩形。

单击◇按钮，然后在绘图窗口依次单击鼠标以确定矩形一条边的起点和终点，拖动鼠标，此时只能在垂直于该边的方向上移动。最后单击鼠标左键即可完成斜矩形的操作，如图 3-14 所示。

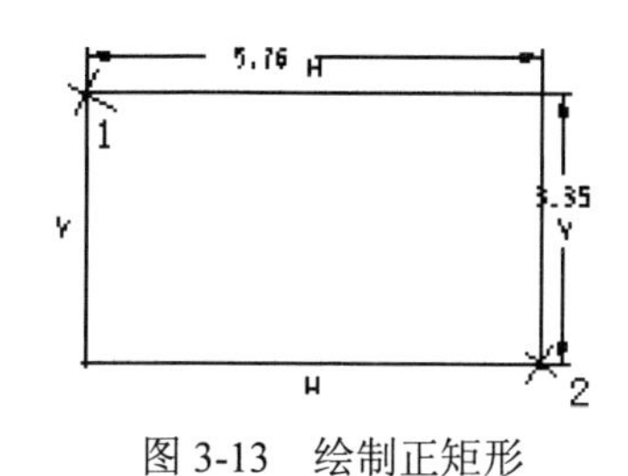

图 3-13　绘制正矩形

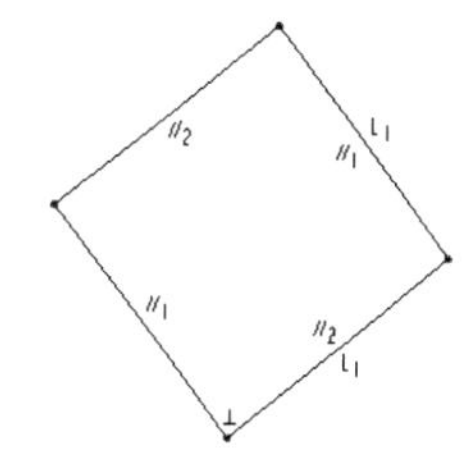

图 3-14　绘制斜矩形

（3）绘制中心矩形。

与拐角矩形不同的是，中心矩形首先需要确定矩形中心点，然后沿着水平与垂直两个方向延伸矩形的四条边，最终获取矩形。单击□按钮，在图形窗口中单击以确定中心点，然后拖动鼠标确定矩形大小，最后单击鼠标中键结束，如图 3-15 所示。

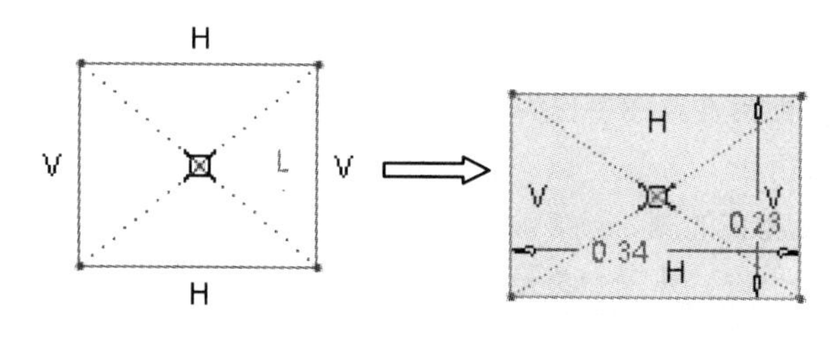

图 3-15　绘制中心矩形

（4）绘制平行四边形。

单击▱按钮，然后在绘图窗口依次单击鼠标以确定平行四边形一条边的起点和终点，任意拖动鼠标，单击鼠标左键即可完成平行四边形的操作，如图 3-16 所示。单击鼠标中键即可结束操作。

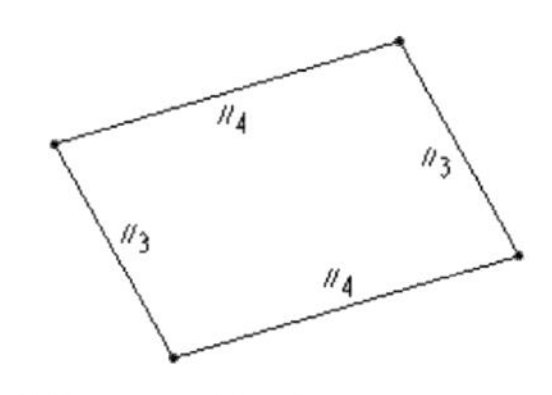

图 3-16　绘制平行四边形

4. 圆与椭圆

在 Creo Parametric 中，用户可以绘制各种造型的圆。

单击 按钮右侧的 图标，系统将弹出工具按钮子菜单。

（1）通过圆心和点绘制圆。

按钮用于绘制一个由圆心和点确定的圆。

直接单击 按钮，并在绘图窗口中选取一点以确定圆的中心，然后移动鼠标到适当位置，选取圆半径上的一点，即可绘制出一个圆，如图 3-17 所示，单击鼠标中键结束操作。

（2）绘制同心圆。

按钮用于绘制一个与其他圆弧或圆（草图或模型图形）同心的圆。

直接单击 按钮，然后选择要同心的圆或圆弧，并移动鼠标到适当位置，再选取一点，即可绘制一个同心圆，如图 3-18 所示，最后单击鼠标中键结束操作。

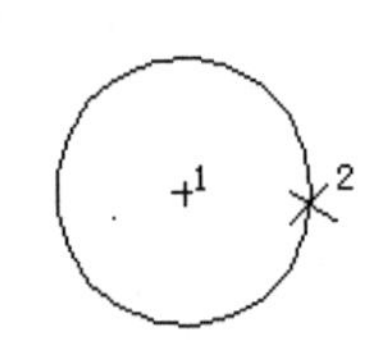

图 3-17　圆心/点画圆

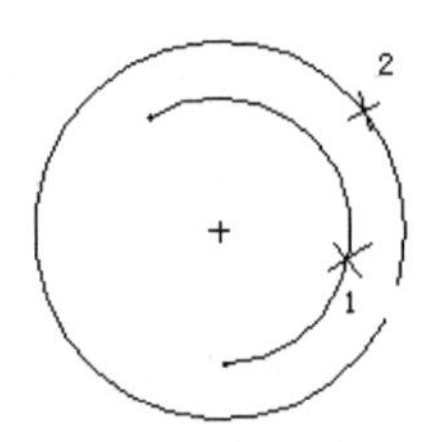

图 3-18　画同心圆

（3）通过 3 点绘制圆。

按钮用于通过选取位于圆上的三个点来绘制一个圆。

直接单击 按钮，然后在绘图窗口内依次选择三个点即可绘制一个圆，如图 3-19 所示，最后单击鼠标中键结束操作。

（4）绘制与 3 图元相切的圆。

按钮用于绘制一个与另外三个图元（如圆弧、圆或样条曲线等）相切的圆。

直接单击 按钮，然后依次选择三个图元，即可绘制一个与之相切的圆，如图 3-20 所示，最后单击鼠标中键结束操作。

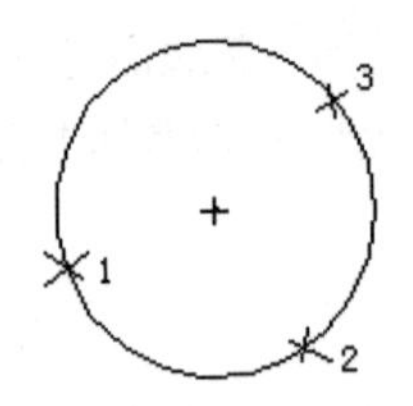

图 3-19　通过 3 点绘制圆

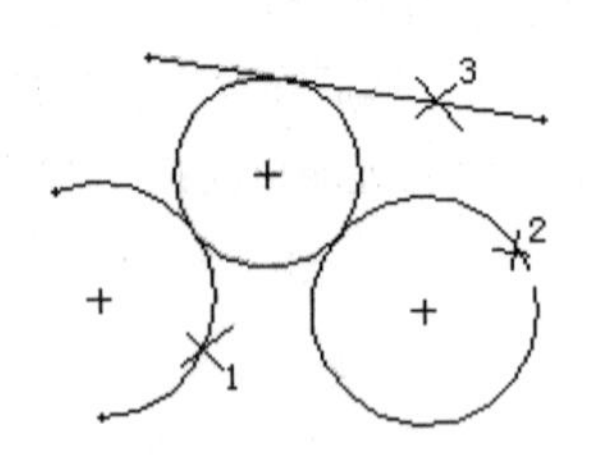

图 3-20　绘制与 3 图元相切的圆

（5）通过轴端点绘制椭圆。

按钮用于通过轴端点绘制一个椭圆。

直接单击按钮，然后在绘图窗口内依次单击两点确定椭圆的一根轴，并移动鼠标调整椭圆的形状和大小，单击鼠标左键即可绘制一个椭圆，如图 3-21 所示，最后单击鼠标中键结束操作。

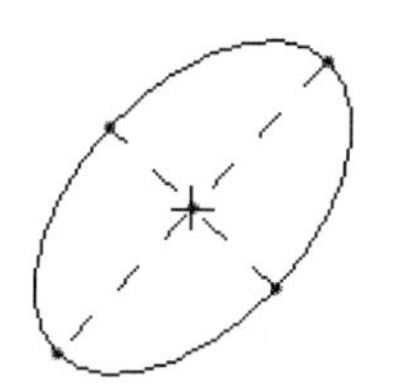

图 3-21　画椭圆

（6）通过中心点和半轴长绘制椭圆。

按钮用于通过中心和轴绘制一个椭圆。

直接单击按钮，然后在绘图窗口内单击一点作为椭圆的中心，并移动鼠标调整椭圆的形状和大小，此时单击鼠标左键即可绘制一个椭圆，最后单击鼠标中键结束操作。效果与图 3-21 一样，

5. 圆弧

在 Creo Parametric 中，用户可以绘制各种造型的圆弧。

单击按钮右侧的▾图标，系统将弹出相应工具按钮列表。

（1）通过三点或相切端绘制圆弧。

按钮用于通过确定三点或相切端的方式来绘制一条圆弧。

直接单击按钮，然后在绘图窗口内依次指定圆弧的两个端点，如图 3-22 中的点 1 与点 2，再指定圆弧上的一点，如图 3-22 中的点 3，即可绘制一条圆弧；或者用左键先选取相切图元（直线或圆弧）的端点作为圆弧的起点，如图 3-23 中的点 1 或点 3，移动鼠标到适当位置，再单击鼠标左键定出圆弧终点，如图 3-23 中的点 2 或点 4，即可绘制一条圆弧，最后单击鼠标中键结束操作。

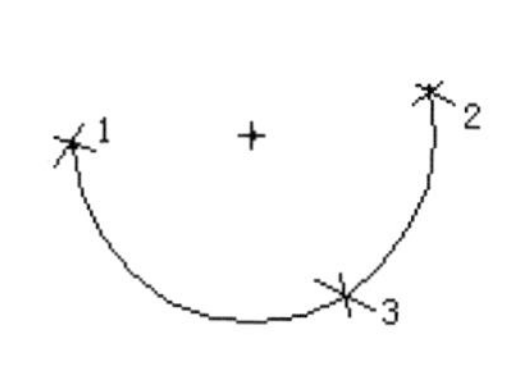

图 3-22　通过三点绘制的圆弧

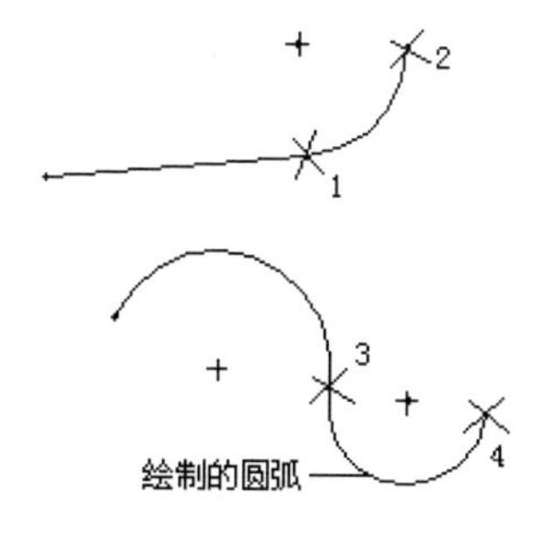

图 3-23　通过相切端绘制的圆弧

（2）通过圆心和端点绘制圆弧。

按钮用于通过确定圆心和端点的方式来绘制一条圆弧。

直接单击按钮，然后单击鼠标左键指定圆弧的中心点，如图 3-24 中的点 1，然后指定圆弧的起点，如图 3-24 中的点 2，移动鼠标到适当位置用左键定出终点，如图 3-24 中的点 3，即可绘制一条圆弧，最后单击鼠标中键结束操作。

（3）绘制与三图元相切的圆弧。

按钮用于绘制一个与另外三个图元（如直线、圆、弧、样条曲线等）相切的圆弧。

直接单击按钮，然后利用鼠标左键依次选择三个图元（直线、圆、弧、样条曲线），即可绘制一条与之相切的圆弧，如图 3-25 所示，最后单击鼠标中键结束操作。

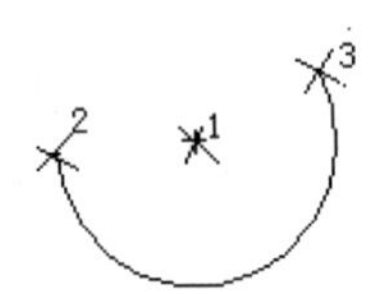

图 3-24 通过圆心和端点绘制的圆弧

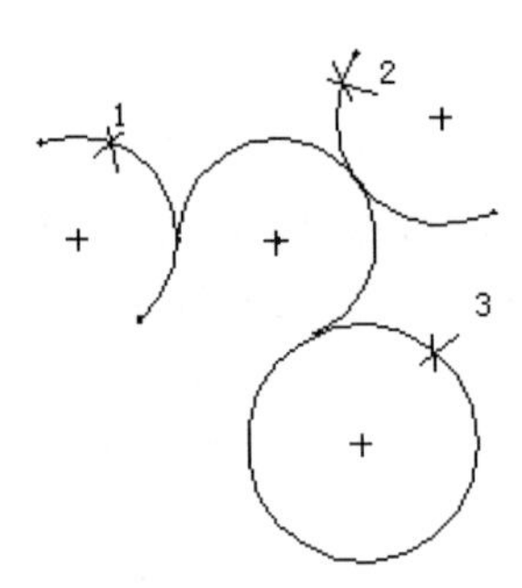

图 3-25 绘制与三图元相切的圆弧

（4）绘制同心圆弧。

按钮用于绘制一个与其他圆弧或圆（草图的或实体的模型）同心的圆弧。

直接单击按钮，然后利用鼠标左键选择要同心的圆或弧，如图 3-26 中的圆 1，再用左键定出圆弧的起点，如图 3-26 中的点 2，移动光标到适当位置，单击左键定出圆弧的终点，如图 3-26 中的点 3，即可绘制一条同心圆弧，最后单击鼠标中键结束操作。

（5）绘制圆锥线。

按钮与“圆锥”选项用于在二维剖面上绘制一条圆锥线。

直接单击按钮，然后用鼠标左键依次定出圆锥线的起点与终点，移动鼠标到适当位置，再用左键定出第三点，即可绘制一条圆锥线，如图 3-27 所示，最后单击鼠标中键结束操作。

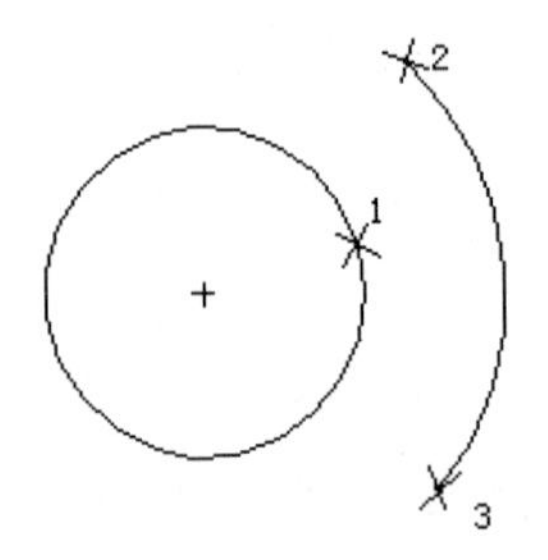

图 3-26 绘制同心圆弧

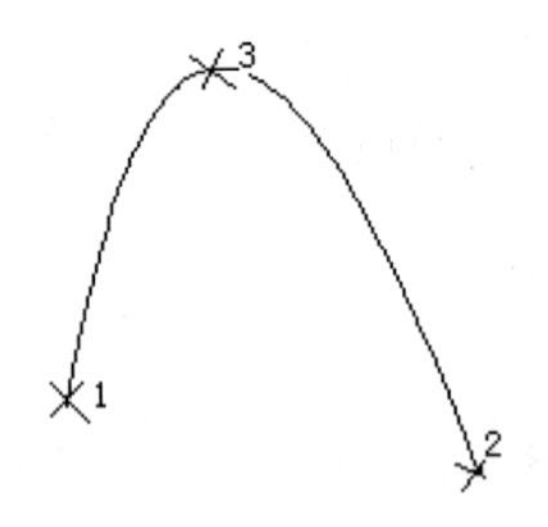

图 3-27 绘制圆锥线

6. 样条曲线

样条曲线用于绘制光滑弯曲的不规则曲线。

直接单击 按钮，然后在绘图窗口依次单击鼠标以确定样条曲线经过的点，即可绘制一条样条曲线，如图 3-28 所示，最后单击鼠标中键结束操作。

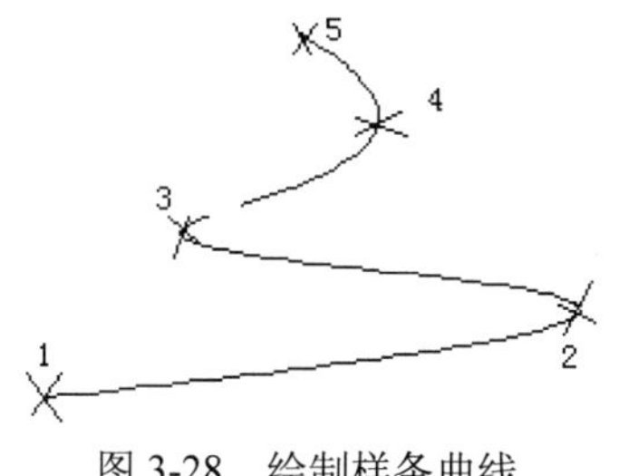

图 3-28 绘制样条曲线

7. 圆角

单击 按钮右侧的 图标，系统将弹出工具按钮列表。利用选项或按钮可以绘制圆角或椭圆形圆角。

（1）绘制圆形修剪圆角。

按钮用于绘制一条与任意两个相互不平行的草图图形相切的圆弧。

直接单击 按钮，然后利用鼠标左键选择要倒圆角的两个图元（如直线、圆、弧、样条曲线等），分别如图 3-29 中的 1 和 2，即可倒出圆角，最后单击鼠标中键结束操作。圆角大小由选择点距离两个图元交点的距离来决定。例如，在图 3-29 左图中，假设两条直线交点是 3，如果选择直线 1 时拾取点距离 3 的距离小于选择 2 时拾取点的距离，则以短的距离为圆角半径。

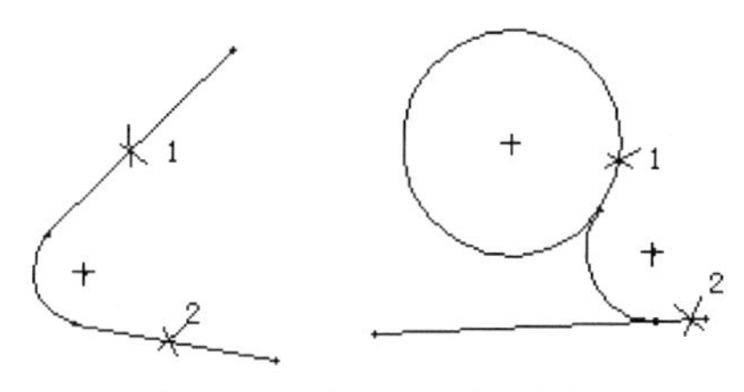

图 3-29 绘制圆形修剪圆角

（2）绘制圆形圆角。

按钮与 按钮操作完全一致，只是圆形圆角将以虚线形式保留原来的被修剪线条，如图 3-30 所示。

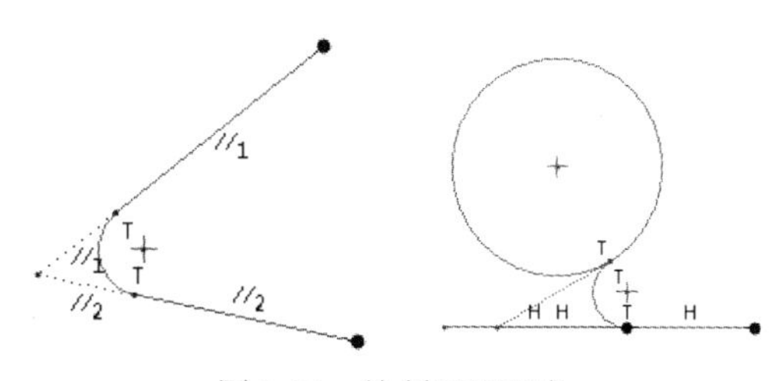

图 3-30 绘制圆形圆角

（3）绘制椭圆形修剪圆角。

按钮用于在两图元之间绘制一个椭圆形圆角。

直接单击按钮，然后利用鼠标左键选择要倒椭圆形圆角的两个图元（如直线、圆、弧、样条曲线等），即可倒出一个椭圆形圆角，如图3-31所示，单击鼠标中键结束操作。椭圆长轴和短轴大小直接由在直线上所选择的点到两直线的交点之间的距离决定。

（4）绘制椭圆形圆角。

按钮用于在两图元之间绘制一个椭圆形圆角，操作与椭圆形修剪圆角完全一样，只是椭圆形圆角将以虚线形式保留原来的被修剪线条，如图3-32所示。

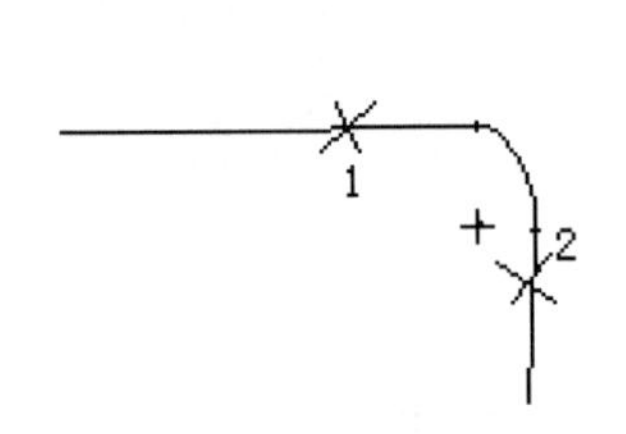

图3-31　绘制椭圆形修剪圆角

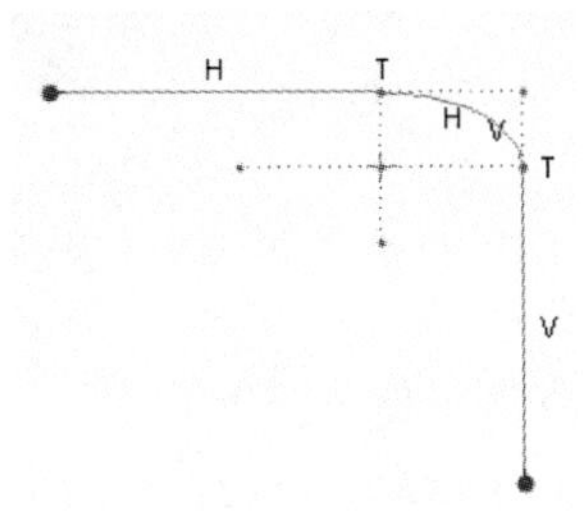

图3-32　绘制椭圆形圆角

8. 倒角

单击按钮右侧的图标，系统将弹出级联工具按钮。利用选项或按钮可以绘制倒角或构造线倒角。

（1）绘制倒角。

按钮用于绘制一个带有构造线的倒角。

直接单击按钮，然后选择要倒角的两个图元（如直线、圆、弧、样条曲线等），分别如图3-33中的1和2，即可倒出圆角，最后单击鼠标中键结束操作。

（2）绘制倒角修剪。

按钮用于在两图元之间绘制一个倒角并进行修剪。

直接单击按钮，然后选择要倒角的两个图元（如直线、圆、弧、样条曲线等），即可倒出一个倒角，如图3-34所示，最后单击鼠标中键结束操作。

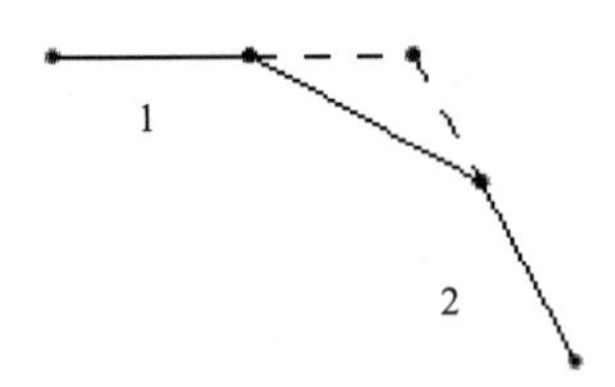

图3-33　绘制构造线倒角

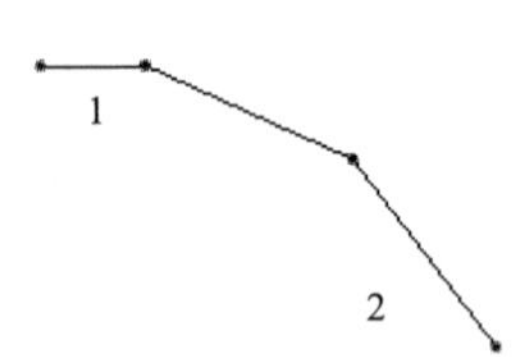

图3-34　绘制倒角

9. 文本

文本用于在指定位置产生文字。

直接单击 按钮，系统将在信息提示区内提示选择文本行的起点，确定文本的高度和方向。在绘图窗口中选取两点，系统将弹出“文本”对话框，如图3-35所示。在该对话框的“文本行”编辑框中输入文字，如“Welcome to Creo Parametric”，绘图窗口将出现一条双点划线，如图3-36所示。单击对话框中“确定”按钮即可创建文字，双点划线消失。

图3-35 “文本”对话框

“文本行”编辑框用于输入文本；“字体”下拉列表框用于选择文本的字体；“长宽比”编辑框用于设置文本的长宽比，其比值范围是“0.10～10”，默认值为“1.00”，用户可以直接在编辑框中输入长宽比的数值，也可以拖动其右侧的滑块，动态调整文本的长宽比；“斜角”编辑框用于设置文本的倾斜角度，其值范围是“-60～60”，默认值为“0.00”，同样用户可以直接输入倾斜角度值，也可以拖动其右侧的滑块来调整倾斜角度；“字符间距处理”复选框可以调整字符间的距离。如果单击“文本符号”按钮，则可以选择特殊符号，如图3-37所示。如果选中“沿曲线放置”复选框，则需要选择一条已有曲线，文字将随着曲线走向变化，如图3-38所示。

Welcome to Creo Parametric

图3-36 创建的文字

图3-37 插入特殊符号

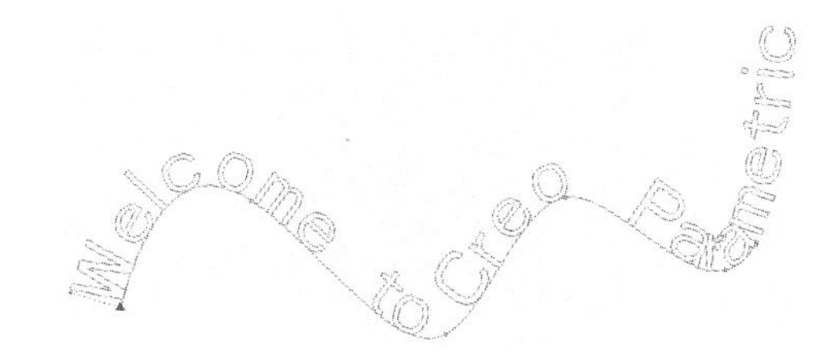

图3-38 沿曲线创建的文字

10. 偏移

偏移对象通过对选定图元对象进行偏移来生成新对象，主要用于在实体对象上选择某条边作为参考的时候用。

选定对象后，直接单击按钮，选定对象上将出现偏移方向的箭头。系统弹出如图 3-39 所示文本框，在其中可以输入偏移值。如果输入负值，则向相反方向偏移。同时显示如图 3-40 所示“类型”对话框，如果没有先选择对象，则可以在此决定所选对象的类型。当确定后，则生成偏移对象。图 3-41 所示就是多次偏移生成的结果。

图 3-39　输入偏移值

图 3-40　确定对象类型

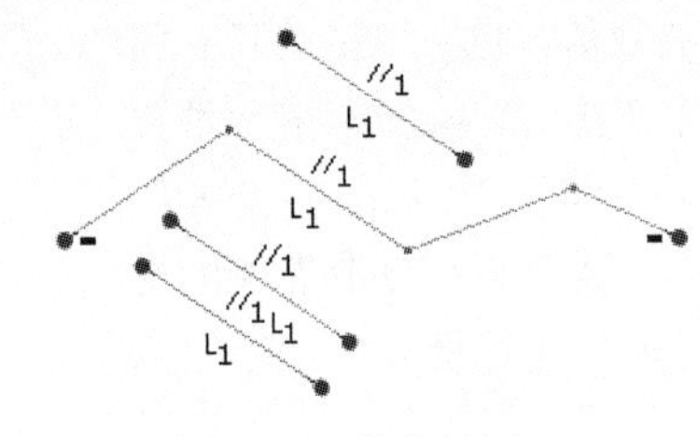

图 3-41　偏移结果

11. 加厚

加厚对象通过对选定图元对象进行偏移和闭合等操作来生成封闭对象，操作与偏移操作类似。

直接单击按钮，系统显示如图 3-42 所示对话框，在其中可以决定偏移对象的类型以及对偏移对象端部的处理。系统要求确定厚度，如图 3-43 所示，输入后即一次生成的两条偏移线之间的距离。确定后系统提示偏移距离，如图 3-44 所示，确定后即可一次生成两个平行曲线，它们的端部可以开放、平整或圆形，后二者分别如图 3-45 所示。

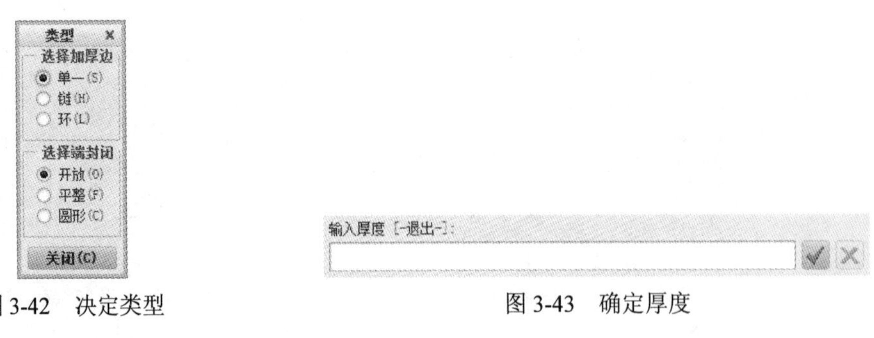

图 3-42　决定类型　　　　图 3-43　确定厚度

图 3-44　确定偏移距离

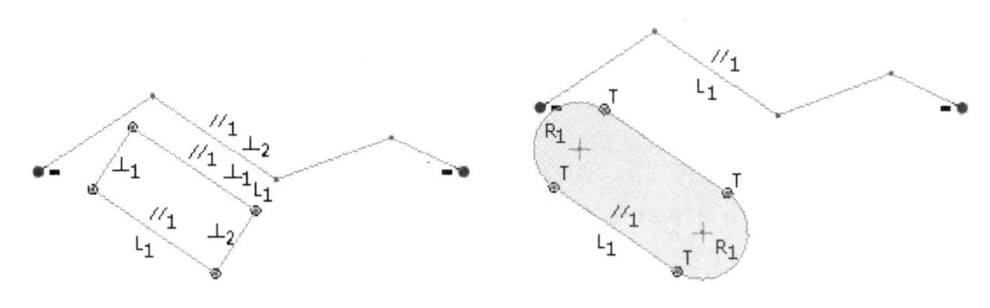

图 3-45 偏移结果

12. 调色板

调色板提供了常用的图形，提高操作者的操作效率。

直接单击按钮，系统弹出如图 3-46 所示对话框。选择相应的选项卡，从中可以双击需要的图形，该图形将显示在上面的预览框中。

图 3-46 “草绘器调色板”对话框

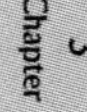

在绘图窗口中选取一点，系统将弹出如图 3-47 所示的“旋转调整大小”操控板，并动态在图形窗口中显示插入对象。在操控板中输入比例、选择参照对象和输入旋转角度并确定即可。

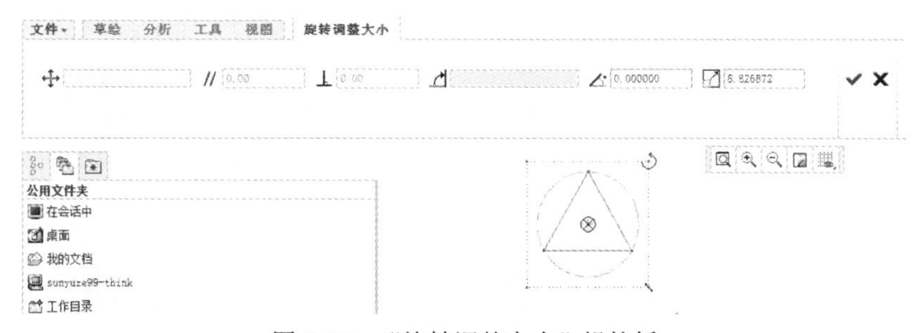

图 3-47 “旋转调整大小”操控板

3.3 草图标注

在 Creo Parametric 中，草图尺寸有两种，分别为弱尺寸与用户定义的尺寸。通常情况下，用户在绘制草图的过程中系统将自动进行尺寸标注，这些尺寸以灰色显示，称为弱尺寸；用户自己标注的尺寸或对弱尺寸进行修改得到的尺寸称为用户自定义的尺寸，在绘图窗口中，系统将高亮显示用户自定义的尺寸，如蓝色。

“草绘”面板中提供了相应的操作，如图 3-48 所示。其中有 5 个子选项，“法向”选项用于创建定义尺寸；“参考”选项用于创建参考尺寸；“基线”选项用于创建一条纵坐标尺寸基准线；“解释”选项用于解释尺寸；而“周长”选项则用来创建周长，并通过它对几何图元进行约束。

图 3-48 “尺寸”面板

在 Creo Parametric 中，草图尺寸标注的方法通常是用鼠标左键选取几何元素（如圆、圆弧、线段、点、中心线等），然后用鼠标中键指定参数（尺寸）所要放置的位置。

下面就各种类型的尺寸进行具体介绍。

1. 直线尺寸标注

（1）线段长度：用左键选取线段（或线段的两个端点），然后用中键指定尺寸参数的放置位置，如图 3-49 所示。

（2）点到线：用左键选取一线段和一点，然后单击中键指定参数的放置位置，如图 3-50 所示。

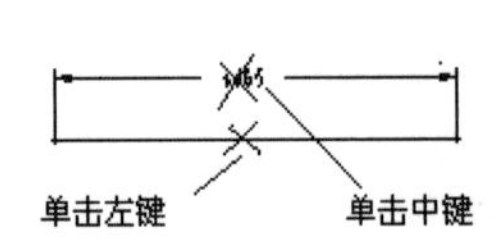

图 3-49 标注线段长度

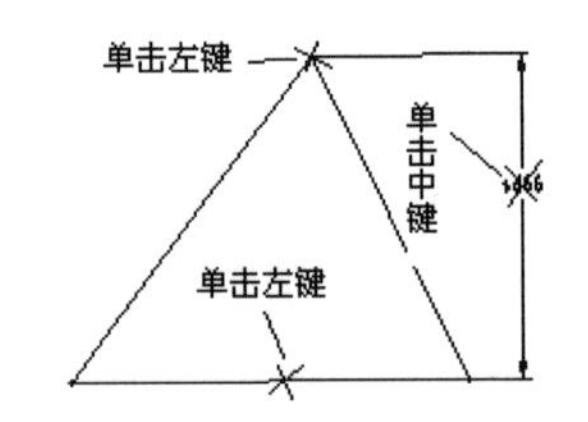

图 3-50 标注点到线的距离

（3）线到线：用左键选取两平行线，然后单击中键指定参数的放置位置，如图 3-51 所示。

（4）点到点：用左键选取两点，然后单击中键指定参数的放置，如图 3-52 所示。

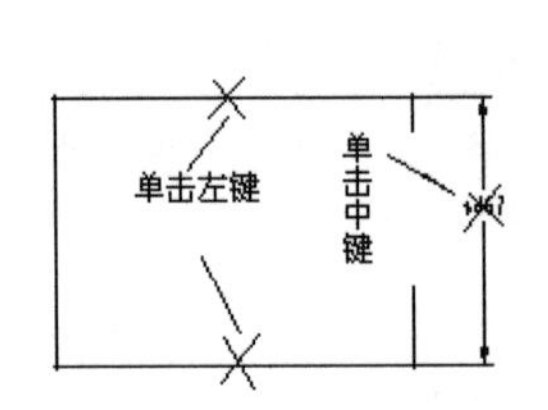

图 3-51 标注线到线的距离

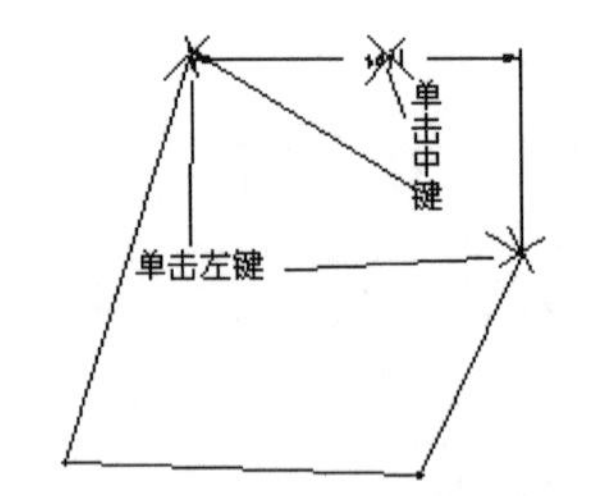

图 3-52 标注点到点的距离

2. 圆或圆弧尺寸标注

（1）半径：用左键选取圆或圆弧，然后用中键指定尺寸参数的放置位置，即可标出半径，如图 3-53 所示。

（2）直径：用左键双击该圆周，然后用中键指定尺寸参数的放置位置，即可标出直径，如图

3-54 所示。

（3）旋转剖面的直径：用左键先单击旋转剖面的圆柱边线，接着单击中心线，然后再单击旋转剖面的圆柱边线，最后单击鼠标中键指定参数放置的位置，如图 3-55 所示。

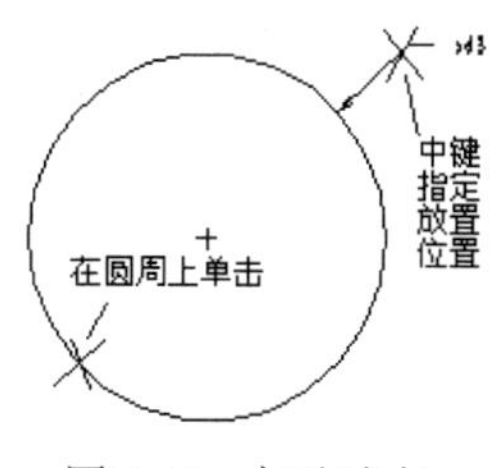

图 3-53　标注半径

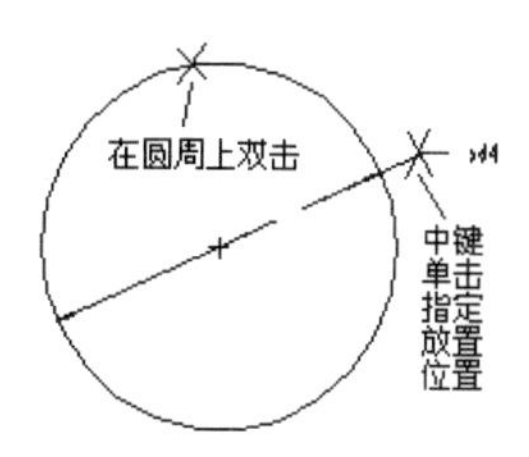

图 3-54　标注直径

（4）圆心到圆心：用左键依次单击两个圆或圆弧的圆心，然后单击中键指定尺寸放置的位置，即可产生两个圆或圆弧的圆心的距离尺寸参数，如图 3-56 所示。系统是根据尺寸放置的位置（即中键单击的位置）来判断标注水平距离、竖直距离或斜线距离的。

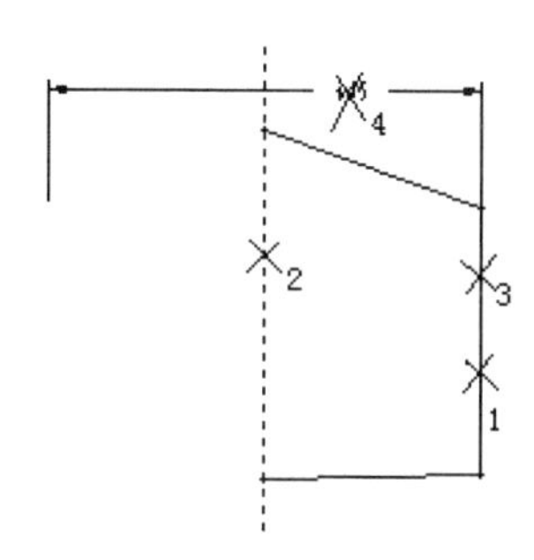

图 3-55　标注对称距离

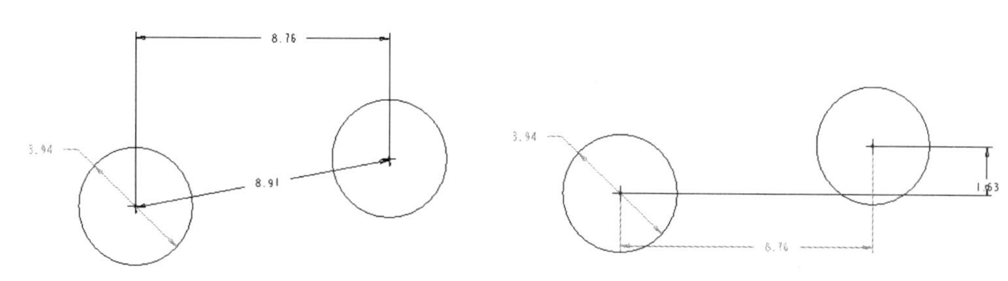

图 3-56　标注圆心到圆心的距离

（5）圆周到圆周：用左键依次单击两个圆或圆弧的圆周，然后单击中键指定尺寸放置的位置，系统根据在圆上所选点的位置来判断是水平标注还是竖直标注，如图 3-57 所示。

3. 角度标注

（1）两线段夹角：用左键依次选取夹角的两边线，然后用中键指定尺寸参数放置的位置，即可标出其角度，如图 3-58 所示。

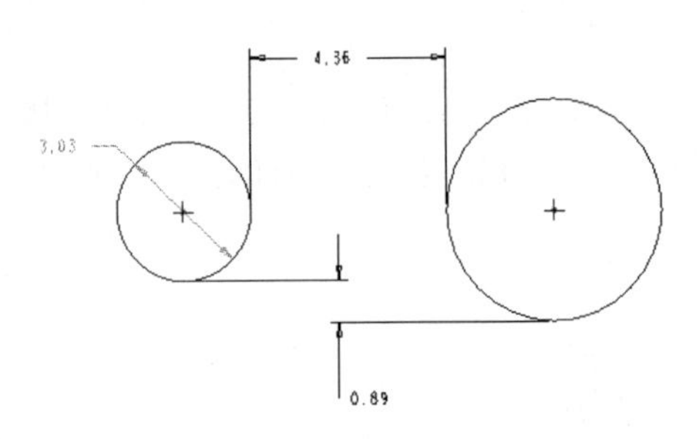

图 3-57 圆周到圆周的距离

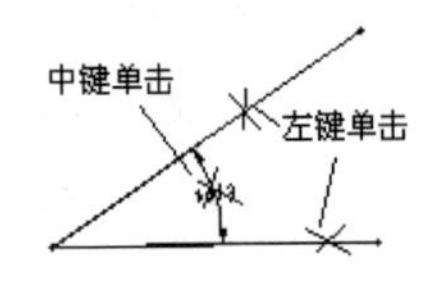

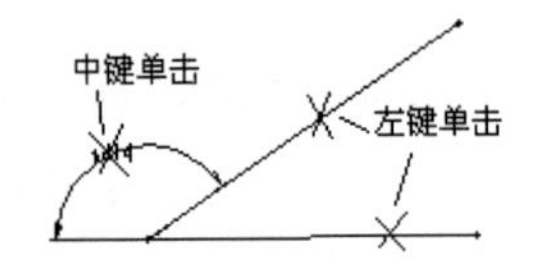

图 3-58 标注角度

（2）圆弧角度：用左键选取圆弧两端点，再选取圆弧上任意一点，然后用中键指定尺寸参数放置的位置，即可标出其角度，如图 3-59 所示。

标注尺寸时，需将剖面做一个完整的定义，让每一个几何元素有唯一关系及位置。若指定的参数或尺寸不够时，下一个步骤再生时会将标注不够的位置用红色圈显示出来，此时再补齐尺寸。若指定的参数或尺寸过多时，同样会受到警告提示，此时系统将弹出“解决草绘”对话框，如图 3-60 所示，单击“删除”按钮可以将选中的多余尺寸参数删除。

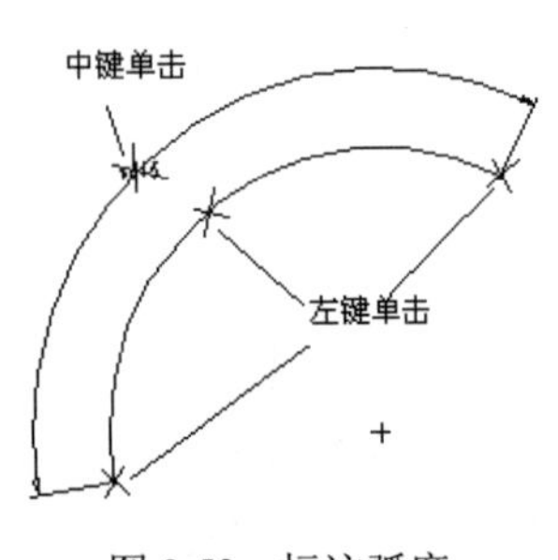

图 3-59 标注弧度

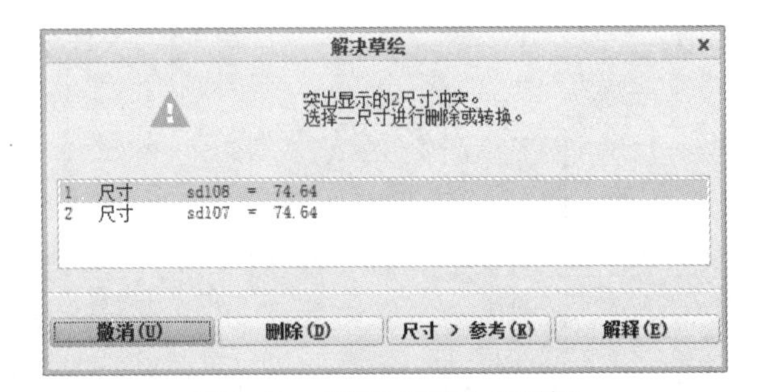

图 3-60 “解决草绘”对话框

4. 周长标注

单击“草绘”工具栏中的按钮，选择需要的元素，确定后选择需要进行周长约束的尺寸即可。如图 3-61 所示，当选择 14.77 尺寸作为周长 38.69（14.77+14.02+9.90）驱动尺寸时，则对周长值进行修改时其他两个尺寸不变，而 14.77 将发生相应的变化。

另外，“基线”按钮用来创建垂直坐标尺寸标注的基准线；“参考”按钮用来创建参考尺寸，它是无法修改的；“解释”按钮则用来获取选中的尺寸信息。都比较简单，在此不再赘述。

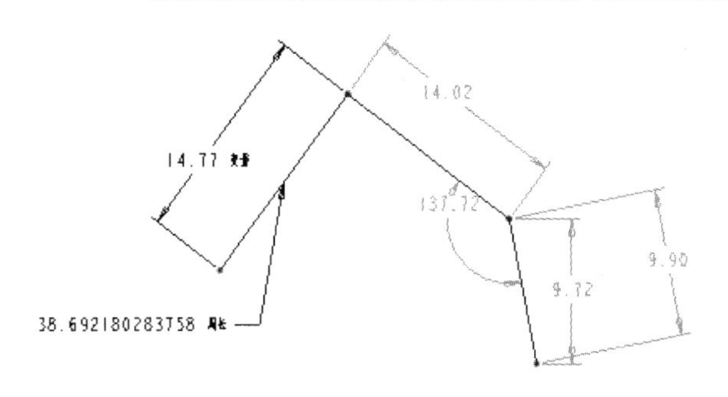

图 3-61 周长标注

3.4 草图约束

本节将介绍草图绘制中的约束。在草图绘制过程中，系统将自动对用户所画的草图进行假设，用于减小尺寸标注的困难。比如，假设用户绘制的是水平、垂直、平行的直线，两条线段相等，两个圆半径相同等。

在 Creo Parametric 系统中，//#表示直线平行，其中#为直线流水号，表示具有同样该数值的直线都平行。L#表示两直线相等，其中#的意义相同。R#表示两圆半径相等，H 表示直线是水平线，V 表示直线是竖直线。此外，系统还可以自动假设对称、相切等限制条件。

除了系统自动施加约束假设外，用户也可以自己根据草图设计的要求对几何图元进行约束，下面将详细讲解设置约束的操作。

在 Creo Parametric 中，“约束”面板中约束按钮（如图 3-62 所示）用于设置图元的约束。单击其中的按钮即可进行相应的约束设置。

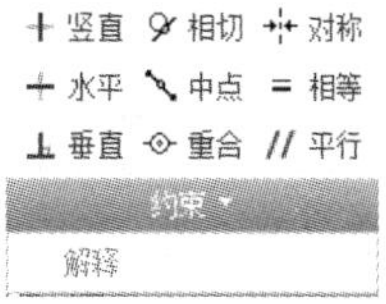

竖直 相切 对称
水平 中点 相等
垂直 重合 平行
约束
解释

图 3-62 “约束”类型

1. 竖直约束

按钮用于施加竖直约束，产生竖直的线条。

单击按钮，系统在信息提示区提示用户选取一直线或两点，此时即可在绘图窗口中选取一条线段或该线段的两个端点，如图 3-63 所示，完成后该线段将自动变成竖直状态，如图 3-64 所示，图中的符号“V”表示竖直约束。

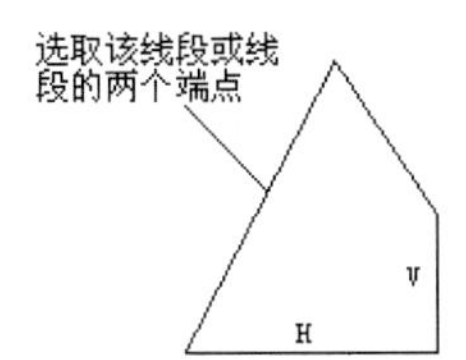

图 3-63 选取线段或线段的两个端点

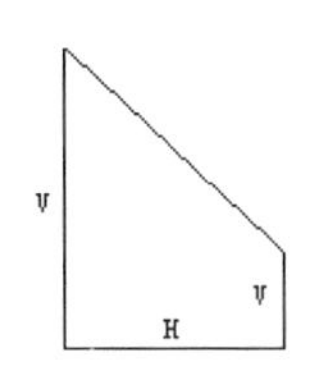

图 3-64 完成后的情况

2. 水平约束

按钮用于产生水平的线条。

单击┿按钮，在信息提示区提示用户选取一直线或两点，此时即可在绘图窗口中选取一条线段或该线段的两个端点，如图 3-65 所示，完成后该线段将自动变成水平状态，如图 3-66 所示，图中的符号“H”表示水平约束。

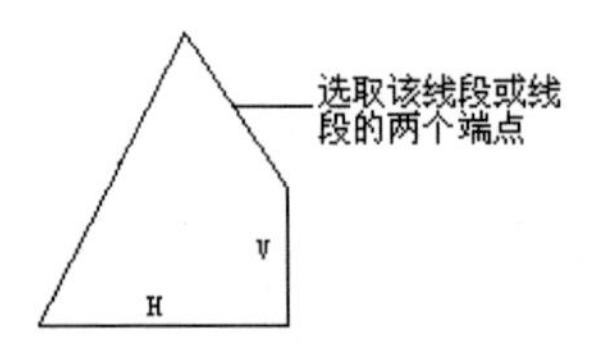

图 3-65　选取线段或线段的两个端点

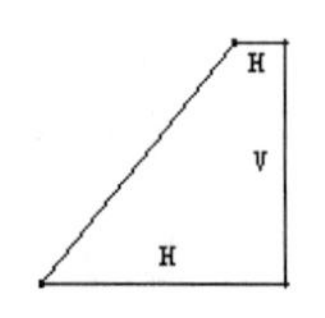

图 3-66　完成后的情况

3. 正交约束

⊥按钮用于设置两图元互相正交（垂直）。

单击⊥按钮，在绘图窗口中依次选取两个图元，如图 3-67 所示，完成后选取的图元将变成正交（垂直）状态，如图 3-68 所示，图中的符号“$\perp_1$”表示两图元是正交约束。

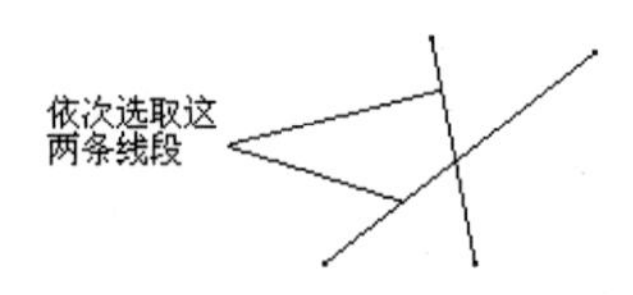

图 3-67　选取两个图元

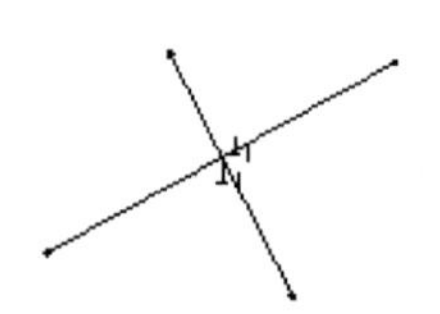

图 3-68　完成后的情况

4. 相切约束

按钮用于设置两图元相切。

单击按钮，在绘图窗口中依次选取两个图元，如图 3-69 所示，完成后选取的图元将变成相切状态，如图 3-70 所示，图中的符号“T”表示两图元是相切约束。

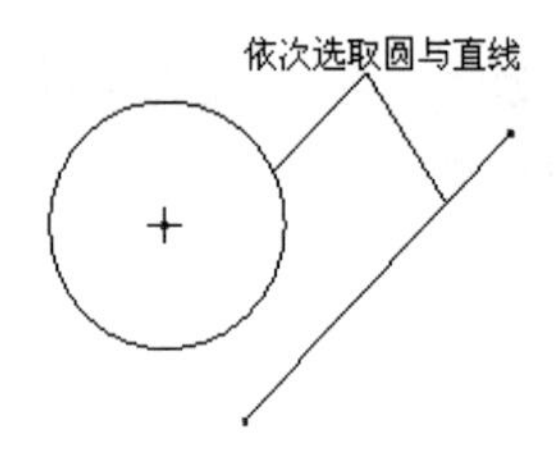

图 3-69　选取两个图元

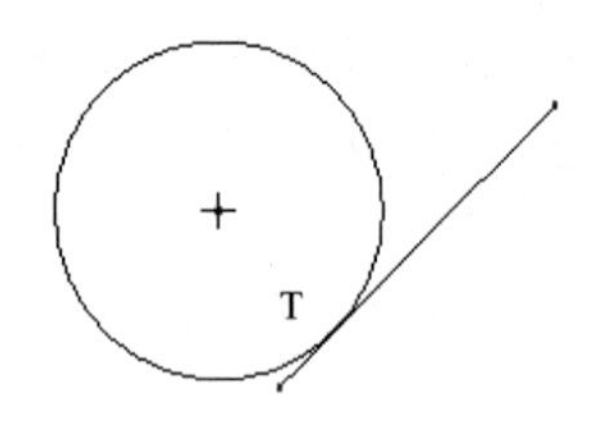

图 3-70　完成后的情况

5. 中点约束

按钮用于设置线段的中点，即将点放置于线段的中间。

单击按钮，在绘图窗口中依次选取一点和一条直线，如图 3-71 所示，完成后选中的点将变成直线的中点，如图 3-72 所示。

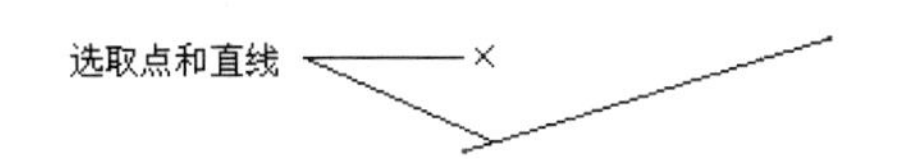

图 3-71　选取点和直线

图 3-72　完成后的情况

6. 重合约束

按钮用于创建相同点、图元上的点或共线约束。

单击按钮，在绘图窗口中依次选取两个图元或顶点，如图 3-73 所示，完成后选中的图元将变成重合状态，如图 3-74 所示。

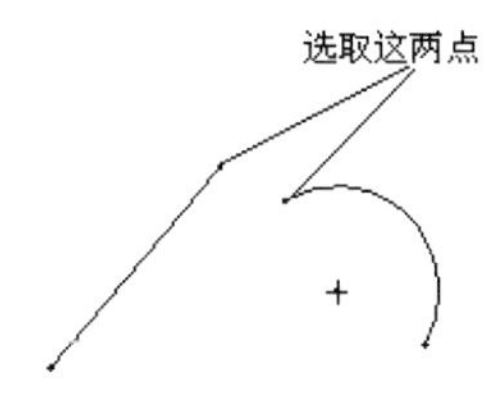

图 3-73　选取两点

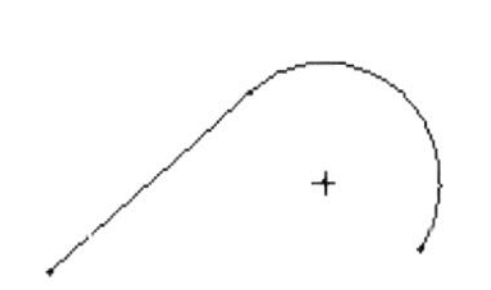

图 3-74　完成后的情况

7. 对称约束

按钮用于设置两图元关于中心线对称。

单击按钮，在绘图窗口中选取一条中心线，然后依次选取两个点，如图 3-75 所示，完成后选取的点将变成对称状态，如图 3-76 所示，图中的“→”与“←”符号表示两图元是对称约束。

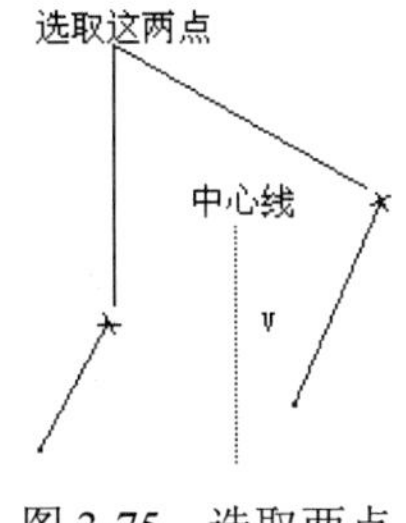

图 3-75　选取两点

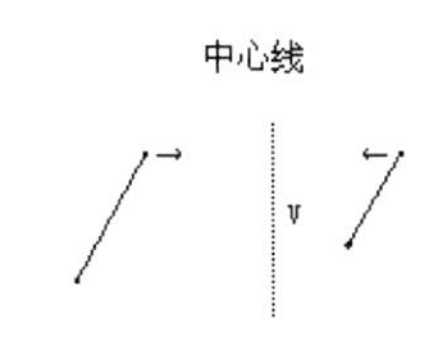

图 3-76　完成后的情况

8. 相等约束

= 按钮用于设置两图元等长、等半径或相同曲率。

单击 = 按钮，在绘图窗口中选取两个图元，如图 3-77 所示，完成后选取的图元将变成相等状态，如图 3-78 所示，图中出现两个约束标志符号“R1”，表示这两个圆或圆弧的半径相等。

9. 平行约束

// 按钮用于设置两图元相互平行。

单击 // 按钮，在绘图窗口中选取两个图元，如图 3-79 所示，完成后选取的直线将变成平行状态，如图 3-80 所示，图中出现两个约束标志符号“//1”，表示这两条直线是平行约束。

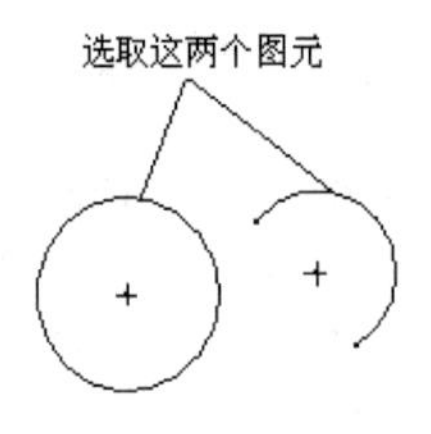

图 3-77 选取两图元

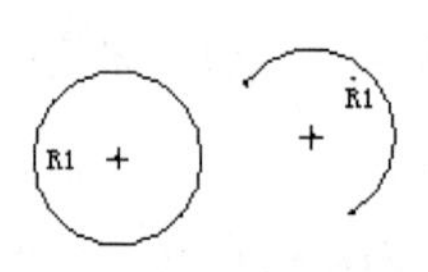

图 3-78 完成后的情况

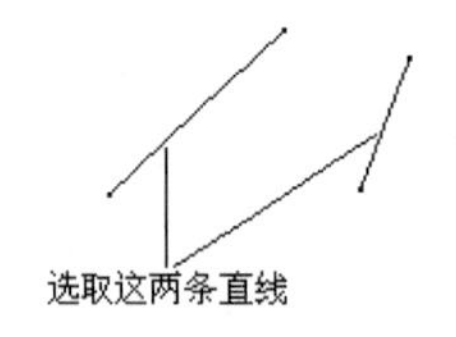

图 3-79 选取两条直线

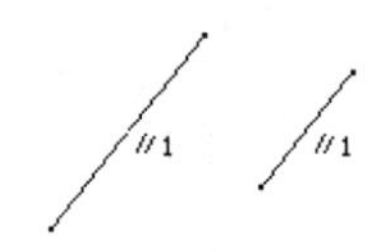

图 3-80 完成后的情况

3.5 草图编辑

本节将就如何对草图进行编辑进行讲解，包括修改、复制、镜像等。

1. 修改

完成草图绘制后，通常需要对其进行修改，以得到用户想要的正确尺寸，Creo Parametric 提供了这样的工具。“编辑”面板中 按钮用于修改图元。下面将分别介绍如何修改尺寸值、样条曲线及文本等。

（1）修改尺寸值。

直接单击 按钮，然后在绘图窗口中选取尺寸标注的尺寸值，如图 3-81 所示，选中角度和长度尺寸 5.46，系统将弹出“修改尺寸”对话框，如图 3-82 所示，该对话框是用于修改尺寸值。

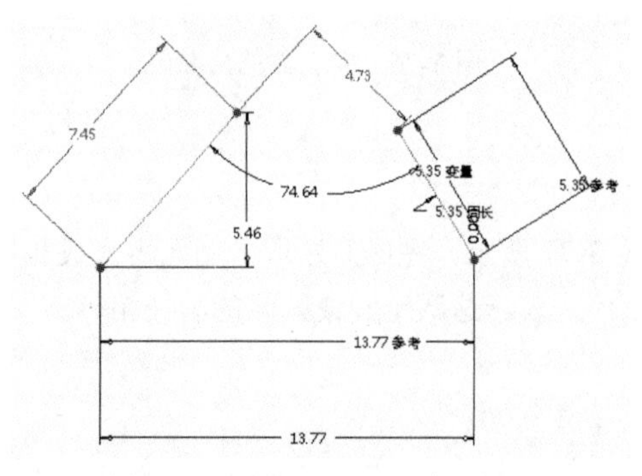

图 3-81 选取尺寸标注的尺寸值

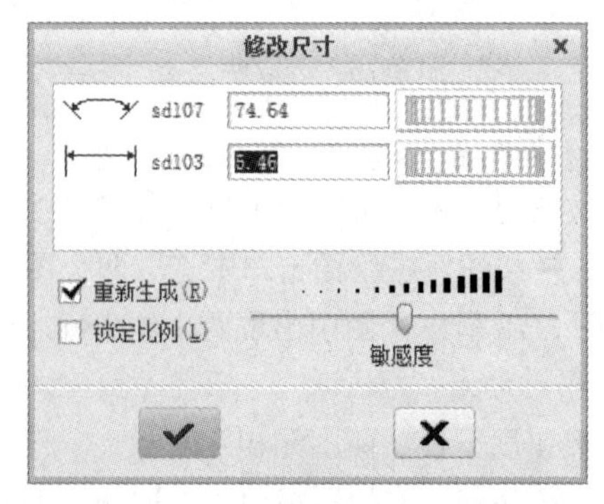

图 3-82 “修改尺寸”对话框

在“修改尺寸”对话框中，用户可以直接在文本框中输入尺寸的数值，或使用鼠标左键按住尺寸调整图标，然后左右移动来调整尺寸的数值，到达合适数值时松开鼠标即可。

“重新生成”复选框用于尺寸修改后再生草图。选中该复选框，系统将根据调整的数值立即在绘图窗口中再生草图（即草图随尺寸数值同步进行变化）。不选“重新生成”复选框或选中“锁定比例”复选框，草图将不会实时地根据调整的数值进行变化。

“敏感度”滑块用于修改草图重新生成的显著性。例如，当敏感度较高时，较小的尺寸数值修改将会导致草图有很大的变化。

用户也可以先选中要修改的尺寸标注，然后再单击按钮，系统同样会弹出“修改尺寸”对话框。另外，用户还可以使用鼠标直接双击尺寸标注的数值，该尺寸数值将出现在一个小编辑框中，如图3-83所示，此时输入新的数值，并按回车键即可修改尺寸标注。

使用鼠标单击尺寸标注的数值，并按住不放，移动鼠标，该数值和尺寸线将跟着鼠标移动，在合适的位置松开鼠标即可移动尺寸标注，如3-84所示。

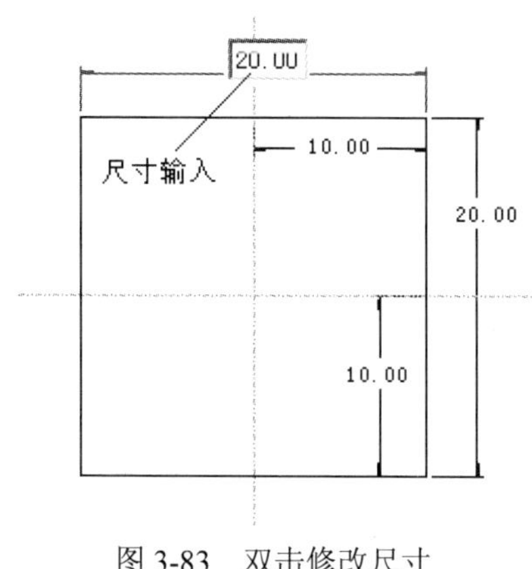

图3-83 双击修改尺寸

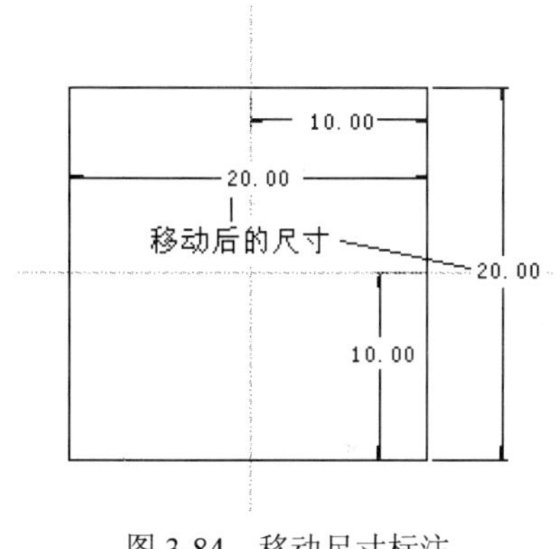

图3-84 移动尺寸标注

（2）修改样条曲线。

直接单击按钮，然后在绘图窗口中选取样条曲线，如图3-85所示，样条曲线上显示可编辑点。系统将弹出特征控制面板，如图3-86所示。

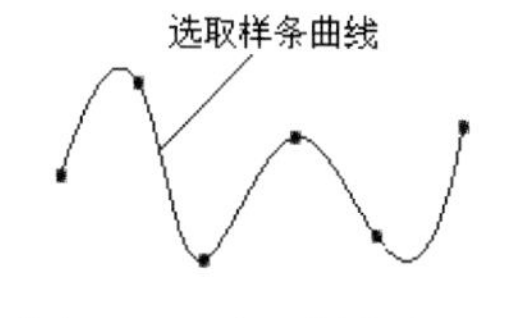

图3-85 选取样条曲线

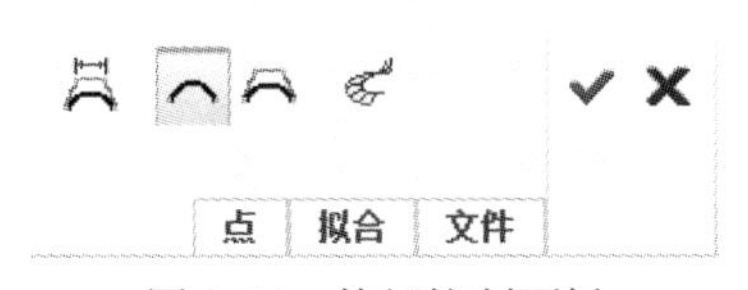

图3-86 特征控制面板

单击图3-86中特征控制面板中的“点”按钮，系统将弹出如图3-87所示的“点”上滑板，此时选取样条曲线中的控制点即可修改该控制点的位置。

单击图3-86中特征控制面板中的“拟合”按钮，系统将弹出如图3-88所示的“拟合”上滑板，此时用户可以修改样条曲线的拟合偏差等属性。

单击图 3-86 中特征控制面板中的“文件”按钮，系统将弹出如图 3-89 所示的“文件”上滑板，此时用户可以修改样条曲线的坐标系等。

图 3-87　点设置　　图 3-88　拟合设置　　图 3-89　文件设置

（3）修改文本。

直接单击 按钮，然后在绘图窗口中选取文本图元，系统将弹出“文本”对话框，具体操作见前面相关内容，单击 按钮即可。

2. 撤消与重做

（1）撤消。

在绘制草图过程中，当用户需要撤消上一步操作时，可以单击工具栏中的 按钮，或者直接按快捷键 Ctrl+Z。

（2）重做。

在绘制草图过程中，当需要恢复上一步撤消操作时，可以单击工具栏中的 按钮，或者直接按快捷键 Ctrl+Y。

3. 复制

Creo Parametric 为用户提供了草绘复制工具，这样可以提高用户的绘图效率，节省绘图时间。“操作”面板中“复制”和“粘贴”选项专门用于复制一个已经存在的图元。

首先选取需要复制的图元，使其处于亮显状态，单击“复制”按钮 ，然后单击“粘贴”按钮 ，在需要放置的位置单击，系统将在绘图窗口产生一个副本，并且显示图形的旋转中心、旋转标志和缩放标志，如图 3-90 所示，同时系统将弹出“重新调整大小”操控面板，在该操控面板中设置副本比例值与旋转角度并确定即可完成复制操作。

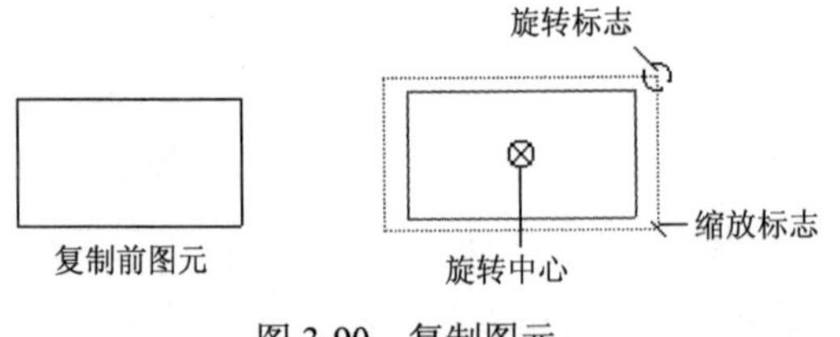

图 3-90　复制图元

用户也可以直接拖动旋转中心标记来移动副本，拖动旋转标志来手动旋转，或者拖动缩放标志手动缩放对象。

4. 镜像

镜像是以某一中心线为基准对称的图形。“编辑”面板中的按钮用于镜像一个已经存在的图元。

首先选取需要镜像的图元，如图3-91所示的圆1，使其处于高亮显示状态，然后单击按钮，接着选取一条中心线，如图3-92所示的中心线2，即可镜像选中的图元，同时显示对称标志，如图3-92所示。

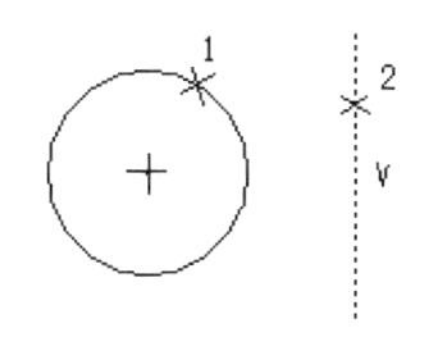

图3-91 选择镜像图元

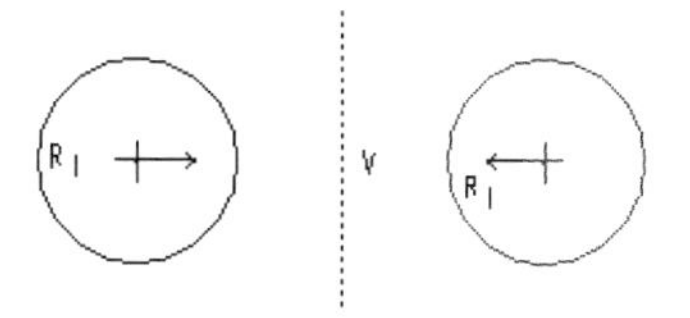

图3-92 镜像结果

5. 修剪

修剪实际上是由3个命令组成。

（1）删除段。

按钮用于动态删除图元。

单击按钮，然后依次选取要删除的图元即可，如图3-93所示，最后单击鼠标中键结束操作。

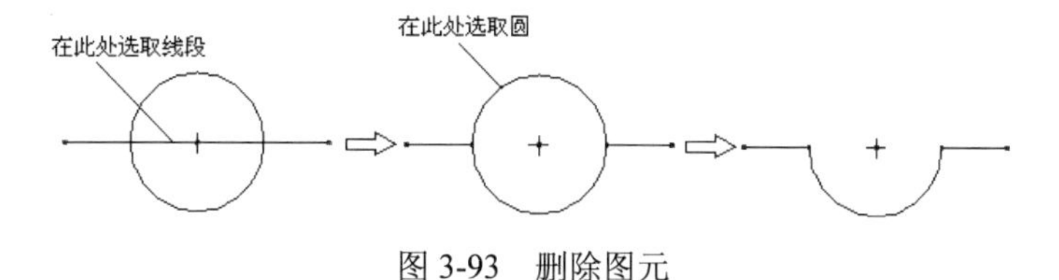

图3-93 删除图元

（2）拐角。

按钮用于剪切或延伸图形，直到它们形成一个尖角。

单击按钮，然后依次选取要剪切或延伸的图元即可，如图3-94所示，最后单击鼠标中键结束操作。

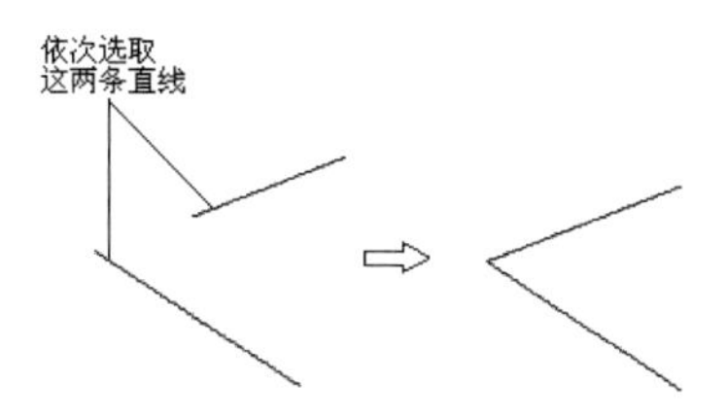

图3-94 剪切或延伸图元

（3）分割。

按钮用于分割图元。

单击按钮，此时鼠标位置出现点符号，然后该点放置于要进行分割的图元上，系统即可在放置的位置上分割该图元，如图 3-95 所示，最后单击鼠标中键结束操作。

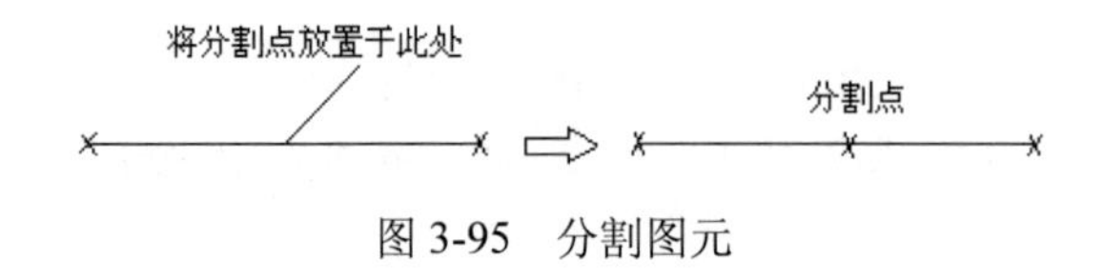

图 3-95　分割图元

4 基准特征

基准就是建立模型时的参考，它是一种不同于实体和曲面的特征，主要用于设计时作为其他特征产生的参考或基准，主要起辅助设计作用，但在打印出图时并不打印。

4.1 基准特征基本知识

在 Creo Parametric 中，系统提供了创建基准特征的工具，如图 4-1 所示。

基准是一个很重要的概念，在模型设计过程中经常要用到。基准就是建立模型时的参考，也是一种特征，但是它不同于实体和曲面特征，主要起辅助设计作用。如基准平面可以作某个特征的绘图平面、标注参考，基准轴可以作孔特征的中心线；在创建曲面特征时，没有基准几乎无法创建；在装配过程中，经常会使用某两个基准平面进行定向，这样可以产生某些比较特殊的装配形状。

常用的基准特征分为基准平面、基准轴、基准曲线、草绘基准曲线、基准点、基准坐标系等。

1. 基准特征显示设置

（1）基准特征隐藏设置。

在 Creo Parametric 中，基准可以显示在屏幕上，也可以隐藏。有两种方法可以进行设置。

1）通过工具栏设置。在图形工具栏上提供了这样的图标，如图 4-2 所示。从上到下选中这些复选框分别控制基准轴、基准点、基准坐标系及基准平面的显示。如果选中，表示系统将显示相对应的基准；反之，则隐藏。

2）对话框设置。在“文件”主菜单栏中选择“选项”命令，系统将弹出“Creo Parametric 选项”对话框，如图 4-3 所示。选中“图元显示”选项，系统将会显示相对应的基准显示设置状态。如果取消复选框显示，则隐藏该基准。

图 4-1 “基准”面板

图 4-2 决定基准显示

（2）基准的颜色设置。

Creo Parametric 可以通过设置颜色来区分各个基准特征。方法是在“Creo Parametric 选项”对话框中选择“系统颜色”选项，然后选取其中的“基准”标签卡，即可设置基准特征颜色，如图 4-4 所示。

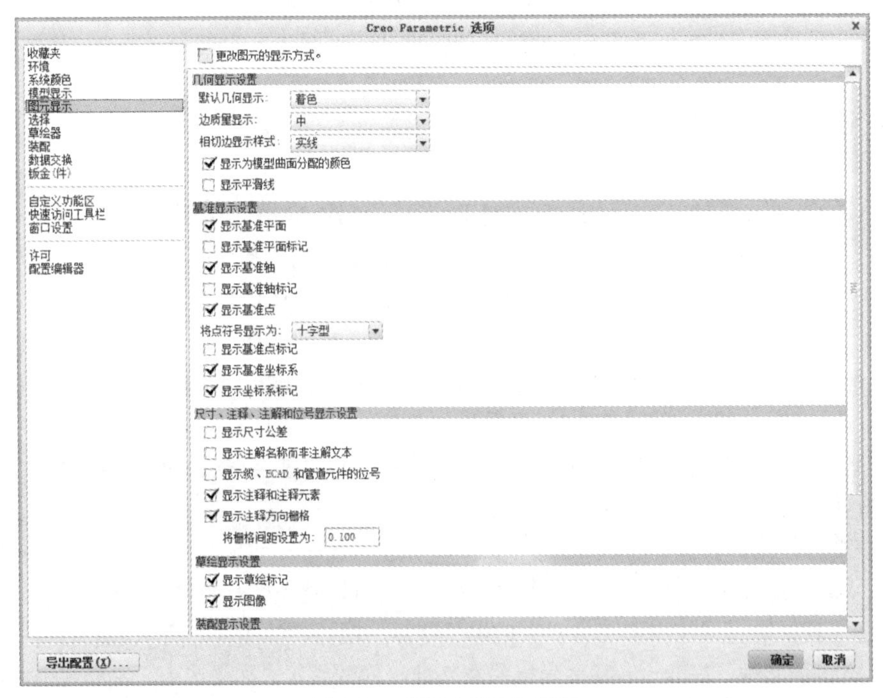

图 4-3 “图元显示”设置

2. 修改基准特征名称

系统是根据默认的名称来产生基准特征的，如基准平面的名称默认为 DTM1、DTM2，基准轴的名称默认为 A_1、A_2 等。有时为了设计的方便，要求更改基准特征的名称。Creo Parametric 提供了以下两种修改方法。

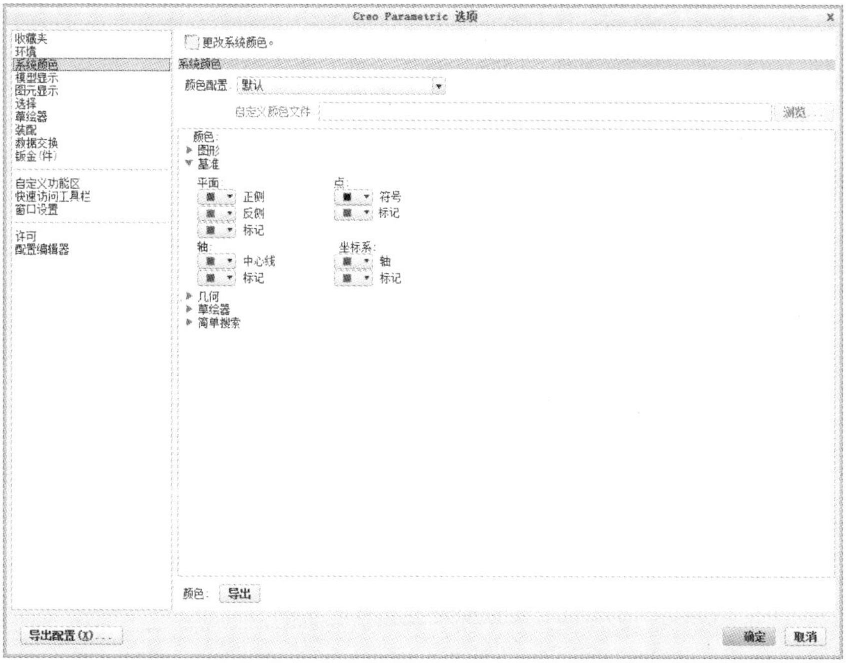

图 4-4　“系统颜色”设置

方法一：在产生基准特征的过程中修改基准特征的名称。例如，在产生基准平面时，当系统弹出“基准平面”对话框后，单击“属性”标签，然后在该标签页“名称”文本框输入名称即可。

方法二：在产生基准特征后，右击模型树中基准特征名称，并从弹出的快捷菜单中选取“重命名”命令，直接修改基准特征名称。

4.2　基准平面

在本节中，将讲解基准平面的有关知识、产生方式、操作步骤，并通过实例讲解，使读者全面掌握基准平面的使用方法与技巧。

4.2.1　基准平面的基本知识

1. 基准平面概述

在 Creo Parametric 的基准特征中，基准平面是一个最重要的特征。无论是零件设计还是零件装配，都将使用到基准平面。所谓基准平面就是一个用作其他加入特征参考的平面，它是一个无限大、平坦的平面，它实际上并不存在，也没有任何重量和体积。

为了区别和选取，在 Creo Parametric 中，每个基准平面都有唯一名称。默认情况下，基准平面名称是 DTM#，其中#是基准平面流水号，如图 4-5 中的 DTM1、DTM2、DTM3 所示。

当新建一个零件文件或装配文件并选取默认模板时，系统将提供 3 个默认基准平面，即 FRONT、RIGHT 和 TOP 基准平面，如图 4-6 所示。

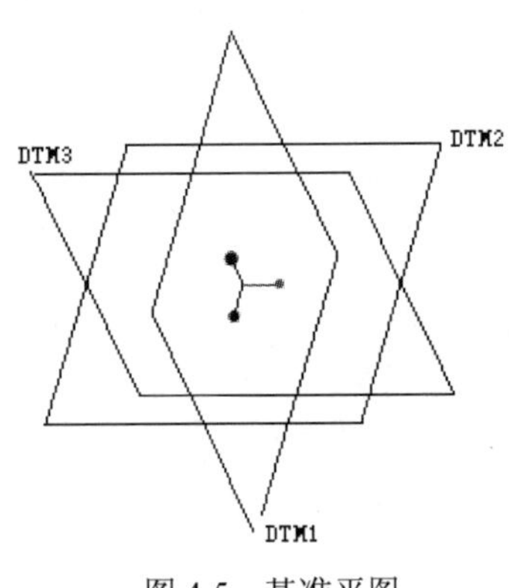

图 4-5　基准平图

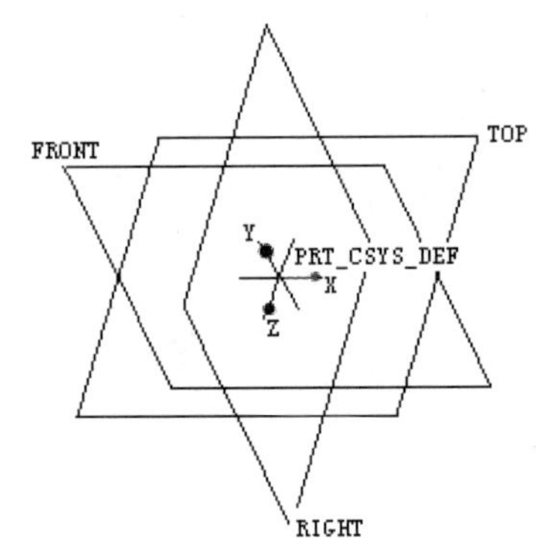

图 4-6　系统默认产生的 3 个基准平面

2. 基准平面的作用与选取操作

基准平面的使用非常广泛，它可以用作特征的尺寸标注参考、剖面草图的绘制平面、剖面绘制平面的定向参考面、视角方向的参考、装配时零件相互配合的参考面、产生剖视图的参考面、镜像特征时的参考面等。

既然基准平面有这么多的用途，在利用 Creo Parametric 进行设计时，总要选取和利用基准平面，基准平面的选取通常有以下几种方法：

（1）在设计窗口中选取基准平面上显示的文字名称；

（2）在设计窗口中选取基准平面的边缘；

（3）从模型树窗口中选取基准平面的文字名称；

（4）通过过滤器方式选取基准平面。在窗口右下角过滤器中设置只选取“基准”选项，然后在设计窗口中选取基准平面即可。

4.2.2　建立基准平面的方法

基准平面的建立方法主要有两种：一是利用“平面”按钮▱，这是主要方法；二是利用“偏移平面”选项产生偏移基准平面。

1. 利用“平面”选项或▱图标产生基准平面

在“基准”面板中单击“平面”▱按钮，系统将弹出“基准平面”对话框，如图 4-7 所示。

由图 4-7 可见，“基准平面”对话框包括“放置”、“显示”及“属性”选项卡。其中“放置”选项卡如图 4-7 所示，可以设置相应的约束条件来产生基准平面，具体设置方法后面详细介绍；“显示”选项卡如图 4-8 所示，可以设置基准平面的法向和轮廓大小，如单击“反向”按钮即可调整基准平面的法向；“属性”选项卡如图 4-9 所示，用于修改基准平面的名称和查看基准平面的特征信息，系统默认的基准平面名称为“DTM#”。另外，单击按钮即可查看基准平面的信息。

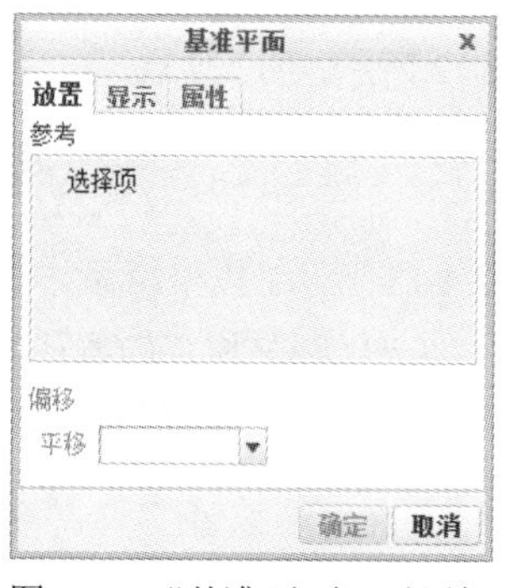

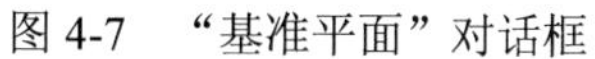
图 4-7　“基准平面”对话框

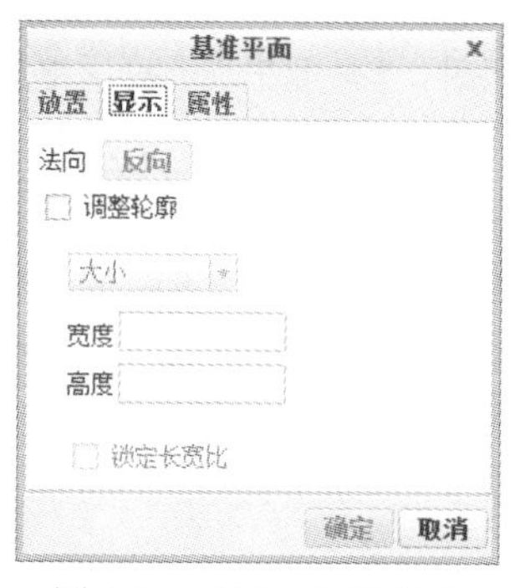

图 4-8　“显示”选项卡

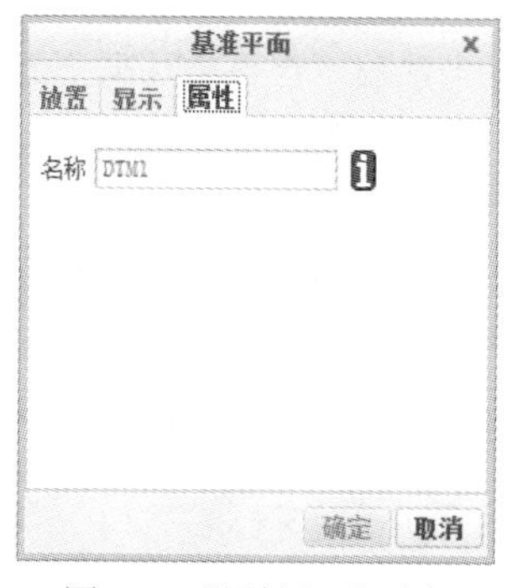

图 4-9 “属性”选项卡

下面详细讲解产生基准平面的约束条件选项。根据用户选取的参照不同，各个选项卡显示的内容也有所不同，当然产生基准平面的约束条件也不相同。用户选取的参照可以分为平面、边 / 线、点及坐标系等，下面一一介绍。

（1）平面。

当用户在设计窗口中选取一个平面时，“基准平面”对话框如图 4-10 所示，即“曲面：×××偏移”字样出现在“参考”列表框中，系统以选取的平面作为基准平面参照。在“偏移”项处单击，接着单击出现的按钮，弹出“约束条件”下拉列表框，从中即可选取相应的约束条件。

这些约束条件包括以下内容：

- 穿过：基准平面将通过某轴。
- 偏移：基准平面通过相对所选中平面偏移一定距离而产生，需要设置偏移距离值。
- 平行：基准平面将平行于所选平面。
- 法向：基准平面将垂直于所选平面。
- 相切：当选取的参照为曲面时（如圆柱面），则图 4-10 所示的“约束条件”下拉列表框中还有“相切”选项，表明基准平面将与所选曲面相切。

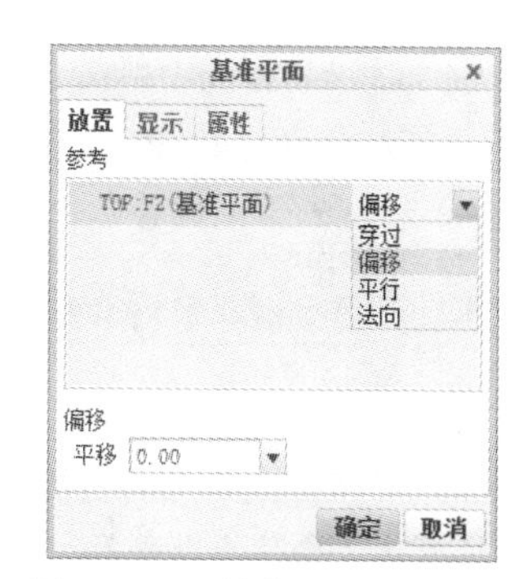

图 4-10　“基准平面”对话框

提示：通常情况下，通过组合以上各个约束条件来产生基准平面。在选取第二个参照时，需要按住 Ctrl 键后再选取。另外，偏移距离还可分为“平移”与“旋转”偏移距离。

（2）边 / 线。

当选取一条边或线作为基准平面的参照时，“基准平面”对话框如图 4-11 所示，即“边：×××穿过”字样出现在“参考”列表框中。在“穿过”项处单击，接着单击出现的按钮，即可弹出“约束条件”下拉列表框，选取相应约束条件即可。

- 穿过：基准平面将通过所选轴或边。

- 法向：基准平面将垂直于所选轴或边。

（3）点。

当选取一点作为基准平面的参照时，“基准平面”对话框如图 4-12 所示，即“顶点：××× 穿过”字样出现在“参考”列表框中，此时仅有一个约束条件，即穿过。

（4）坐标系。

当选取一坐标系作为基准平面参照时，“基准平面”对话框如图 4-13 所示。以坐标系作为基准平面参照时，有两个约束条件，即偏移和穿过。此时需要设置基准平面与坐标系原点的偏移值，其中可在“平移”数值框中分别设置 X、Y、Z 方向的偏移值。

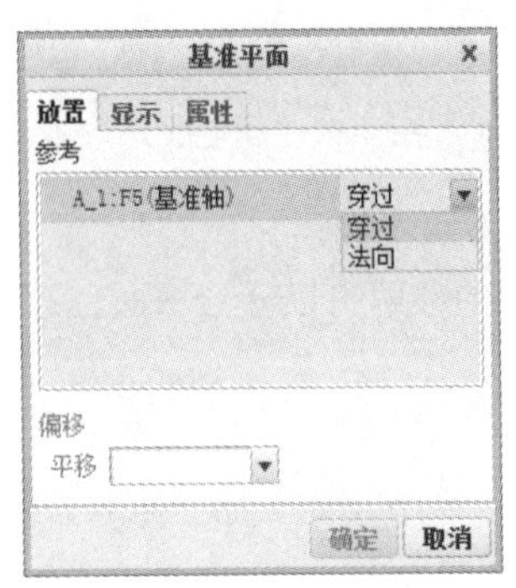

图 4-11 选中直线

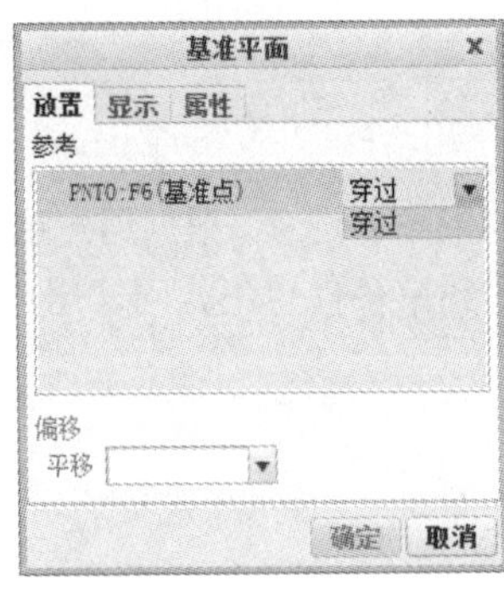

图 4-12 选中点

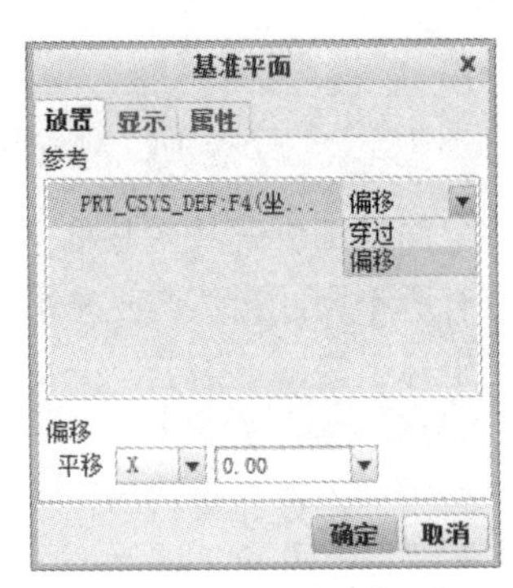

图 4-13 选中坐标系

2. 利用“偏移平面”命令产生偏移基准平面

在“基准”面板中单击“偏移平面”选项，可以产生偏移基准平面，但是这些基准平面都是相对于系统默认坐标系偏移产生的，所以同时还将产生一个默认坐标系。系统将在信息区依次提示指定沿 X、Y、Z 方向偏移数值，输入并确定即可。

4.2.3 产生基准平面的操作实例

在本小节中，将讲解两个实例，第一个是介绍如何产生偏移基准平面与重新设置基准平面的名称；第二个是通过“基准平面”对话框中的参照约束组合来建立各种方式的基准平面。

1. 产生偏移基准平面

（1）新建零件文件 DatumPlane1.prt，进入零件设计模式。

在 Creo Parametric 主界面中，从主菜单栏选取“文件”中“新建”命令，系统弹出“新建”对话框；在“名称”文本框中输入文件名字 DatumPlane1（也可以带有后缀.prt）。其他都取系统默认值，然后单击“确定”按钮完成，此时系统将自动产生 3 个默认基准平面（即 RIGHT、TOP、FRONT）和 1 个默认坐标系 PRT_CSYS_DEF，如图 4-14 所示。默认基准平面可以作为模型设计的第一个特征，即基体特征。

（2）产生偏移基准平面 DTM1、DTM2、DTM3。

在“基准”面板中单击“偏移平面”选项，系统将依次提示输入沿 X、Y、Z 方向（系统默认坐标系）偏移数值。如图 4-15 所示，在其中输入偏移数值 20，然后按回车键即可完成 X 方向偏移的基准平面 DTM1。输入 Y、Z 方向偏移的基准平面 DTM2、DTM3。产生的偏移基准平面如图 4-16 所示，同时系统还将产生一个默认的坐标系 DEFAULT。

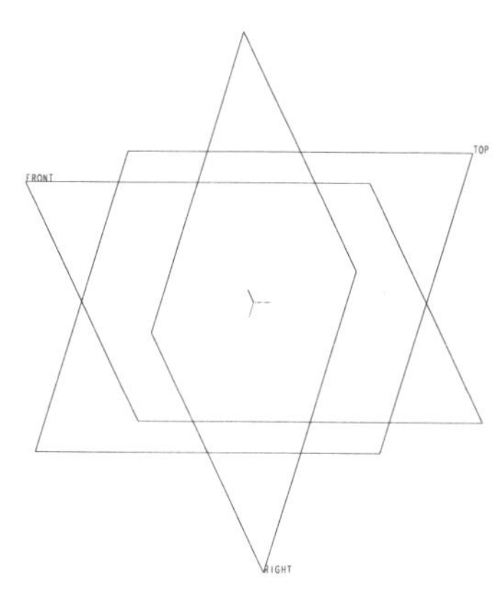

图 4-14　产生默认基准平面和坐标系

图 4-15　指定沿 X 方向的偏移数值 20

从图 4-16 中可知，由于 RIGHT、TOP、FRONT 是系统产生的默认基准平面，而使用“偏移平面”选项产生偏移基准平面时，是相对于默认坐标系 PRT_CSYS_DEF 进行的，因此 DTM1 是由 RIGHT 沿 X 方向偏移 20 得到的，同样 DTM2、DTM3 分别由 TOP、FRONT 偏移得到。

（3）重新设置基准平面的文字名称。

右击模型树中某一基准平面的名称，并从弹出的快捷菜单中选取“重命名”命令，此时基准平面的名称处于可编辑状态，输入新名称后按回车键即可。如图 4-17 所示，修改 DTM2 的名称。当基准平面的名称 DTM2 处于可编辑状态时，首先删除旧名称，然后输入 Default_Plane2 字样，按下回车键即可，结果如图 4-17 所示。

2. 利用“平面”按钮产生基准平面

（1）设置工作目录。

在主菜单栏“文件”中单击“设置工作目录”命令，系统将弹出“选取工作目录”对话框。从“查找范围”下拉列表框中选择当前工作目录，单击“确定”按钮。

（2）打开文件 DatumPlane2_base.prt。

在主菜单栏“文件”中选择“打开”命令，系统将弹出“文件打开”对话框，选中文件 DatumPlane2_base.prt 后单击“打开”按钮即可打开该文件，并进入零件设计模式。打开的文件 DatumPlane2_base.prt 的几何模型如图 4-18 所示。

（3）以通过轴线并平行于一平面的约束方式建立基准平面 DTM1。

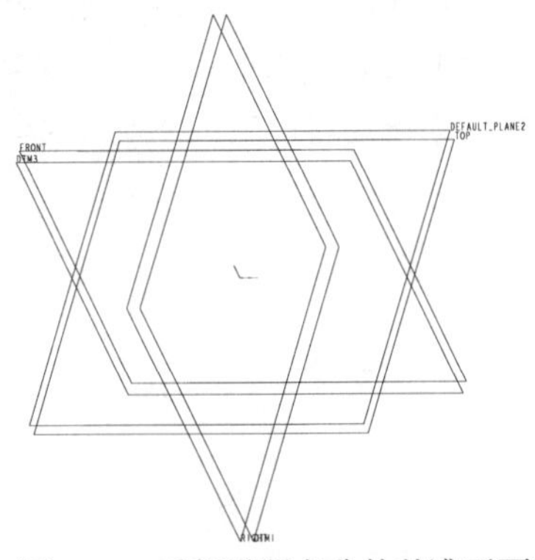

图 4-16　产生偏移基准平面（DTM1、DTM2、DTM3）　　图 4-17　重新设置名称的基准平面

基准平面 DTM1 将通过轴线 A_1 并平行于零件模型的一个表面，如图 4-19 所示。

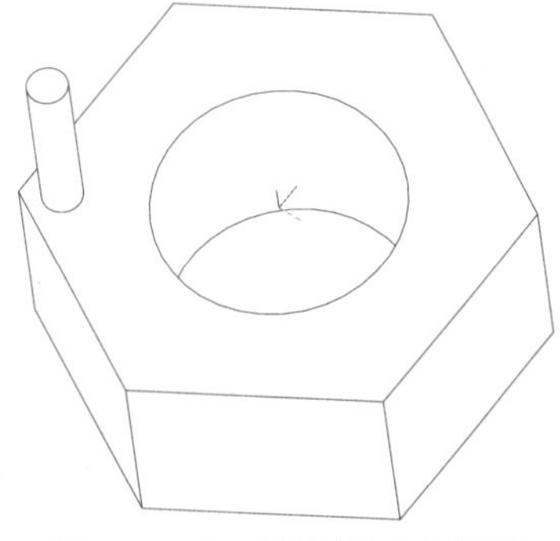

图 4-18　打开的零件几何模型

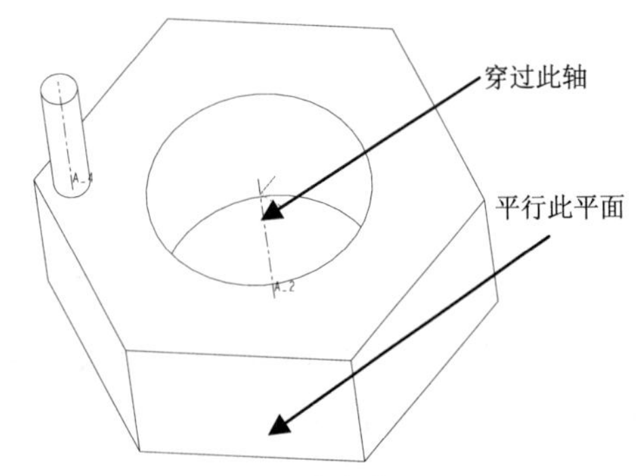

图 4-19　约束条件

单击基准特征工具条中▱按钮，系统弹出“基准平面”对话框。在设计窗口中选取图 4-20 所示的轴线 A_1，完成后“基准平面”对话框如图 4-20 所示，同时零件模型如图 4-21 所示，其中的箭头指示基准平面正侧的方向。

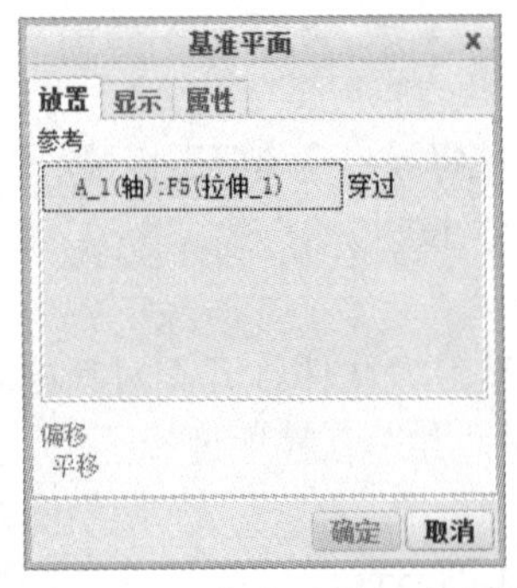

图 4-20　“基准平面”对话框

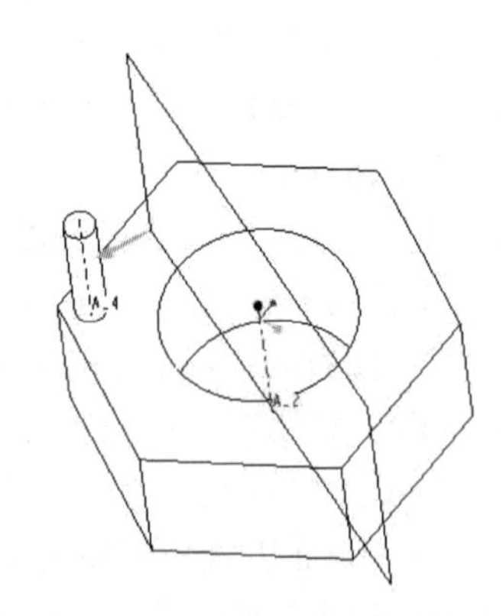

图 4-21　设计窗口中的零件模型

按住 Ctrl 键并选取图 4-19 所示的平面，然后将“基准平面”对话框中“偏移”约束条件改为“平行”约束条件，如图 4-22 所示，此时零件模型如图 4-23 所示。

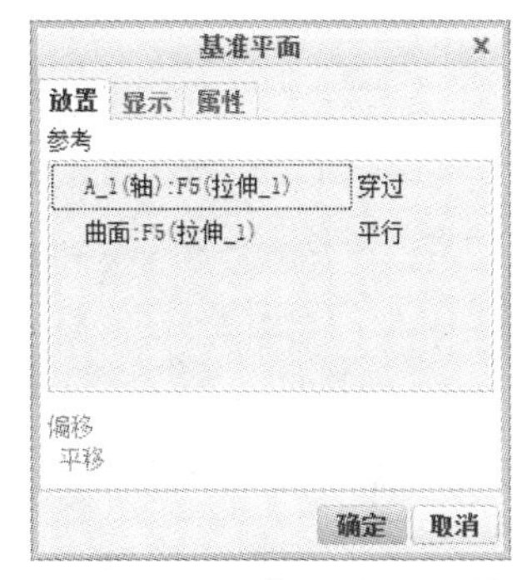

图 4-22　“基准平面”对话框

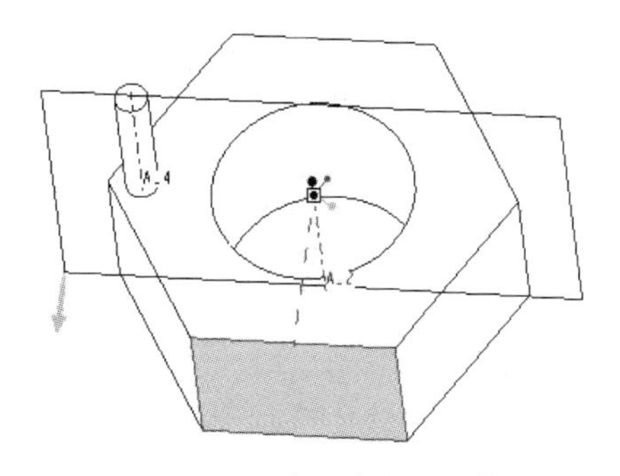

图 4-23　设计窗口中的零件模型

完成以上设置后，单击“确定”按钮结束操作。此时基准平面 DTM1 如图 4-24 所示。

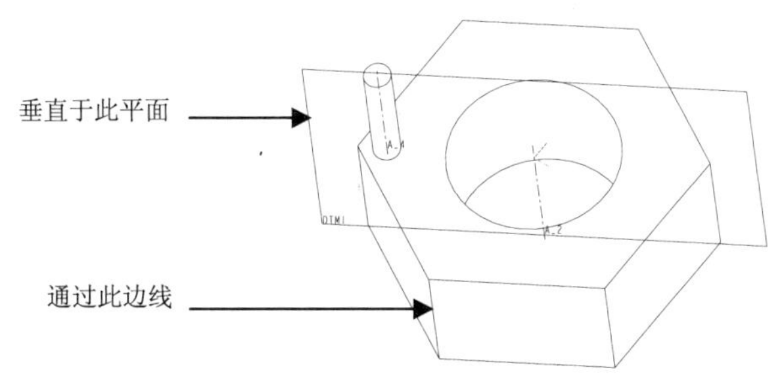

图 4-24　建立的基准平面 DTM1

（4）以垂直于一个平面并通过一边线的约束方式建立基准平面 DTM2。

基准平面 DTM2 将垂直于基准平面 DTM1 并通过零件模型的一条边线，如图 4-24 所示。

打开“基准平面”对话框，然后选取图 4-24 所示的基准平面 DTM1，并将对话框中的约束条件设置为“法向”，如图 4-25 所示，此时零件模型如图 4-26 所示。

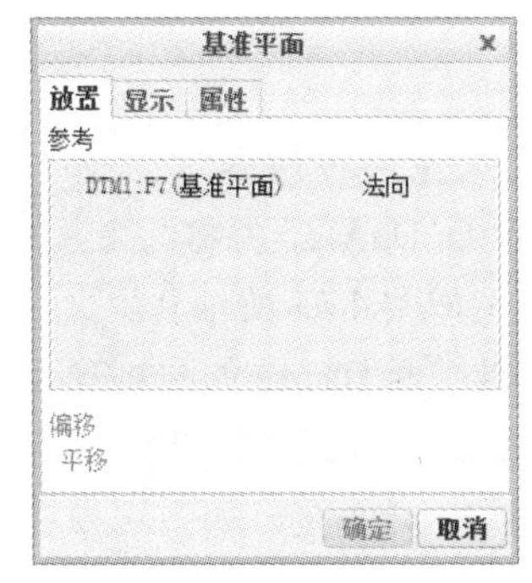

图 4-25　“基准平面”对话框

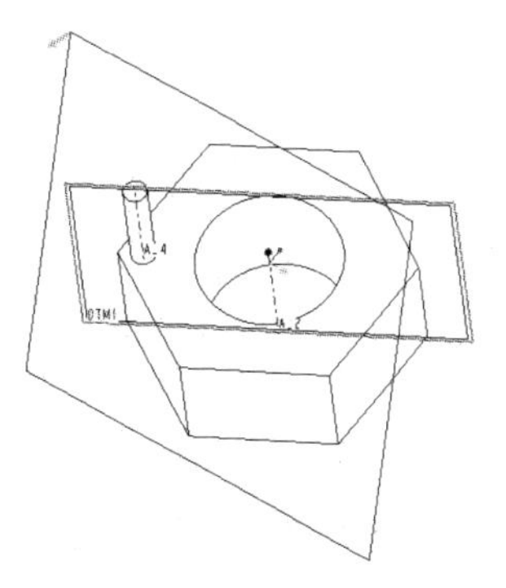

图 4-26　设计窗口中的零件模型

按住 Ctrl 键并选取图 4-24 所示的边线，并将对话框中的约束条件设置为“穿过”，如图 4-27 所示。此时零件模型如图 4-28 所示。

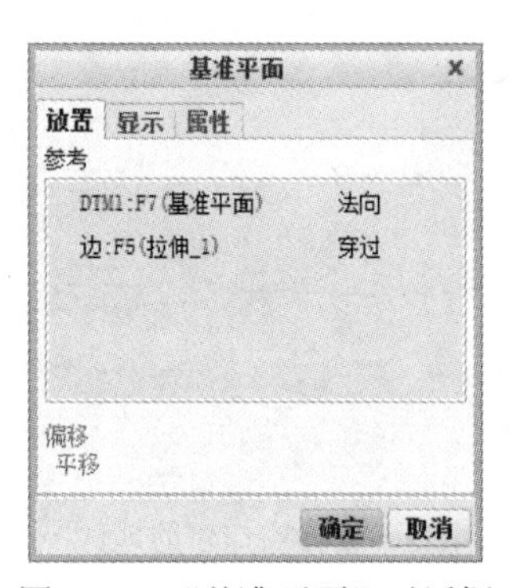

图 4-27 “基准平面”对话框

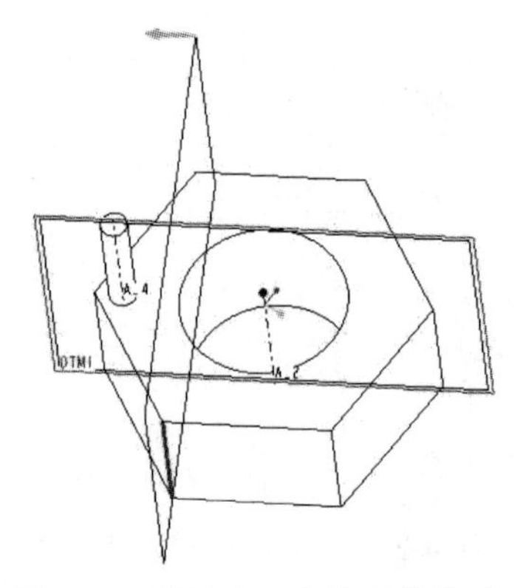

图 4-28 设计窗口中的零件模型

完成以上设置后，单击对话框中的“确定”按钮结束操作。此时建立基准平面 DTM2 如图 4-29 所示。

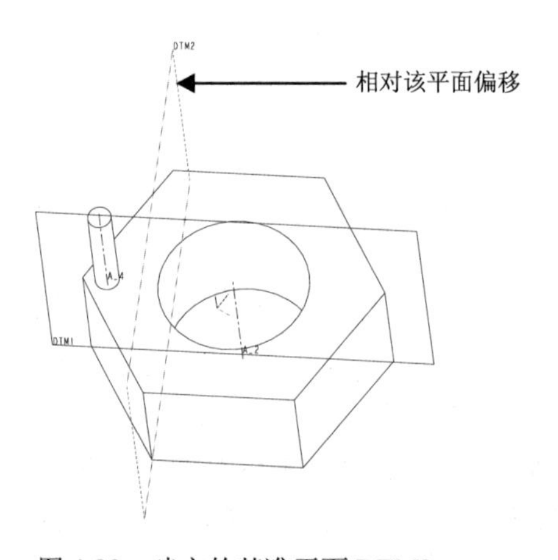

图 4-29 建立的基准平面 DTM2

（5）以偏移一个平面的约束方式建立基准平面 DTM3。

基准平面 DTM3 是通过偏移基准平面 DTM2 而建立的，如图 4-29 所示。

打开“基准平面”对话框。然后选取图 4-29 所示的基准平面 DTM2，并将约束条件设置为“偏移”，同时设置偏移距离为 40，如图 4-30 所示，此时零件模型如图 4-31 所示。

完成以上设置后，单击“确定”按钮结束操作。建立基准平面 DTM3 如图 4-32 所示。

（6）以通过一边线和与一个平面成一定角度的约束方式建立基准平面 DTM4。

基准平面 DTM4 将通过零件模型的一条边线并与一表面成一定角度，如图 4-32 所示。

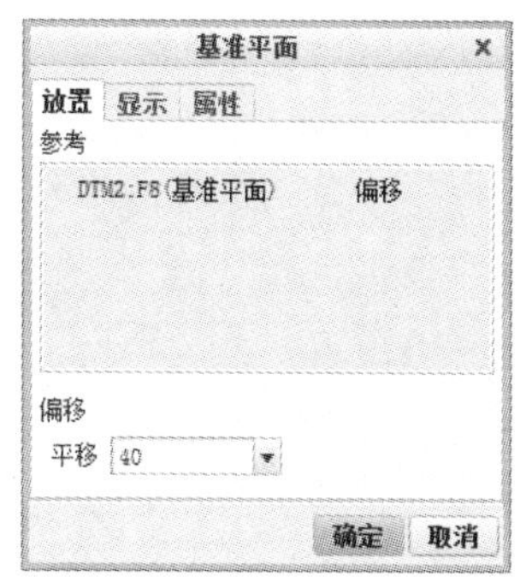

图 4-30　“基准平面”对话框

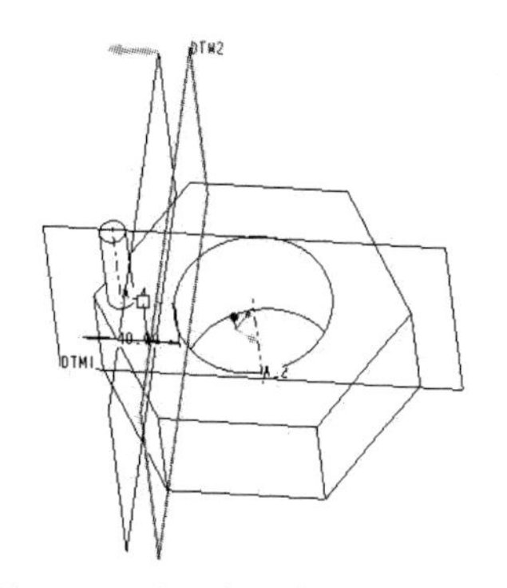

图 4-31　设计窗口中的零件模型

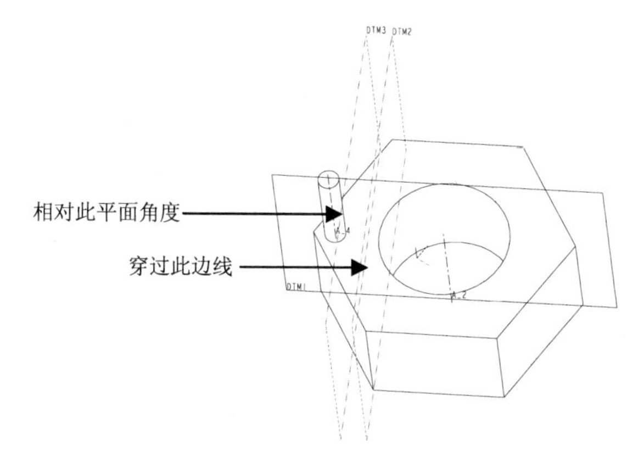

图 4-32　建立的基准平面 DTM3

打开“基准平面”对话框，然后选取图 4-32 所示的边线，并将约束条件设置为“穿过”，如图 4-33 所示。此时设计窗口中的零件模型如图 4-34 所示。

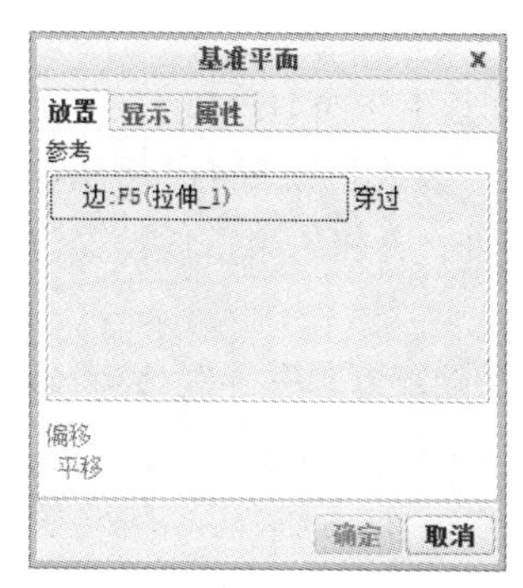

图 4-33　“基准平面”对话框

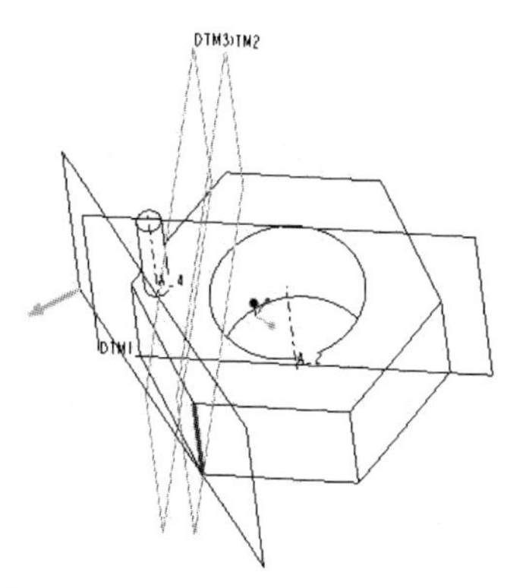

图 4-34　设计窗口中的零件模型

按住 Ctrl 键并选取图 4-32 所示的平面，然后将对话框中的约束条件设置为“偏移”，同时设置偏移旋转值为-45，如图 4-35 所示。此时零件模型如图 4-36 所示。

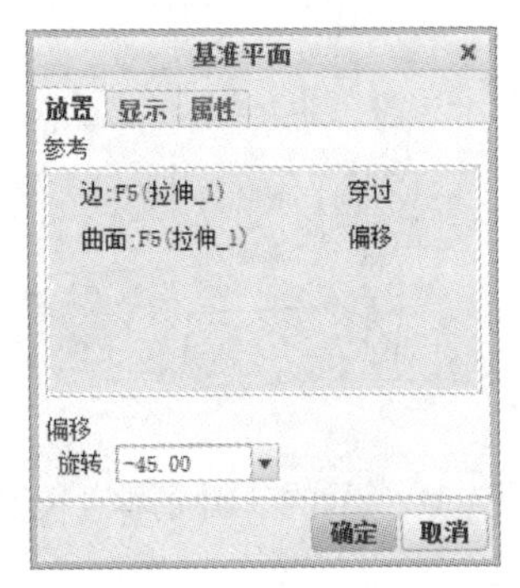

图 4-35 “基准平面”对话框

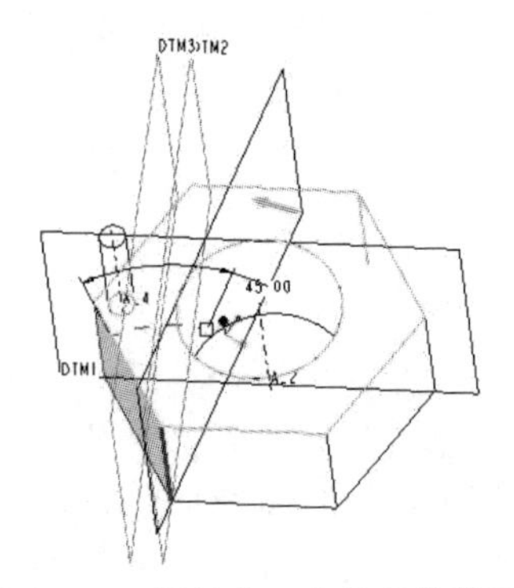

图 4-36 设计窗口中的零件模型

提示：当用户将约束条件设置为“偏移”后，系统将显示一个圆周方向的箭头，该箭头指示旋转角度的正方向，如果想与指示方向相同，就输入正数，如果相反则输入负数。

完成以上设置后，单击“确定”按钮结束操作。建立基准平面 DTM4 如图 4-37 所示。

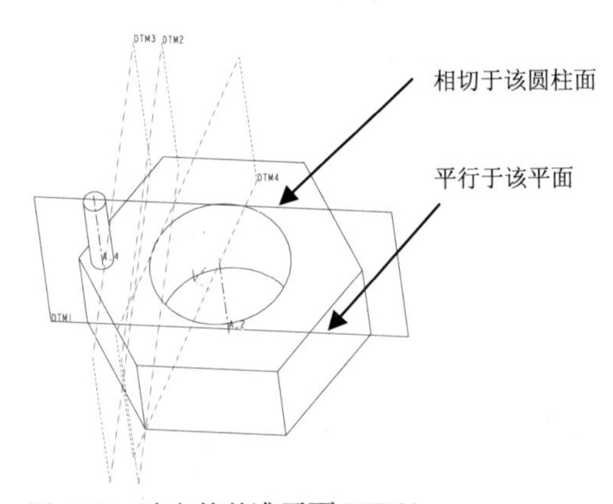

图 4-37 建立的基准平面 DTM4

（7）以相切于圆柱面并平行于一个平面的约束方式建立基准平面 DTM5。

基准平面 DTM5 将相切于零件模型的圆柱面，并平行于一表面，如图 4-37 所示。

打开“基准平面”对话框，然后选取图 4-37 所示的圆柱面，并将约束条件设置为“相切”，如图 4-38 所示。此时零件模型如图 4-39 所示。

按住 Ctrl 键并选取图 4-37 所示的平面，然后将约束条件设置为“平行”，如图 4-40 所示。此时零件模型如图 4-41 所示。

完成以上设置后，单击对话框中的“确定”按钮即可结束操作。此时建立基准平面 DTM5 如图 4-42 所示。

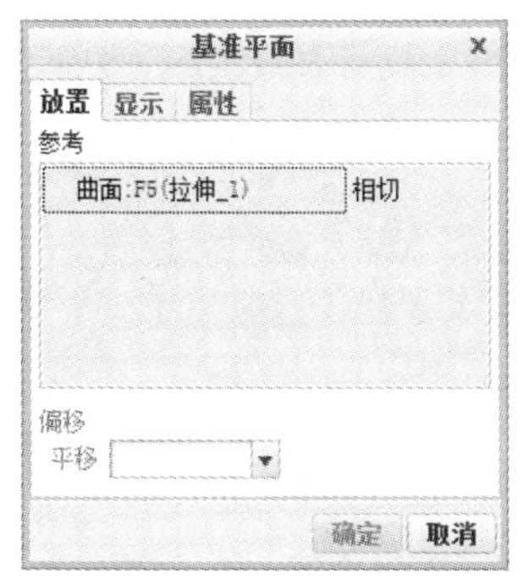

图 4-38　“基准平面”对话框

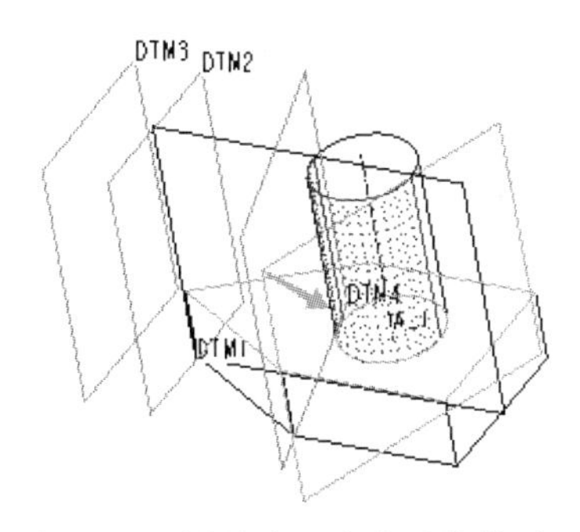

图 4-39　设计窗口中的零件模型

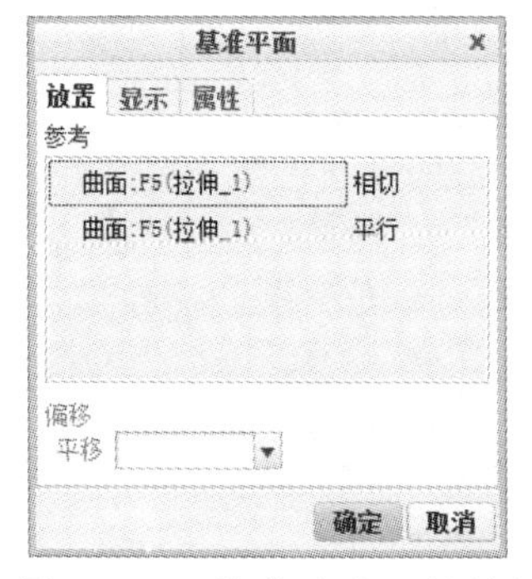

图 4-40　“基准平面”对话框

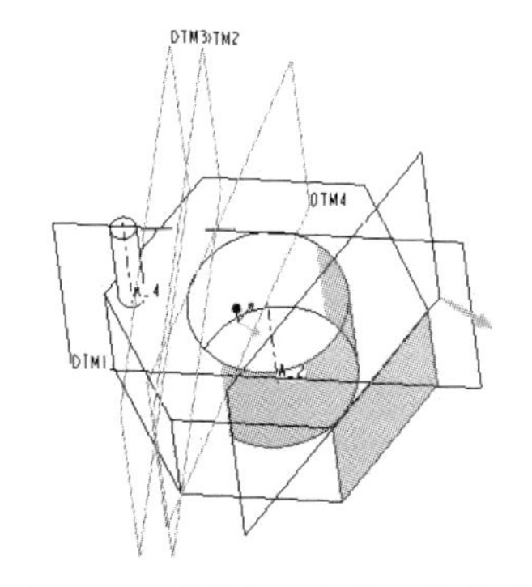

图 4-41　设计窗口中的零件模型

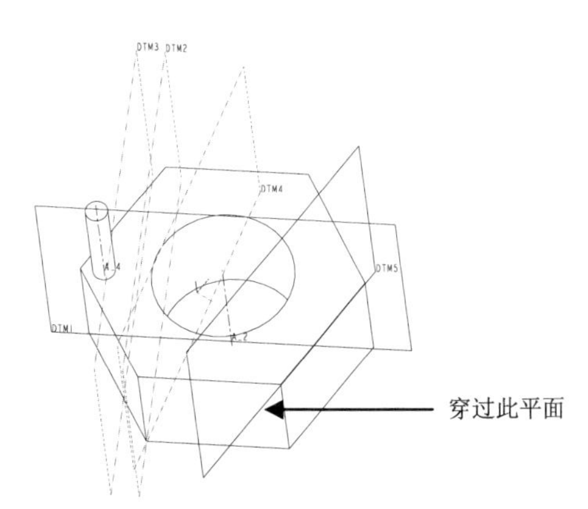

图 4-42　建立的基准平面 DTM5

（8）以通过一个平面的约束方式建立基准平面 DTM6。

基准平面 DTM6 将通过图 4-42 所示的平面。

打开“基准平面”对话框，选取图 4-42 所示的平面，并将约束条件设置为“穿过”，如图 4-43 所示。此时零件模型如图 4-44 所示。

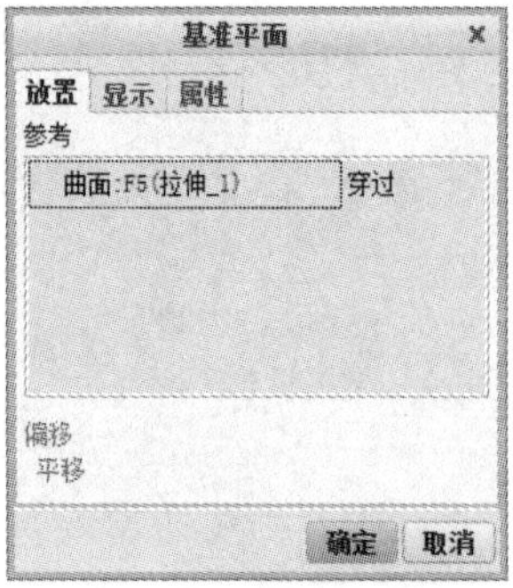

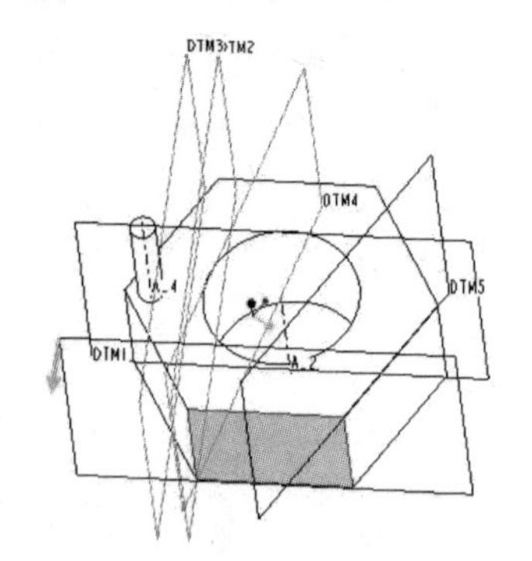

图 4-43 “基准平面”对话框

图 4-44 设计窗口中的零件模型

完成以上设置后，单击“基准平面”对话框中的“确定”按钮结束操作。此时建立基准平面 DTM6 如图 4-45 所示。

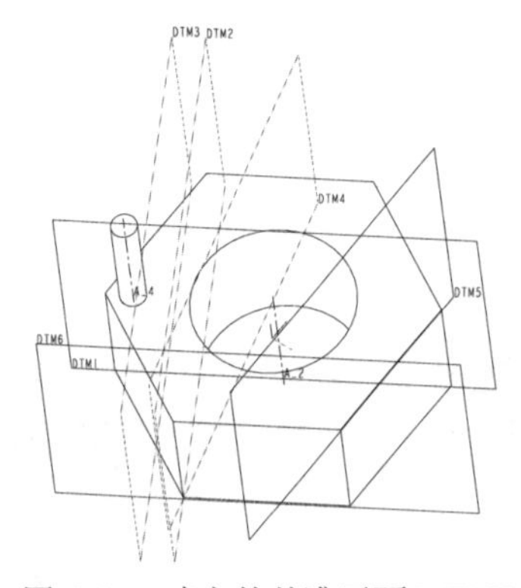

图 4-45 建立的基准平面 DTM6

4.3 基准轴

在本节中，将讲解基准轴的有关知识、产生方式、操作步骤，并通过实例讲解，使读者全面掌握基准轴的使用方法与技巧。

4.3.1 基准轴的基本知识

在 Creo Parametric 的基准特征中，有一个以中心线表示的基准轴，用作其他特征参考。每个基准轴都有唯一名称，基准轴的名称是 A_#，其中#是基准轴流水号，如 A_2、A_3 等。

通常产生旋转特征时，系统将自动产生基准轴。基准轴首先可以用作特征的中心线，如孔、圆柱、旋转特征的中心线；其次作为其他特征的参考，如要产生同轴特征时，使用当前轴线作为参考。

4.3.2 建立基准轴的方法

基准轴的产生方法是：单击“基准”面板中“轴”按钮/。系统显示“基准轴”对话框，如图 4-46 所示，在该对话框中通过设置相应的参考和约束条件产生基准轴。

该对话框包括“放置”、“显示”和“属性”选项卡。“放置”选项卡如图 4-46 所示，用户可以在该选项卡中设置相应的约束条件来产生基准轴，具体设置方法后面详细介绍；“显示”选项卡设置基准轴的显示参数，如图 4-47 所示；“属性”选项卡如图 4-48 所示，用于修改基准轴的名称和查看基准轴的特征信息。

图 4-46 “基准轴”对话框

图 4-47 “显示”选项卡

图 4-48 “属性”选项卡

下面详细讲解产生基准轴的约束条件选项。根据用户选取的参照不同，“放置”选项卡显示的约束条件也不相同，下面一一介绍。

1. 平面

当选取平面作为基准轴的参照时，“基准轴”对话框如图 4-49 所示，从其“约束条件”下拉列表框中即可选取相应的约束条件。

（1）穿过：选取该约束条件，则定义的基准轴将通过指定的平面。当指定的面为圆柱面时，基准轴将通过该圆柱面的中心线。

（2）法向：选取该约束条件，则定义的基准轴将垂直于指定的平面。此时还需要设置基准轴的定位尺寸，即选取基准轴的偏移参照并输入偏移值，具体方法是：当用户选取“法向”约束条件后，在“偏移参考”框中单击鼠标的左键，然后选取偏移参照（如平面、边线 / 轴等），此时“基准轴”对话框如图 4-50 所示，在“偏距”编辑框中输入定位尺寸并按回车键即可，设计窗口将同时显示基准轴的定位尺寸，如图 4-51 所示。

2. 边

当选取一条边线或轴线作为基准轴的参照时，“约束条件”下拉列表框中有两个选项，分别为“穿过”与“相切”。

（1）穿过：选取该约束条件，则定义的基准轴将通过指定的边线或轴线。

（2）相切：选取该约束条件，则定义的基准轴将通过曲线端点的切线产生一条基准轴。

图 4-49 “基准轴”对话框

图 4-50 “基准轴”对话框

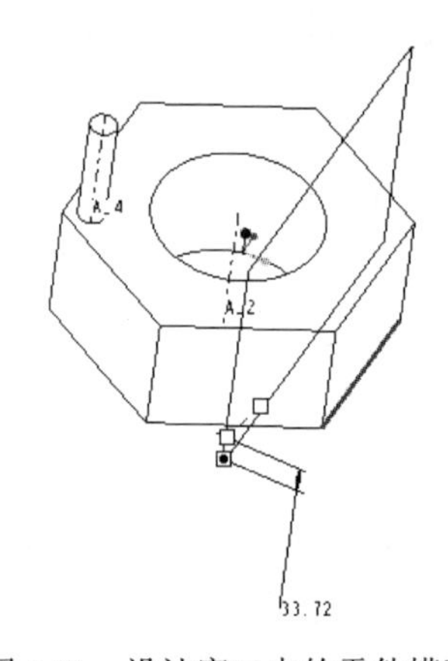

图 4-51 设计窗口中的零件模型

3. 点

当选取一顶点或基准点作为基准轴的参照时，只有一个约束条件，即“穿过”。该约束条件需要与其他参照约束条件组合使用才能产生一条基准轴。

4.3.3 产生基准轴的操作实例

在本小节中，通过讲解一个实例来阐述基准轴的产生方式、方法和操作步骤等知识。下面是该实例的具体步骤。

（1）打开文件 DatumAxis_base.prt。

打开文件 DatumAxis_base.prt，如图 4-52 所示。

（2）以通过一条边线的方式产生基准轴 A_3。

单击右侧基准特征工具条中 / 按钮，此时系统弹出“基准轴”对话框。选取模型的一条边线，如图 4-52 所示，并将约束条件设置为“穿过”，单击“确定”按钮，系统将自动产生一条基准轴，如图 4-53 所示。之所以从 A_2 开始，是因为已经有了 A_1 轴。

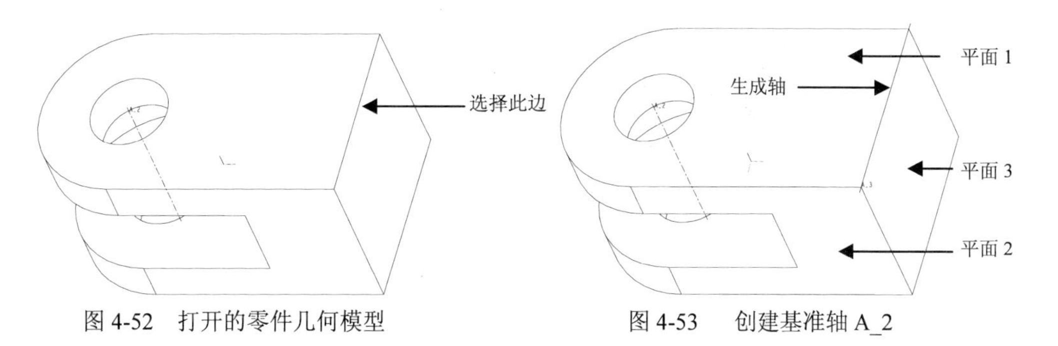

图 4-52　打开的零件几何模型　　　　图 4-53　创建基准轴 A_2

（3）以垂直于一平面的方式产生基准轴 A_3。

打开“基准轴”对话框。选取模型的平面 1，如图 4-53 示，并将约束条件设置为“法向”。然后在“偏移参考”组框内单击，并选取图 4-53 的平面 2，同时输入偏距-4，如图 4-54 所示，按下回车键，此时设计窗口的模型如图 4-55 所示。

按住 Ctrl 键并选取图 4-53 所示的平面 3，并输入偏距-0.5，如图 4-56 所示，按下回车键，此时设计窗口的模型如图 4-57 所示。

最后单击对话框的“确定”按钮，系统将自动产生一条基准轴，如图 4-58 所示。

图 4-54　“基准轴”对话框

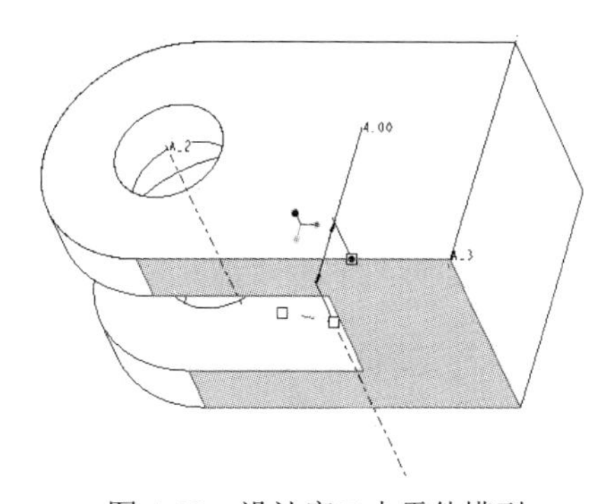

图 4-55　设计窗口中零件模型

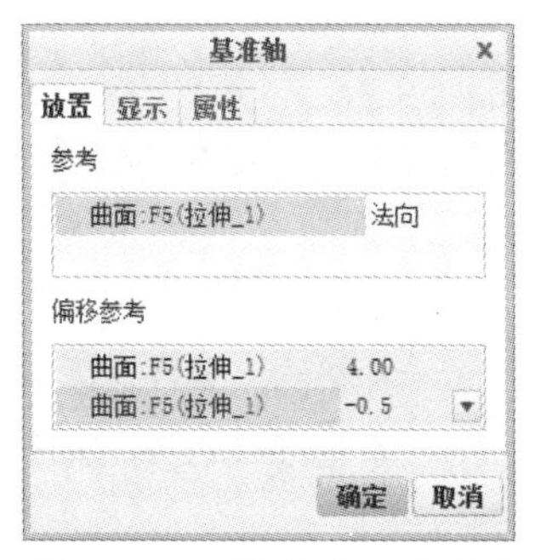

图 4-56　“基准轴”对话框

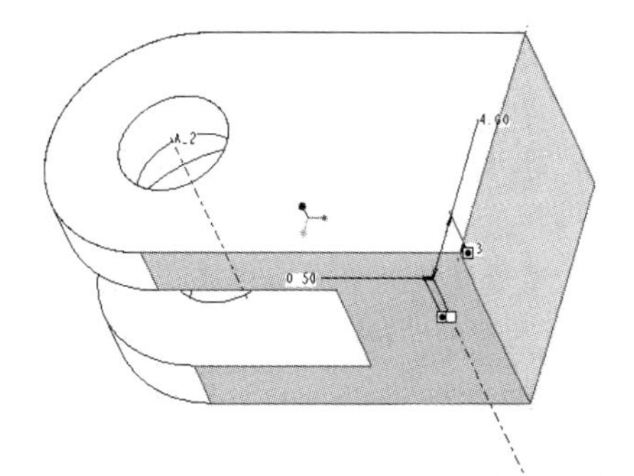

图 4-57　设计窗口中零件模型

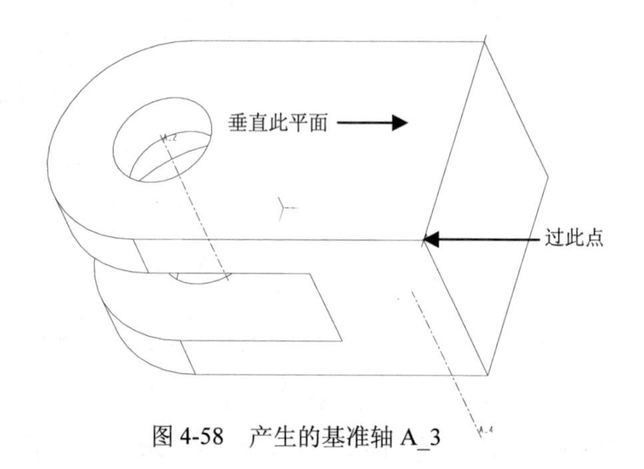

图 4-58　产生的基准轴 A_3

（4）以通过一点并垂直于一平面的方式产生基准轴 A_4。

打开“基准轴”对话框，然后选取模型的一平面，如图 4-58 所示，并将约束条件设置为“法向”。接着按住 Ctrl 键并选取平面上的一点，如图 4-58 所示，随后单击“确定”按钮即可产生一条基准轴 A_4，如图 4-59 所示。

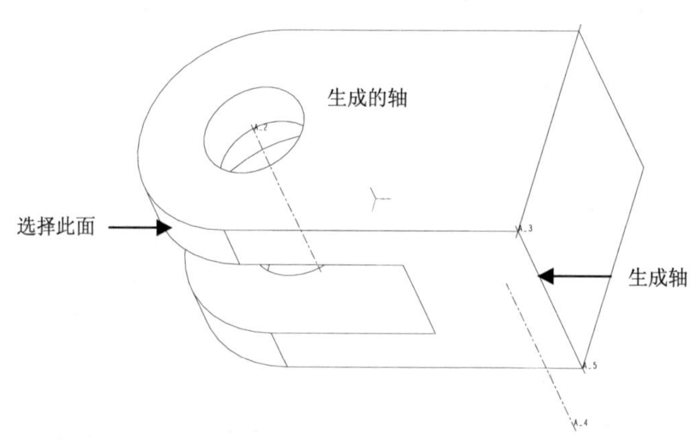

图 4-59　产生的基准轴 A_4

（5）以通过一圆柱面的方式产生基准轴 A_5。

打开“基准轴”对话框，然后选取模型中的圆柱面，如图 4-59 所示，并将约束条件设置为“穿过”。随后单击“确定”按钮即可产生一条基准轴 A_5，如图 4-60 所示，该基准轴通过圆柱面的中心线。

（6）以通过两个平面的方式产生基准轴 A_6。

打开“基准轴”对话框，选取模型的一平面，如图 4-60 所示，并将约束条件设置为“穿过”。接着按住 Ctrl 键再选取另一平面，随后单击“确定”按钮即可产生一条基准轴 A_6，如图 4-61 所示。

（7）以通过两个点或顶点的方式产生基准轴 A_7。

打开“基准轴”对话框，然后选取模型一顶点，接着按住 Ctrl 键再选取另一顶点，如图 4-62

所示。随后单击“确定”按钮即可产生一条基准轴 A_7，如图 4-62 所示。

（8）以相切于一条曲线的方式产生基准轴 A_8。

打开“基准轴”对话框，然后选取模型上的一曲线，接着按住 Ctrl 键再选取曲线的一端点，如图 4-62 所示。随后单击“确定”按钮即可产生一条基准轴 A_8，如图 4-63 所示。

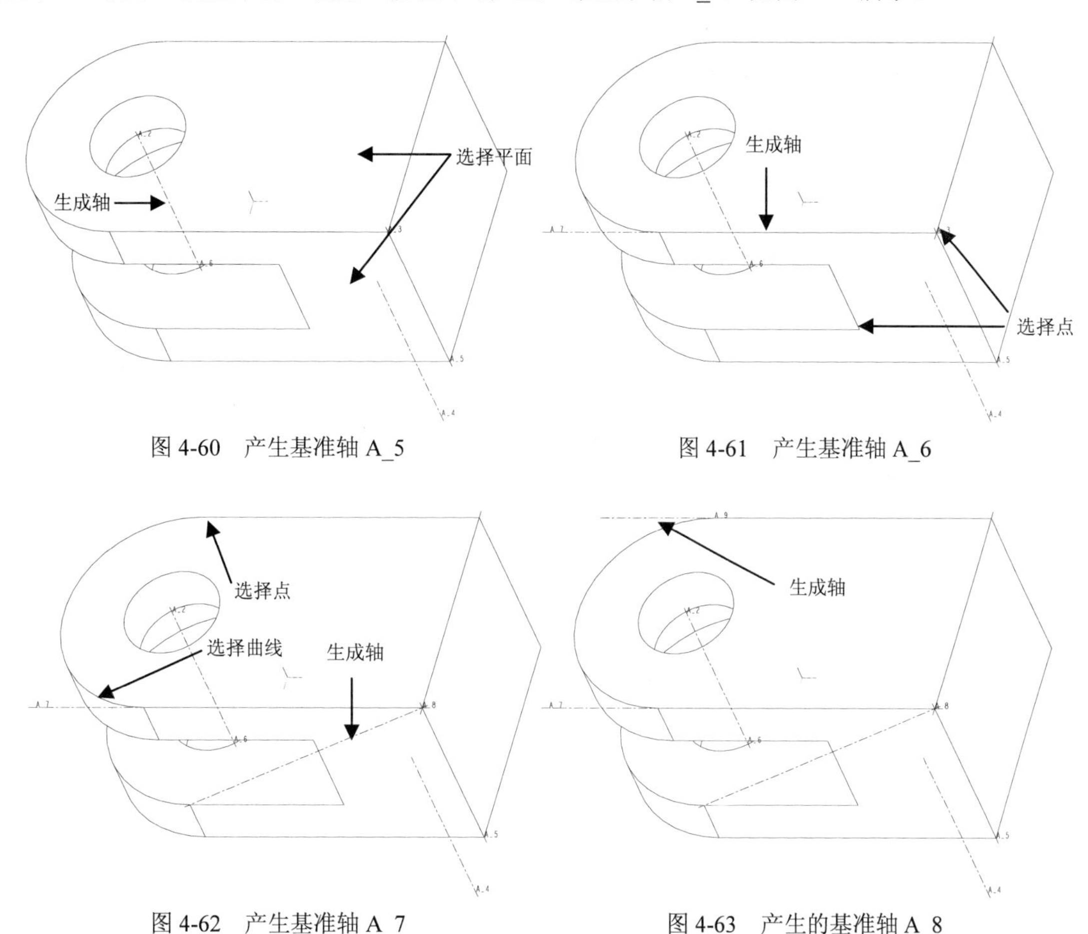

图 4-60　产生基准轴 A_5

图 4-61　产生基准轴 A_6

图 4-62　产生基准轴 A_7

图 4-63　产生的基准轴 A_8

4.4　基准点

在本节中，将讲解基准点的有关知识、产生方式、操作步骤，并通过实例讲解，使读者全面掌握基准点的使用方法与技巧。

4.4.1　基准点的基本知识

在 Creo Parametric 的基准特征中，有一个用于定位的基准点特征。每个基准点都有一个唯一的名称，基准点的文字名称是 PNT#，其中#是基准点的流水号，如 PNT1、PNT2、PNT3 等。基准点通常用于辅助定位或指定方向，或辅助建立基准轴、基准平面、基准曲线或坐标系，或辅助建立和修改复杂的曲面等。

在 Creo Parametric 中，系统提供了 3 种类型的基准点：

- 一般基准点：在图元的交点或偏移某图元处建立的基准点。
- 偏移坐标系基准点：利用坐标系，输入坐标偏移值来产生的基准点。
- 域基准点：直接在曲线、边或曲面上创建一个基准点，该基准点用于行为建模。

4.4.2 建立基准点的方法

单击“基准”面板中基准点按钮右侧按钮，系统将显示“点”工具列表，单击其中的工具按钮可建立相应类型的基准点。

1. 一般基准点

按钮用于建立一般基准点。选中后系统将弹出“基准点”对话框，如图 4-64 所示。选取基准点的参考，并在对话框中设置相应约束条件后单击“确定”按钮，即可建立一个基准点。

2. 偏移坐标系基准点

“偏移坐标系”按钮用于建立偏移坐标系基准点。

选中后，系统将弹出“偏移坐标系基准点”对话框，如图 4-65 所示。在设计窗口中选取相应的坐标系，并在“类型”下拉列表框中选取坐标系的类型后，单击单元格并输入相应的坐标值即可建立基准点。

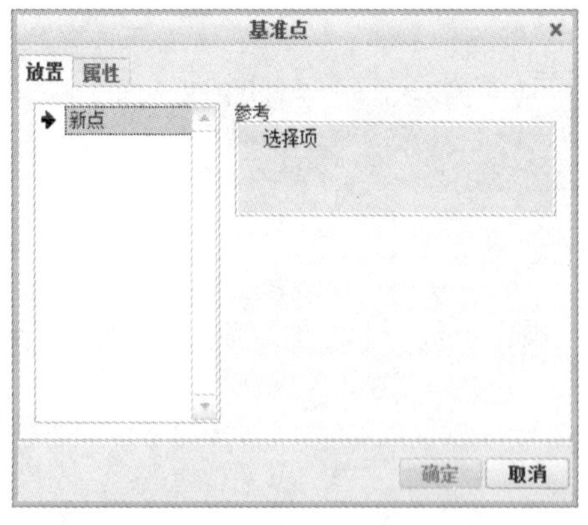

图 4-64 “基准点”对话框

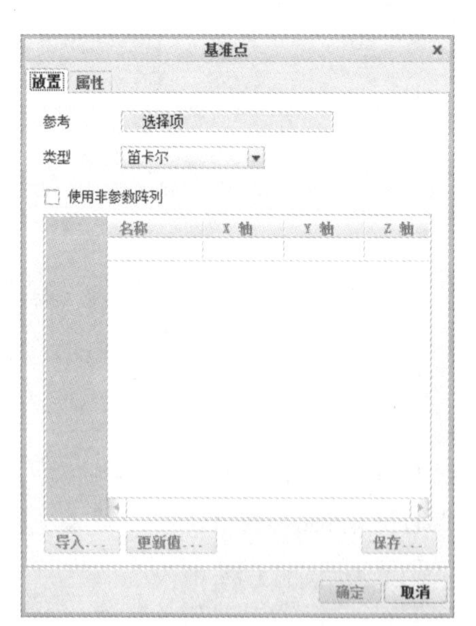

图 4-65 “偏移坐标系基准点”对话框

3. 域基准点

“域”按钮用于建立域基准点。

选中后，系统将弹出“域基准点”对话框，如图 4-66 所示。然后在设计窗口的图元上（如曲线、边或曲面等）选取基准点位置即可建立一个域基准点。

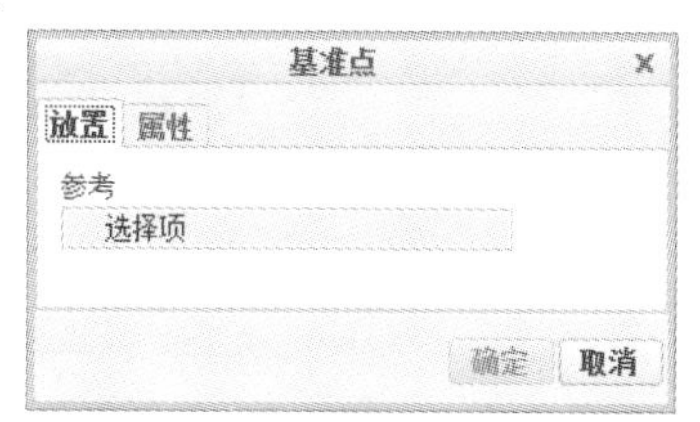

图 4-66　“域基准点”对话框

4.4.3　产生基准点的操作实例

在本小节中，通过讲解一个实例来阐述基准点的产生方式、方法和操作步骤等知识。下面是该实例的具体步骤。

（1）打开文件 DatumPoint_base.prt，如图 4-67 所示。

（2）以在曲面上的方式产生一般基准点 PNT0。

单击按钮，系统将弹出“基准点”对话框。选取模型的上表面，如图 4-67 所示，并将约束条件设置为“在其上”。然后在“偏移参考”组框内单击，并选取图 4-67 所示的前表面，同时输入偏距 5，按下回车键即可。

接着按住 Ctrl 键并选取图 4-67 所示的后表面，并输入偏距 5，按下回车键，此时“基准点”对话框如图 4-68 所示，设计窗口中的模型如图 4-69 所示。

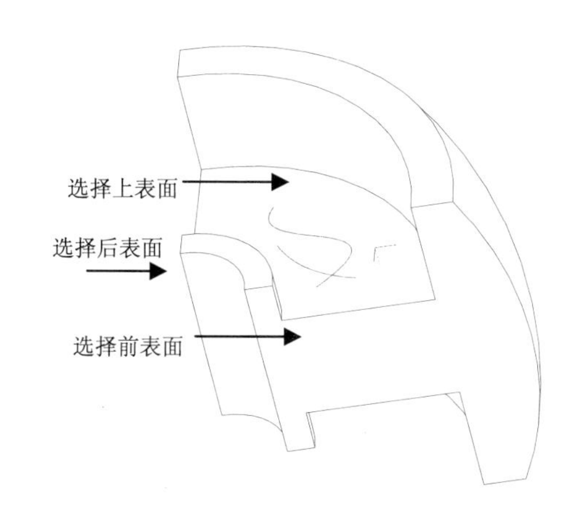

图 4-67　打开的零件几何模型

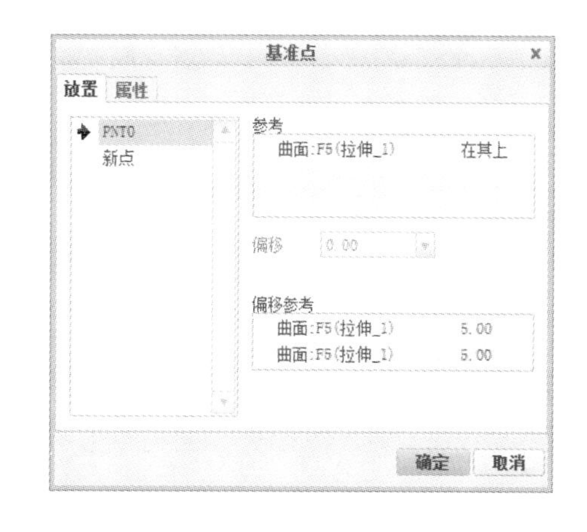

图 4-68　“基准点”对话框

最后单击对话框的“确定”按钮，系统将自动产生一基准点 PNT0，如图 4-70 所示。

（3）以曲线与曲面相交的方式产生一般基准点 PNT1。

单击按钮，系统将弹出“基准点”对话框。选取模型的曲面，如图 4-70 所示，并将约束条件设置为“在其上”。接着按住 Ctrl 键并选取一条曲线，然后单击“确定”按钮即可产生基准点 PNT1，如图 4-71 所示。

（4）以在顶点的方式产生一般基准点 PNT2。

单击按钮，系统将弹出“基准点”对话框。选取模型的一个顶点，如图 4-71 所示，并将约束条件设置为“在其上”。然后单击“确定”按钮即可产生基准点 PNT2，如图 4-72 所示。

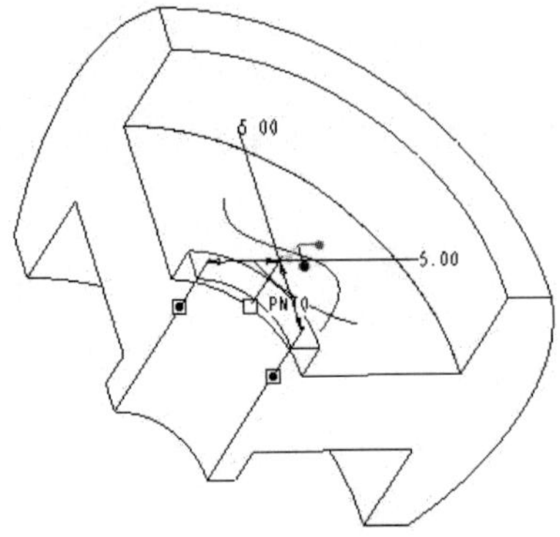

图 4-69　设计窗口中的模型

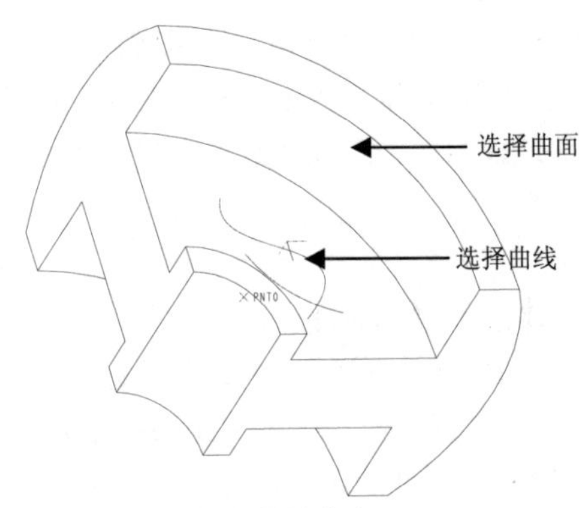

图 4-70　产生基准点 PNT0

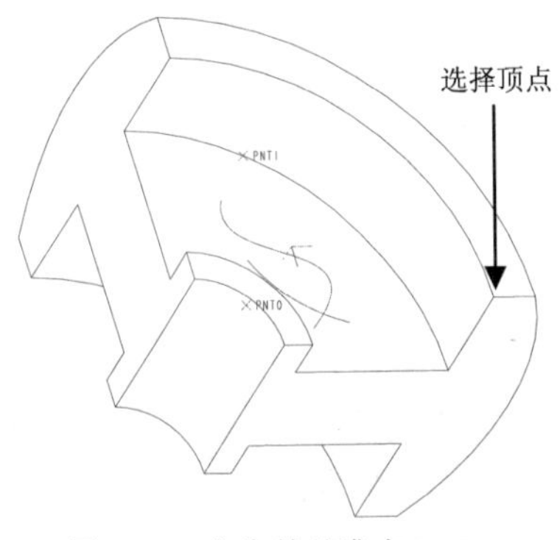

图 4-71　产生的基准点 PNT1

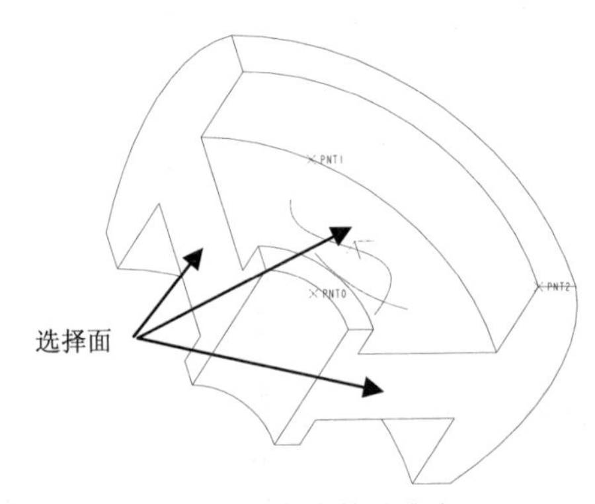

图 4-72　产生的基准点 PNT2

（5）以 3 个曲面相交的方式产生一般基准点 PNT3。

单击按钮，系统将弹出“基准点”对话框。依次选取模型的 3 个表面，如图 4-72 所示，并将约束条件均设置为“在其上”。最后单击“确定”按钮即可产生基准点 PNT3，如图 4-73 所示。

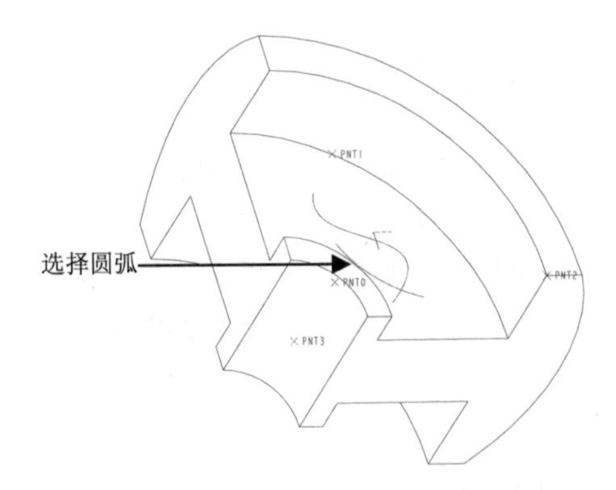

图 4-73　产生的基准点 PNT3

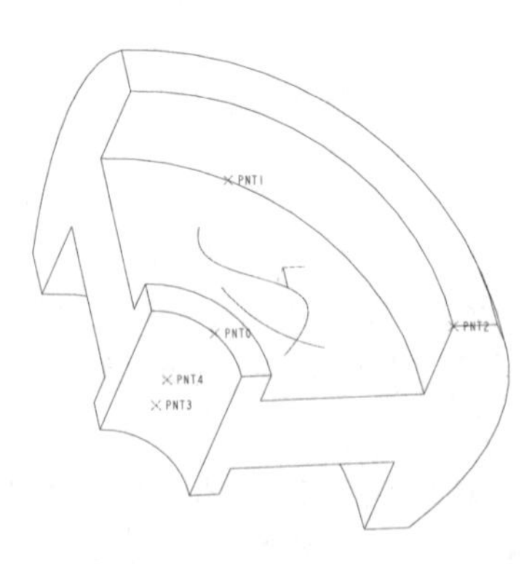

图 4-74　产生的基准点 PNT4

（6）以居中的中心方式产生一般基准点 PNT4。

单击按钮，系统将弹出“基准点”对话框。选取模型上表面的圆弧线，如图 4-73 所示，并将约束条件均设置为“居中”，然后单击“确定”按钮即可产生基准点 PNT4，如图 4-74 所示。

（7）以曲线与曲线相交的方式产生一般基准点 PNT5。

单击按钮，系统将弹出“基准点”对话框。依次选取模型中的两条曲线，并将约束条件均设置为“在其上”，然后单击“确定”按钮即可产生基准点 PNT5，如图 4-75 所示。

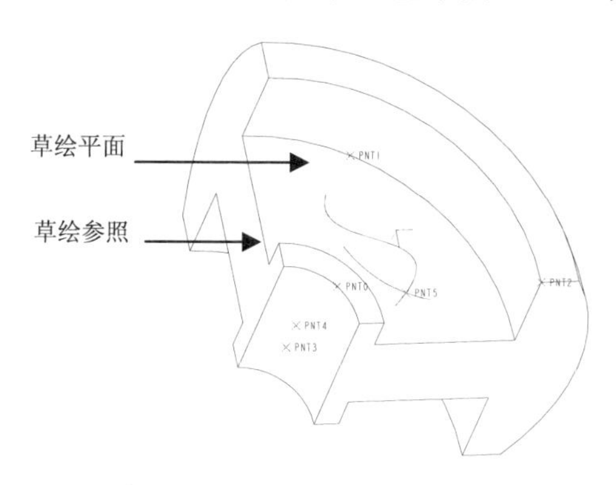

图 4-75　产生的基准点 PNT5

提示：用户在草绘界面中一次可以绘制多个基准点。

（8）产生偏移坐标系基准点 PNT7。

单击按钮，系统将弹出偏移坐标系“基准点”对话框。选取坐标系 PRT_CSYS_DEF，并将坐标系“类型”设置为“笛卡尔”，接着单击对话框中单元格，然后依次修改沿 X、Y、Z 方向的偏移值，如图 4-76 所示，单击“确定”按钮即可产生基准点 PNT7，如图 4-77 所示。

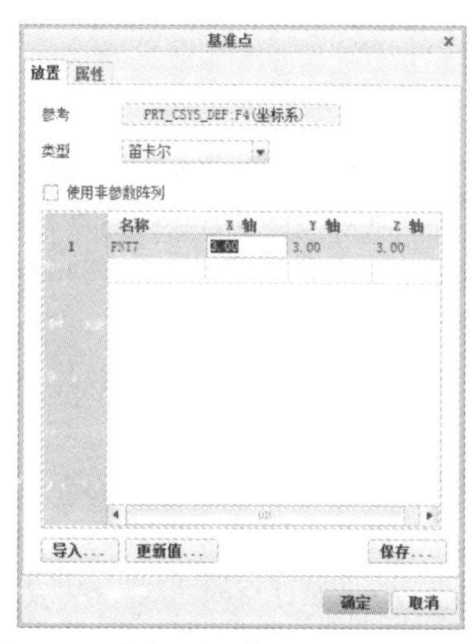

图 4-76　偏移坐标系“基准点”对话框

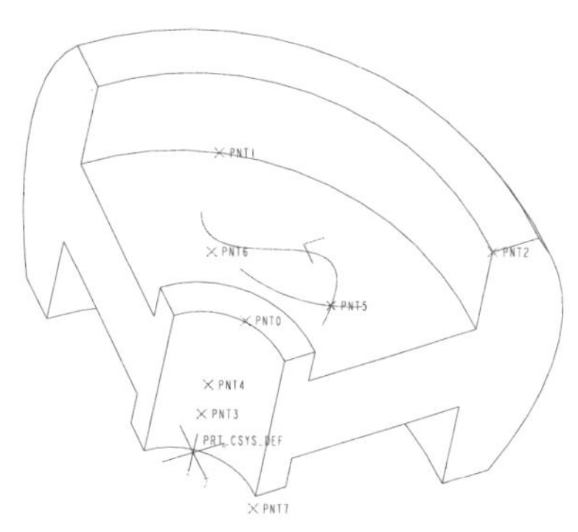

图 4-77　产生的基准点 PNT7

提示：通常以该方式产生基准点时，可以一次连续产生多个基准点。

（9）产生域基准点 FPNT0。

在主菜单栏中依次单击“插入”→“模型基准”→“点”→“域”命令，或者直接单击工具栏中按钮，系统将弹出域“基准点”对话框。然后在设计窗口的圆柱面上选取一点（单击鼠标左键即可），以确定基准点的位置，此时对话框如图 4-78 所示，单击“确定”按钮即可产生基准点 FPNT0，如图 4-79 所示。

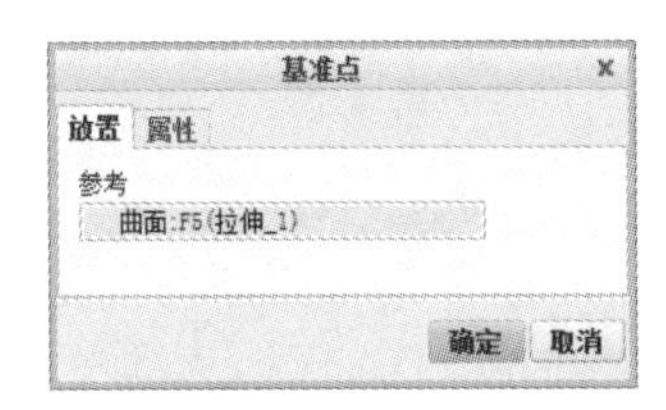

图 4-78　域“基准点”对话框

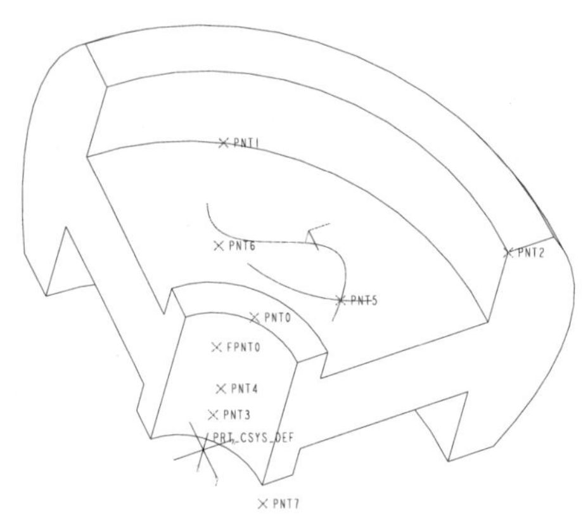

图 4-79　产生的基准点 FPNT0

4.5　基准曲线

在本节中，将讲解基准曲线的基本知识、产生方式、操作步骤，并通过实例讲解，使读者掌握基本的基准曲线使用方法与技巧。

4.5.1　基准曲线的基本知识

在 Creo Parametric 的基准特征中，有一个用于建立几何结构的基准曲线特征。通过基准曲线可以快速、准确地完成曲面特征的建立。基准曲线可以用作定义曲面特征的边界、产生扫描路径等。产生基准曲线的命令很多，而且操作也相当复杂，有一些是专用于建立高级曲面特征的构造命令，本节中将讲解一些最常用的基准曲线构造方法。

4.5.2　建立基准曲线的方法

应该说 Creo Parametric 中建立基准曲线的方法同 Pro/Engineer 相比变化比较大，它更加实用和方便。它增加了投影到曲面上的功能，可以画直线和样条，设置相切条件也很直观。单击“通过点的曲线”按钮，弹出如图 4-80 所示下拉列表框，共 3 种方法：“通过点的曲线”、“来自方程的曲线”和“曲线来自横截面”。

图 4-80　基准曲线生成方式

1. 通过点的曲线

产生方法是：单击“基准”面板中～按钮，系统将显示“基准曲线”面板，如图 4-81 所示，通过该面板中的选项就可以产生基准曲线。

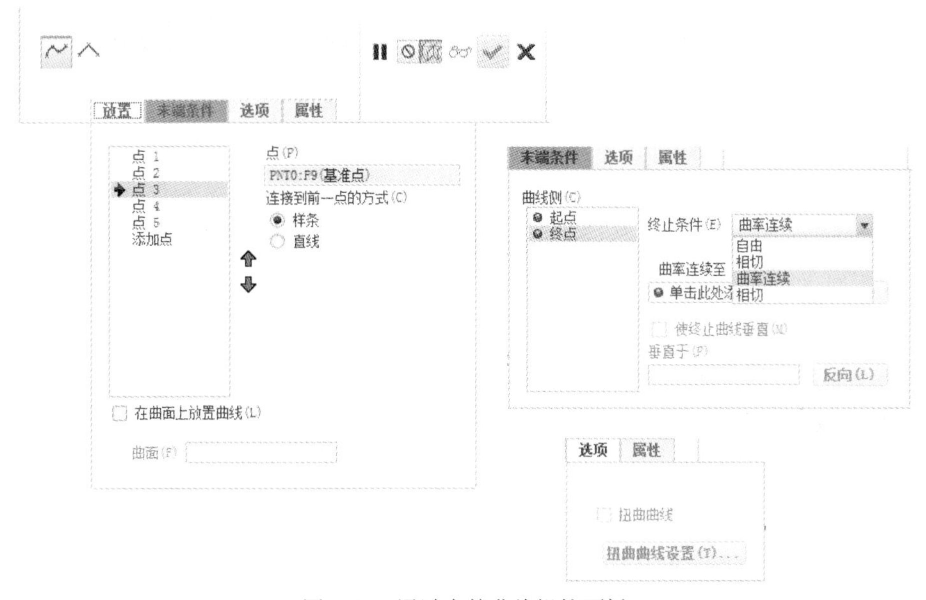

图 4-81　通过点的曲线操控面板

（1）放置设置。可以选择曲线要经过的基准点，单击“添加点”选项，然后选择新的基准点即可。点与点之间的连接可以采用两种方式，“样条”方式保证点与点之间使用平滑曲线方式连接；而“直线”方式则用线段直接相连两点。

当选择“直线”方式时，“放置”选项卡如图 4-82 所示。在其中对连接拐点处进行倒圆角处理，而且不同点组之间可以采用不同的圆角半径。

当选中“在曲面上放置曲面”复选框后，则只能绘制样条曲线。

（2）“末端条件”选项卡决定曲线端点的终止条件属性。可以看到，它包含 4 个类型，其中第一个相切是与某条线相切，而第二个相切应该译为“垂直于”。随着选择相切条件的不同，选项板内容将会有所变化。

（3）“选项”选项卡通过扭曲来改变曲面造型。当选中该选项后，将弹出如图 4-83 所示对话框，从中可以进行不同方向的调整。

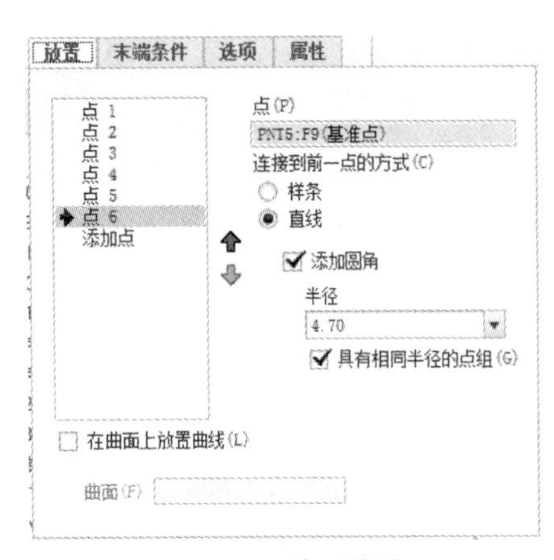

图 4-82　放置设置

图 4-83　“修改曲线”对话框

2. 来自方程的曲线

Creo Parametric 可以直接读取已经通过方程编好的曲线。单击“来自方程的曲线”按钮～，系统将弹出如图 4-84 所示操控面板。

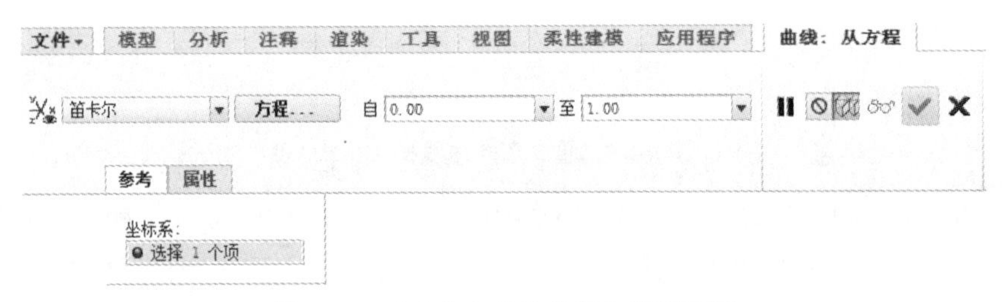

图 4-84　“来自方程的曲线”操控面板

其中提供了 3 种坐标系：笛卡尔、柱坐标和球坐标。“笛卡尔”表示是笛卡尔坐标系，即直角坐标系；“柱坐标”表示是圆柱坐标系；“球坐标”表示是球面坐标系，选取其中一种即可。

选择坐标系类型后，在“参考”下拉面板中选择一个坐标系，单击“方程”按钮，系统弹出如图 4-85 所示“方程”对话框。在上面的文本框中输入相应的方程式，或者直接通过“文件”菜单导入已经建立好的关系式，确定即可完成方程的建立。此时图形窗口将显示相应的曲线。

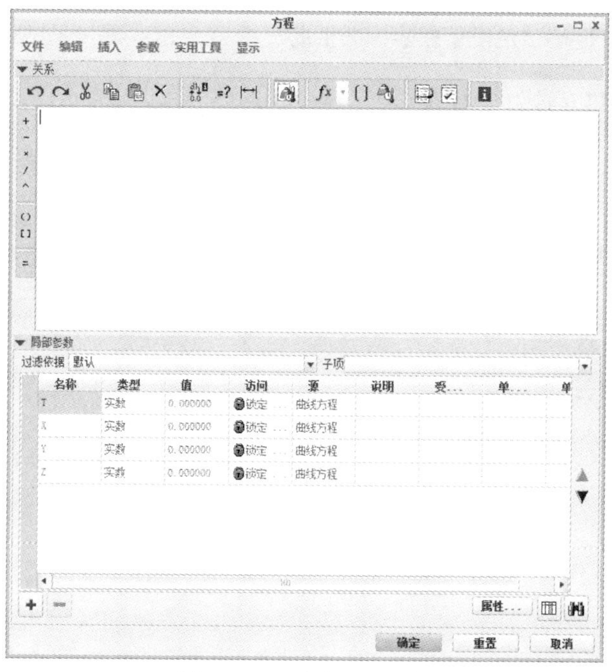

图 4-85 “方程”对话框

3. 曲线来自横截面

Creo Parametric 可以提取横截面轮廓作为基准曲线，但其前提条件就是已经在三维实体上建立了横截面。

单击“曲线来自横截面”按钮，系统将弹出如图 4-86 所示操控面板。直接选中横截面，则该截面轮廓自动转为基准曲线。

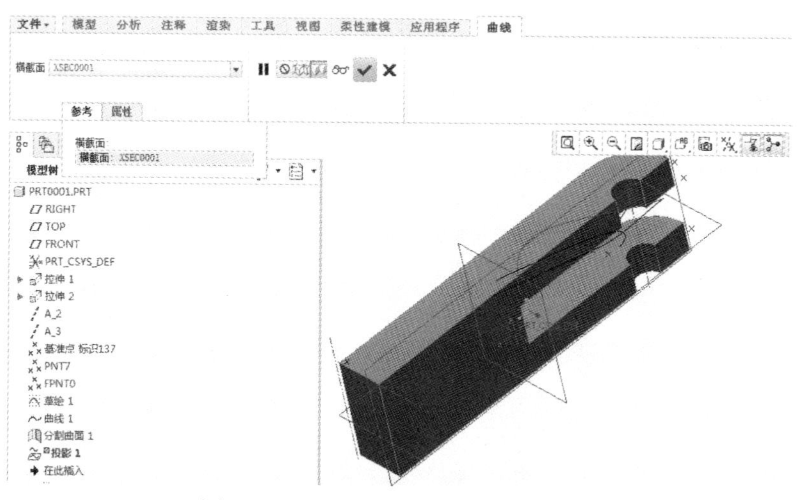

图 4-86 “曲线来自横截面”操控面板

提示：横截面可以通过“视图管理器”来生成。

4.5.3 产生基准曲线的操作实例

在本小节中，通过讲解一个实例来阐述基准曲线的产生方式、方法和操作步骤等知识。下面是该实例的具体步骤。

（1）打开文件 DatumCurve_base2.prt，如图 4-87 所示。

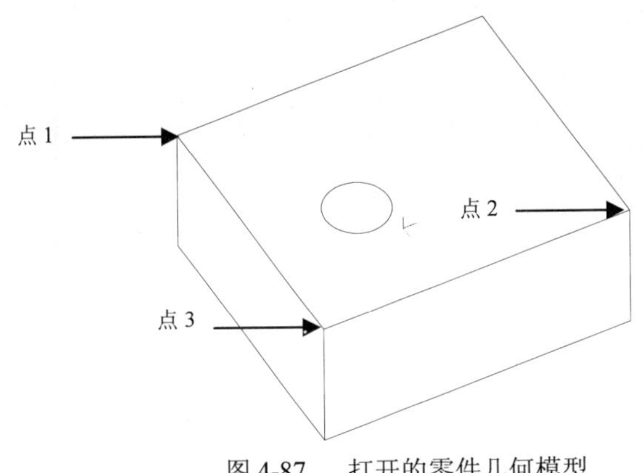

图 4-87　打开的零件几何模型

（2）以经过点的方式建立基准曲线。

1）选取“通过点的曲线”命令方式。在“基准”面板中单击“通过点的曲线”按钮～，弹出相应操控面板。

2）单击“放置”选项卡，单击其中的“添加点”选项，选中“样条”连接方式，表示以平滑曲线连接各点。

接着使用鼠标在设计窗口中选取特征上的 3 个顶点，如图 4-87 所示，每选取一个点后，系统将动态地显示基准曲线的形状。

3）确认对基准曲线的定义，如图 4-88 所示。

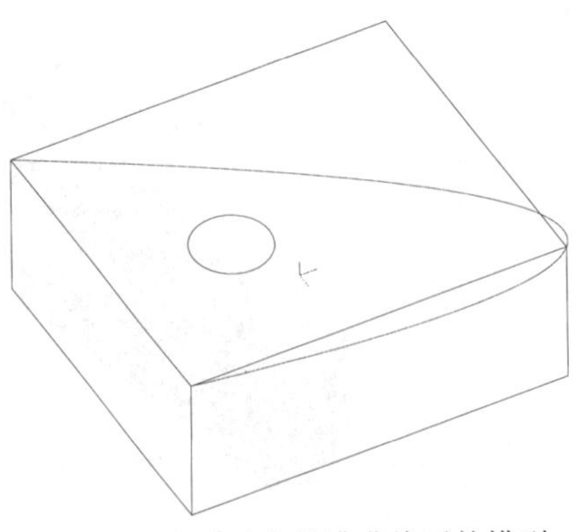

图 4-88　完成建立基准曲线后的模型

（3）以从方程的方式建立基准曲线。

1）在“基准”面板中单击“来自方程的曲线”按钮～，系统弹出相应的操控面板。

2）选取（或创建）坐标系。选取“笛卡尔”选项，表示将使用笛卡尔坐标系建立方程式。随后在模型中选取坐标系 PRT_CSYS_DEF。

3）单击“方程”按钮，打开“方程”对话框，输入基准曲线方程式：

```
x=t*100
y=0
z=50+50*sin(t*360)
```

完成后确定。

4）确认对基准曲线的定义，生成的模型如图 4-89 所示。

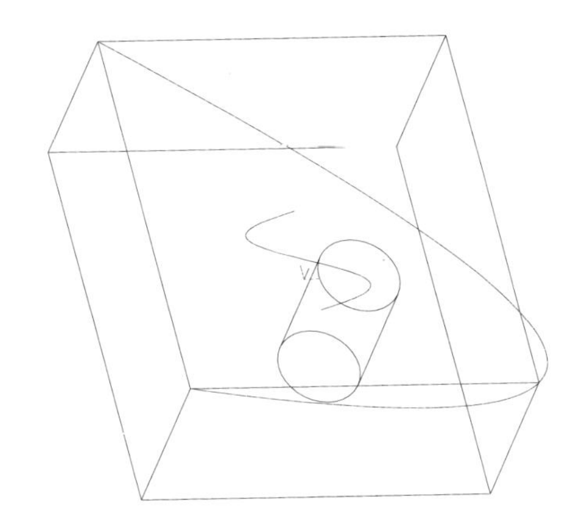

图 4-89　完成建立基准曲线后的模型

4.6　基准坐标系

在本节中，将讲解基准坐标系的有关知识、产生方式、操作步骤，并通过实例讲解，使读者全面掌握基准坐标系的使用方法与技巧。

4.6.1　基准坐标系的基本知识

在 Creo Parametric 中进行设计时，通常情况下是使用相对位置尺寸来对特征进行定位，因此在进行一般的模型设计时，并不需要坐标系。但是，对于某些特殊特征需要建立基准坐标系，如从坐标系偏移产生其他特征时就需要定义一个基准坐标系，同时有一些模型设计中，如果建立了基准坐标系，其操作更加方便、快捷，特征在进行 CAD 数据转换时，显得更加重要了，因此在本节中还是有必要讲解基准坐标系的建立和使用方法。

在 Creo Parametric 中，同一个模型可以有多个基准坐标系，每个基准坐标系都有一个唯一的名称，默认情况下，基准坐标系的文字名称是 CS#，其中#是基准坐标系的流水号，如 CS0、CS1、CS2 等。

在 Creo Parametric 中，坐标系分为 3 种：笛卡尔坐标系、圆柱坐标系和球坐标系。笛卡尔坐标系就是通常用的直角坐标系，所有创建的坐标系都遵守右手定则。

4.6.2　建立基准坐标系的方法

基准坐标系的产生方法是：单击“基准”面板中的“基准坐标系”按钮，系统将显示“坐标系”对话框，如图 4-90 所示，在该对话框中通过设置相应的参照和约束条件就可以产生基准坐标系。

“坐标系”对话框包括“原点”、“方向”和“属性”选项卡。其中“原点”选项卡如图 4-90 所示，用户可以在该选项卡中设置基准坐标系的参考、偏移类型及偏移值，具体设置方法可参考后面的操作实例；“方向”选项卡如图 4-91 所示，用于设置坐标轴的位置；“属性”选项卡如图 4-92 所示，用于修改基准坐标系的名称和查看基准坐标系的特征信息。

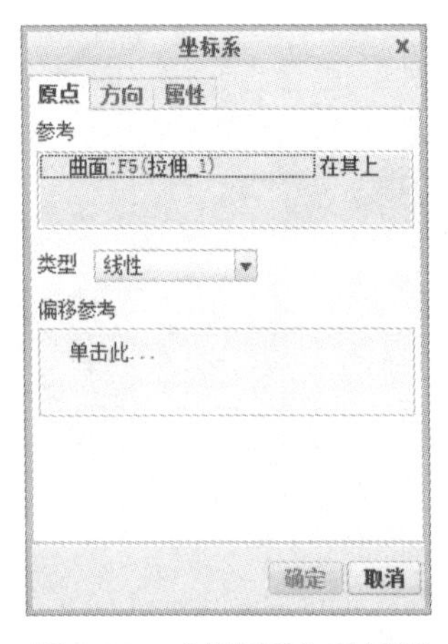

图 4-90　“坐标系”对话框

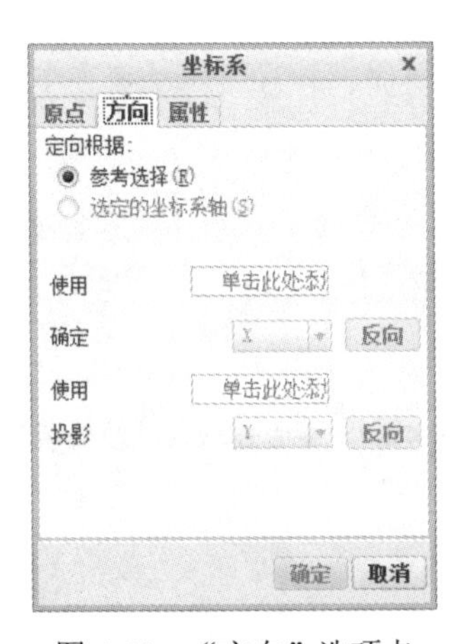

图 4-91　“方向”选项卡

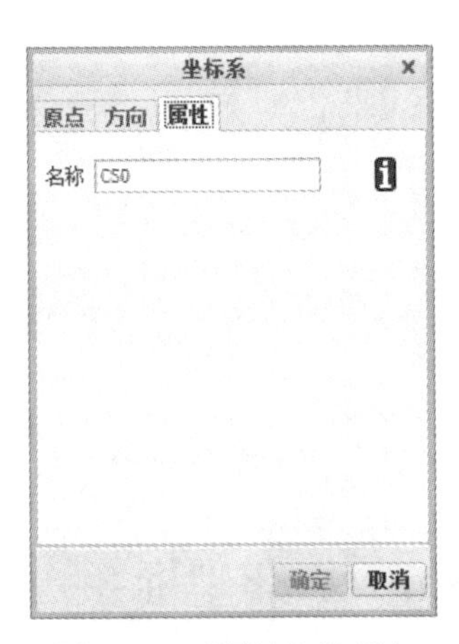

图 4-92　“属性”选项卡

4.6.3　产生基准坐标系的操作实例

在本小节中，通过讲解一个实例来阐述基准坐标系的产生方式、方法和操作步骤等知识。下面是该实例的具体步骤。

（1）仍然使用前面的例子 DatumCurve_base.prt。

（2）以默认的方式建立基准坐标系 CS0。

在“基准”面板中单击“坐标系”按钮，打开“坐标系”对话框，如图 4-93 所示。直接选择模型已有坐标系，系统将自动在模型上产生一基准坐标系 CS0，如图 4-94 所示。

（3）以 3 个平面的方式建立基准坐标系 CS1。

再次打开“坐标系”对话框，依次选取模型的上表面、前侧面和右侧面（选取前侧面和右侧面时需按住 Ctrl 键）。完成以上选取后，零件模型中出现坐标系的 X、Y、Z 轴，如图 4-95 所示，此时若直接单击“确定”按钮即可建立基准坐标系 CS1，如图 4-95 所示；若需要修改坐标轴的方向，可以单击“方向”选项卡中的两个“反向”按钮，将坐标轴调整至合适的方向后单击对话框的“确定”按钮即可，如图 4-96 所示。

图 4-93 “坐标系”对话框

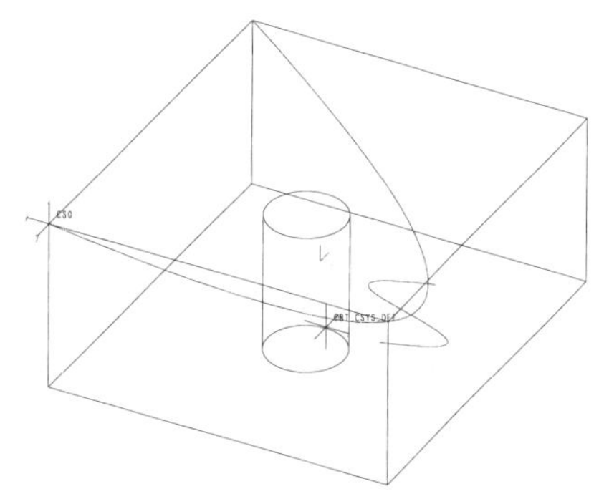

图 4-94 建立的基准坐标系 CS0

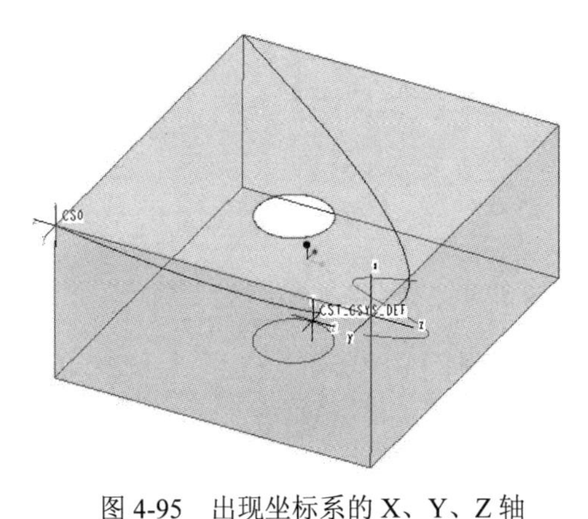

图 4-95 出现坐标系的 X、Y、Z 轴

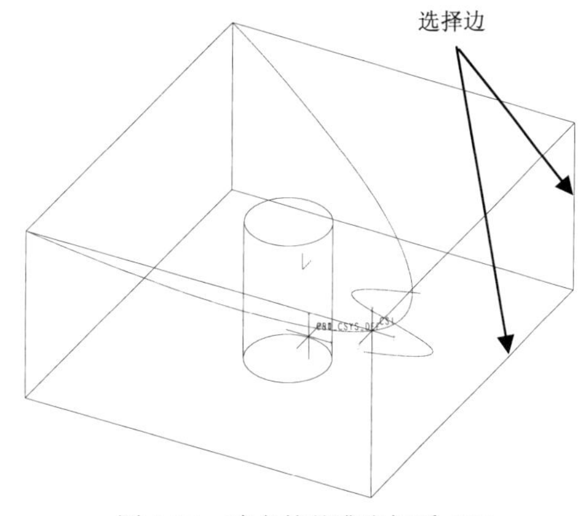

图 4-96 建立的基准坐标系 CS1

（4）以两轴的方式建立基准坐标系 CS2。

打开“坐标系”对话框。然后依次选取模型的两个侧棱边（选取第 2 个侧棱边时需要按住 Ctrl 键），如图 4-96 所示。直接单击“确定”按钮即可建立基准坐标系 CS2，如图 4-97 所示。

（5）以偏移的方式建立坐标系 CS3。

打开“坐标系”对话框。选取基准坐标系 CS2，然后在“坐标系”对话框中将“偏移类型”设置为“笛卡尔”，在 Z 编辑框中输入偏移数值 50 并按回车键，如图 4-98 所示，表示将基准坐标系 CS2 沿 Z 轴方向偏移 50。最后单击对话框中的“确定”按钮即可建立基准坐标系 CS3，如图 4-99 所示。

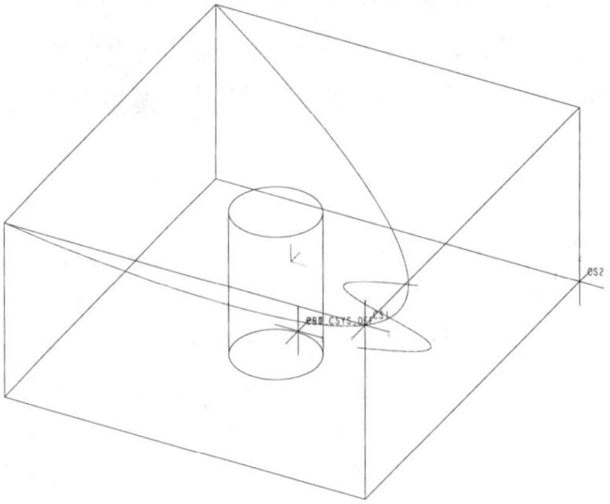

图 4-97　生成坐标系 CS2

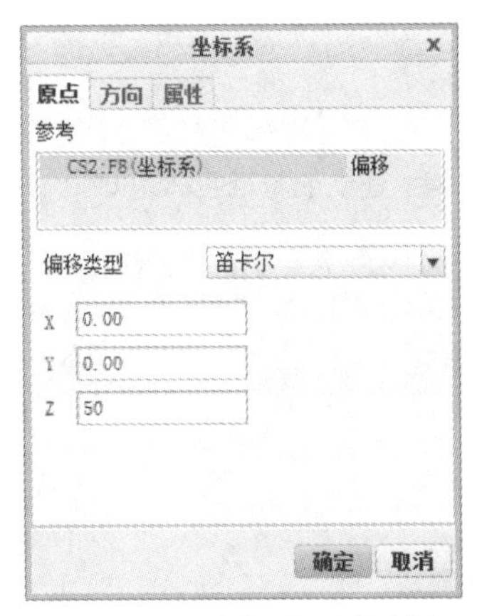

图 4-98　“坐标系”对话框

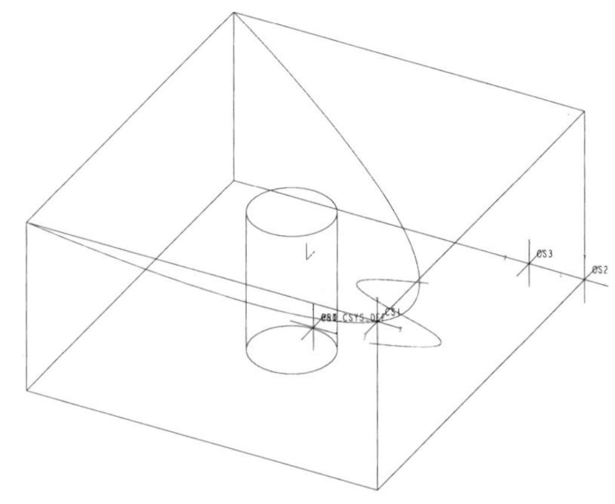

图 4-99　建立的基准坐标系 CS3

提示：偏移数值可以是负值，负值表示偏移方向与坐标轴方向相反。

5

三维实体的创建与编辑

本章将就 Creo Parametric 中的常用特征进行介绍，具体包括拉伸、旋转、扫描、混合等基础特征以及孔、筋板、壳、圆角、倒角、阵列、复制、组等增强特征操作，最后讲解了特征的编辑技术，包括重排序、特征的隐含与恢复、层、族表等。由于本书的目的是希望读者通过实际练习来掌握特征创建，所以都是采用了简单讲解，重点突出其属性设置。

5.1 拉伸特征

拉伸是基础特征中最基本的特征之一，拉伸特征指的是一个平面（即特征截面）沿着垂直于草绘平面的方向生成的特征。拉伸特征的形状取决于特征截面的形状，且特征截面可以是任意复杂的几何形状，拉伸特征可以用来创建一个实体，如图 5-1（a）所示；也可以用来创建一个曲面，如图 5-1（b）所示；或者生成薄板特征，如图 5-1（c）所示。

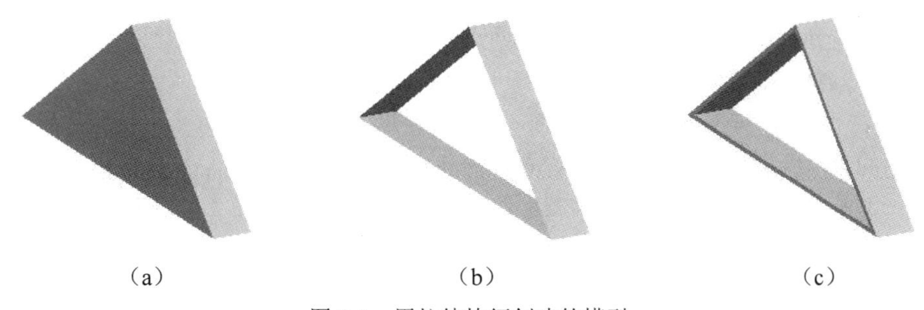

（a）　（b）　（c）

图 5-1　用拉伸特征创建的模型

拉伸特征是一种非常简单的特征，只需要绘制剖面、定义属性、产生方向及拉伸深度即可。单击“形状”面板中拉伸按钮，此时系统会出现拉伸特征的操作面板，如图 5-2 所示，下面将按照拉伸特征的操作步骤对各属性选项进行详细介绍。

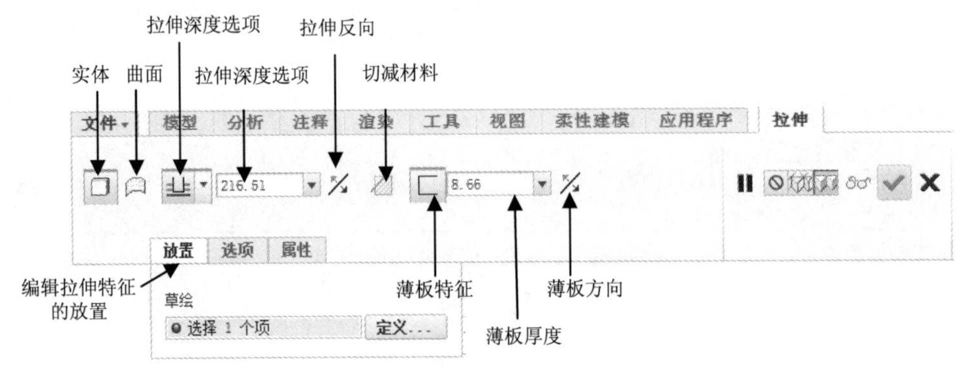

图 5-2　拉伸特征操作面板

1. 特征产生的基体类型选择

直接单击相应的类型按钮，包括实体、曲面和薄板，将显示相应操控板，进行创建即可。如果模型空间中已经有任意创建好的基体类型，那么拉伸特征还可以用来创建切剪材料，也就是从已有的模型上挖去一块材料。

说明：要创建一个薄板特征必须首先选中拉伸成实体特征，也就是二者必须同时选中。

2. 拉伸特征剖面设置

拉伸特征就是剖面沿着垂直于剖面的方向生成的特征。剖面的形状决定拉伸特征的形状，所以首先必须绘制好剖面。

（1）单击特征操作面板上的“放置”选项，打开“放置”上滑板。

（2）单击“定义”按钮，此时系统会弹出“草绘”对话框，如图 5-3 所示。

（3）“草绘平面”选项用来定义剖面放置的平面，单击一个基准面，会看到一个黄色箭头出现在该平面上，箭头方向就是拉伸产生的方向。

图 5-3　“草绘”对话框

（4）单击“草绘”按钮，进入草绘界面。此时可以单击“设置”面板中的“草绘设置”按钮重新设置草绘参照。

注意：由于默认状态下将显示等轴测视图方向，所以有些用户还不太习惯。此时单击“设置”面板中的“草绘视图”按钮，到二维平面视图中进行绘制。

（5）绘制剖面。剖面的绘制方法已经在第 3 章中详细讲解过，在此不再赘述。不过这里需要说明的是：如果即将创建的基体类型是一个实体，则绘制的剖面必须是一条封闭的曲线；而当即将创建的基体类型是曲面或薄板时，则并不要求绘制的剖面曲线是封闭的。

（6）完成后确定，即可返回到实体环境。

3. 特征的产生方向

一般来说，系统默认的特征产生方向就是前边选择的草绘箭头指向的方向，但有时根据需要要求特征的产生方向相反时，可以如图 5-2 所示单击操控板上按钮进行修改。

4. 特征产生的深度

在设置好特征截面、基体类型及特征产生的方向后还需要完成特征产生的深度才能完成拉伸特征。设置特征产生的深度可以通过单击特征操作面板上按钮右侧的展开按钮，如图 5-4 所示。

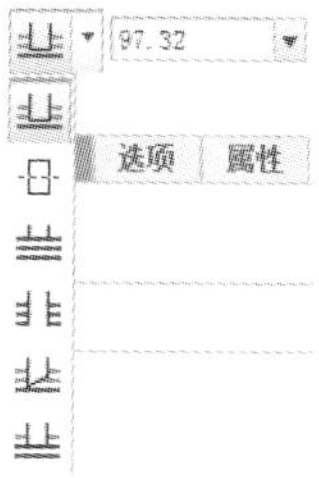

深度定义有 6 种形式，分别为盲孔、对称、到下一个、穿透、穿至、到选定。下面就这 6 种形式分别予以详细讲解。

图 5-4　特征产生的深度选择

（1）盲孔。该项表示以数值的方式指定产生特征的深度，要求输入特征产生的深度。

（2）对称。该项仍然表示以数值的方式指定产生特征的深度。与盲孔不同的是，盲孔拉伸的深度是从草绘平面到结束平面的总长，而对称则是产生的特征是关于草绘平面对称，且两端面的距离即为拉伸深度。

（3）到下一个。该项是以草绘平面为特征的起始面，在箭头指示的特征产生方向上，与草绘平面相邻的下一个基体的上下表面为特征的结束面。当箭头指向不同时，结束面可能是基体的上表面，也可能是基体的下表面，如图 5-5 所示。

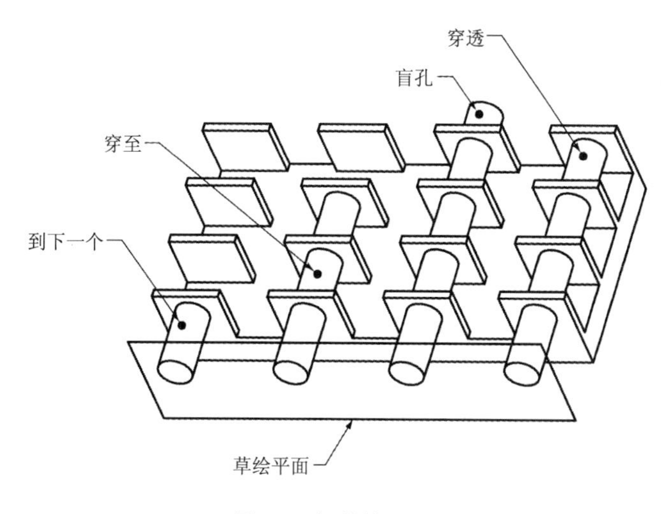

图 5-5　拉伸情况

（4）穿透。该项是以草绘平面为特征起始面，沿箭头指示的特征方向，穿过模型的所有表面而建立拉伸特征，如图 5-5 所示。

（5）穿至⊥。该项是以草绘平面为特征的起始面，用户指定的一个曲面为特征的结束面，沿着箭头指示的特征方向而建立拉伸特征，如图 5-5 所示。

（6）到选定⊥。该项是以草绘平面为特征起始面，用户指定的一个参照，如曲面、曲线、轴或点，为特征的结束面。沿着箭头指示的特征方向而建立的拉伸特征，如图 5-5 所示。

前边讲到的都是从草绘平面开始沿着拉伸方向的一侧指定的拉伸深度造型。当某些造型需要从草绘平面的两侧同时进行拉伸时，可以单击“选项”按钮，弹出“选项”面板进行深度设置，如图 5-6 所示。

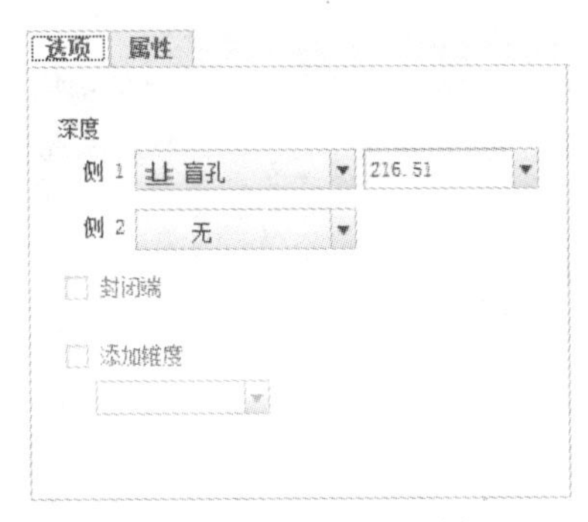

图 5-6　“选项”选项卡

通过对“侧 1”和“侧 2”深度指定的配合使用，可以生成两侧不对称的实体。

5. 完成特征操作

最后单击完成特征按钮✓，整个拉伸特征创建完成。

5.2　旋转特征

旋转特征与拉伸特征一样，都是基本特征，应用比较广泛。本节主要讲解旋转特征产生的基本方法、命令及其选项的应用。旋转特征就是将剖面绕着中心线旋转一定角度而产生的实体特征。

旋转特征与拉伸特征一样，首先必须绘制一个闭合的旋转剖面，并且在剖面中必须绘制一条中心线作为旋转轴线。完成剖面绘制后，指定一个旋转角度就可生成旋转特征。如图 5-7 所示为“旋转”特征的一个剖面，图 5-8 则为该剖面产生的旋转特征。

旋转特征也是一种非常简单的特征，它只需要绘制好剖面、定义好属性、旋转方向及旋转角度就可产生该特征。单击“形状”面板上的旋转按钮，此时系统会出现“旋转”特征操控板，如图 5-9 所示。下面将按照旋转特征的操作步骤对各属性选项进行详细介绍。

1. 旋转特征产生的基体类型选择

同拉伸特征一样，如果是一个空的模型空间中或者说空间中没有任何基体类型，那么旋转特征可以用来创建实体、曲面以及薄板三种基体类型；如果模型空间中已经有任意创建好的基体类型，那么旋转特征还可以用来创建切剪材料。这些能够创建的基体类型与旋转特征操作面板上相应按钮的对应关系如图 5-9 所示。

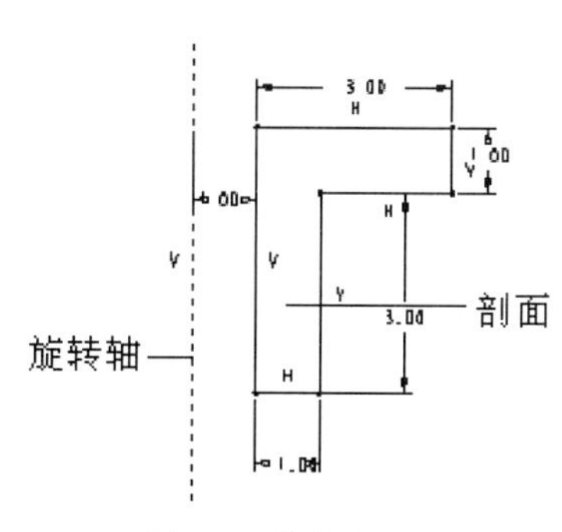

图 5-7 旋转剖面

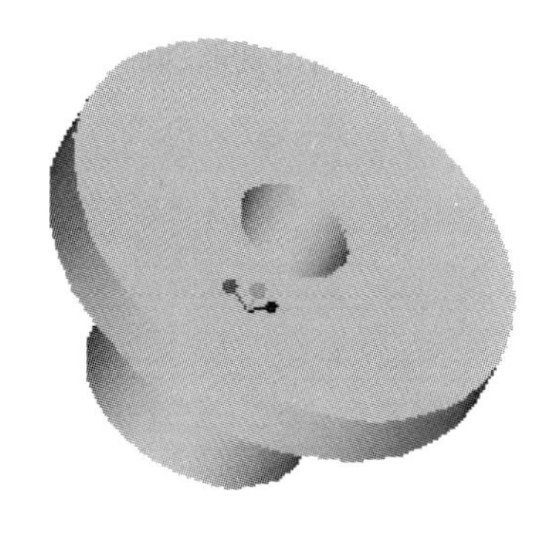

图 5-8 生成的旋转特征（旋转 360°）

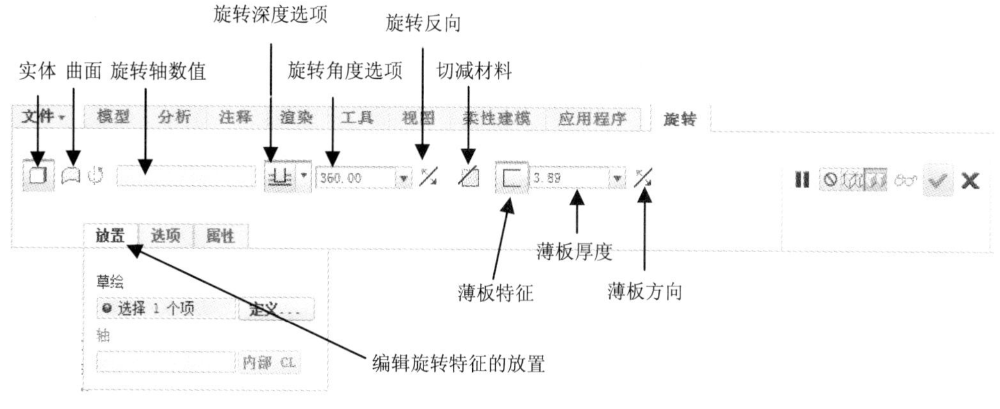

图 5-9 旋转特征操控板

2. 旋转特征的剖面设置

旋转特征就是旋转剖面沿着旋转中心旋转生成的特征。剖面的形状决定旋转特征的形状，所以首先必须绘制好剖面。

（1）单击特征操作面板上的“放置”选项卡，如图 5-9 所示。

（2）单击“定义”按钮，此时系统会弹出一个“草绘”对话框，其具体含义参照“拉伸”特征。

（3）选择草绘的基准面，会看到由该平面开始的一个黄色的箭头，这就是草绘视图的方向。

（4）设置完成后单击“草绘”按钮，进入草绘环境。

（5）绘制旋转剖面。同拉伸特征的剖面绘制要求相似，如果即将创建的基体类型是一个实体，则绘制的剖面必须是一条封闭的曲线；而当即将创建的基体类型是曲面或薄板时，则并不要求绘制的剖面曲线是封闭的。另外，在绘制旋转剖面时必须绘制一条虚线作为旋转中心。

3. 特征的旋转方向

旋转特征的旋转方向是可以选择并修改的，修改的方法是单击特征操控板上的按钮。

4. 特征旋转的角度

在设置好特征截面、基体类型及特征旋转的方向后，还需要完成特征旋转的角度才能完成旋转特征。设置特征旋转的角度可以通过单击操控板上的按钮右侧的展开按钮，如图 5-10 所示。

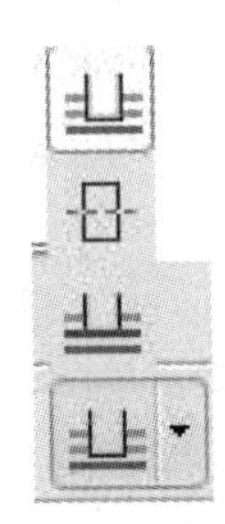

图 5-10 特征旋转的角度选择

从图 5-10 中可以看出，旋转角度定义共有 3 种形式，分别为变量、对称、到选定的。下面就这 3 种形式分别予以详细讲解。

（1）变量。该项表示以数值的方式指定旋转的角度，要求输入特征旋转的角度。系统默认的旋转角度一般为 360°，如图 5-11（a）所示。

（2）对称。该项仍然表示以数值的方式指定产生特征旋转的角度。与“盲孔”不同的是，盲孔旋转的角度是从草绘平面到结束平面的夹角，而“对称”旋转的角度则是关于草绘平面对称的，且两端面的夹角即为旋转角度，如图 5-11（b）所示。

（3）到选定的。该选项是以草绘平面为旋转的起始面，用户指定的一个参照，如点、平面或曲面为旋转的结束面，沿着选定的旋转方向而建立的旋转特征，如图 5-11（c）所示。

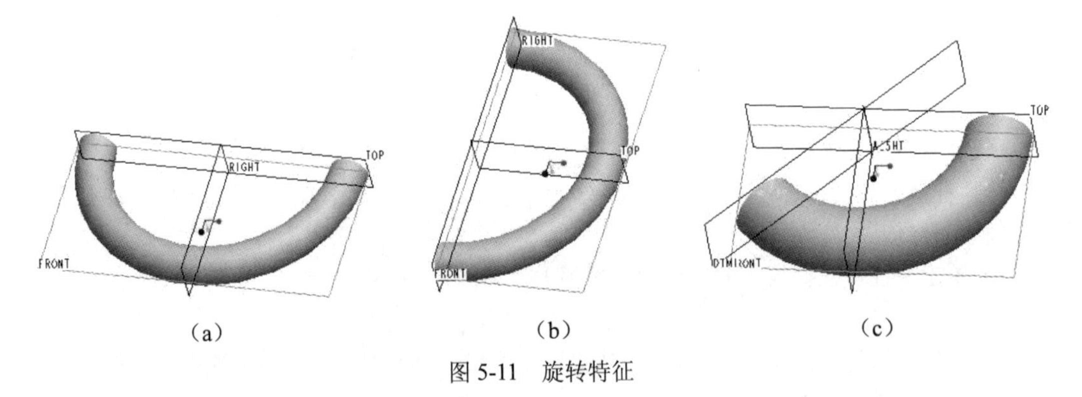

图 5-11 旋转特征

选择“到选定的”形式创建旋转特征时，可以从草绘平面两侧分别指定旋转角度。当已经选择好一个参照作为结束面时，单击“选项”选项卡，如图 5-12 所示，分别设置两个方向上的旋转角度即可。

5. 完成旋转特征操作

最后单击完成特征按钮，整个旋转特征创建完成。

图 5-12　设置两侧旋转角度

5.3　筋与壳特征

本节将讲解筋特征和壳特征的基本操作。筋主要是用作加强两个实体间的连接，壳主要是用于产生壳体或箱体。这两个特征操作都可以通过使用前面介绍的拉伸加材料和切减材料特征来完成，但是直接使用这两个特征操作来完成更加方便、快捷。

5.3.1　筋特征操作

1. 筋特征

筋特征与拉伸加材料特征相似，并且可以通过拉伸加材料特征操作产生。筋特征必须附在其他特征上，特征剖面草图必须开放。

2. 轮廓筋板

产生轮廓筋特征时，首先在欲生成轮廓筋特征的地方生成一个基准面，接着单击“工程”面板中的轮廓筋按钮，系统弹出如图 5-13 所示的操控板。单击“定义”按钮，随后选取生成的基准面作为剖面草图的绘图平面，并选取绘图平面的定位参考面，接着绘制剖面草图，成功后指定特征产生的方向，随后输入加强筋的厚度，这样就可生成筋特征。完成后系统将以绘图平面为中心，在绘图平面的左右两侧对称地进行拉伸，因此特征呈左右对称形式。图 5-14 是生成的筋特征形式。

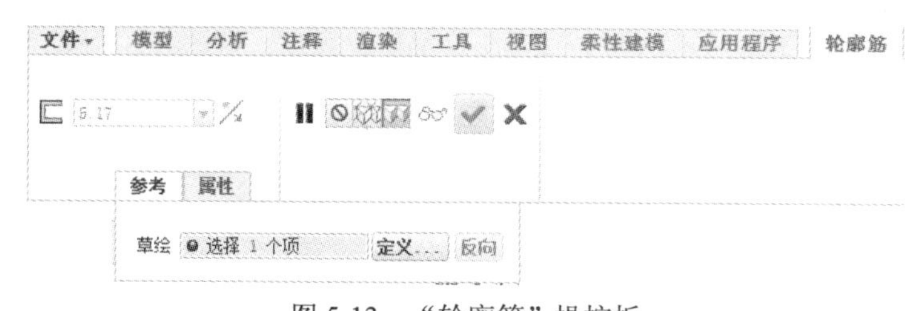

图 5-13　“轮廓筋”操控板

指定特征产生的方向必须小心，因为如果方向指定不正确，那么系统就会出错或生成完全不符合要求的特征。下面就这个问题进行讲解。

在完成剖面绘制后，系统将在特征上显示一个箭头，指示特征添加的方向，如图 5-15 所示。

图 5-14　轮廓筋特征

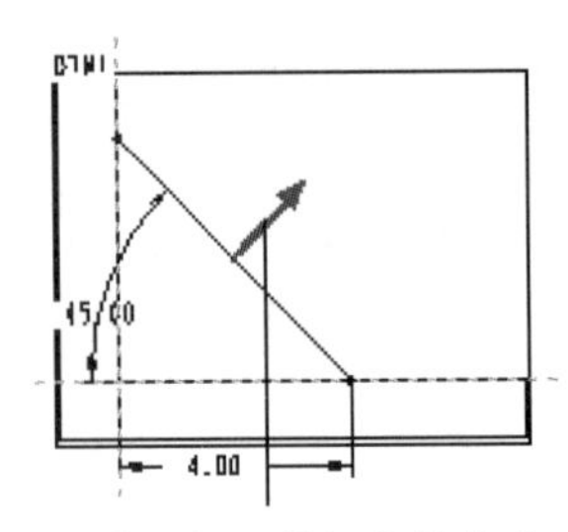

（a）箭头指示特征往外产生

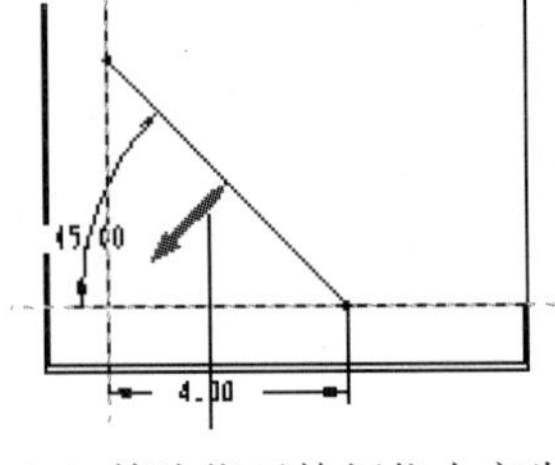

（b）箭头指示特征往内产生

图 5-15　选取特征产生的方向

注意：①轮廓筋特征必须是附在其他特征之上，因为特征是向绘图基准面的左右两侧生长的，因此选取用作绘图平面的基准面两侧必须要有特征材料；②轮廓筋特征剖面的两个端点必须对齐于已有特征的元素。

3. 轨迹筋板

轨迹筋板是在两个曲面之间添加筋板。单击“工程”面板中的轨迹筋按钮，系统弹出如图 5-16 所示操控板。

图 5-16　“轨迹筋”操控板

单击“放置”选项卡下“定义”按钮，随后选取生成的基准面作为剖面草图的绘图平面，绘制剖面草图一般用线段，随后在操控板中输入加强筋的厚度，这样就可生成筋特征，如图 5-17 所示。另外，可以对筋板的圆角、拔模等进行设置，它们既可以单独设置也可以组合设置。

单击按钮，“形状”选项卡如图 5-18 所示，选中“两切线倒圆角”单选按钮，在其中输入筋板顶部圆角半径即可；否则系统将按照筋板厚度自动计算圆角半径。

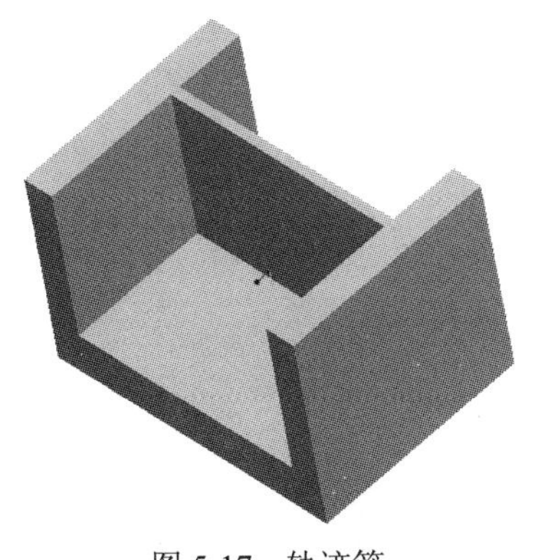

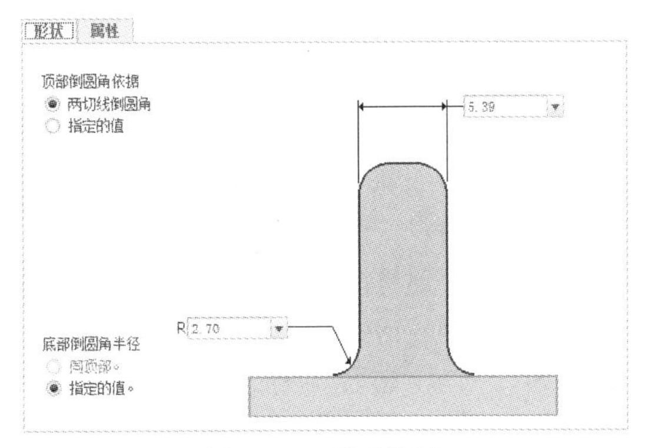

图 5-17　轨迹筋

图 5-18　顶部倒圆角

单击按钮，“形状”选项卡如图 5-19 所示，选中“指定的值”单选按钮，在其中输入筋板底部圆角半径即可；否则系统将按照筋板厚度自动计算圆角半径。

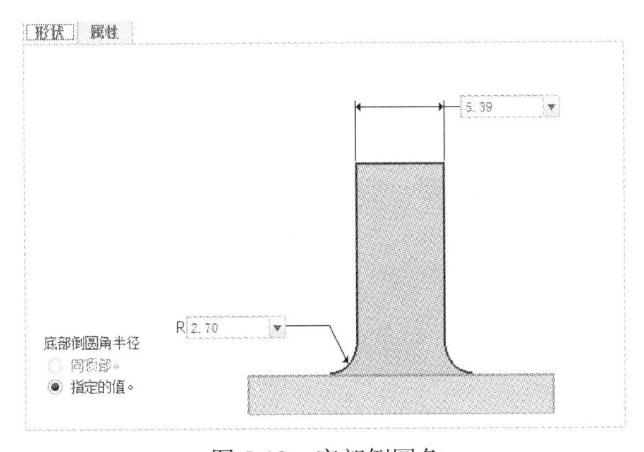

图 5-19　底部倒圆角

单击按钮，“形状”选项卡如图 5-20 所示，输入筋板拔模角度，结果如图 5-21 所示。

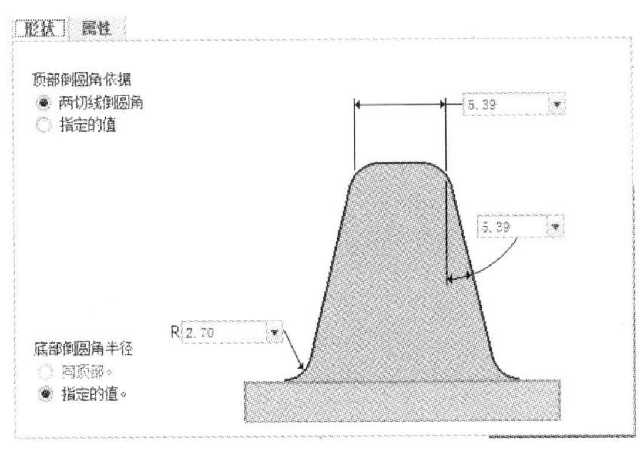

图 5-20　拔模设置

图 5-21　修改设置后的筋板

5.3.2 壳特征操作

1. 认识壳特征

对于箱体或薄壳类零件，当需要产生一个外壳时，使用壳特征操作比较方便。壳特征就是通过移除实体内部的材料，使特征形呈中空形状，而根据输入的厚度保留特征的外部材料。因此壳特征操作也是移除材料的操作，它也可以通过切减特征操作来获得。

图 5-22 壳特征

如图 5-22 所示，选取上表面作为移除面，中间部分是通过壳特征操作形成的，周围的厚度是输入的保留厚度值。

在产生壳特征时，首先必须选取移除的表面，移除的表面可以是一个，也可以是多个，系统将以选取的表面开始移除，只要与选取表面有结合的特征，都将移除并呈薄壳形状。其次是输入保留的厚度值（即壳体的厚度）。接着定义有特殊厚度要求的表面。最后确认定义即可产生壳体特征。

2. 产生壳特征的设置项

产生壳特征的设置项比较简单，单击“工程”面板中的“壳”按钮，系统将弹出如图 5-23 所示的“壳”操控板，其中只有 3 个设置项，即移除的曲面、厚度、非默认厚度。

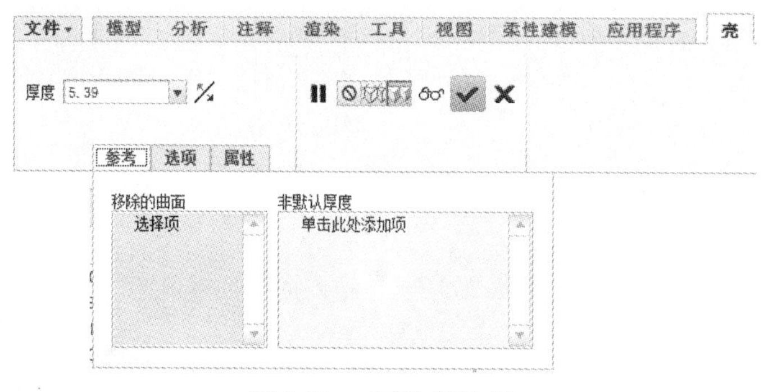

图 5-23 “壳”操控板

下面将分别进行讲解。

（1）移除的曲面。

壳特征操作通常是针对实心实体的，在产生时，必须选取一个或多个表面以便去掉。如果要选择多个曲面，可以结合 Ctrl 键进行。

（2）厚度。

厚度就是保留材料的厚度值，系统将根据输入的厚度值保留特征的外部材料，移除中间部分的材料，从而形成壳体形状。

在选取完移除表面后，在操控板的文本框中输入产生壳体的厚度值即可。厚度值的范围为

-1000000.0000～7.8102。厚度值可以是正数，也可以是负数。正数的范围是系统自动根据当前欲产生壳体的实体特征的尺寸而推荐的上限值，而负数值范围通常是-1000000.0000。

当厚度值是正数时，系统将以实体的外形为起点，往内产生壳体的厚度值；如果是负数时，系统将以实体的外形为起点，往外产生壳体的厚度值。

如果超出了系统提示的厚度值范围，系统将不能产生特征，要求重新输入。

（3）非默认厚度。

输入厚度值后，如果直接单击操控板上的“确定”按钮，那么产生的壳特征的所有厚度值都是一样的。但是有时对于某个面的厚度有特殊要求（比输入的厚度值大或小）时，就可以利用非默认厚度设置了，该项主要用于指定有特殊厚度要求的面的厚度值。

在“非默认厚度”列表上单击，然后在零件特征上选择有特殊厚度要求的表面，接着在右侧文本框中输入该表面需要的厚度值。如果还有其他表面要求，按下 Ctrl 键，重复前面操作即可。如图 5-24 所示，左图中没有定义特殊厚度，右图中前侧面厚度定义为 2，右侧面厚度定义为 0.5。

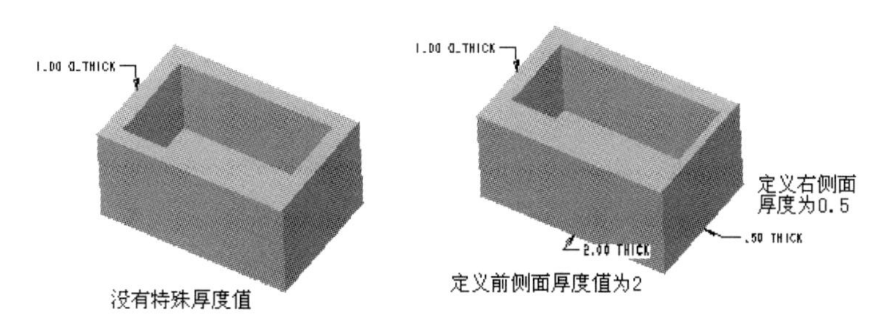

图 5-24　有无特殊厚度值要求的情况

如果定义了特殊厚度值，但是又需要改回前边输入的厚度值，在选择的曲面上右击，从弹出的快捷菜单中选择“移除”或“移除全部”命令即可。

（4）单击“确定”按钮完成壳特征的操作。

5.4　孔特征

本节主要讲解孔特征的类型及如何在基体特征上生成这些孔特征。孔特征命令位于“工程”面板中，工具栏按钮为 。

5.4.1　孔特征的类型

Creo Parametric 提供了多种形式的孔特征，主要有直孔和标准孔。本节只讲解直孔，有关螺纹孔操作将在后面实例中讲解。直孔特征通常通过两种形式产生：第一种是通过简单方式产生直孔；第二种是通过在绘图平面上绘制孔的纵向剖面方式来产生形状不同的孔特征。

1. 简单圆孔

通过简单方式只能产生形式单一的圆孔特征，如图 5-25 所示为两个直孔的线框模型和实体模型，左边一个为通孔、右边一个为盲孔。如果要产生直孔，只需要指定圆孔放置平面、指定圆孔标注基准（用于对圆孔进行定位）、圆孔产生的深度和圆孔的直径即可完成。

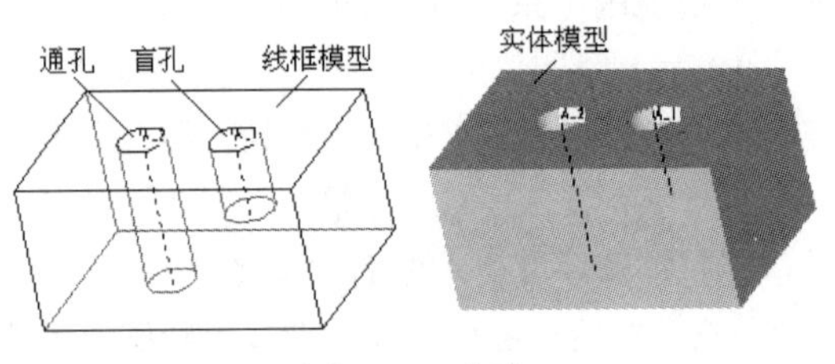

图 5-25　直孔

此外，直孔在放置平面上的定位形式有多种，通常可以以线性形式定位、径向形式定位、同轴形式定位及直径形式定位。直孔产生的属性可以是单侧的，也可以是双侧的。

2. 草绘孔

草绘孔的应用比平直孔灵活，它可以产生各种形状的孔特征，包括产生平直孔。要产生草绘孔，首先在绘图平面上绘制孔的纵向剖面，然后通过该剖面旋转而产生。通过草图形式产生的孔可以是任意形式的孔，产生孔的形状主要决定于纵向剖面的形状。如图 5-26 所示为一个草绘孔，左边绘制的是孔的纵向剖面，右边是产生的线框模型和实体模型。

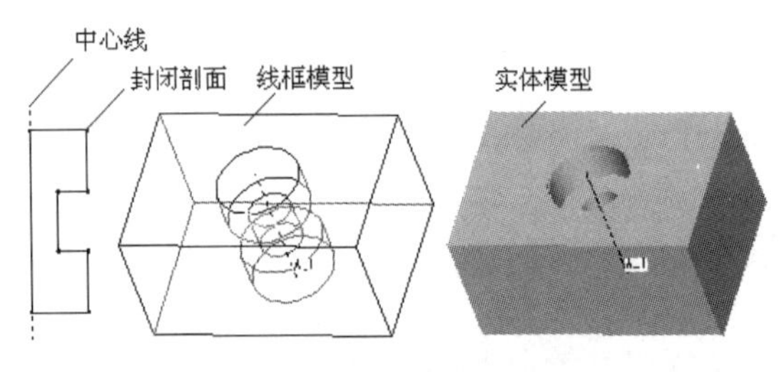

图 5-26　草绘孔

但是，通过草图形式产生孔特征，在绘制孔的纵向剖面时需要注意的是剖面必须是封闭的，剖面上必须有中心（作为旋转轴线），同时封闭剖面必须有到中心线的相对尺寸。

此外，草绘圆孔在放置平面上的定位还有多种形式，与直孔的形式完全一样。

5.4.2　孔特征的设置项

孔特征的产生有两种方式，这两种方式的设置项必定有不同之处，在讲解孔特征的设置项时，分别对这两种方式进行讲解，但是如果是相同的部分，就不再重复。

1. 直孔的设置项

直孔特征的产生比较简单，它的产生主要涉及圆孔的定位类型（即以什么样的方式来定位圆孔)、定位参考、产生属性、产生深度、圆孔半径和产生方向等设置。图 5-27 所示为产生直孔特征的操控板。

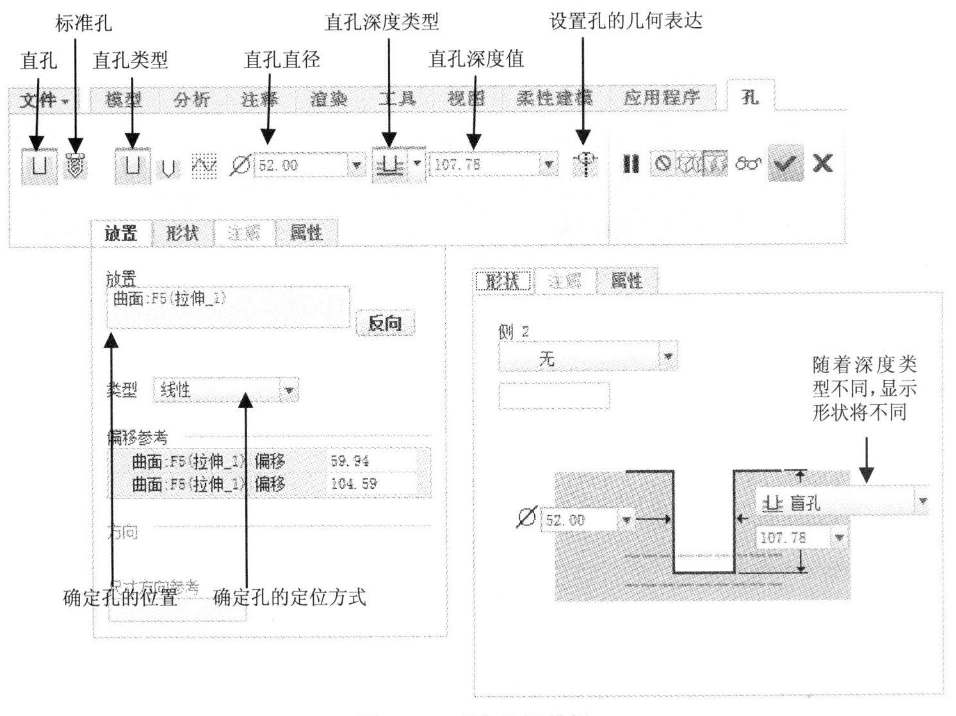

图 5-27　“孔”操控板

从操控板中可知，产生直孔特征主要有 6 个设置项，即放置平面（主参照）、定位类型、定位参考（次参照）、深度值、圆孔直径和深度类型。

下面进行一一讲解：

（1）定位类型。

在建立孔特征时，首先选取孔放置的平面，系统将要求选取孔特征的定位类型，如图 5-28 所示，列出“线性”、“径向”和“直径方式”，另外还有一种同轴定位方式。

图 5-28　放置类型下拉列表框

1）线性形式。该选项用于选取两个尺寸参考，以线性形式来定位直孔。如果选取该选项来定位圆孔特征，那么需要指定两个尺寸参考，尺寸参考可以是边、轴、平面和基准平面。如图 5-29 所示，圆孔的定位形式是线性的，指定两个表面作为定位圆孔的尺寸参考。在选择时需要按下 Ctrl 键选择多个对象。

2）直径形式。该选项用于以直径形式来定位直孔，其操作比线性形式来定位直孔相对较复杂。当指定完放置平面后，接着必须指定一个参考轴，再指定一个用于径向标注角度的参考平面。

如图 5-30 所示，以直径形式产生一个直径为 2 的直孔，以 DTM1 与 DTM2 的交线作为参考轴线，以 DTM2 作为径向标注角度的参考平面，这里的标注是 45 度，以径向形式产生参考圆，这里参考圆的直径是 6。也就是说，产生圆孔特征的圆心位于直径为 6 的参考圆上，然后由圆心和参考轴所在的平面同指定的角度参考平面（这里是 DTM2）成 45° 来完全定位圆孔特征。

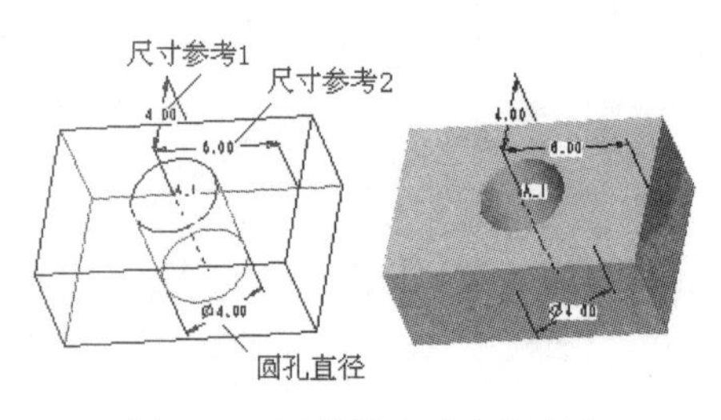

图 5-29　以线性方式定位圆孔

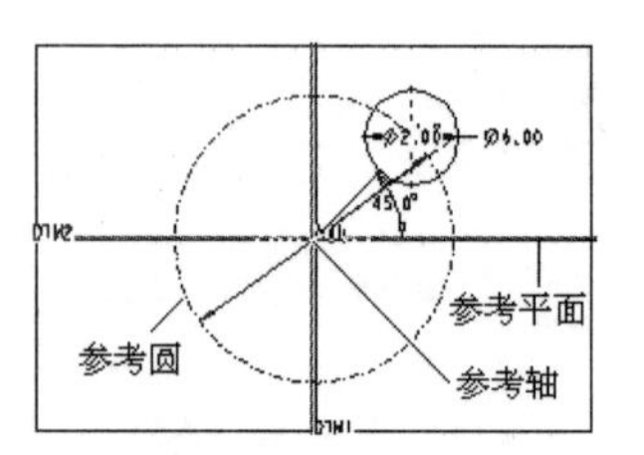

图 5-30　以直径形式定位圆孔

3）径向方式。该选项是以半径的大小决定圆孔特征相对于参考轴的位置，该选项与直径方式完全相同，只是系统要求输入半径数值而不是直径数值，系统将以参考轴为中心，以输入的半径数值为半径，产生一个参考圆，而圆孔特征就位于这个参考圆的圆周上。

4）同轴方式。该选项的使用比较简单，只要在选择主参照时按下 Ctrl 键，选取一根参考轴线作为圆孔特征的轴线即可，以产生同轴的圆孔特征。

（2）定位参考。

定位参考通常包括圆孔特征的放置平面（主参照）及其尺寸参考（次参照）。

通常在圆孔特征的定位类型选取完毕后，系统将要求在基体上选取圆孔特征的放置平面，并且系统将在信息区提示选取放置平面等信息。放置平面可以是基体的某个表面，也可以是某个基准面等。因此，只需要在设计窗口中使用鼠标左键在基体上单击圆孔特征的放置平面即可。根据选取产生圆孔特征的定位类型不同，选取定位参考也有所区别。

如果选取线性定位类型，在选取完圆孔特征放置平面后，还需要选取两个尺寸参考来定位圆孔特征。

如果选取径向或直径定位类型，在选取完圆孔特征放置平面后，接着需要选取一个参考轴，然后需要选取一个角度参考平面，紧接着就输入与角度参考平面的夹角大小和圆孔特征的圆心（轴线）与参考轴线间的距离。

（3）产生深度类型和深度值。

接着需要指定直孔特征产生的深度类型。通常系统将显示如图 5-31 所示的指定深度菜单，同时在设计窗口中显示一个孔，表示圆孔特征产生的情况，如图 5-32 所示。在指定深度文本框中输入具体数值即可。

可以利用指定深度菜单，以多种形式来指定圆孔特征产生的深度。关于指定深度菜单的利用，在拉伸中有详细讲解，在此不再重复。

提示：孔超出基准特征的部分将不生成特征。

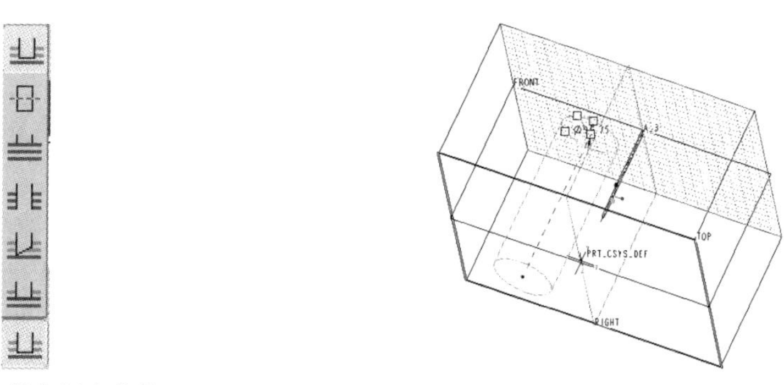

图 5-31　指定深度菜单　　　　图 5-32　指示特征产生的方向

（4）圆孔直径。

当以上所有设置项完成后，最后在操控板中输入圆孔特征的直径。

2. 草绘孔的设置项

草绘孔的使用更为灵活，可以生成各种形状的孔特征。草绘孔的形状关键取决于绘制的孔的纵向剖面，因此系统对剖面的绘制提出了更多的限制条件，如果剖面不符合条件，系统将不能生成孔特征。

如图 5-33 所示为生成一般草绘孔特征的操控板，其中主要包括两个设置项，即放置和草绘。

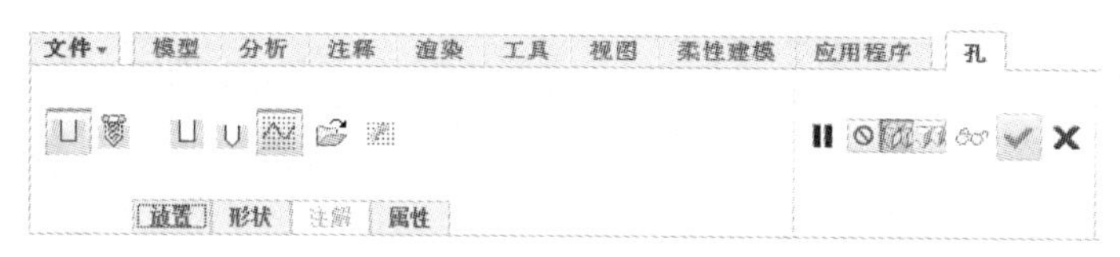

图 5-33　草绘孔特征的操控板

（1）孔特征定位类型。

孔特征的定位类型与前面讲解的直孔特征的定位类型完全一样，在此不再重复，请参考前面介绍的圆孔特征定位类型。

（2）孔的纵向剖面。

对于草绘孔来说，绘制孔的纵向剖面是最关键的。在操控板上单击草绘按钮，系统自动进入草绘模式，在草绘模式下绘制孔的纵向剖面。如图 5-34 所示为通过绘制孔的纵向剖面而产生的孔特征。如果单击“打开文件”按钮，可以打开已有截面图形来建立草绘孔。

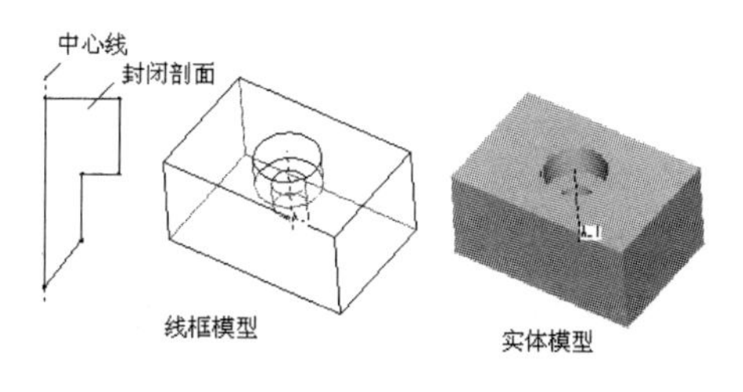

图 5-34　草绘孔的生成

在绘制孔的纵向剖面时需要注意以下几点：

1）剖面必须是封闭的。

2）剖面中必须要绘制一条中心线作为旋转轴，并且是竖直的，因为孔特征是通过剖面草图旋转而产生的。

3）剖面中至少要有一条水平线，用于对齐放置平面。如果剖面中只有一条水平线，那么系统自动将该水平线与放置平面对齐；如果有两条水平线，则系统自动使用上面的水平线与放置平面对齐。如图 5-35 所示，剖面中只有一条水平线，虽然它在剖面的最下面，但是为了将水平线与放置平面对齐，生成的孔特征就相当于将整个剖面翻过来而生成的，如右边的线框模型和实体模型所示。

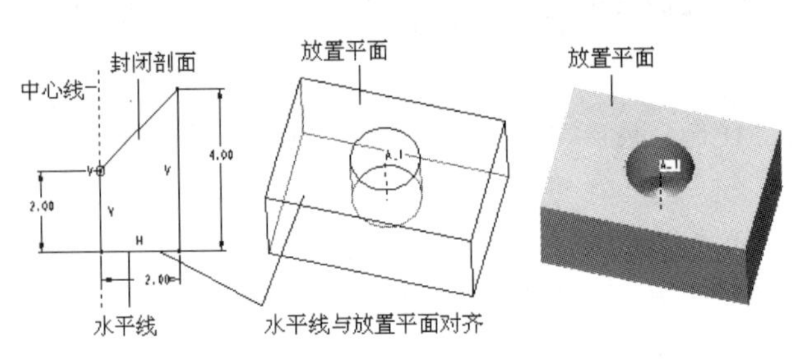

图 5-35　水平线与放置平面对齐而生成的孔特征

又如图 5-36 所示，剖面中有两条水平线，那么系统将自动使用上部的水平线与放置平面对齐，生成的孔特征如右图所示。

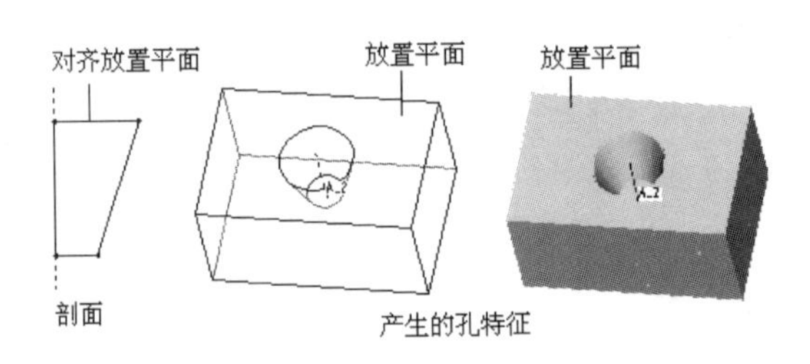

图 5-36　上部的水平线与放置平面对齐而生成的孔特征

4）剖面必须与中心线有相对尺寸，或剖面上有点、线与中心线重合。

5）封闭剖面的全部元素必须在中心线的一边。

5.5　扫描

扫描特征的应用比较灵活，能够产生形状复杂的零件，按复杂性分为初级扫描和高级扫描，本节主要讲解初级扫描特征的产生方法和步骤。该操作位于“形状”面板的“扫描”下拉菜单中，如图 5-37 所示。其中，“扫描”工具将建立任意形状的扫描实体，而“螺旋扫描”工具则建立类似弹簧的实体。

5.5.1 扫描特征

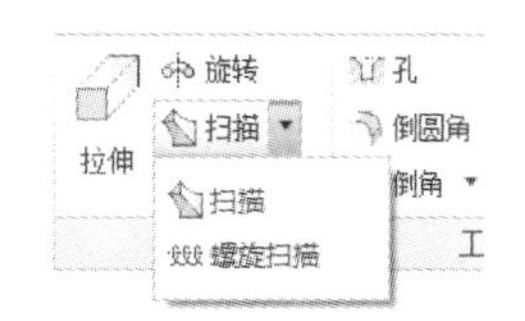

图 5-37 “扫描”子菜单

扫描特征就是将绘制好的剖面沿着一条轨迹线移动，直到穿越整个轨迹线，从而得到的一个特征。所以，要产生一个扫描特征，就必须有扫描剖面和轨迹线；通常在绘制扫描剖面之前，需要绘制一条曲线以作为扫描剖面移动的轨迹线。在很大程度上，轨迹线决定产生扫描特征的形状。图 5-38 说明扫描特征产生的基本方法。

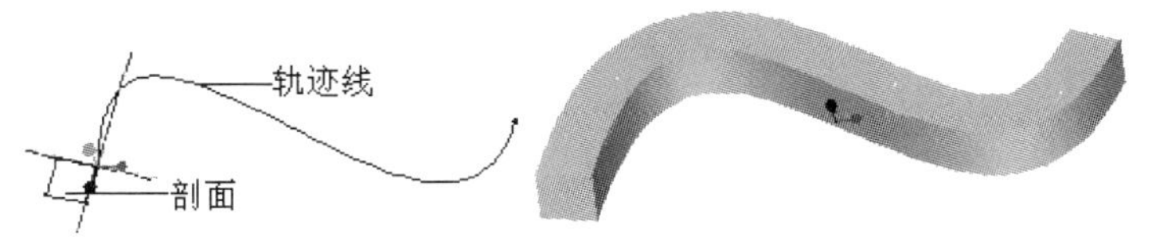

图 5-38 扫描特征产生的基本方法

扫描特征就是将绘制好的截面沿着轨迹线扫出来的特征。因此，如何绘制好剖面和轨迹线对于扫描特征非常重要。

单击“形状”面板中的“扫描”按钮，图 5-39 显示了“扫描”特征操控板。从中可以看出，基础扫描特征一般有两个设置项，即轨迹和截面，下面将分别对它们的选项、性质、参数及操作等予以详细讲解。

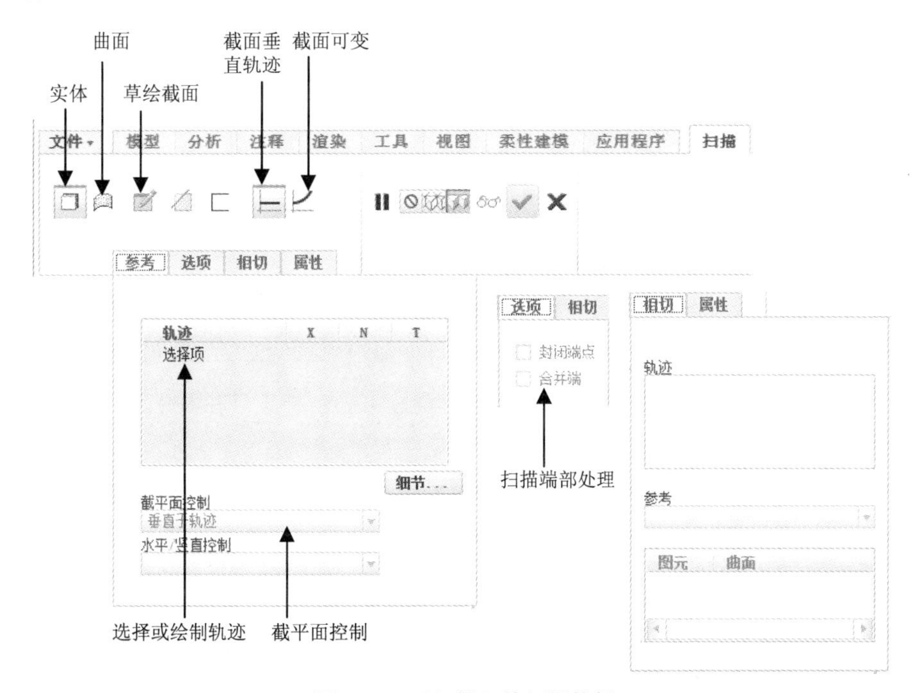

图 5-39 “扫描”特征操控板

1. 轨迹

在扫描特征中必须绘制（或选取）轨迹线，该轨迹线将决定剖面的走向，从而控制产生特征的整体外形，所以轨迹线的绘制（或选取）非常重要。轨迹线的产生有两种方式，一种是重新绘制轨迹线，另一种是选取绘制好的基准线（或边缘）作为轨迹线。

接下来讲解草绘轨迹。

用户可以单击位于“扫描”操控板右端的“草绘基准曲线”按钮绘制轨迹线。

轨迹线的绘制必须转换到二维平面上，因此在绘制之前需要指定草绘平面。在单击“草绘轨迹”按钮后，系统将弹出“草绘”对话框，要求指定绘制轨迹线草图的草绘平面。草绘平面可以指定为某一基准面或零件的某个表面。指定草绘平面和草绘方向后，进入草绘环境，使用草绘器工具栏中的绘图命令绘制轨迹线，轨迹线可以是闭合的，也可以是不闭合的。

2. 截面

返回到“扫描”操控板中并单击“继续”按钮，继续进行绘制。此时“选项”选项卡中将出现“草绘放置点”选项，如图 5-40 所示。

单击操控板中“草绘”按钮，可以进行扫描截面的绘制。截面的绘制在草绘模式下进行，当完成上述所有设置后，系统将自动进入草图绘制模式，但这是在标准方向下进行的，如图 5-41 所示。此时两条中心线的交点正位于轨迹线的端部。如果对这种绘图不习惯，可以进入到“草绘视图”方向上，在绘图区中将有两条垂直相交的中心线和轨迹线在垂直上升平面上的投影组成，如图 5-42 所示。

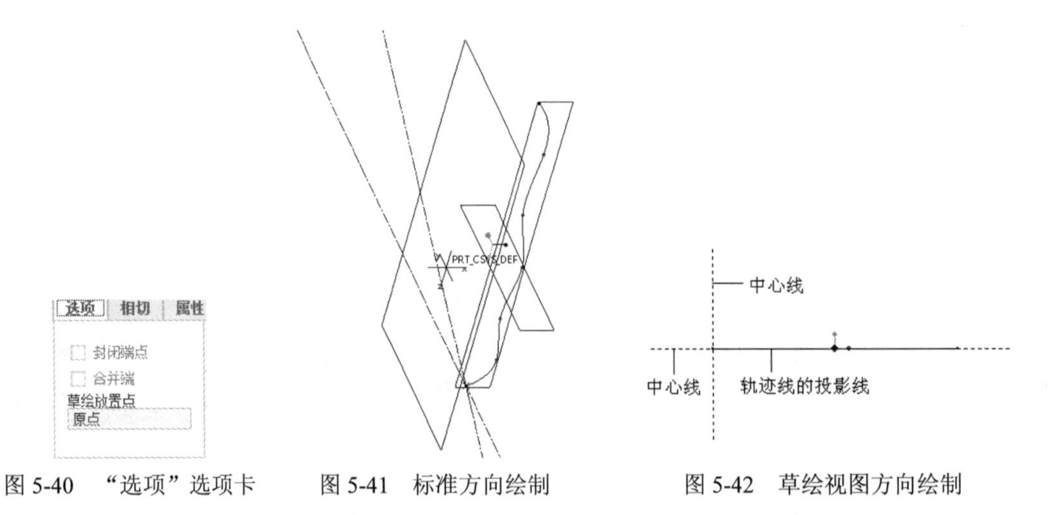

图 5-40　“选项”选项卡　　图 5-41　标准方向绘制　　图 5-42　草绘视图方向绘制

剖面绘制好并确定后，系统将预显示扫描结果，满意即可确定。此时也可以重新进行修改定义。

3. 选项

如果绘制（或选取）的轨迹线是开放的，则可以确定扫描特征的端面与相邻特征的结合状况，如图 5-40 所示。该列表中有两个不同的扫描特征属性，即“封闭端点”和“合并端”。下面将详细讲解这两个不同的属性。

（1）封闭端点。

对于开放轨迹线的扫描特征，如果扫描特征与另一个特征相邻，选取该项作为扫描特征的属性，那么产生的扫描特征的端面将形成另一个特征，即不进行合并，如图 5-43 所示。

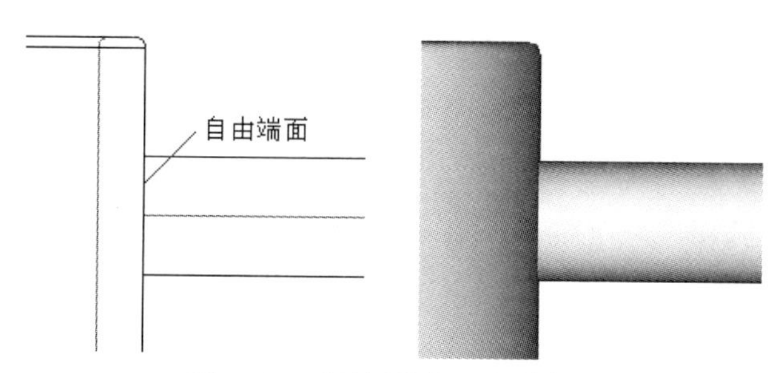

图 5-43　“封闭端点”选项结果

（2）合并端。

对于开放轨迹线的扫描特征，如果扫描特征与另一个特征相邻，选取该项作为扫描特征属性，那么产生的扫描特征的端面将与另一个特征进行合并，即融为一体，如图 5-44 所示。

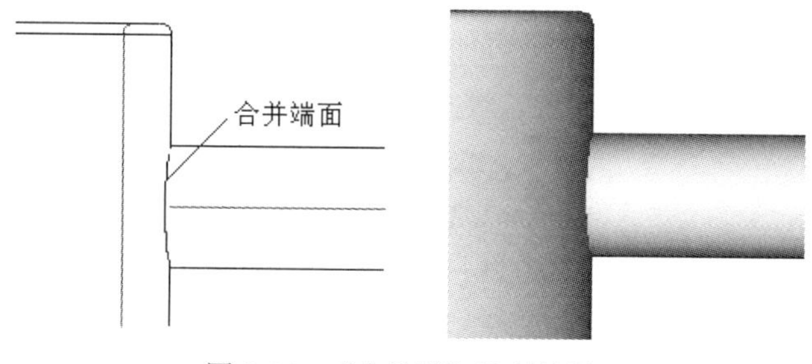

图 5-44　“合并端”选项结果

5.5.2　螺旋扫描特征

螺旋扫描特征就是将绘制好的剖面沿着螺旋线移动，并受到外部轮廓轨迹的限制，从而得到一个类似弹簧的特征。所以，要产生一个螺旋扫描特征，就必须有轮廓轨迹线、扫描剖面和扫描轨迹线。

单击“形状”特征中的“螺旋扫描”按钮，系统弹出如图 5-45 所示操控面板。

单击“参考”选项卡中的“定义”按钮，打开“草绘”对话框，定义草绘平面后进行草绘，得到轮廓轨迹。此时系统要求指定一个旋转轴，也就是螺旋围绕的中心轴，可以建立一个基准轴。

单击操控板上的“草绘”按钮，在轮廓轨迹端部绘制横截面。

在 “间距”选项卡单击“添加间距”按钮，可以在轮廓轨迹端部（起点和终点）以及轨迹线中间部分改变不同螺旋节距。

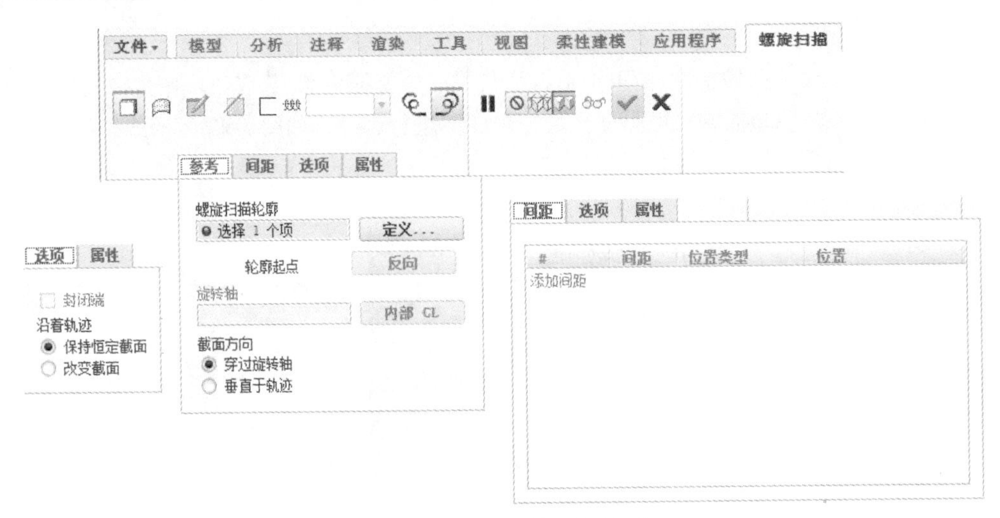

图 5-45 “螺旋扫描”操控板

如果选择“选项”选项卡中的“改变截面”选项，则可以采用公式方式定义截面属性。

最后可以在操控板中定义左旋或者右旋，确定后即可。

其具体说明如图 5-46 所示。

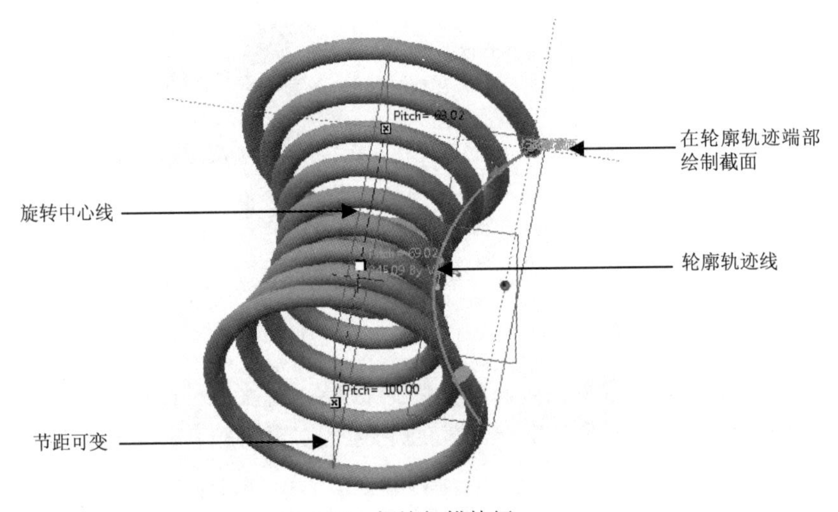

图 5-46 螺旋扫描特征

5.6 混合

下面介绍的混合特征与扫描特征一样，应用比较灵活，能够产生形状比较复杂的零件，但操作步骤相对比较复杂。此外，混合特征还可以与扫描特征组合使用，从而产生更为复杂的零件。本节主要介绍混合特征的各个菜单命令与生成步骤。选取“形状”中的“混合”操控板，如图 5-47 所示，便可开始产生混合的实体特征。

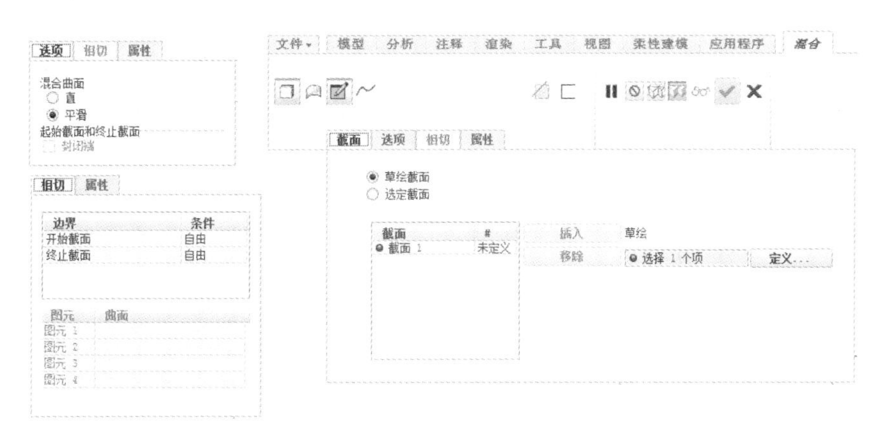

图 5-47　“混合”操控板

5.6.1　模型分析

下面通过一个具体实例来介绍混合特征的创建。如图 5-48 所示，这是即将完成的混合特征零件。首先要创建混合特征的上、下两个截面，然后自动生成混合特征。

图 5-48　将要完成的混合特征零件

5.6.2　建模步骤

下面是建模的具体步骤。

（1）新建零件文件 hunhe.prt。

（2）创建混合特征。

1）单击“形状”面板中的“混合”按钮，系统显示如图 5-47 所示“混合”操控板。

2）单击“截面”选项卡，选中“草绘截面”单选按钮，单击“定义”按钮，系统会提示用户设置草绘平面。选取 TOP 为草绘平面。

3）单击“草绘”按钮，进入草绘模式，单击“草绘”操控板中的创建矩形按钮□，绘制一个矩形，使其中心对齐基准的中心。修改具体尺寸，如图 5-49 所示。

4）确定后再次打开“截面”选项卡，如图 5-50 所示。此时增加了截面 2，同时给定了偏移参考。用户既可以直接在“偏移自”数值框中输入偏移尺寸，也可以选择已有的尺寸值作为参考。在此输入偏移距离 10。如果对截面 1 不满意，可以随时单击该名称，进行再编辑即可。

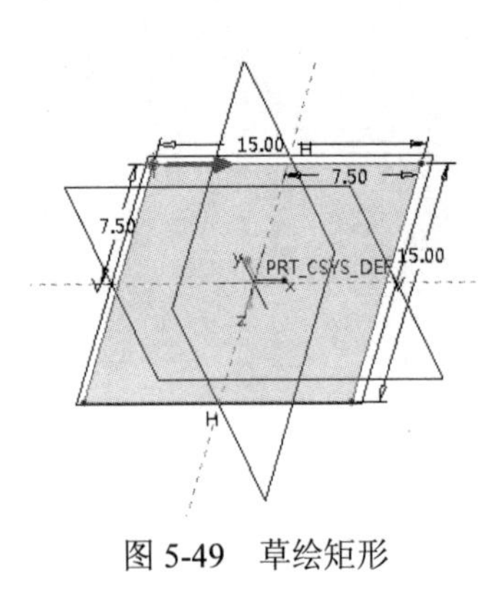

图 5-49　草绘矩形

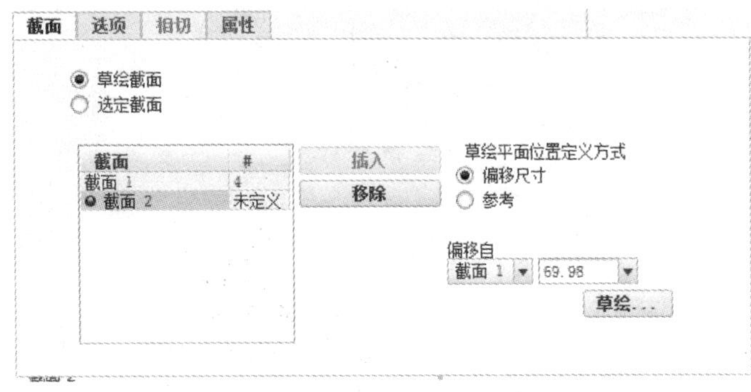

图 5-50　“截面”选项卡

5）单击“草绘”按钮，再次进入草绘环境并绘制第二个截面，选取各个尺寸，修改后的结果如图 5-51 所示。

6）单击“编辑”操控板中的“分割”按钮，分别在圆与各平面投影线交点处单击，将其打断为 4 段等长圆弧。结果如图 5-52 所示。此时出现截面起始箭头。

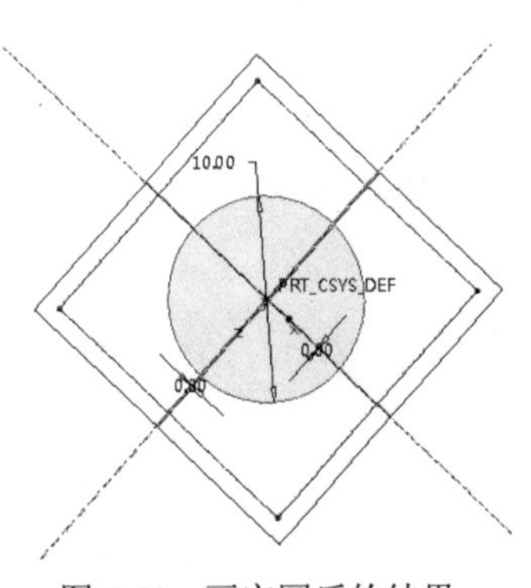

图 5-51　画完圆后的结果

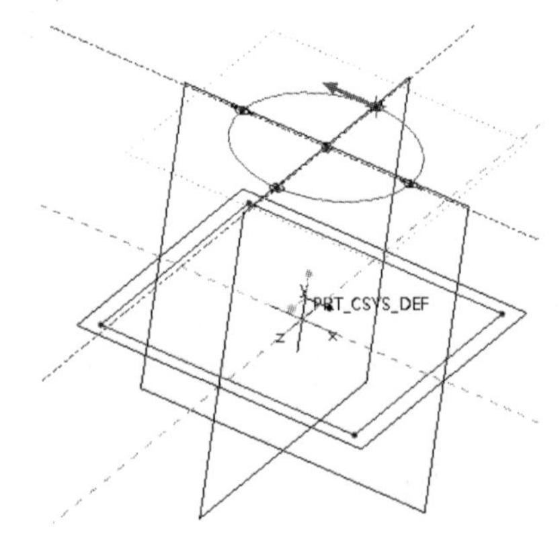

图 5-52　打断后的结果

7）确定后，预览结果如图 5-53 所示。

8）单击“薄壁”按钮，输入薄板厚度 0.2，结果如图 5-54 所示。

9）确定后最终结果如图 5-55 所示。

（3）保存文件为 hunhe.prt。

至此混合特征的建模完成。

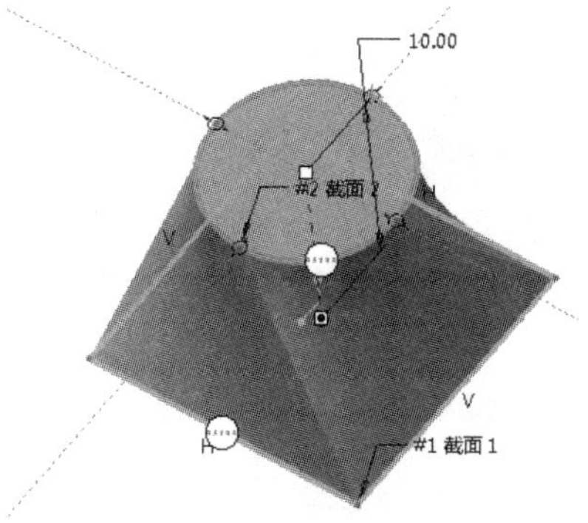

图 5-53　预览结果

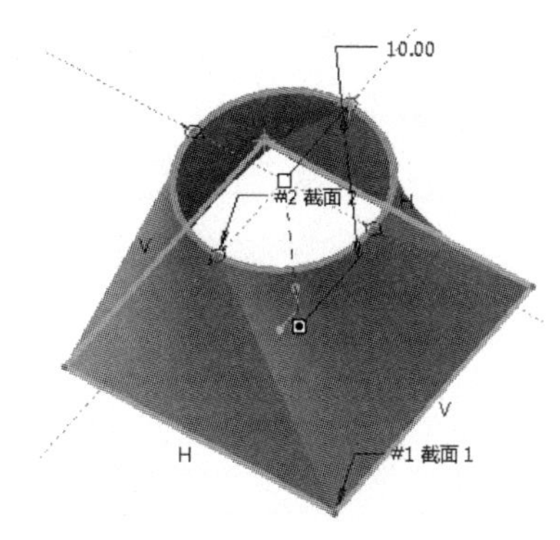

图 5-54　薄板特征结果

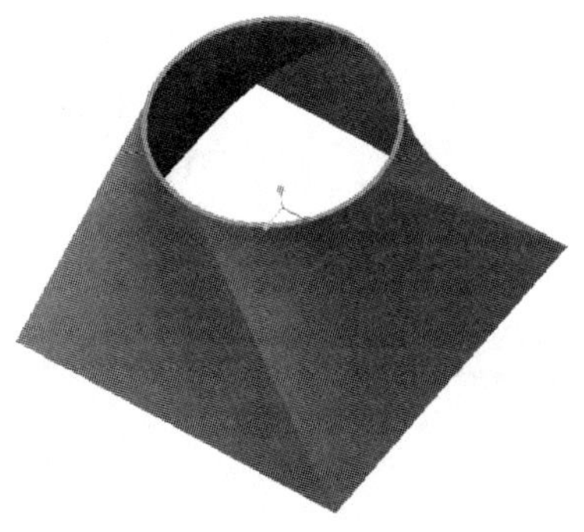

图 5-55　混合特征生成后的情况

5.6.3　混合特征的基本形式

混合特征的各个截面之间相互平行，单击“选项”选项卡，可以看到包括“直”和“平滑”两个选项，原始状态如图 5-56 所示，结果分别如图 5-57 和图 5-58 所示。

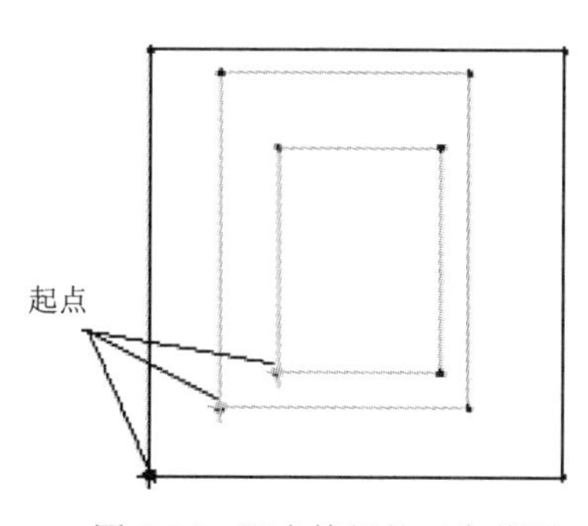

图 5-56　混合特征的三个截面

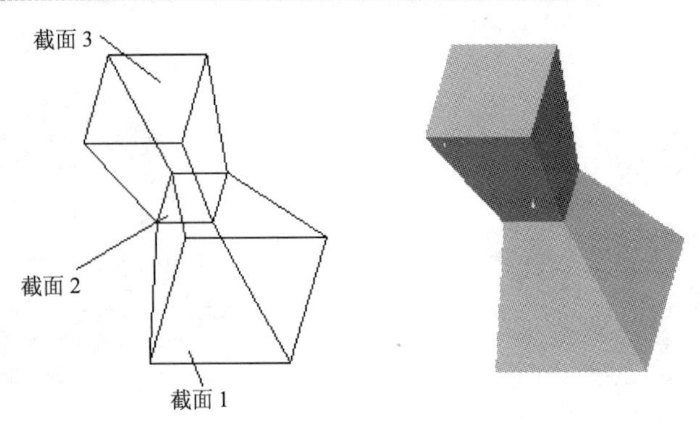

图 5-57　平行“直”选项结果

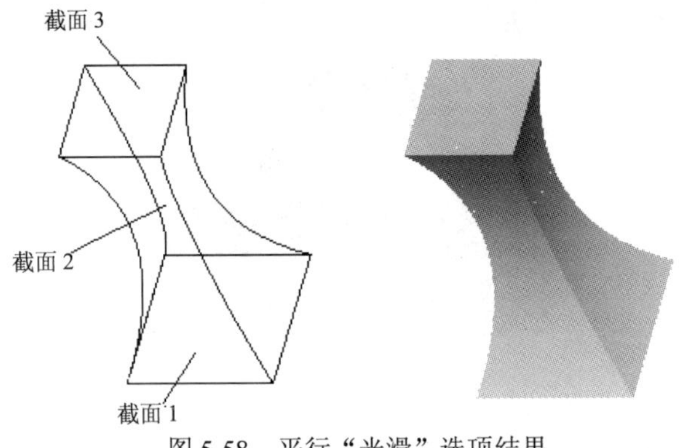

图 5-58　平行“光滑”选项结果

5.7　旋转混合特征

与前面的混合特征相比，旋转混合特征是令起始截面和终止截面之间围绕某个轴旋转并混合。该操作位于“形状”面板中，单击“旋转混合”按钮即可启动，操控板如图 5-59 所示。与混合特征不同的是，旋转混合特征需要确定旋转轴，同时可以确定是否封闭。

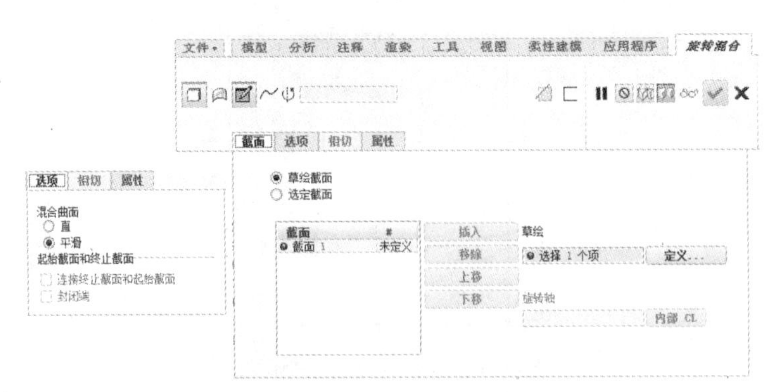

图 5-59　平行“光滑”后的结果

5.7.1 旋转混合特征的基本形式

系统允许角度最大为 120°，最小为 0°，系统内定为 45°。从“选项”操控板中可以看到，分为“直”和“平滑”两个方式，其中又分为“连接终止截面和起始截面”和“封闭端”两个命令，共 4 种情况。旋转命令的截面如图 5-60 所示，结果分别如图 5-61 至图 5-63 所示。

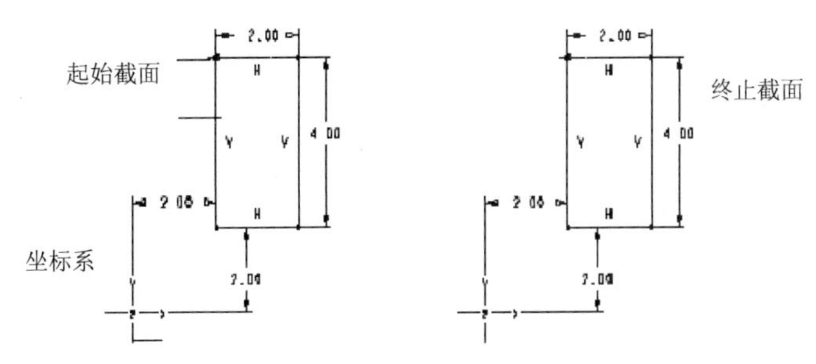

图 5-60 旋转截面（带坐标系）

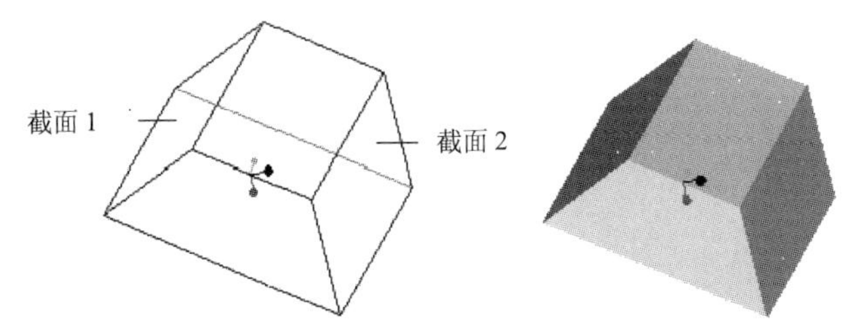

图 5-61 旋转“直”|“连接终止截面和起始截面”结果

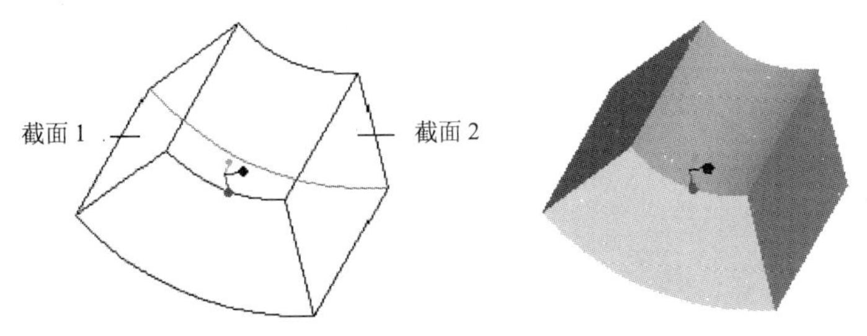

图 5-62 旋转“平滑”|“连接终止截面和起始截面”结果

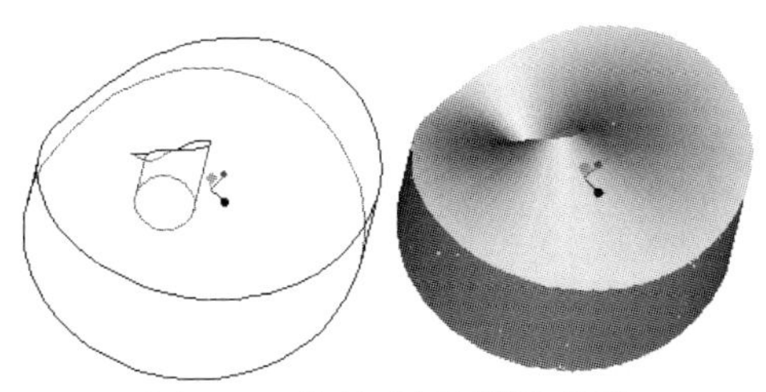

图 5-63 旋转“封闭端”结果

5.7.2 建模步骤

下面是建模的具体步骤。

（1）新建零件文件 xuanzhuanhunhe.prt。

（2）创建旋转混合特征。

①单击“形状”面板的“旋转混合”按钮，系统显示“旋转混合”选项板。

②单击“截面”选项卡，选中“草绘截面”单选按钮，单击“定义”按钮，系统会提示用户设置草绘平面，选取 TOP 为草绘平面。

③单击“草绘”按钮，进入草绘模式，单击“草绘”操控板中的创建矩形按钮，绘制一个矩形，修改具体尺寸，如图 5-60 所示。

④确定后再次打开“截面”选项卡，如图 5-64 所示。

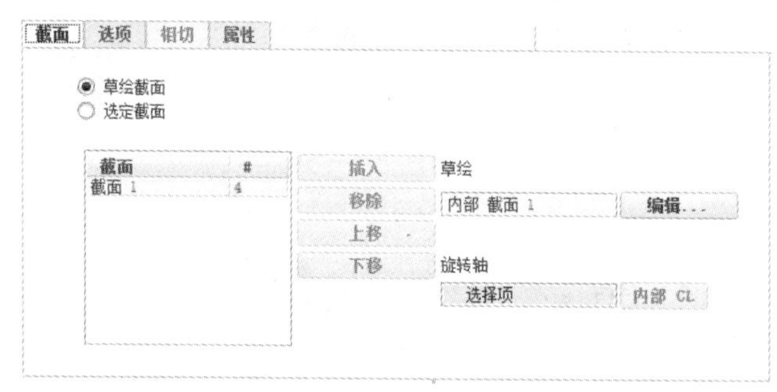

图 5-64 “截面”选项卡

⑤此时系统提示选择旋转轴。由于此处没有，所以需要创建一个。单击选项板最右端“基准轴”按钮，打开如图 5-65 所示对话框。按下 Ctrl 键，选择 TOP 平面和 RIGHT 平面，确定即可。

⑥单击操控板中的“继续”按钮，系统已经选中该旋转轴。单击“插入”按钮，确定输入第二截面。在“偏移自”框中输入旋转角度即可，此处接受旋转值 45°。

⑦单击“草绘”按钮，仍然如图 5-60 所示绘制终止平面，效果如图 5-66 所示。

图 5-65 “基准轴”对话框

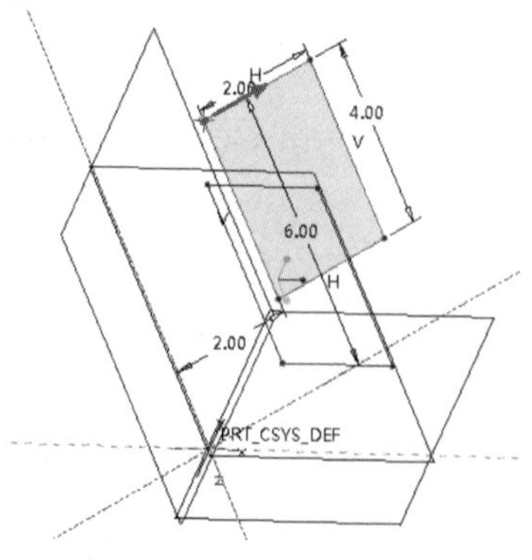

图 5-66 草绘后的结果

⑧确认后结果如图 5-62 所示。如果在“选项”中选中“直”单选按钮，则结果如图 5-61 所示。

5.8 扫描混合特征

本节讲解扫描混合特征产生的基本方法和步骤。它实际上就是扫描特征与混合特征的组合命令，即可以沿某个轨迹扫描，但是其截面形状可以不同。该操作位于“形状”面板中，单击“扫描混合”按钮即可启动。

系统弹出如图 5-67 所示操控板。在其中可以按照工作顺序完成以下几项任务。

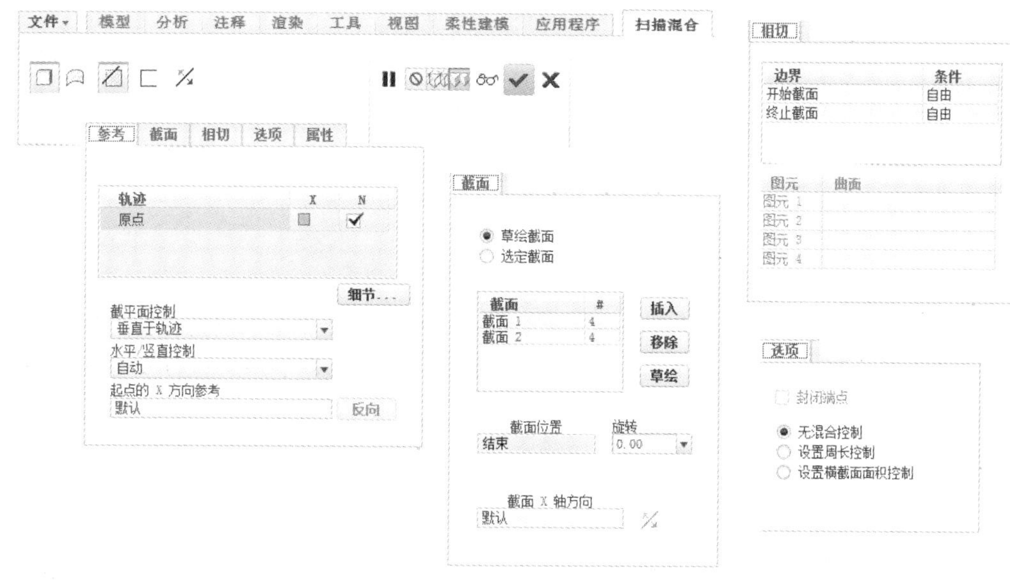

图 5-67 “扫描混合”操控板

1. 确定轨迹及属性

（1）确定轨迹。

在“参考”选项卡中，可以确定扫描轨迹线。此时如果在三维模型中已经有了基准曲线等，可以直接选择，如果没有则可以通过“草绘基准曲线”按钮直接绘制完成。它将自动列于“轨迹”列表中。如果对此轨迹不满意，可以单击“细节”按钮，系统将弹出如图 5-68 所示的“链”对话框，从中可以在“参考”列表中移除已有轨迹，并选择新的轨迹。

（2）决定截面的定位关系。

1）垂直于轨迹。即截面始终与轨迹线相垂直。

2）垂直于投影。截面始终与选定的投影方向法向一致。

3）恒定法向。截面始终与给定的法向方向一致，但需要确定起点位置 X 方向参考。

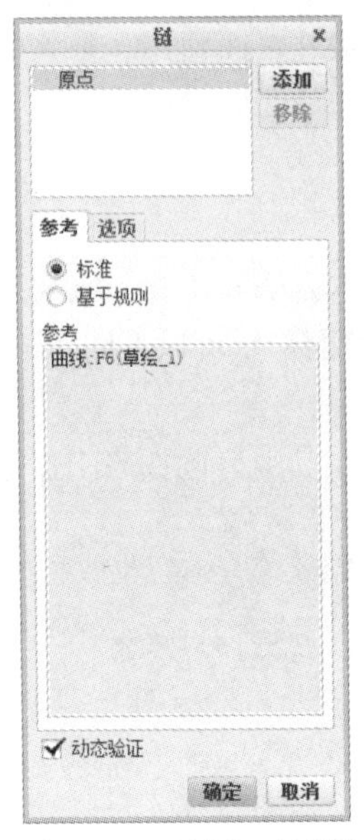

图 5-68　“链”对话框

2. 插入截面

在“截面”选项卡中，可以选择横截面或者草绘出来。横截面的插入位置可以在起点、终点或者任意中间位置。单击“插入”按钮可以添加新的截面，单击“草绘”按钮则开始定义横截面。

3. 实例

下面通过一个例子来看一下具体操作过程。

（1）打开本书提供的源文件 sweepblend.prt，如图 5-69 所示。

（2）单击“形状”面板中“扫描混合”按钮，打开“扫描混合”操控面板。

（3）单击“参考”选项卡，此时“轨迹”列表为空。单击操控板右端“草绘基准曲线”按钮，选择模型上表面为曲线放置平面。绘制如图 5-70 所示样条曲线并确定。

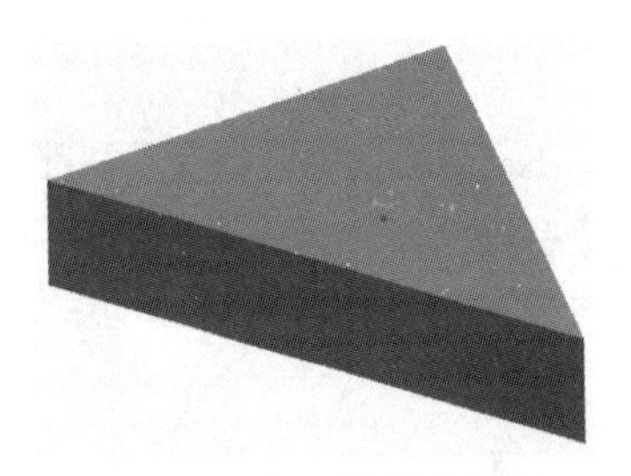

图 5-69　打开的模型文件

图 5-70　绘制轨迹曲线

（4）返回操控面板，该曲线自动选择轨迹曲线。

（5）单击“截面”选项卡，在轨迹开始位置插入横截面。单击“草绘”按钮，绘制一个矩形。注意，矩形面积不能太大，否则在样条曲线拐点处容易发生干涉而无法生成实体。

（6）确定后返回，继续单击“插入”按钮，此时将在终点位置插入一个横截面。继续单击“草绘”按钮，绘制第二个横截面，仍然采用矩形。注意，其起点处方向箭头要和第一个矩形的起点方向一致。

提示：这两个横截面尺寸可以自行确定。

（7）单击“移除材料”按钮，确定即可，如图 5-71 所示。确定前可以观察横截面与轨迹之间的位置关系，如图 5-72 所示，二者是垂直的。

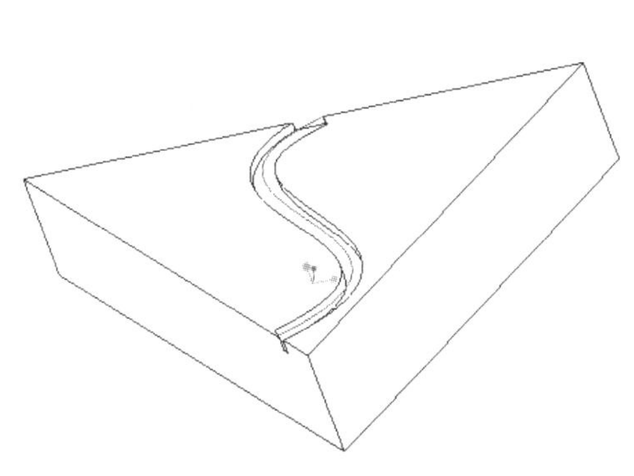

图 5-71　最终生成的模型

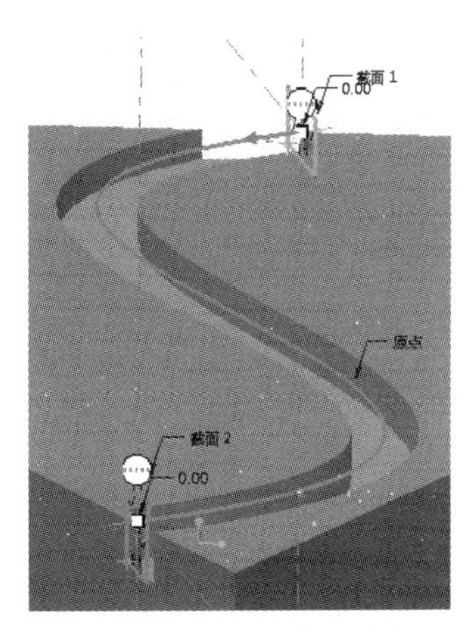

图 5-72　轨迹与截面垂直

5.9　倒角与倒圆角特征

5.9.1　倒圆角特征

在 Creo Parametric 零件设计中，倒圆角特征应用比较广泛，在零件特征中加入倒圆角特征，可以使零件特征产生平滑的效果或引起造型上的变化。根据生成的圆角，可以划分为两种情况：一种是增加材料，通常是对凸起的角进行倒圆角操作；另一种是切除材料，通常是对凹陷的角进行倒圆角操作，如图 5-73 所示。从操作方式上看，分为两种：倒圆角和自动倒圆角。它们都位于“工程”面板中。

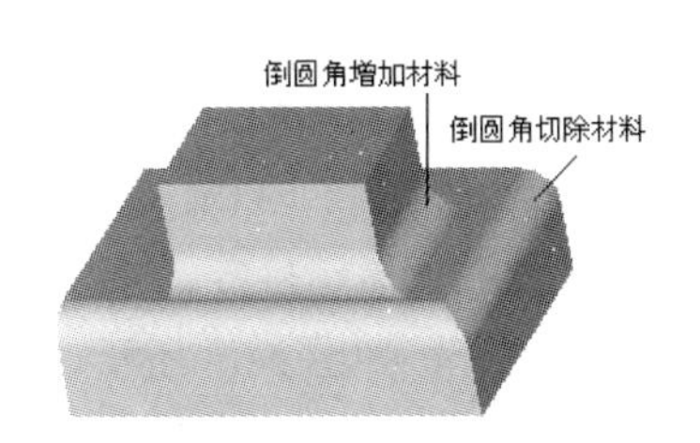

图 5-73　倒圆角可增加（或切除）材料

1. 倒圆角

由于圆角的使用比较广泛，因此 Creo Parametric 根据生成圆角特征的复杂性，将圆角分为简单圆角和高级圆角。单击倒圆角按钮，系统将弹出如图 5-74 所示的“倒圆角”操控板。

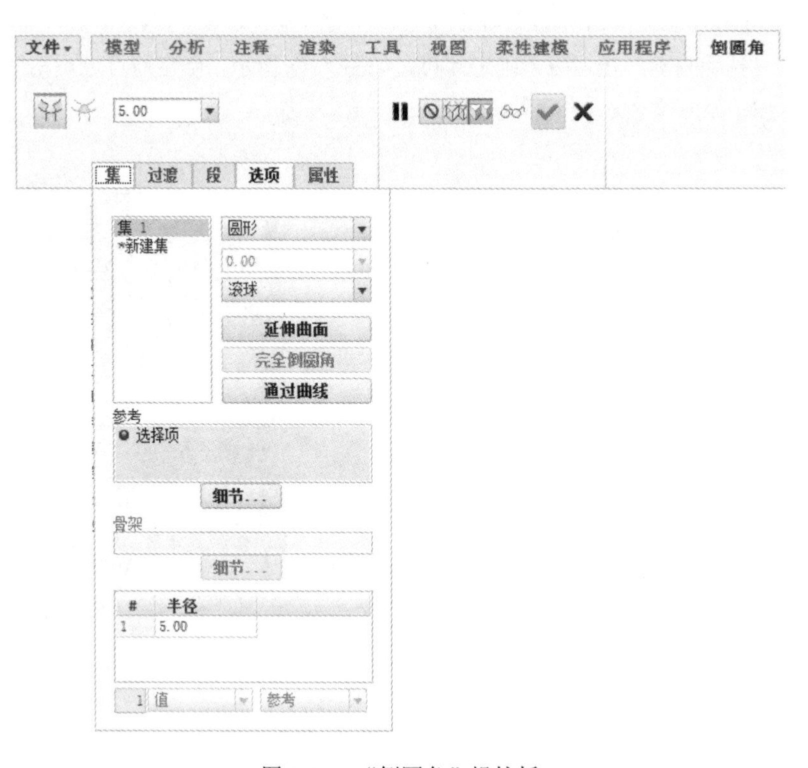

图 5-74 “倒圆角”操控板

使用圆角特征主要有两方面的意图：其一是零件造型的需要，通常圆角半径比较大，而且常常使用高级圆角进行操作；其二是使零件平滑、美观，这通常是零件制造上的需要。

如果要生成圆角特征，主要涉及圆角类型、圆角设置属性、圆角半径等设置。

（1）圆角设置属性。

圆角设置属性选项主要是确定简单圆角半径大小的方式和产生圆角的选取方式，包括 3 个选项以及完全倒圆角和通过曲线方式，它们配合使用。

下面分别讲解这些选项的使用方法与区别。

1）圆形。该选项用于指定所有产生的圆角特征的半径为常数，即产生多个等半径的圆角特征，如图 5-75 所示，生成的两个圆角特征的半径相等。与圆形选项配合使用的选取方式有边链、曲面－曲面和边－曲面 3 种。它们都在“参考”列表中进行。

边链方式用于选取特征边产生圆角特征，如图 5-76 所示。在选取边时需要按下 Ctrl 键。

曲面-曲面方式用于选取两个曲面产生圆角特征，如图 5-77 所示。

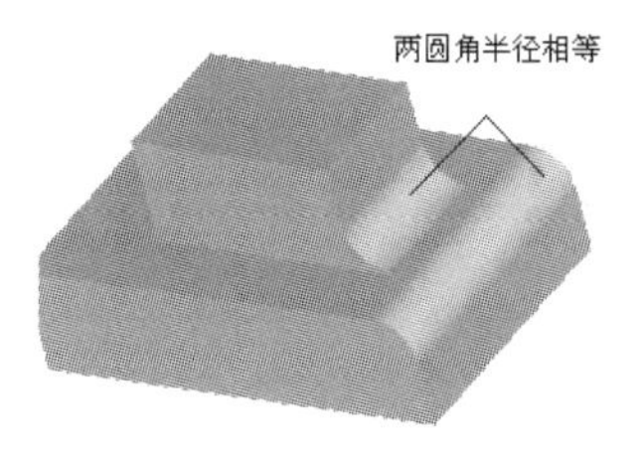

图 5-75 生成等半径的两个圆角特征

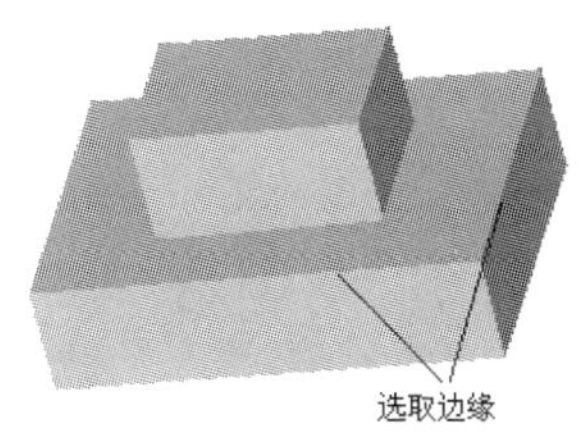

图 5-76 选取特征边缘产生圆角特征

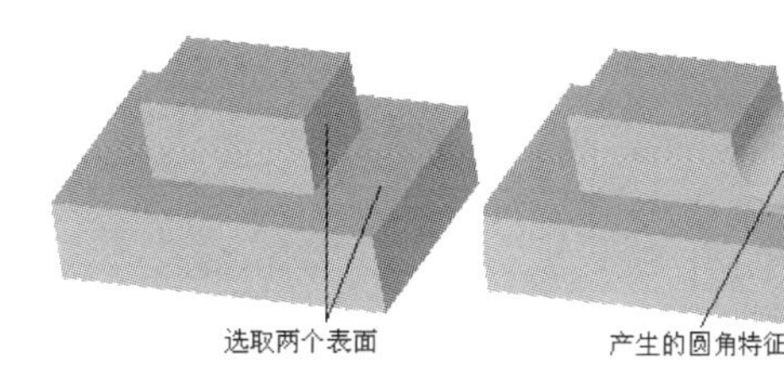

图 5-77 选取两个曲面产生圆角特征

边－曲面方式用于选取边缘和曲面。首先选取边缘，然后选取曲面，接着输入圆角半径。生成圆角曲面将通过选取的边缘，并与选取的曲面相切，如图 5-78 所示。

注意：输入的圆角半径必须大于所选取边到所选取曲面间的距离，否则不能生成圆角特征。

2）圆锥。该选项用于在边上选取顶点或基准点，并且在选取的点上输入不同的半径或锥度，则产生的圆角特征在不同的点位置有不同的半径，即产生半径不相等的圆角特征，如图 5-79 所示，生成的两个圆角特征的半径不相等。与圆锥选项配合使用的选取方式有边链、曲面－曲面和边－曲面 3 项。

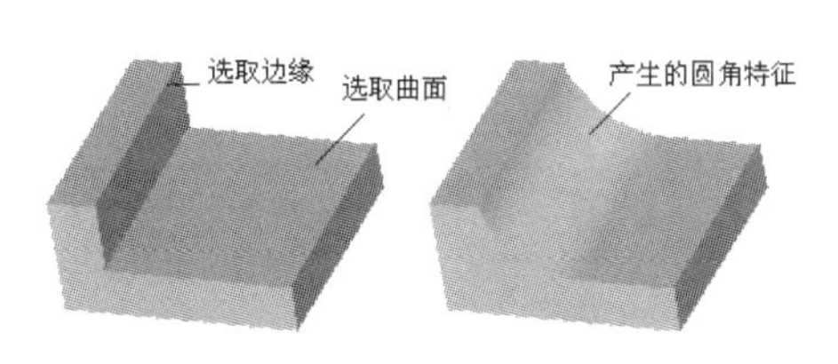

图 5-78 选取边、曲面产生圆角特征

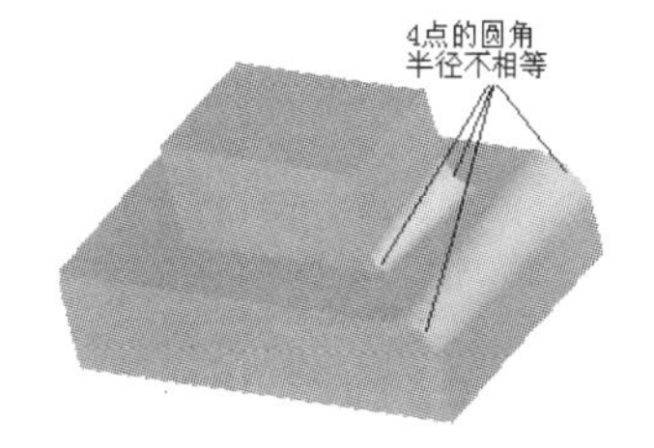

图 5-79 生成半径不相等的两个圆角特征

当采用圆锥选项时，圆角特征的尖度由圆锥参数决定，为 0.05～0.95 之间的任意值。当选择 D1×D2 圆锥选项时，可以通过两个端面直径值来决定圆锥形状。

3）完全倒圆角。该选项用于根据选取的边，自动确定半径的大小而产生圆角，不需要输入半径数值，如图 5-80 所示，生成完全倒圆角特征。与该选项配合使用的选取方式有曲面－曲面、边－曲面和边对。

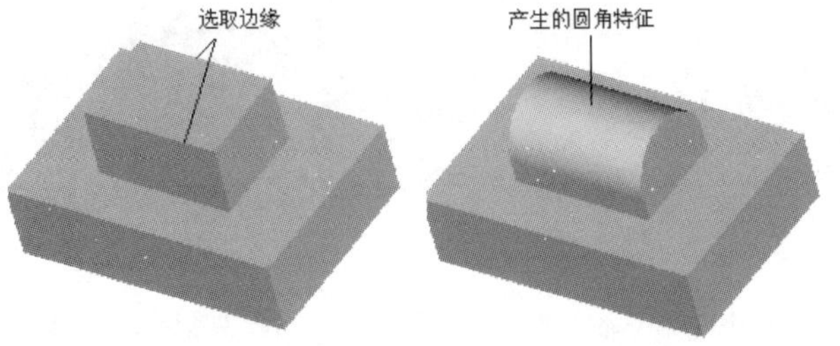

图 5-80　生成的完全倒圆角特征

边对方式只有在选取完全倒圆角选项时才可用，主要用于选取一个边对，以产生圆角特征，不需要输入圆角半径数值，如图 5-81 所示。

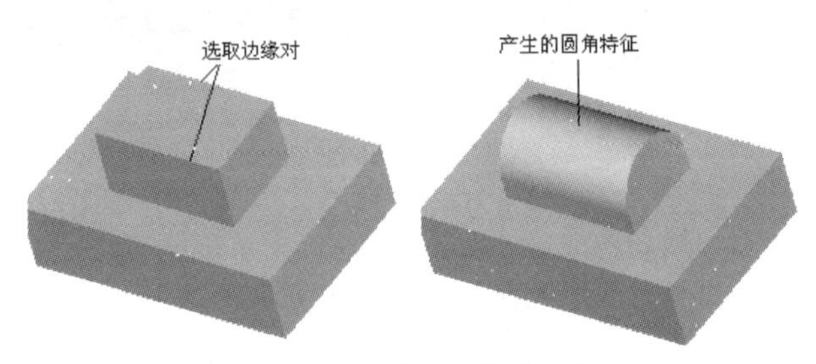

图 5-81　选取边对产生圆角特征

4）通过曲线。该选项首先选取将要产生圆角特征的曲线或边，然后再选取一曲线或边来决定圆角半径的大小，生成的圆角曲面将通过后面选取的曲线或边，系统自动确定半径的大小，不需要输入半径数值，如图 5-82 所示，生成的圆角曲面通过后面选取的边 2，即边 2 决定了圆角半径的大小。与该选项配合使用的选取方式有边链和曲面-曲面两项。

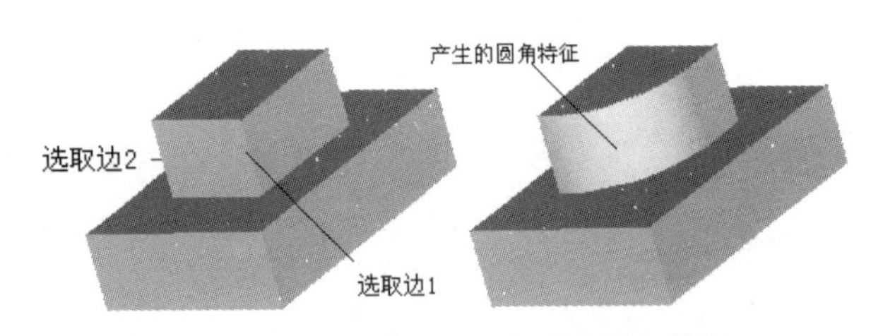

图 5-82　以通过曲线方式生成圆角特征

（2）参照。

圆角设置属性完毕后，接着系统要求指定将要倒圆角的图元，如边、曲面等，根据指定选取的方式选取相应的图元。

（3）倒圆角半径。

如果在圆角设置属性中选取的选项是要求指定圆角半径的，那么必须添加半径值。在半径值右侧右击，如图 5-83 所示，在弹出的快捷菜单中选择“添加半径”命令即可，如图 5-84 所示。如果要恢复常数方式，仍然在右侧半径值上右击，在弹出的快捷菜单中选择“成为常数”命令即可。

图 5-83 “添加半径”命令

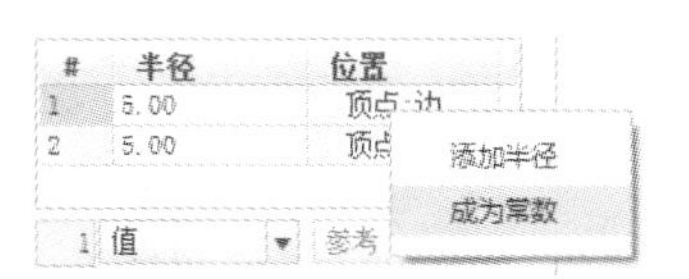

图 5-84 “成为常数”命令

2. 自动倒圆角

单击“自动倒圆角”按钮，系统将弹出如图 5-85 所示的“自动倒圆角”操控板。

图 5-85 “自动倒圆角”操控板

如果不做任何选择就确定，则按照当前给定半径值对所有边进行倒圆角操作。在“范围”选项卡下可以确定创建的圆角是凸起还是凹下的。如果选中“选定的边”单选按钮，则可以确定哪些边进行倒圆角操作。如果在“排除”选项卡下选择某些边，则这些边将不倒圆角。另外，用户可以通过“选项”选项卡进行圆角特征的一些从属处理。

5.9.2 倒角特征

在零件设计过程中倒角特征也用得较多，倒角属于移除材料的特征操作。在本小节中主要讲解生成倒角特征的各种选项和设置，以及生成倒角特征的方法和步骤。

倒角特征命令位于“工程”面板中，分别为边倒角和拐角倒角。

1. 认识倒角

大家对倒角并不陌生，因为在零件设计中倒角的应用也比较广泛，倒角可以改善零件的造型，有时还是工艺上的要求，如图 5-86 所示。

在 Creo Parametric 中，可以将倒角特征分为两类：一类是针对边进行倒角操作，如图 5-86 左图所示；另一类是针对拐角进行倒角操作，如图 5-86 右图所示。

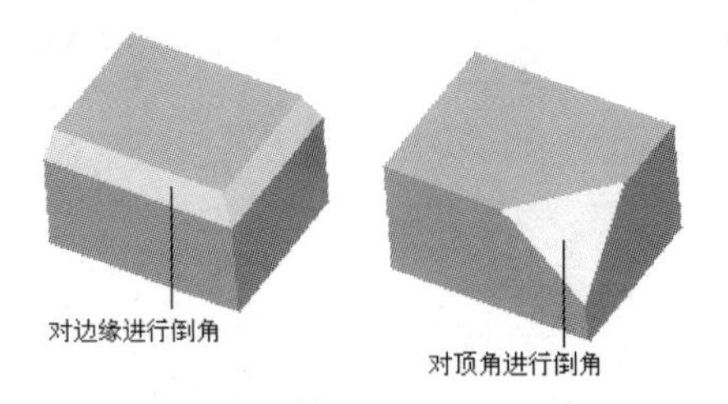

图 5-86　倒角在零件设计中的应用

不论是对什么对象进行倒角，倒角都是属于移除材料的特征操作。

2. 针对边生成倒角特征的选项

在生成倒角特征时，如果单击按钮，即对边进行倒角，系统将显示如图 5-87 所示的“边倒角”操控板。

图 5-87　“边倒角”操控板

在操控板中有 6 个选项，即 45×D（45 度×尺寸）、D×D（尺寸×尺寸）、D1×D2（尺寸 1×尺寸 2）、角度×D（角度×尺寸）、0×0（效果同）和 01×02（效果同 D1×D2）。图 5-86 为这 4 个选项之间简单的对比情况。其中，D×D 在各曲面上与边相距（D）处创建倒角，而 45×D 创建一个与两个曲面都成 45° 且与各曲面上的边的距离都为 D 的倒角。

下面对这 4 个选项的使用分别进行讲解。

（1）45×D（45° ×尺寸）。

该选项用于指定一个尺寸，以产生 45° 的斜角，如图 5-88 所示。由于产生的角度是 45° ，因此该选项只能用于两个互相垂直的面的交线上（边），否则就会出现错误。

当使用该项进行倒角时，即在下拉列表框中选择 45×D 选项后，系统将在信息区提示输入倒角尺寸 D 的大小，在操控板中输入需要的倒角尺寸数值（如数值 1），然后按回车键。

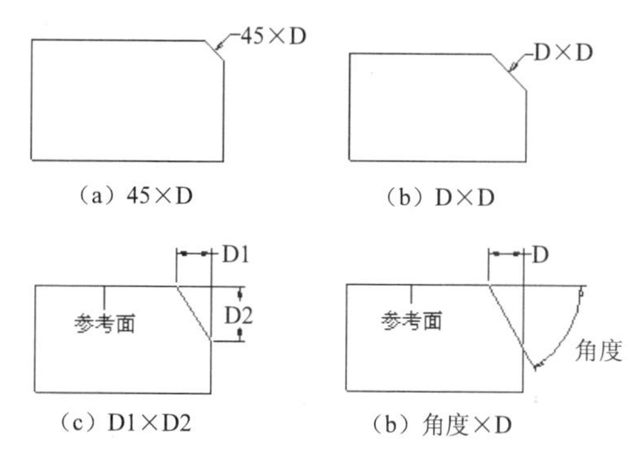

图 5-88 边倒角的 4 种指定尺寸的方式

输入完毕后，选取需要的边，或者通过 Ctrl 键选取多条边。图 5-89 显示了 45×D 选项的倒角情况。

图 5-89 45×D 倒角情况

（2）D×D（尺寸×尺寸）。

该选项用于指定一个尺寸，以产生等边的斜角。对于两个相互垂直的面的边缘来说，产生的效果与前一选项（45×D）的效果完全相同，但是 45×D 不能对不相互垂直的面进行倒角，而该选项则可以，这就是两者的区别。

该选项的操作步骤与前面介绍的 45×D 选项完全相同。

图 5-90 显示了 D×D 选项对不相互垂直的面进行倒角的情况。

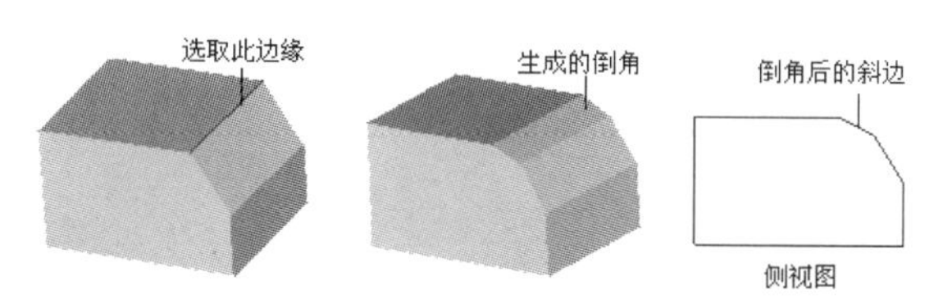

图 5-90 D×D 选项对不相互垂直的面进行倒角的情况

（3）D1×D2（尺寸 1×尺寸 2）。

该选项用于指定两个尺寸，以产生不等边的斜角，这两个尺寸将决定倒角的形状。因为有两个不同的尺寸，对于边缘的两个面来说，谁取 D1，谁取 D2，就成了问题，因此该项与前两项最大的区别是要求选取倒角的参考面，即沿参考面方向的面取 D1，另一个就取 D2。

选取该选项后，系统将在信息区两次提示输入倒角的尺寸（D1 与 D2）。尺寸输入完毕后，选取欲倒角的边缘，之后的操作与前两个选项的操作完全相同。

图 5-91 显示了 D1×D2 选项对边缘进行倒角的情况。

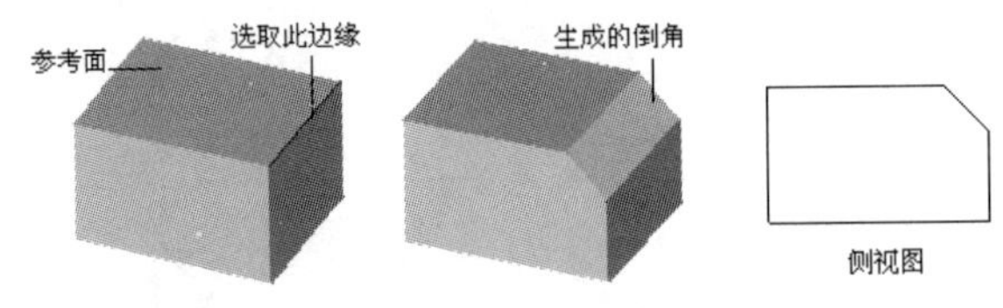

图 5-91　D1×D2 选项对边缘倒角的情况

（4）角度×D（角度×尺寸）。

该选项用于指定一个角度和一个尺寸 D，以产生不同造型的斜角，这两个参数将决定倒角的形状。该选项只能用于两个互相垂直的面的交线上，它与 D1×D2 选项相同，要求选取倒角参考面，即沿参考面方向的面取 D，另一个就根据角度确定其位置。

选取该选项后，系统将在信息区首先提示输入倒角的尺寸和角度值，系统默认的角度值为 45°。输入后的选取参考面和倒角边缘的操作就与前边 D1×D2 选项的操作完全相同了。

图 5-92 显示了角度×D 选项对边进行倒角的情况。

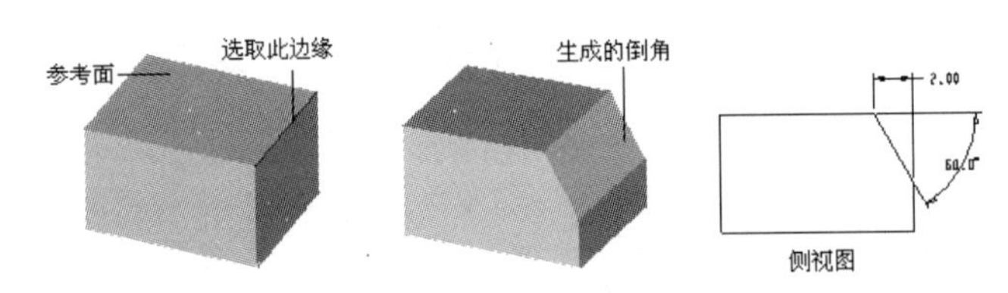

图 5-92　角度×D 选项对边进行倒角的情况

3. 针对拐角生成倒角特征的选项

在 Creo Parametric 中，除了可以对边倒角外，还可以针对拐角进行倒角操作。在生成倒角特征时，如果单击“拐角倒角”按钮，即可对拐角进行倒角，系统将显示“拐角倒角”操控板，如图 5-93 所示。

图 5-93　“拐角倒角”操控板

当选择某个角的顶点后，系统自动按默认值倒角，并可以在操控板中输入 3 条边的各自倒角距离，直接输入并确定即可，如图 5-94 所示。

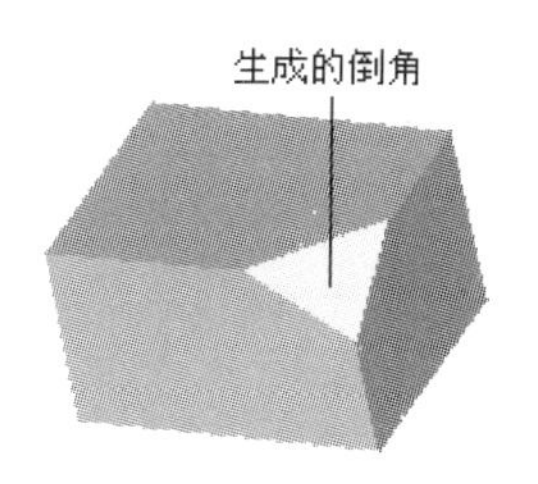

图 5-94　生成拐角倒角

5.10　特征复制与镜像

复制特征是将一个特征复制到一个新位置，以创建新的特征。在本节中将主要讲解复制操作的基本选项和基本操作，同时也简单地介绍删除命令的应用。

5.10.1　特征复制的基本知识

对某个特征进行复制操作，就是将该特征复制到一个新位置上，从而产生一个形状与原特征相同（或只是大小尺寸发生变化了）的新特征，而原特征不发生任何改变。因此特征复制对提高工作效率很有帮助。原特征也称为父特征，而复制出来的特征也称为子特征。通常子特征可以从属于父特征或独立于父特征两种关系。子特征的尺寸大小可以与父特征的不同，即子特征的尺寸大小可以做变化。

Creo Parametric 提供了多种复制方式，可以通过与父特征不同的参考面来复制特征（新参考），也可以通过与父特征相同的参考面来复制特征（相同参考），也可以通过镜像方式进行特征复制，还可以通过移动方式进行特征复制。而移动方式又有两种方式：平移方式和旋转方式。

在 Creo Parametric 中，选取特征后，从“操作”面板中单击“复制”按钮，然后单击“粘贴”按钮或者“选择性粘贴”按钮，即可完成复制操作。复制特征时，通常先选取要进行复制的特征（父特征），然后指定所要复制的位置，再指定复制特征与原特征之间的依附或独立关系。一般来说，直接的粘贴复制特征将生成完全独立于父特征的子特征，只需要进行定位即可。而选择性粘贴复制特征将可以决定该父子特征之间的从属关系，相对比较复杂。

粘贴时将出现父特征操控板，从中可以进行新的位置、参数等编辑定义。

5.10.2　选择性特征复制

当选择“选择性粘贴”方式时，系统首先弹出如图 5-95 所示对话框。如果选中“完全从属于要改变的选项”单选按钮，则副本与父特征之间是直接关联的，当删除父特征时，子特征也将被删除。而如果选中“仅尺寸和注释元素细节”单选按钮，则子特征与父特征相互独立。

选择性粘贴

从属副本

完全从属于要改变的选项

仅尺寸和注释元素细节

对副本应用移动/旋转变换(A)

高级参考配置

确定(O) 取消(C)

图 5-95　选择粘贴选项

1. 移动或旋转复制

当选中“对副本应用移动/旋转变换”复选框时，则系统弹出如图 5-96 所示操控板，从中可以决定子特征相对于父特征的旋转角度和平移位置关系。

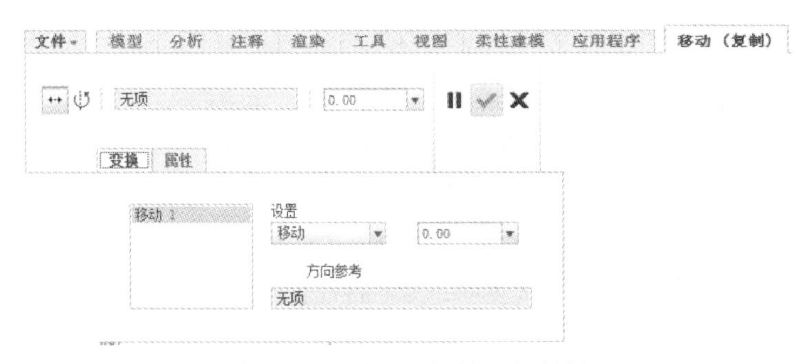

图 5-96　“移动（复制）”操控板

（1）平移方式。首先指定一个移动的方向，然后指定沿该方向进行平移的距离数值，这样就复制子特征了。平移的距离数值可以是正数，也可以是负数，正数表示平移方向与当前系统显示的方向相同，负数则表示相反。其中移动方向的指定可以通过坐标系、边、轴线等来完成，还可以指定某个平面，那么垂直于该平面的方向就是移动的方向。

（2）旋转方式。首先指定一个旋转的方向，然后指定沿该方向进行旋转的角度数值，这样复制子特征就建成了。其中旋转方向符合右手规则，即右手大拇指指向旋转轴的正方向，弯曲的四指所指的方向就是旋转的正方向。旋转的角度数值可以是正数，也可以是负数，正数表示旋转方向与当前系统显示的方向相同，负数则表示相反。旋转方向也可以通过坐标系、边、轴线等来完成，还可以指定某个平面，那么垂直于该平面的方向就是旋转轴的方向，使用右手大拇指指向该旋转轴的正方向，那么四指所指的方向就是旋转的正方向。

2. 高级复制

如果在图 5-95 中选中了“高级参考配置”复选框并确定，系统将弹出如图 5-97 所示对话框。从中可以在“原始特征的参考”列表中选择父特征的定位参考，它将显示在右侧的列表中。如果选中“使用原始参考”复选框，则参考不变；否则，可以选择新的参考代替选中的参考。

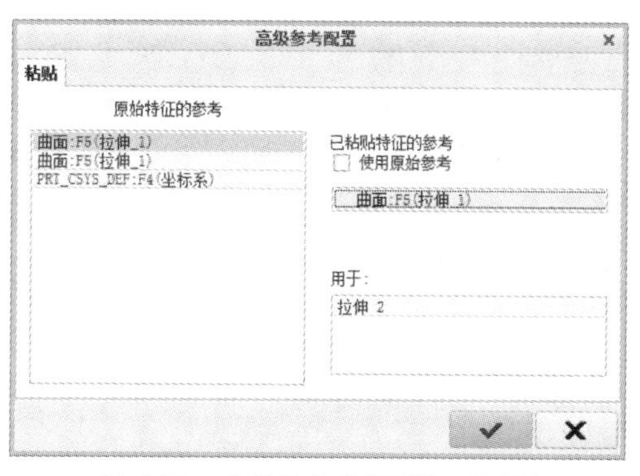

图 5-97　“高级参考配置”对话框

5.10.3　镜像

该方式是相对于基准面或选定平面产生镜像特征。使用该方式时，必须指定一个基准面或平面作为镜像参考。

选中要镜像的特征后，单击“编辑”面板中的“镜像”按钮，系统将弹出如图 5-98 所示操控面板。选择一个镜像参考面并确定即可。也可以在“选项”选项卡中决定镜像后的特征与父特征之间的从属关系。

图 5-98　“镜像”操控面板

图 5-99 所示为通过选取基准面作为镜像参考而产生一个镜像子特征。

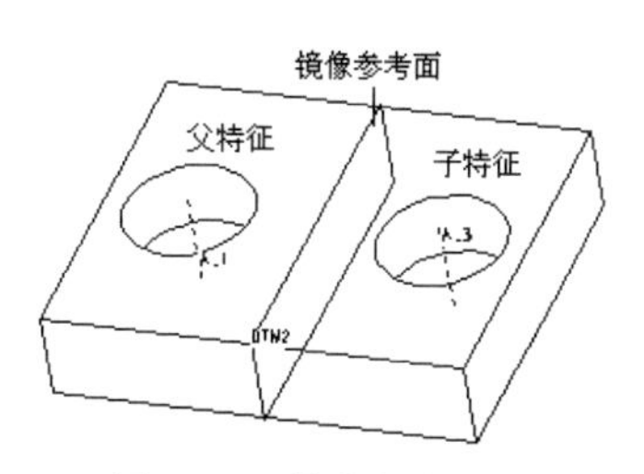

图 5-99　镜像复制结果

5.10.4 特征的删除

特征的删除比较简单，通常有两种方式：其一是从“操作”面板中单击“删除”按钮×；其二是通过在模型树中的快捷菜单选取“删除”命令。

5.11 阵列特征与处理

特征阵列操作在零件设计中比较重要，是一种快速且容易用来复制多个特征的方式，它能够在很大程度上提高操作者的工作效率。

5.11.1 特征阵列的基本知识

在进行零件设计时，有时需要产生多个相同（或相似）的特征，并且特征分布的相对位置具有一定的共性（规律性），比如在一个底座上要产生许多个相同的螺栓孔，为了减少操作、节约时间、提高效率，这时需要一次性复制这些相同的特征。为了实现这类操作，Creo Parametric 提供了一个阵列命令，该命令可以一次阵列许多个特征。Creo Parametric 提供了 3 种阵列方式，即阵列、几何阵列和阵列表。

（1）阵列。即对单独的几何特征或特征组进行阵列操作，为常规操作。

（2）几何阵列。相比以前版本，Creo Parametric 提供的几何阵列功能可以对模型树上各自独立而未成组的多个特征同时直接进行阵列，但有些阵列类型则无法进行，如尺寸阵列等，这是因为多个特征其定位尺寸是不同的。其他操作与“阵列”一致。

（3）阵列表。通过对相同参照创建绝对尺寸作为导引，可以控制实例（子特征）的位置。可以用表格形式输入尺寸，并单独编辑每个实例的尺寸。通过从表格中删除条目，可以从阵列中删除个别实例。该方法具有较大的灵活性，因为可以用不等距或不规则尺寸创建更复杂的实例组合。在下列情况下应当考虑使用阵列表：

1）无法使用增量尺寸控制阵列，因为它太复杂或不规则。

2）设计意图要求对相同参照定位各个实例，而不是对前一个实例进行增量来定位。

3）多个模型必须共享相同阵列。

4）需要为模型的不同变化创建多个阵列形式。

本书只讲解阵列功能。与此相对应，Creo Parametric 还提供了一个用于删除阵列特征的命令，即删除阵列。

选取某个特征后，单击“编辑”面板中的“阵列”按钮，即可启动特征“阵列”操控板，如图 5-100 所示。

阵列命令也可以称为复制命令，但是与复制命令又有区别。阵列可以一次复制许多个特征，对每一个特征的操作性比较低；而复制一次只能复制一个特征，对每一个特征的操作性比较高。但阵列只能将特征复制在相对位置具有一定共性的地方，而复制能将特征复制在任意位置上。

图 5-100 “阵列”操控板

在 Creo Parametric 中，为了区分产生的阵列特征，通常将产生特征阵列的特征称为父特征，而通过特征阵列操作产生的特征称为子特征（实例）。子特征与父特征之间是依存关系，对父特征进行修改时，子特征也将跟着变动。产生一个阵列后，系统将视该阵列为单一特征来进行操作。

按照特征阵列产生的几何形状的不同，通常可以概括为两类：一类是以直线方式（距离尺寸增量）产生特征阵列；另一类是以圆周方式（角度尺寸增量）产生特征阵列。前者产生的是矩形阵列，后者产生的是环形阵列，如图 5-101 所示，左图是特征的矩形阵列，右图是特征的环形阵列。比较特殊的还有 Creo Parametric 中增加的参照阵列和填充阵列。参照阵列应用比较少，进行的阵列是已有阵列的一部分，本书不再讲解。而填充阵列是将阵列对象以任意形式放置，如图 5-102 所示。

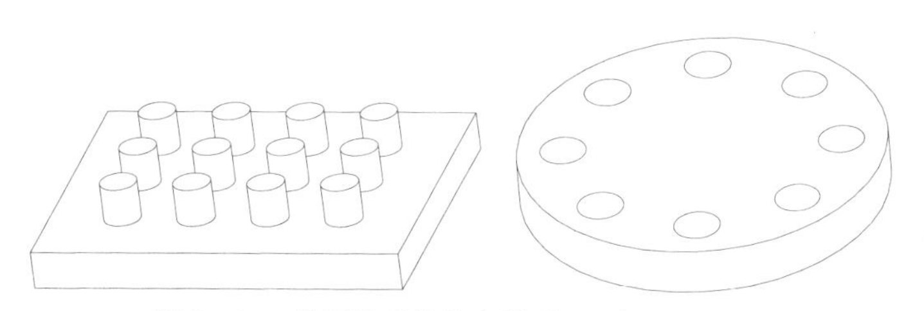

图 5-101 特征阵列的基本类型——矩形和环形

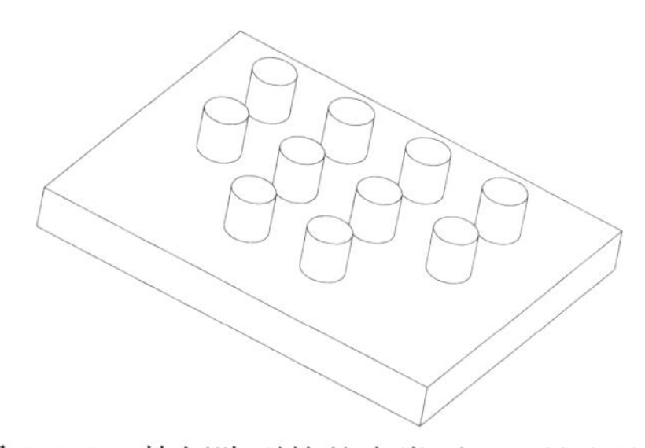

图 5-102 特征阵列的基本类型——填充阵列

在 Creo Parametric 中，使用阵列命令进行特征阵列时，通常可以设置两个方向，每一个方向都需要指定两项数据：一个是阵列的尺寸增量，另一个是阵列特征的总数。

5.11.2 特征阵列的选项

进行特征阵列操作的选项主要有 5 个：特征阵列类型、特征阵列方式、尺寸增量方式、特征阵列的方向、阵列特征的数目。首先必须选取特征阵列的方式，接着指定尺寸增量方式和尺寸的增量，然后指定特征阵列的方向和沿该方向上阵列特征的数目，即可产生特征阵列。下面对这几个选项分别进行讲解。

1. 特征阵列方式

在操控板上单击“选项”选项卡，弹出相应下拉列表框，其中有 3 个选项，即“相同”、“可变”和“常规”，分别表示特征阵列的不同方式。随着选择的阵列类型不同，“选项”选项卡内容将差别很大。

（1）相同。该选项用于产生相同尺寸大小的阵列特征，即阵列出来的子特征与父特征的大小尺寸相同，图 5-103 所示为选取该选项产生的特征阵列，其中产生的子特征与父特征的大小尺寸相同。

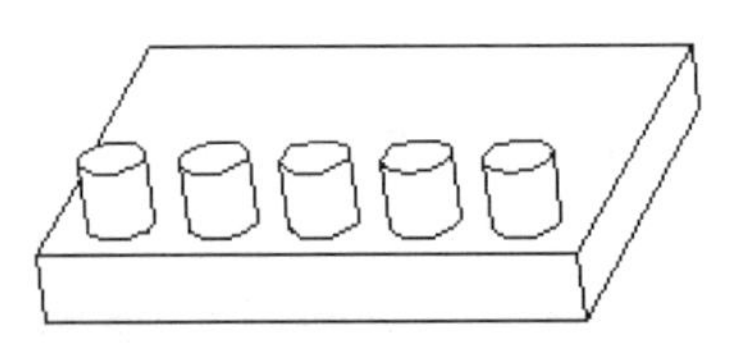

图 5-103　选取“相同”选项产生的特征阵列

注意：使用该选项方式产生阵列时，子特征的放置平面必须是父特征所在平面，任何子特征都不能与放置平面的边相交，子特征之间也不能相交，否则特征阵列不能完成，并且系统将显示出错信息。

（2）可变。该选项用于产生尺寸大小变化的阵列特征，即阵列出来的子特征与父特征的大小尺寸可以不相同，如图 5-104 所示为该选项产生的特征阵列，产生的子特征与父特征大小尺寸不同。

注意：使用该选项方式产生阵列时，子特征可以与父特征的大小尺寸不相同，子特征的放置平面可以不是父特征所在的平面，子特征也可以与放置平面的边相交，但是子特征之间不能相交；否则特征阵列不能完成，并且系统将显示出错信息。

（3）常规。该选项用于产生常规形式的阵列特征，即阵列出来的子特征与父特征可以不相同，如图 5-105 所示为选取该选项产生的特征阵列。

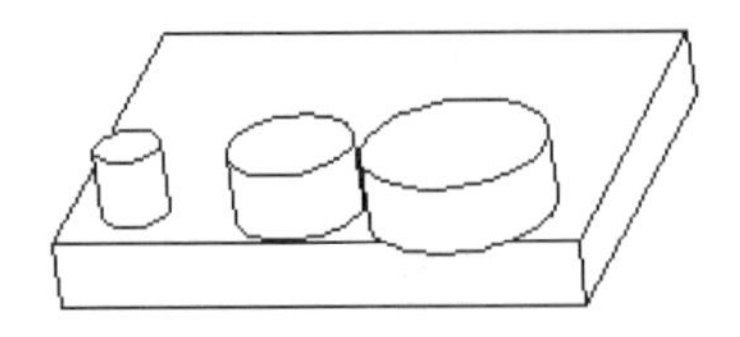

图 5-104　选取“可变”选项产生的特征阵列

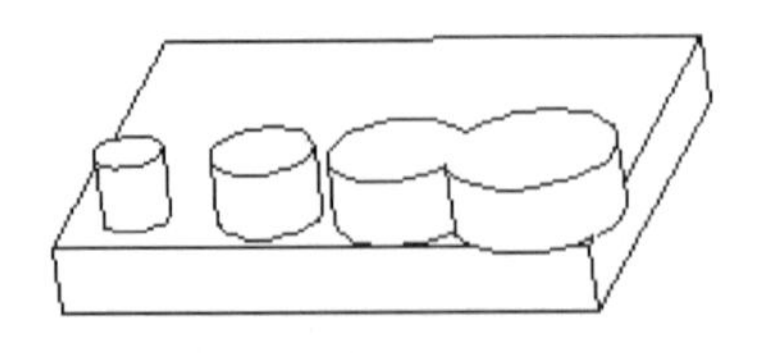

图 5-105　选取“常规”选项产生的特征阵列

注意：使用该选项方式产生阵列时，子特征可以与父特征的大小尺寸不相同，子特征的放置平面可以不是父特征所在的平面，子特征也可以与放置平面的边缘相交，子特征之间也能相交。

“相同”方式主要用于产生相同形状大小的阵列子特征，系统执行的速度最快，但系统对它的限制也最多。当要求子特征的大小形状与父特征的不相同时，就使用“可变”方式。“常规”方式执行的速度最慢，但系统对它的限制最少，通常前两种方式完成不了阵列特征时，就试着使用该选项进行。

2. 特征阵列的类型

如图 5-100 所示，共有 8 种。其中，“尺寸”方式可以以具体数值的方式决定阵列对象的间距等；“方向”方式可以以选择的一个或多个方向进行阵列，每个方向上的阵列对象距离需要输入；“轴”方式可以通过围绕轴来生成环形阵列；“填充”方式以所绘制的填充区域为对象，在该范围内阵列；“表”方式以表作为阵列尺寸的约束；“参考”方式以已有阵列的形式为参照；“曲线”方式沿着选择的曲线按照相同的距离阵列；“点”方式是在参照点所在位置建立阵列。

3. 特征阵列的尺寸增量方式

从操控板上可以看出，主要有 3 种方式，即“尺寸”方式，以数值的方式控制阵列尺寸；“表”方式，以表格的方式来控制阵列尺寸；“参考”方式，以已有特征作为参照来控制阵列尺寸。实际上，还有第 4 种方式，即“关系式”方式，用于以关系式的方式来控制阵列尺寸。

数值选项主要用于比较规则的阵列中，阵列中子特征之间的增量尺寸是相同的，因此产生的子特征是等距离的。关系式选项主要用于子特征之间的尺寸增量符合某一关系式的阵列中，因此阵列中子特征之间的增量尺寸具有一定的共性，不需要指定每一个子特征的增量尺寸。表选项主要用于子特征之间的尺寸增量没有什么太大关系的阵列中，阵列中子特征之间的增量尺寸可以各不相同，不具有共性，但是需要指定每一个子特征的增量尺寸，即以表格的形式产生子特征。因此数值和关系式选项的限制比较大，而参照选项的限制更大，表的应用就比较自由、随意。本书主要以数值为基本方式。在实际工程应用中，这种方式最为普遍。

4. 特征阵列的方向

特征阵列按产生的方向可以分为单方向阵列、双方向阵列和沿某个曲线方向阵列。单方向阵列就是特征沿指定的某一个方向生成的阵列，它产生的阵列都是单方向的；双方向阵列是沿着平面上指定的两个方向生成的阵列，它产生的阵列是双方向的，两个方向都必须指定阵列的数目。如图 5-106 所示，左图为单方向的阵列，右图为双方向的阵列。这两个阵列都可以由尺寸阵列生成。双方向阵列也可以通过方向阵列生成。如图 5-107 所示为曲线阵列。

（1）单方向的阵列。

单方向的阵列也有两种形式，一种是只有一个方向上有尺寸增量，另一种是两个方向上都有尺寸增量，它们产生的阵列在放置平面上的相对位置不同。

1）如果只有一个方向上有尺寸增量，即另一个方向上没有尺寸增量或尺寸增量为 0 时，阵列会沿某一边缘产生，因而呈现水平或垂直形状，如图 5-108 所示。

2）如果两个方向上都有尺寸增量，即通过两个尺寸增量来决定一个方向，因而它的方向在放置平面可以说是任意的，如图 5-109 所示。

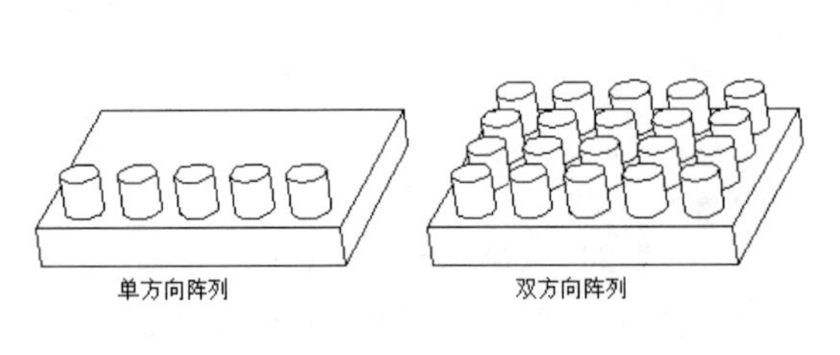

图 5-106　单方向的阵列和双方向的阵列

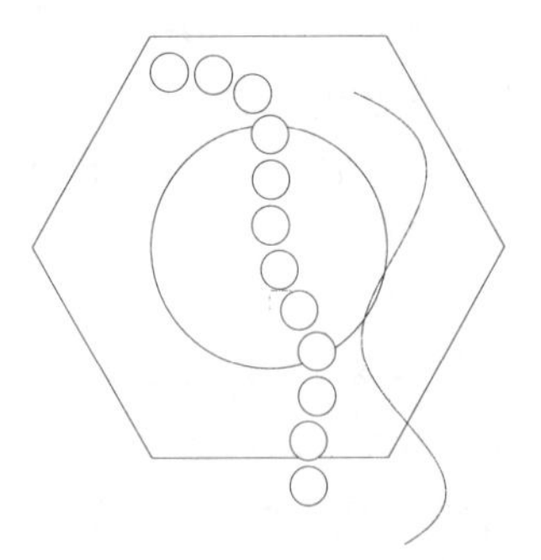

图 5-107　曲线阵列

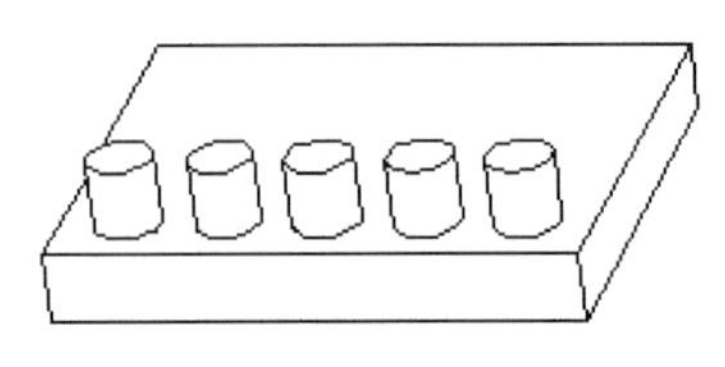

图 5-108　只有一个方向上有尺寸增量的阵列

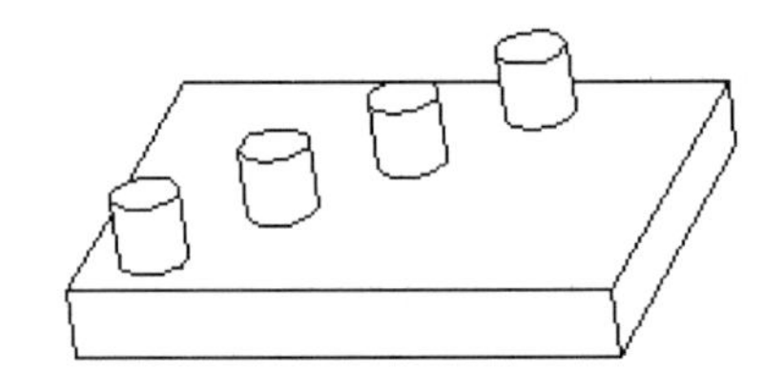

图 5-109　两个方向上都有尺寸增量的阵列

（2）双方向的阵列。

双方向的阵列也有两种形式，一种是每个方向上都只有一个尺寸增量，另一种是一个方向上有一个尺寸增量，而另一个方向上有两个尺寸增量，它们产生阵列的形状都不相同。

1）如果每个方向上都只有一个尺寸增量，产生阵列形状呈矩形分布，如图 5-110 所示。

2）如果一个方向上有一个尺寸增量，而另一个方向上有两个尺寸增量时，产生的阵列形状呈平行四边形分布，如图 5-111 所示。

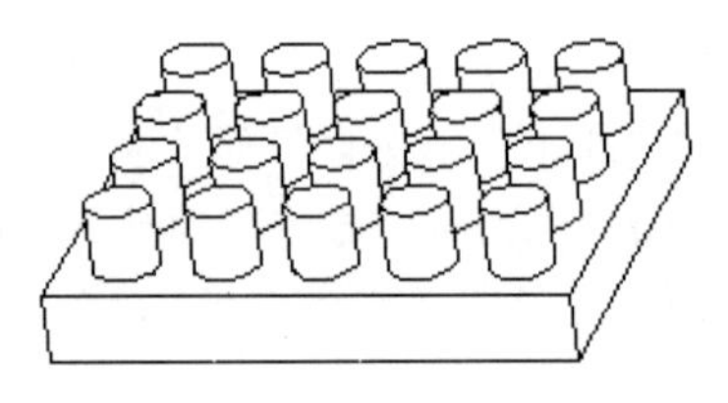

图 5-110　各方向上都有一个增量

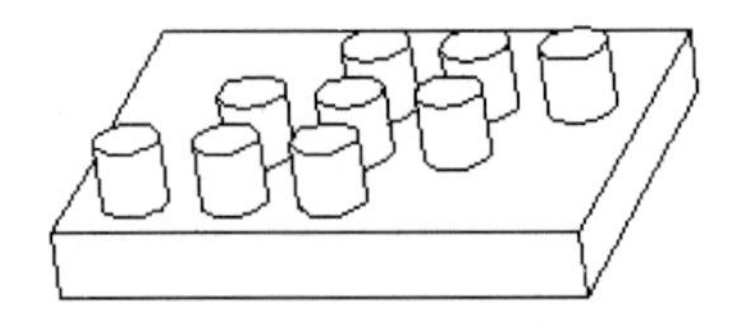

图 5-111　一个方向上有一个增量，另一个方向上有两个增量

（3）沿曲线阵列。

沿曲线阵列的前提条件是必须有一条草绘曲线，实现单方向阵列。

5. 阵列特征的数目

当完成尺寸增量设置后，就可以在操控板的阵列成员数文本框中输入当前方向上阵列特征的数目，包括父特征。

5.11.3 矩形阵列与环形阵列

前面已经提到，本书讲解的特征阵列通常可分为三类：一类是以直线方式产生特征阵列，以特征的相对位置尺寸增量来进行阵列操作；一类是以圆周方式产生特征阵列，以特征的相对角度位置尺寸增量来进行阵列操作；另一类是在所绘制的填充区域内以正方形、三角形等方式进行阵列操作。

1. 矩形阵列

矩形阵列方式比较简单，因为通常每一个特征都有距离形式的相对位置尺寸，当要沿某个方向进行阵列时，就选取该方向上的相对位置尺寸，然后指定尺寸增量和阵列数目即可，如图5-112所示。

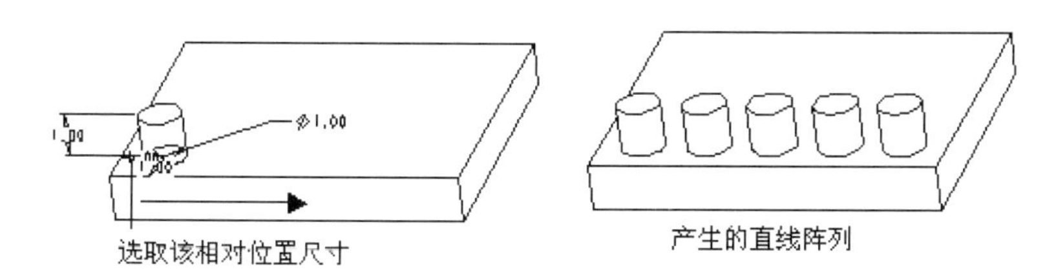

图5-112 矩形阵列方式

2. 环形阵列

由于阵列通常是通过某尺寸增量而形成的，在生成环形阵列时，同样必须指定一个尺寸增量，但是在圆周方向上实现复制，因此必须使用径向放置创建的角度尺寸增量才能实现阵列操作。所以首先要产生一个模型的角度尺寸，接着才可以在此角度尺寸上指定一个角度尺寸增量。如果特征中没有角度信息，那么需要创建一个带有角度信息的基准平面，然后再以此基准平面为基准来产生环形阵列。方法是：在绘制父特征前，当在指定父特征剖面绘图平面的定向参考面时，不直接指定现有的平面作为其定向参考面，而是新建一个基准平面，然后将绘制的特征剖面草图定位在该基准面上，此时生成的父特征就有了圆周方向的角度信息了，如图5-113所示。

随后选取该角度尺寸作为阵列的尺寸增量，这样就可生成环形阵列，如图5-114所示。具体操作步骤和方法请见后面的操作实例。

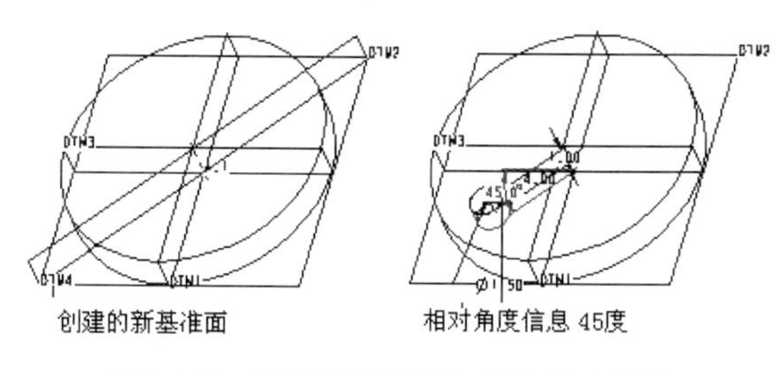

图5-113 创建基准面作为角度尺寸增量

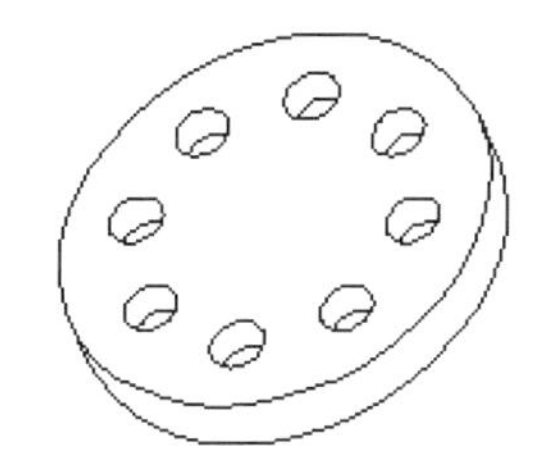

图5-114 环形阵列方式

3. 填充阵列

填充阵列相对比较复杂。首先需要选择要阵列的对象，然后在阵列操控板上选择“填充”方式，通过单击“草绘”按钮绘制要填充的区域，完成后选择确定阵列的栅格模板，即以何种方式排列阵列成员，包括正方形、菱形、三角形、圆、曲线和螺旋。随后从左至右设置阵列成员之间的中心距、成员中心到填充边界的最小距离、围绕旋转轴的旋转角度以及栅格之间的径向距离等。

如图 5-115 所示，（a）图为所绘制的填充区域，（b）图和（c）图分别为正方形和三角形排列方式的结果，（d）图和（e）图则为生成的三维结果。

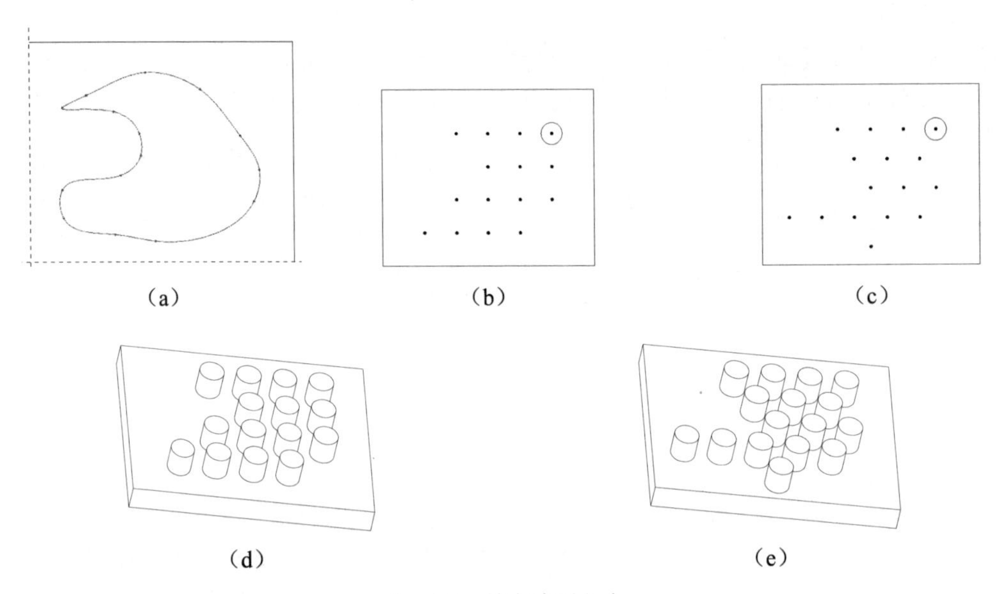

图 5-115　填充阵列方式

4. 点阵列

选择 Point 方式后，操控板如图 5-116 所示。单击“参考”选项卡，再单击“定义”按钮，草绘多个几何点并确定返回操控板，此时模型如图 5-117 所示，确定后结果如图 5-118 所示。

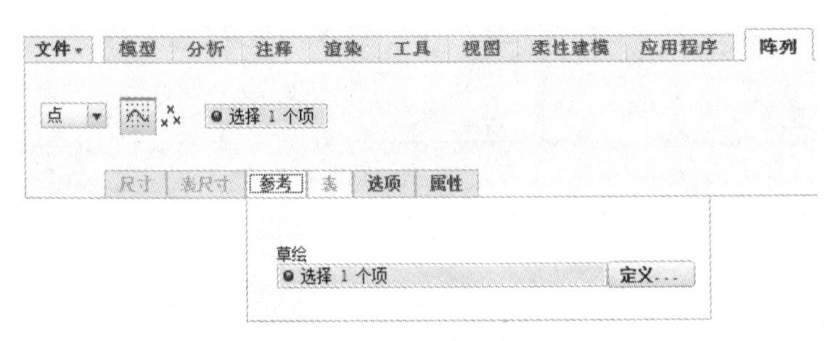

图 5-116　点阵列方式

5.11.4　特征阵列的删除

特征阵列的删除通常有两种方法：其一是单击“操作”面板中的“删除”按钮；其二是利用模

型树中的快捷菜单选择“删除阵列”命令。将两个删除阵列操作归纳为一个。

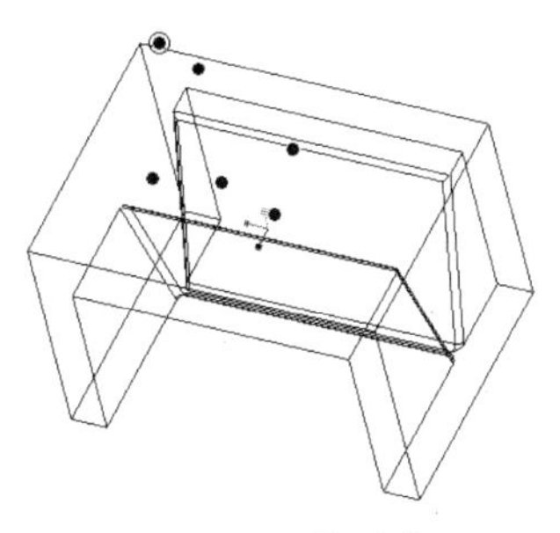

图 5-117 设置点

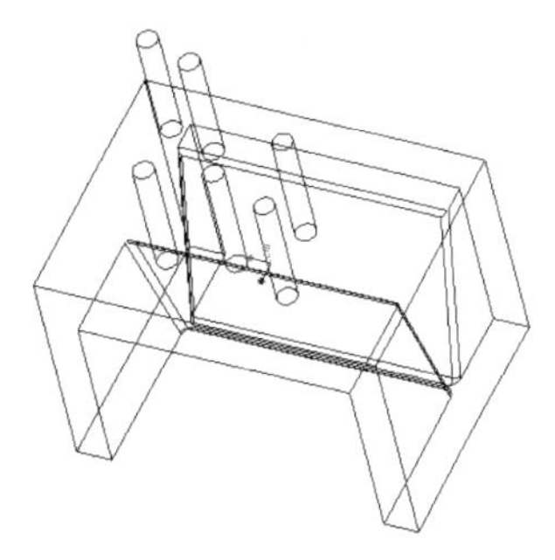

图 5-118 点阵列结果

1. 使用删除命令删除特征阵列

选择阵列特征，单击“操作”面板中的“删除”按钮，系统弹出如图 5-119 所示菜单。选择“删除”命令将直接删除所选特征的全部相关内容。选择“删除直到模型的终点”命令，将从所选择的特征开始直接删除到最后。选择“删除不相关的项”命令，将删除不相关的内容。

2. 使用“删除阵列”删除特征阵列

当使用“删除阵列”命令删除阵列中被选取的特征时，系统只删除阵列所创建的特征，始终保留着父特征。该操作通常有两种方式。

在模型树特征列表中选中欲删除的特征名，接着单击鼠标右键，系统将弹出快捷菜单，如图 5-120 所示，在“删除阵列”命令上单击，系统就会删除选取的阵列，但保留父特征。

图 5-119 “删除”下拉菜单

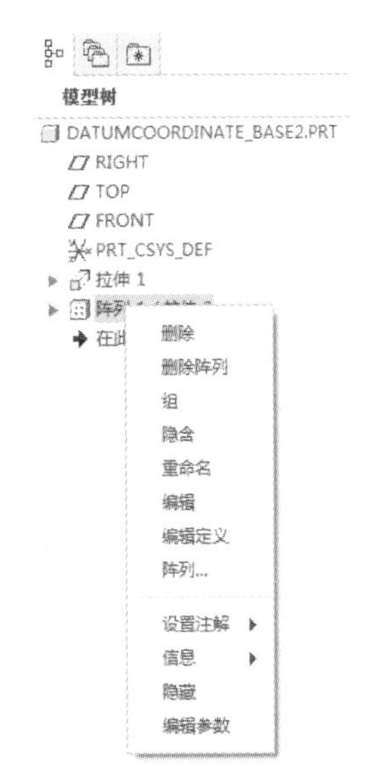

图 5-120 选择模型树中的“删除阵列”命令

5.12 层

层用于组织特征和零件在一起，以便对该层包括的所有项目进行集中操作。特征和零件可以存在于一个或多个层里，导航器窗口上的“层”模型树用于创建及操作层，“新建层”命令用于创建新层，其他命令用于将特征和零件等添加到图层或将项目从图层中删除、控制图层在模型中的显示方式等。

1. 新建层

执行以下步骤创建新层：

（1）在导航器窗口中，选择“显示”→“层树”命令。导航器窗口可以显示模型树数据或图层数据。

（2）在导航器窗口中，选择“层”→“新建层”命令，如图 5-121 所示，弹出如图 5-122 所示对话框。

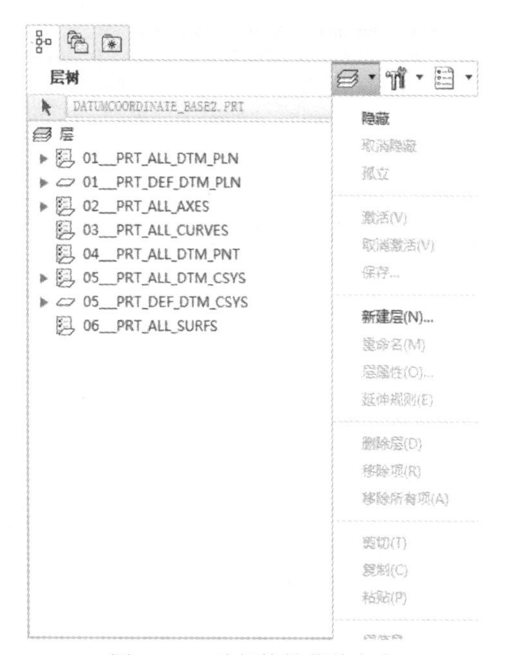

图 5-121 选择快捷菜单命令

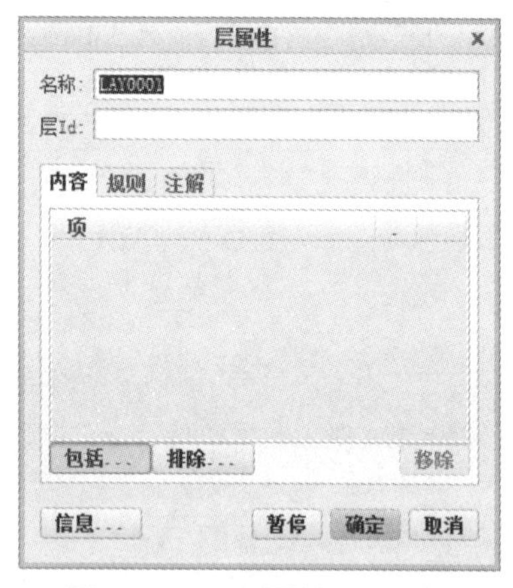

图 5-122 “层属性”对话框

（3）在“层属性”对话框中，输入新建层的名称。

（4）单击“确定”按钮，创建新层。

2. 设置项目到一个层

执行以下步骤可将项目或特征设置到一个层：

（1）在导航器窗口中选择“显示”→“层树”命令。

（2）选择“层”→“层属性”命令。

（3）在屏幕上或模型树上选择一个项目以加入层。可以加入层的项目有特征、曲线及面组等。

（4）在“层属性”对话框中单击“包括”按钮。

（5）设置后单击“确定”按钮。

3. 默认层

可以为所有新建的对象创建默认层。创建的项目会自动放入预定义的默认层中。配置文件选项 Def_layer item-type layername 可以用于创建默认层并自动将一个项目类型加入到默认层中。Def_layer 是一个配置文件选项。该选项可以多次使用以满足对象中需要的多个默认层的要求。item-type 值用于指定包含在默认层中的项目类型，layername 值是要创建的层的名称。表 5-1 列出了一部分可以用作 item-type 的项目名称。

表 5-1　层内包含的项目名称

项目名称	包含的项目
FEATURE	所有特征
AXIS	基准轴和装饰线
GEOM_FEAT	几何特征
DATUM_PLANE	基准平面
CSYS	坐标系
DIM	标注
GTOL	几何公差
POINT	基准点
NOTE	绘图注释

5.13 关系

在标注值之间可以建立数学和条件关系。在草绘环境下，“关系”选项用于建立一个特征标注间的关系；在零件模块中，“关系”选项用于建立一个零件的任意两个标注间的关系；在装配模块中，“关系”选项可以用于建立不同零件的标注之间的关系。

标注可以以数字和符号方式显示出来。如图 5-123 所示，图中零件标注以符号显示，标注值以字母 d 后面加上标注数字（如 d3）表示，其他的可以用符号表示的参数包括参照标注（如 rd3）、正负对称公差方式（如 tpm4）、正的正负公差方式（如 tp4）、负的正负公差方式（如 tm4）以及特征复制的实例数目（如 p5）。

大部分代数运算符和函数都可以用于定义一个关系。另外，多数比较运算符也可以使用。表 5-2 列出了在关系表达式中支持的数学运算、函数及比较运算，所有的三角函数都使用度数单位。

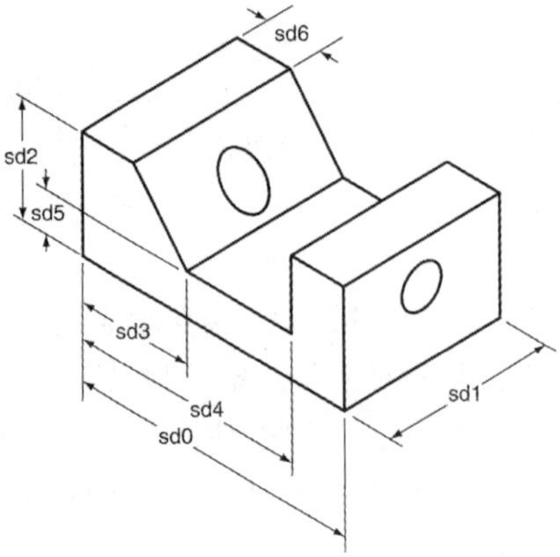

图 5-123　尺寸符号

表 5-2　数学运算

运算符和函数	含义和例子
+	相加，如 d1=d2+d3
-	相减，如 d1=d2-d3
*	相乘，如 d1=d2*d3
/	相除，如 d1=d2/d3
^	乘方，如 d1^2
()	组括号，如 d1=(d2+d3)/d4
=	等号，如 d1=d2
cos()	余弦，如 d1=d2/cos(d3)
tan()	正切，如 d1=d3*tan(d4)
sin()	正弦，如 d2=d3/sin(d2)
sqrt()	平方根，如 d1=sqrt(d2)+sqrt(d3)
==	等于，如 d1==5.0
>	大于，如 d2>d1
<	小于，如 d3<d5
>=	大于等于，如 d3>=d4
<=	小于等于，如 d5<=d6
!=	不等于，如 d1!=d2*5
|	或，如(d1*d2)|(d3*d4)
&	与，如(d1*d2)&(d3*d4)
～	非，如(d3*d4)～(d5*d6)

1. 条件语句

Creo Parametric 的“关系”选项具有使用条件语句捕捉设计意图的功能。例如，图 5-124 显示了一个在螺栓圆周中心线上分布有孔的法兰。在这类模型里，孔通常用径向孔阵列方式创建，孔的数量以及螺栓圆周中心线的直径是由法兰的直径控制的。假设在这个例子里，螺栓圆周中心线的直径比法兰直径小 2 英寸，再假设设计要求法兰直径小于等于 10 英寸时，螺栓圆周中心线上的孔的数量为 4 个；大于 10 英寸时，孔的数量为 6 个。使用以下关系语句，建立控制设计意图的参数。

IF d0<=10	（第 1 行）
p0=4	（第 2 行）
d5=90	（第 3 行）
ELSE	（第 4 行）
p0=6	（第 5 行）
d5=60	（第 6 行）
ENDIF	（第 7 行）
d3=d0-2	（第 8 行）

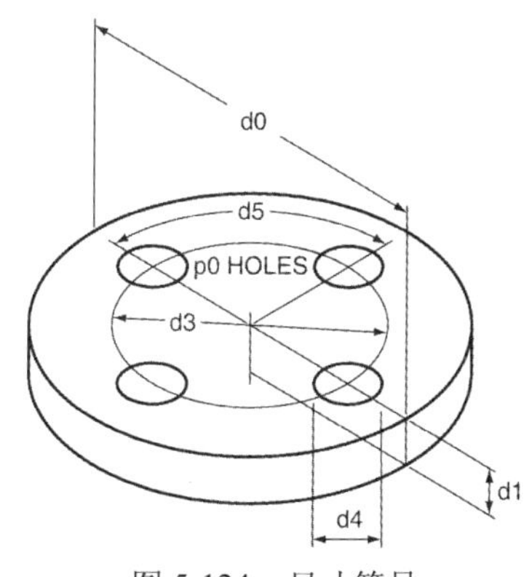

图 5-124　尺寸符号

条件关系是在 IF 语句和 ENDIF 语句之间定义的。上面的例子利用了 IF-ELSE 语句。在 IF-ELSE 语句中，如果条件满足，IF 语句下面的表达式就会生效，如果条件不满足，执行 ELSE 语句后面的动作。上面的例子可以这样理解：

如果法兰直径小于或等于 10 英寸，那么孔的数量等于 4，间隔角度值为 90°；否则，孔的数量为 6，间隔角度值为 60°。

在上面的例子里，条件语句是法兰的直径（d0）小于或等于 10 英寸（见第 1 行）。如果条件满足，在螺栓圆周中心线上孔的数量（p0）就等于 4，每个孔的角度间隔（d5）为 90°。如果法兰直径大于 10 英寸，那么孔的数量就为 6，角度间隔变为 60°。在条件语句中，第 4 行显示的 ELSE 表达式必须单独占据一行，表达式 ENDIF 用于结束条件语句。另外，上例中，第 8 行用于使螺栓圆周中心线的直径总是比法兰的直径小 2 英寸。

2. 添加并编辑关系

关系是通过“关系”窗口加入某个对象中的，如图 5-125 所示，关系按照定义它们的顺序在模型中评估。在大多数冲突情况下，后面的关系覆盖前者。

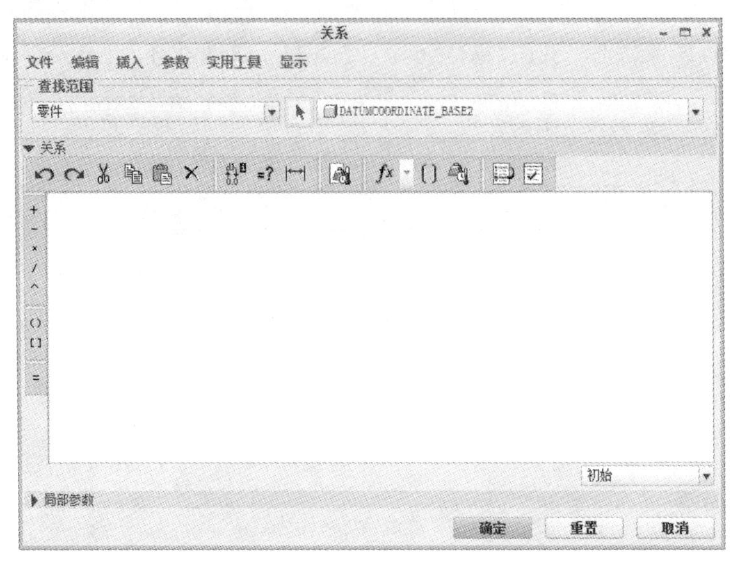

图 5-125 “关系”窗口

执行如下步骤为模型添加关系式：

（1）选择“工具”选项卡，然后单击“模型意图”→“关系”按钮d=。

（2）选择要添加关系式的零件和特征。

选择将显示定义所选零件或特征标注的特征。在“关系”窗口中，标注将以符号方式显示出来。用户可以单击工具栏上“切换尺寸”按钮在尺寸值和尺寸符号之间切换。

（3）输入关系公式来捕捉设计意图。

（4）单击“关系”工具栏上的“校验关系”按钮来校验公式。

（5）单击“关系”窗口中的“确定”按钮。

（6）再生模型。

定义的关系式在模型再生时生效。

5.14 用户自定义特征

用户自定义特征（UDF）是那些保存下来并可以在后面建模过程中使用的特征，通常需要建立一个经常在组件里使用的特征的 UDF 库。用户自定义特征可以是正空间的（如加材料）或者负空间的（如切减材料和孔）。正空间的 UDF 可以作为零件的第一个特征放置。

创建一个 UDF 时，仔细考虑参考和标注方案是非常重要的。UDF 的功能就像是一个新的参照副本，放置 UDF 时，Creo Parametric 会提示用户为副本选择新的参考。

UDF 可以是从属的，也可以是独立的。如果 UDF 被创建为从属的，它的标注值将依赖于源模型，源模型保存着定义 UDF 的信息，它上面的任何变化都会在从属的 UDF 上显示出来，由于这种依赖性，源模型必须存在。独立的 UDF 自己保存着与复制模型有关的信息，一旦独立的 UDF 被放置，它就摆脱了和其父模型的关系。

UDF 可以用以下 3 种标注类型创建：

- 可变标注：标注被定义为可变的，用户可以在复制过程中修改标注。
- 不可变标注：标注被定义为不可变的，用户在复制过程中无法改变标注。
- 表驱动标注：标注被定义为表驱动类型，用户可以从一个族表中获得标注值。

1. 创建用户自定义特征

下面将详细介绍建立如图 5-126 所示的径向孔阵列 UDF 的过程。源特征包含了一个已经被做成旋转阵列特征的径向孔，建立这个 UDF 需要的参考包括放置平面、参照轴及参照平面，按照以下步骤建立这个阵列的一个用户自定义特征。

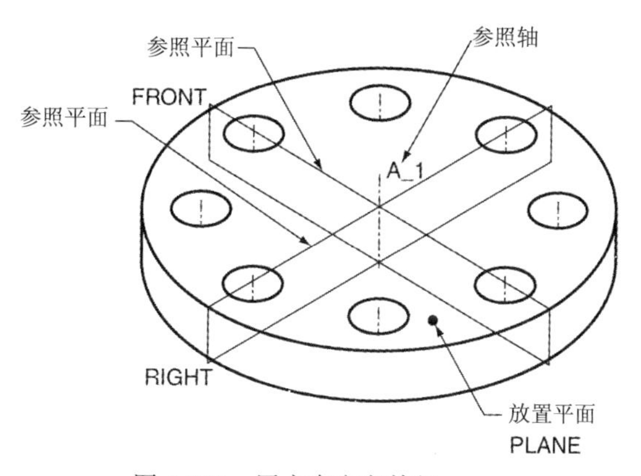

图 5-126　用户自定义特征

具体操作步骤如下：

（1）打开或创建一个带有适当特征的零件。

（2）选择保存 UDF 的工作目录。

选择“文件”→“设置工作目录”菜单命令，选择保存 UDF 的目录。

（3）单击“工具”操控板中“用户意图”面板中“UDF 库”按钮。

（4）在 UDF 菜单管理器中选择“创建”选项。

（5）输入 pattern1 作为 UDF 的名称。

（6）选择“独立”→“完成”选项。

独立的 UDF 独立于源特征，而非独立的 UDF 从源模型获取特征参数。

（7）单击“确定”按钮以包含参照零件。

（8）选择孔阵列以包括 UDF 特征。

在工作区内或模型树上选择孔阵列特征。

（9）在“选取特征”菜单上选择“完成/返回”命令。

（10）在“UDF 特征”菜单中选择“完成/返回”命令。

“UDF 特征”菜单中的“增加”命令允许用户添加附加的特征到新建的 UDF 中，“删除”命令允许用户删除特征。

（11）为高亮显示的轴输入一个提示。

Creo Parametric 顺序显示每个参考并要求输入提示，输入的提示在用户放置 UDF 到一个新模型中时显示。输入以下提示：“放置阵列孔的参照轴”。

注意：Creo Parametric 会在提示前添加“选取”。

（12）为高亮显示的参照平面输入一个提示。

径向孔需要选择一个参照平面，此选项在 UDF 被放置时，要求用户建立一个选择新的参照平面的提示。为高亮显示的参照平面输入以下提示：“参照源特征孔的参照平面”。

（13）在“提示”菜单中选择“独立”→“完成/返回”命令。

当 Creo Parametric 遇到可以共享同一个提示的参考时，用户可以给所有的参考选择一个提示，或者为每个参考选择一个单独的提示（多选项）。

（14）为高亮显示的放置平面输入提示。

该提示为所有 3 个孔的放置平面的提示。输入以下提示：“孔的放置平面”。

（15）用“修改”菜单上“下一个”和“先前”命令在提示间切换。

如果需要改变提示，用“输入提示”命令。

（16）在“修改提示”菜单中选择“完成/返回”命令。

（17）在“UDF 创建”对话框中单击“确定”按钮。

2. 放置用户自定义特征

本节将介绍放置“创建用户自定义特征”中创建的 UDF 的过程。

（1）在“模型”选项卡下单击“获取数据”面板中的“用户定义特征”按钮。

（2）用户自定义特征也可以通过“组”选项放置。用户自定义特征和组是紧密相关的，所有的用户自定义特征都放到一个模型中作为一组。

（3）用“打开”对话框，操作目录以查找创建的 UDF，打开该特征。

（4）单击“确定”按钮，系统弹出如图 5-127 所示对话框。选择方式并确定后，弹出如图 5-128 所示对话框，并检索参照零件。

（5）在“选项”选项卡上决定缩放的比例以及是否隐藏和锁定特征等。

（6）在“放置”选项卡上设置所选择新参照等。

图 5-127 “插入用户定义的特征”对话框

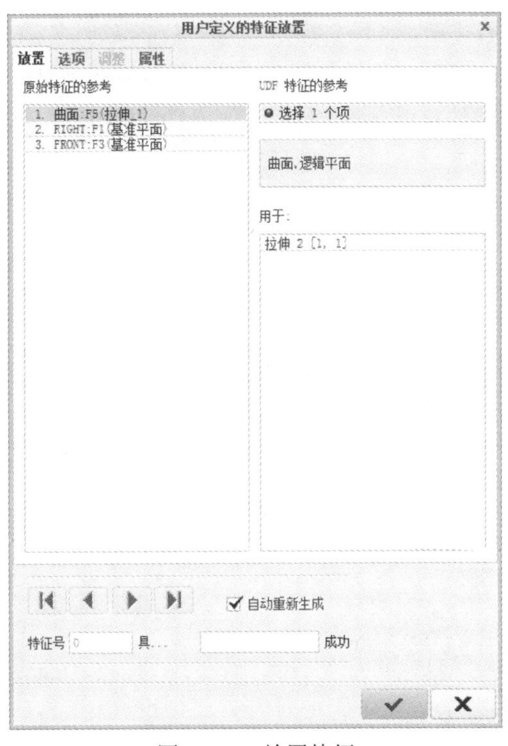

图 5-128 放置特征

（7）设置后确定，然后利用草绘编辑其放置的具体位置值。

（8）确定即可。

5.15 族表

零件族由共享常见几何特征的部件组成。例如，六角螺栓就是一个零件族，六角螺栓可以大小不同，但是它们拥有共同的特征。螺栓可以有不同的长度和直径，但是有相似的头特征及螺纹参数。族表是那些相似的特征、零件或装配体的组。在企业里，可以很容易地找到具有常见几何特征的零件或装配体。如汽车工业，一家汽车制造商也许有很多种不同的凸轮轴，就可以建立族表，以控制凸轮轴生产线的建立。同样可以在装配体里找到例子，想象一家主要汽车生产商生产的交流发电机的数量，这些交流发电机有着类似的特征，但是某些部件和特征又有不同之处，族表也可以用来控制交流发电机生产线的设计。

族表有很多优点。存储和控制大批量的部件是很难管理的，并且花费不菲。对于变化很多的零件族，族表可以在占用很少存储空间的情况下保存组件。族表还可以节约建模时间，如果某个设计被证明是有效的，就可以通过在族表内改变它的某个参数值形成不同的设计，这种方法还可以设计标准化。

1. 添加项目到族表

没有专门的选项来创建一个族表，族表是在项目被添加到族表时自动创建的。可以加入到族表中的项目包括标注、特征、部件及用户参数等，其他项目包括组、阵列表及参照模型。在族表下拉列表框中选择“增加”选项添加一个项目，然后选择添加的项目类型。某些项目（如组）用模型树选择会更好一些。

2. 建立族表

将在后面的实例中将具体操作，在此只简单介绍一下其创建过程：

（1）创建一个零件。

（2）在“工具”操控板的“工具”面板中单击“族表”按钮。

每个零件都有一个族表，当添加第1个项目时，将创建族表。

（3）在“族表”窗口中单击“增加/删除表列”按钮，如图5-129所示。

图5-129 “族表”窗口

可以添加到族表中的项目包括尺寸、特征及组件。

（4）在“族项”窗口中选中“尺寸”单选按钮，如图5-130所示，然后在工作区选择要添加的对象。

添加到族表的第一个项目有标注，标注定义了螺栓的大径和长度。

（5）在“族项”对话框中选中“特征”单选按钮。在模型树上，选择要添加的特征。

（6）在“族项”对话框中单击“确定”按钮。

（7）在“族表”对话框中，单击“新建实例”按钮。

（8）在表中输入信息，创建实例。

（9）在对话框中选择代表所需实例的行，然后单击窗口的“打开”按钮。

Creo Parametric将打开一个带有所显示零件实例的新窗口。选择“文件”→“保存”命令，保存当前实例为零件。

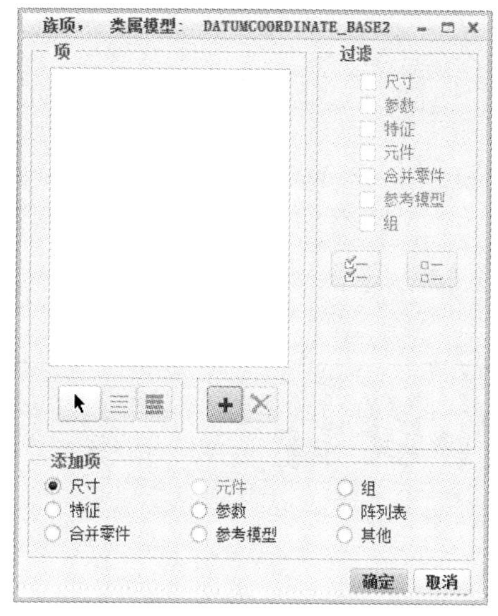

图 5-130 “族项”对话框

（10）通过选择“文件”→“拭除”→“当前”菜单命令从内存中关闭实例。

（11）激活内在零件（“窗口”→“激活”），然后选择“族表”命令。

（12）创建实例。

（13）关闭“族表”对话框。

（14）保存内在零件。

6

轴套类零件设计

6.1　轴套类零件结构特点和表达方法

轴套类零件是机器中最常见的一种零件，它在机器中起着支撑和传递动力的作用，为了说明问题，请看下面一个典型例子。

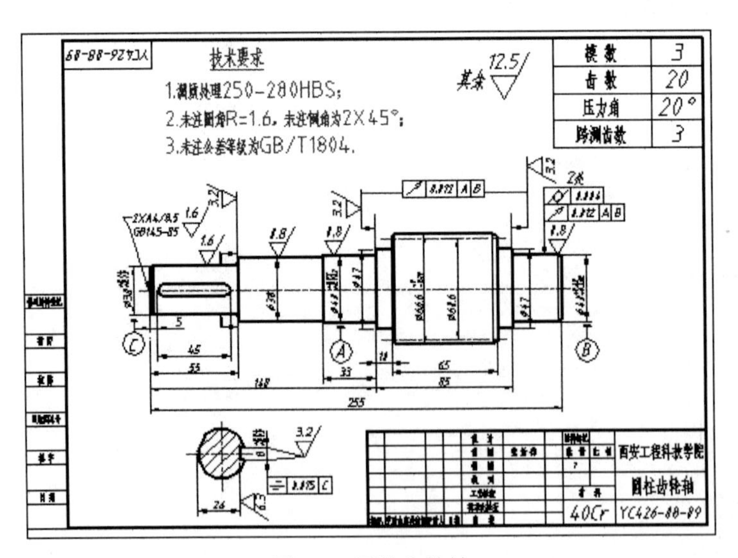

图 6-1　圆柱齿轮轴

图 6-1 为减速箱中的圆柱齿轮轴，在考虑它的建模之前，必须了解轴上各结构的作用和要求。

轴上装有传动件——齿轮，左侧起第二段和右端上各装有一个滚动轴承。由于齿轮外径和轴径相差较小，所以直接将齿轮与轴做在了一起，成为齿轮轴。为了与动力机构连接，轴左端开有键槽。为了保证传动可靠，所有可移动键都要固定其轴向位置，两滚动轴承均采用轴肩定位方式。轴的两端均有倒角，以去除金属锐边，并使装配时易于装入孔中。

从图 6-1 中可以看出，它的主体通常是由直径大小不等的圆柱体或圆锥体组成，呈阶梯状。这些部分既可以是同轴的，也可以偏心。一般来说，还有一些局部结构，如为了传递动力而开的键槽、螺纹、退刀槽、砂轮越程槽、圆角、倒角和中心孔等。

这类零件在进行三维建模时，基本上可以通过旋转操作建立基本圆柱体，然后再进行键槽、中心孔等切剪操作，最后再进行倒角等编辑操作。此类零件基本上属于常规建模。

6.2 顶尖套筒设计

顶尖套筒如图 6-2 所示，它是用来定位机床顶尖的，可以调整顶尖的跳动和平行度等。

6.2.1 设计思路与方法

从图 6-2 中可以看到，顶尖套筒的基本体是一个带有复杂孔的圆柱体，其圆柱表面开有沟槽和孔，用来实现周向定位和轴向位置移动，另外在两端进行了倒角。

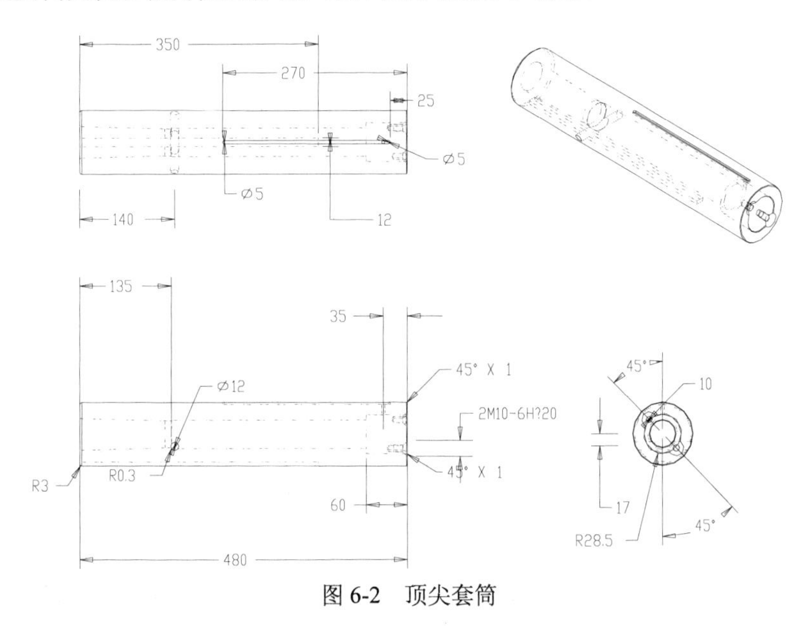

图 6-2 顶尖套筒

该模型可以采用旋转方式建立基本体，然后通过建立基准平面的方式来确定沟槽和通孔的草绘截面位置，通过拉伸切减操作生成沟槽，通过孔操作生成通孔，在右端面建立螺纹孔，最后进行倒角操作。

在绘制过程中，重点要注意的是基准平面的确立。

本练习所涉及的命令包括：

（1）草绘命令：中心线、直线、矩形、圆、删除段、倒圆角、尺寸定义与修改。

（2）特征构建特征：旋转、拉伸、基准平面。

（3）特征编辑：孔（简单孔、螺栓孔）、倒角。

6.2.2 设计过程

下面就按照所分析的思路进行建模。

1．建立零件文件 dingjiantaotong.prt

具体操作步骤如下：

（1）建立工作目录。

在系统主菜单中依次单击“文件”→“管理会话”→“选择工作目录”命令，系统将弹出如图 6-3 所示的“选择工作目录”对话框，将自己需要的目录（即文件夹）设置为当前工作目录。

图 6-3 “选择工作目录”对话框

（2）建立零件文件。

在主菜单中依次单击“文件”→“新建”命令，或者单击标准工具栏中的“新建”按钮，系统将弹出“新建”对话框。在“类型”栏中选中“零件”单选按钮，在“子类型”栏中选中“实体”单选按钮，然后在“名称”文本框中输入文件名称 dingjiantaotong（也可以带有后缀.prt），如图 6-4 所示。取消“使用默认模板”复选框，单击“确定”按钮即可。

（3）选择需要的单位制模板。

系统弹出“新文件选项”对话框，在其中选择公制模板 mmns_part_solid（毫米牛顿秒_零件_实体），如图 6-5 所示。单击“确定”按钮，进入零件建模环境。

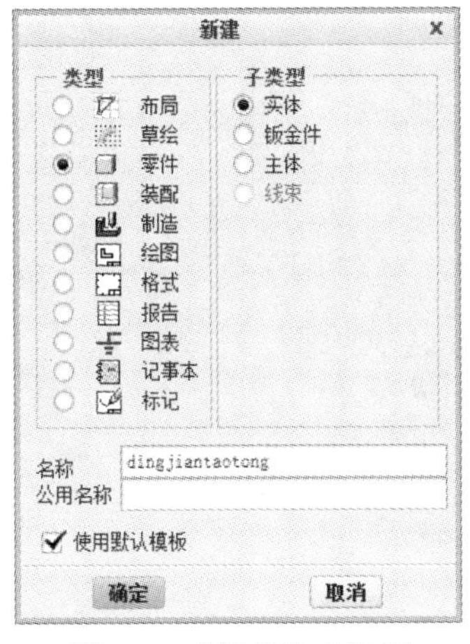

图 6-4　“新建”对话框

图 6-5　“新文件选项”对话框

技巧一点通：用户可以随时更改系统单位制。具体操作为：在主菜单中依次单击“文件”→“准备”→“模型属性”命令，系统将弹出如图 6-6 所示对话框，单击“单位”选项后面的“更改”链接，系统将弹出如图 6-7 所示“单位管理器”对话框，选择单位后单击“设置”按钮，系统会提示是按照单位直接转换尺寸大小还是只更改测量单位名称。用户需要自行作出决定。

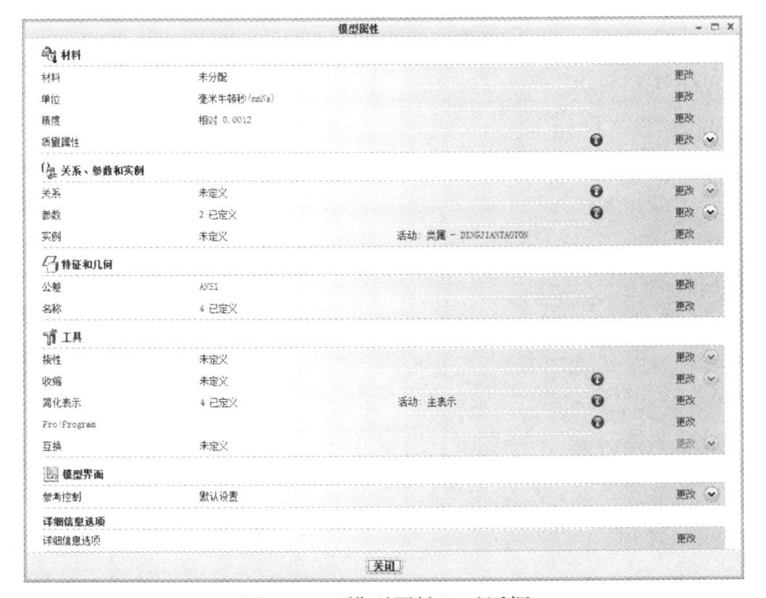

图 6-6　“模型属性”对话框

2. 建立顶尖套筒的基本体

从图 6-2 中可以看到，基本体是一个对称型。作为旋转特征，只需要建立一侧的轮廓曲线和旋转轴即可。

具体操作步骤如下：

（1）进入旋转操作环境。

1）从“模型”操控板的“形状”面板中单击“旋转”按钮，系统显示“旋转”操控板，如图 6-8 所示。

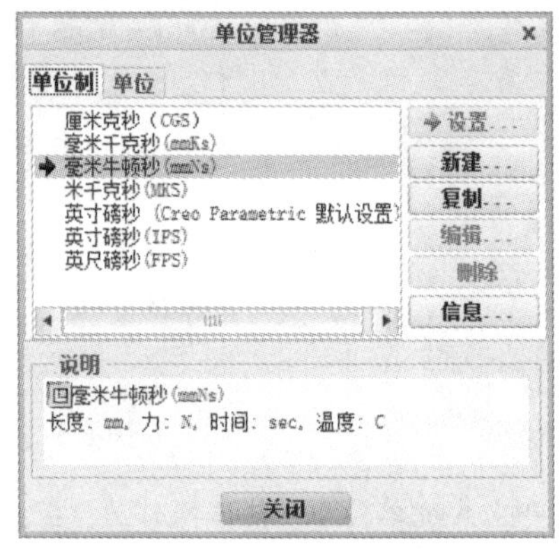

图 6-7 “单位管理器”对话框

图 6-8 “旋转”操控板

2）选择“放置”选项卡，单击“定义”按钮，系统将弹出“草绘”对话框，如图 6-9 所示，提示用户选取草绘平面和草绘视图方向。此时在绘图区中选取 TOP 平面作为草绘平面，随后系统在绘图区内显示旋转特征的生成方向，如图 6-10 所示。

3）选取草绘视图的参照平面。设置拉伸特征的生成方向后，即可在绘图区内选取一个平面或基准平面作为草绘视图的参照平面，此处接受系统提供的默认值，即以 RIGHT 基准平面作为草绘视图的参照平面。

4）选取草绘视图的参照方向。单击“方向”下拉按钮，从中可以选择草绘视图的参照方向，在此接受默认选项“右”。

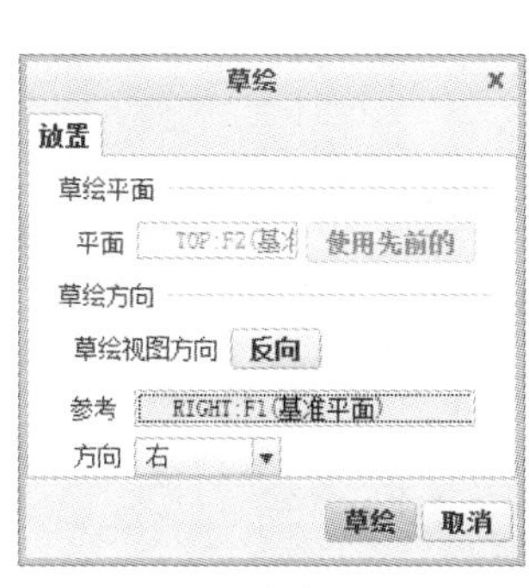

图 6-9 “草绘”对话框

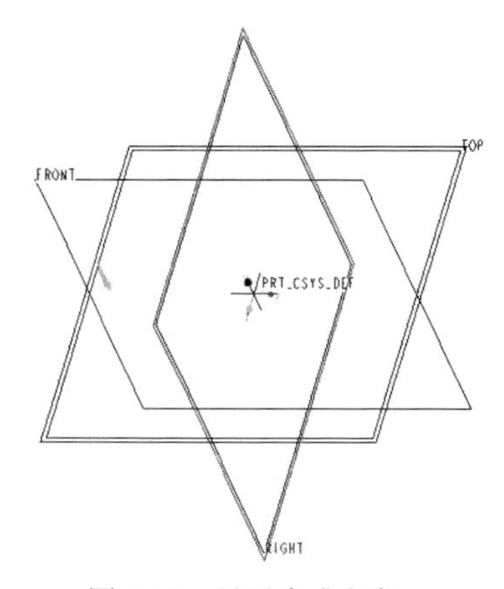

图 6-10 显示生成方向

5）单击图 6-9 中的“草绘”按钮，即可进入草绘模式。

（2）建立草绘轮廓特征。

1）通过中心线工具建立旋转轴。单击“基准”面板中的“中心线”按钮┆，然后在绘图窗口中单击 FRONT 面上的任意一点，水平拖动，当出现═标志时，单击鼠标左键结束。

2）通过直线工具建立外圆柱轮廓面的直线。

①单击“草绘”面板中的“线”按钮，在中心线上方任意选择一点，水平拖动，当出现“H”标志时，单击鼠标结束。此时系统将显示该直线相对于参照的尺寸，如图 6-11 所示。这些尺寸都是弱尺寸，淡显。

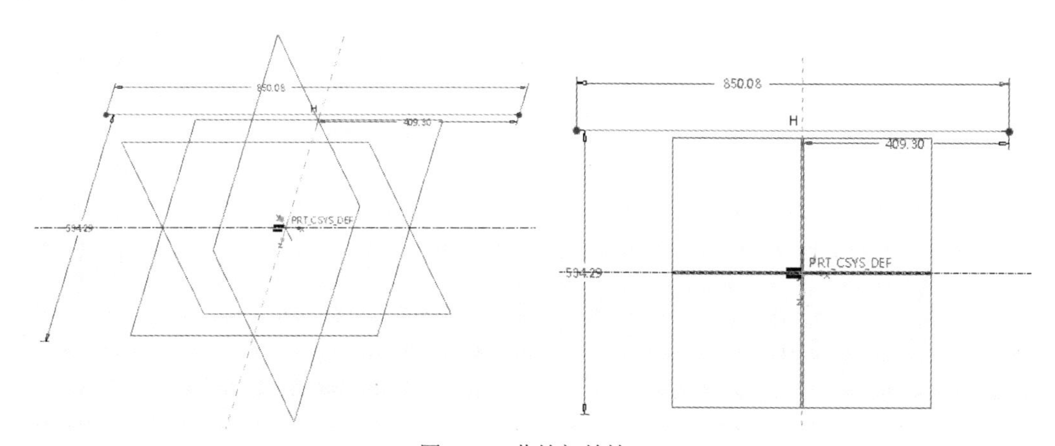

图 6-11 草绘初始情况

提示：在 Creo Parametric 中，草绘可以在三维视图下进行，如图 6-11 右图所示。如果此时可以通过单击“设置”面板中的“草绘视图”按钮进入平面视图模式进行绘制。本书将都在这种状态下完成。

②直接在尺寸值上单击，在其中输入必要的尺寸值，回车后确定，弱尺寸变为强尺寸，如图

6-12 所示。在此设置水平长度为 480，距中心线距离为 45，相对垂直 RIGHT 面对称。

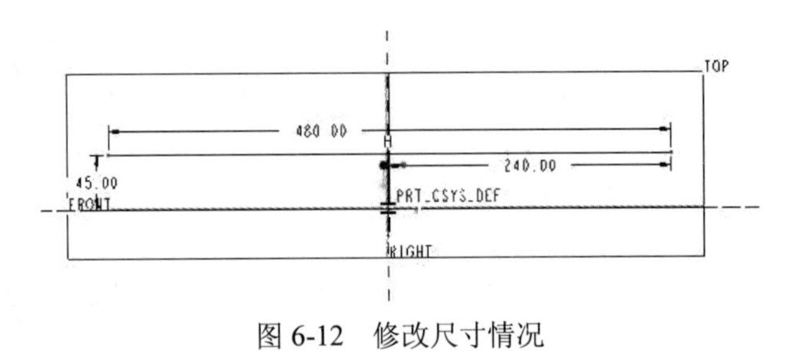

图 6-12 修改尺寸情况

3）通过直线工具建立如图 6-13 所示轮廓线并调整其基本尺寸。

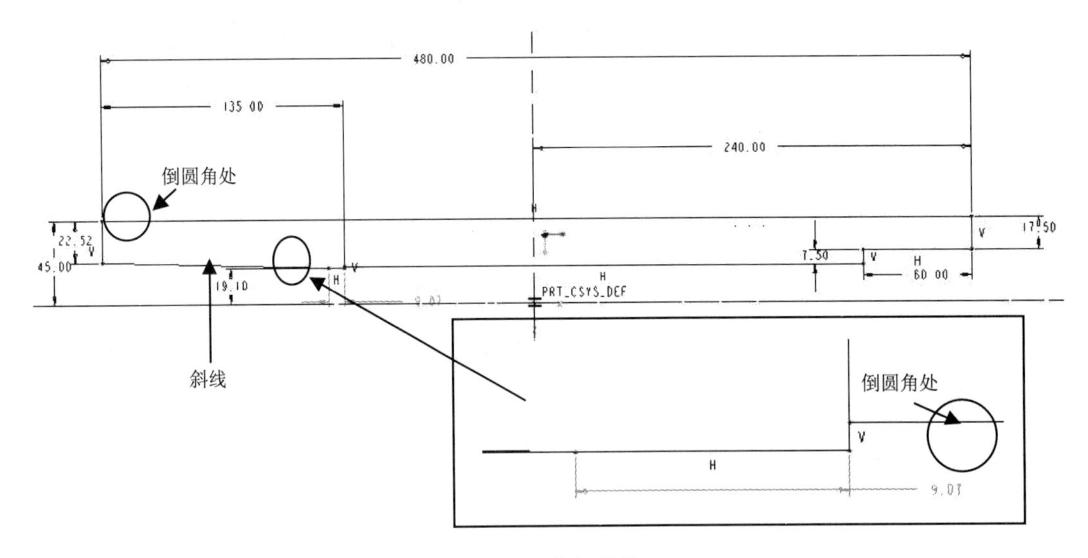

图 6-13 草绘结果

调整尺寸比较麻烦。对于有些系统默认的尺寸值，如显示为 L1 的尺寸，可以单击“尺寸”面板中的“法向”按钮，然后单击需要的线段，在需要的地方单击鼠标中键，完成尺寸标注，随后再进行修改即可，如左端斜线左端点和圆柱轮廓线左端点之间的连线。

对于点和直线之间的距离，可以按下 Ctrl 键，选择点和直线，在需要的地方单击鼠标中键，完成尺寸标注，随后再进行修改即可，如斜线右端点与中心线之间的距离。

4）通过倒圆角工具进行倒圆。单击“草绘”面板中的“圆形修剪”按钮，然后选择要倒圆角的两条线，如图 6-13 所示，系统将自动建立半径值。通过尺寸修改，确定左上角圆角半径为 3，中间的圆角半径为 0.3。

5）完成后单击“确定”按钮✔，即可完成截面草图的绘制。

（3）完成旋转特征的操作。最后单击操控板中的“确定”按钮，此时创建的模型如图 6-14 所示。

图 6-14　顶尖套筒基本体

3. 建立上部沟槽

从图 6-2 中可以看出，上部润滑沟槽是开在圆柱面上的，而且底面平行于 TOP 面，所以可以通过基准平面工具建立相对于 TOP 平面偏移一定距离的基准平面，并在其基础上通过拉伸切剪操作生成沟槽。

所建立的基本步骤如下：

（1）建立上部沟槽的基准平面。

具体操作步骤如下：

1）在“基准”面板上单击“基准平面”按钮▱，系统弹出如图 6-15 所示对话框。

2）选择 TOP 平面，在“平移”框中输入 42，单击“确定”按钮，生成如图 6-16 所示基准平面 DTM1。

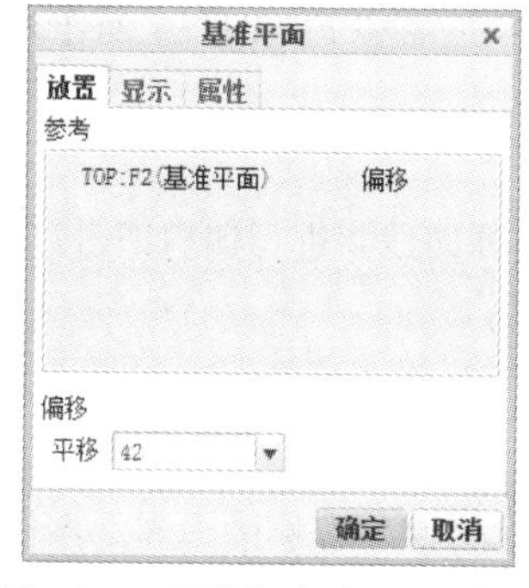

图 6-15　“基准平面”对话框

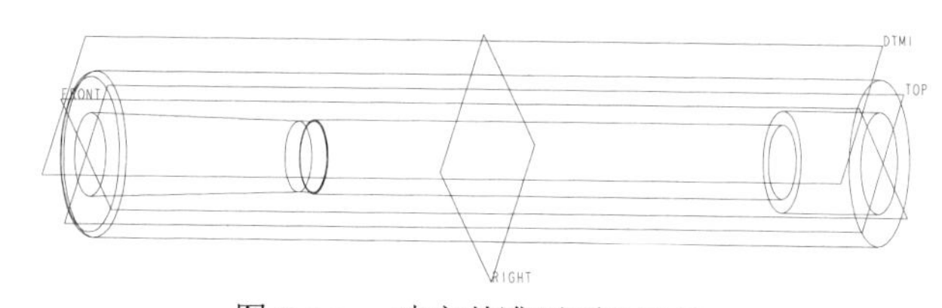

图 6-16　建立基准平面 DTM1

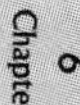

（2）建立拉伸切剪特征。

这个沟槽是一个键槽形状，两端为圆柱面，中间为立方体。所以，绘制并定位该沟槽草绘图形就是最重要的。

1）进入拉伸环境特征。

①从“形状”面板中单击“拉伸”按钮，系统显示“拉伸”操控板，如图 6-17 所示。

②选择“放置”选项卡，单击“定义”按钮，系统将弹出“草绘”对话框，提示用户选取草绘平面和草绘视图方向。此时在绘图区中选取 DTM1 平面作为草绘平面，随后系统在绘图区内显示拉伸特征的生成方向，如图 6-18 所示。

③接受系统提供的草绘视图的参照平面默认值 RIGHT 和默认参照方向“右”。

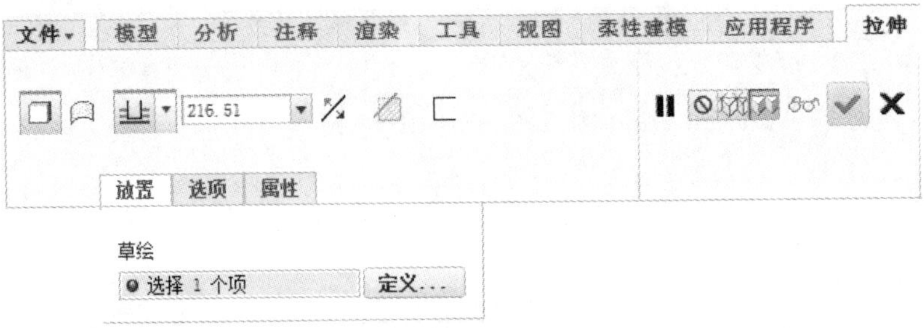

图 6-17　“拉伸”操控板

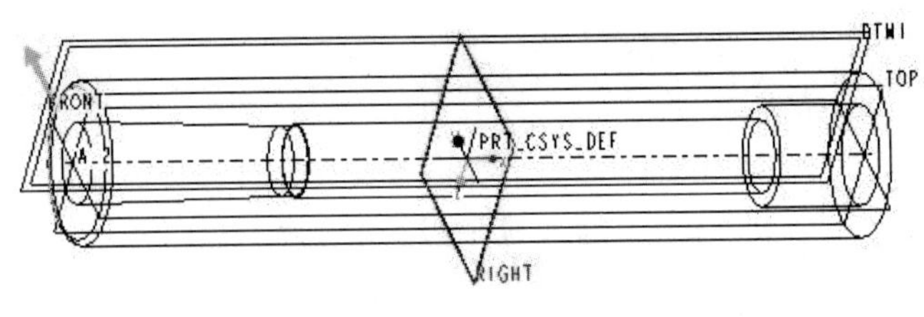

图 6-18　拉伸生成方向

④单击“草绘”按钮，即可进入草绘模式。接受默认的 RIGHT 平面和 FRONT 平面作为尺寸参照。

2）建立沟槽草绘截面。

这个沟槽截面可以首先建立两个圆并定位，然后建立两个圆的外切线并进行切剪即可。

具体的生成步骤如下：

①单击“草绘”面板中的“圆”按钮，在 FRONT 平面上单击，然后在需要的位置单击并修改尺寸值为直径 5。

②单击“尺寸”面板中的“法向”按钮，按下 Ctrl 键，分别选择圆的右侧圆弧和基本体右端投影线，在需要的位置单击鼠标中键，然后修改值为 25，如图 6-19 所示。

③单击“草绘”面板中的“圆”按钮，在 FRONT 平面上单击，然后在刚建立的圆的左侧需要位置单击并修改尺寸值为直径 5。

④单击“尺寸”面板中的“法向”按钮，按下 Ctrl 键，分别选择圆的左侧圆弧和基本体右端投影线，在需要的位置单击鼠标中键，然后修改值为 270，如图 6-20 所示。

⑤单击“草绘”面板中的“线”按钮，在一个圆上单击，当出现“T”标志时，单击另一个圆，当再出现“T”标志时，单击鼠标左键。用同样方法绘制另一条外切线，如图 6-21 所示。

⑥单击“编辑”面板中的“删除段”按钮，在不需要的圆弧上单击以将其去掉，如图 6-22 所示。

⑦单击“确定”按钮，返回到“拉伸”操控板中。

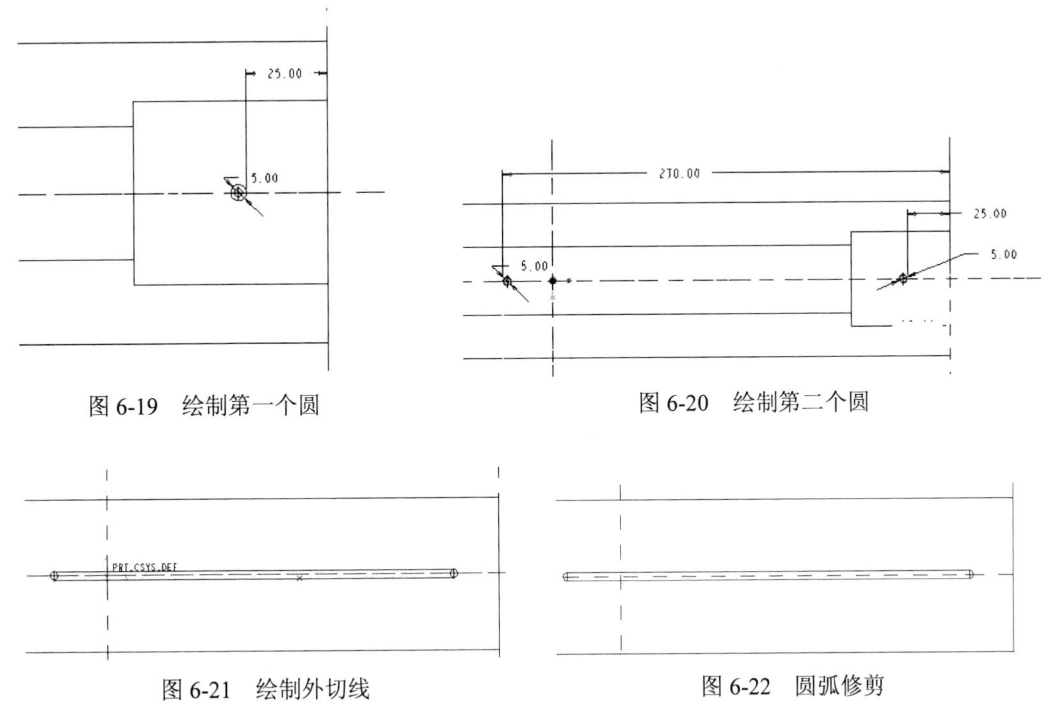

图 6-19　绘制第一个圆

图 6-20　绘制第二个圆

图 6-21　绘制外切线

图 6-22　圆弧修剪

3）单击操控板上“切剪”按钮，然后单击“确定”按钮，结果如图 6-23 所示。

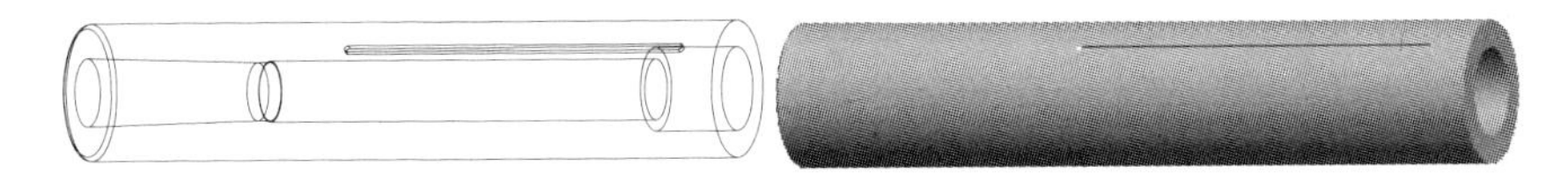

图 6-23　生成沟槽

4. 建立下部定位沟槽

定位沟槽的基本形状是长方体，其构思和上部润滑沟槽的建模思路一样，所以不再详述。

具体操作步骤如下：

（1）建立下部沟槽的基准平面。

具体操作步骤如下：

1）在“基准”面板上单击“基准平面”按钮，系统弹出“基准平面”对话框。

2）选择 TOP 平面，在“平移”框中输入-39，单击“确定”按钮，生成如图 6-24 所示基准平面 DTM2。

（2）建立拉伸切剪特征。

这个沟槽是一个长方体形状，一端在基本体左侧端面上，处于开放状态。

1）进入拉伸环境特征。

①从“形状”面板中单击“拉伸”按钮，系统显示“拉伸”操控板。

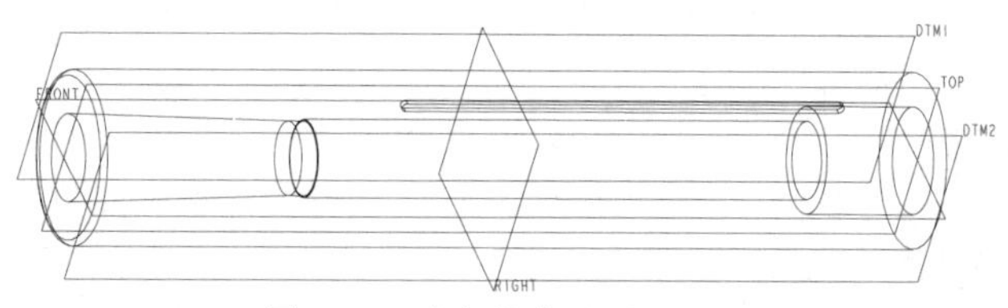

图 6-24　建立基准平面 DTM2

②选择“放置”选项卡，单击“定义”按钮，系统将弹出“草绘”对话框，提示用户选取草绘平面和草绘视图方向。此时在绘图区中选取 DTM2 平面作为草绘平面，随后系统在绘图区内显示拉伸特征的生成方向。

③接受系统提供的草绘视图的参照平面默认值 RIGHT 和默认参照方向“右”。

④单击“草绘”按钮，即可进入草绘模式。接受默认的 RIGHT 平面和 FRONT 平面作为尺寸参照，然后单击“关闭”按钮即可进入草绘区。

2）建立沟槽草绘截面。

具体的生成方式如下：

①单击“草绘”面板中的“拐角矩形”按钮，然后在基本体左端投影线上单击，决定长方形一个对角点，在需要的位置单击确定另一个对角点。

②修改尺寸值，长度为 350，宽度为 12，对称于 FRONT 平面，如图 6-25 所示。

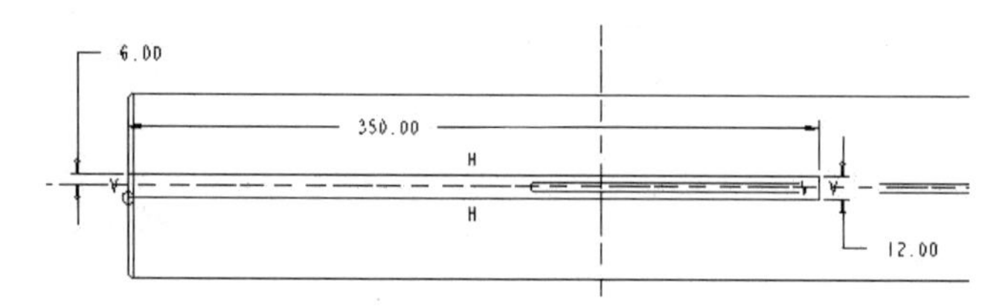

图 6-25　绘制长方形

③单击“确定”按钮，返回到“拉伸”操控板中。

3）单击操控板上“切剪”按钮，然后单击“确定”按钮，结果如图 6-26 所示。

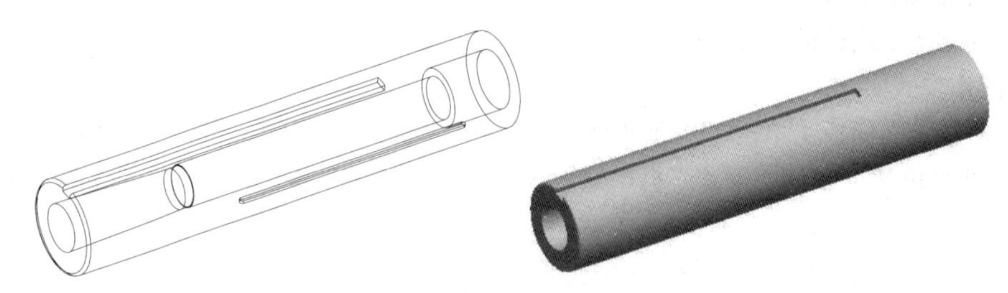

图 6-26　生成沟槽

设计关注点：顶尖套筒圆柱体上有两个孔，一个位于润滑沟槽底面，另一个位于圆柱面上面，与第一个孔垂直。第一个孔采用同轴定位的方式，另一个孔可以采用线性定位的方式。另外，在右端面上有两个螺纹孔，可以采用径向定位方式。

5. 建立润滑沟槽上的通孔

建立孔时，首先要确定孔放置的平面，然后决定孔的具体位置，即定位方式，最后再决定孔的直径和深度。由于这个通孔要采用同轴定位方式，所以首先要确定孔中心线。

（1）建立上侧通孔的中心线。

通孔中心线是一根轴线，必须采用两个基准平面相交生成基准轴的方式来建立。

具体操作步骤如下：

1）建立平行于 RIGHT 面的基准平面。

①在“基准”面板上单击“基准平面”按钮，系统弹出“基准平面”对话框。

②在右下角智能过滤器中选择“曲面”选项，然后选择基本体右端平面，此时系统显示如图 6-27 所示偏移方向。在该箭头上双击，令其反向。

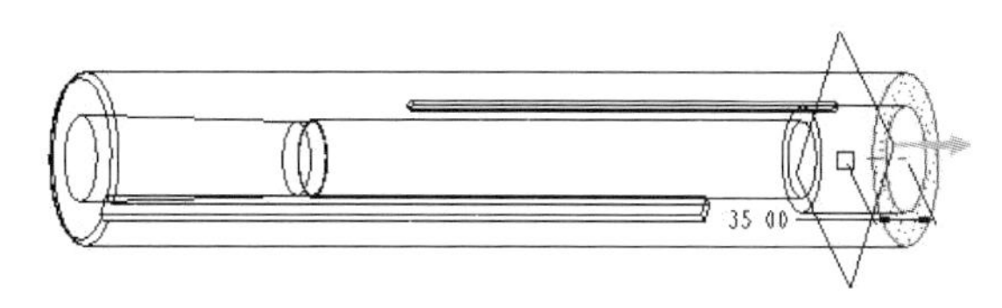

图 6-27　显示偏移方向

③在“平移”框中输入 35，单击“确定”按钮，生成如图 6-28 所示基准平面 DTM3。

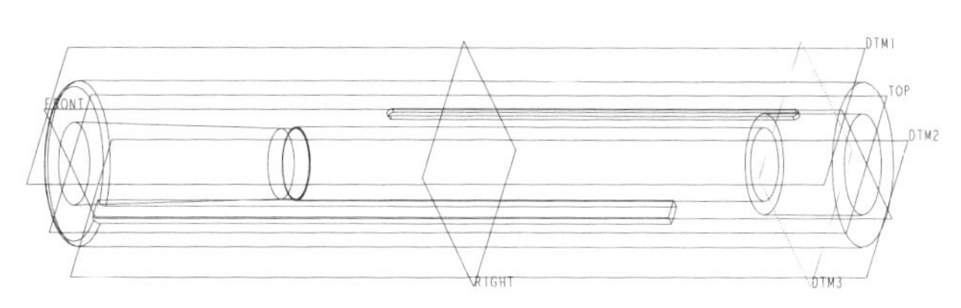

图 6-28　建立基准平面 DTM3

2）建立基准轴。

①在“基准”面板中单击“基准轴”按钮，系统弹出如图 6-29 所示的对话框。

图 6-29　“基准轴”对话框

②按下 Ctrl 键，选择 DTM3 和 FRONT 平面。

③单击“确定”按钮，生成如图 6-30 所示基准轴 A_3。

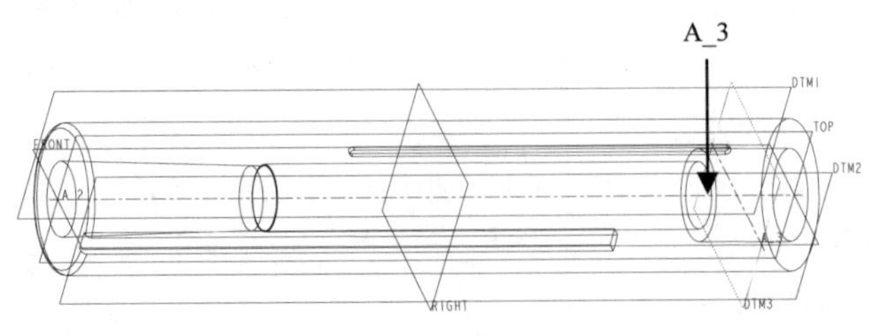

图 6-30　生成基准轴

（2）进行孔操作。

1）进入孔操作环境。从“工程”面板中单击“孔”按钮，系统显示“孔”操控板，如图 6-31 所示。

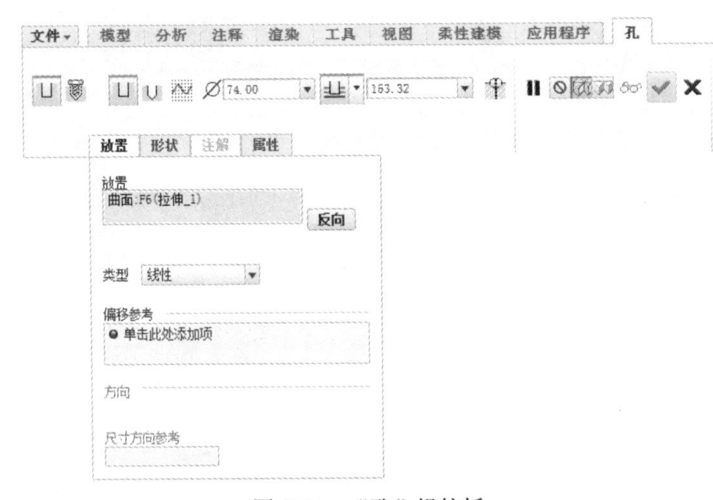

图 6-31　“孔”操控板

2）放置孔。单击“放置”选项卡，并在“放置”列表框中单击，然后选择润滑沟槽的底面，如图 6-32 所示。

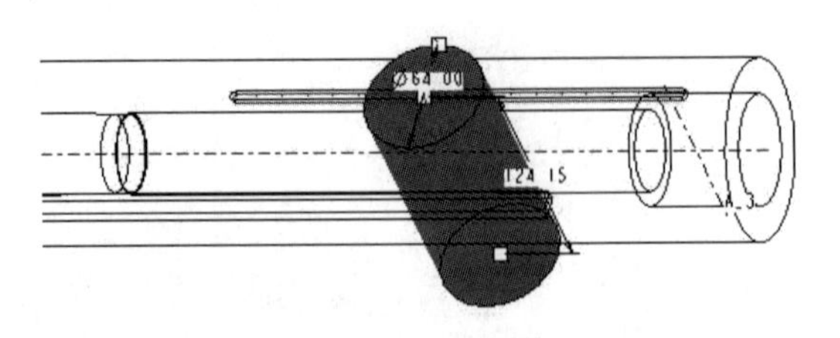

图 6-32　放置孔

3）定位孔。按下 Ctrl 键，选择刚刚建立的基准轴 A_3，如图 6-33 所示，系统自动确定为“同轴”类型。

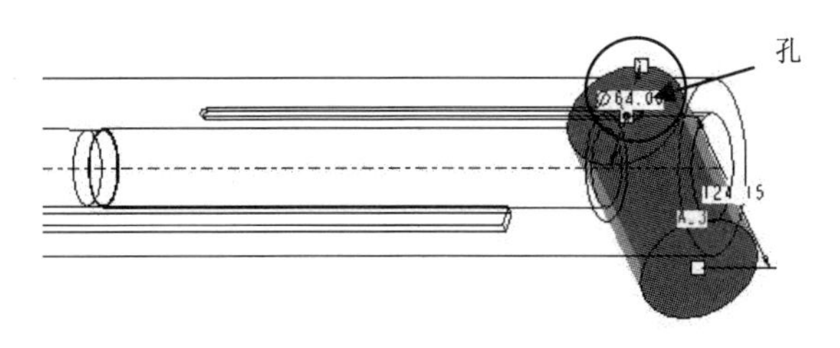

图 6-33　定位孔

4）决定孔的基本参数。

①在操控板上的直径框中输入 5 并回车。

②在操控板上的深度框中输入 20 并回车。

经验谈：此时选择的孔深度方式为盲孔方式，所以输入比壁厚略微大一点的值就可以了。它将只开一个一定深度的通孔。如果选择“穿透”方式，则另一侧的壁也将穿透。

5）单击操控板上“确定”按钮☑，结果如图 6-34 所示。

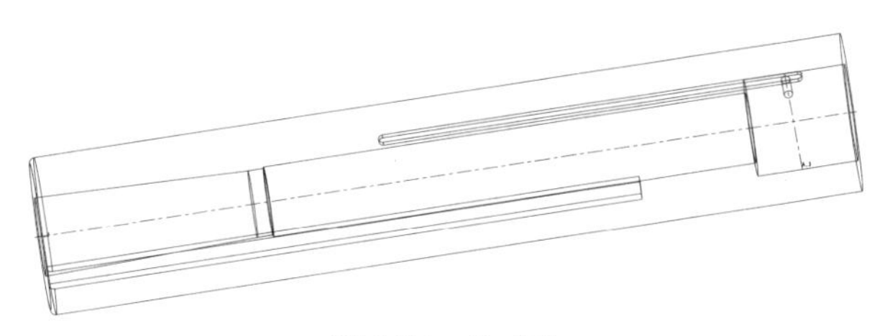

图 6-34　生成孔

6. 建立圆柱面中间部位的孔

这个孔的操作按照上面的操作完全可以实现，但是比较麻烦，需要创建基准平面和基准轴。在这里按照线性定位方式，相对于端面和 TOP 面进行定位。

具体操作步骤如下：

（1）进入孔操作环境。从“工程”面板中单击“孔”按钮，系统显示“孔”操控板。

（2）放置孔。单击“放置”选项卡，并在“放置”列表框中单击，然后选择 FRONT 面。

（3）定位孔。

1）在“类型”列表框右侧下拉列表框中选择“线性”选项。

2）在“偏移参考”列表框中单击，然后按下 Ctrl 键，选择套筒左端面和 TOP 面，分别在其右侧偏移距离框中输入-140 和-17。

（4）决定孔的基本参数。

1）在操控板上的直径框中输入 12 并回车。

2）在深度类型框中选择“对称”方式⊟。

3）在操控板上的深度框中输入 100 并回车。

（5）单击操控板上“确定”按钮☑，结果如图 6-35 所示。

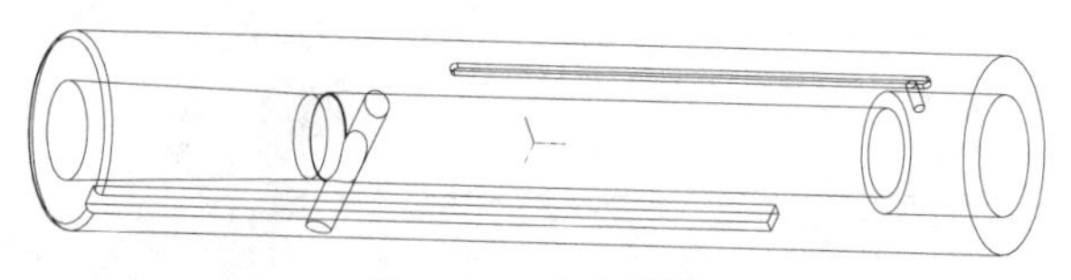

图 6-35　建立通孔

7. 对套筒进行倒角

套筒右端面上有两个 1×45° 倒角，这可以利用倒角工具一次实现。

具体操作步骤如下：

（1）进入倒角环境。

在“工程”面板中单击倒角按钮，系统弹出“边倒角”操控板，如图 6-36 所示。

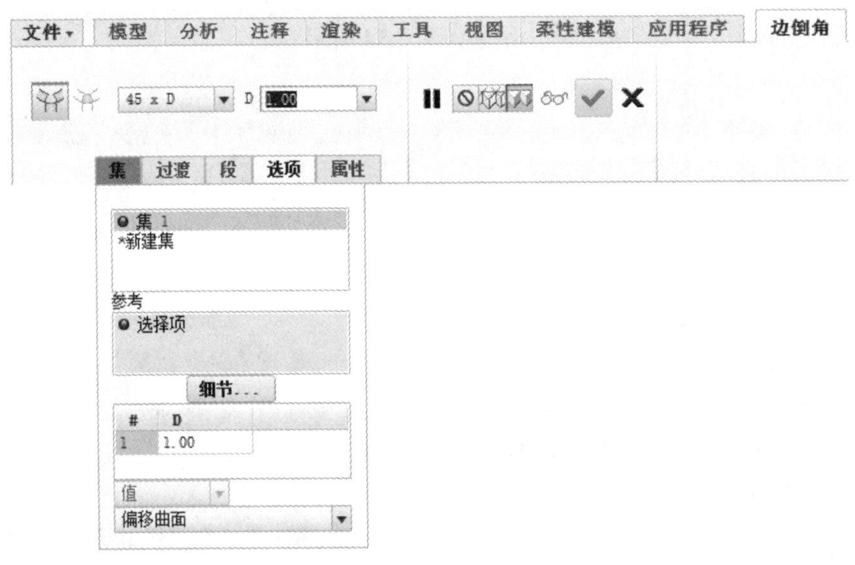

图 6-36　“倒角”操控板

（2）在操控板的倒角类型中选择 45×D 方式，并在后面的 D 文本框中输入 1。

（3）单击“集”选项卡，如图 6-36 所示。可以单击“新建集”来建立不同倒角尺寸和方式的倒角集合。

（4）单击套筒右端面上圆柱面线，再单击右端面上孔边线。

（5）单击操控板上“确定”按钮☑，结果如图 6-37 所示。

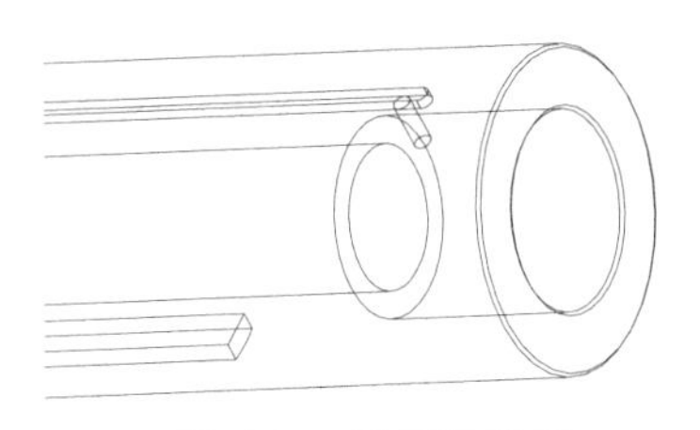

图 6-37 边倒角结果

8. 生成右端面螺纹孔

右端面螺纹孔的生成方式和前面的通孔有些不同，它不是简单的孔，而是带有锪孔和螺栓孔的，其螺纹尺寸严格遵循国家标准和国际标准，所以要进行选择。但是其深度是可以自行确定的。同前面的孔定位方式不同，在这里采用径向定位方式。

具体操作步骤如下：

（1）进入孔操作环境。从“工程”面板中单击“孔”按钮，系统显示“孔”操控板。

（2）放置孔。单击“放置”选项卡，并在“放置”列表框中单击，然后选择套筒右端面。

（3）定位孔。

1）在“类型”下拉列表框中选择“径向”选项。

2）在“偏移参考”列表框中单击，然后按下 Ctrl 键，选择套筒孔中心线和 FRONT 面。分别在其右侧偏移距离框中输入 28.5 半径和-45 度角度。

（4）决定孔的基本参数。

1）在操控板上单击“标准孔”按钮。

2）在螺纹类型框中选择 M10×1 并回车。

3）在操控板上的深度框中输入 20 并回车。

技巧一点通： 此时可以通过单击“形状”按钮来查看并设置相关参数，如图 6-38 所示。

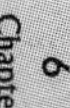

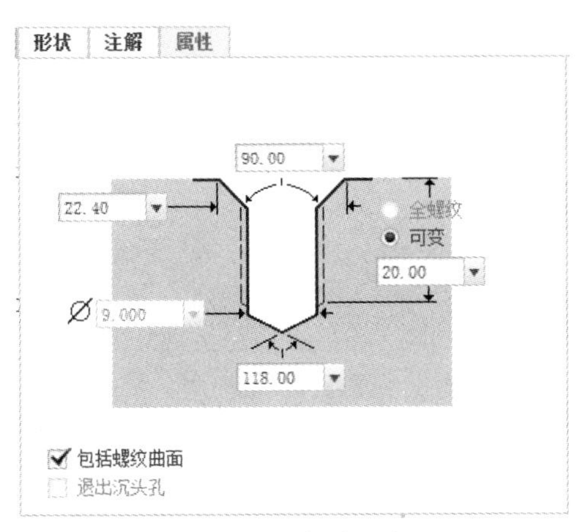

图 6-38 查看通孔

（5）单击操控板上“确定”按钮☑，结果如图 6-39 所示。

（6）采用同样的方法建立另一个对称螺栓孔，结果如图 6-40 所示。

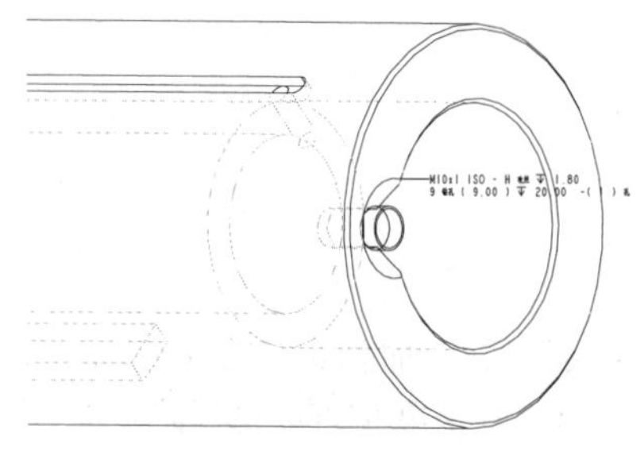

图 6-39　建立螺栓孔

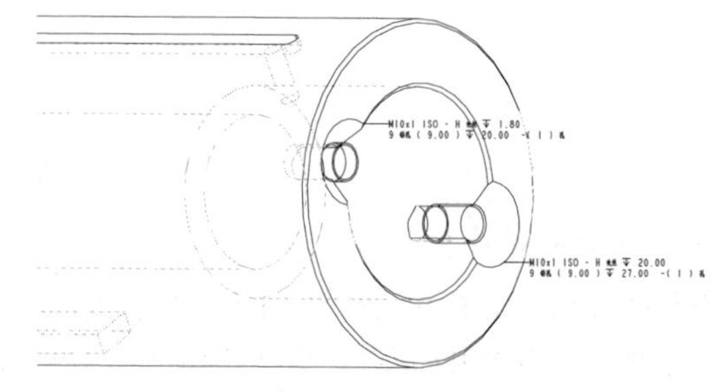

图 6-40　建立另一个螺栓孔

6.3　手柄设计

手柄如图 6-41 所示。这个零件表面上看起来非常简单，只是一个旋转体，但是其截面图在 AutoCAD 等平面绘图软件中是非常让人头疼的，我在教学中几乎每年都有学生来问类似这个图的问题。实际上，利用 Creo Parametric 的草绘工具并结合几何约束可以非常简单地完成它。所以在这里专门列出来，供读者练习草绘功能。

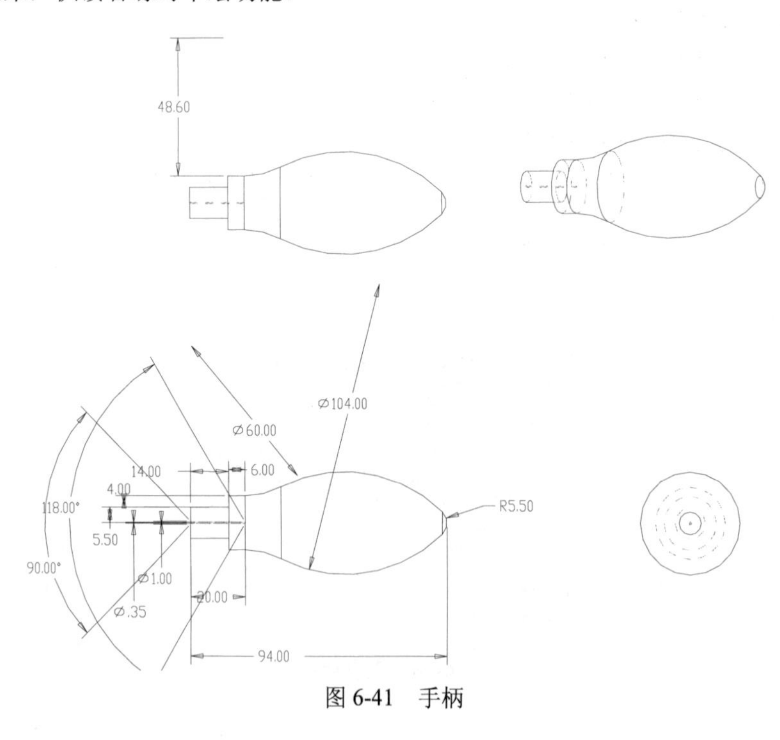

图 6-41　手柄

6.3.1 设计思路与方法

从图 6-41 中可以看出，手轮的截面是由多个相切圆弧构成的，但是，这些圆弧如果直接用圆弧命令的话，则对于圆心、端点等无法准确控制，所以，可以采用绘制整个圆并修剪的方式来完成。其起始可以从右端圆弧开始，也可以从中间两个最大的圆弧开始。通过尺寸约束和几何约束来定义不同圆之间的连接关系，然后进行动态修剪即可。

本练习所涉及的命令包括：

（1）草绘命令：中心线、直线、圆、删除段、尺寸定义与修改、几何约束

（2）特征构建特征：旋转。

（3）特征编辑：螺栓孔。

6.3.2 设计过程

下面就按照所分析的思路进行建模。

1. 建立零件文件 shoubing.prt

具体操作步骤如下：

（1）建立工作目录。

（2）建立零件文件。

在主菜单中依次单击“文件”→“新建”命令，或者单击工具栏中“新建”按钮，系统将弹出“新建”对话框。在“类型”栏中选中“零件”单选按钮，在“子类型”栏中选中“实体”单选按钮，然后在“名称”文本框中输入文件名称 shoubing（也可以带有后缀.prt）。取消“使用默认模板”复选框勾选，单击“确定”按钮即可。

（3）选择需要的单位制模板。

系统弹出“新文件选项”对话框，在其中选择公制模板 mmns_part_solid（毫米牛顿秒_零件_实体），单击“确定”按钮，进入零件建模环境。

2. 进行手柄建模

这个手柄是一个旋转体，所以需要采用旋转工具并建立其基本轮廓面曲线。

具体操作步骤如下：

（1）进入旋转操作环境。

1）在“形状”面板上单击“旋转”按钮，系统弹出如图 6-42 所示操控板。

2）选择“放置”选项卡，单击“定义”按钮，系统将弹出弹出“草绘”对话框，提示用户选取草绘平面和草绘视图方向。此时在绘图区中选取 TOP 平面作为草绘平面，随后系统在绘图区内显示旋转特征的生成方向。

3）选取草绘视图的参照平面。设置拉伸特征的生成方向后，即可在绘图区内选取一个平面或基准平面作为草绘视图的参照平面，此处接受系统提供的默认值，即以 RIGHT 基准平面作为草绘视图的参照平面。

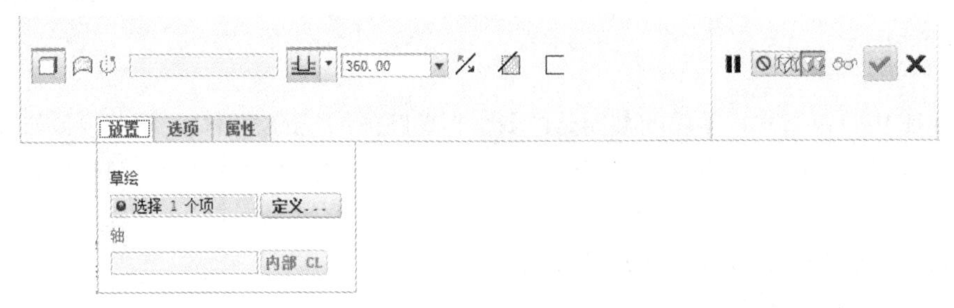

图 6-42　建立手柄

4）选取草绘视图的参照方向。单击“方向”下拉按钮，从中可以选择草绘视图的参照方向，在此接受默认选项“右”。

5）单击“草绘”对话框中“草绘”按钮，即可进入草绘模式，接受默认的 RIGHT 平面和 FRONT 平面作为参照。

（2）建立草绘轮廓特征。

1）确定上下侧的两个圆弧所在的圆。

①采用“圆”工具绘制两个半径为 52 的圆。在草绘工具栏中单击“圆”按钮，然后在 RIGHT 平面投影线上单击确定圆心，拖动鼠标，在恰当的位置单击，然后在尺寸文本上双击，修改直径值为 104，如图 6-43 所示。

②依次单击视图显示工具栏上“基准显示”下拉列表中的按钮及按钮，分别取消基准平面、基准坐标系和旋转中心的显示。因为在后面的绘制中不再需要它们了，这样可以使界面整洁，如图 6-44 所示。

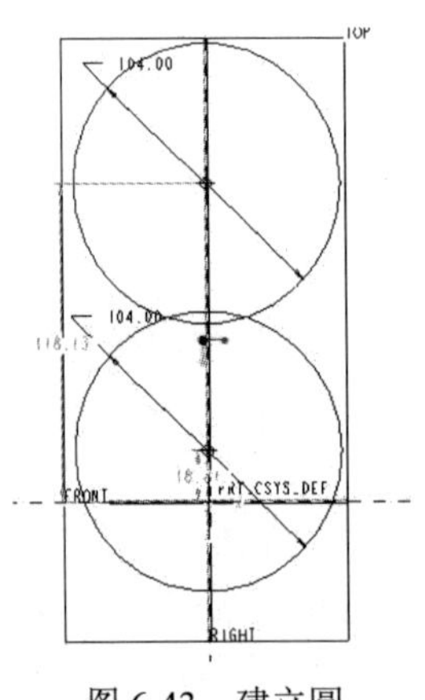

图 6-43　建立圆

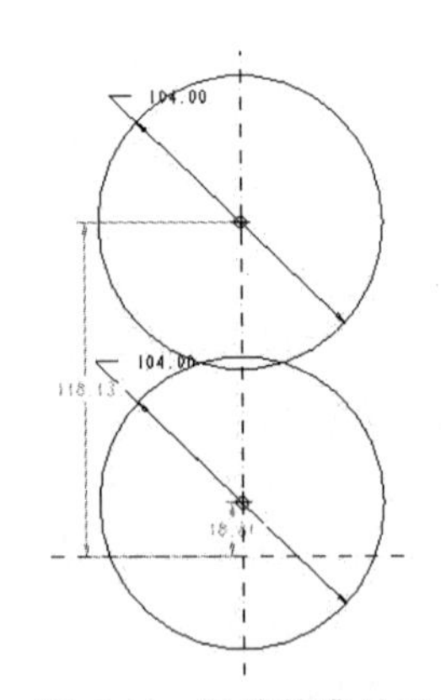

图 6-44　取消基准显示

③设置两个圆的间距。单击“尺寸”面板中“法向”按钮，然后分别选择上圆的上侧圆弧和下圆的下侧圆弧，在需要的位置单击，采用竖直方式，修改尺寸值为 26，结果如图 6-45 所示。

2）绘制旋转中心线。利用中心线工具⁝，以两个圆的交点为基础，绘制水平中心线，如图 6-46 所示。

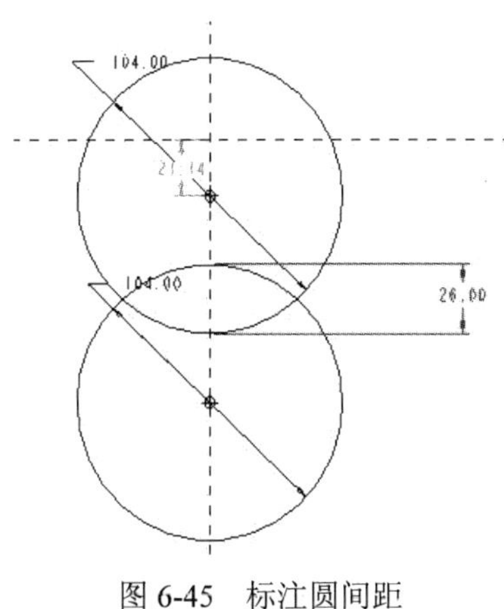

图 6-45　标注圆间距

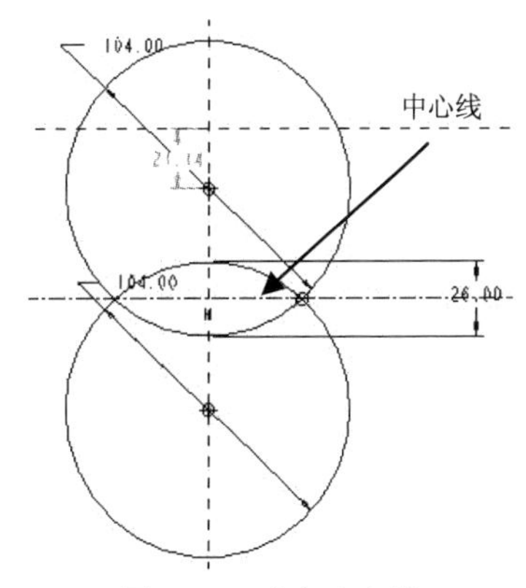

图 6-46　建立中心线

3）建立右端圆弧所在的圆。

①采用“圆”工具绘制半径为 11 的圆。在草绘工具栏中单击“圆”按钮，然后在中心线上单击确定圆心，拖动鼠标，在恰当的位置单击鼠标中键，然后在尺寸文本上双击，修改直径值为 11。

经验谈：此时绘制圆在右交点左侧，这样可以保证下面相切操作中可以方便内切。

②采用几何约束定义这个圆与两个大圆内切。单击“约束”面板中“相切”按钮，然后单击小圆和一个大圆，令小圆内切于两个大圆，结果如图 6-47 所示。

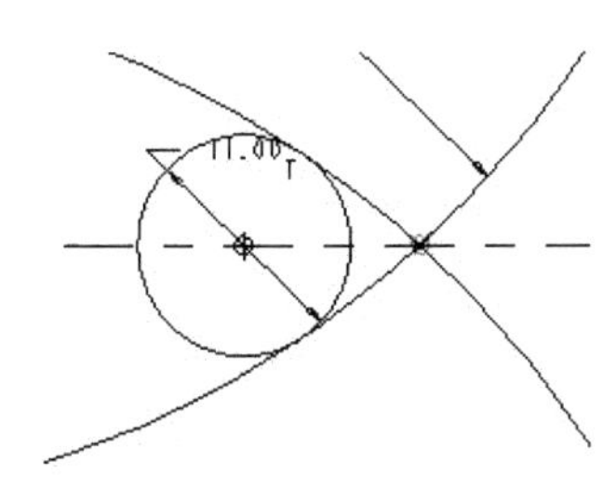

图 6-47　内切于两个圆

4）建立左端细柄垂直线。

①利用线工具绘制垂直线，起点在水平线上，修改其尺寸为 5.5。

②设置该直线与小圆的间距。单击“尺寸”面板中的“法向”按钮，然后分别选择该垂直线和小圆的右侧圆弧，在需要的位置单击鼠标中键，修改尺寸值为 94，结果如图 6-48 所示。

5）建立另外的直线段，定义尺寸，结果如图 6-49 所示。

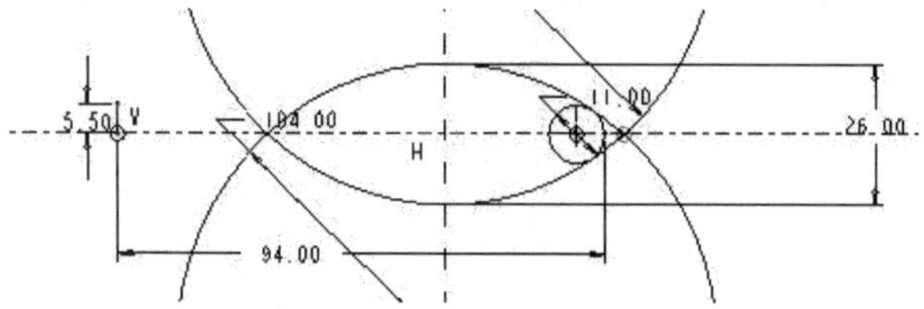

图 6-48　建立左端垂直线 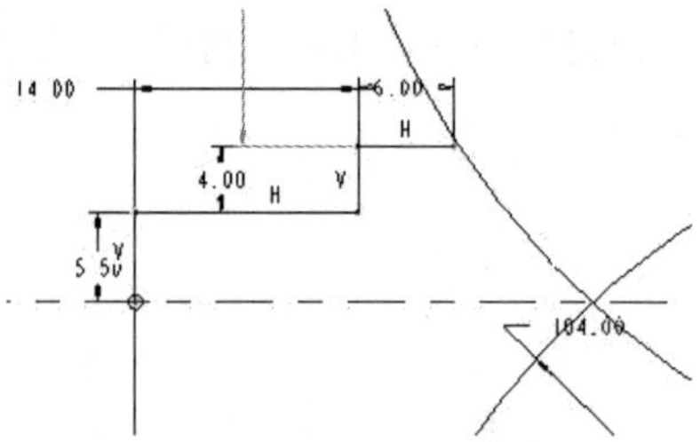　　　　图 6-49　定义其他尺寸

6）绘制半径为 30 的圆，并使其与下面的大圆相切。单击“约束”面板中“共点”按钮，然后单击该圆和上部水平线的右端点，结果如图 6-50 所示。

7）对线条进行动态修剪。单击删除段按钮，然后单击不需要的线条以将其去掉，结果如图 6-51 所示。

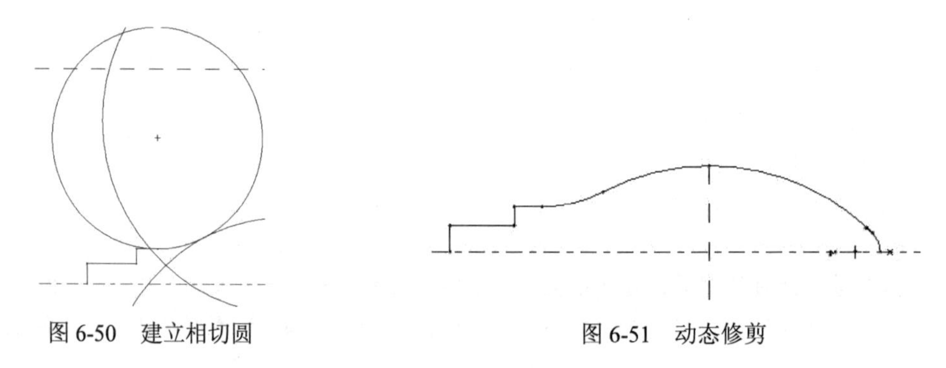

图 6-50　建立相切圆　　　　图 6-51　动态修剪

8）利用线工具，将水平线上右端圆弧和左端竖直线连接起来，结果如图 6-52 所示。

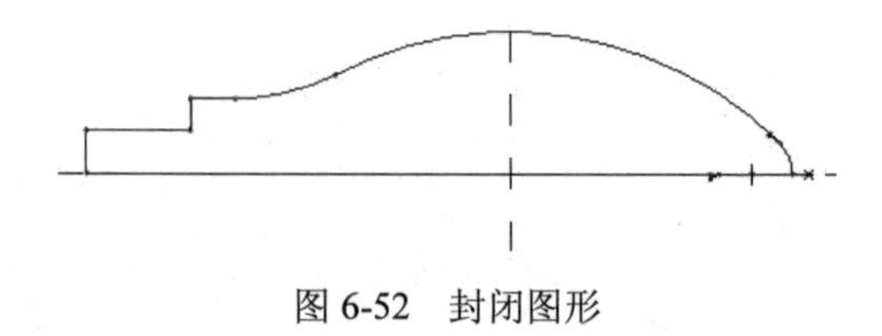

图 6-52　封闭图形

9）单击“确定”按钮✔。

（3）生成手柄基本体。

单击操控板上的“确定”按钮，完成手柄基本体，如图 6-53 所示。

3. 建立螺栓孔

螺纹孔位于圆柱形手柄把上，其螺纹尺寸严格遵循国家标准和国际标准，所以要进行选择，但是其深度是可以自行确定的。在这里采用同轴定位方式。

具体操作步骤如下：

（1）进入孔操作环境。从“工程”面板中单击“孔”按钮，系统显示“孔”操控板。

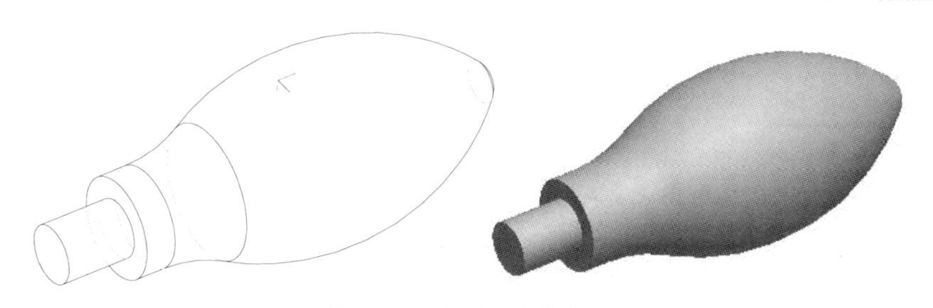

图 6-53　完成手柄基本体

（2）放置孔。单击“放置”选项卡，并在“放置”列表框中单击，然后选择手柄左端面。

（3）按下 Ctrl 键，然后选择手柄中心线，系统自动将定位类型确定为“同轴”。

（4）决定孔的基本参数。

1）在操控板上单击“标准孔”按钮，如图 6-54 所示。

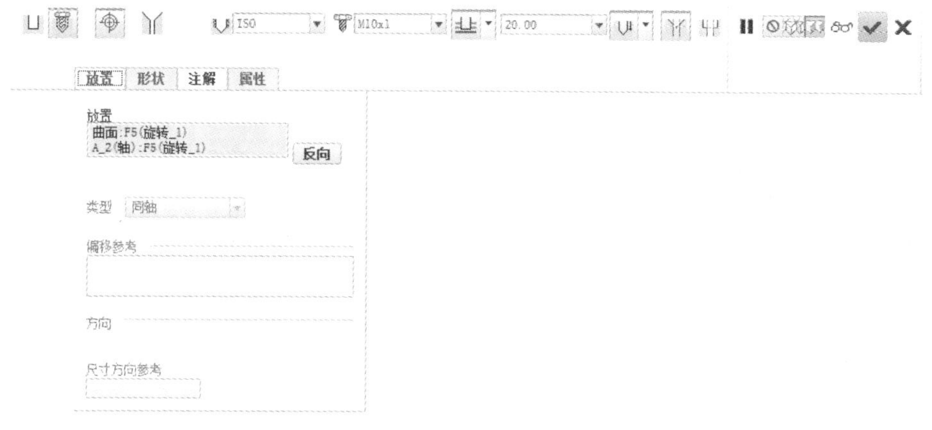

图 6-54　“标准孔”操控板

2）在螺纹类型框中选择 M10×1 并回车。

3）在操控板上的深度框中输入 20 并回车。

（5）单击操控板上“确定”按钮，结果如图 6-55 所示。

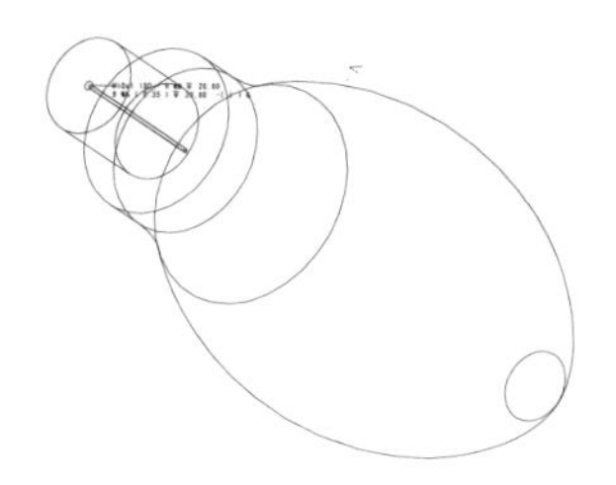

图 6-55　建立螺栓孔

6.4 传动轴设计

在机械设计中，经常用到的就是传动轴。这些轴基本上起传递运动和动力的作用。为了传递周向运动和动力，必须有键槽来放置键；为了进行拧动等辅助操作，需要设置通孔、螺纹孔等对象。本节将讲解一个带有键槽和孔的传动轴。有关类似齿轮轴的内容，将放在后面常用件一章来讲解。

6.4.1 设计思路与方法

传动轴如图 6-56 所示。从其草图可以看出，整个图形主框架为旋转圆柱形，所以可以通过旋转操作来完成。由于旋转操作较为简单，且前面已经进行了类似的练习，所以没有难点。对于键槽而言，重要的是对其进行轴向定位，另外如何决定其深度及键槽宽度。对于 3 个孔来说，两个圆柱面上的孔可以采用线性定位方式，而端面上的孔则可以采用同轴定位方式。

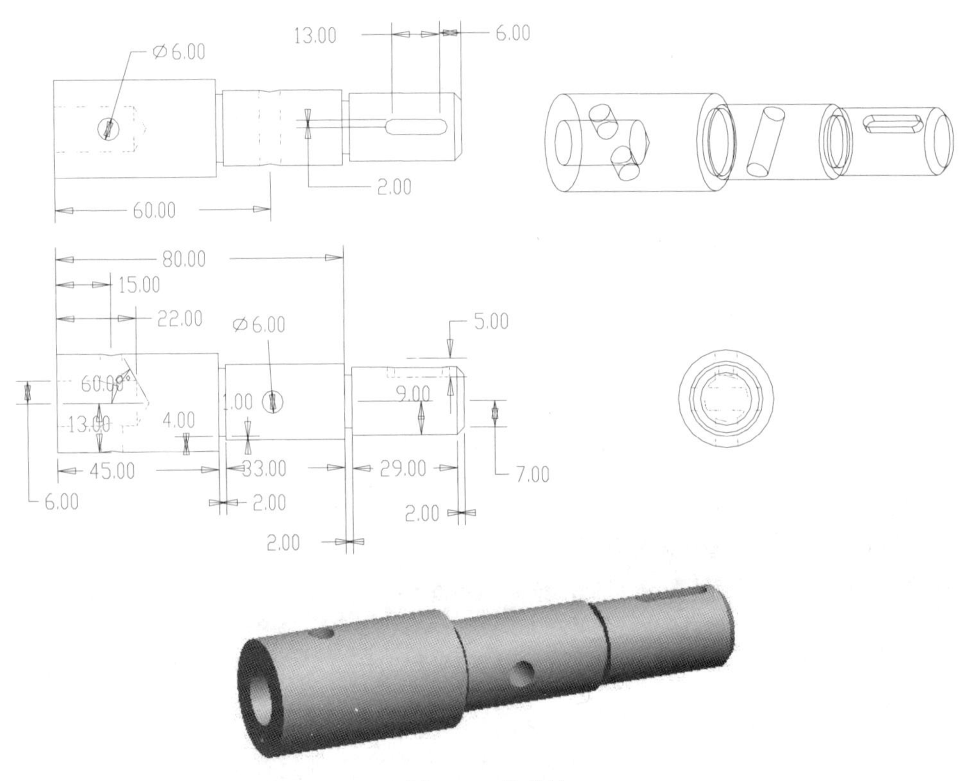

图 6-56 传动轴

本练习所涉及的命令包括：

（1）草绘命令：中心线、直线、圆、镜像、圆弧、删除段、尺寸定义与修改、几何约束。

（2）特征构建特征：旋转、基准平面。

（3）特征编辑：孔（简单孔、草绘孔）。

6.4.2 设计过程

下面就按照所分析的思路进行建模。

1. 建立零件文件 zhou.prt

具体操作步骤如下：

（1）建立工作目录。

（2）建立零件文件 Zhou.prt。操作时取消“使用默认模板”复选框勾选。

（3）选择需要的公制模板 mmns_part_solid（毫米牛顿秒_零件_实体），进入零件建模环境。

2. 进行轴建模

这个传动轴是一个旋转体，所以需要采用旋转工具并建立其基本轮廓面曲线。

具体操作步骤如下：

（1）进入旋转操作环境。

1）单击“形状”面板上“旋转”按钮。

2）选择操控板上的“放置”选项卡，单击“定义”按钮，系统显示“草绘”对话框。

3）在图形窗口选择 TOP 作为草绘平面，系统自动选择 RIGHT 作为参照方向。单击“草绘”按钮，进入草绘环境。

（2）下面进行草绘截面。

1）采用中心线工具，沿着 FRONT 面投影线绘制一条水平中心线，作为旋转中心。

2）采用线工具，在中心线左侧绘制一条垂直线，调整其距离 RIGHT 垂直投影线为 80，垂直高度为 13。

3）参照图 6-56 绘制轴的轮廓线，然后分别修改具体的尺寸，结果如图 6-57 所示。

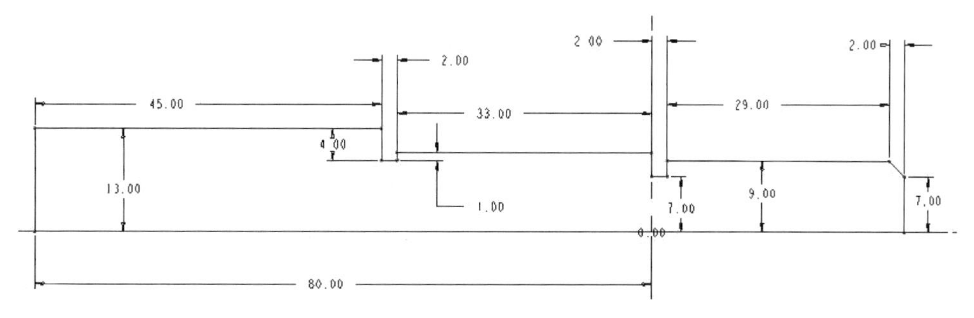

图 6-57　建立轮廓线

技巧一点通：如果尺寸无法顺利修改，可以采用创建尺寸标注的方式来建立。例如，在本例中，最右端的 3 个半径尺寸就是创建的。

4）采用线工具，在水平中心线上连接最左端和最右端的两条垂直线的端点，从而构成封闭曲线。

5）确定后返回实体建模环境。

（3）在操控板的旋转角度框中输入“360”，单击“确定”按钮，结果如图 6-58 所示。

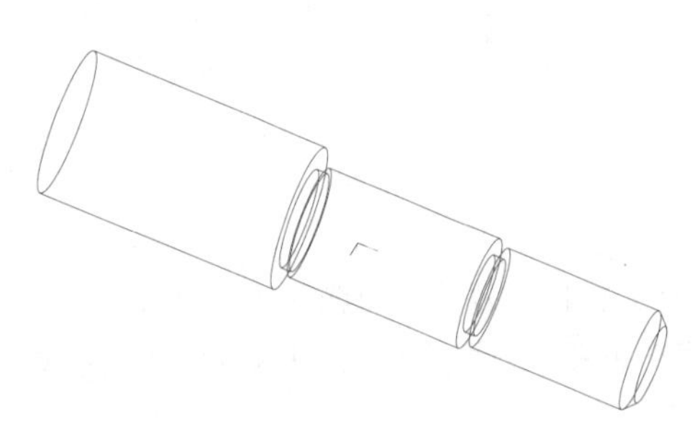

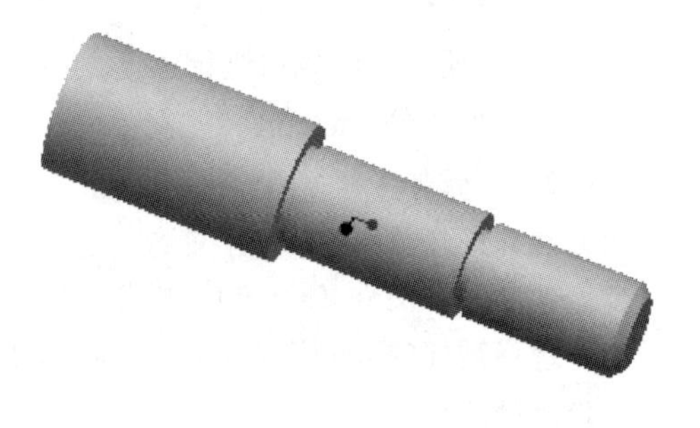

图 6-58　轴模型

下面讲解键槽的生成，如图 6-59 所示。

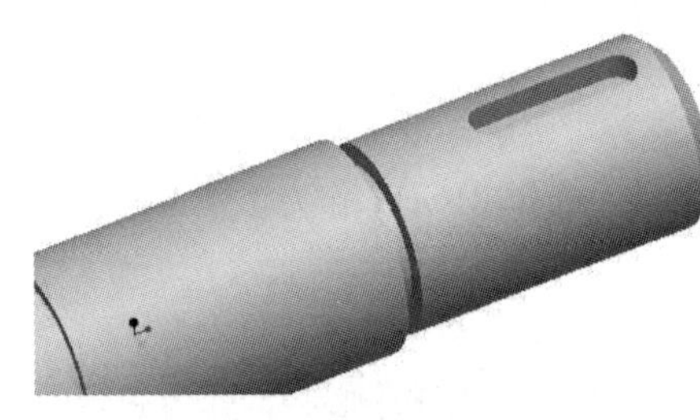

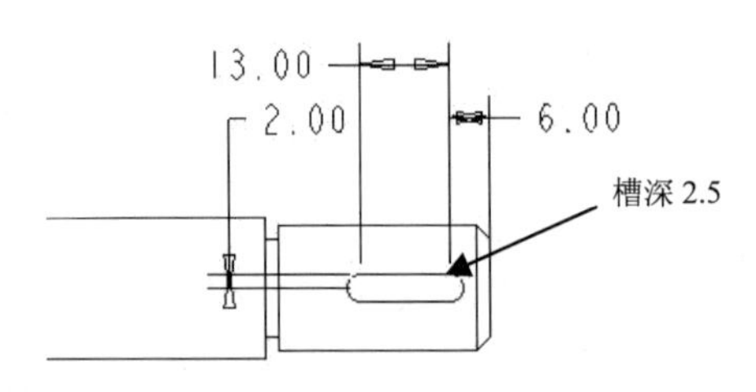

图 6-59　键槽

（4）生成键槽。键槽的底面平行于 TOP 面，需要采用切减操作。其难点在于如何确定键槽的基准面。在这里采用基准面的方式，即首先创建平行于 TOP 面的基准面。那么创建的基准面距离 TOP 到底是多少呢？

具体操作步骤如下：

1）确定键槽的基准平面所需尺寸。

①在草绘环境下，利用圆工具创建直径为 18 的圆。利用中心线工具创建通过圆心的垂直中心线，利用矩形工具创建上面两个角点位于圆上的矩形。

②调整矩形的尺寸，令其宽度为 4，高度为 2.5。

③创建一个直线距离尺寸，端点分别为矩形下边与中心线的交点、圆心，获得的距离值为 6.28，如图 6-60 所示。这就是基准面与 TOP 面之间的距离。

2）创建基准面。

①在基准特征面板中单击基准平面按钮，系统弹出如图 6-61 所示的“基准平面”对话框。

②选择 TOP 面，然后在“平移”框中输入 6.28，确定即可得到新的基准平面 DTM1。

3）创建键槽切减特征。

①在“形状”面板中单击“拉伸”按钮，系统弹出“拉伸”操控板。

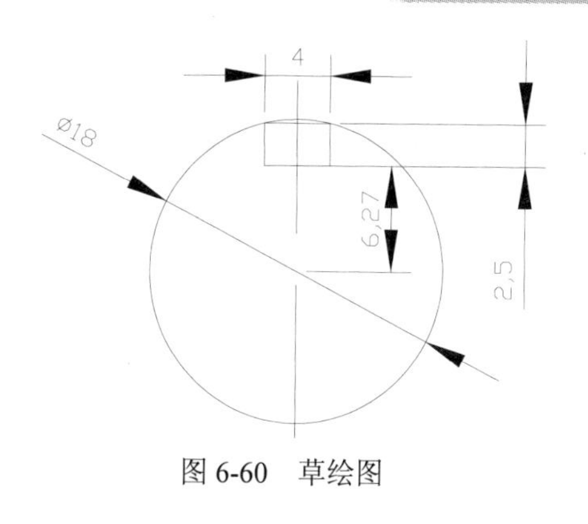

图 6-60 草绘图

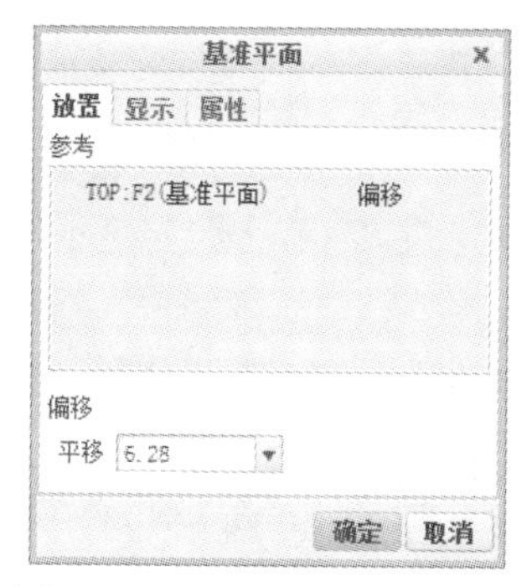

图 6-61 “基准平面”对话框

②选择操控板上的“放置”选项卡，单击“定义”按钮，系统显示“草绘”对话框。

③在图形窗口选择 DTM1 作为草绘平面，系统自动选择 RIGHT 作为参照方向，如图 6-62 所示。单击“草绘”按钮，进入草绘环境。

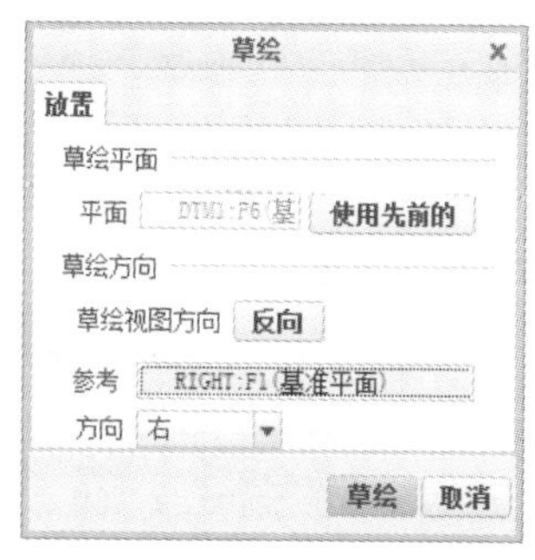

图 6-62 “草绘”对话框

④进行草绘截面。首先建立通过 FRONT 水平面的中心线，然后在中心线上方绘制一条水平线，具体尺寸如图 6-63 所示。然后单击镜像按钮，选择该直线，然后选择中心线，获得直线相对于中心线的镜像对象。利用弧工具绘制直线两端的圆弧，首先选择两个圆弧端点为直线同侧端点，然后移动鼠标，使中心点位于中心线上，如图 6-64 所示。单击“确定”按钮✔，返回实体建模环境。

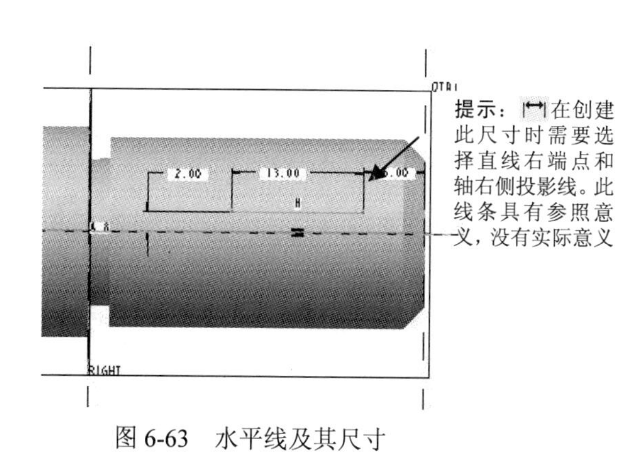

图 6-63 水平线及其尺寸

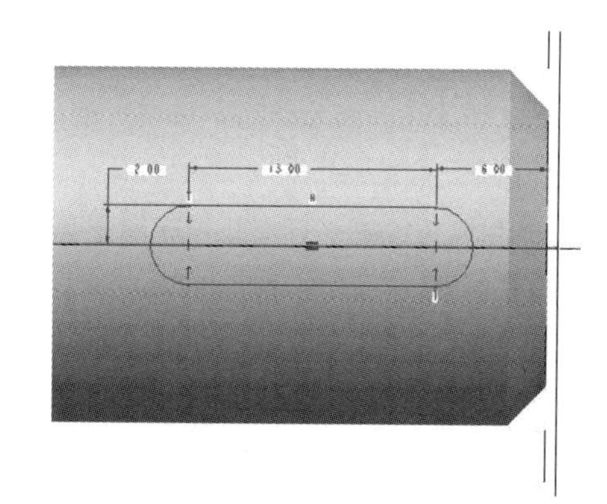

图 6-64 绘制圆弧

⑤在操控板上单击“切减”按钮，输入拉伸深度 5，旋转并观察特征。如果方向不对，可以令其反向。单击“确定”按钮✔，结果如图 6-65 所示。

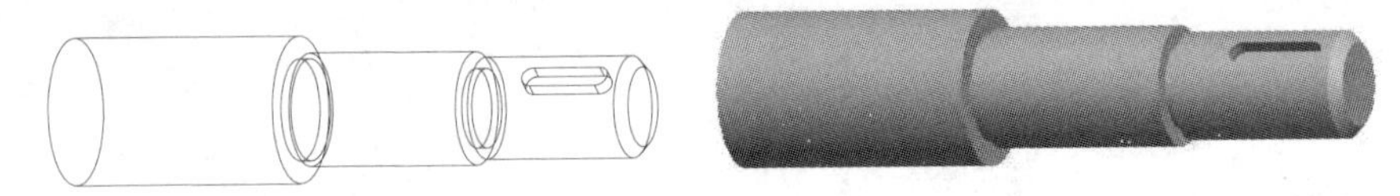

图 6-65　完成的轴

注意：这里没有输入槽深 2.5，而是相对较大的值，这是因为由于 2.5 恰恰切到轴表面，所以键槽无法准确显示。

（5）建立轴上的孔。完成孔操作的轴如图 6-66 所示。从这个模型中可以看出，对于轴曲面上的孔，必须对其进行方向和位置定位。而对于端面上的孔来说，则可以采用草绘孔的方式。这是前面没有练习的。

读者在学习的过程中，需要准确掌握其定位方式与“径向”方式的区别。

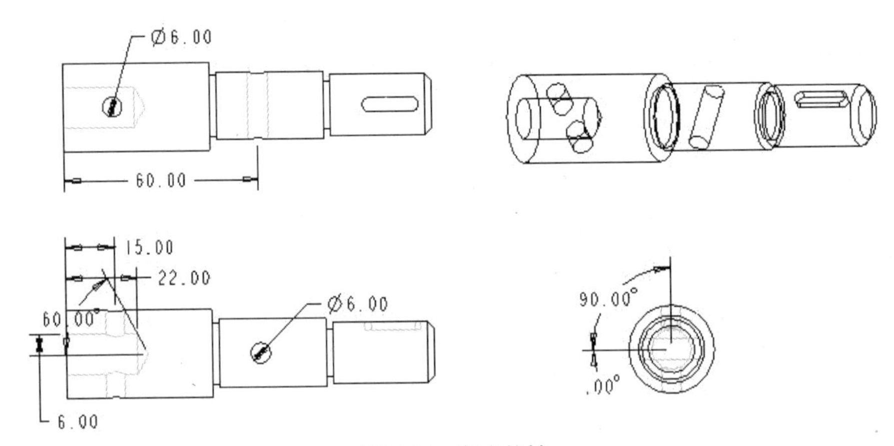

图 6-66　完成的轴

首先生成与键槽平行的孔，然后生成与其垂直的孔，最后草绘端面孔。

具体生成过程如下：

1）生成与键槽平行的孔。观察该孔，可以看出，其与 TOP 面垂直，距端面距离为 15。具体生成步骤如下：

①单击“工程”面板上的孔按钮，系统弹出“孔”操控板。

②在左端大轴面上单击，作为孔的放置面。

③单击“放置”选项卡，在“类型”下拉列表中选择“径向”选项，然后在“偏移参考”列表中单击，按下 Ctrl 键，选择大轴左端面和 TOP 面。在“角度”框中单击并输入 90，在“轴向”框中单击并输入孔中心距左端面的距离 15，在操控板的“直径”框中输入 6，并选择“穿透”方式，如图 6-67 所示。

④单击“确定”按钮，结果如图 6-68 所示。

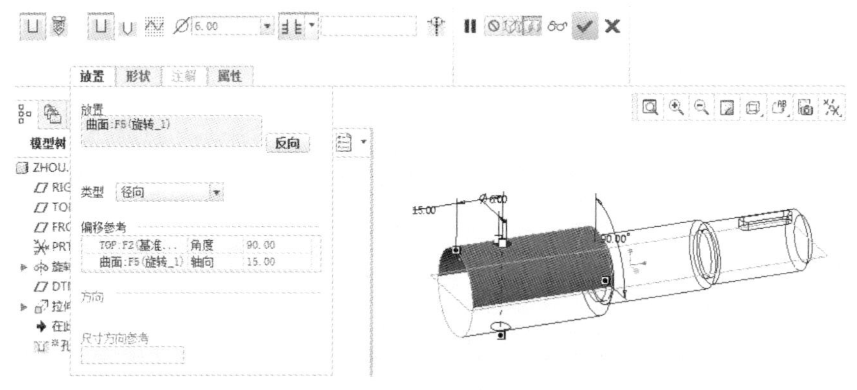

图 6-67　孔参数设置

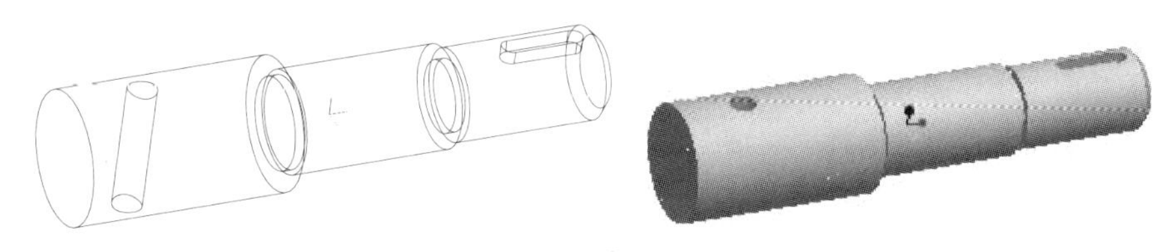

图 6-68　生成孔

2）生成与键槽垂直的孔。观察该孔，可以看出，其与 TOP 面平行，距端面距离为 60。具体生成步骤如下：

①单击“工程”面板上的孔按钮，系统弹出“孔”操控板。

②在中间轴曲面上单击，作为孔的放置面。

③单击“放置”选项卡，在“类型”下拉列表中选择“径向”类型，然后在“偏移参考”列表中单击，按下 Ctrl 键，选择大轴左端面和 TOP 面。在“角度”框中单击并输入 0，在“轴向”框中单击并输入孔中心距左端面的距离 60，在操控板的“直径”框中输入 6，并选择“穿透”方式，如图 6-69 所示。

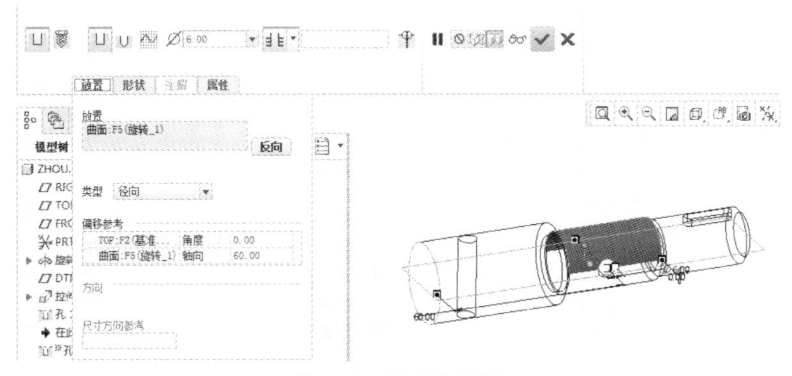

图 6-69　孔参数设置

④单击“确定”按钮，结果如图 6-70 所示。

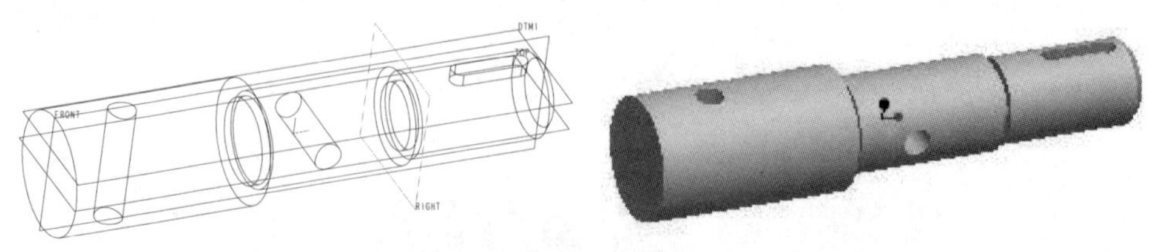

图 6-70　生成孔

提示：如果需要在凹曲面上建立孔，则需要建立基准平面才可以。

3）绘制端面孔。左端面的孔是一个带有工艺孔的盲孔，需要采用草绘方式。

具体操作步骤如下：

①打开“孔”操控板。

②在大轴端面上单击，作为孔的放置面。

③单击“放置”选项卡，选择“同轴”定位类型，然后在“偏移参考”列表中单击，选择轴的中心线，在操控板中选择“草绘”方式，如图 6-71 所示。

④单击“草绘”按钮，进入草绘环境。绘制垂直中心线与孔轮廓线，如图 6-72 所示。完成后单击“确定”按钮✔，回到实体状态。

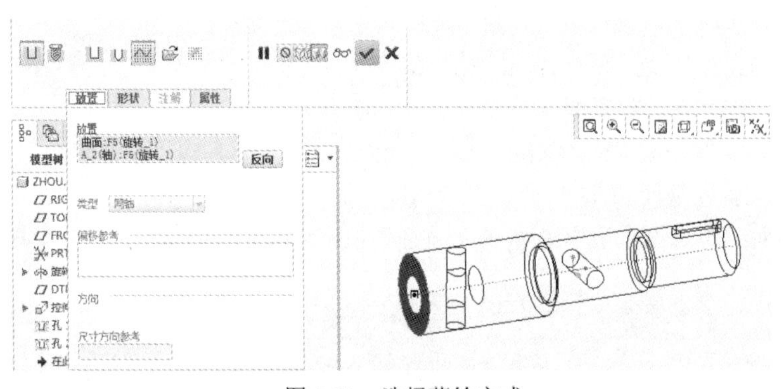

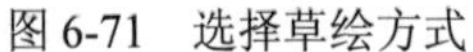

图 6-71　选择草绘方式

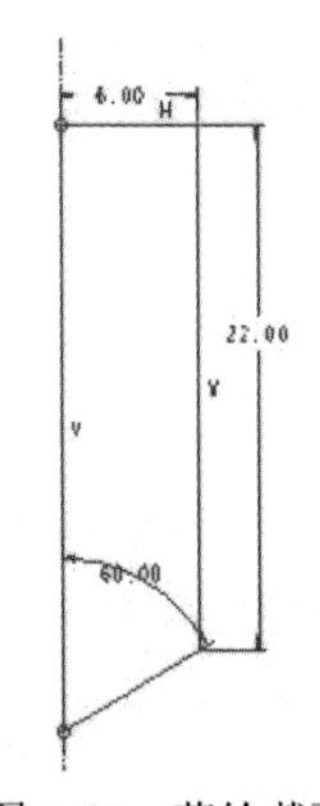

图 6-72　草绘截面

⑤单击“确定”按钮✔，结果如图 6-73 所示。

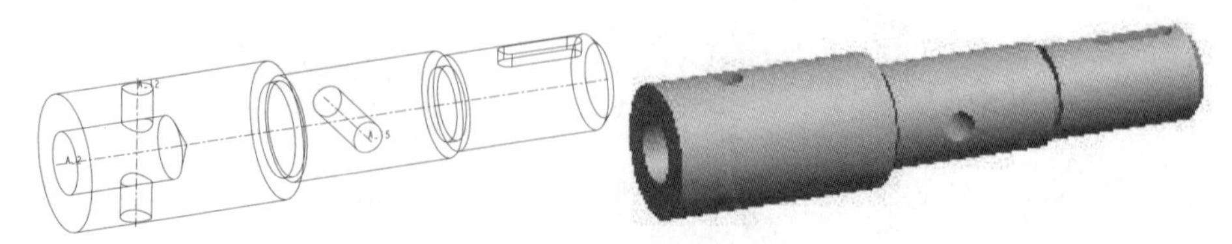

图 6-73　生成孔

6.5　曲轴设计

在机械设计中，除了阶梯状传动轴外，曲轴也是常见的轴形式，它可以将旋转运动转换为直线运动，或者做相反的转换。本节将讲解相关的曲轴设计。

6.5.1　设计思路与方法

曲轴如图 6-74 所示。从其草图可以看出，整个图形主框架为对称型，只是两侧的阶梯轴有所不同。这个模型的建立可以非常灵活，可以首先采用拉伸操作建立一侧的基本体，随后通过镜像操作生成另一侧实体。通过孔操作生成一侧的螺栓孔和油孔，通过拉伸或旋转操作生成一侧的大径轴段，对它们实行镜像操作。最后通过前面讲解的阶梯传动轴方式建立剩下的轴段和键槽。对于轴颈内的油腔而言，可以采用混合操作完成。

曲轴大体上包含从左至右为齿轮轴颈、主轴颈、凸台、曲臂、配重块、连杆轴颈、锥面、飞轮轴颈等。另外还有油孔、键槽等，如图 6-74 所示。

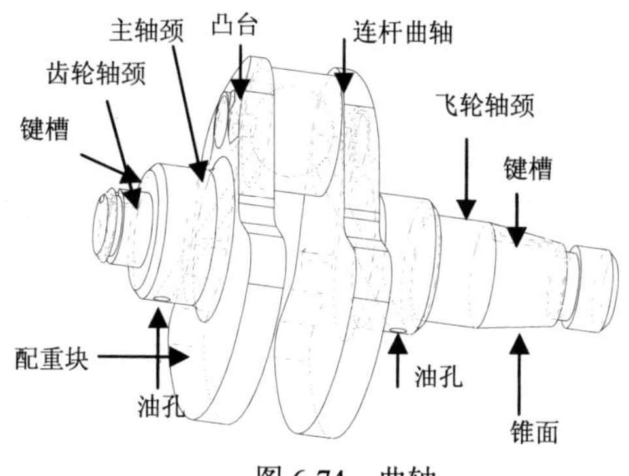

图 6-74　曲轴

由于尺寸过多，在工程图上表示比较繁复，所以参数将在具体步骤中给出。在曲轴两端还有螺纹孔，同前面的轴操作类似，本节不再给出具体操作。

本练习所涉及的命令包括：

（1）草绘命令：中心线、直线、圆、镜像、圆弧、删除段、尺寸定义与修改、几何约束。

（2）特征构建特征：旋转、拉伸、基准平面。

（3）特征编辑：孔（简单孔、草绘孔）、倒圆角、倒角。

6.5.2　设计过程

下面就按照所分析的思路进行建模。

1. 建立零件文件 quzhou.prt

按照前面介绍的新建文件过程，建立零件文件 quzhou.prt。

2. 进行曲轴建模

这个曲轴基本体是一个对称体，所以需要首先建立一侧的实体。在这里采用拉伸操作来建立，用户也可以采用旋转操作。

具体操作步骤如下：

（1）建立一侧的连杆轴颈。

1）进入拉伸操作环境。

①在“形状”面板中单击拉伸按钮，系统弹出“拉伸”操控板。

②依次选择操控板上的“放置”选项卡，单击“定义”按钮，系统显示“草绘”对话框。

③在图形窗口选择 RIGHT 作为草绘平面，系统自动选择 TOP 面作为参照方向。单击“草绘”按钮，进入草绘环境。

系统自动以 TOP 和 FRONT 面作为尺寸参照，所以可以接受，单击“关闭”按钮，

2）进行草绘截面。这个截面是一个完整的圆。单击圆工具，然后在 TOP 面垂直投影线上单击任意一点，拖动鼠标后在任意位置单击，修改直径值为 16，令圆心位置距离原点 16，结果如图 6-75 所示。确定后返回“拉伸”操控板。

3）在操控板上输入拉伸深度 5，旋转并观察特征。如果方向不对，可以令其反向。确定后结果如图 6-76 所示。

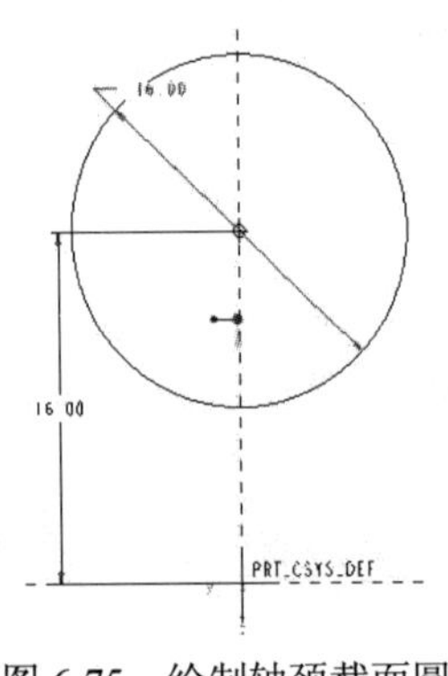

图 6-75 绘制轴颈截面圆

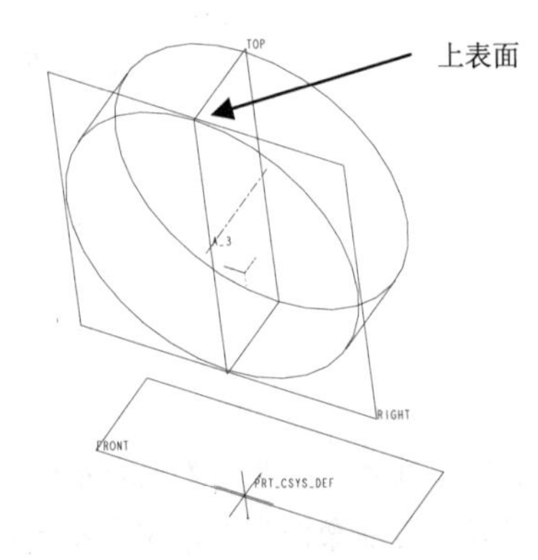

图 6-76 绘制圆弧

（2）建立曲臂。

曲臂的形状比较复杂，其端部截面由两段圆弧和两段直线组成，而与截面垂直的截面则为圆弧曲面，如图 6-77 所示。所以，可以通过拉伸操作建立曲臂基本体，然后通过拉伸切剪操作建立圆弧曲面。

具体操作过程如下：

1）进入拉伸操作环境。

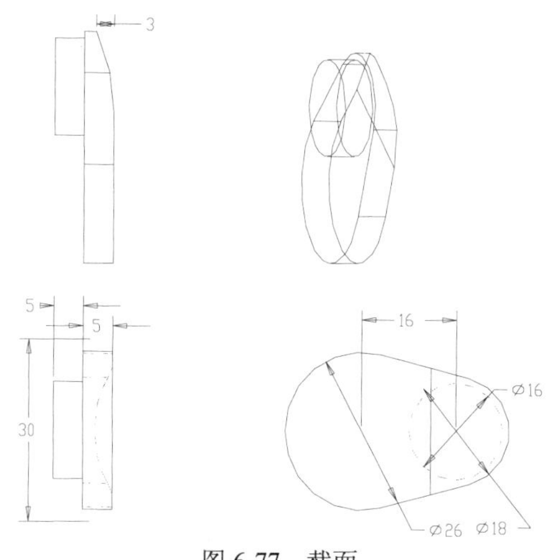

图 6-77 截面

①在基础特征工具栏中单击拉伸按钮，系统弹出“拉伸”操控板。

②选择操控板上的“放置”选项卡，单击“定义”按钮，系统显示“草绘”对话框。

③在图形窗口选择圆柱体上表面作为草绘平面，系统自动选择 TOP 面作为参照方向。单击“草绘”按钮，进入草绘环境。

2）进行草绘截面。

①单击同心圆工具，然后选择直径为 16 的圆并拖动鼠标后在任意位置单击，修改直径值为 18。

②单击圆工具，然后在原点处单击，拖动鼠标并在任意位置单击，修改直径值为 26。

③单击线工具，分别单击两个圆并拖动，直到在直线两端出现“T”标志为止。

④单击删除段工具，去掉不必要的圆弧和线段，结果如图 6-78 所示。

⑤确定后返回拉伸操控板。

3）在操控板上输入拉伸深度 7，旋转并观察特征。如果方向不对，可以令其反向。确定后结果如图 6-79 所示。

4）进入拉伸切剪操作环境。

①打开“拉伸”操控板。

②在操控板中单击切剪按钮，进行切剪操作。

③选择操控板上的“放置”选项卡，单击“定义”按钮，系统显示“草绘”对话框。

④在图形窗口选择 TOP 面作为草绘平面，系统自动选择 RIGHT 面作为参照方向。单击“草绘”按钮，进入草绘环境。

5）进行草绘截面。

①单击线工具，然后选择曲臂右下角点并向上绘制垂直线，修改长度值为 3。

②单击直线工具，然后选择曲臂右下角点并向左绘制水平线，可以稍微长一些。

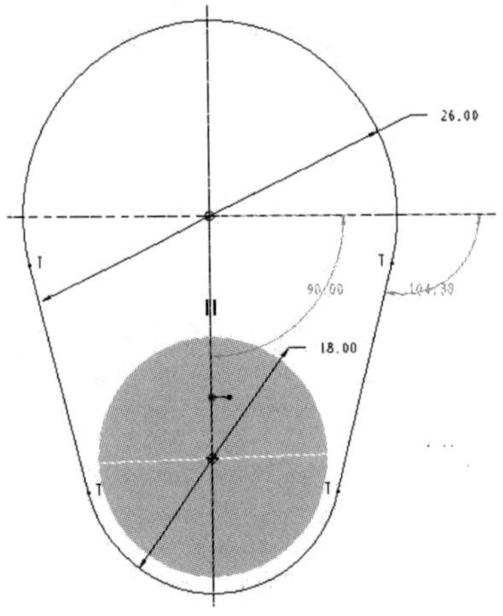

图 6-78　绘制曲臂截面

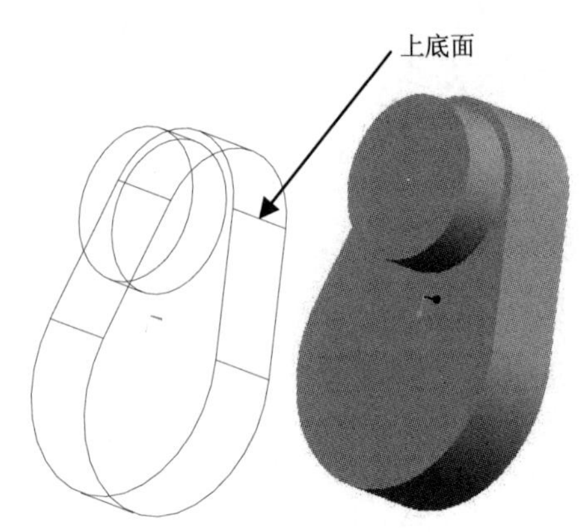

图 6-79　绘制结果

③单击弧工具，单击垂直线上端点，然后在水平线上单击，拖动鼠标直到在该端点处出现“T”标志为止。

④单击删除段工具，去掉不必要的水平线段，结果如图 6-80 所示。

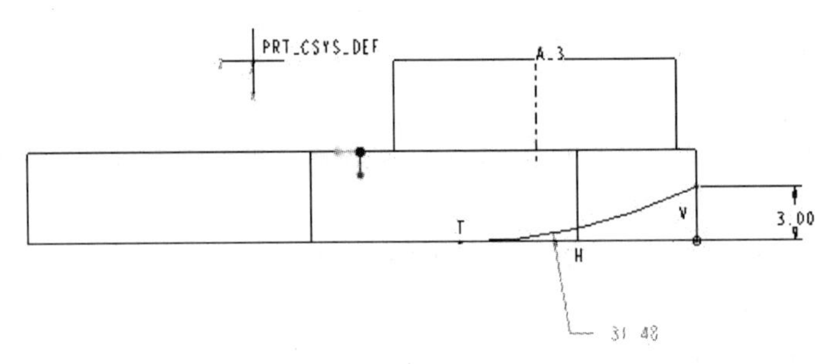

图 6-80　绘制切剪截面

⑤确定后返回拉伸操控板。

6）在操控板上选择对称方式，输入拉伸深度 30。确定后结果如图 6-77 所示。

（3）建立凸台和配重块。

凸台和配重块是一体的，具体的截面形状有些复杂，如图 6-81 所示。

1）进入拉伸切剪操作环境。

①打开“拉伸”操控板。

②选择操控板上的“放置”选项卡，单击“定义”按钮，系统显示“草绘”对话框。

③在图形窗口选择曲臂底面作为草绘平面，系统自动选择 TOP 面作为参照方向。单击“草绘”按钮，进入草绘环境。

2）进行草绘截面。

①单击同心圆工具，选择直径为 16 的圆并拖动鼠标在任意位置单击，修改直径值为 8。

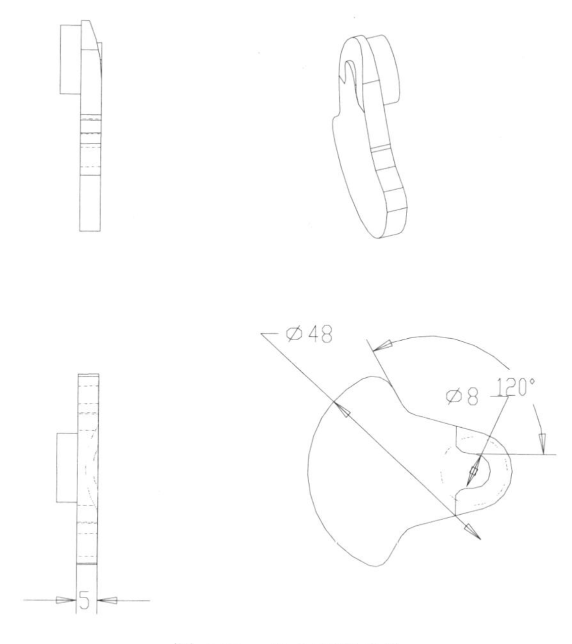

图 6-81　凸台和配重块

②单击同心圆工具◎，然后选择直径为 26 的圆弧并直接单击，建立直径为 26 的圆。继续拖动，建立直径为 48 的圆。

③单击线工具⌄，分别单击直径为 8 的圆并垂直拖动，直到在该圆上的端点处出现“T”标志为止，使另一侧位于直径为 26 的圆上。

④单击直线工具⌄，以直径为 26 的圆与水平线的交点为起点，绘制与垂直线成 60 度的直线，另一端在直径为 48 的圆上。

⑤单击删除段工具，然后去掉不必要的圆弧和线段。

⑥单击倒圆角工具，然后分别单击各段曲线连接处，结果如图 6-82 所示。

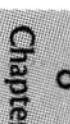

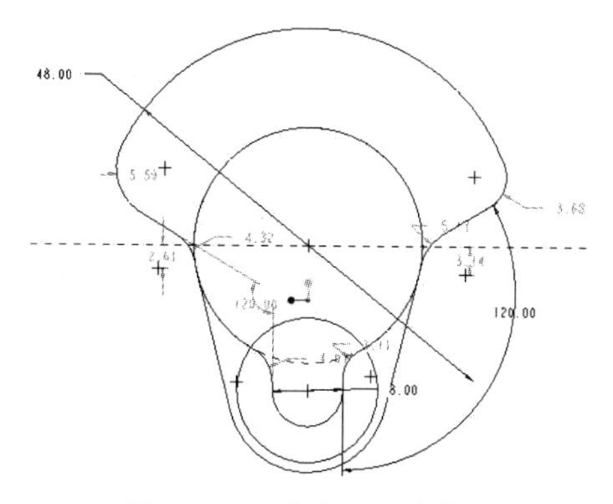

图 6-82　凸台和配重块截面

⑦确定后返回拉伸操控板。

3）在操控板上输入拉伸深度 5，确定后结果如图 6-81 所示。

（4）建立另一侧的基本体。

到此为止，基本体已经生成，模型树如图 6-83 所示。现在可以采用镜像操作对其进行对称操作。具体操作步骤如下：

1）按下 Ctrl 键，在模型树上选择拉伸 1 到拉伸 4，此时镜像按钮可用。

2）单击镜像工具，系统弹出如图 6-84 所示操控板。

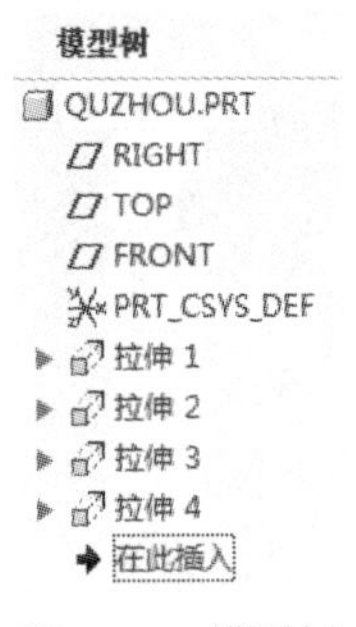

图 6-83　模型树

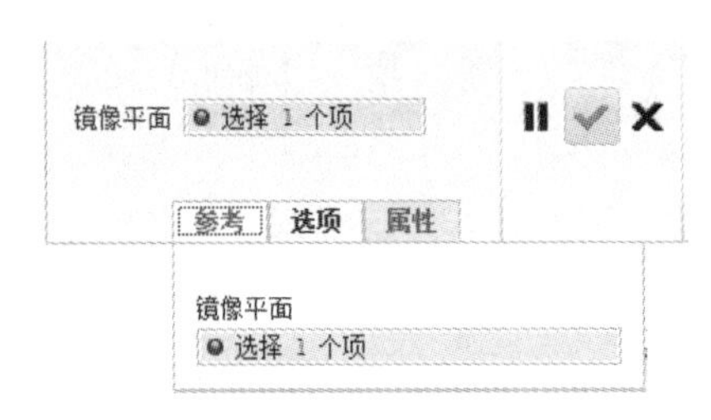

图 6-84　“镜像”操控板

3）选择 RIGHT 面作为镜像参照面，确定后结果如图 6-85 所示。

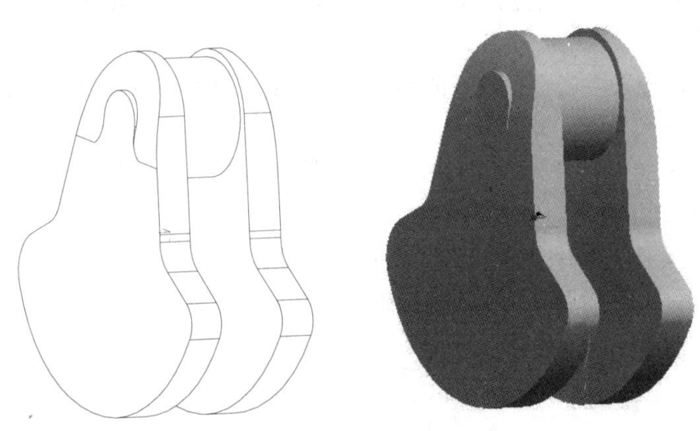

图 6-85　镜像结果

（5）建立连杆轴颈中的通孔。

如图 6-86 所示，这个通孔基本上是两端阶梯孔和中间纺锤形油腔。可以采用草绘孔方式确定其草绘截面，有关螺纹切剪操作，集中在螺钉一章来练习。

具体操作步骤如下：

1）单击“工程”面板上的“孔”按钮，系统弹出“孔”操控板。

2）在大轴端面上单击，作为孔的放置面。

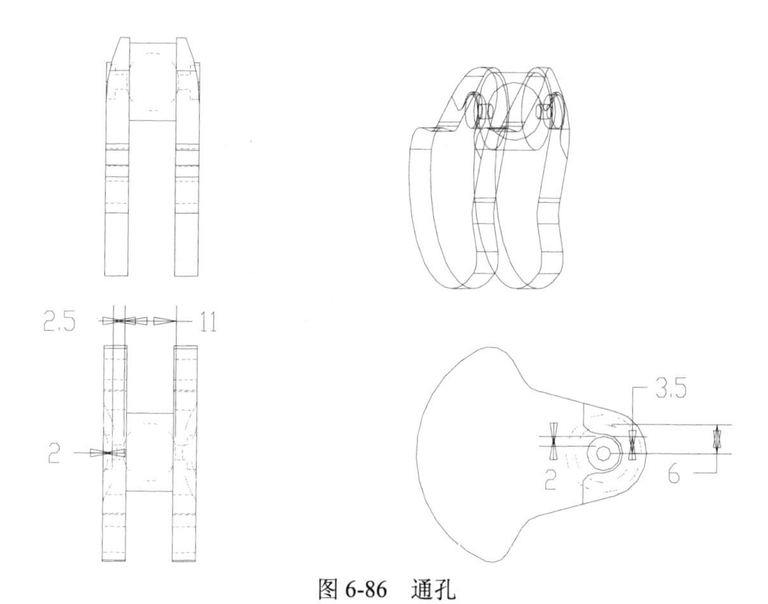

图 6-86　通孔

3）单击“放置”选项卡，在“类型”下拉列表框中选择“同轴”选项，然后在“偏移参考”列表中单击，选择轴颈中心线，在操控板中选择“草绘”按钮，如图 6-87 所示。

4）单击“草绘”按钮，进入草绘环境。绘制垂直中心线与孔轮廓线，如图 6-88 所示。完成后确定，回到实体状态。

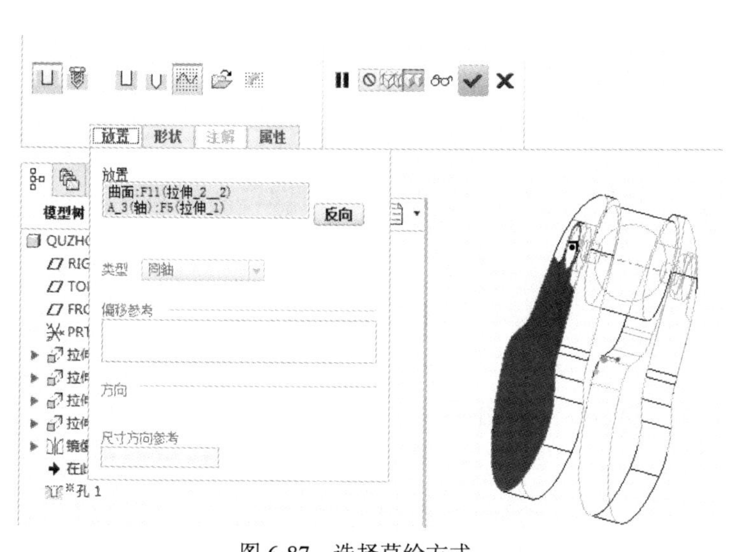

图 6-87　选择草绘方式

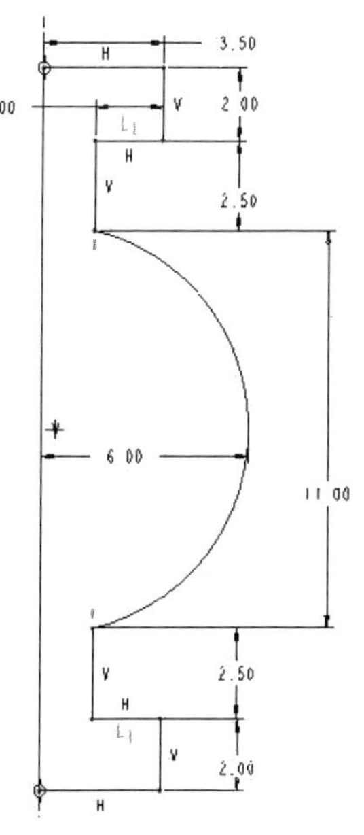

图 6-88　草绘截面

5）确定后结果如图 6-89 所示。

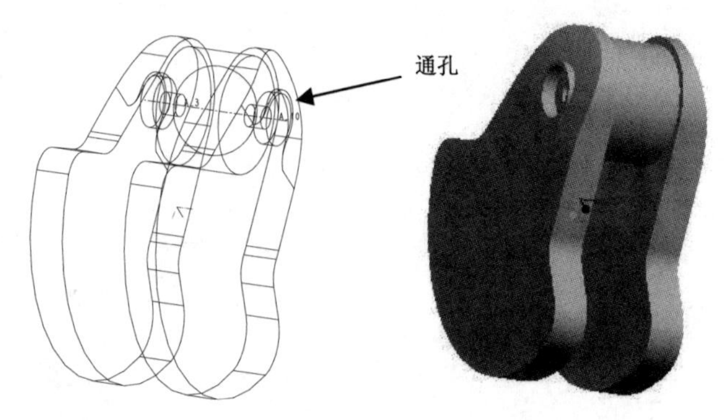

图 6-89　生成孔

（6）建立其他轴颈的轴特征。

在连杆轴颈两侧都有阶梯状轴颈，如图 6-90 所示。这可以通过在两侧建立封闭的轴轮廓后一次旋转完成。在这里完成的轴必须与已有实体轮廓面点对齐。

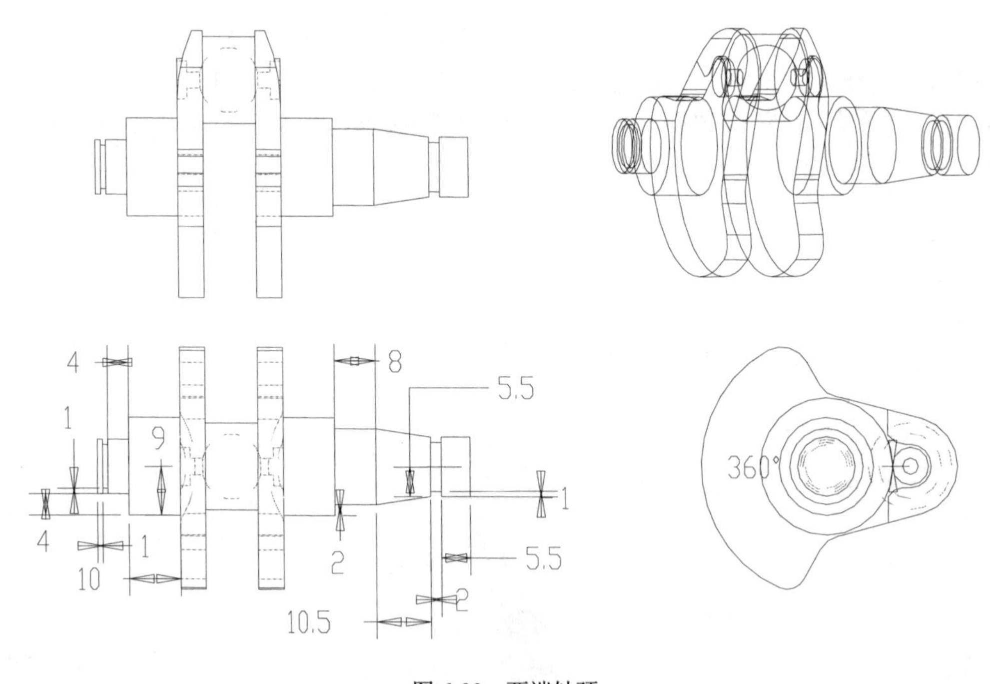

图 6-90　两端轴颈

具体操作步骤如下：

1）进入旋转操作环境。

①单击“形状”面板上“旋转”图标，系统弹出“旋转”操控板。

②选择操控板上的“放置”选项卡，单击“定义”按钮，系统显示“草绘”对话框。

③在图形窗口选择 TOP 作为草绘平面，系统自动选择 RIGHT 作为参照方向。单击“草绘”按钮，进入草绘环境。

2）进行草绘截面。

①采用中心线工具┆，沿着 FRONT 面投影线绘制一条水平中心线，作为旋转中心。

②采用线工具⌃，在曲臂的左侧和右侧绘制轴轮廓，如图 6-91 所示为左侧轮廓线，如图 6-92 所示为右侧轮廓线。

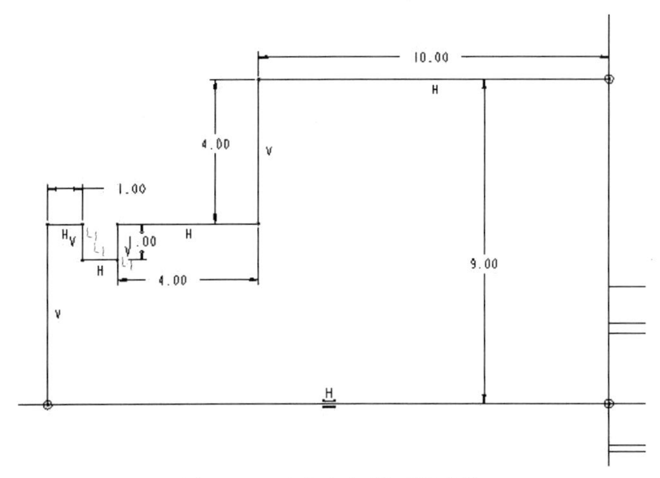

图 6-91　建立左侧轴颈轮廓线

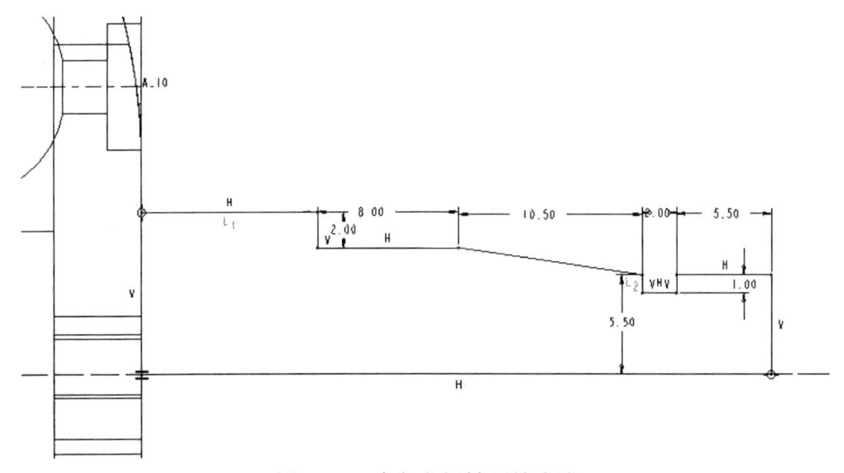

图 6-92　建立右侧轴颈轮廓线

③确定后返回实体建模环境。

3）在操控板中确定，结果如图 6-93 所示。

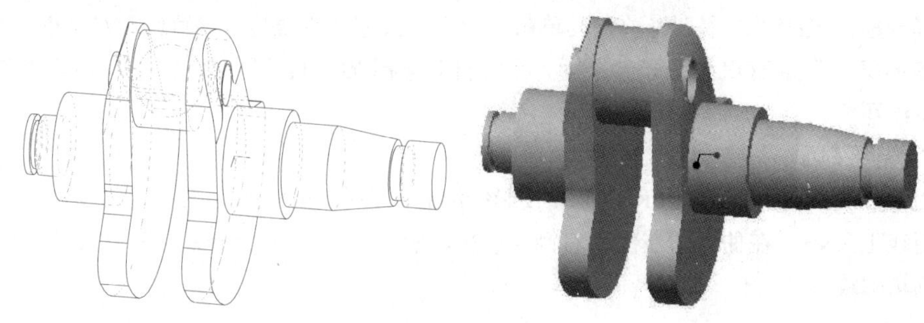

图 6-93　轴模型

（7）建立倒圆角。

如图 6-94 所示，对所示位置需要进行倒圆角操作，以便减小集中应力。

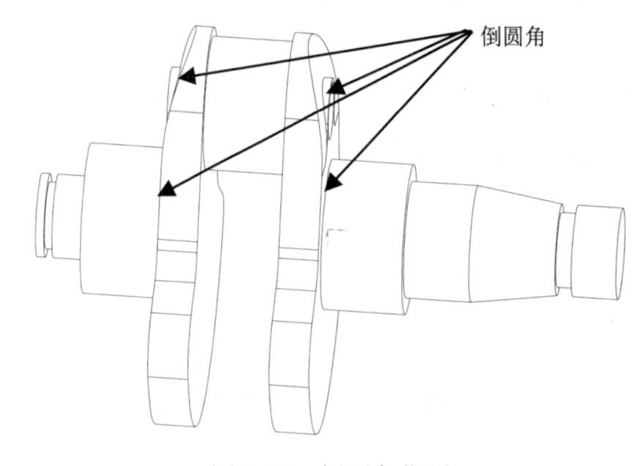

图 6-94　倒圆角位置

具体操作过程如下：

1）在“工程”面板中单击倒圆角按钮，系统弹出如图 6-95 所示操控板。

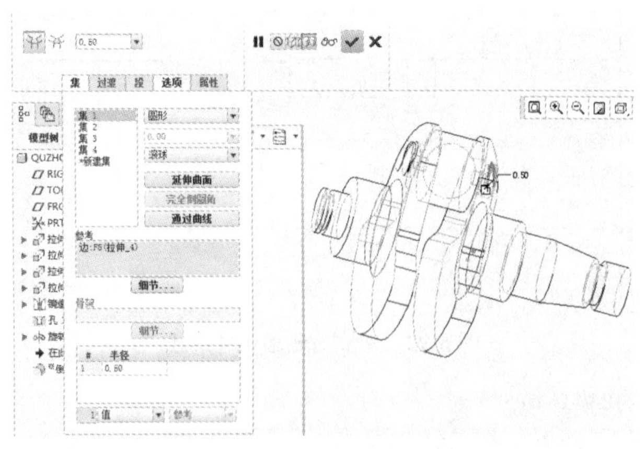

图 6-95　“倒圆角”操控板

2）在凸台与连杆轴颈的左右两侧相交线上单击，然后在操控板上分别输入圆角半径 0.5。

3）在配重块和主轴颈的左右两侧相交线上单击，然后在操控板上分别输入圆角半径 2。

4）在操控板中确定，结果如图 6-96 所示。

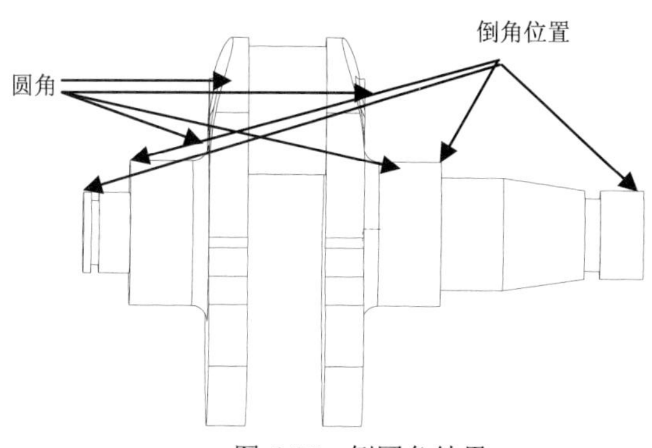

图 6-96　倒圆角结果

（8）建立倒角。

对于每个独立轴段，除了圆角外，还有突出部位的斜角。这可以通过倒角操作来完成。如图 6-96 所示，对所示位置需要进行倒圆角操作。

具体操作过程如下：

1）在“工程”操控板中单击“倒角”按钮，系统弹出如图 6-97 所示操控板。

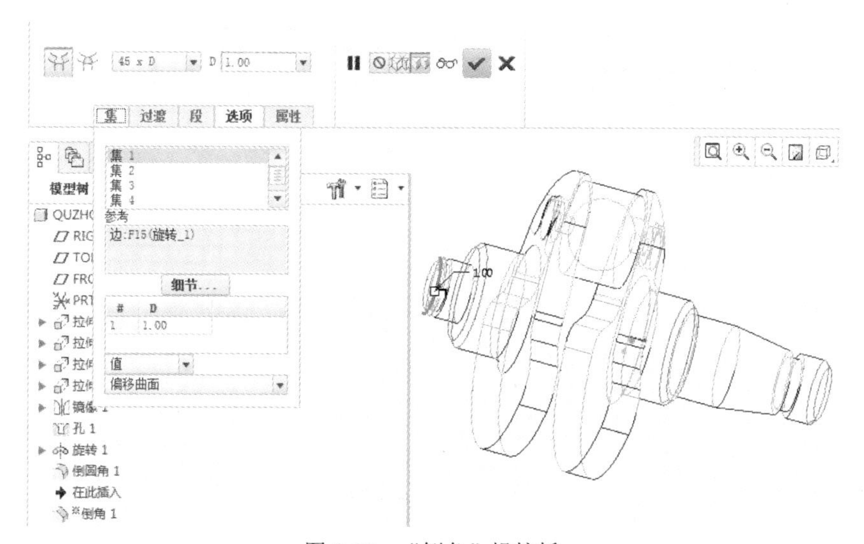

图 6-97　“倒角”操控板

2）选择 45×D 方式，然后在倒角距离框中输入 1。

3）在如图 6-97 所示的位置线上单击。

4）在配重块和主轴颈的左右两侧相交线上单击，然后在操控板上分别输入圆角半径 2。

5）在操控板中确定，结果如图 6-98 所示。

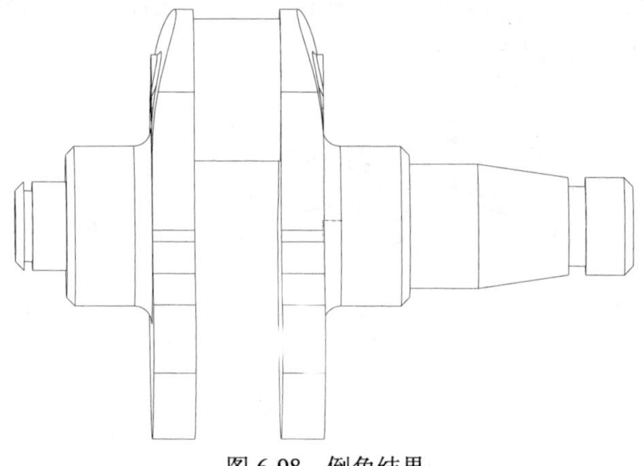

图 6-98 倒角结果

（9）生成右端的键槽。

在阶梯轴两端都有键槽，如图 6-99 所示为右端的键槽。键槽的底面平行于 FRONT 面，需要采用切减操作。其难点在于如何确定键槽的截面所在草绘平面。在这里采用基准面的方式，即首先创建平行于 FRONT 面的基准面。

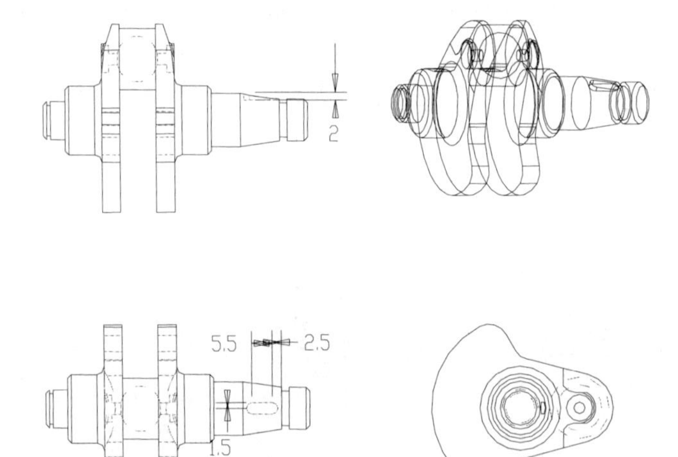

图 6-99 右端键槽

具体操作步骤如下：

1）创建基准面。

①在基准特征面板中单击“基准平面”按钮▱，系统弹出如图 6-100 所示的“基准平面”对话框。

②选择 FRONT 面，然后在“平移”框中输入 5.26，确定后即可得到新的基准平面 DTM1，如

图 6-101 所示。

图 6-100 “基准平面”对话框

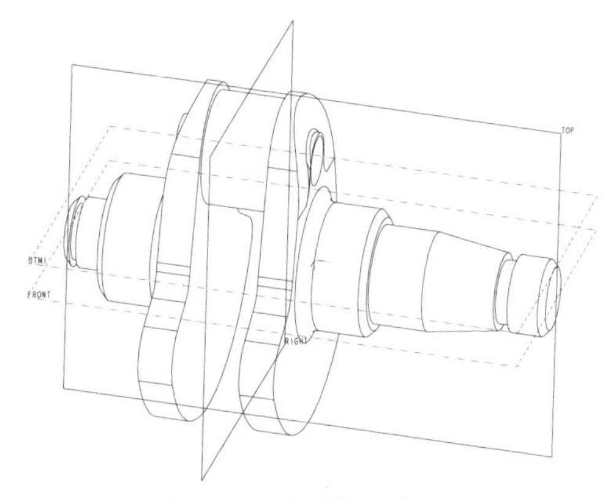

图 6-101 生成的基准平面

2）创建键槽切减特征。

①在“形状”面板中单击拉伸按钮，系统弹出“拉伸”操控板。

②选择操控板上的“放置”选项卡，单击“定义”按钮，系统显示“草绘”对话框。

③在图形窗口选择 DTM1 作为草绘平面，系统自动选择 RIGHT 作为参照方向。单击“草绘”按钮，进入草绘环境。

④进行草绘截面。首先建立通过 TOP 水平面的中心线，然后在中心线上方绘制一条水平线，具体尺寸如图 6-102 所示。然后单击镜像按钮，选择该直线，然后选择中心线，获得直线相对于中心线的镜像对象。利用弧工具绘制直线两端的圆弧，首先选择两个圆弧端点为直线同侧端点，然后移动鼠标，使中心点位于中心线上，如图 6-103 所示。确定后返回实体建模环境。

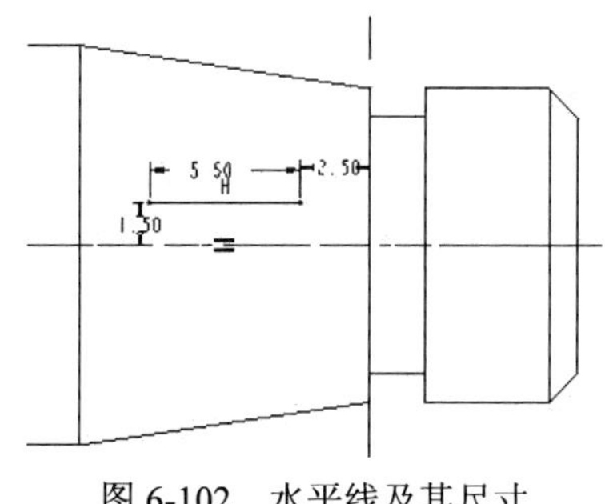

图 6-102 水平线及其尺寸

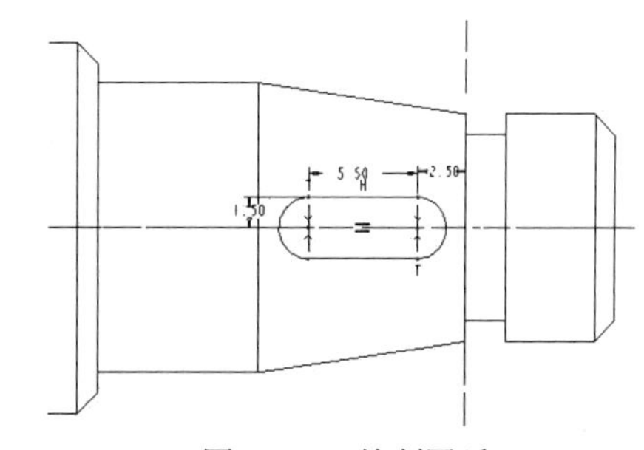

图 6-103 绘制圆弧

⑤在操控板上单击“切减”按钮，输入拉伸深度 2，旋转并观察特征。如果方向不对，可以令其反向。确定后结果如图 6-104 所示。

注意：这里没有输入左侧槽深 1.5，而是相对较大的值，这是因为由于 1.5 恰恰切到轴表面，所以键槽无法准确显示。

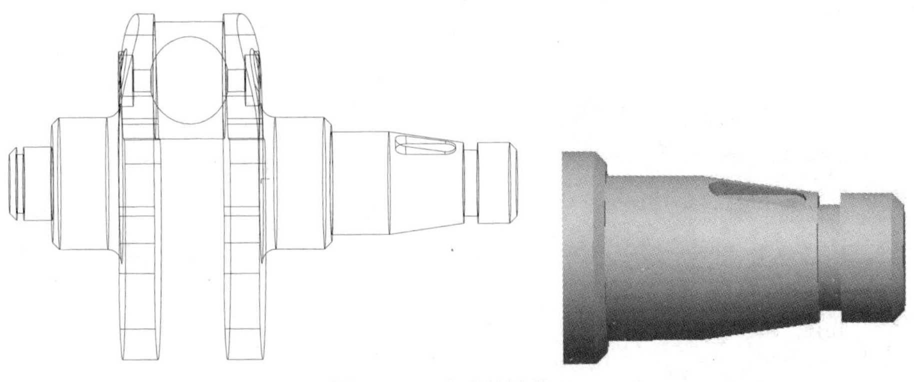

图 6-104　完成的键槽

（10）生成左端的键槽。

在阶梯轴左端也有键槽，除了形状、位置不同外，其他操作与右端键槽完全一样，这里就不再详细说明各步骤了，只给出关键的几个图及其说明。

如图 6-105 所示为左端的键槽。

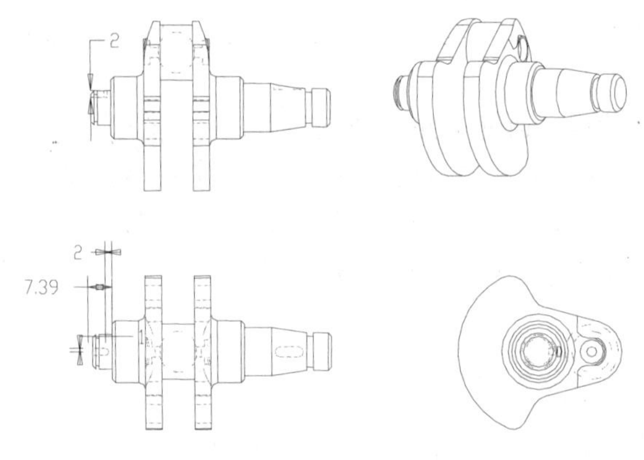

图 6-105　左端键槽

具体操作步骤如下：

1）创建基准面 DTM2。该基准面平行于 FRONT 面，在其上侧，距离为 3，如图 6-106 所示。

2）创建键槽切减特征。以 DTM2 作为草绘平面，建立如图 6-107 所示的截面。进行切减操作，拉伸深度为 2，结果如图 6-108 所示。

技巧一点通：这里绘制的截面左侧可以稍微超出左端轴。

（11）建立对称油孔。

在曲轴上，同空腔相连的有两个油孔，相对于 RIGHT 面对称，如图 6-109 所示。油孔都是简单的通孔截面，但是具体位置都很复杂，只能借助于建立基准轴来生成孔轴，然后再通过同轴定位方式建立孔。最后通过镜像操作生成另一侧孔。建立基准轴是这个操作的关键。

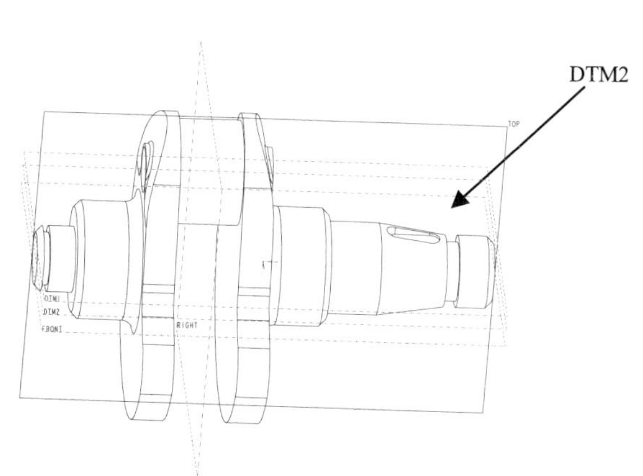

图 6-106 生成的基准平面

图 6-107 绘制截面

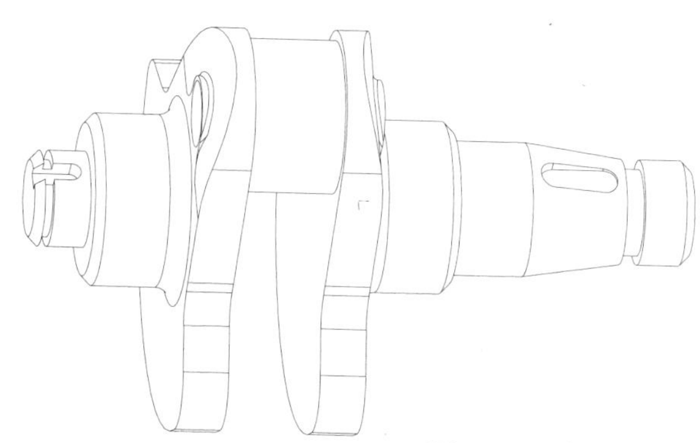

图 6-108 完成的键槽

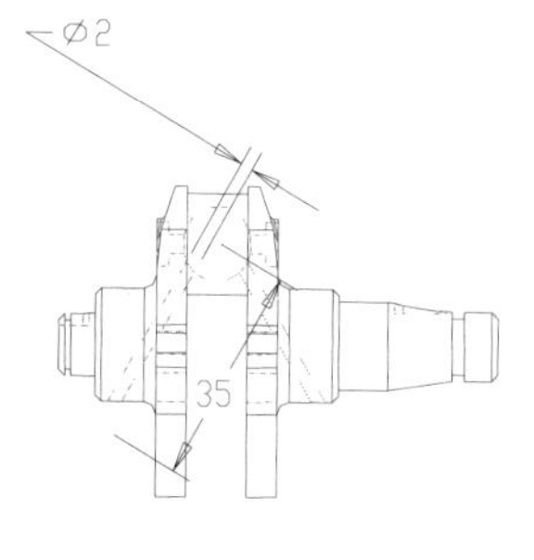

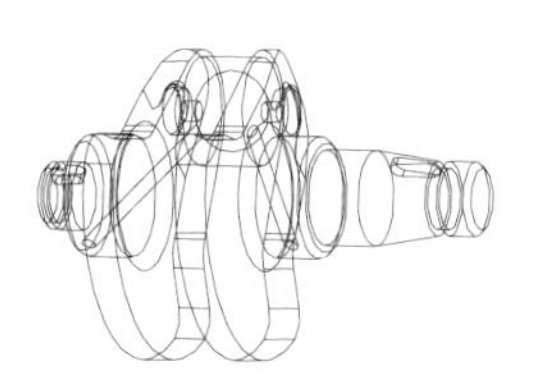

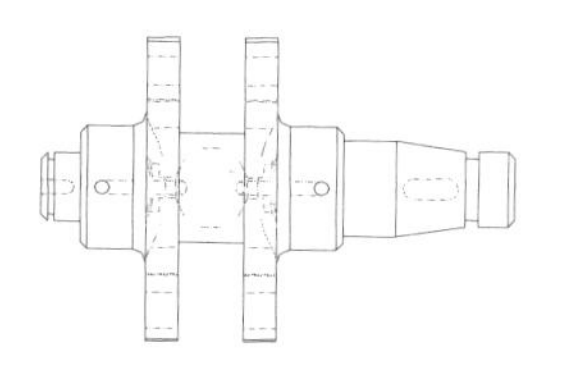

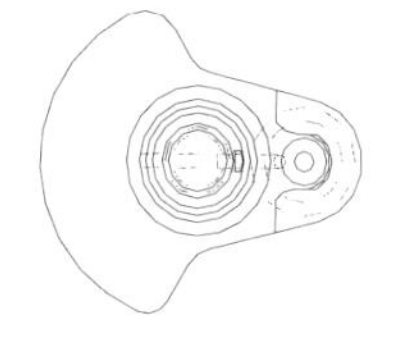

图 6-109 油孔参数及其位置

具体操作过程如下：

1）建立基准轴。基准轴需要通过曲面相交的方式来建立，这可以借助基准平面。从图 6-109 中可以看到，孔轴与 RIGHT 面成 30°。

具体操作步骤如下：

①在基准特征面板中单击“基准轴”按钮，系统弹出如图 6-110 所示的“基准轴”对话框。

②按下 Ctrl 键，选择 RIGHT 面和 FRONT 面，单击“确定”按钮，生成如图 6-111 所示基准轴 A_15。它是通过两面相交定义的。

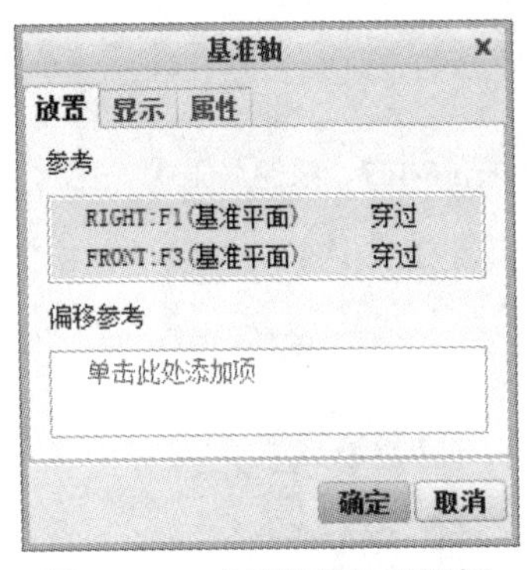

图 6-110 “基准轴”对话框

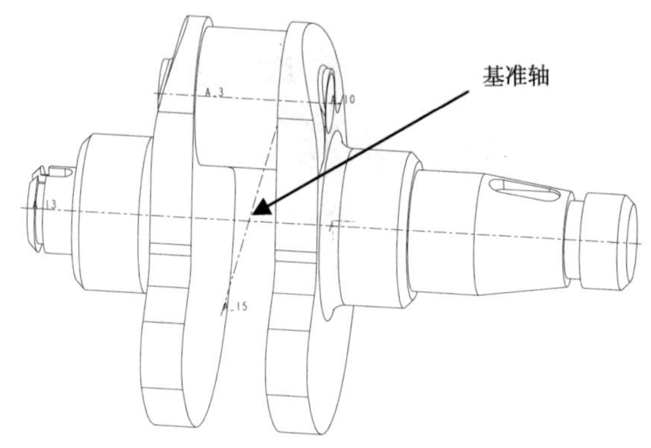

图 6-111 生成的基准轴

③在基准特征面板中单击“基准平面”按钮，系统弹出如图 6-112 所示的“基准平面”对话框。

④按下 Ctrl 键，选择 A_15 轴和 RIGHT 面，然后在“旋转”框中输入 30 度，确定即可得到新的基准平面 DTM3，如图 6-113 所示。

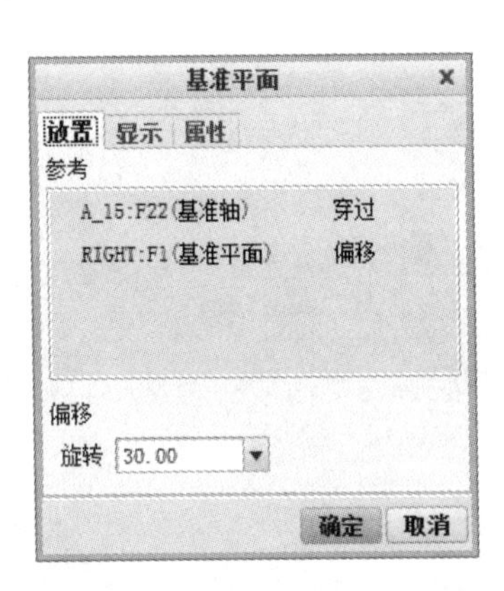

图 6-112 “基准平面”对话框

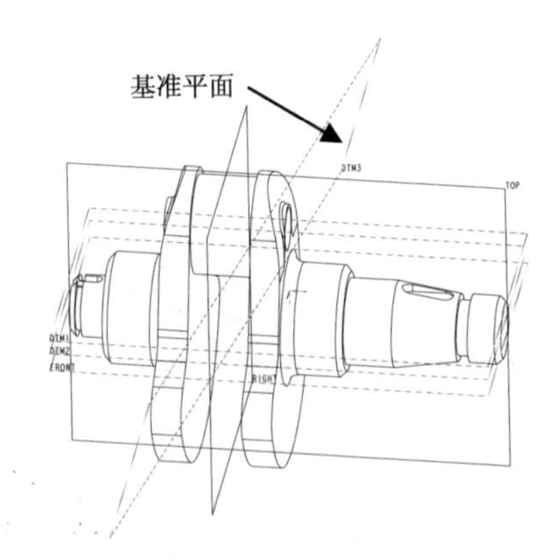

图 6-113 生成的基准平面

提示：它是通过穿过基准轴并相对平面旋转一定角度的方式生成的。

⑤在基准特征面板中单击“基准平面”按钮，系统弹出如图 6-114 所示的“基准平面”对话框。

⑥选择刚刚建立的基准平面 DTM3，然后在“平移”框中输入-10，确定即可得到新的基准平

面 DTM4，如图 6-115 所示。

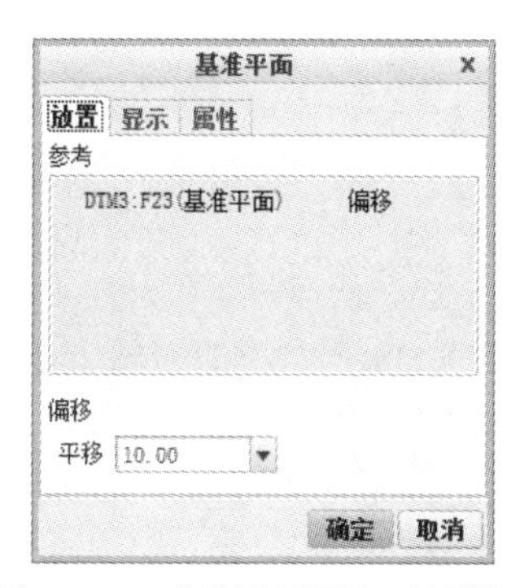

图 6-114 “基准平面”对话框

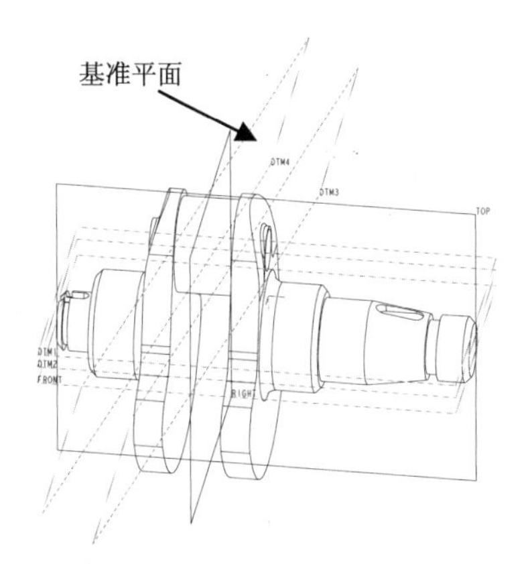

图 6-115 生成的基准平面

提示：它是通过相对平面平移一定距离的方式生成的。

⑦在基准特征面板中单击“基准轴”按钮，系统弹出如图 6-116 所示的“基准轴”对话框。

⑧按下 Ctrl 键，选择 TOP 面和 DTM4 面，单击“确定”按钮，生成如图 6-117 所示基准轴 A_16。它是通过两面相交定义的，这就是需要的孔轴。

图 6-116 “基准轴”对话框

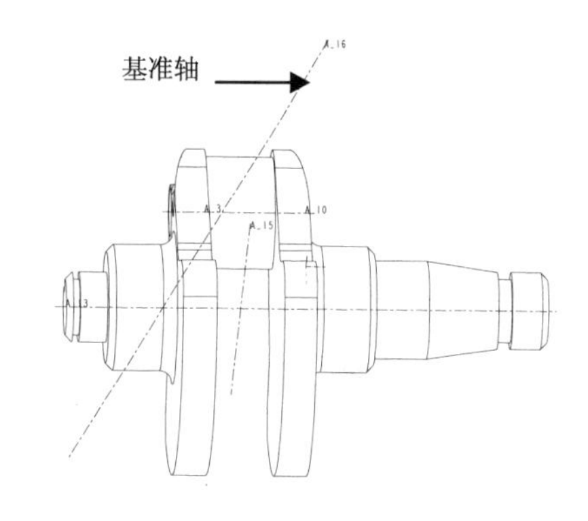

图 6-117 生成的基准轴

提示：如果需要在凹曲面上建立孔，则不能直接选择该曲面，需要建立基准平面才可以。

⑨在基准特征面板中单击“基准轴”按钮，系统弹出如图 6-118 所示的“基准轴”对话框。

⑩按下 Ctrl 键，选择 FRONT 面和 DTM4 面，单击“确定”按钮，生成如图 6-119 所示基准轴 A_17。

⑪在基准特征面板中单击“基准平面”按钮，系统弹出如图 6-120 所示的“基准平面”对话框。

⑫按下 Ctrl 键，选择 A_17 轴和 DTM4 面，然后在“旋转”框中输入 90 度，确定即可得到新的基准平面 DTM5，如图 6-121 所示。

⑬在基准特征工具栏中单击“基准平面”按钮，系统弹出如图 6-122 所示的“基准平面”对话框。

基准轴
放置 显示 属性
参考
DTM4:F24(基准平面) 穿过
FRONT:F3(基准平面) 穿过
偏移参考
单击此处添加项
确定 取消

图 6-118 “基准轴”对话框

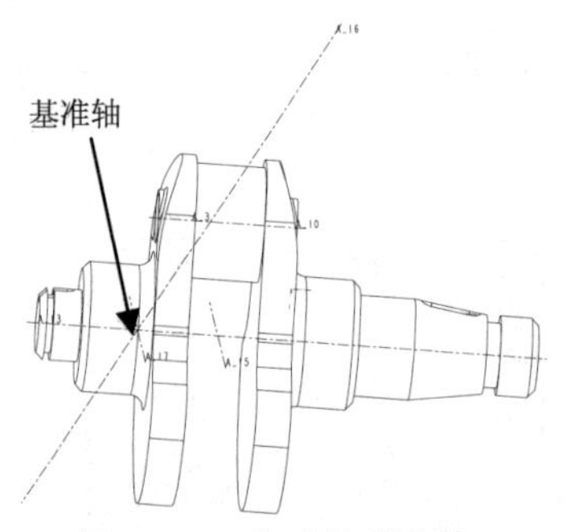

图 6-119 生成的基准轴

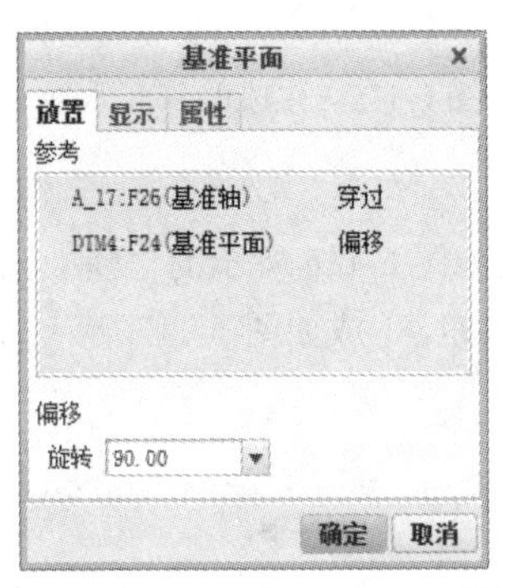

图 6-120 “基准平面”对话框

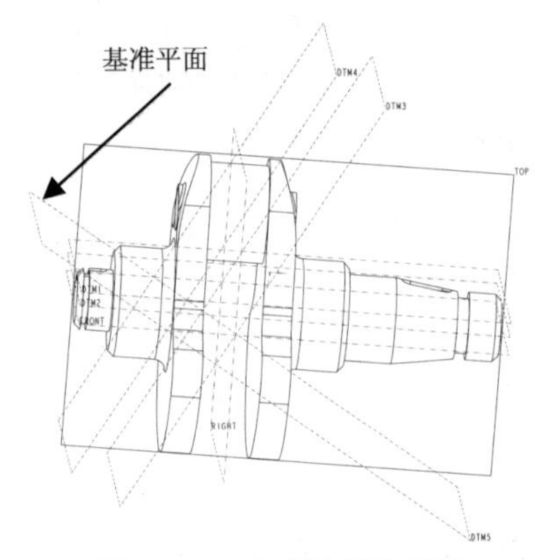

图 6-121 生成的基准平面

⑭选择刚刚建立的基准平面 DTM5，然后在“平移”框中输入-15，确定即可得到新的基准平面 DTM6，如图 6-126 所示。这就是孔所在的放置平面。

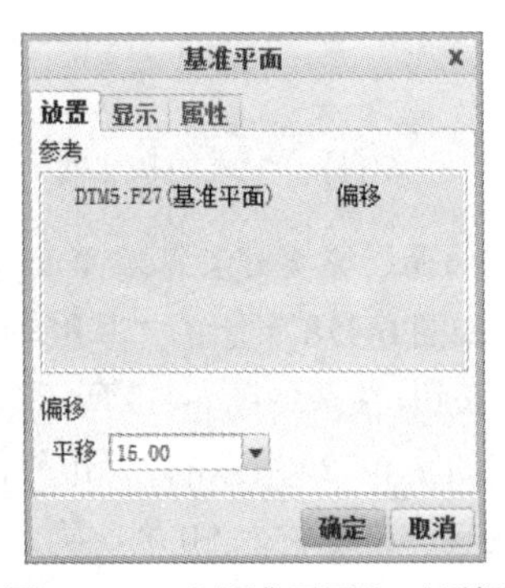

图 6-122 “基准平面”对话框

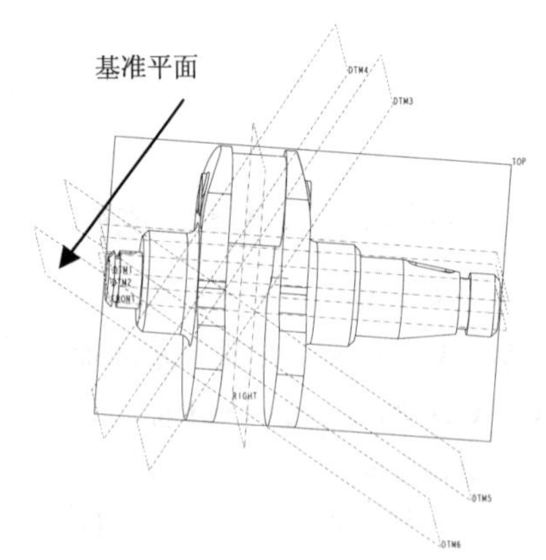

图 6-123 生成的基准平面

2）建立通孔。从图 6-109 中可以看出，这个孔位于主轴颈曲面上，到达油腔。

具体操作步骤如下：

①单击构建特征工具栏上的“孔”按钮，系统弹出“孔”操控板。

②在 DTM6 面上单击，作为孔的放置面。

③单击“放置”选项卡，在“类型”下拉列表中选择“同轴”类型，然后在“偏移参照”列表中单击，选择 A_16 轴。在操控板的“直径”框中输入 2，在“深度”框中输入 35，如图 6-124 所示。

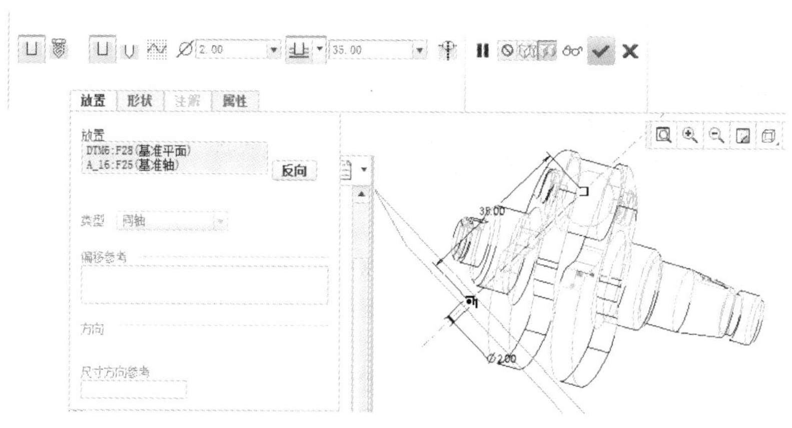

图 6-124　孔参数设置

④确定后结果如图 6-125 所示。

3）建立另一侧的通孔。通过镜像操作即可完成。

具体操作步骤如下：

①在模型树上选择孔 2，此时镜像按钮可用。

②单击镜像工具，系统弹出“镜像”操控板。

③选择 RIGHT 面作为镜像参照面，确定后结果如图 6-126 所示。

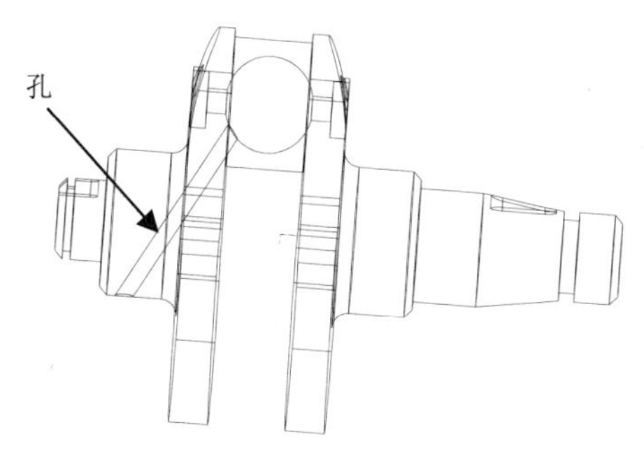

图 6-125　生成孔

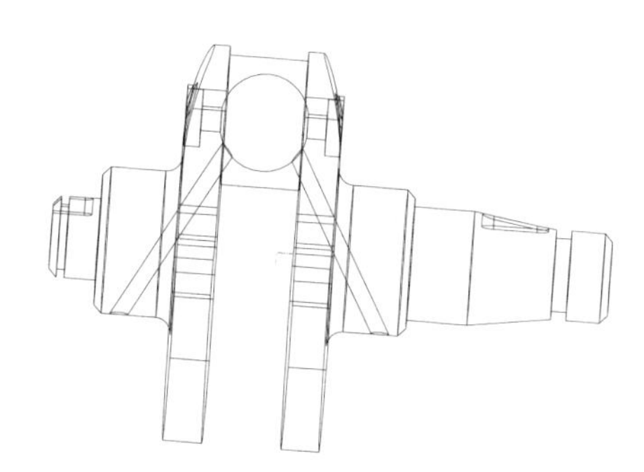

图 6-126　镜像结果

7

轮盘类零件设计

7.1 轮盘类零件结构特点和表达方法

机器中常见到的轮盘类零件有齿轮、蜗轮、带轮、各种手轮、法兰盘及端盖等，它们在机器中的作用各不相同，但在结构上和表达方法上都有相同之处。其中，轮类零件一般是由轮毂、轮辐和轮缘三部分组成，如图 7-1 所示。盘类零件一般是扁平的盘状，其上加工有连接用的孔等结构，如图 7-2 所示。通常它们的外形轮廓一般较为复杂，其中往往有一个端面是与其他零件靠紧的重要接触面。

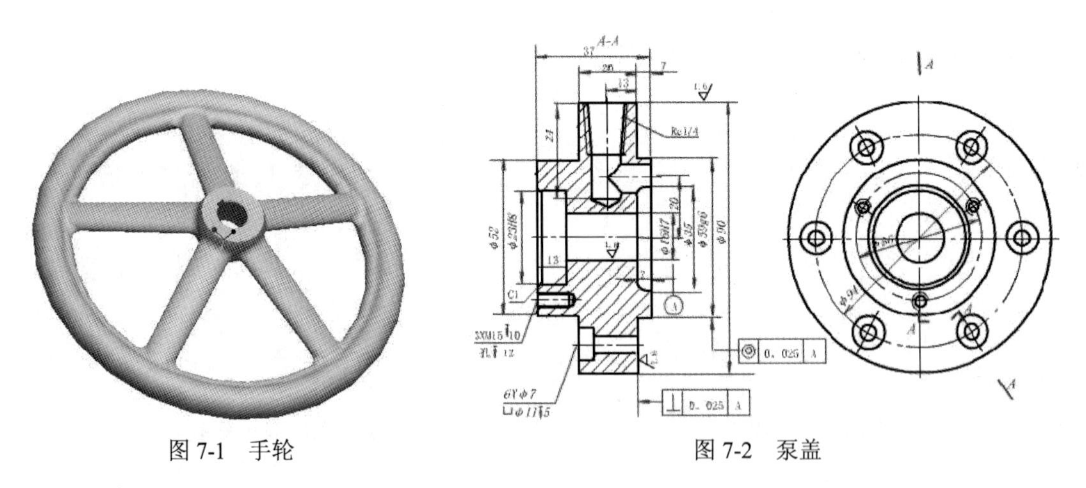

图 7-1 手轮　　　　图 7-2 泵盖

一般来说，这种零件都是通过拉伸、旋转等操作建立基本体，随后在上面通过孔等操作建立其他特征。

7.2 箱盖设计

如图 7-3 所示，箱盖基本上是一个平板型零件。箱盖的四角做成圆角并有装入螺钉的沉孔。箱盖底面应与箱体密切接触，因此必须加工。为了减少加工面积，需要将四周做成凸缘。箱盖顶面有长方形凸台，并开有加油孔，凸台上有 4 个螺孔，便于加油盖的装拆，箱盖顶面的 4 个棱边为了外形美观做成圆弧形。

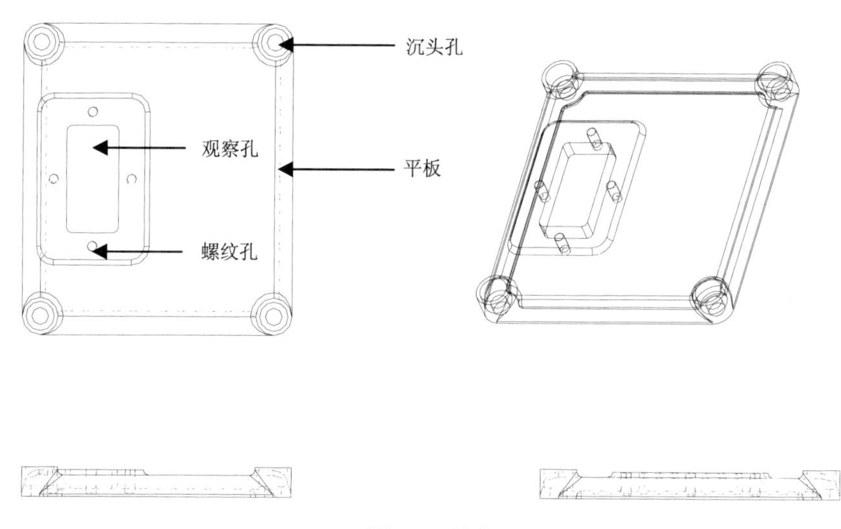

图 7-3　箱盖

7.2.1 设计思路与方法

在图 7-3 中，可以通过拉伸操作建立平板基本体，随后通过拉伸切减操作建立底板空腔。然后通过拉伸操作建立四角的沉孔凸台和加油孔凸台，并通过孔操作建立沉孔。通过拉伸切减操作建立观察孔，然后建立其上的 4 个螺纹孔。最后通过倒圆角操作建立圆角。

本练习所涉及的命令包括：

（1）草绘命令：中心线、矩形、直线、圆弧、镜像、删除段、倒圆角、尺寸定义与修改。

（2）特征构建特征：拉伸。

（3）特征编辑：孔（简单孔、螺栓孔）、倒圆角、阵列、复制。

7.2.2 设计过程

下面就按照所分析的思路进行建模。

1. 建立零件文件 xianggai.prt

具体操作步骤如下：

（1）建立工作目录。

（2）选择公制模板 mmns_part_solid，建立零件文件 xianggai.prt。

2. 建立箱盖基本体

从图 7-3 中可以看到，基本体是一个对称型。可以首先通过拉伸特征建立四分之一的实体，然后通过镜像操作生成其他 3 部分。

具体操作步骤如下：

（1）进入拉伸环境特征，选择 TOP 面作为草绘平面，进入草绘环境。

（2）草绘截面轮廓。

1）单击矩形工具，从原点开始绘制一个矩形，长度为 52，宽度为 58，如图 7-4 所示。

2）单击圆角工具，然后选择左下角的两条线，修改半径值为 7，如图 7-5 所示。

3）确定后返回到“拉伸”操控板中。

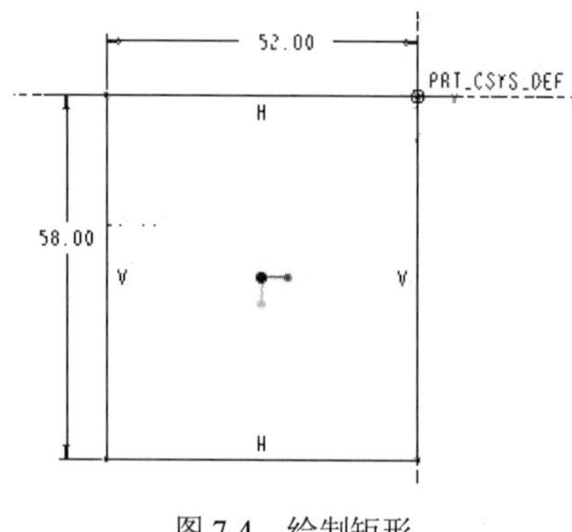

图 7-4　绘制矩形

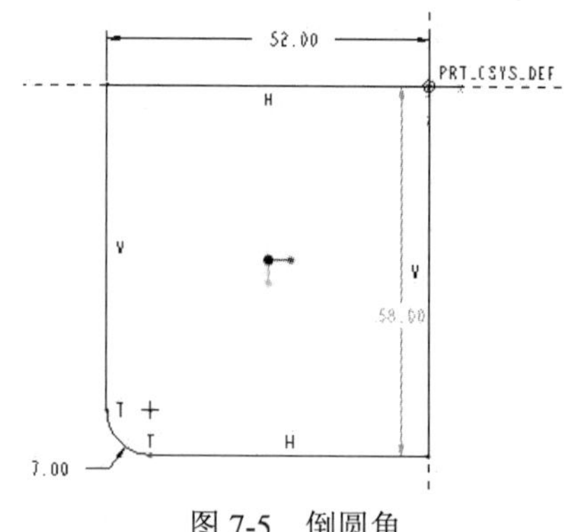

图 7-5　倒圆角

（3）生成实体。在操控板上输入拉伸深度 8，确定后结果如图 7-6 所示。

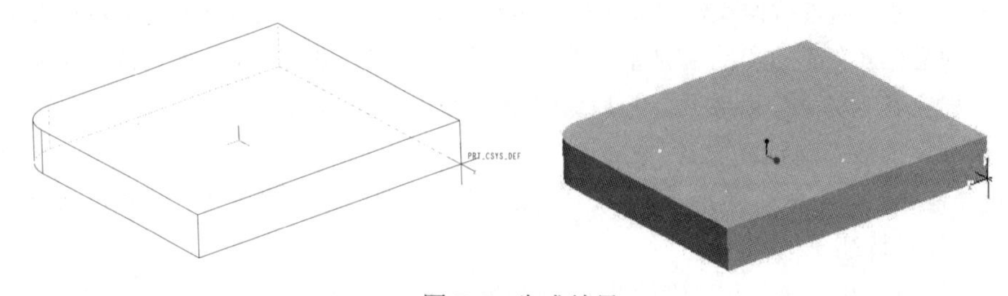

图 7-6　生成结果

（4）通过拉伸切减操作建立底板空腔。

具体操作步骤如下：

1）打开“拉伸”操控板。

2）选择 TOP 面作为草绘平面，进入草绘环境。

3）单击矩形工具 ，从原点开始绘制一个矩形，长度为 45，宽度为 51，如图 7-7 所示。

4）确定后返回到“拉伸”操控板中。

5）在操控板上单击“切剪”按钮 ，输入拉伸深度 3，确定后结果如图 7-8 所示。

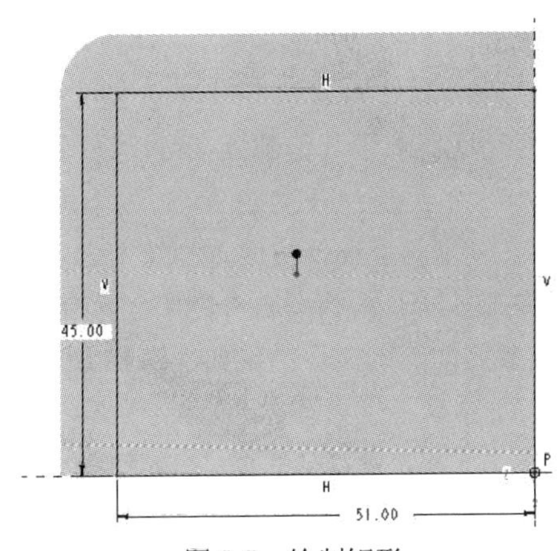

图 7-7 绘制矩形

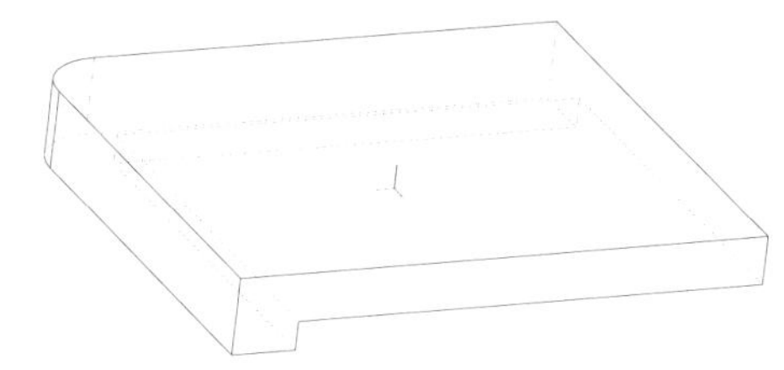

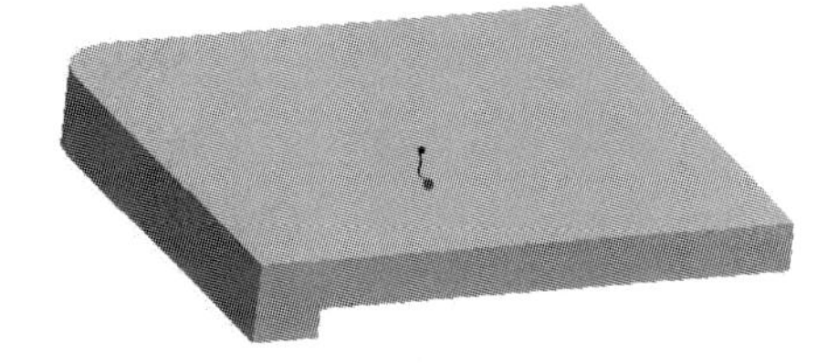

图 7-8 生成结果

（5）建立角上的沉孔所在凸台。

这个凸台为圆柱体，与前面圆角的关系为同心圆，而且带有圆角。仍然可以采用拉伸操作来建立。

具体操作步骤如下：

1）打开“拉伸”操控板。

2）选择底面作为草绘平面，进入草绘环境。

3）单击同心圆工具 ，选择圆角圆弧并单击，绘制半径为 7 的圆。

4）确定后返回到“拉伸”操控板中。

5）在操控板上输入拉伸深度 11，确定后结果如图 7-9 所示。

提示：对于凸台上的通孔，可以直接在此建立，然后在后面通过镜像操作生成其他 4 个角。但为了练习全面，将在后面通过阵列操作来生成。

（6）通过镜像操作完成基本体。

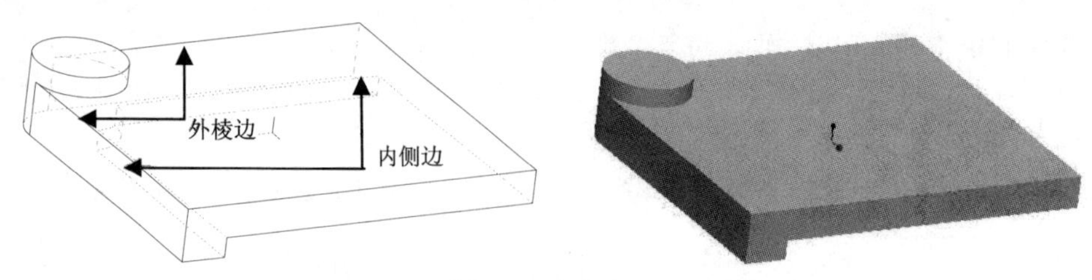

图 7-9　生成结果

到此为止，1/4 的基本体已经完成。对于其他部分，可以采用镜像操作。

具体操作步骤如下：

1）按下 Ctrl 键或 Shift 键，在模型树上选择拉伸 1 和拉伸 3，此时镜像按钮可用。

2）单击“编辑”面板中镜像工具，系统弹出“镜像”操控板。

3）选择 RIGHT 面作为镜像参照面，确定后结果如图 7-10 所示。

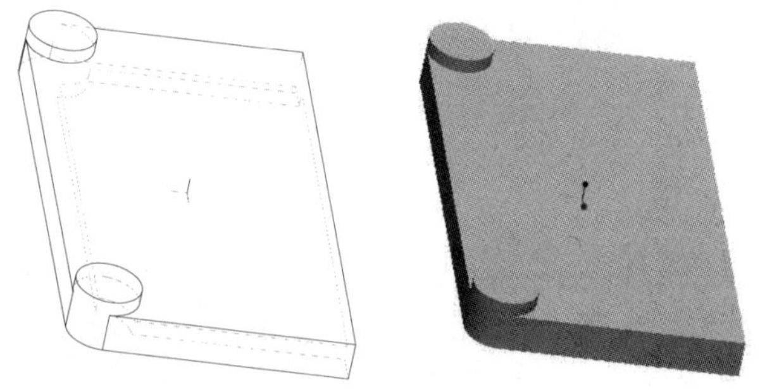

图 7-10　镜像结果

4）按下 Ctrl 键或 Shift 键，在模型树上选择拉伸 1 到镜像 1，此时镜像按钮可用。

5）单击镜像工具，系统弹出“镜像”操控板。

6）选择 FRONT 面作为镜像参照面，确定后结果如图 7-11 所示。

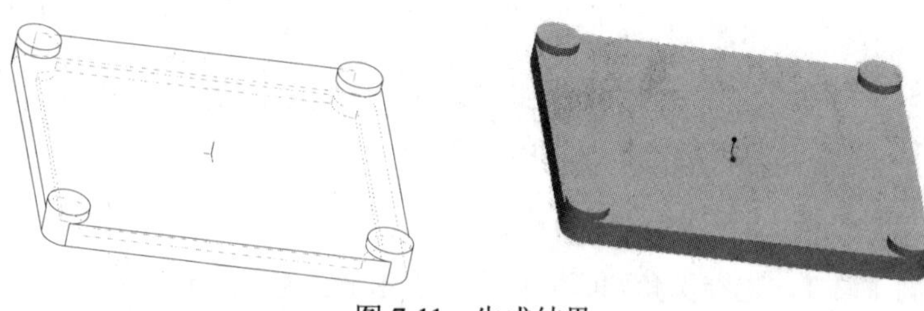

图 7-11　生成结果

（7）对基本体进行倒圆角操作。

从图 7-3 中可以看出，这个基本体的四边带有圆角，而且凸台同平板的相交处也带有圆角。

具体操作步骤如下：

1）在“工程”面板中单击“倒圆角”按钮，系统弹出如图 7-12 所示操控板。

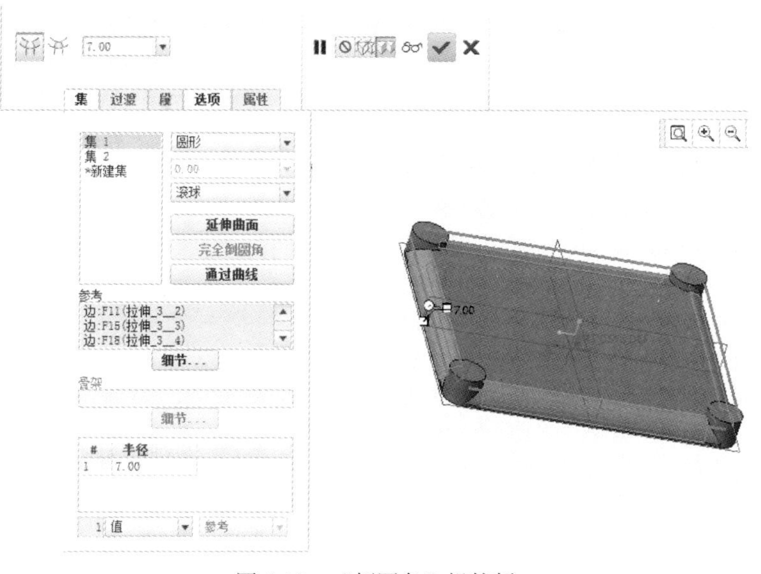

图 7-12 “倒圆角”操控板

2）按下 Ctrl 键，在平板上表面外侧 4 条棱线上单击，然后在操控板上输入圆角半径 7。

3）单击“新建集”，然后按下 Ctrl 键，在平板底面内侧 4 条棱线上单击，在操控板上输入圆角半径 2。

4）确定后结果如图 7-13 所示。

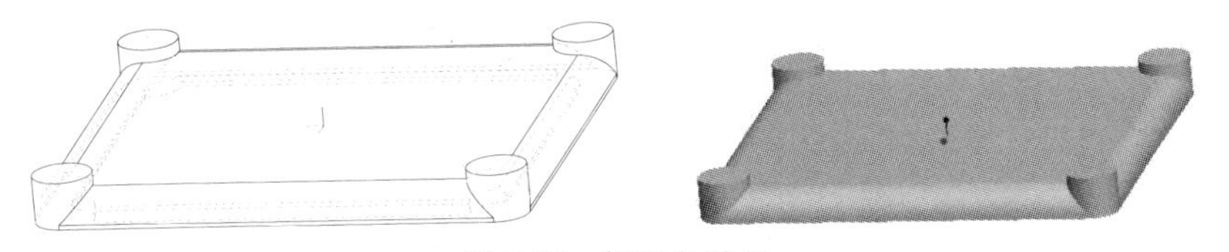

图 7-13 倒圆角结果

5）在“工程”面板中单击“倒圆角”按钮，系统弹出“倒圆角”操控板。

6）在平板上凸台与平板交线和底板交线上单击，然后在操控板上输入圆角半径 2。

7）确定后结果如图 7-14 所示。

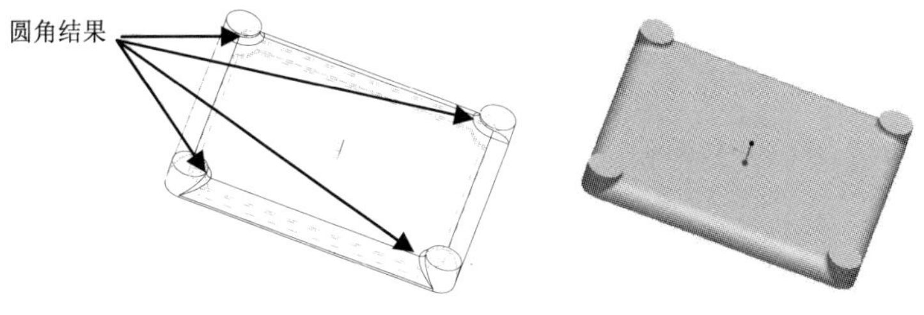

图 7-14 倒圆角结果

设计一点通：如果在前4步中直接完成后面的两个倒圆角，则圆角将发生干涉现象，无法完成。所以需要单独进行。

3. 建立4角沉孔

4个角上的沉孔都是带有锪孔的，可以采用草绘孔方式建立一个孔，随后通过阵列方式建立其他孔。

具体操作步骤如下：

（1）建立一个通孔。

1）单击“工程”面板上的“孔”按钮，系统弹出“孔”操控板。

2）在一个凸台面上单击，作为孔的放置面。

3）单击“放置”选项卡，在“放置”列表中单击，按下Ctrl键，选择凸台的中心线，系统自动在“类型”下拉列表框中选择“同轴”选项。

4）在操控板中选择“草绘”，如图7-15所示。单击“草绘”按钮，进入草绘环境。绘制垂直中心线与孔轮廓线，如图7-16所示。完成后确定，回到实体状态。

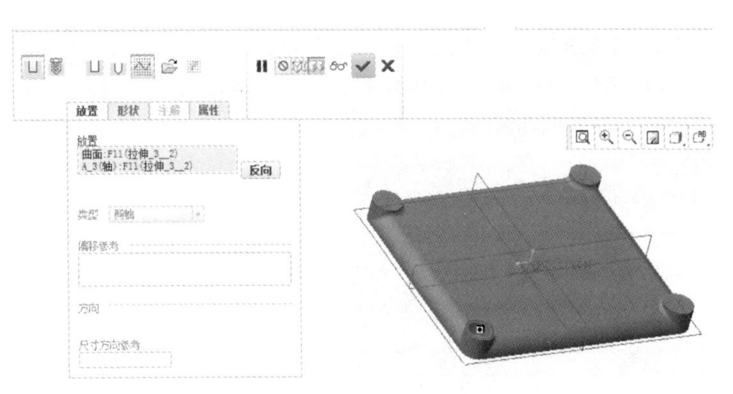

图7-15 选择草绘方式

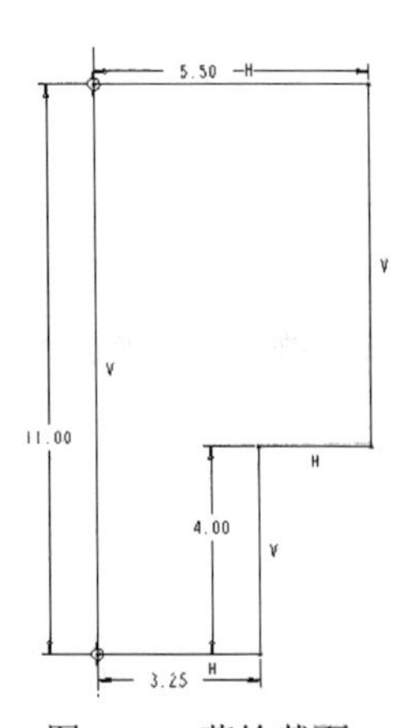

图7-16 草绘截面

5）确定后结果如图7-17所示。

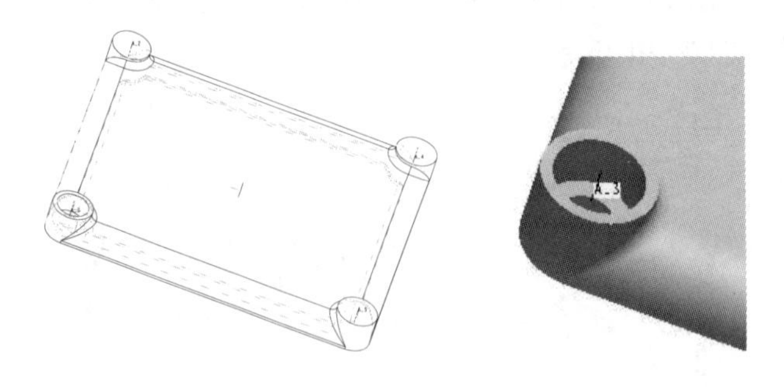

图7-17 生成孔

（2）通过阵列方式生成其他孔。

1）在模型树上单击孔 1，此时阵列按钮可用。

2）单击“阵列”按钮，系统弹出如图 7-18 所示操控板。

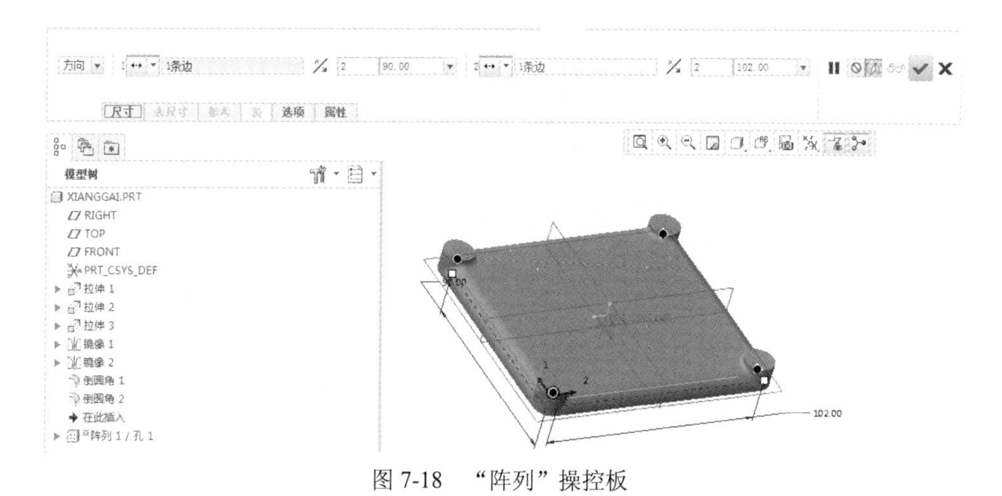

图 7-18　“阵列”操控板

3）选择阵列类型为“方向”，在第一个参照中单击，然后选择两个凸台圆心的连接线，在间距框中输入 90；在第二个参照中单击，然后选择两个凸台圆心的连接线，在“间距”框中输入 102。

4）确定后结果如图 7-19 所示。

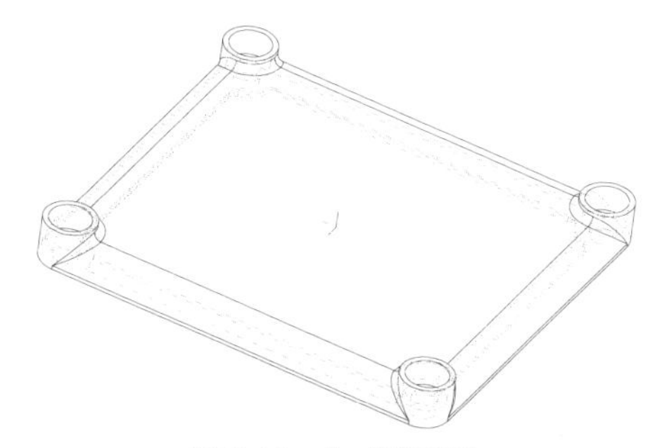

图 7-19　生成阵列孔

4. 建立观察孔

观察孔自身也建立在一个凸台上，可以通过拉伸操作和拉伸切减操作建立观察孔，并通过孔操作建立一个螺纹孔，最后通过复制操作建立其他螺纹孔。

具体操作步骤如下：

（1）建立观察孔凸台。这个凸台高为 2，呈长方形，四角带有圆角。其一边与两个同边沉孔中心连线共线。

1）打开“拉伸”操控板。

2）选择平板顶面作为草绘平面，进入草绘环境。

3）单击矩形工具□，然后绘制长为 60、宽为 40 的长方形，其长边位于长为 116 的基本体上两个沉孔中心连线上。

4）单击圆角工具∟，对 4 个角倒圆角，并修改半径值为 5，结果如图 7-20 所示。

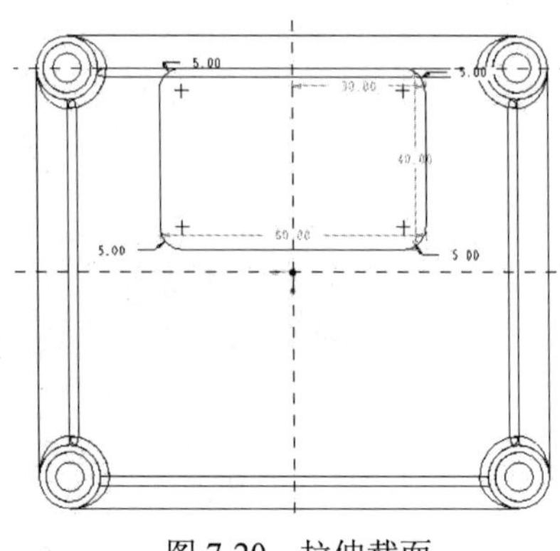

图 7-20　拉伸截面

5）确定后返回到“拉伸”操控板中。

6）在操控板上输入拉伸深度 2，确定后结果如图 7-21 所示。

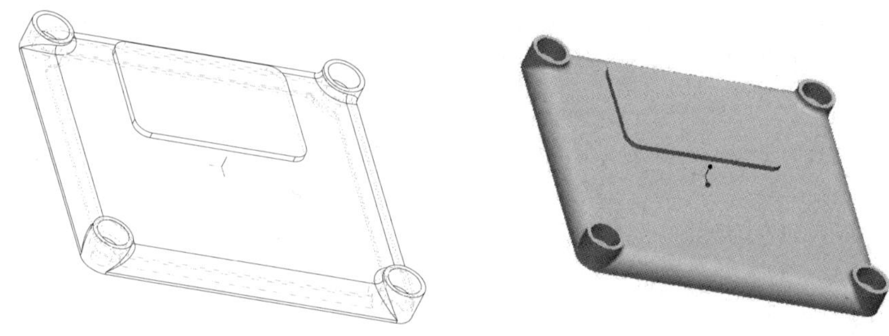

图 7-21　生成结果

（2）建立通孔。这个通孔呈矩形，可以采用孔操作，也可以采用拉伸切减操作。

1）打开“拉伸”操控板。

2）选择观察孔顶面作为草绘平面，进入草绘环境。

3）单击矩形工具□，然后绘制长为 40、宽为 20 的长方形，对称于凸台中心线。

4）单击圆角工具∟，对 4 个角倒圆角，并修改半径值为 2，结果如图 7-22 所示。

5）确定后返回到“拉伸”操控板中。

6）在操控板上输入拉伸深度 15，单击切减按钮◩，确定后结果如图 7-23 所示。

（3）生成螺栓孔。这 4 个螺栓孔呈对称位置排列，采用阵列操作就比较麻烦。可以采用 4 次生成孔的方式，也可以采用复制方式。在这里采用直接生成的方式。

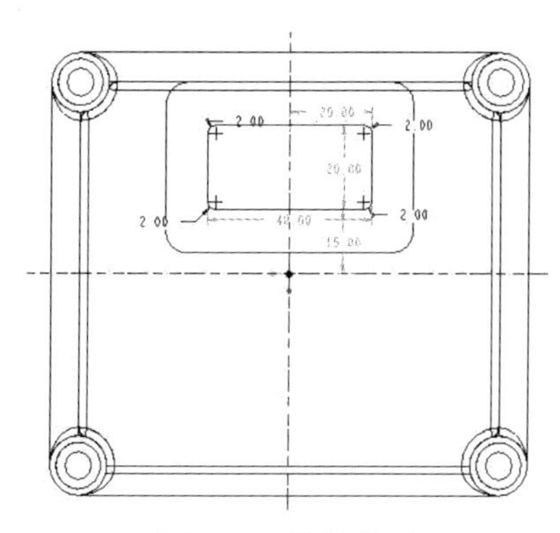

图 7-22　拉伸截面

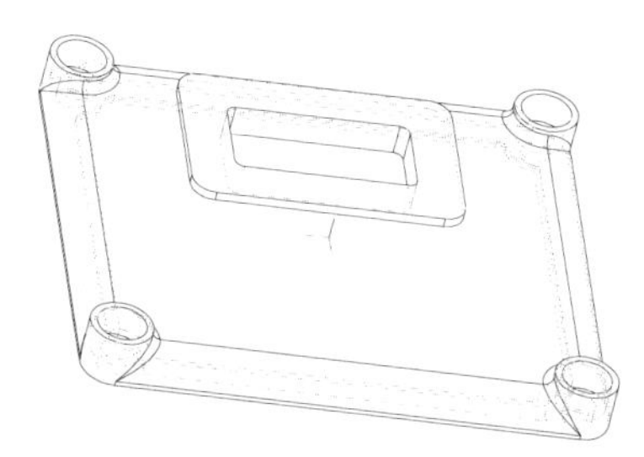

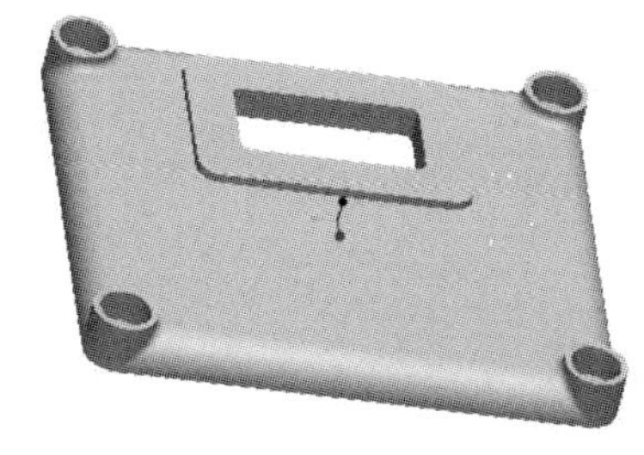

图 7-23　生成结果

1）进入孔操作环境，打开显示“孔”操控板。

2）放置孔。单击“放置”选项卡，并在“放置”列表框中单击，然后选择观察孔顶面。

3）定位孔。在“类型”下拉列表框中选择“线性”选项。在“偏移参考”列表框中单击，然后按下 Ctrl 键，选择 RIGHT 面和 FRONT 面。分别在其右侧偏移距离框中输入 25。

4）选择标准孔参数。在操控板上单击“标准孔”按钮，此时操控板如图 7-24 所示。在螺纹类型框中选择 M4×.35 并回车。

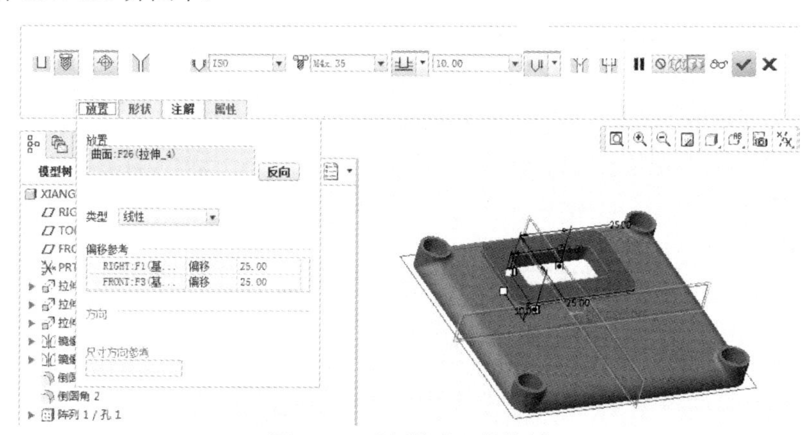

图 7-24　“标准孔”操控板

5）在操控板上的深度框中输入 10 并回车。

6）确定后结果如图 7-25 所示。

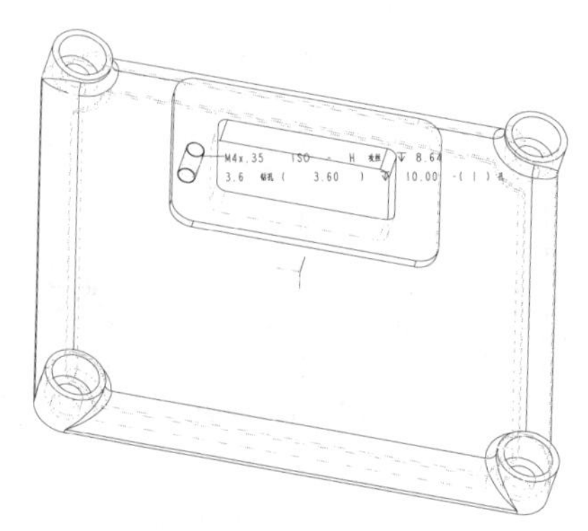

图 7-25　建立螺栓孔

（4）采用同样的方法建立另外三个螺栓孔，结果如图 7-26 所示。均位于凸台观察孔中间位置。

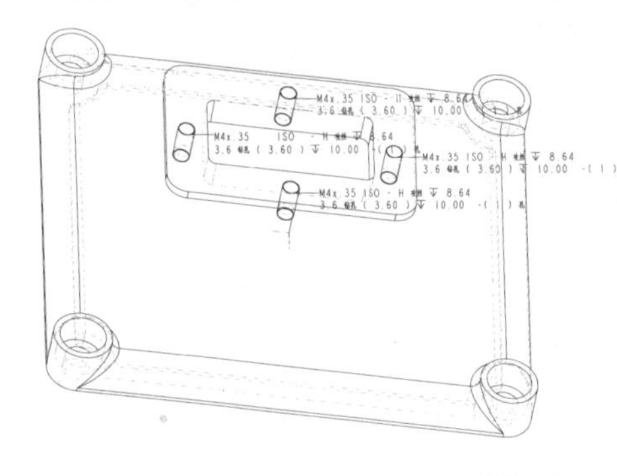

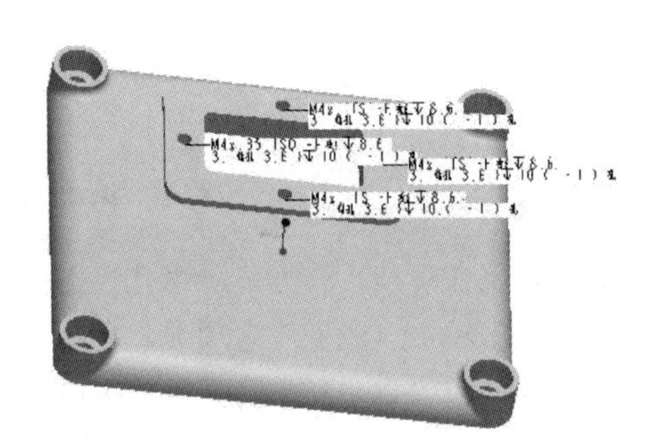

图 7-26　建立其他螺栓孔

（5）对观察孔底边倒圆角。

具体操作步骤如下：

1）打开“圆角”操控板。

2）在凸台与平板相交线上单击，然后在操控板上输入圆角半径 2。

提示：此时无需像前面选择边线那样按下 Ctrl 键，因为该边此时为链，没有与其他特征发生关联，如图 7-27 所示。

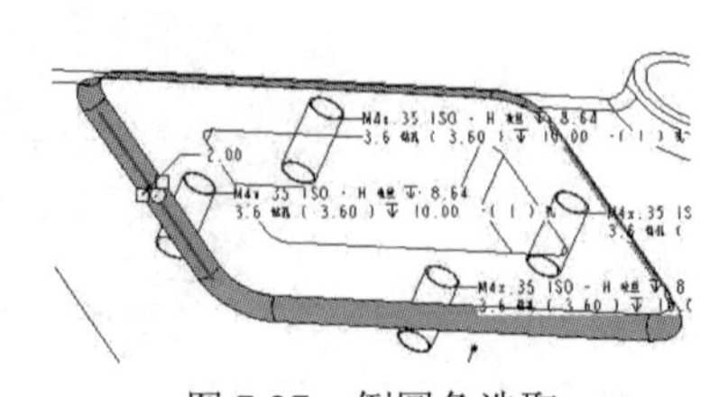

图 7-27　倒圆角选取

3）确定后结果如图 7-28 所示。

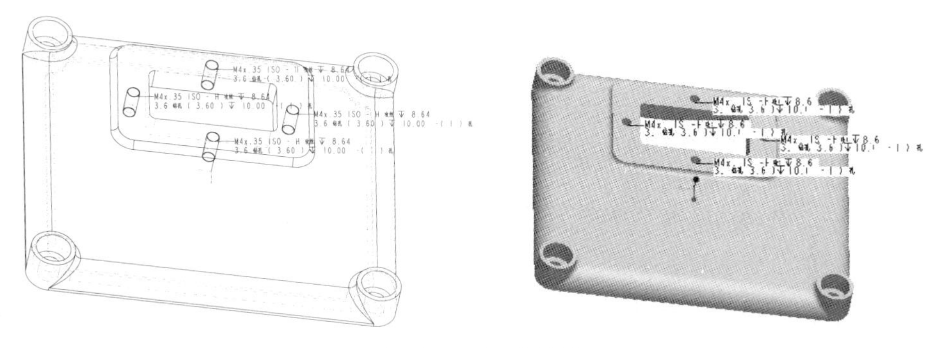

图 7-28　倒圆角结果

7.3　泵盖设计

在这个实例中，将创建如图 7-29 所示的泵盖。它用于齿轮液压泵，起着支承和密封的作用。它的底面与泵体安装在一起，是安装接触面。

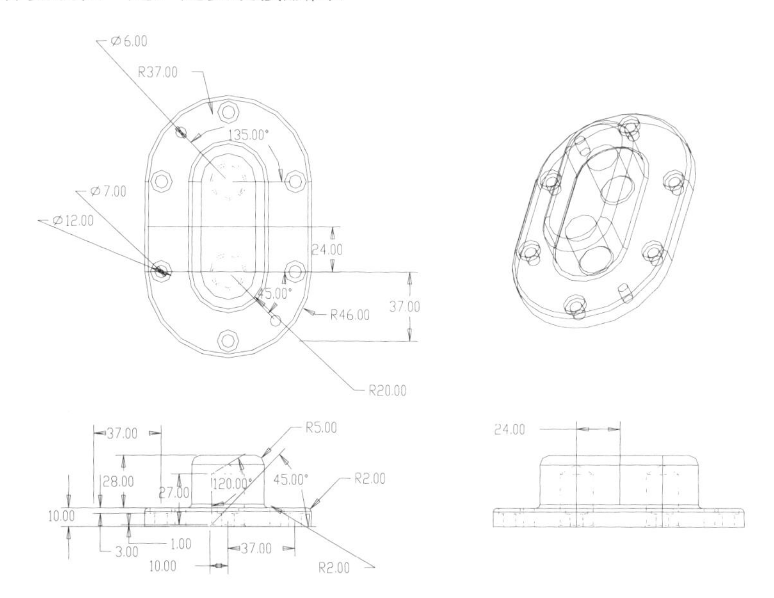

图 7-29　阵列结果

可以看到，在其底板上有 6 个规格一样的同轴沉头螺钉连接孔。为了支承齿轮轴，其内腔开有两个精度要求高的孔。为了便于安装定位，还采用了两个定位销孔。其主体模型基本上呈对称形状。

7.3.1 设计思路与方法

从其基本建模思路看，可以采用先绘制半边对象，然后镜像的方式来生成最终模型。对于孔来说，它们的基本形状呈环形阵列的方式。但是又不是整周的，因此在阵列上可以采用环形阵列生成角度增量为 90° 的 3 个孔。为了说明一些复杂阵列的生成，在这里采用生成阵列时取消某几个实例的方式来建立。

对于两个销孔，可以采用镜像操作的方式，也可以采用复制生成的方式。这里采用复制平移方式。

本练习所涉及的命令包括：

（1）草绘命令：中心线、矩形、直线、圆弧、镜像、删除段、倒圆角、尺寸定义与修改。

（2）特征构建特征：拉伸。

（3）特征编辑：孔（简单孔、螺栓孔）、倒圆角、阵列、复制。

7.3.2 设计过程

生成泵盖的整个过程为：首先通过两次拉伸操作建立半边的基础实体，然后建立一个直边上的通孔和一个与其同轴的锪孔。将两个孔合并成组，通过环形阵列方式建立 3 个孔的阵列。通过草绘孔方式建立盖上的大孔。通过镜像生成总体特征。生成一个销通孔，并通过复制操作的方式建立另一侧销孔。最后通过边倒圆角方式进行倒圆。

下面就按照所分析的思路进行建模。

1. 建立零件文件 benggai.prt

具体操作步骤如下：

（1）建立工作目录。

（2）选择公制模板 mmns_part_solid，建立零件文件 benggai.prt。

2. 建立一个通过两个侧边通孔中心的基准平面

它用来定位两个锪孔和通孔，其距离中间面为 24。

（1）在基准特征工具栏上单击“基准平面”按钮，系统弹出如图 7-30 所示对话框。

（2）选择 FRONT 面作为参照，输入平移距离 24，确定后结果如图 7-31 所示。

提示：注意观察黄色方向箭头是否符合用户自身的偏移方向要求。如果不满意，可以通过双击令其反向。

3. 生成基础特征和主体特征

基础特征可以采用截面积较大的平板，然后在其基础上生成盖体突起部分。

（1）首先生成基础特征。

1）打开“拉伸”操控板。

2）选择 TOP 面作为草绘参考面，进入草绘环境。

3）利用圆弧工具绘制圆弧，其两个端点位于 DTM1 上，半径为 46；利用线工具绘制两条直线，其端点位于 FRONT 面上，结果如图 7-32 所示。

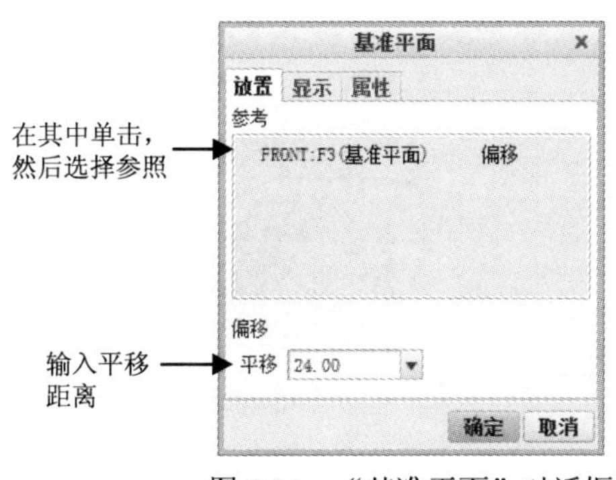

图 7-30　“基准平面”对话框

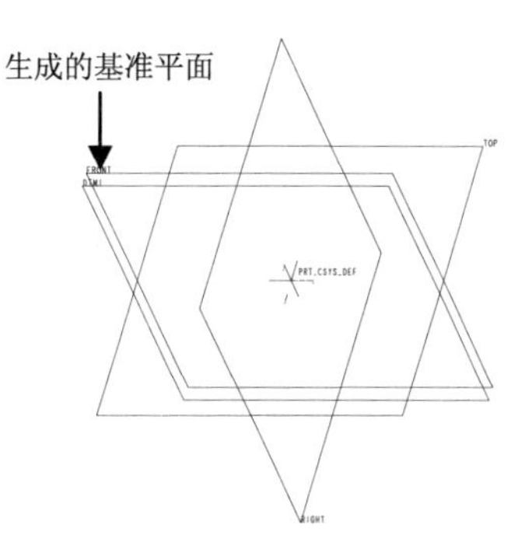

图 7-31　生成的基准平面

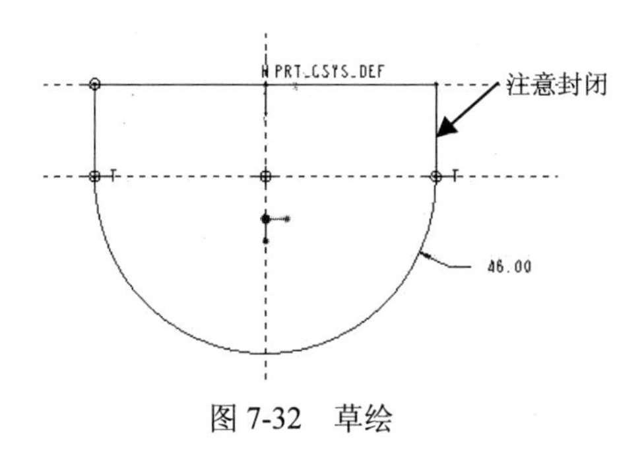

图 7-32　草绘

提示：

- 圆弧工具要采用圆心端点绘制方式，圆心位于 DTM1 上。
- 当系统提示是否加亮图元对齐时需要确定。

4）完成后确定，返回到“拉伸”操控板。

5）在“深度”文本框中输入拉伸厚度 10，确定后结果如图 7-33 所示。

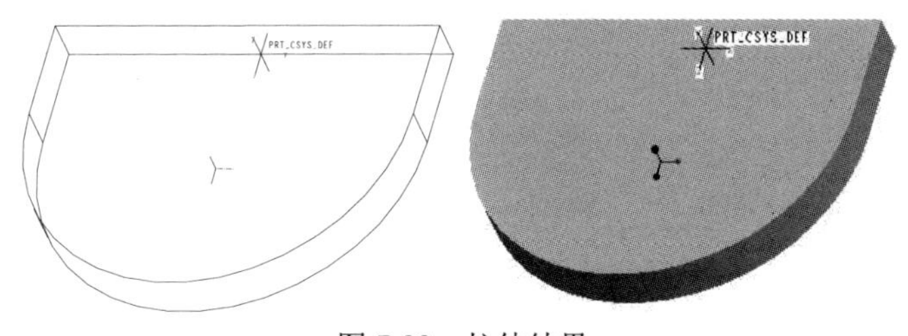

图 7-33　拉伸结果

（2）建立泵盖突起部分。

其基本过程与基础特征是一样的，只是在选择草绘平面时要选择基础特征顶面，并且圆弧半径为 20，如图 7-34 所示。拉伸高度为 28，结果如图 7-35 所示。

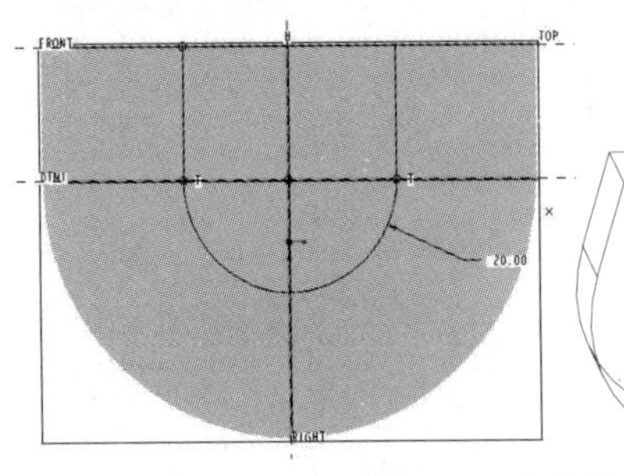

图 7-34　草绘图形

图 7-35　拉伸结果

（3）生成底板直边上的通孔和锪孔。

其中，通孔采用线性定位，该孔距离 FRONT 面 24，距离 RIGHT 面 37，直径为 7；锪孔采用同轴孔，直径为 12，高度为 3。

首先建立通孔，具体操作步骤如下：

1）打开“孔”操控板。

2）单击“放置”选项卡，然后单击底板上表面作为主参照。

3）在定位类型上选择“线性”，在“偏移参考”列表框中单击，然后按下 Ctrl 键，分别选择 FRONT 和 RIGHT 面，分别输入距离 24 和 37。

4）在操控板上输入孔直径 7，选择深度类型为通孔方式。

5）确定后结果如图 7-36 所示。

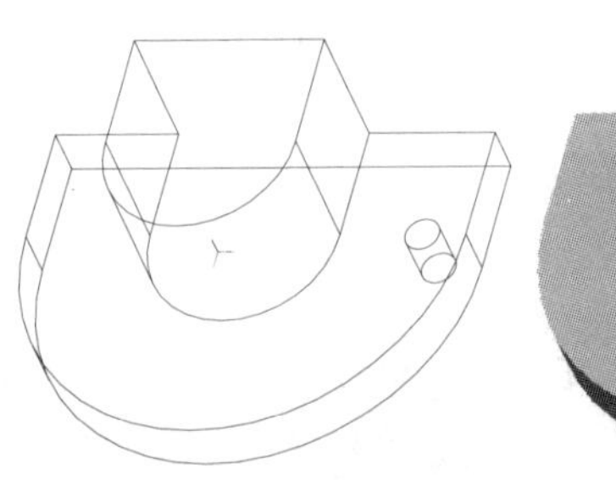

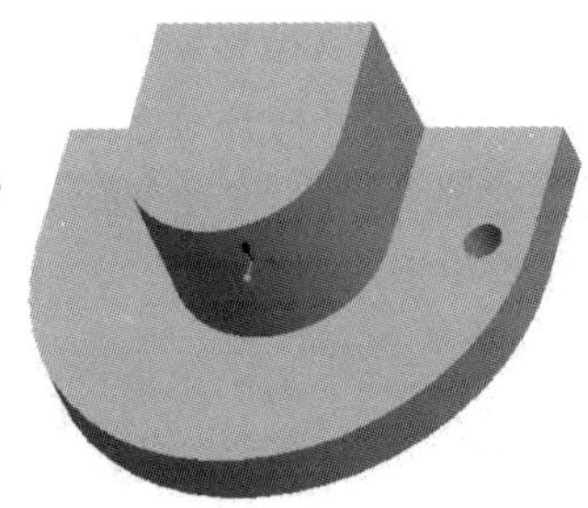

图 7-36　通孔结果

其次建立锪孔，具体操作步骤如下：

1）打开“孔”操控板。

2）单击“放置”选项卡，然后单击底板上表面作为主参照。

3）按下 Ctrl 键，然后选择通孔的轴，系统自动在定位类型上选择“同轴”。

4）在操控板上输入孔直径 12，输入深度为 3。

5）确定后结果如图 7-37 所示。

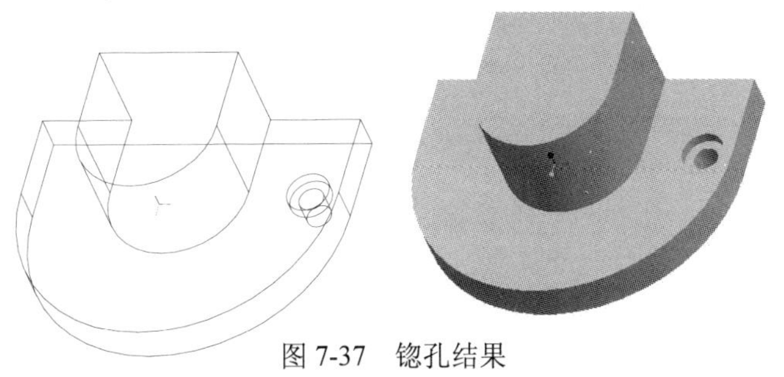

图 7-37　锪孔结果

（4）建立底面上的钻孔。

这是一个截面复杂的孔，需要采用草绘孔方式，具体操作步骤如下：

1）打开“孔”操控板。

2）单击“放置”选项卡，然后单击泵盖下表面作为主参照。

3）在定位类型上选择“线性”，在“偏移参考”列表框中单击，然后按下 Ctrl 键，分别选择 DTM1 和 RIGHT 面，并输入距离 0 和 0。

4）在操控板上选择“草绘”类型，此时操控板如图 7-38 所示。

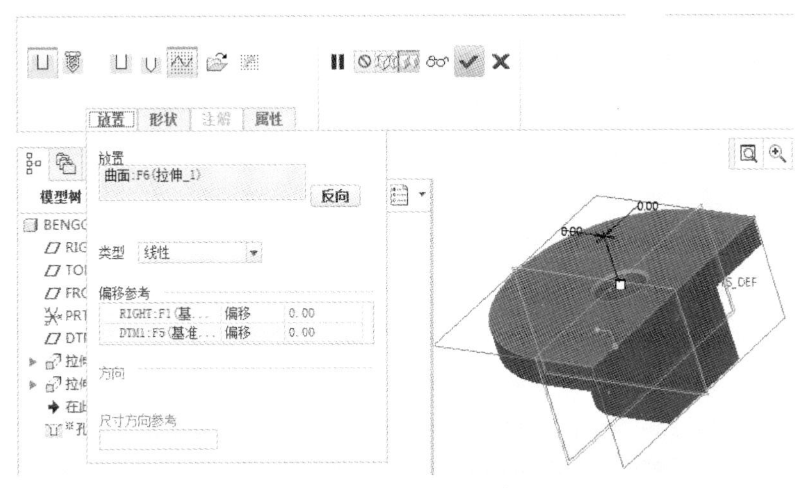

图 7-38　草绘孔操控板

5）单击“草绘”按钮，进入草绘环境。

6）利用“线”工具首先绘制一条垂直中心线，然后绘制闭合直线，如图 7-39 所示，确定。

7）继续确定，结果如图 7-40 所示。

（5）建立圆弧部位的通孔和锪孔。

这可以通过复制的方式来建立。具体操作步骤如下：

1）按下 Shift 键，在模型树上选择通孔和锪孔，单击鼠标右键，如图 7-41 所示。

2）在弹出的快捷菜单中选择“组”命令，结果如图 7-42 所示。

10.00
H
1.00
45.00
27.00
V
V
120.00

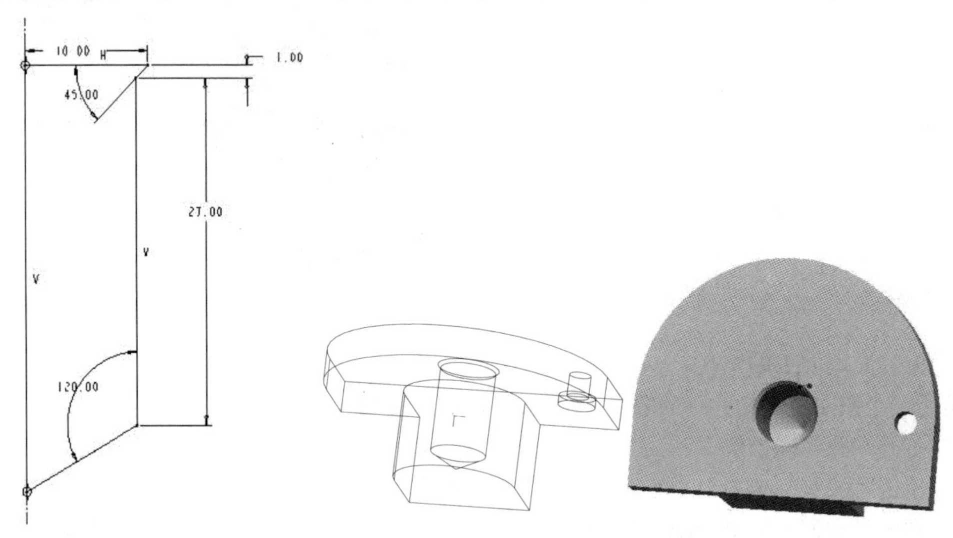

图 7-39　孔截面

图 7-40　生成的草绘孔

BENGGAI.PRT
RIGHT
TOP
FRONT
PRT_CSYS_DEF
DTM1
拉伸 1
拉伸 2
孔 3
孔 1
将表示设置为
删除
组
隐含
编辑
转换为轻量化
隐藏
编辑参数

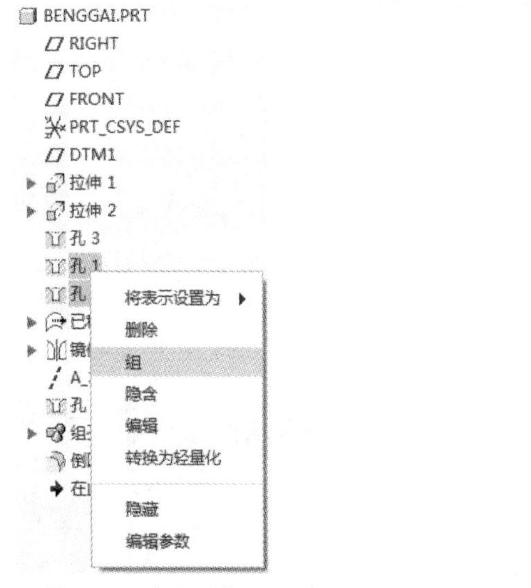

图 7-41　选取对象

BENGGAI.PRT
RIGHT
TOP
FRONT
PRT_CSYS_DEF
DTM1
拉伸 1
拉伸 2
孔 3
组LOCAL_GROUP
已移动副本 1
镜像 1
A_30
孔 10
组孔_11
倒圆角 1
在此插入

图 7-42　组结果

3）选中该组，选择“操作”面板中“复制”命令。

4）选择“操作”面板中“粘贴”→“选择性粘贴”命令，系统弹出如图 7-43 所示的对话框。

5）从中选中“对副本应用移动/旋转变换”复选框，单击“确定”按钮，系统弹出如图 7-44 所示的“变换”操控板。

6）选择 DTM1，然后在数值文本框中输入 37，此时在“变换”列表中增加了“新移动”。

7）选择“新移动”，然后选择 RIGHT，在数值文本框中输入-37。

8）确定后结果如图 7-45 所示。

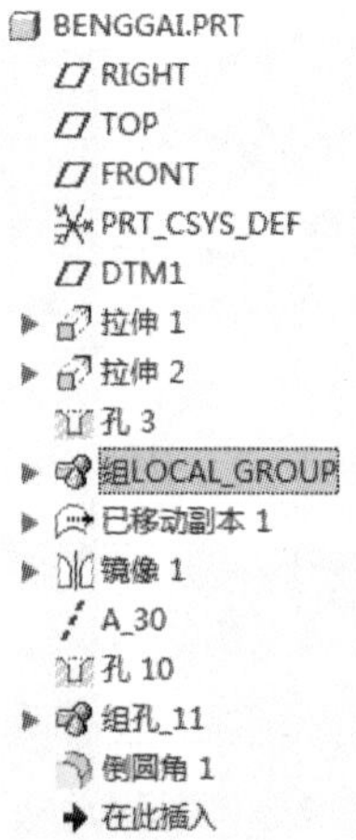

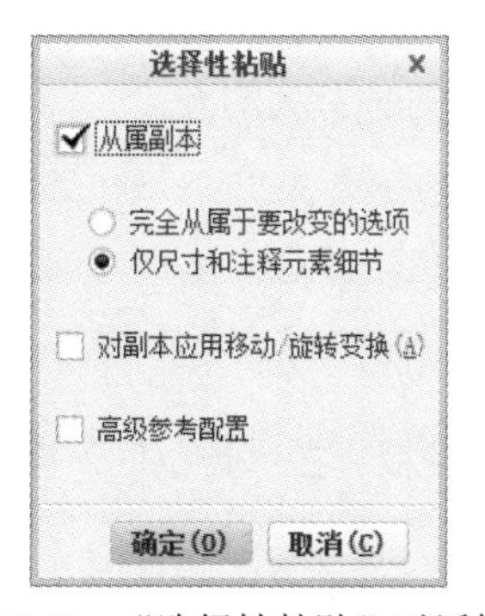

图 7-43　“选择性粘贴”对话框

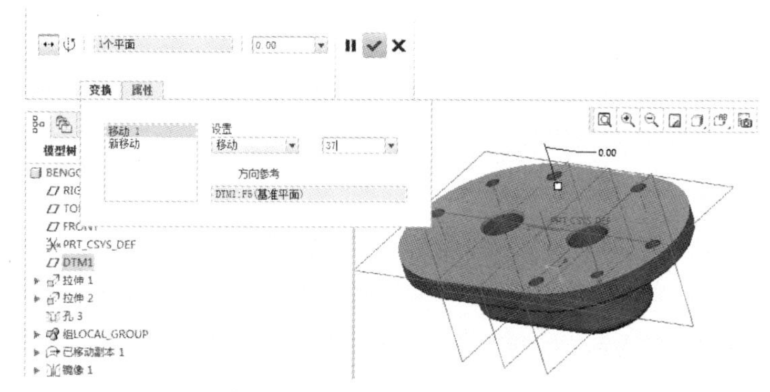

图 7-44　“变换”操控板

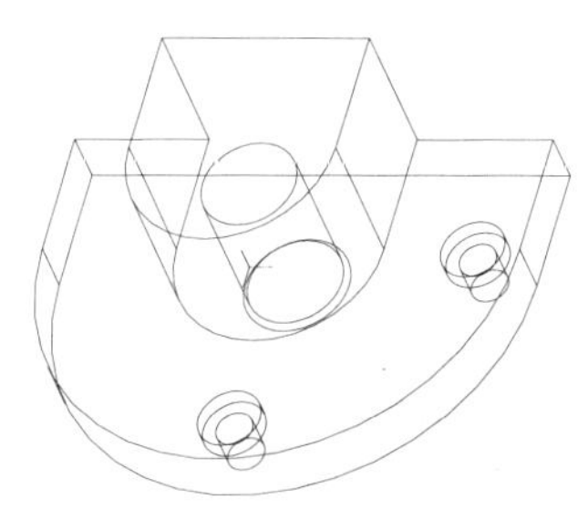
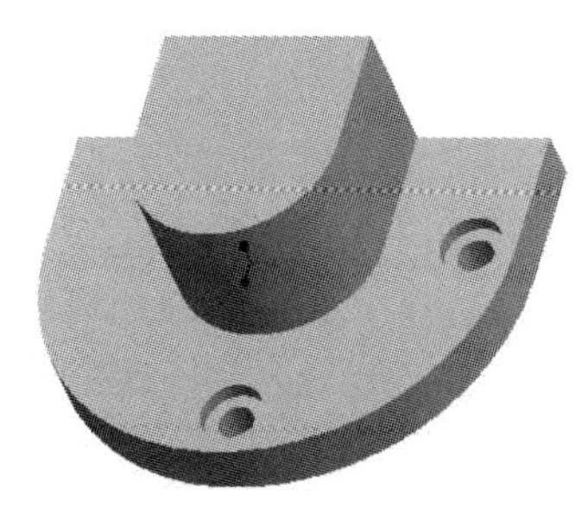

图 7-45　复制结果

（6）到此为止，主要特征已经建立，下面通过镜像方式，生成另一侧的特征，其镜像基准为 FRONT 面。

具体操作步骤如下：

1）按下 Shift 键，在模型树上选择 DTM1 和最后建立的复制特征。

2）按下 Ctrl 键，选择建立的第一个组特征，即将其去除。

3）在“编辑”面板上单击“镜像”按钮，弹出“镜像”操控板。

4）选择 FRONT 面，确定后结果如图 7-46 所示。

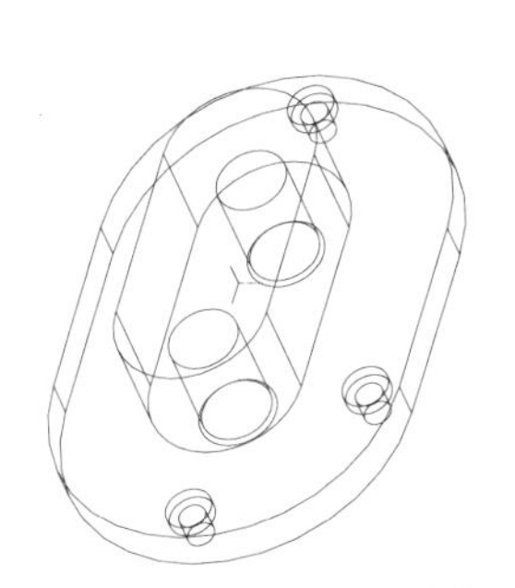
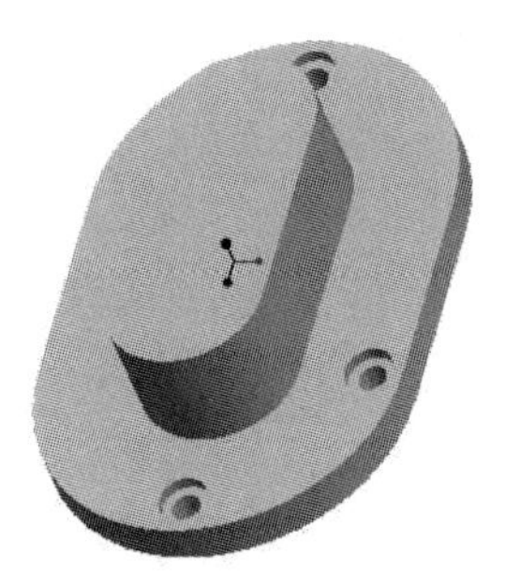

图 7-46　镜像结果

4. 建立方向孔阵列

对于通孔和锪孔来说，可以采用先将它们组合成组，然后对组进行方向阵列的方式。

（1）生成侧边孔阵列。

很显然，侧边孔可以沿着 DTM1 面的法向方向进行阵列。

具体操作步骤如下：

1）在模型树上选择建立的第一个组特征。

2）在“编辑”面板中单击“阵列”按钮，系统将打开特征阵列操控板。在“类型”下拉列表框中选择“方向”选项。

3）首先在“1”列表中单击，然后选择 DTM1，在文本框中输入-48 并回车。

提示：按 Enter 键后数值将恢复为正值。

4）确定后结果如图 7-47 所示。

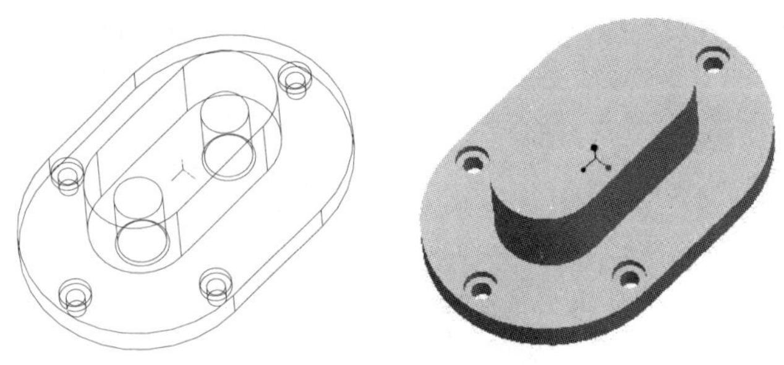

图 7-47 阵列结果

提示：此时可能有些用户要问，为什么不采用双向 4 个实例阵列的方式。请注意，由于这个组特征是在镜像操作之前的，如果此时阵列，另一侧的两个实例是无法显示的。所以，在这里采用一个方向阵列和一个轴阵列的方式。

（2）建立另一侧的孔的环形阵列。

可以看出，3 个孔是位于一个圆弧上的，所以可以采用轴阵列的方式。其前提是要有一个轴。

具体操作步骤如下：

1）在基准特征面板上单击“基准轴”按钮，系统将弹出如图 7-48 所示的对话框。

图 7-48 “基准轴”对话框

2）按下 Ctrl 键，选择 DTM2 和 RIGHT 面，单击“确定”按钮，结果如图 7-49 所示。

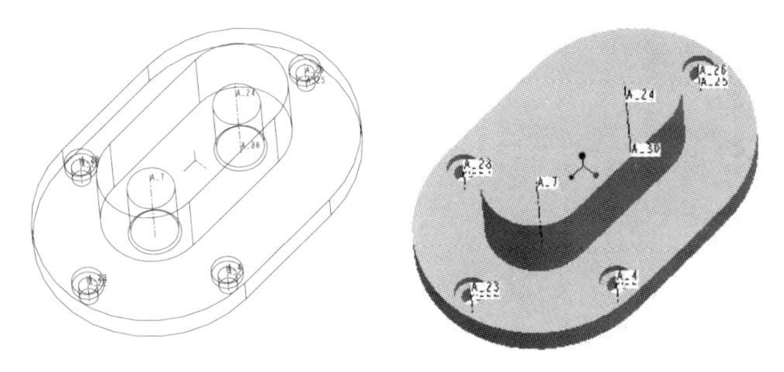

图 7-49　轴阵列结果

3）模型树上选择镜像特征中的组特征。

4）打开特征阵列操控板。在“类型”下拉列表框中选择“轴”选项。

5）选择刚建立的基准轴为阵列中心，此时系统默认为 4 个实例，间隔 90°。在最下方实例黑点上单击，使其成为白色，如图 7-50 所示，这样将在最后生成时隐含该实例。

6）确定后结果如图 7-51 所示。

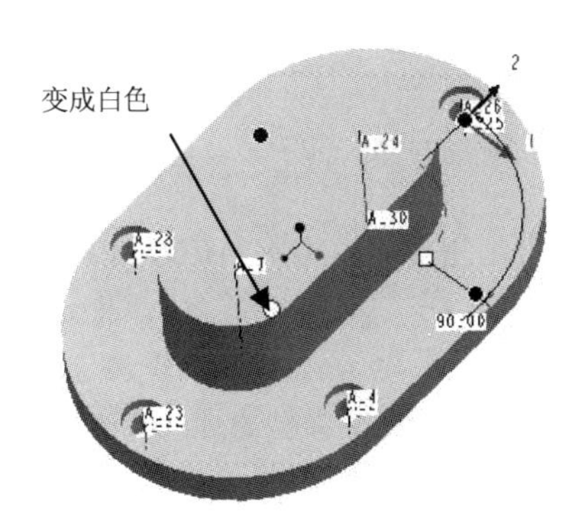

图 7-50　取消实例

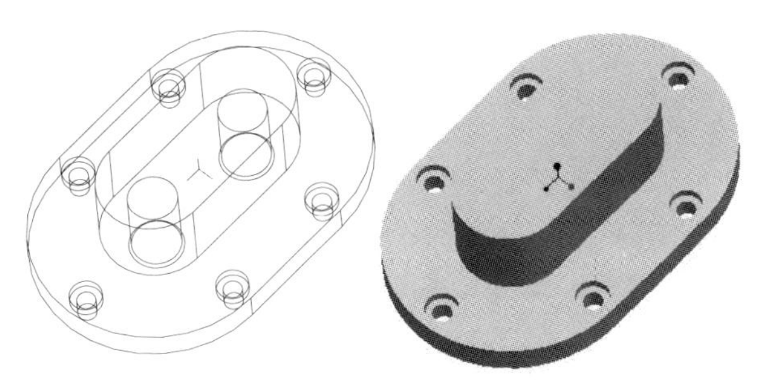

图 7-51　阵列结果

5. 生成销孔

前面建立的通孔和锪孔是采用了线性定位方式，此处要生成的销孔需要采用径向或直径定位方式。在这里采用径向定位方式。

具体操作步骤如下：

（1）打开如图 7-52 所示的“孔”操控板。

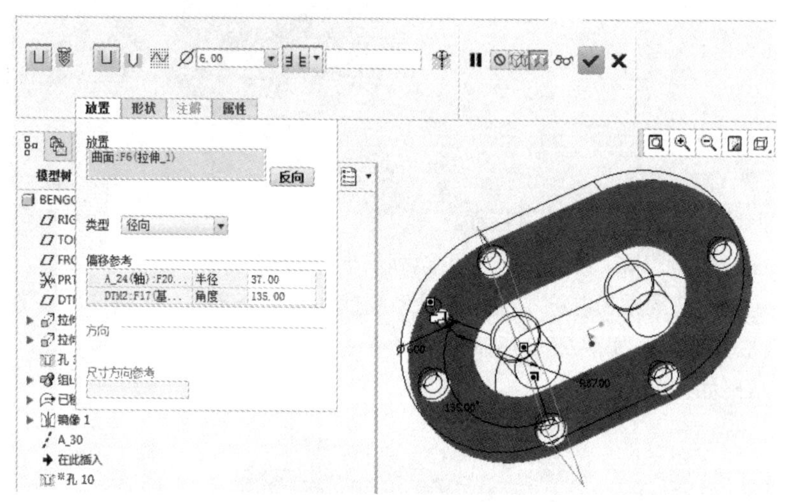

图 7-52 “孔”操控板

（2）单击“放置”选项卡，然后单击底板上表面作为主参照。

（3）在定位类型上选择“径向”，在“偏移参考”列表框中单击，然后按下 Ctrl 键，分别选择刚建立的基准轴和 DTM2 面，并输入距离 37 和角度-135 度。

（4）在操控板上输入孔直径 6，选择深度类型为通孔方式。

（5）确定后结果如图 7-53 所示。

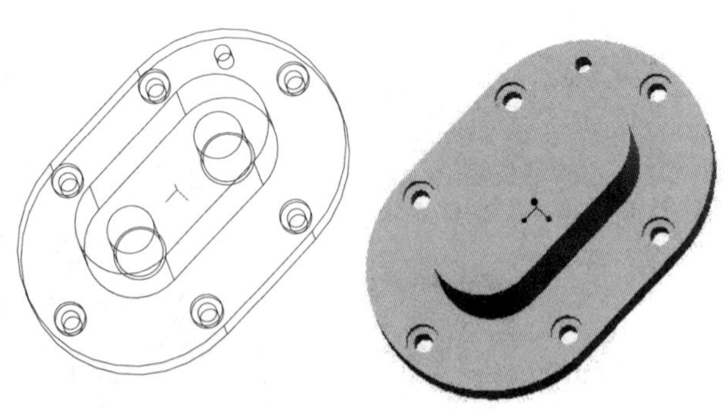

图 7-53 一侧通孔结果

按照上面的步骤，在另一侧建立基准轴和通孔，结果如图 7-54 所示。

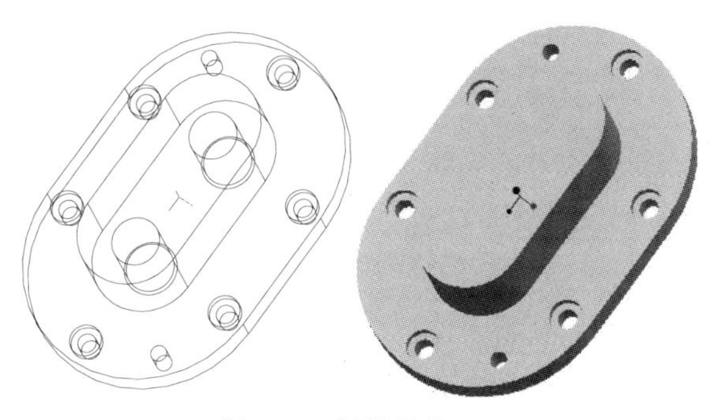

图 7-54 通孔结果

6. 对生成的特征进行倒圆角操作

到此为止，泵体主特征和基本特征已经完成，可以对剩下的应力集中部位进行倒圆操作。具体操作步骤如下：

（1）在特征操作工具栏中单击“倒圆角”按钮，系统弹出如图 7-55 所示操控板。

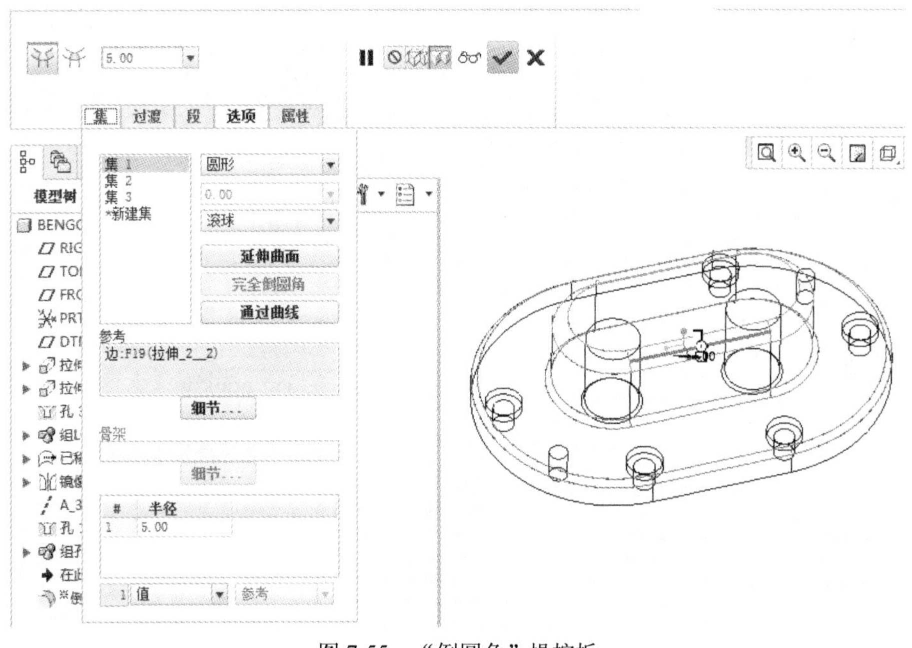

图 7-55 “倒圆角”操控板

（2）单击“集”选项卡，系统弹出下滑板。

（3）选择顶盖突起的边，输入半径值 5.00。

（4）单击“新建集”选项，然后选择底板和突起的相交边、底板上表面外边，然后输入半径值 2.00。

（5）确定后结果如图 7-56 所示。

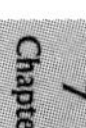

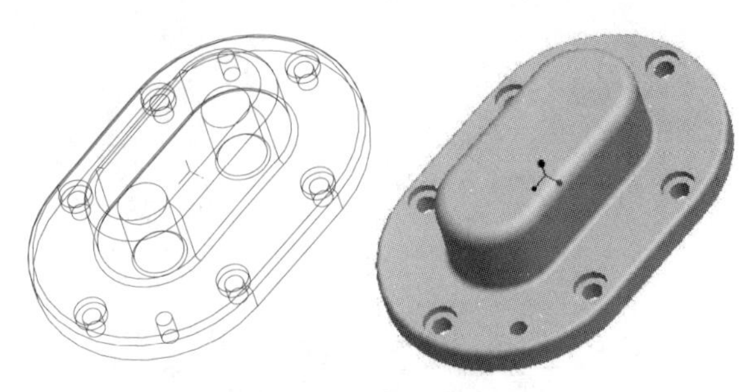

图 7-56　倒圆角结果

7.4　观察孔顶盖设计

本节将练习一个箱盖观察孔，如图 7-57 所示。它是一个圆柱形基本体，中间开有通孔，在圆柱体外侧带有 3 个加强筋，并且在底板上开有 6 个直孔。

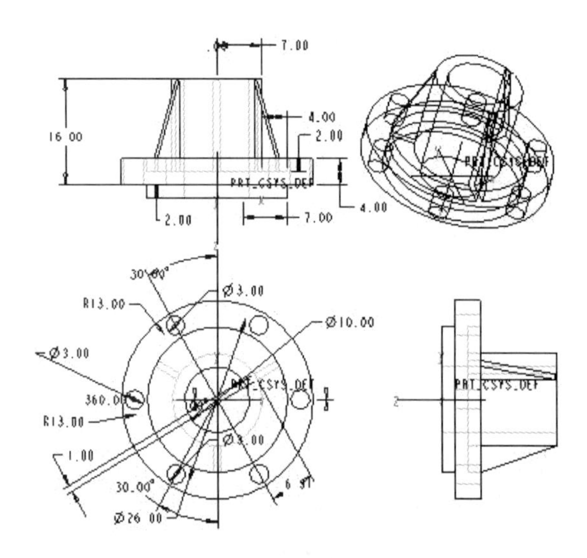

图 7-57　观察孔

7.4.1　设计思路与方法

这个模型的建模过程比较简单，首先通过旋转操作建立基础特征，然后利用筋特征建立加强筋，并通过阵列操作完成其余筋。随后通过孔操作并阵列生成底板上的孔。

本练习所涉及的命令包括：

（1）草绘命令：中心线、直线、倒圆角、尺寸定义与修改。

（2）特征构建特征：旋转。

（3）特征编辑：孔（简单孔、螺栓孔）、阵列、筋。

7.4.2 设计过程

1. 建立零件文件 guanchakong.prt

具体操作步骤如下：

（1）建立工作目录。

（2）建立零件文件 guanchakong.prt。

（3）选择需要的单位制模板。

2. 建立观察孔基础特征

这个基础特征是一个带有凹槽的圆柱体形状，它可以通过旋转操作一次完成，只是截面比较复杂而已。

具体建模过程如下：

（1）进入旋转操作环境。

遵循下列步骤：

1）单击“形状”面板中的“旋转”按钮，系统显示“旋转”操控板。

2）选择“放置”选项卡，并单击“定义”按钮，系统将弹出“草绘”对话框，提示用户选取草绘平面和草绘视图方向。此时在绘图区中选取 TOP 平面作为草绘平面，随后系统在绘图区内显示旋转特征的生成方向。

3）选取草绘视图的参照平面。设置拉伸特征的生成方向后，即可在绘图区内选取一个平面或基准平面作为草绘视图的参照平面，此处接受系统提供的默认值，即以 RIGHT 基准平面作为草绘视图的参照平面。

4）选取草绘视图的参照方向。在此接受默认选项“右”。

5）单击“草绘”按钮，即可进入草绘模式。

（2）建立草绘轮廓特征。

1）通过中心线工具建立旋转轴。单击“草绘”面板中的“中心线”按钮，然后在绘图窗口中单击 RIGHT 面投影线上的任意一点，垂直拖动，单击鼠标左键结束，建立一条垂直中心线。

2）通过“线”工具建立基础特征轮廓面的直线并修改尺寸，如图 7-58 所示。

3）完成后确定，即可完成截面草图的绘制。

（3）完成旋转特征的操作。

最后单击操控板中“确定”按钮，此时创建的模型如图 7-59 所示。

3. 建立筋特征

这 3 个筋特征相互相距 120°，可以采用先生成一个然后阵列的方式完成。

具体操作步骤如下：

（1）建立第一个筋特征。

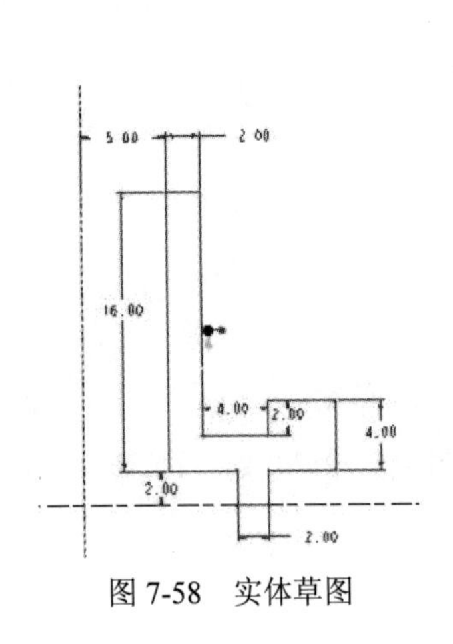

图 7-58　实体草图

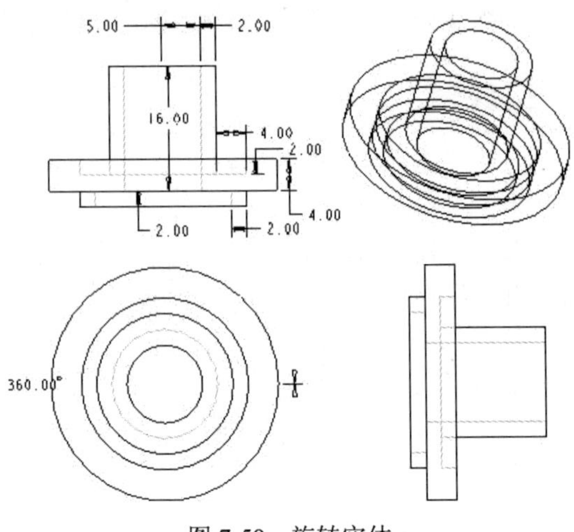

图 7-59　旋转实体

遵循以下步骤进行：

1）单击“形状”面板中的“轮廓筋”按钮，系统将弹出如图 7-60 所示的“筋”操控板。

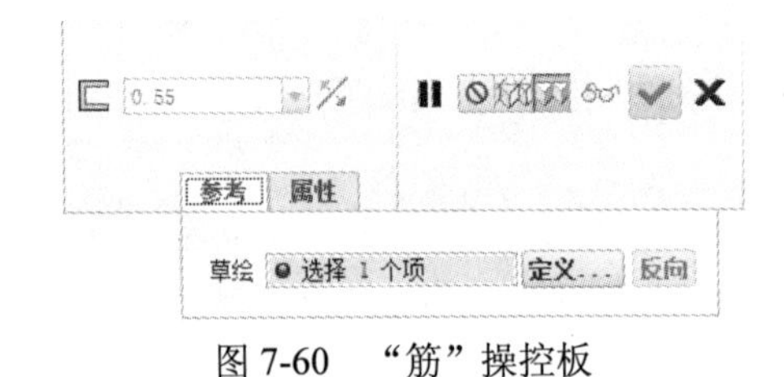

图 7-60　“筋”操控板

2）选择“参考”选项卡，单击“定义”按钮，系统弹出“草绘”对话框。选择 FRONT 面作为草绘平面，接受系统默认的 TOP 面为参考面。单击“草绘”按钮，进入草绘环境。

3）利用“线”工具，绘制如图 7-61 所示筋轮廓线。

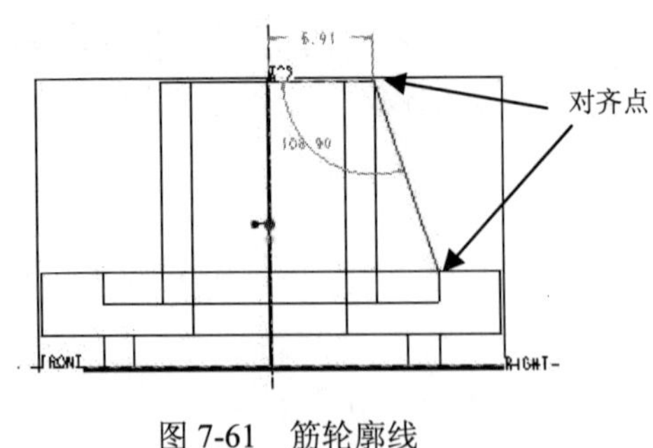

图 7-61　筋轮廓线

4）确定后返回到实体建模环境。

5）在操控板中输入 1，观察生成箭头。如果指向特征外部，则双击该箭头即可。

6）确定后生成如图 7-62 所示的筋特征。

设计一点通：在第 6）步中可以单击操控板上的反向按钮，看到筋板在 RIGHT 面的左右两侧和中间位置变换，如图 7-63 所示。

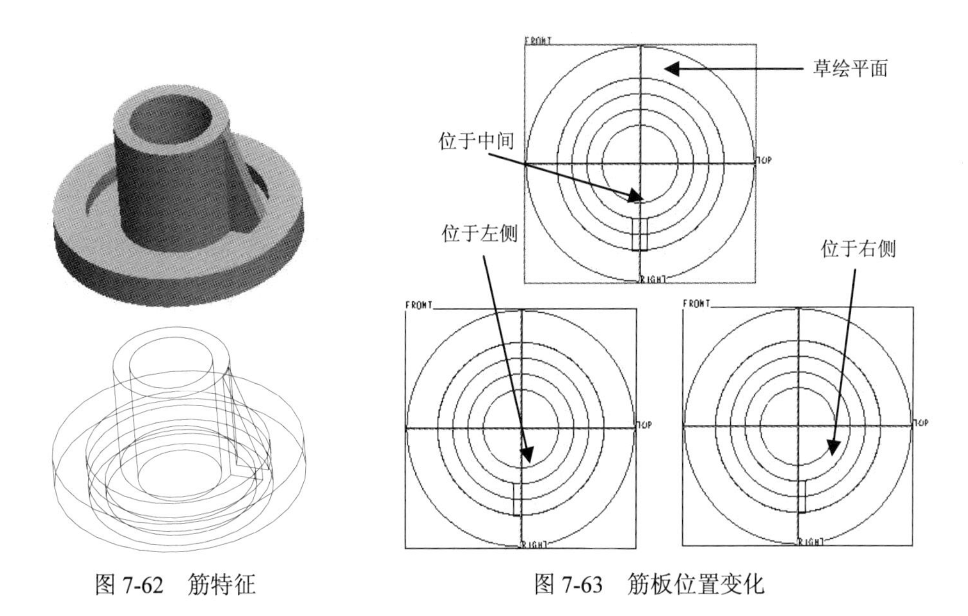

图 7-62　筋特征　　图 7-63　筋板位置变化

（2）生成其他筋特征。

另外两个筋特征可以采用阵列特征中的“轴”方式。

具体操作步骤如下：

1）在模型树上选择建立的第一个筋特征。

2）单击“编辑”面板中的“阵列”按钮，系统将打开特征阵列操控板。在“类型”下拉列表框中选择“轴”选项。

3）首先在“1”列表中单击，然后选择孔中心线 A_2，然后在“个数”文本框中输入 3，在“角度”文本框中输入 120，并回车。

4）完成后单击“确定”按钮，结果如图 7-64 所示。

4. 生成底板孔

底板上的 6 个孔都是简单直孔，可以采用径向定位方式来定位，通过阵列方式生成。

具体操作过程如下：

（1）按照径向方式建立孔。

具体操作过程如下：

1）单击“工程”面板上的“孔”按钮，系统弹出“孔”操控板。

2）在观察孔的底座面上单击，作为孔的放置面。

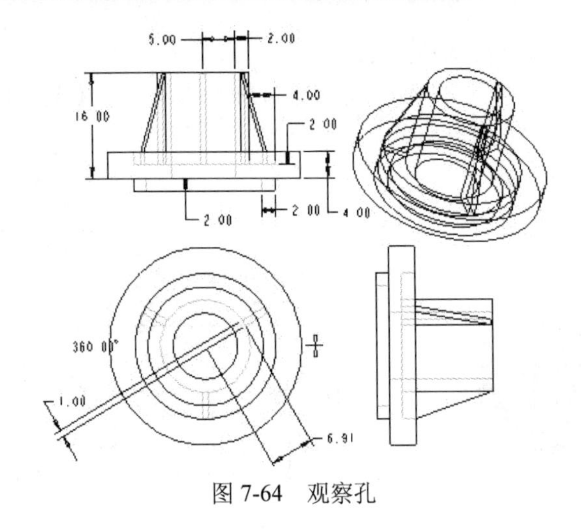

图 7-64 观察孔

3）选择“放置”选项卡，在“类型”下拉列表框中选择“径向”选项，然后在“偏移参考”列表中单击，按下 Ctrl 键，选择观察孔中心轴 A_2 和 RIGHT 面。在“角度”框中单击并输入 30，在“半径”框中单击并输入孔中心距观察孔中心的距离 13，在操控板的“直径”框中输入 3，如图 7-65 所示。

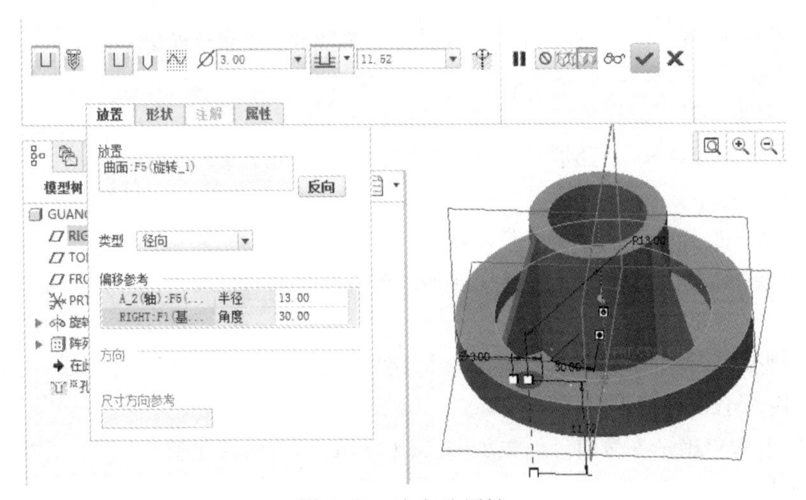

图 7-65 决定孔属性

4）单击操控板上的“确定”按钮，结果如图 7-66 所示。

（2）采用阵列方式建立其他孔。

具体操作步骤如下：

1）在模型树上选择建立的第一个孔特征。

2）单击“编辑”面板中“阵列”按钮▣，系统将打开特征阵列操控板。在“类型”下拉列表框中选择“轴”选项。

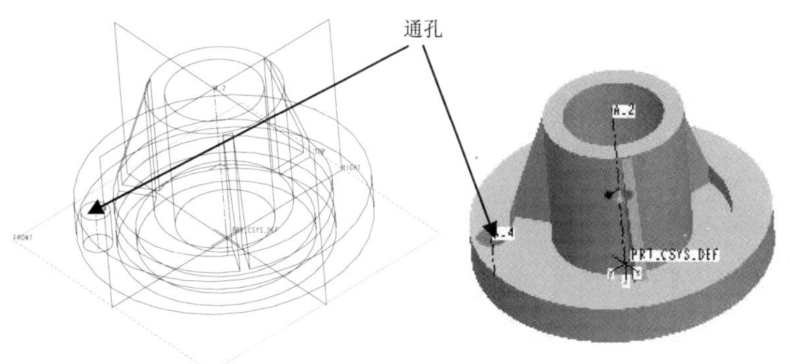

图 7-66　建立一个通孔

3）首先在“1”列表中单击，然后选择孔中心线 A_2，在“个数”文本框中输入 6，在“角度”文本框中输入 60，并回车。

4）完成后单击“确定”按钮，结果如图 7-67 所示。

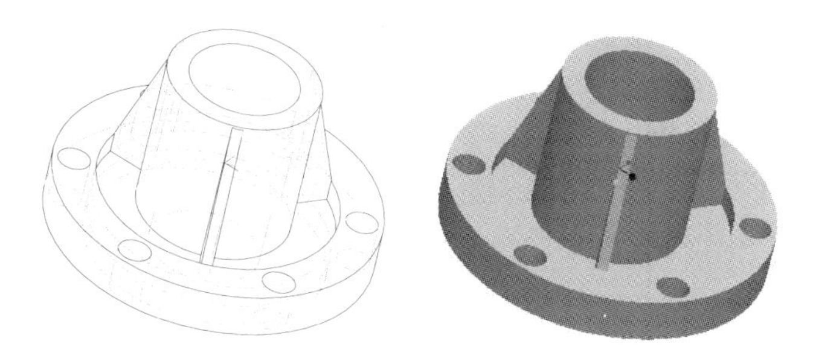

图 7-67　观察孔

7.5　手轮设计

本节将建立一个如图 7-68 所示的手轮，它用于车床尾架，由轮毂、轮辐和轮缘组成，轮毂和轮缘不在同一平面内，中间用 5 根 72° 均布的轮辐相连，其中轮毂中心有轴孔和键槽以便和丝杆连接。

图 7-68　手轮

7.5.1 设计思路与方法

在这个模型中，其主干是一个圆环和圆柱体，通过 5 个截面为椭圆的轮辐组成。另外，圆柱体带有通孔和键槽。其设计可以采用旋转操作来建立轮缘圆环和圆柱体，随后通过拉伸切减操作生成通孔。并通过扫描混合操作建立一个轮缘，进行阵列生成另外 4 个轮辐。最后进行倒圆角操作。

本练习所涉及的命令包括：

（1）草绘命令：中心线、直线、圆、尺寸定义与修改。

（2）特征构建特征：旋转。

（3）特征编辑：孔（简单孔、螺栓孔）、阵列、筋、倒圆角。

7.5.2 设计过程

1. 建立零件文件 shoubing.prt

具体操作步骤如下：

（1）建立工作目录。

（2）建立零件文件 shoubing.prt。

（3）选择需要的单位制模板。

2. 建立手柄基础特征

这个基础特征是一个圆环和一个圆柱体，它可以通过旋转操作一次完成，只是截面是两个封闭图形而已。

具体建模过程如下：

（1）进入旋转操作环境。

遵循下列步骤：

1）打开“旋转”操控板。

2）选择“放置”选项卡，单击“定义”按钮，系统将弹出“草绘”对话框，选取 TOP 平面作为草绘平面，随后系统在绘图区内显示旋转特征的生成方向。

3）选取草绘视图的参照平面。接受系统提供的默认值，即以 RIGHT 基准平面作为草绘视图的参照平面。

4）选取草绘视图的参照方向。单击“方向”下拉按钮，从中可以选择草绘视图的参照方向，在此接受默认选项“右”。

5）单击“草绘”按钮，即可进入草绘模式。

（2）建立草绘轮廓特征。

1）通过中心线工具建立旋转轴。单击“草绘”面板中的“中心线”按钮，然后在绘图窗口中单击 RIGHT 面投影线上的任意一点，垂直拖动，单击鼠标左键结束，建立一条垂直中心线。

2）通过“线”工具和“圆”工具建立圆柱礅子体轮廓面并修改尺寸。由于圆柱礅子的外形是球体，内腔是圆柱体，所以这是一个难点。

①首先在原点上方中心线上利用“圆”工具⊙建立直径为 65 的圆，并修改圆心到原点的距离为 40。

②随后利用“线”工具，在圆心上方和下方从中心线开始向右绘制两条水平线，右端点均位于圆上。

③单击几何约束的等长约束按钮，然后分别选择两条直线。

④单击“定义尺寸”工具，分别选择两条直线并在适当位置单击鼠标中键，修改其距离值为 30。

⑤单击“线”工具，在两条水平线之间绘制一条垂直线，端点分别位于两条直线上。定义其距离中心线为 14。

⑥利用“删除段”工具，将垂直线左侧的水平线线段和两水平线外侧的圆弧去掉，结果如图 7-69 所示。

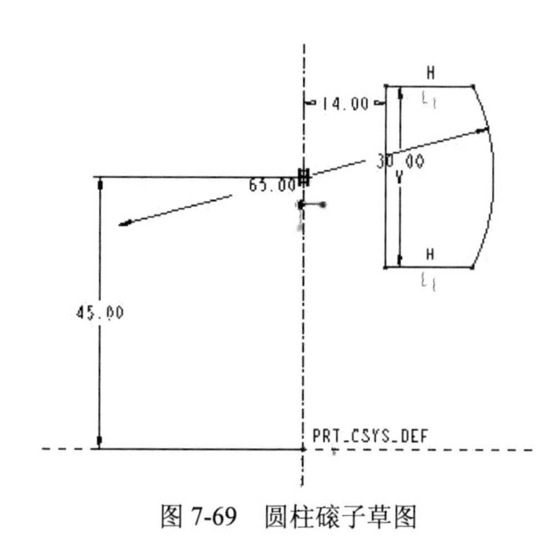

图 7-69　圆柱磙子草图

3）通过“圆”工具⊙和“删除段”工具建立圆环截面轮廓并修改尺寸。这个轮廓面是由 3 个互相相切的圆弧组成。在这里采用先绘制圆然后切剪的方式来建立。

①首先利用“圆”工具⊙在中心线右侧，以 FRONT 投影线上一点为圆心，建立直径为 28 的圆，并定义其圆心距离中心线为 156。

②然后利用“圆”工具⊙在中心线右侧，以 FRONT 投影线上一点为圆心，建立直径为 15 的圆，并定义其左侧与投影线交点距离中心线为 135。

③利用“圆”工具⊙在中心线右侧、FRONT 投影线两侧任意位置分别建立一个直径为 16 的圆，并通过几何约束对话框中相切约束，使这两个圆与前两个圆外切，如图 7-70 所示。

④利用“删除段”工具，将多余圆弧去掉，结果如图 7-71 所示。

4）完成后单击“确定”按钮，即可完成截面草图的绘制。

（3）完成旋转特征的操作。

最后单击操控板中“确定”按钮，此时创建的模型如图 7-72 所示。

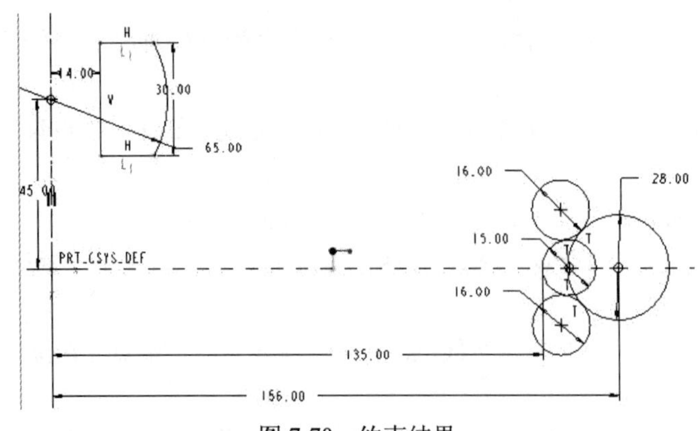

图 7-70　约束结果

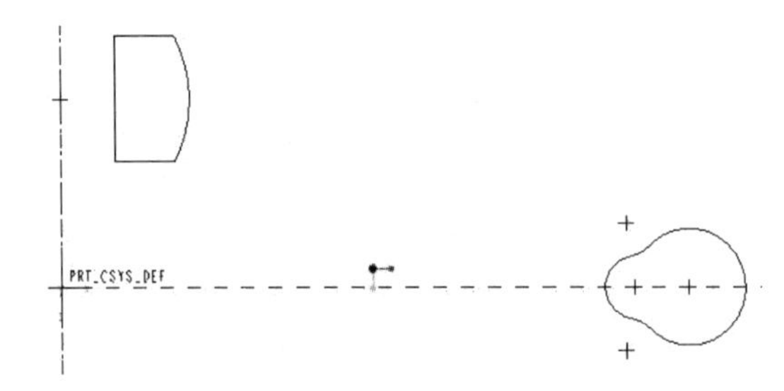

图 7-71　修剪结果

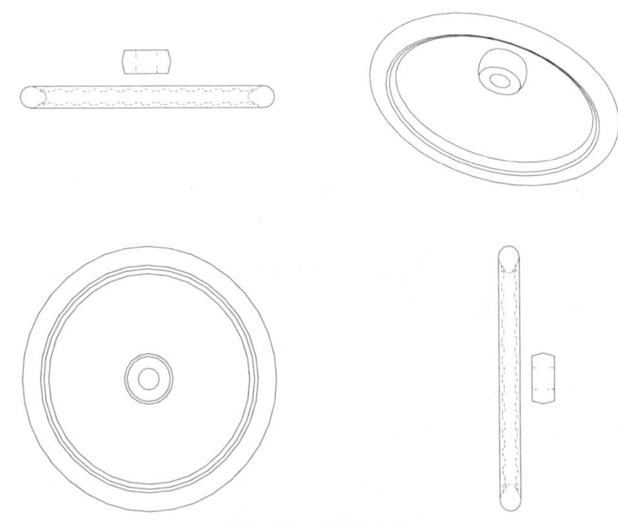

图 7-72　旋转实体

3. 建立倒角和键槽

在内腔中带有倒角和键槽，需要首先在圆柱内腔两端建立倒角，然后通过拉伸切减操作生成键槽。

具体操作过程如下：

（1）建立两端倒角。

1）在“工程”面板中单击“倒圆角”按钮，系统弹出“倒圆角”操控板。

2）在操控板的倒角类型中选择 45×D 方式，并在后面的 D 文本框中输入 1。

3）分别单击圆柱内腔两端边线。

4）单击操控板上“确定”按钮，结果如图 7-73 所示。

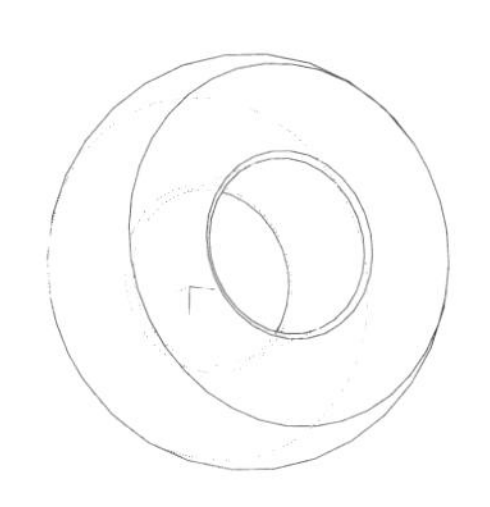

图 7-73　倒圆角结果

（2）建立键槽。

1）进入拉伸切剪操作环境。

①打开“拉伸”操控板。

②在操控板中单击“切剪”按钮，进行切剪操作。

③选择操控板上的“放置”选项卡，单击“定义”按钮，系统显示“草绘”对话框。

④在图形窗口选择圆柱礅子上表面作为草绘平面，系统自动选择旋转曲面作为参照方向。单击“草绘”按钮，进入草绘环境。

2）进行草绘截面。定义键槽位置是关键。

①单击“线”工具，在圆心上方绘制一条水平线，修改长度值为 8，对称于垂直投影线。

②单击“定义尺寸”工具，定义该直线距圆心距离为 16.6。

③单击“直线”工具，然后通过水平线两端向下绘制垂直线，端点位于圆角的投影圆上。

④单击“直线”工具，连接两个端点，结果如图 7-74 所示。

⑤单击“确定”按钮，返回“拉伸”操控板。

3）在操控板上单击“切剪”按钮，输入拉伸深度 35，旋转并观察特征。如果方向不对，可以令其反向。单击“确定”按钮，结果如图 7-75 所示。

4. 建立轮辐

对于轮辐来说，其截面为椭圆，而且截面由圆柱礅子到轮缘逐渐减小。可以采用扫描混合方式建立一个轮辐，然后通过倒圆角方式倒圆角，最后对其进行阵列操作。

具体操作步骤如下：

（1）生成扫描轨迹线。

1）单击“基准”面板中“草绘”按钮，系统弹出“草绘”对话框。

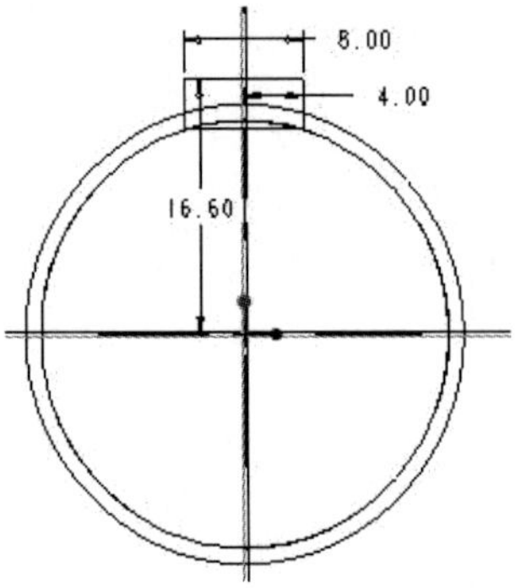

图 7-74　草绘截面 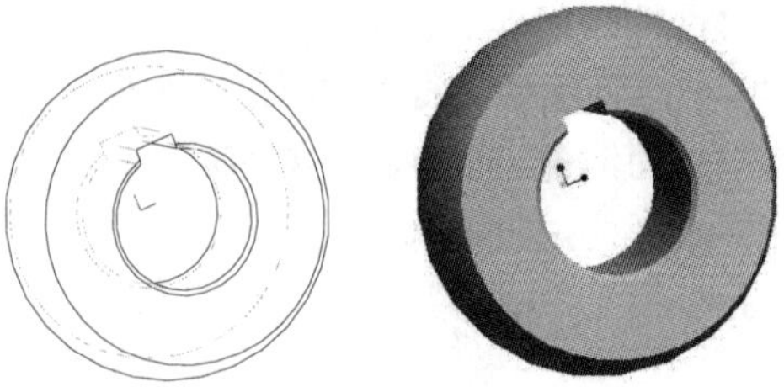　　　　图 7-75　切剪结果

2）选择 TOP 平面作为草绘平面，单击“草绘”按钮，进入草绘环境。

3）利用“线”工具，绘制一条扫描轨迹线。如图 7-76 所示，单击“确定”按钮。

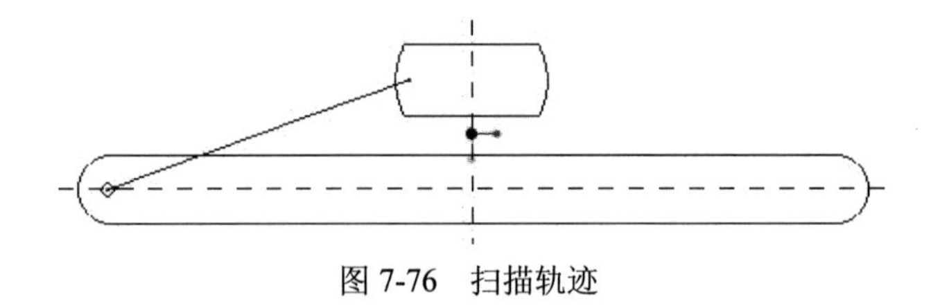

图 7-76　扫描轨迹

提示：注意直线两端要分别进入轮辐和圆柱碳子内部，以免出现端面翘曲现象。

（2）通过扫描混合操作建立轮辐。

1）在“形状”面板中单击“扫描混合”按钮，系统弹出如图 7-77 所示的操控板。

图 7-77　“扫描混合”操控板

2）单击“实体”按钮，以便生成实体特征。

3）单击“参考”选项卡，在“轨迹”列表中单击，然后选择刚绘制的草绘线作为扫描的原始轨迹。

4）绘制草绘剖面。

①单击“截面”按钮，如图 7-78 所示。

②绘制起始剖面。在扫描轨迹的起始点处单击，“草绘”按钮变为可用。单击该按钮，进入草绘环境，绘制如图 7-79 所示椭圆截面，单击“确定”按钮。

③绘制结束剖面。在扫描轨迹的终点处单击，“草绘”按钮变为可用。单击该按钮，进入草绘环境，绘制如图 7-80 所示椭圆截面，单击“确定”按钮。

5）单击操控板上的“确定”按钮，结果如图 7-81 所示。

图 7-78　设置剖面

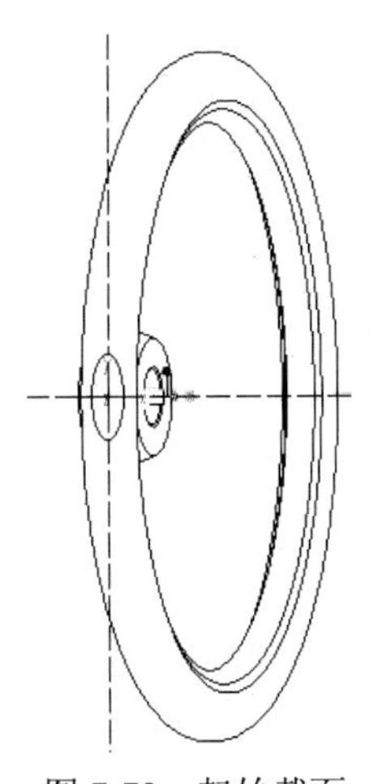

图 7-79　起始截面

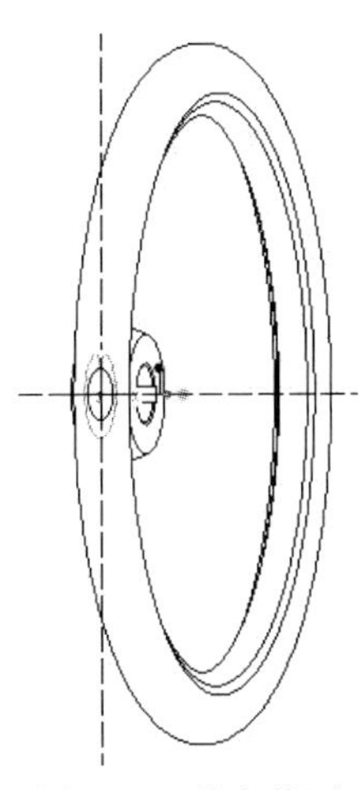

图 7-80　结束截面

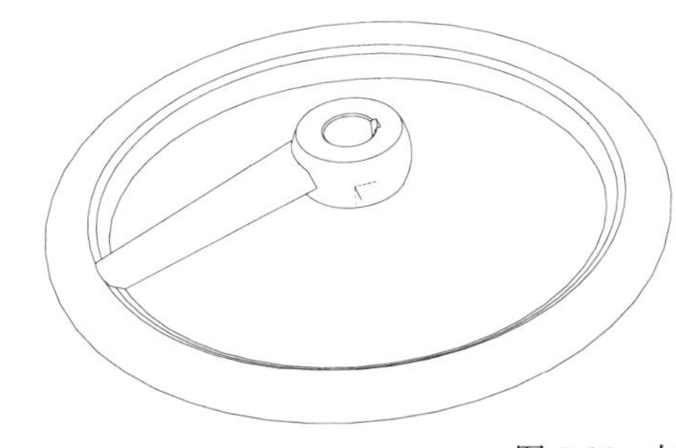

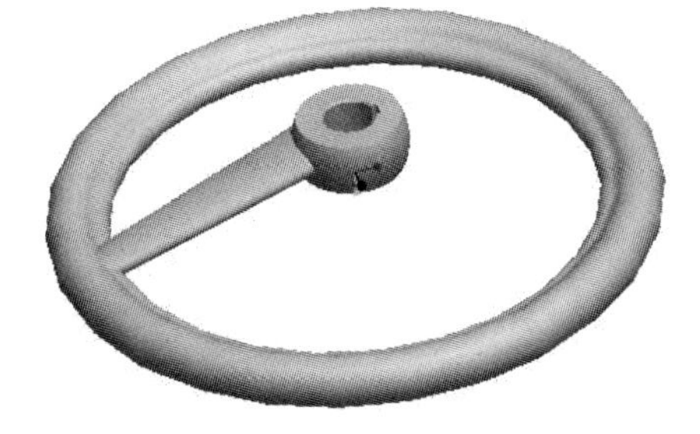

图 7-81　扫描混合结果

（3）通过阵列操作建立其他轮辐。

共有 5 个轮辐，均布在轮缘上，可以采用轴阵列方式生成。

具体操作步骤如下：

1）在模型树上选择建立的第一个轮辐特征。

2）在“编辑”面板中单击“阵列”按钮，系统将打开特征阵列操控板。在“类型”中选择“轴”选项。

3）首先在“1”列表中单击，然后选择孔中心线 A_2，在“个数”文本框中输入 5，在“角度”文本框中输入 72。

4）完成后单击“确定”按钮，结果如图 7-82 所示。

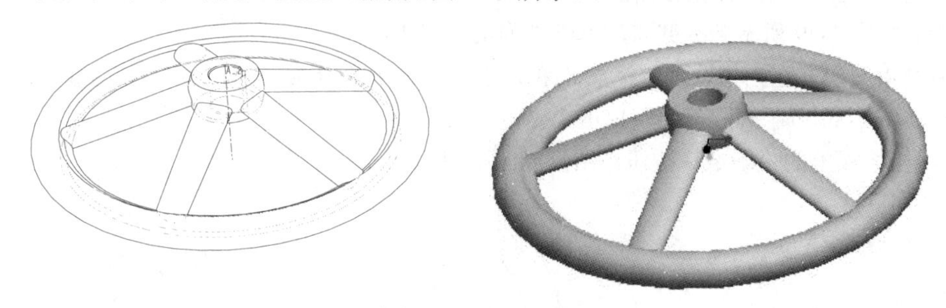

图 7-82　生成其他轮辐

5. 对生成的特征进行倒圆角操作

到此为止，手柄的主特征和基本特征已经完成，可以对剩下的应力集中部位进行倒圆操作了。这包括 5 个轮辐与轮缘的相交线和其与圆柱礅子面的相交线。圆角半径都是 8。

设计一点通：对于轮辐与轮缘的相交线倒圆，可以一次完成，只需要建立不同的组即可。而轮辐与圆柱礅子面的相交线倒圆则需要分别单独建立，因为圆角部分将发生干涉。

具体操作步骤如下：

（1）对轮辐与轮缘的相交线倒圆。

1）在“工程”面板中单击“倒圆角”按钮，系统弹出如图 7-83 所示操控板，输入半径 8。

图 7-83　“倒圆角”操控板

2）单击“集”选项卡，系统弹出上滑板。

3）按下 Ctrl 键，选择一个轮辐和轮缘。单击“新建集”选项。

4）重复步骤 3)，共建立 5 个圆角组，如图 7-83 所示。

5）单击“确定”按钮，结果如图 7-84 所示。

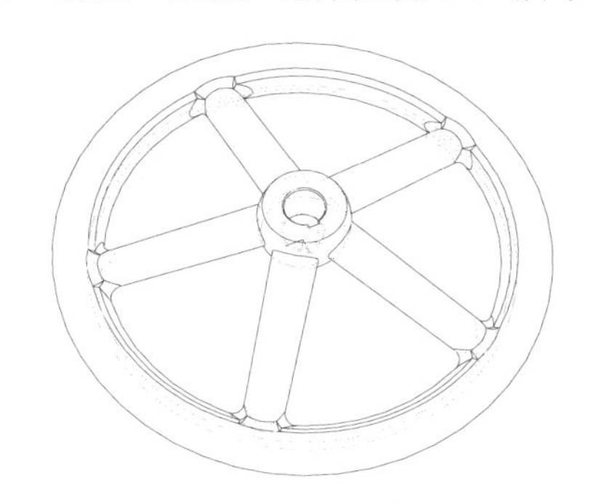

图 7-84　倒圆角结果

（2）对轮辐与圆柱礤子面的相交线倒圆。

重复上面的操作，只是每次只有一个集组，都只选择圆柱礤子面和一个轮辐，结果如图 7-85 所示。

提示：在选择不同轮辐曲面的时候，需要始终选择同一侧的曲面，这样才能不发生干涉。

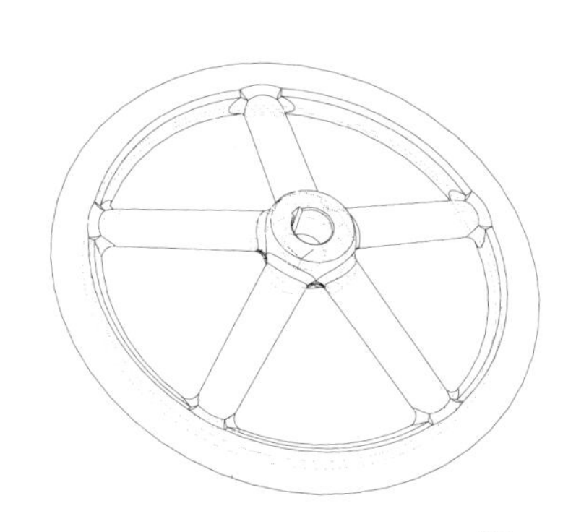

图 7-85　倒圆角结果

7.6　端盖

一般来说，端盖形状比较规则，呈回转特征，需要处理的是截面形状。如图 7-86 所示为一个典型的端盖。该端盖是外接式的，上面开有 6 个沉头孔。

7.6.1　设计思路与方法

这个零件造型比较简单，首先利用旋转操作建立端盖基本体，随后通过草绘孔方式建立一个孔，然后通过阵列操作生成其他孔。

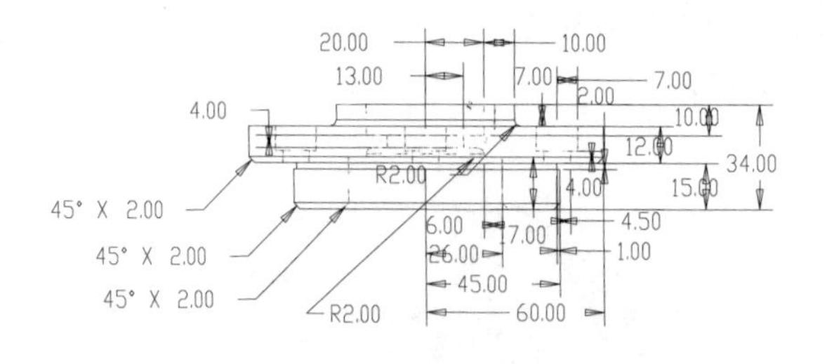

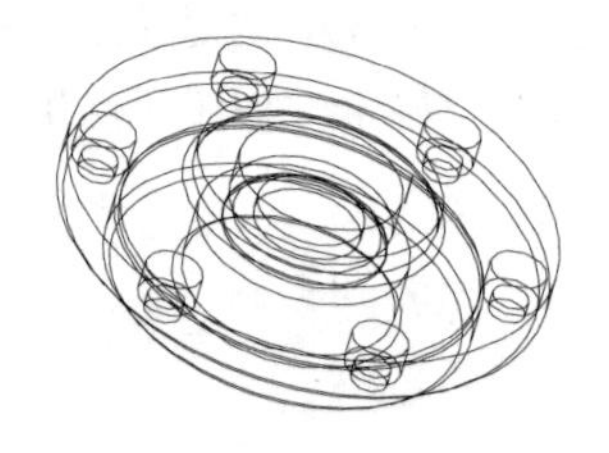

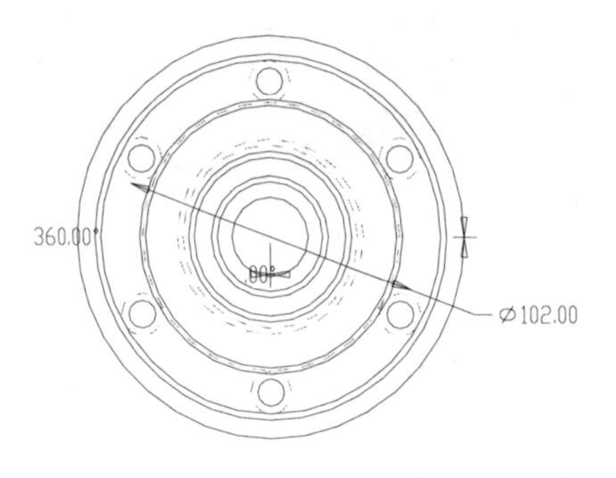

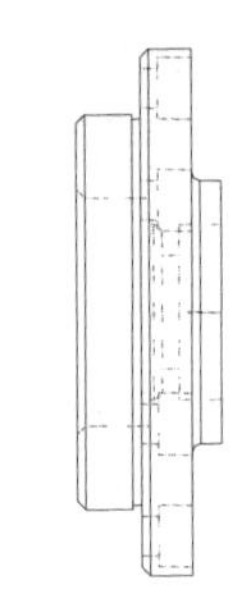

图 7-86　端盖

本练习所涉及的命令包括：

（1）草绘命令：中心线、直线、倒圆角、尺寸定义与修改。

（2）特征构建特征：拉伸。

（3）特征编辑：孔（草绘孔）、倒圆角、倒角、阵列。

7.6.2　设计过程

1．建立零件文件 duangai.prt

见前，不再赘述。

2．建立端盖基础特征

这个基础特征是一个回转体，可通过旋转操作一次完成，只是截面是两个封闭图形而已。

具体建模过程如下：

（1）进入旋转操作环境。

遵循下列步骤：

1）打开“旋转”操控板。

2）选择“放置”选项卡，单击“定义”按钮，系统将弹出“草绘”对话框，在绘图区中选取TOP 平面作为草绘平面，随后系统在绘图区内显示旋转特征的生成方向。接受系统提供的默认值，单击“草绘”按钮，即可进入草绘模式。

（2）建立草绘轮廓特征。

1）通过中心线工具建立旋转轴。单击“草绘”面板中的“中心线”按钮 ┆，然后在绘图窗口中单击 RIGHT 面投影线上的任意一点，垂直拖动，单击鼠标左键结束，建立一条垂直中心线。

2）通过“线”工具，建立端子轮廓面并修改尺寸，结果如图 7-87 所示。

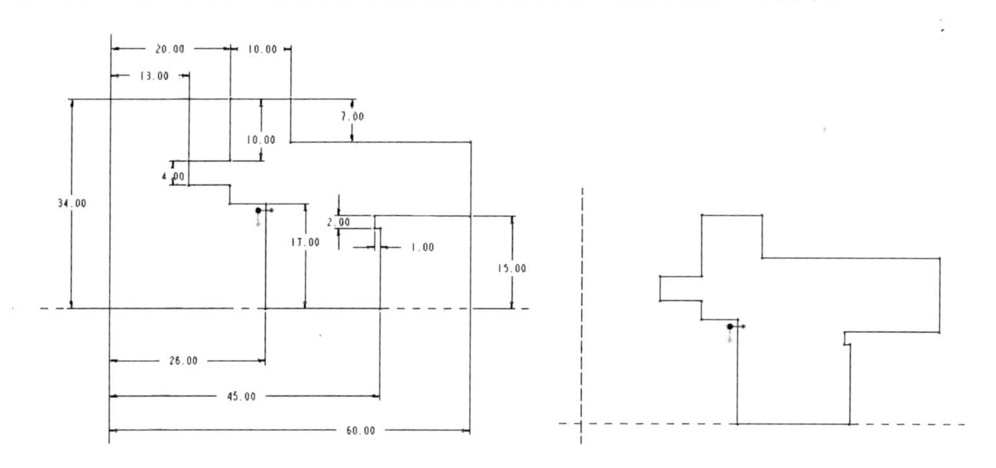

图 7-87　旋转截面

3）通过圆角工具进行倒圆，半径为 2，如图 7-88 所示。

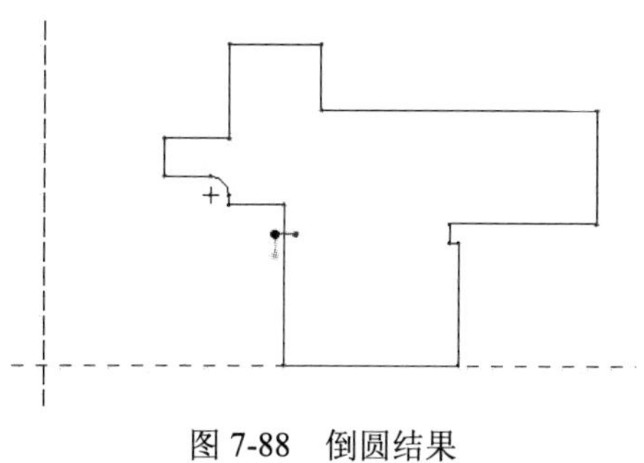

图 7-88　倒圆结果

4）完成后单击“确定”按钮，即可完成截面草图的绘制。

（3）完成旋转特征的操作。

最后单击操控板中“确定”按钮，此时创建的模型如图 7-89 所示。

3. 建立沉头孔

沉头孔是一个变截面孔，可以采用草绘孔方式建立。然后采用轴阵列方式建立其他孔。

具体操作步骤如下：

（1）建立沉头孔。

1）单击“工程”面板中“孔”按钮，系统弹出孔操控板。

2）单击“放置”选项卡，然后单击端盖上表面作为主参照。

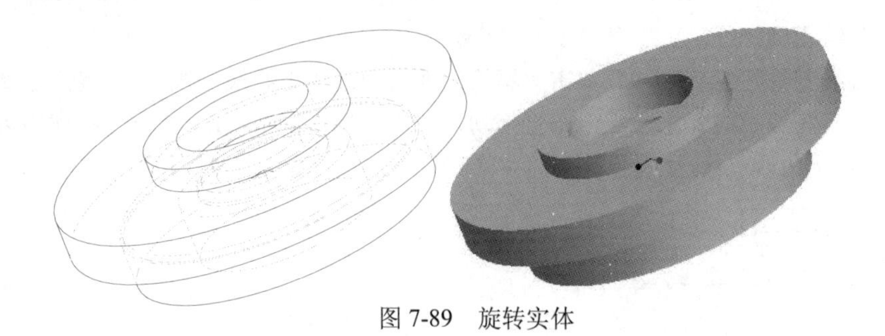

图 7-89　旋转实体

3）在定位类型上选择“直径”，在“偏移参考”列表框中单击，然后按下 Ctrl 键，分别选择基本体旋转轴 A_2 和 RIGHT 面，分别输入角度 0 和距离 102。

4）在操控板上选择“草绘”类型，此时操控板如图 7-90 所示。

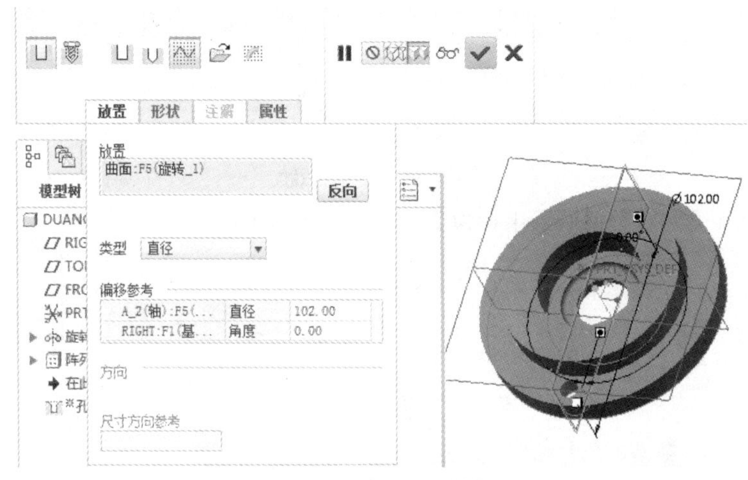

图 7-90　草绘孔操控板

5）单击“草绘”按钮，进入草绘环境。

6）利用线工具，首先绘制一条垂直中心线，然后绘制闭合直线，如图 7-91 所示，确定。

7）单击“确定”按钮，结果如图 7-92 所示。

（2）通过阵列生成其他 5 个孔。

具体操作步骤如下：

1）在模型树上选择建立的第一个孔特征。

2）在“编辑”面板中单击“阵列”按钮，系统将打开特征阵列操控板。在“类型”中选择“轴”选项。

3）首先在“1”列表中单击，然后选择孔中心线 A_2，在“个数”文本框中输入 6，在“角度”文本框中输入 60。

4）完成后单击“确定”按钮，结果如图 7-93 所示。

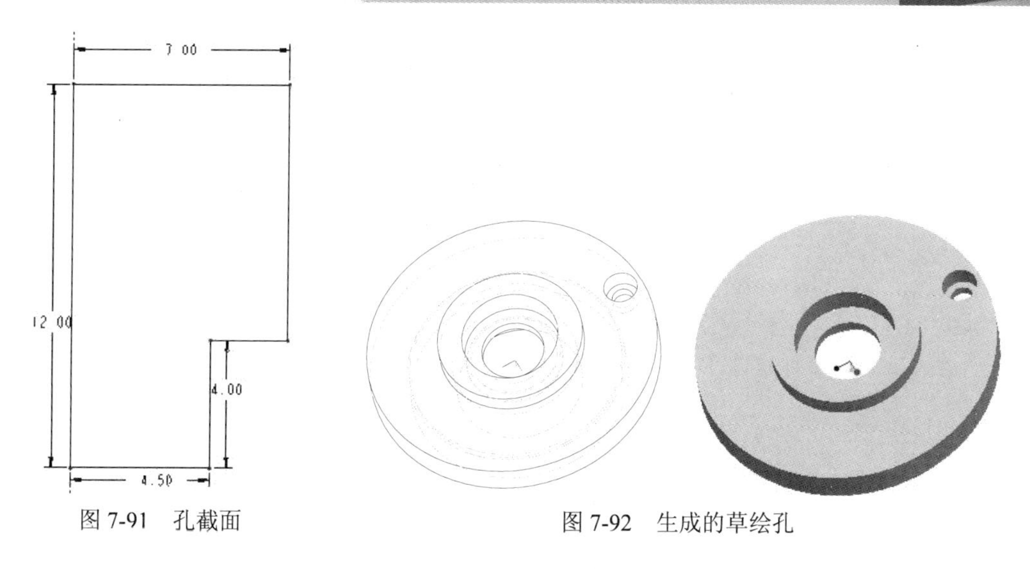

图 7-91　孔截面　　　　图 7-92　生成的草绘孔

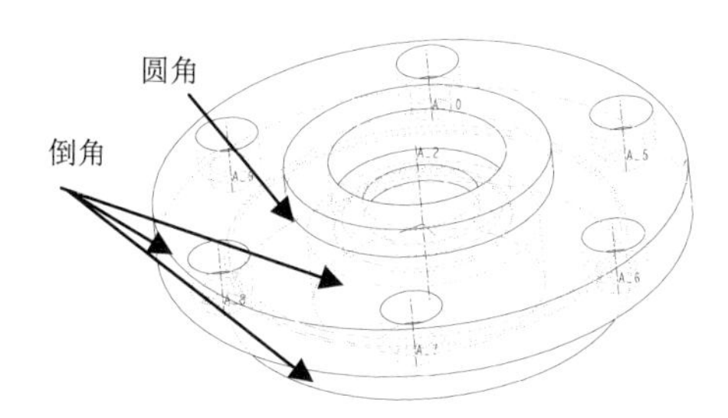

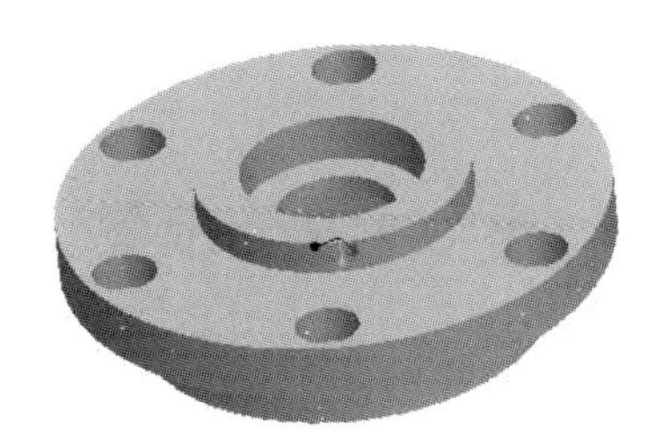

图 7-93　阵列结果

4. 对端盖进行倒圆和倒角

在端盖基本体上，带有一些圆角和倒直角。在这里采用圆角特征操作。这同前面草绘中倒圆角不同，因为在内腔中选择倒圆角曲面不方便。

（1）倒圆角。

如图 7-93 所示，对凸台边线进行倒圆角操作。

具体操作步骤如下：

1）在“工程”面板中单击“倒圆角”按钮，系统弹出“倒圆角”操控板。

2）选择端盖凸台与顶面的相交边，输入半径值 2.00。

3）单击“确定”按钮，结果如图 7-94 所示。

（2）倒角。

如图 7-93 所示，对几条边线进行倒角操作。

1）在“工程”工具栏中单击“倒角”按钮，系统弹出“倒角”操控板。

2）在操控板的倒角类型中选择 45×D 方式，并在后面的 D 文本框中输入 2。

3）分别单击图 7-95 所示的曲线，或者按下 Ctrl 键再选择曲线。

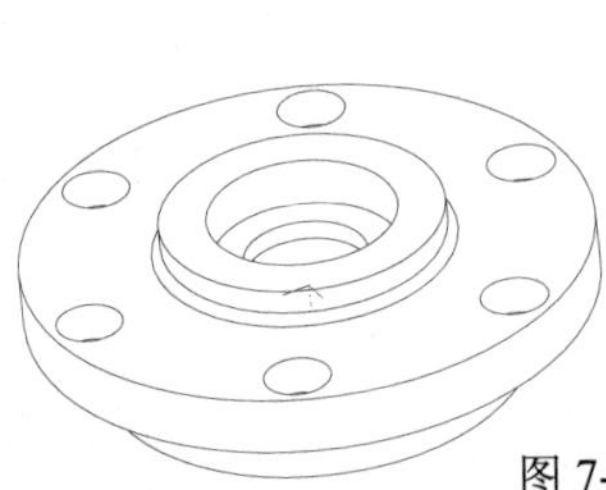

图 7-94 倒圆角结果

图 7-95 选择倒角边

提示：如果不按下 Ctrl 键，则每个倒角都是独立的组；否则为同一个组。独立组可以采用不同的倒角参数。

4）单击操控板上“确定”按钮，结果如图 7-96 所示。

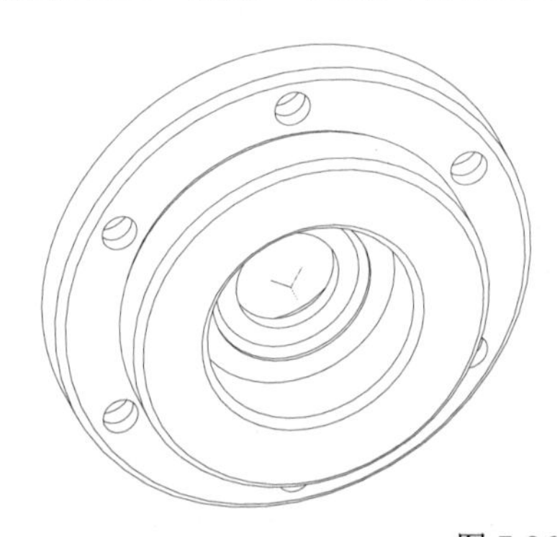

图 7-96 倒角结果

8

叉架类零件设计

8.1 叉架类零件结构特点和表达方法

机器中常见到的叉架类零件有拨叉、支架、连杆等，一般用在机器的变速及操纵系统和支承部分等各种机构中。零件大多形状不规则，外形比内腔复杂，毛坯多为铸件，再经机械加工制成。叉架类零件一般由三部分组成，即支持部分（或安装部分）、工作部分和连接部分。工作部分是对别的零件施加作用的部分，支持部分是把零件安装或固定在某机构上的部分，连接部分则把以上两部分连接成一个整体。这类零件由于加工位置多变，外形又较复杂，因此包括的结构特征也比较多，如图 8-1 所示。它们一般包括安装孔、支撑肋、夹紧用的螺纹孔等。

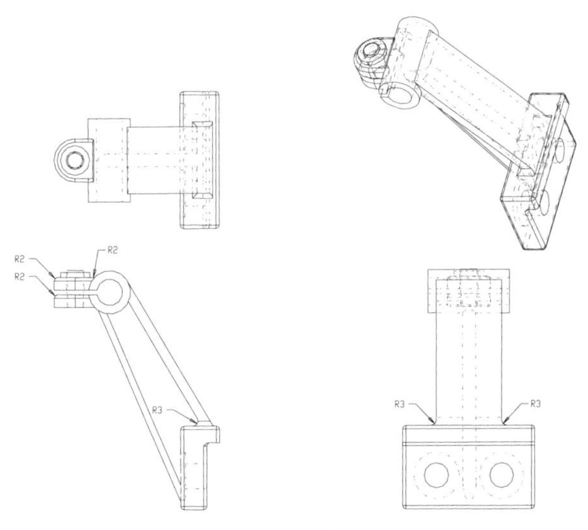

图 8-1 托架

一般来说，这种零件都是通过拉伸、旋转等操作建立基本体，随后在上面通过孔、筋等操作建立其他特征。由于造型复杂，所以经常需要建立多个基准平面、基准轴等辅助特征。而且在草绘过程中，也经常会遇到一些比较麻烦的图素。

本章将从造型简单的工字钢开始讲解。

8.2 工字钢设计

工字钢常用于支承，是加材料特征，如图 8-2 所示。它的造型简单，只是一个简单的拉伸实体。

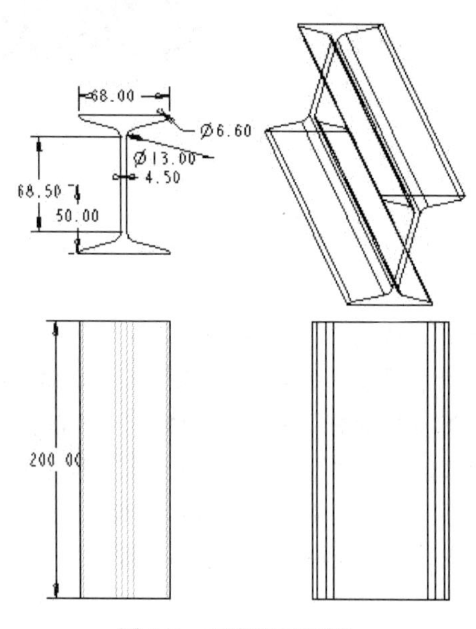

图 8-2 工字钢工程图

8.2.1 设计思路与方法

从工字钢工程图可以看出，整个图形主框架为对称型，所以可以通过两次镜像操作来完成。在绘制草图时，难点在于两个倒圆角的相切线操作。可以首先绘制两个圆，然后绘制相切线，最后去掉多余圆弧即可。由于拉伸操作较为简单，所以没有难点。

本练习所涉及的命令包括：

（1）草绘命令：中心线、直线、圆、镜像、动态裁剪、尺寸定义与修改。

（2）特征构建特征：拉伸。

8.2.2 设计过程

下面就按照所分析的思路进行建模。

1. 建立零件文件 gongzigang.prt

具体操作步骤如下：

（1）建立工作目录。将自己需要的目录（即文件夹）设置为当前工作目录。

（2）建立零件文件。在主菜单中依次单击“文件”→“新建”命令，利用“新建”对话框建立文件 gongzigang.prt。取消“使用默认模板”复选框，单击“确定”按钮即可。

（3）选择需要的单位制模板。在“新文件选项”对话框中选择公制模板 mmns_part_solid（毫米牛顿秒_零件_实体）。单击“确定”按钮，进入零件建模环境。

2. 建立工字钢

这个基础特征是一个拉伸体，它可以通过拉伸操作一次完成。具体建模过程如下：

（1）单击“形状”面板上“拉伸”按钮，系统弹出“拉伸”操控板。

（2）选择操控板上的“放置”选项卡，单击“定义”按钮，系统显示“草绘”对话框。

（3）在图形窗口选择 TOP 面作为草绘平面，系统自动选择 RIGHT 作为参照方向。

（4）单击“草绘”按钮，系统自动以 RIGHT 和 FRONT 面作为尺寸参照，进入草绘环境。

（5）下面进行草绘截面。

1）采用“线”工具，绘制一条水平线。在尺寸上双击，调整其长度为 34，垂直距离为 50，如图 8-3 所示，采用了两种视图方式。

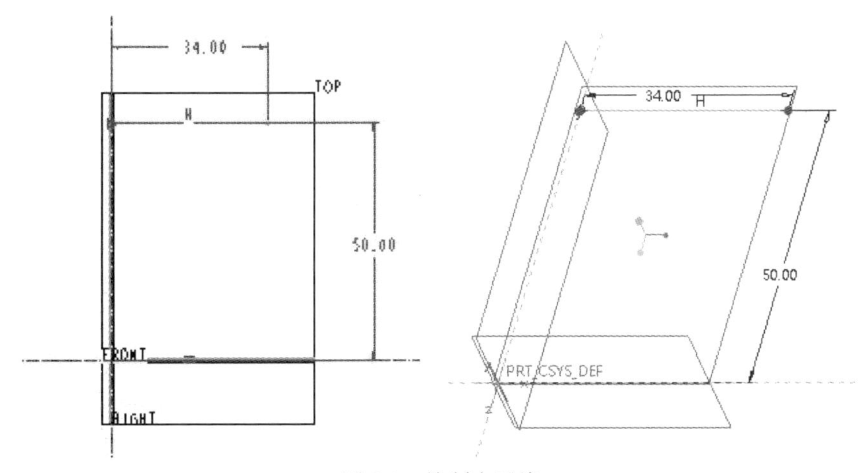

图 8-3　绘制水平线

2）采用同样方法，在中心线右侧绘制一条垂直线，调整其距离垂直中心线为 2.25，垂直高度为 34.25，如图 8-4 所示。

3）在两条直线的端点处，利用“圆”工具，绘制与垂直直线相切的圆，直径为 13；绘制圆心穿过水平线且一个节点位于该直线端点的圆，直径为 6.6，如图 8-5 所示。

4）采用“直线相切”工具，绘制与两个圆都相切的外切线，当在直线两端都显示“T”符号时结束，如图 8-6 所示。

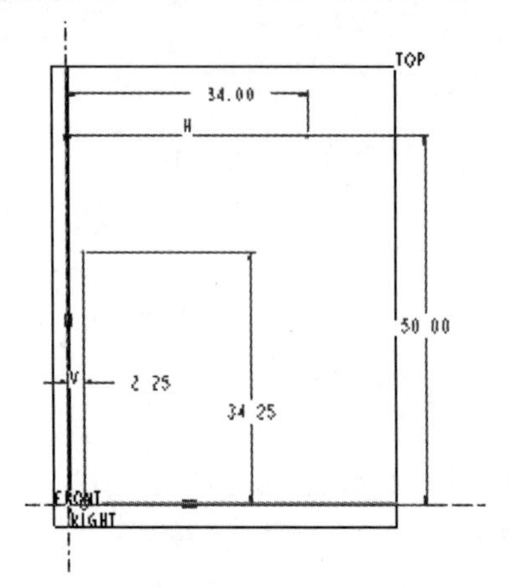

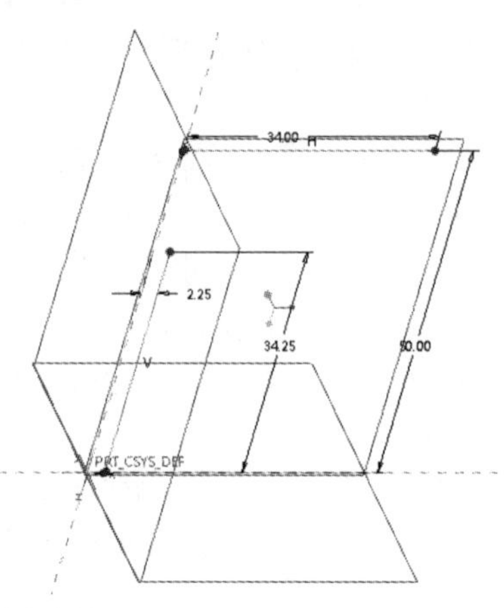

图 8-4 绘制垂直线

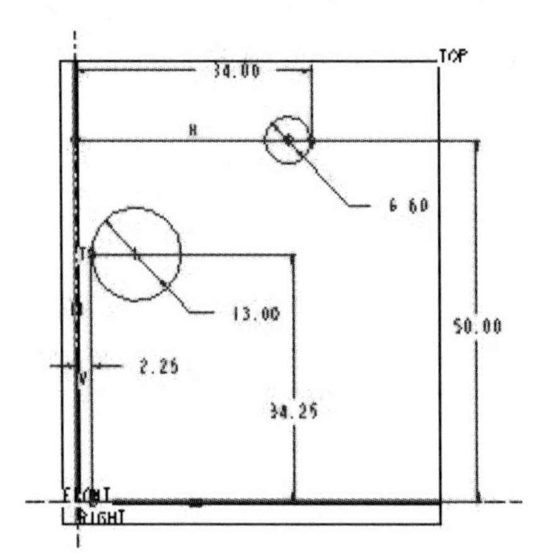

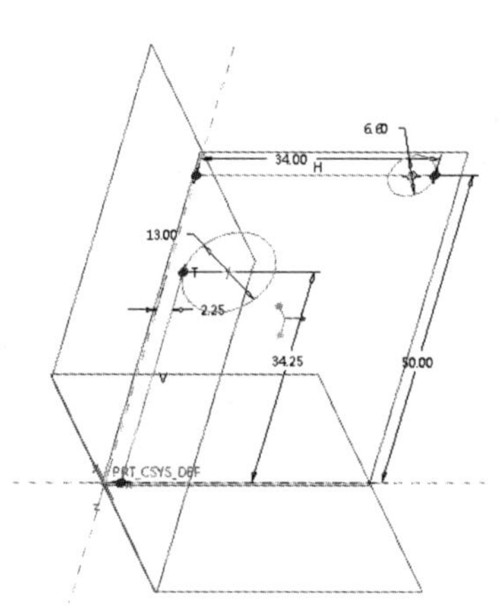

图 8-5 绘制辅助圆

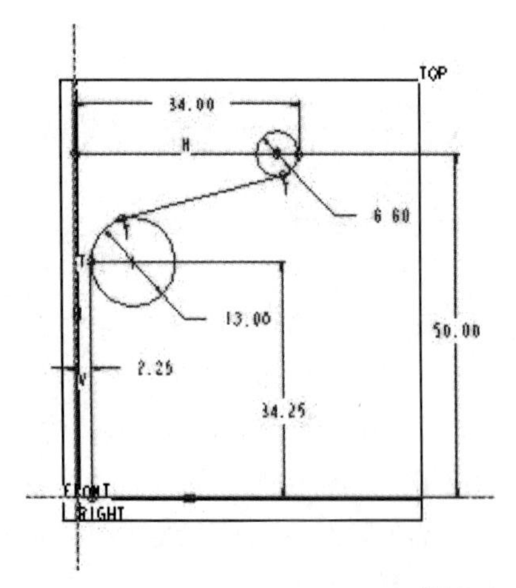

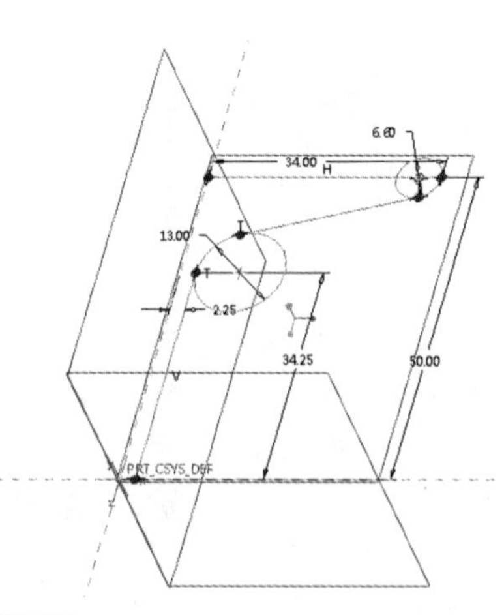

图 8-6 绘制相切线

5）利用“删除段”工具，将多余的圆弧线去掉，结果如图 8-7 所示。

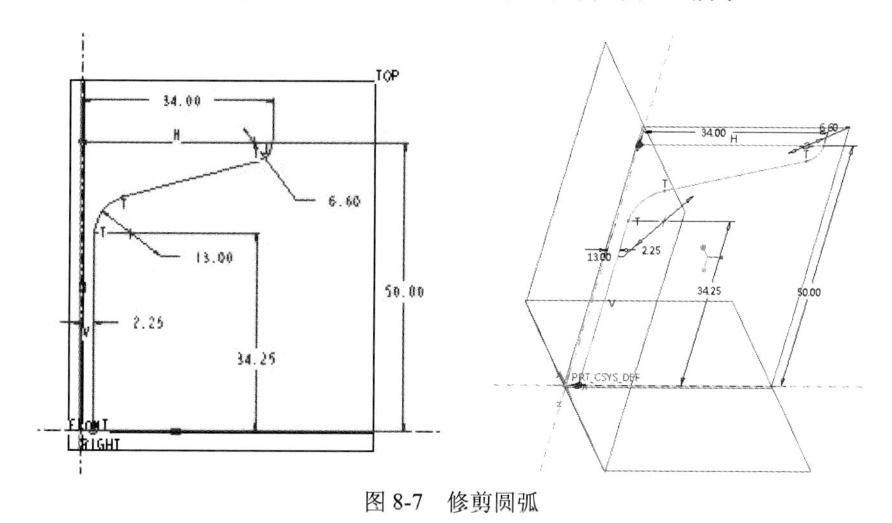

图 8-7　修剪圆弧

6）利用“中心线”工具，在 TOP 面上分别绘制通过圆心的垂直线和水平线。

7）按下 Ctrl 键，选择所绘制的各线条，然后选择“镜像”工具，选择垂直中心线作为参照；然后选择水平中心线上方的所有线条，再次进行镜像，选择水平中心线作为参照，结果如图 8-8 所示。

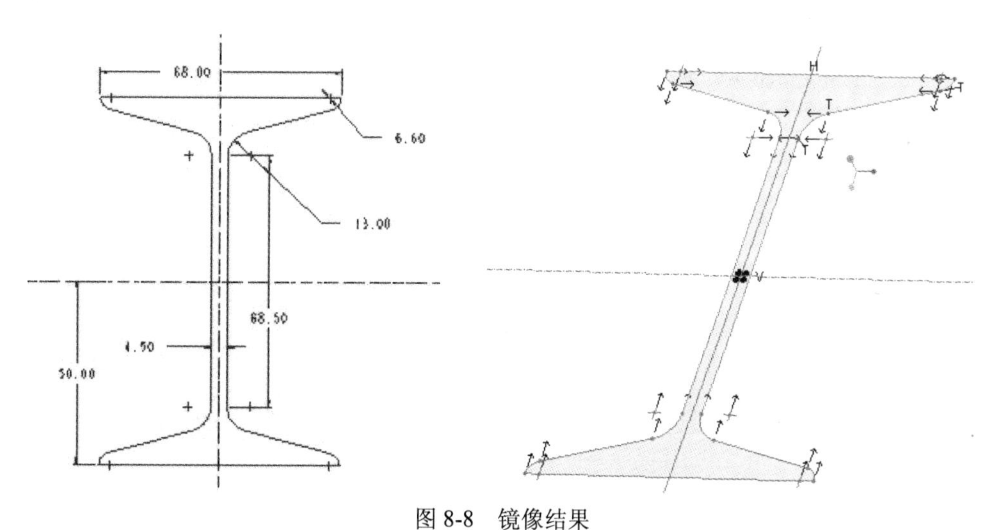

图 8-8　镜像结果

8）单击“确定”按钮，返回实体建模环境。

9）在操控板的拉伸深度框中输入 200，单击“确定”按钮，结果如图 8-9 所示。

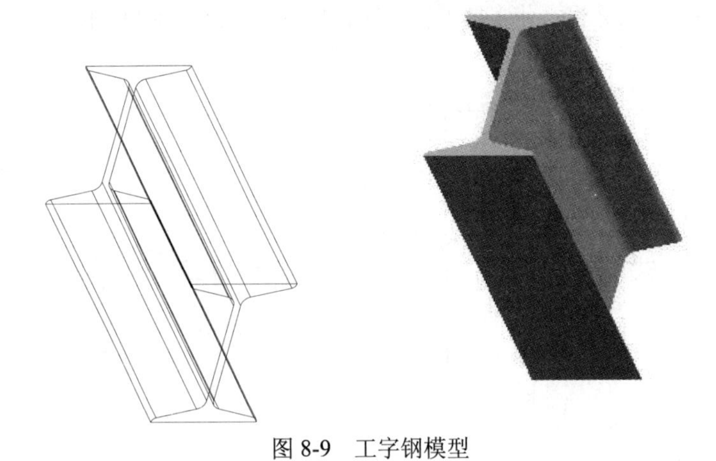

图 8-9　工字钢模型

8.3　曲柄连杆设计

曲柄如图 8-10 所示，它的两端是两个节点转动副连接，曲柄杆的两个端面分别位于这两个转动副端面上，呈工字形。

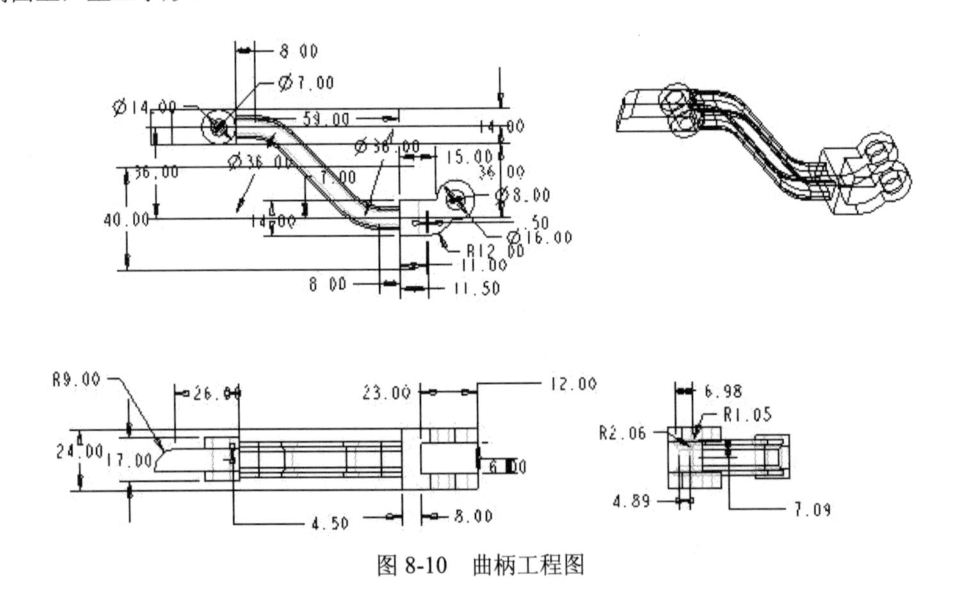

图 8-10　曲柄工程图

8.3.1　设计思路与方法

在这个模型中，可以首先生成下端转动副，然后生成扫描的曲柄杆，最后生成左上端的转动副。对于下端转动副来说，可以采用先生成一侧的转动副，然后镜像操作的方式；也可以采用先生成整体，然后切剪中间部分的方式。在这里采用后者。对于中间的工字钢截面连杆，可以采用扫描方式完成。对于左上端转动副，可以采用对称式拉伸操作的方式生成。由于有相对垂直的参照方向，所以需要借助基准平面。

本练习所涉及的命令包括：

（1）草绘命令：中心线、直线、矩形、圆、删除段、倒圆角、尺寸定义与修改。

（2）特征构建特征：拉伸、扫描、基准平面。

（3）特征编辑：孔（简单孔）、倒圆角。

8.3.2 设计过程

下面就按照所分析的思路进行建模。

1. 建立零件文件 qubingliangan.prt

具体操作不再赘述。

2. 生成下端转动副

该转动副如图 8-11 所示，它基本上是一个拉伸体，然后切减一个方体。

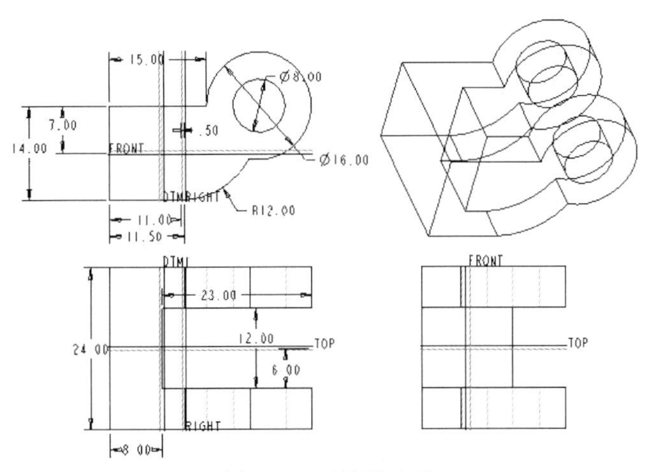

图 8-11　下端转动副

具体操作步骤如下：

（1）单击“形状”面板上“拉伸”按钮，系统弹出“拉伸”操控板。

（2）选择操控板上的“放置”选项卡，单击“定义”按钮，系统显示“草绘”对话框。

（3）在图形窗口选择 TOP 作为草绘平面，系统自动选择 RIGHT 作为参照方向。

（4）单击“草绘”按钮，系统自动以 RIGHT 和 FRONT 面作为尺寸参照，进入草绘环境。

（5）进行草绘截面，如图 8-12 所示。读者按照本图中提示的内容建立草图，注意修剪、尺寸标注和绘图工具的结合使用。

（6）单击“确定”按钮✔，返回实体建模环境。

（7）设置拉伸深度为“24”，采用对称方式，单击“确定”按钮✔，结果如图 8-13 所示。

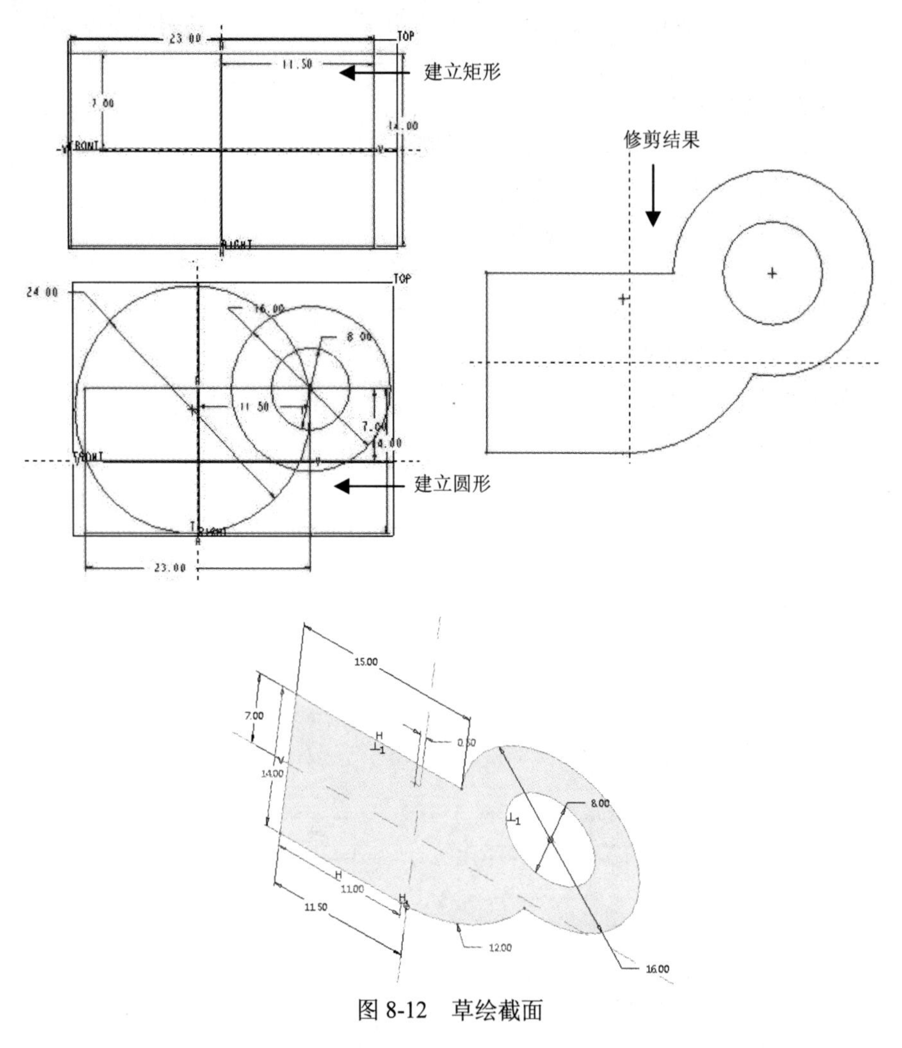

图 8-12　草绘截面

（8）随后通过拉伸切减操作，建立如图 8-14 所示草图，拉伸高度为 40，草绘平面为 FRONT 面，距离转动副左端面 8，所以需要先建立一个基准平面 DTM1，结果如图 8-15 所示。

3. 建立曲柄杆

这是一个走向为曲线的扫描特征，如图 8-16 所示。它的截面基本上就是工字钢形。难点在于工字形的绘制。

具体操作步骤如下：

（1）单击“形状”面板中的“扫描”按钮，系统将弹出“扫描”操控板。

（2）在操控板右侧选择“基准”下拉菜单中的“草绘基准”按钮，系统弹出“草绘”对话框。选择 TOP 面作为草绘平面，绘制如图 8-17 所示的轨迹线并确定，注意圆弧与直线相切。

（3）观察扫描生成方向。如果红色箭头指向转动副内侧，可以在箭头上双击选择反向。

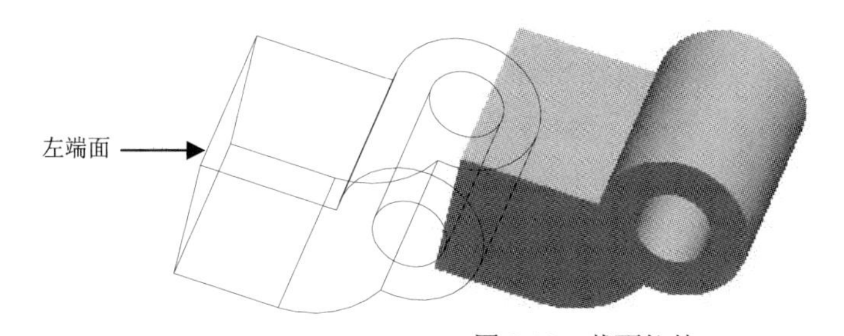

图 8-13　截面拉伸

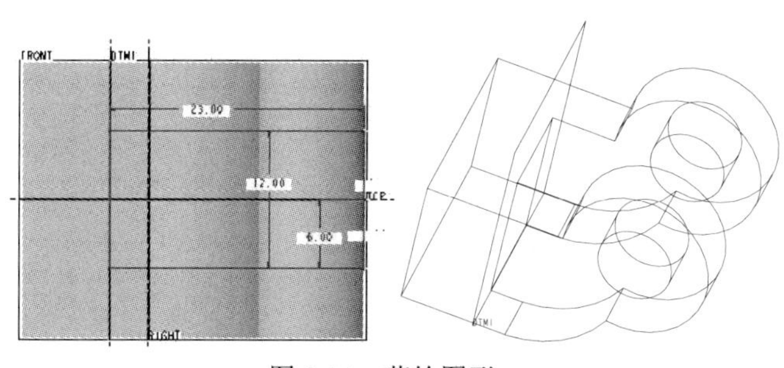

图 8-14　草绘图形

图 8-15　切减结果

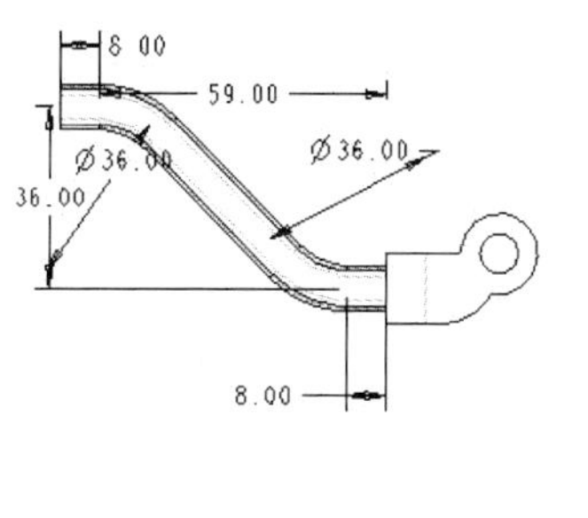

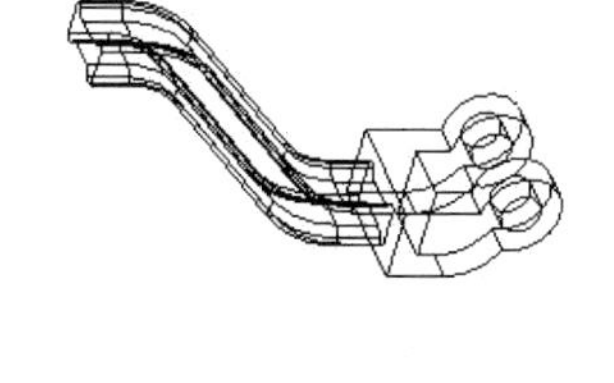

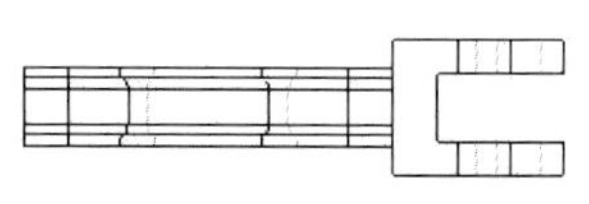

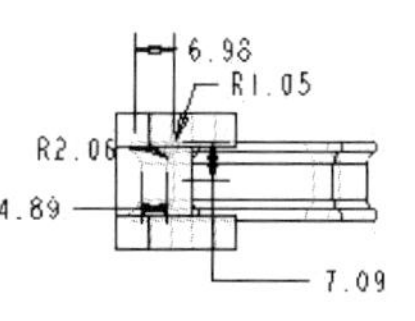

图 8-16　曲柄杆

（4）选择“选项”选项卡中的“合并端”选项。

（5）单击操控板中的“草绘”按钮，开始绘制扫描截面，如图 8-18 所示。

提示：截面应该在两条相垂直线的交点处开始。

（6）单击“确定”按钮✔，定义完成，结果如图 8-19 所示。

4. 生成上端转动副

该转动副相对下端转动副偏移了一段距离，如图 8-17 所示，所以需要建立一个基准面。随后在建立了两次拉伸体后，还需要通过“孔”操控板操作穿孔，结果如图 8-20 所示。

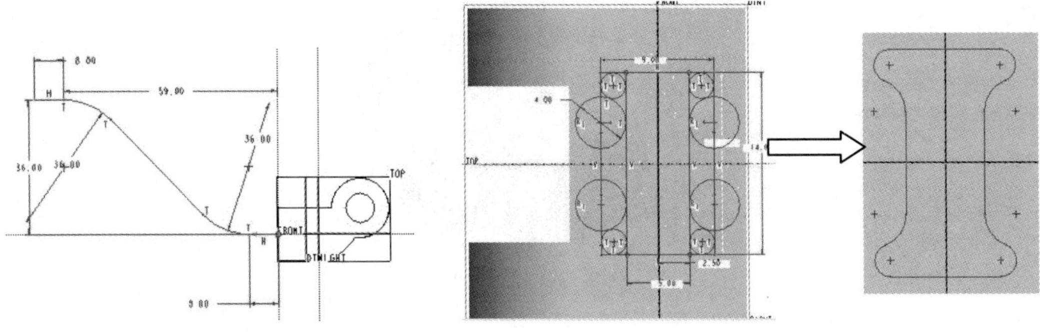

图 8-17　扫描轨迹　　　　图 8-18　扫描截面

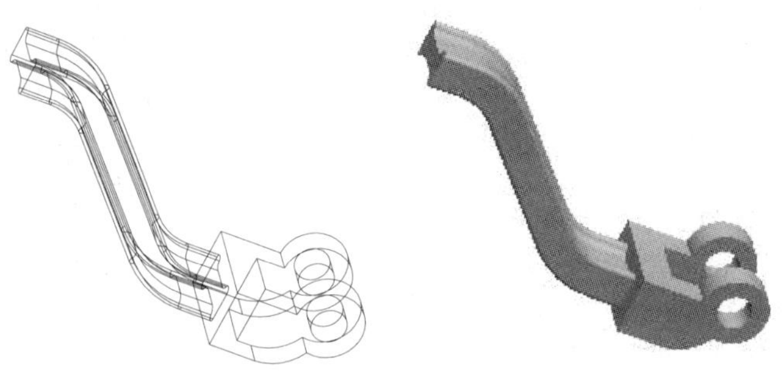

图 8-19　扫描结果

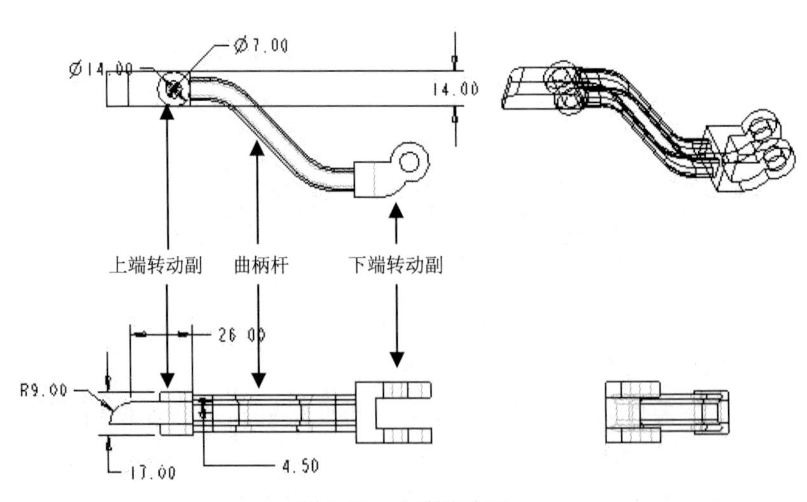

图 8-20　上端转动副

具体操作过程如下：

（1）建立基准平面。单击基准特征工具栏中的“基准平面”按钮，然后选择 FRONT 面，在“平移”框中输入 36，确定后结果如图 8-21 所示。

（2）单击“形状”面板上“拉伸”按钮。

（3）选择操控板上的“放置”选项卡，单击“定义”按钮，系统显示“草绘”对话框。

（4）在图形窗口选择 DTM2 作为草绘平面，系统自动选择 RIGHT 作为参照方向。

（5）单击“草绘”按钮，系统自动以 RIGHT 和 TOP 面作为尺寸参照，进入草绘环境。

（6）进行草绘截面，如图 8-22 所示。读者按照本图中提示的内容建立草图，注意绘制的图形要与杆的端面对齐。

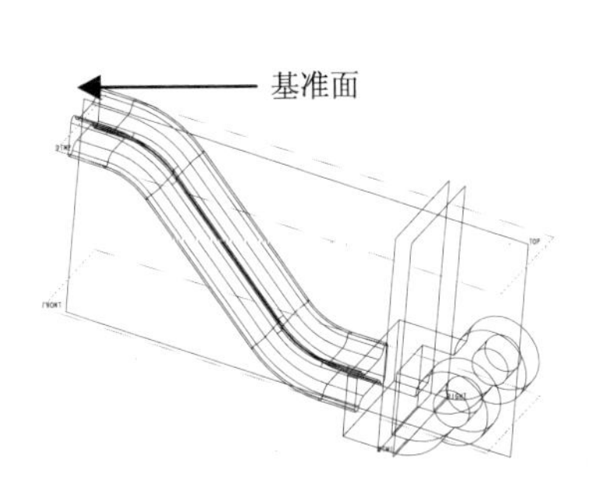

图 8-21　建立的基准面 DTM2

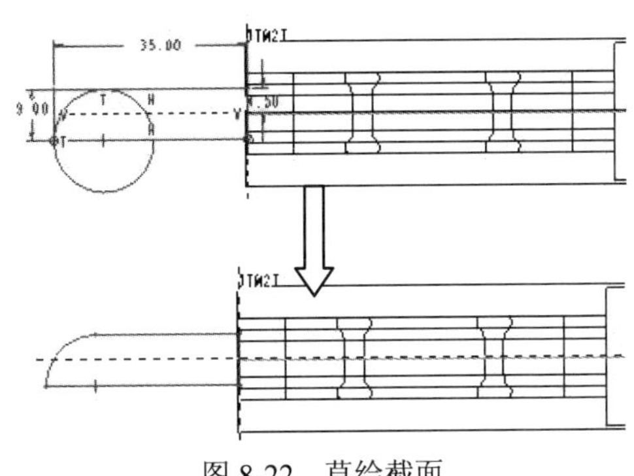

图 8-22　草绘截面

（7）确定后返回实体建模环境。

（8）确定拉伸深度为“14”，采用对称方式，确定后结果如图 8-23 所示。

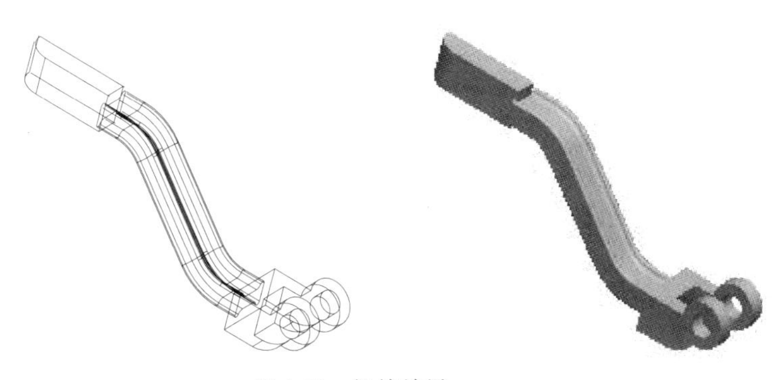

图 8-23　拉伸结果

（9）重复上面的操作，建立一个圆柱凸台，两端均伸出，草图如图 8-24 所示，草绘平面为 TOP 面，对称操作，高度为 17，结果如图 8-25 所示。

（10）按照同轴定位方式建立通孔，半径为 7，结果如图 8-26 所示。

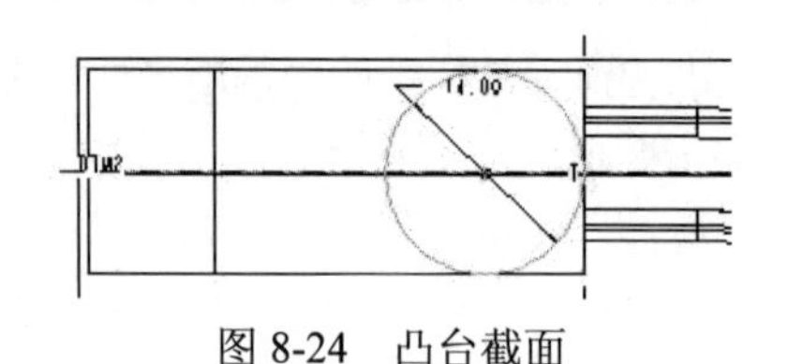

图 8-24　凸台截面

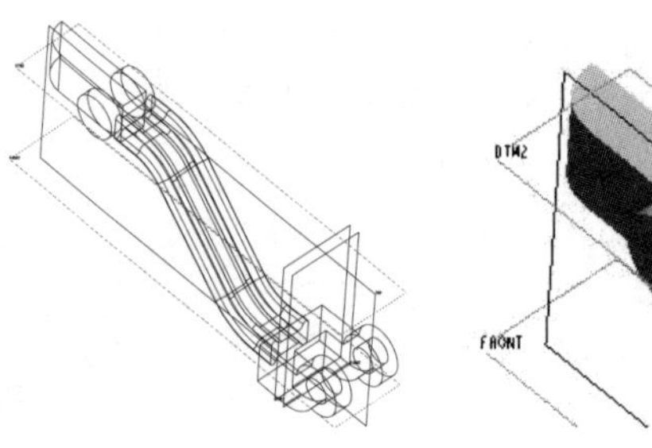

图 8-25　拉伸结果

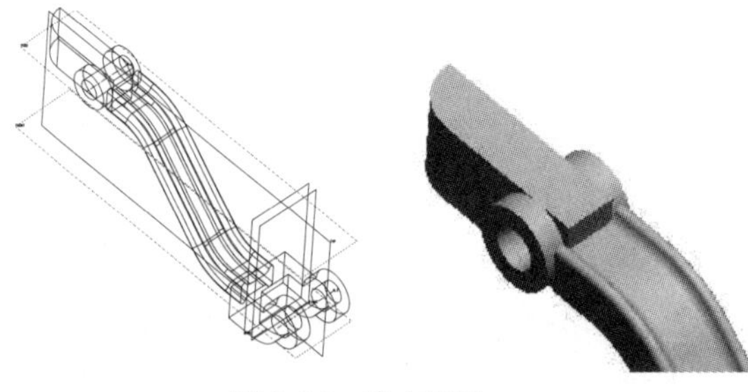

图 8-26　建立通孔

8.4　拨叉设计 1

拨叉如图 8-27 所示，它的底端是一个套管，作为拨叉支持部分，将其安装在固定机构上；顶端是一个叉，作为工作部分对别的零件施加作用；中间的弯杆作为连接部分，把前二者连接成一个整体。另外，还有加强筋作为辅助部分。

8.4.1　设计思路与方法

在这个模型中，可以首先生成下端的套管，然后生成拉伸特征的弯杆和上端的叉，最后生成加强筋。对于下端套管来说，可以首先通过拉伸功能生成基本体和半圆柱体，然后采用孔操作建立其螺纹孔、光孔和锥销孔。对于中间的弯杆部分，其截面特征和尺寸定位比较复杂，草绘是其难点，需要在确定了叉和套管后才可以完成。叉部分需要采用辅助基准平面来确定其基本的草绘位置。

本练习所涉及的命令包括：

（1）草绘命令：直线、镜像、圆、圆弧、删除段、尺寸定义与修改、几何约束。

（2）特征构建特征：拉伸、基准平面。

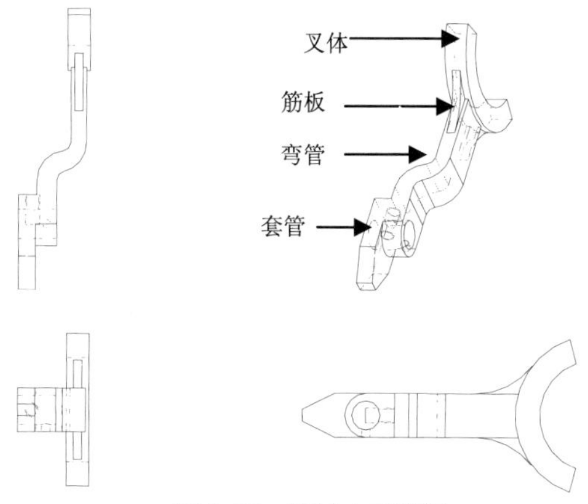

图 8-27　拨叉 1 工程图

（3）特征编辑：孔、筋、镜像。

8.4.2　设计过程

下面就按照所分析的思路进行建模。注意，与前面一个例子不同的地方是，这里完成的弯管部分是采用先建基本体，然后结合其他部分完成最后特征。

1. 建立零件文件 bocha1.prt

见前，此处不再赘述。

2. 生成套管

套管工程图如图 8-28 所示。可以首先建立一侧草绘，然后镜像的方式生成基本体截面图，并通过拉伸方式完成该实体，然后通过拉伸操作建立半圆形实体，最后通过“孔”操作建立光孔、螺纹孔和销孔。

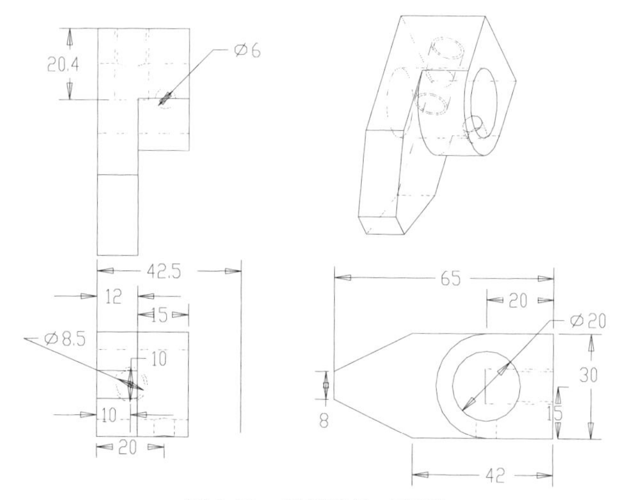

图 8-28　套管实体工程图

具体的操作步骤如下：

（1）建立基本体。

1）进入拉伸操作环境。

①选择“形状”面板上的“拉伸”工具。

②选择操控板上的“放置”选项卡，单击“定义”按钮，系统显示“草绘”对话框。

③在图形窗口选择 RIGHT 面作为草绘平面，系统自动选择 TOP 面作为参照方向。单击“草绘”按钮，系统自动以 TOP 和 FRONT 面作为尺寸参照，进入草绘环境。

2）进行截面草绘。

①采用“中心线”工具 ┆，沿着 TOP 面投影线绘制铅直中心线，作为镜像参照线。

②采用“线”工具，绘制如图 8-29 所示直线段。在尺寸上双击，调整其具体长度，如图 8-30 所示。

③按下 Ctrl 键，选择建立好的直线段，然后选择“镜像”工具，选择垂直中心线作为参照，结果如图 8-30 所示。

④确定后返回实体建模环境。

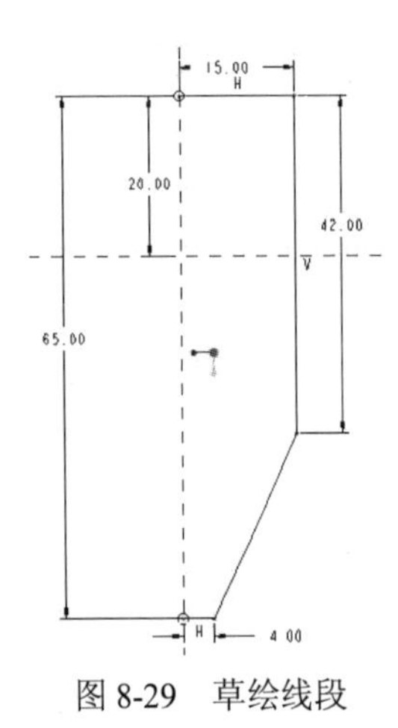

图 8-29　草绘线段

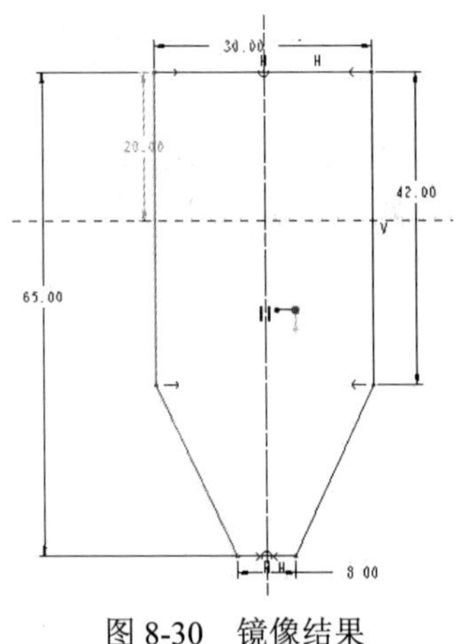

图 8-30　镜像结果

3）确定拉伸深度为 12，采用盲孔方式，向 RIGHT 面右侧拉伸，结果如图 8-31 所示。

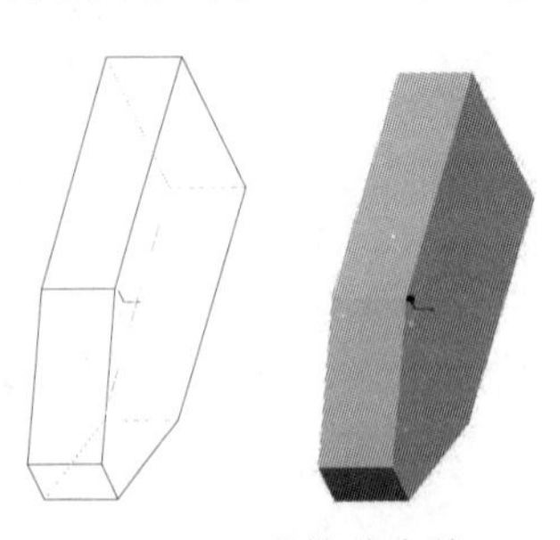

图 8-31　套管基本体

（2）生成半圆柱体。

1）进入拉伸操作环境。基本体上表面作为草绘平面，进入草绘环境。

2）采用“线”工具和“弧”工具，绘制如图 8-32 所示草图。

3）确定拉伸深度为“15”，采用盲孔方式，向基本体外侧拉伸，结果如图 8-33 所示。

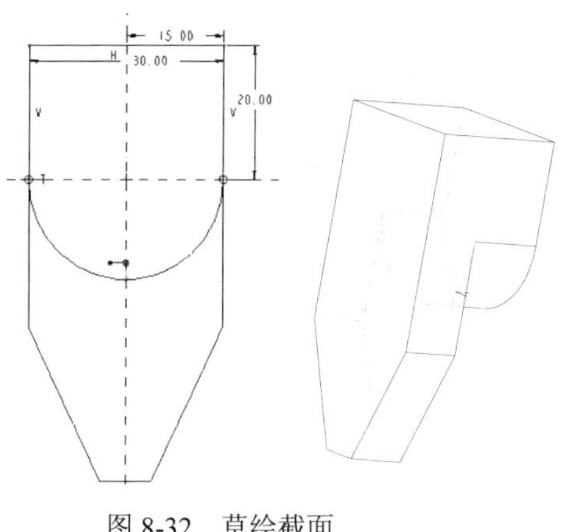

图 8-32　草绘截面

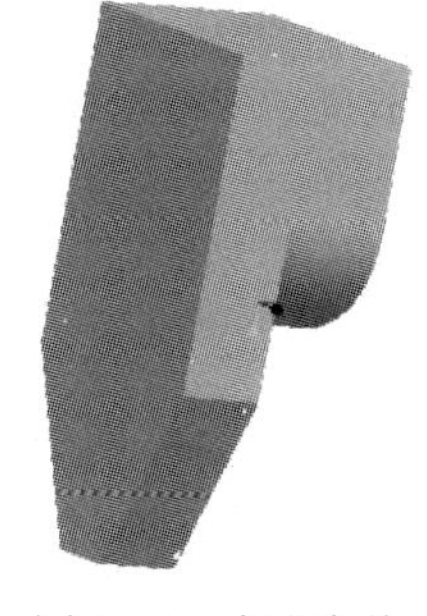
图 8-33　生成实体

（3）生成套管上的孔。

套筒上有 3 个孔：一个光孔、一个锥销孔和一个螺纹孔。这 3 个孔需要采用轴定位方式，所以需要建立基准轴。这里准备采用通过基准平面相交的方式来生成。

具体操作步骤如下：

1）建立光孔轴。

①单击“基准特征”工具栏中的“基准轴”按钮，系统弹出“基准轴”对话框，如图 8-34 所示。

②按下 Ctrl 键，选择 TOP 和 FRONT 面，单击“确定”按钮，生成如图 8-35 所示基准轴 A_1。

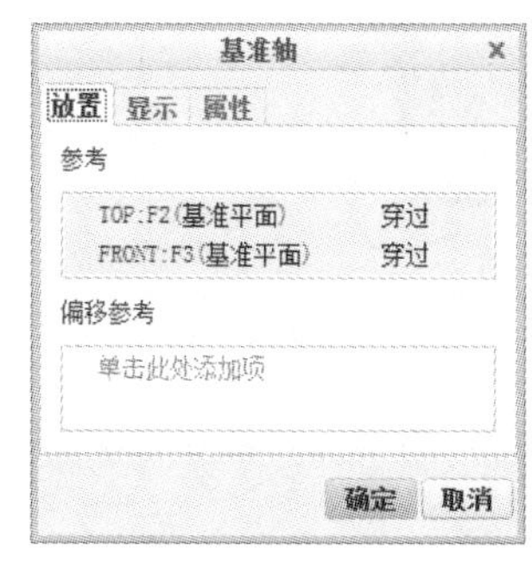

图 8-34　“基准轴”对话框

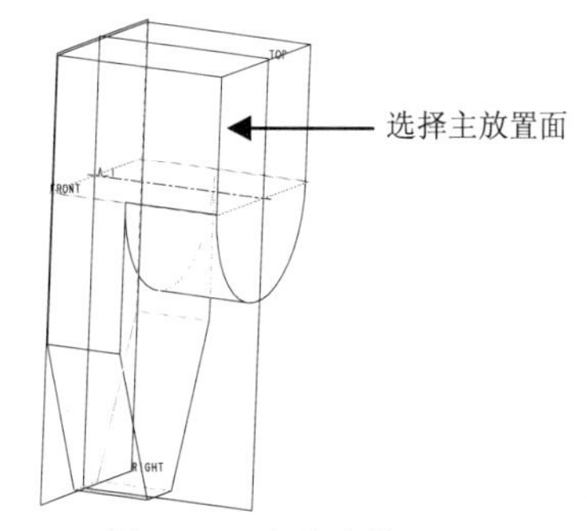

图 8-35　生成实体

2）生成光孔。

①单击特征操作工具栏上的“孔”按钮，系统弹出如图 8-36 所示“孔”操控板。

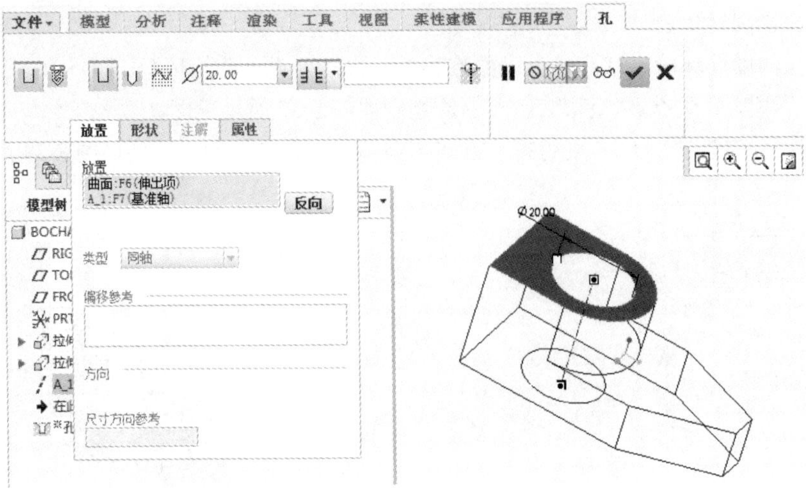

图 8-36　“孔”操控板

②单击“放置”选项卡，显示上滑板。

③选择如图 8-35 所示的主放置面，按下 Ctrl 键，选择刚建立的基准轴 A_1。系统自动确定为“同轴”定位方式。

④在操控板中输入直径值 20，选择“通孔”方式。

⑤单击“确定”按钮，结果如图 8-37 所示。

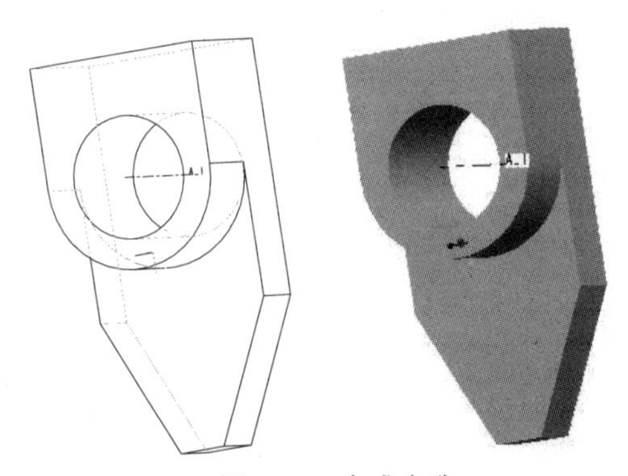

图 8-37　生成光孔

3）建立螺纹孔轴。

螺纹孔轴偏离 RIGHT 面 10，不能直接选用已有基准平面，所以需要建立辅助基准平面。

具体操作步骤如下：

①单击“基准平面”按钮，系统弹出如图 8-38 所示对话框。

②选择 RIGHT 面，在“平移”文本框中输入 10。

注意：观察所生成的基准平面情况，如果方向相反，可以输入负值并回车。

③单击“确定”按钮，生成如图8-39所示基准平面。

④单击“基准特征”工具栏中的“基准轴”按钮，系统弹出“基准轴”对话框。

⑤按下Ctrl键，选择TOP面和刚建立的基准面，单击“确定”按钮，生成如图8-40所示基准轴A_2。

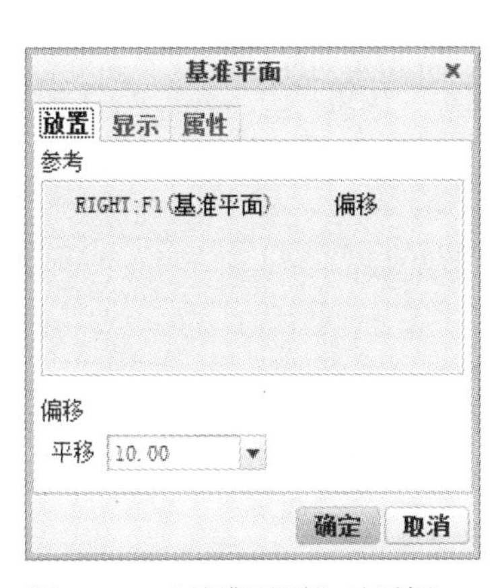

图8-38　“基准平面”对话框

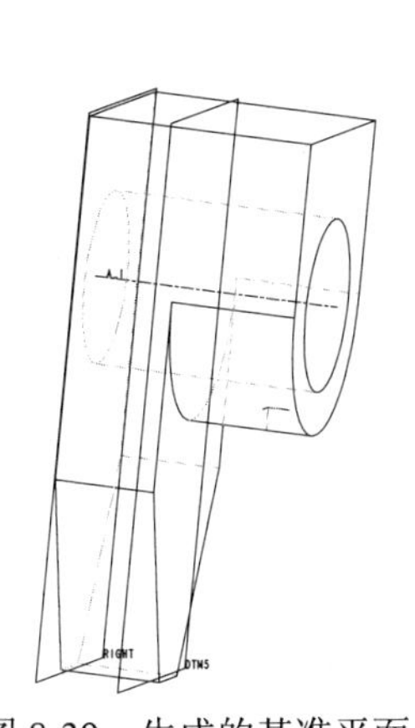

图8-39　生成的基准平面

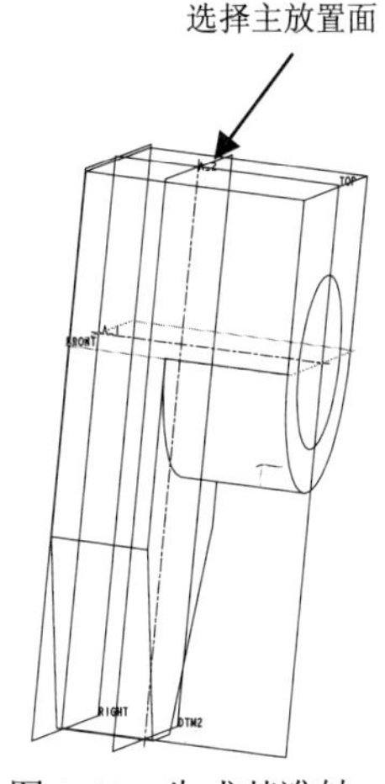

图8-40　生成基准轴

4）生成螺纹孔。

①单击特征操作工具栏上的“孔”按钮，单击“螺纹孔”按钮。

②单击“放置”选项卡，显示上滑板。

③选择如图8-40所示的主放置面，按下Ctrl键，选择刚建立的基准轴A_2。

④在操控板中选择ISO标准和M10×1.5，选择“到选定曲面”方式，选择光孔内表面。

⑤确定后结果如图8-41所示。

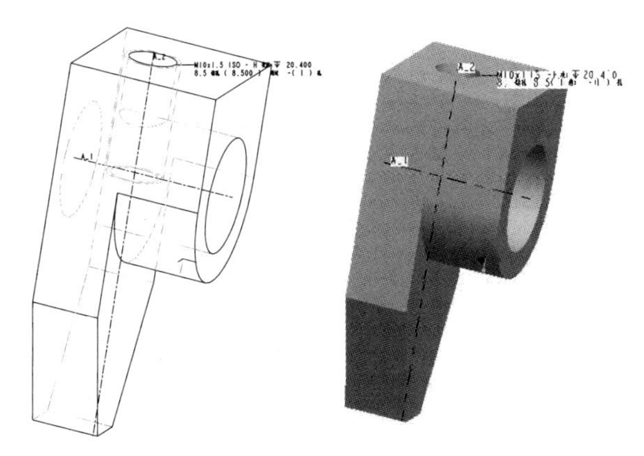

图8-41　生成螺纹孔

5）生成锥销孔轴。

锥销孔轴偏离 RIGHT 面 20，不能直接选用已有基准平面，所以需要建立辅助基准平面。

具体操作步骤如下：

①单击“基准平面”按钮，系统弹出“基准平面”对话框。

②选择 RIGHT 面，在“平移”文本框中输入 20。

③单击“确定”按钮，生成如图 8-42 所示基准平面。

④单击“基准特征”工具栏中的“基准轴”按钮，系统弹出“基准轴”对话框。

⑤按下 Ctrl 键，选择 FRONT 和刚建立的基准面，单击“确定”按钮，生成如图 8-43 所示基准轴 A_3。

6）生成锥销孔。

①单击特征操作工具栏上的“孔”按钮，系统弹出“孔”操控板。

②单击“放置”选项卡，显示上滑板。

③选择如图 8-43 所示的外圆柱面，按下 Ctrl 键，选择刚建立的基准轴。

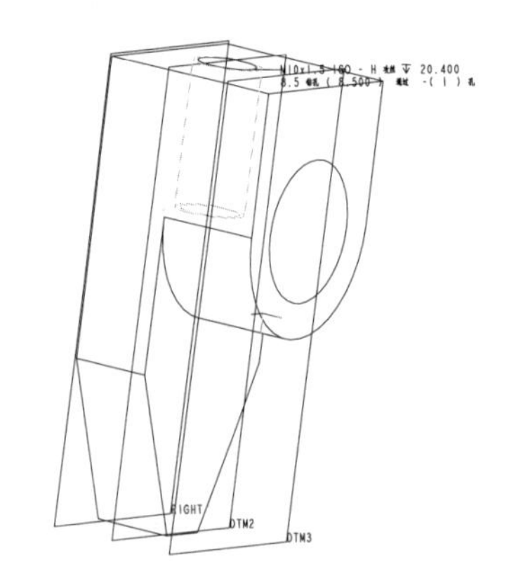

图 8-42　生成的基准平面

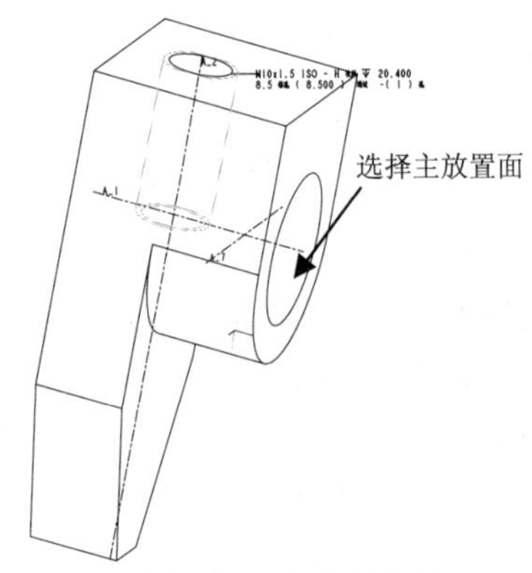

图 8-43　生成基准轴

④在操控板中输入直径值 6，选择“通孔”方式、“到选定曲面”方式，选择光孔内表面。

⑤确定后结果如图 8-44 所示。

3. 生成叉体

叉体工程图如图 8-45 所示。它是一个拉伸体，截面为部分环状。在建立该特征之前，首先需要确定该叉体所在的草绘平面，这里采用基准平面方式。

具体操作过程如下：

（1）建立草绘基准平面 DTM1。单击“基准特征”工具栏中的“基准平面”按钮，然后选择 RIGHT 面，在“平移”文本框中输入 42.5，确定后结果如图 8-46 所示。

（2）进入“拉伸”操作环境。

选择拉伸工具，并在图形窗口选择 DTM1 作为草绘平面，进入草绘环境。

（3）进行草绘截面。

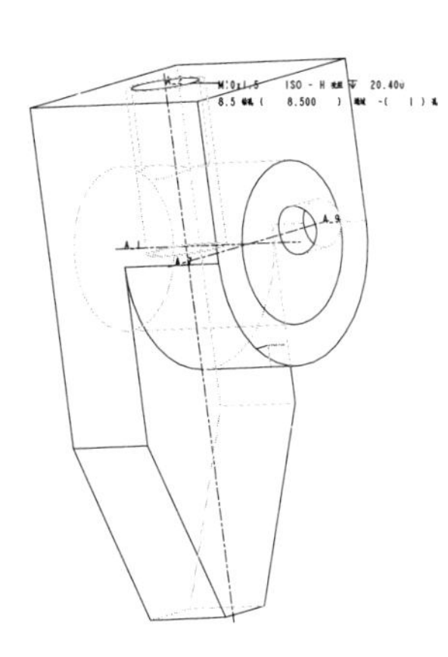

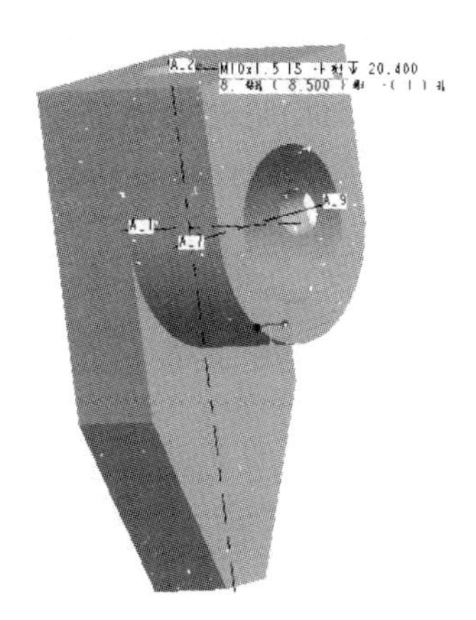

图 8-44　生成锥销孔

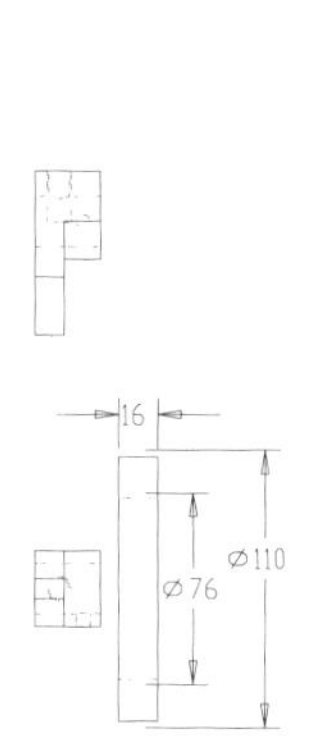

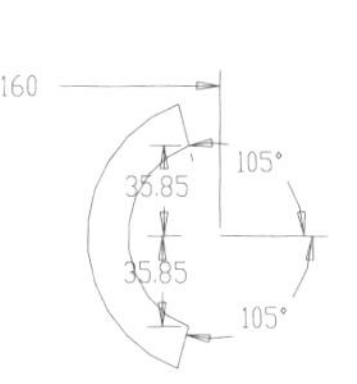

图 8-45　叉体工程图

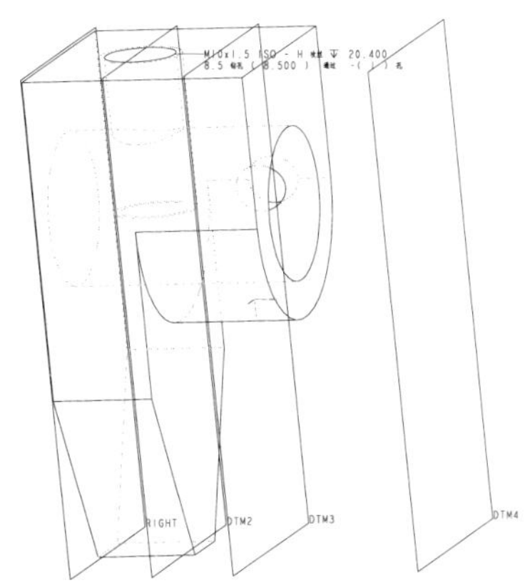

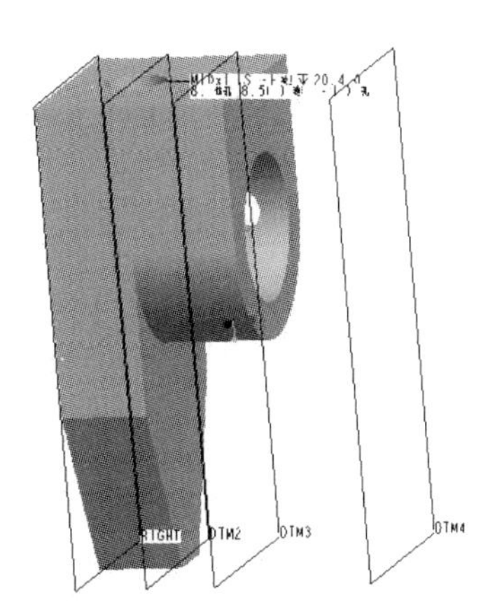

图 8-46　建立基准平面

1）采用“圆”工具和“同心圆”工具绘制两个同心圆，并进行定位和尺寸约束。

2）过距离圆心为 3 处绘制两条直线对称于 TOP 面，夹角为 150°。

3）对两个圆进行删除段操作，结果如图 8-47 所示。

4）确定后返回实体建模环境。

（4）输入拉伸深度“16”，采用对称方式，确定后结果分别如图 8-48 和图 8-49 所示。

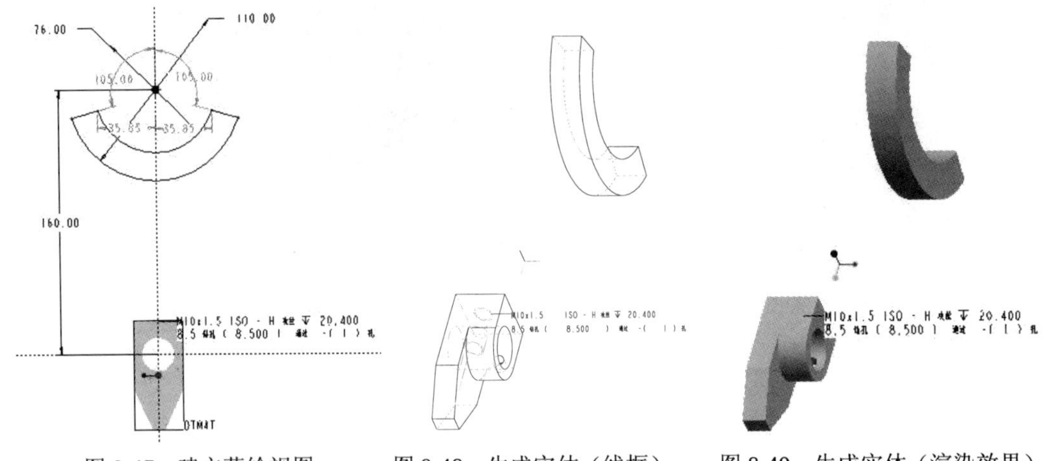

图 8-47 建立草绘视图 图 8-48 生成实体（线框） 图 8-49 生成实体（渲染效果）

4. 生成弯杆

弯杆几何体工程图如图 8-50 所示。这是一个截面复杂的拉伸特征，尤其是定位需要结合叉体和套管方能完成。

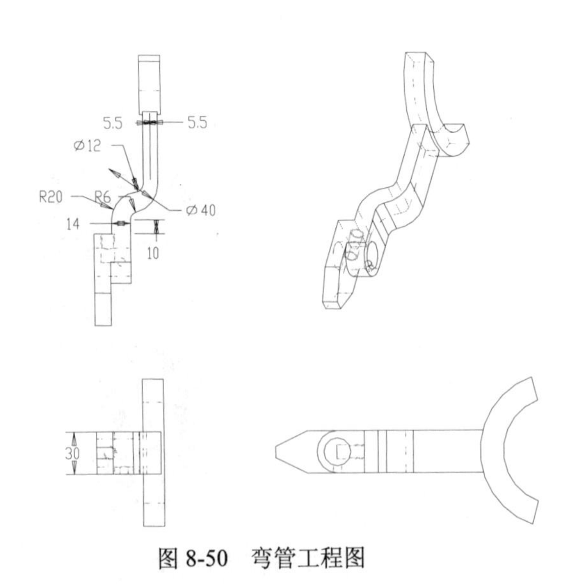

图 8-50 弯管工程图

具体的操作步骤如下：

（1）进入“拉伸”操作环境，在图形窗口选择TOP面作为草绘平面，进入草绘环境。

（2）进行草绘截面，如图8-51所示。

1）采用直线工具绘制垂直的4条直线段，并约束下面两条直线段长度为10，距离宽度为14；约束上面两条线段宽度为11，对称于叉体所在基准平面DTM4。

2）过下面右侧线段顶点绘制半径为6的圆弧，过下面左侧线段顶点绘制半径为20的圆弧，圆心均位于与顶点纵坐标一致的水平位置且重合。

3）绘制半径为6和40的圆，分别约束其相切位置关系。

4）对两个圆和上面两条直线进行删除段操作。

5）确定后返回实体建模环境。

（3）输入拉伸深度“30”，采用“对称”方式，确定后结果如图8-52所示。

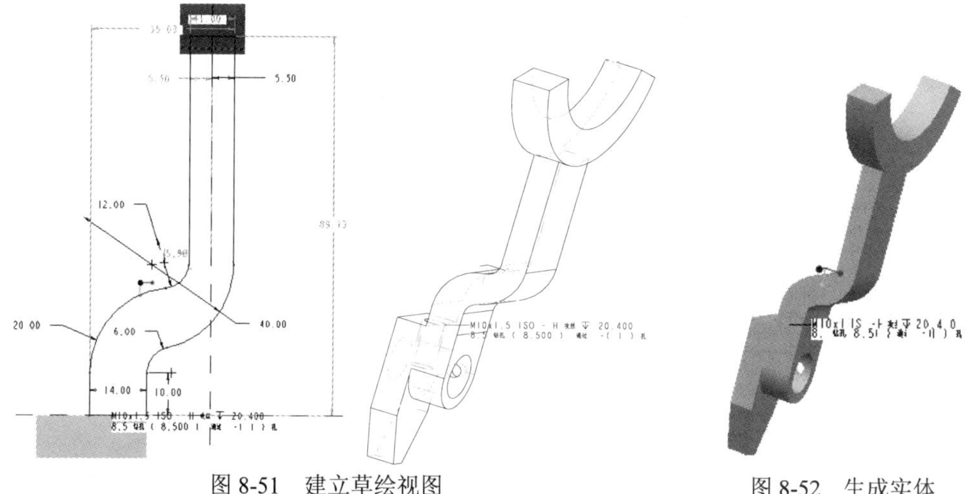

图8-51　建立草绘视图　　图8-52　生成实体

5. 生成筋板

拨叉筋板如图8-53所示。由于是对称结构，所以可以采用先绘制一侧，然后镜像获取另一侧的方式。

具体操作步骤如下：

（1）生成一侧筋板。

1）单击“工程”面板中的“轮廓筋”按钮，系统弹出如图8-54所示操控板。

2）选择“参考”选项卡，单击“定义”按钮，系统弹出“草绘”对话框。

3）选择拨叉草图所在基准平面为草绘平面，系统自动以TOP面为参照。

4）单击“草绘”按钮，进入草绘环境。

5）绘制如图8-55所示草图。

绘图技巧：可以先绘制两个半径为50的圆，然后定义其与叉体和弯杆相切，最后删除段。

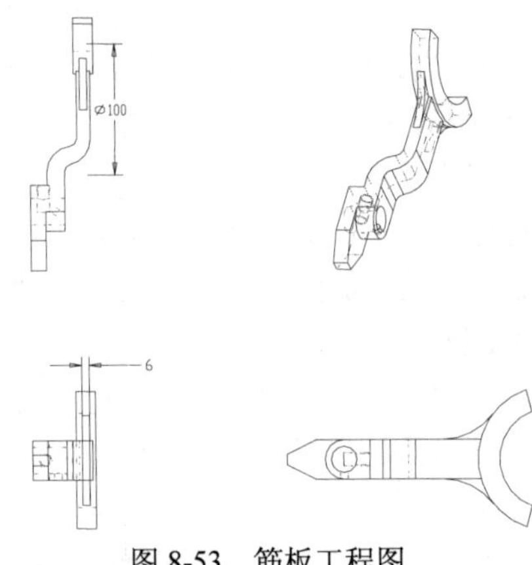

图 8-53　筋板工程图

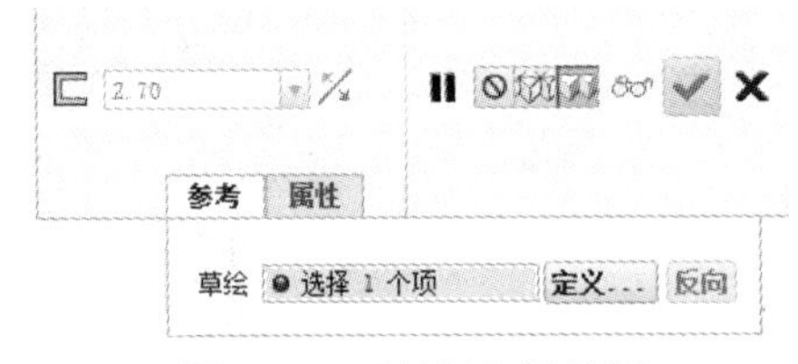

图 8-54　“筋板”操控板

6）确定后回到操控板中。

7）输入筋板厚度“6”，确定后结果如图 8-56 所示。

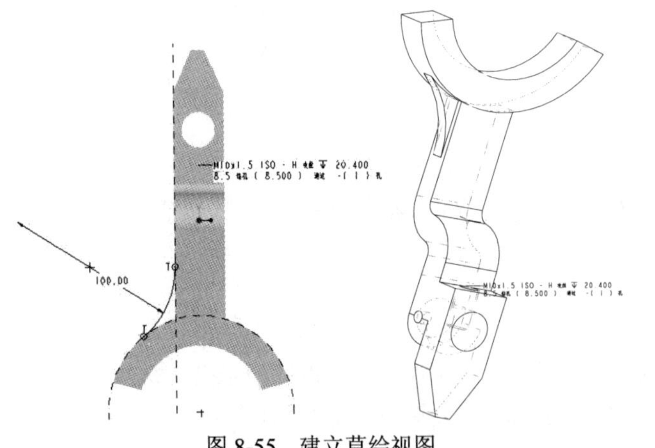

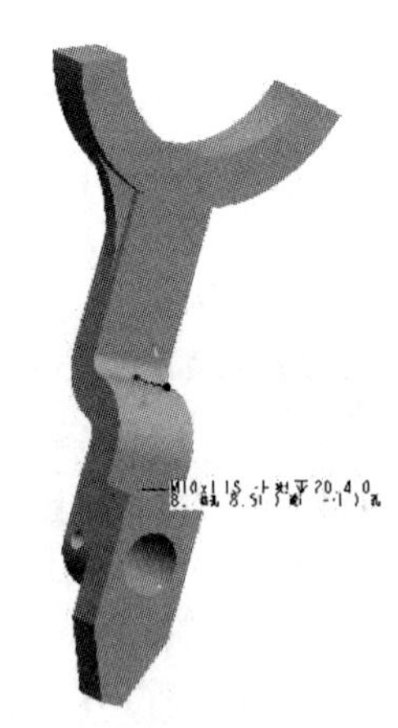

图 8-55　建立草绘视图　　　　图 8-56　生成实体

（2）生成另一侧的筋板。

1）选择刚生成的筋板，然后单击“镜像”按钮，系统弹出“镜像”操控板，如图 8-57 所示。

2）选择 TOP 面为对称面，确定后结果如图 8-58 所示。

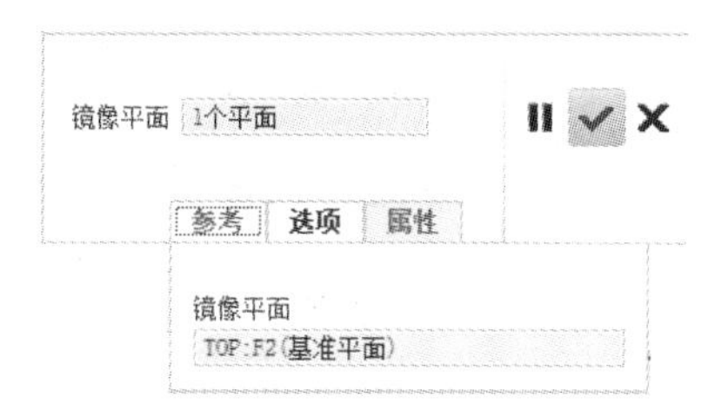

图 8-57 镜像操控板

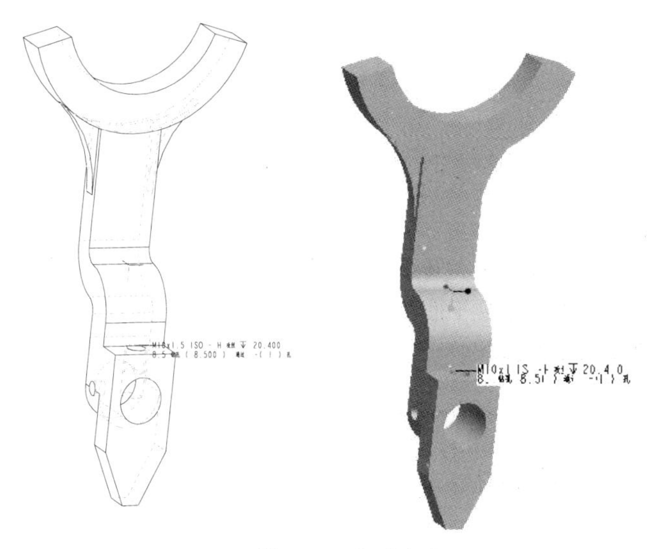

图 8-58 生成实体

8.5 拨叉设计 2

拨叉如图 8-59 所示，它的底端是一个套管，作为拨叉支持部分，将其安装在固定机构上；顶端是一个叉，作为工作部分对别的零件施加作用；中间的直杆作为连接部分，把前二者连接成一个整体。另外，还有加强筋作为辅助部分。

与拨叉 1 不同的是，这个拨叉是用在机床上变换齿轮位置的，其具体尺寸受到变换齿轮的控制。

8.5.1 设计思路与方法

在这个模型中，可以首先生成套管，然后生成拉伸特征的直杆和上端的叉，最后生成加强筋。对于套管来说，可以首先通过拉伸功能生成带有光孔的基本体，然后建立其锥销孔。对于中间的直杆部分，只有确定叉体后才能完成。叉体部分需要采用辅助基准平面来确定其基本的草绘位置。

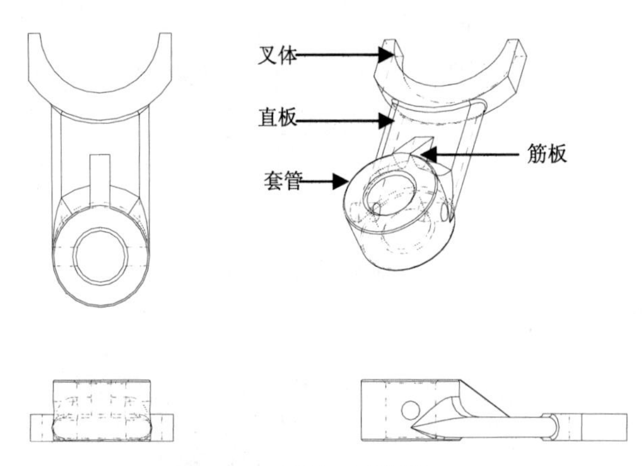

图 8-59　拨叉 2 工程图

本练习所涉及的命令包括：

（1）草绘命令：直线、镜像、圆、圆弧、删除段、尺寸定义与修改、几何约束。

（2）特征构建特征：拉伸、基准平面。

（3）特征编辑：孔（简单孔）、倒角。

8.5.2　设计过程

下面就按照所分析的思路进行建模。

1. 建立零件文件 bocha2.prt

此处不再赘述。

2. 生成套管

套管工程图如图 8-60 所示。可以首先通过一次拉伸方式完成该实体，然后通过孔操作建立销孔，并通过倒角操作建立内孔倒角。

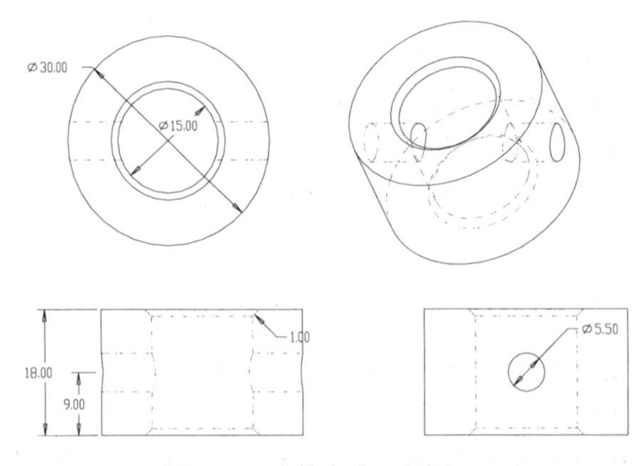

图 8-60　套管实体工程图

具体的操作步骤如下：

（1）建立基本体。

1）进入拉伸操作环境，选择 TOP 面作为草绘平面。

2）采用“圆”工具⊙和“同心圆”工具◎，以原心为圆心，绘制直径为 30 和 15 的两个同心圆。确定后回到“拉伸”操控板中。

3）输入拉伸高度“18”，确定后结果如图 8-61 所示。

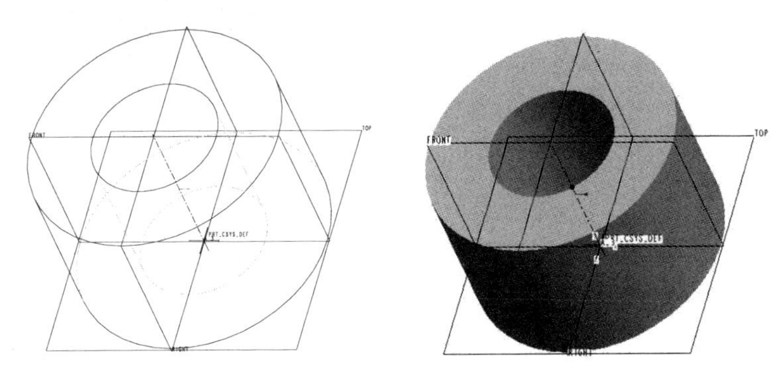

图 8-61　套管实体

（2）生成内孔倒角。

1）单击“倒角”按钮，系统弹出如图 8-62 所示的操控板。

图 8-62　“倒角”操控板

2）在操控板中采用默认的 DD 方式，输入倒角距离为 5。

3）按下 Ctrl 键，分别选择内孔的两条棱边。

4）确定后结果如图 8-63 所示。

（3）建立锥销孔。锥销孔的定位需要借助基准轴，而基准轴则还需要借助基准平面相交的方式生成。

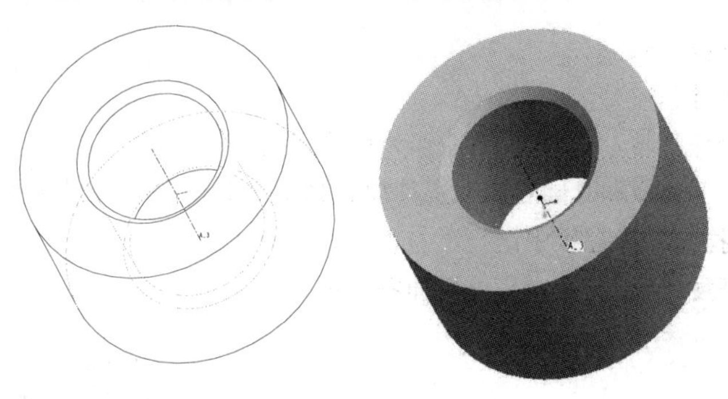

图 8-63　倒角结果

具体操作步骤如下：

1）建立基准平面。单击“基准平面”按钮，系统弹出“基准平面”对话框。选择 TOP 面，然后输入偏移距离 9，单击“确定”按钮，生成如图 8-64 所示的基准平面。

2）建立基准轴。单击“基准轴”按钮，系统弹出“基准轴”对话框。按下 Ctrl 键，选择刚建立的基准平面和 FRONT 面，单击“确定”按钮，生成如图 8-65 所示的基准轴。

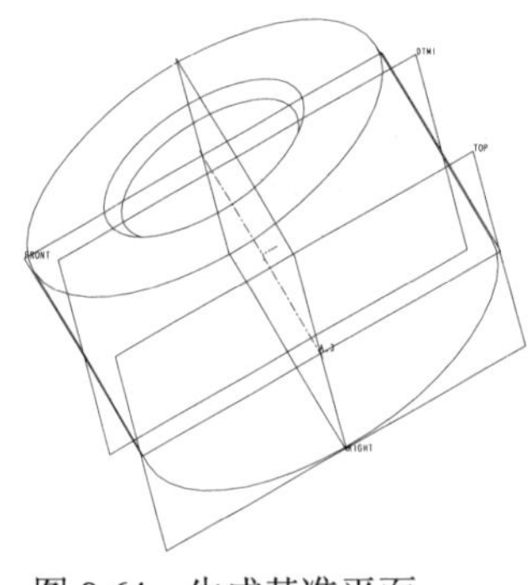

图 8-64　生成基准平面

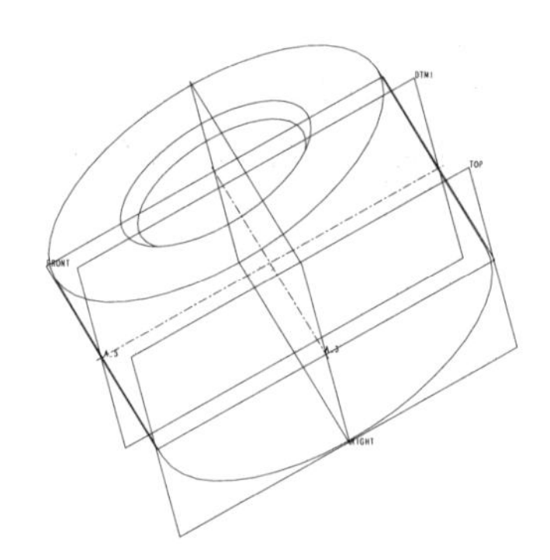

图 8-65　生成基准轴

3）生成孔。

①单击“孔”按钮，系统弹出“孔”操控板。

②单击“放置”选项卡，显示上滑板。

③选择外圆柱面作为主放置面，按下 Ctrl 键，选择刚建立的基准轴 A_1。

④在操控板中输入直径值 5，选择“通孔”方式。

⑤确定后结果如图 8-66 所示。

3．建立叉体

叉体草绘截面为半个环状体，如图 8-67 所示。其基本特征为拉伸操作，可以通过绘制圆环并通过水平线切减来完成其截面。

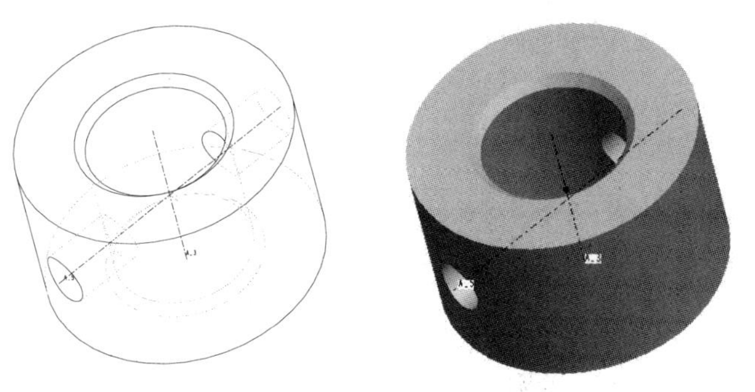

图 8-66　生成光孔

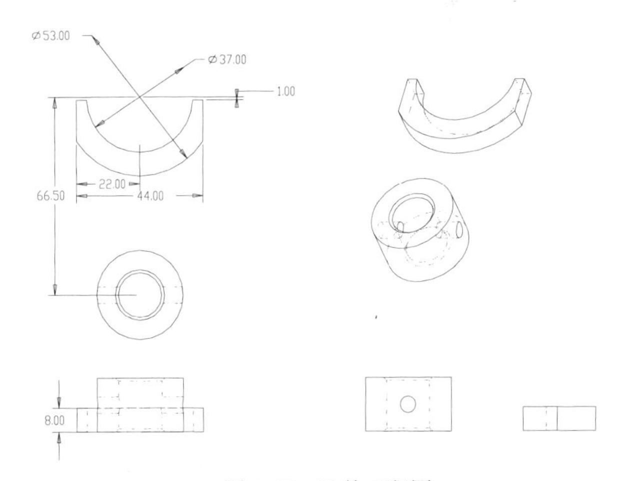

图 8-67　叉体工程图

具体操作步骤如下：

（1）进入拉伸操作环境，选择 TOP 面作为草绘平面。

（2）采用“圆”工具和“同心圆”工具，绘制直径为 37 和 53 的两个同心圆，其圆心距离原心为 66.5。通过距离为 44 的两条对称水平线对圆进行水平切减，通过距离圆心为 1 的右侧垂直线进行垂直切减，如图 8-68 所示。确定后回到拉伸操控板中。

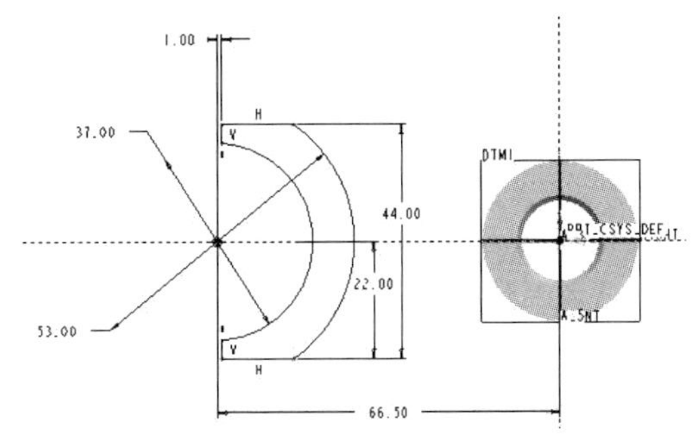

图 8-68　草绘截面

（3）输入拉伸高度“8”，确定后结果如图 8-69 所示。

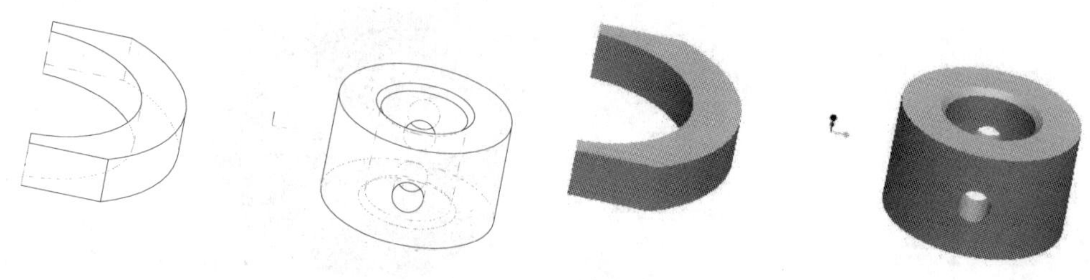

图 8-69　叉体实体

4. 建立直板和筋板

直板和筋板如图 8-70 所示。直板特征可以通过拉伸操作完成，而筋板特征通过筋操作完成。在这里需要注意的是，当进行筋板操作时，所生成的拉伸特征将挡住部分锥销孔，可以通过调整顺序的方式来对特征进行更改，而不必重复操作。在生成直板后，需要对其进行圆角处理。

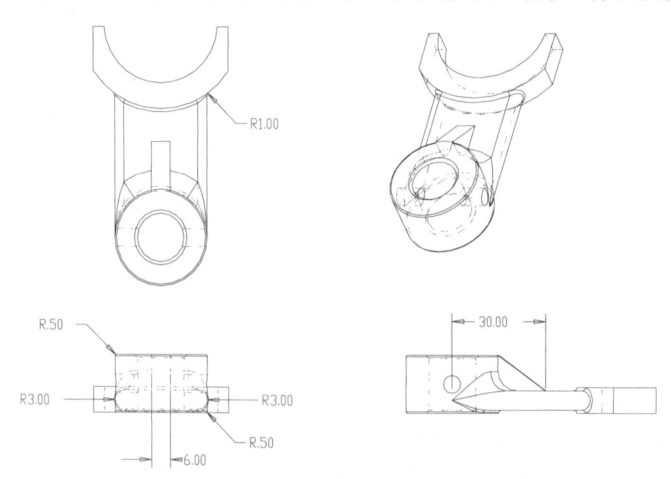

图 8-70　直板和筋板工程图

具体操作步骤如下：

（1）建立基准平面。拉伸特征是相对于距离 TOP 面为 4 的基准平面对称的。单击“基准特征”工具栏中的“基准平面”按钮，然后选择 TOP 面，在“平移”框中输入 4，确定后结果如图 8-71 所示。

（2）生成直板。

1）进入拉伸操作环境，选择刚建立的基准平面作为草绘平面。

2）采用“线”工具和“同心圆”弧工具，绘制同套管外圆柱体相切的直线并通过圆弧连接，如图 8-72 所示。

3）输入拉伸高度“6”，选择“对称”方式，确定后结果如图 8-73 所示。

（3）调整特征顺序。

可以看到，此时直板挡住了部分锥销孔，可以通过简单的特征调整顺序来更新实体。在模型树中选择孔特征，拖动到直板拉伸特征下并松开鼠标，结果如图 8-74 所示。

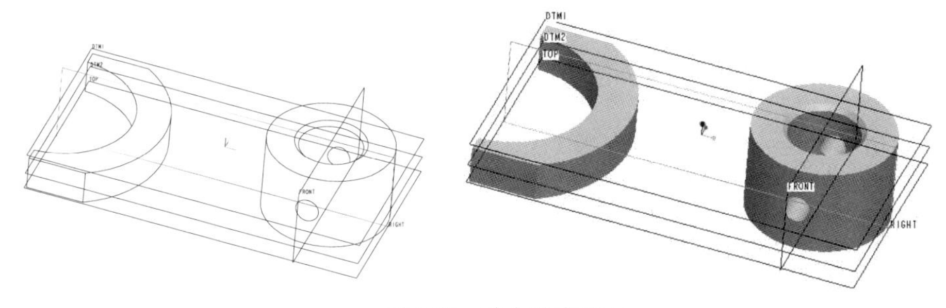

图 8-71　建立基准平面

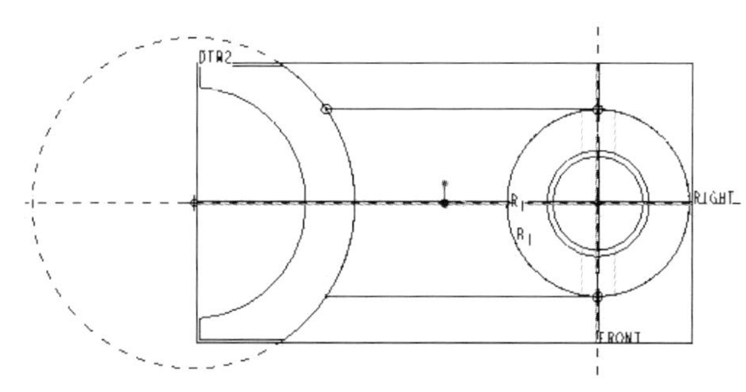

图 8-72　草绘截面

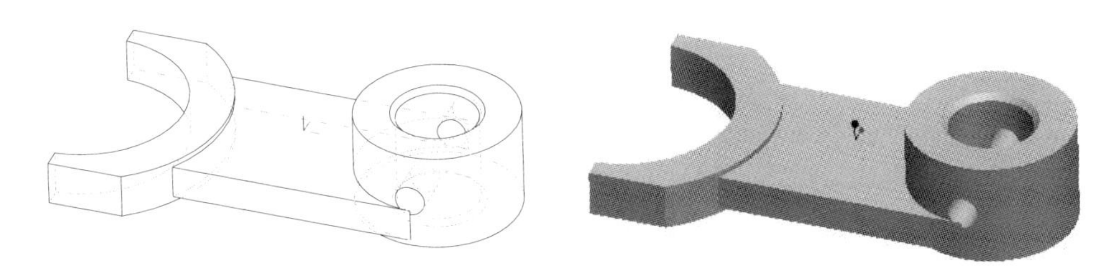

图 8-73　生成直板实体

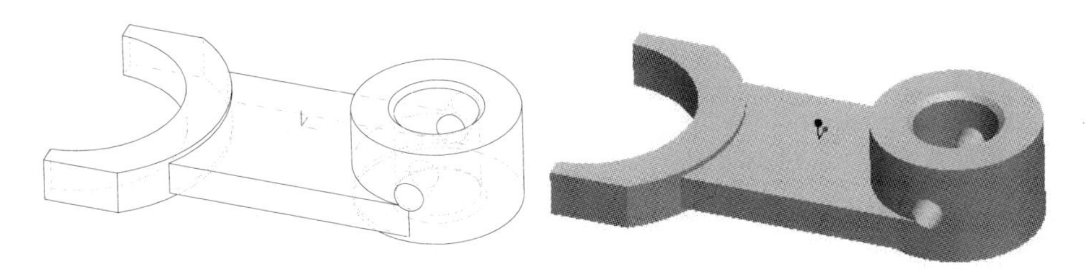

图 8-74　调整后的实体

（4）生成筋板。

1）单击“轮廓筋”按钮，系统弹出“轮廓筋”操控板。

2）选择“参考”选项卡，单击“定义”按钮，系统弹出“草绘”对话框。

3）选择 RIGHT 面为草绘平面，系统自动以 FRONT 面为参照。

4）单击“草绘”按钮，进入草绘环境。

5）绘制如图 8-75 所示草图。

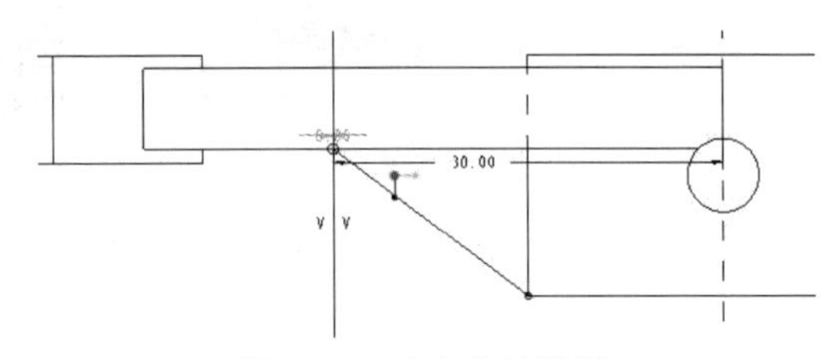

图 8-75　建立草绘视图

技巧：可以选择“投影”工具，将已有边作为参照边，并通过“中心线”工具来确定筋板草绘图所在点。

6）确定后回到操控板中。

7）输入筋板厚度“6”，确定后结果如图 8-76 所示。

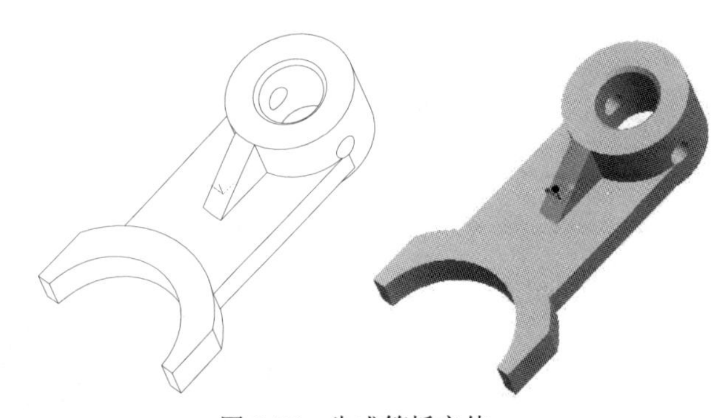

图 8-76　生成筋板实体

（5）进行实体圆角操作。

1）单击“倒圆角”按钮，系统弹出“倒圆角”操控板。单击“集”选项卡，系统弹出上滑板，如图 8-77 所示。

2）选择要倒圆角的边，输入圆角半径值并确定即可。用户可以多次重复该操作，或者单击“新建集”选项，选择新的对象，输入新的半径值。直到所有操作完成。

提示：在操作的过程中，由于所选择顺序不同，有时可能在相交边倒角处无法生成。所以，用户要不断地通过预览方式来查看。发现错误，可以去除该操作，并在生成此次圆角操作后开始新的圆角操作来尝试进行。

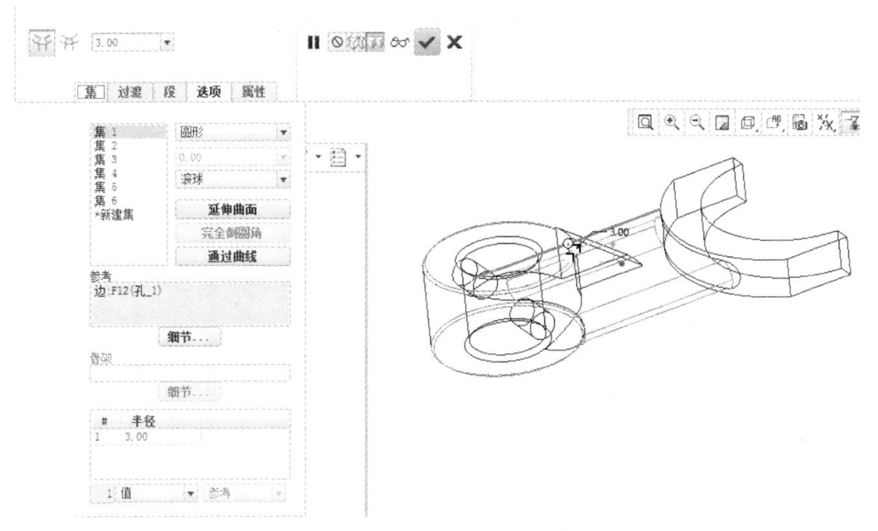

图 8-77 “倒圆角”操控板

圆角结果如图 8-78 所示。

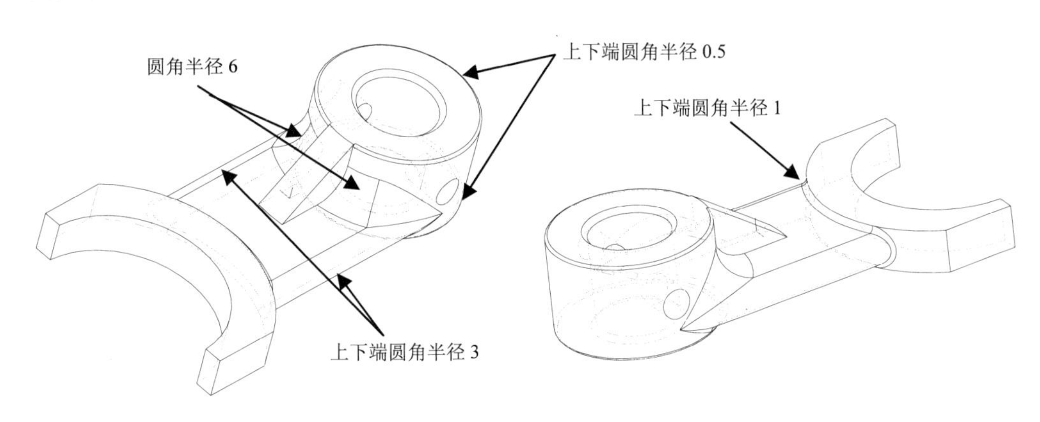

图 8-78 倒圆角结果

8.6 托架设计

托架如图 8-79 所示（未带圆角），它也是叉架类零件的一种，主要起支承和连接作用。上端的螺纹孔起夹紧作用，通孔起支承孔作用，其中可安放轴；下端的安装板用来起固定作用，其上包括两个连接孔。中间的筋板起连接和支承作用。

8.6.1 设计思路与方法

在这个模型中，可以首先生成安装板，然后生成支承孔和夹紧螺纹孔，最后生成筋板。对于安装板来说，可以首先通过拉伸功能生成基本体，然后建立其连接定位孔。对于中间的筋板部分，需要在确定了支承孔后才可以通过两次筋板完成。支承孔部分需要采用辅助基准平面来确定其基本的草绘位置。

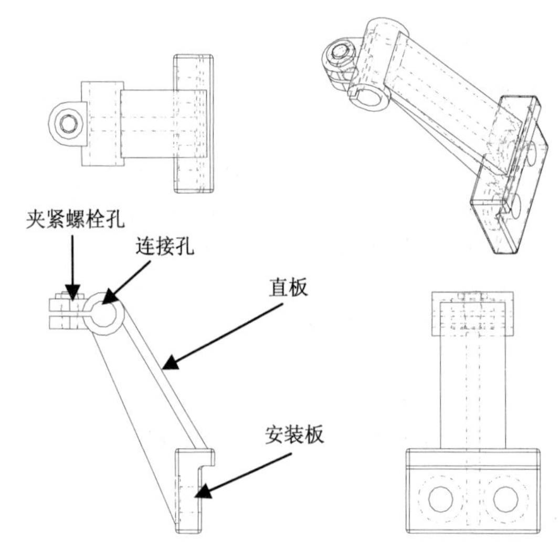

图 8-79　托架工程图

本练习所涉及的命令包括：

（1）草绘命令：直线、镜像、圆、圆弧、删除段、尺寸定义与修改、几何约束。

（2）特征构建特征：拉伸、基准平面、基准轴。

（3）特征编辑：孔（简单孔、草绘孔、螺纹孔）、倒圆角。

8.6.2　设计过程

下面就按照所分析的思路进行建模。

1. 建立零件文件 tuojia.prt

此处不再赘述。

2. 生成安装板

安装板工程图如图 8-80 所示。可以首先通过一次拉伸方式完成基本体，然后通过孔操作建立定位孔，并通过倒角操作建立倒角。

具体的操作步骤如下：

（1）建立基本体。

1）进入拉伸操作环境，选择 FRONT 面作为草绘平面。

2）采用“线”工具，绘制如图 8-81 所示图形。确定后回到操控板中。

3）输入拉伸高度“82”，选择“对称”方式⊟，确定后结果如图 8-82 所示。

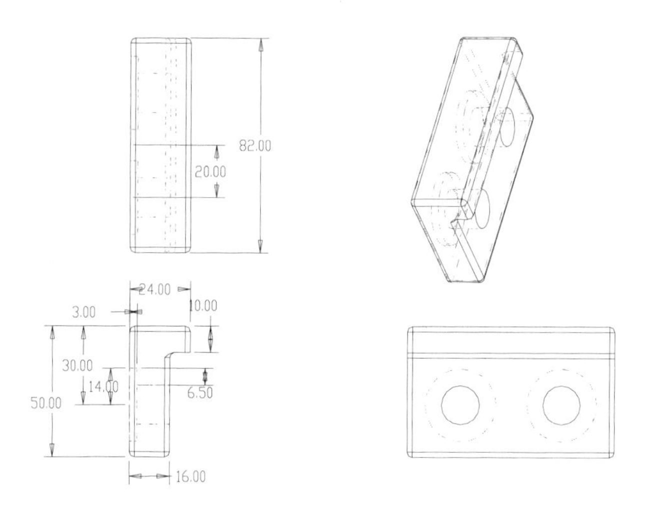

图 8-80　安装板工程图

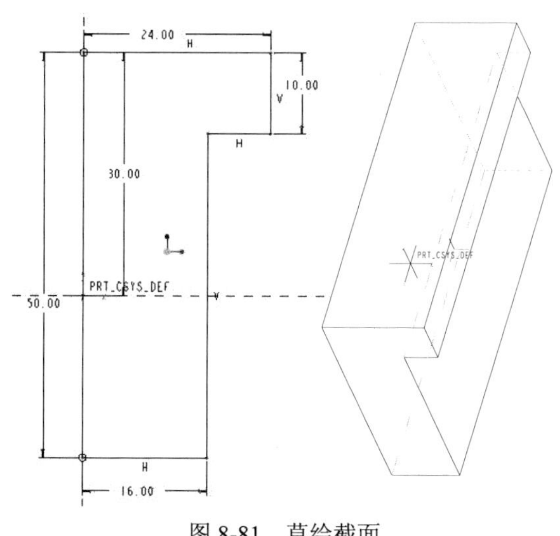

图 8-81　草绘截面

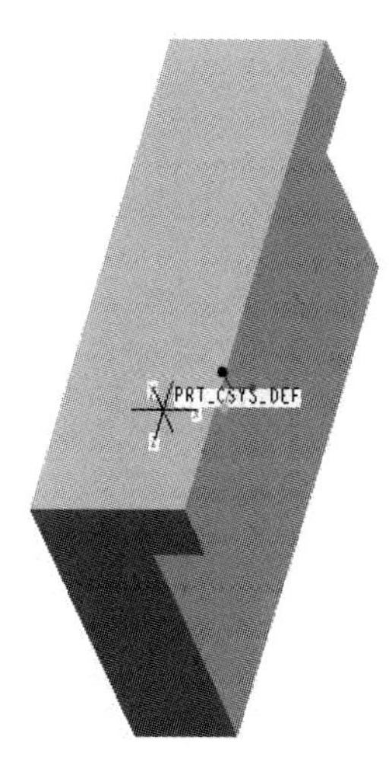

图 8-82　安装板基本体

（2）生成定位孔的基准轴。可以采用基准平面相交方式来完成。

1）建立基准平面。单击“基准特征”工具栏中的“基准平面”按钮，然后选择 FRONT 面，在“平移”框中输入 20，确定后结果如图 8-83 所示。

2）建立基准轴。单击“基准特征”工具栏中的“基准轴”按钮，然后按下 Ctrl 键选择刚建立的基准平面和 TOP 面，单击“确定”按钮，结果如图 8-84 所示。

（3）生成定位孔。由于这两个孔对称，所以可以采用镜像操作的方式。

具体操作步骤如下：

1）生成一侧草绘孔。

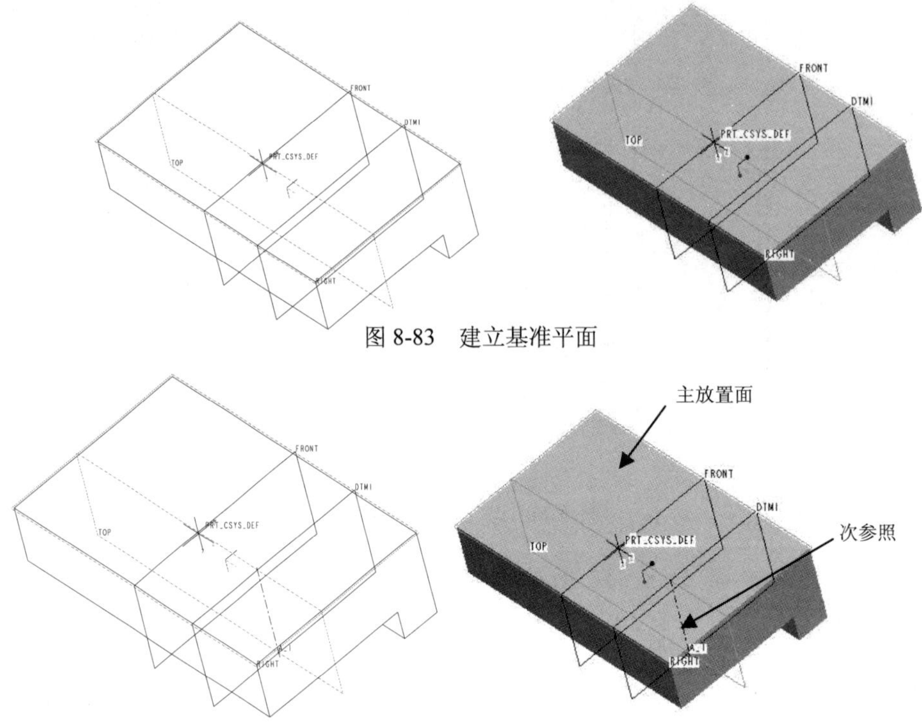

图 8-83　建立基准平面

图 8-84　建立基准轴

①单击“孔”按钮，系统弹出“孔”操控板。

②选择“草绘”方式。

③单击“草绘”按钮，进入草绘环境。

④绘制如图 8-85 所示截面，单击“确定”按钮✓回到操控板中。

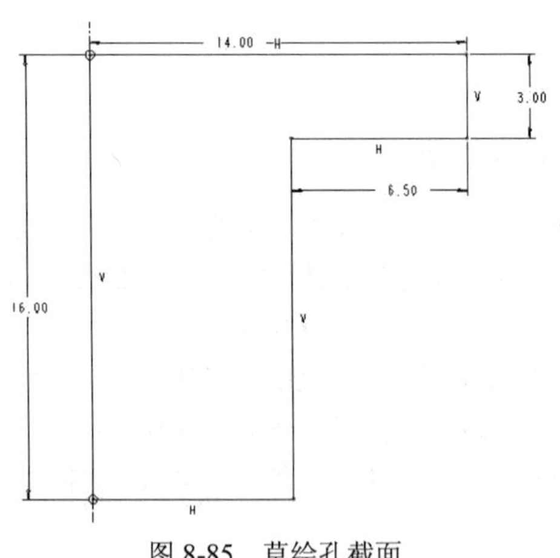

图 8-85　草绘孔截面

⑤单击“放置”选项卡，选择安装板的大平面作为主放置面，并选择刚建立的基准轴作为参照，即选择了“同轴”定位方式。

⑥确定后结果如图 8-86 所示。

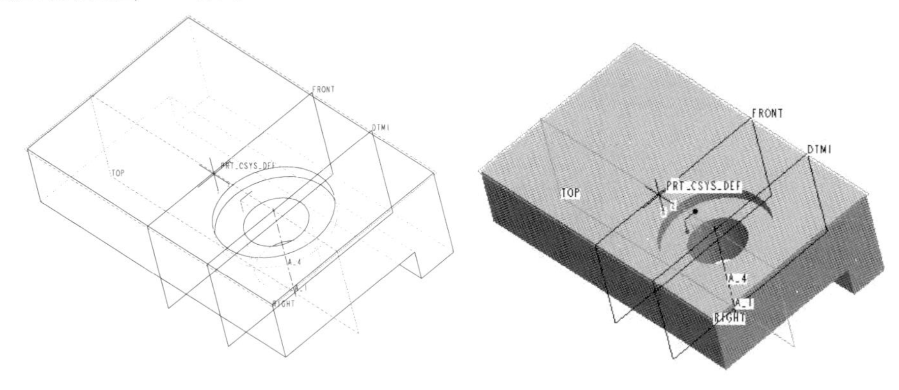

图 8-86　草绘孔结果

2）生成另一侧的定位孔。选择定位孔，然后单击“镜像”按钮，系统弹出“镜像”操控板。选择 FRONT 面为参照，确定后结果如图 8-87 所示。

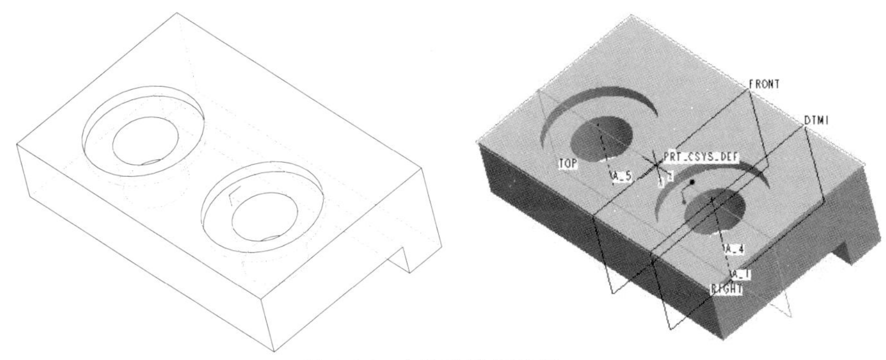

图 8-87　定位孔镜像结果

（4）进行实体圆角操作。

1）单击“倒圆角”按钮，系统弹出“倒圆角”操控板。单击“集”选项卡，系统弹出上滑板。

2）选择要倒圆角的边，输入圆角半径值 2 并确定即可。倒圆角结果如图 8-88 所示。

3. 生成支承孔和夹紧螺栓孔

支承孔和夹紧螺栓孔工程图如图 8-89 所示。生成支承孔和螺栓孔操作比较复杂，需要借助多个基准平面的基准轴来定位。而且其基本体操作也要进行切减操作来完成。

具体操作步骤如下：

（1）生成支承孔基准平面及基准轴。

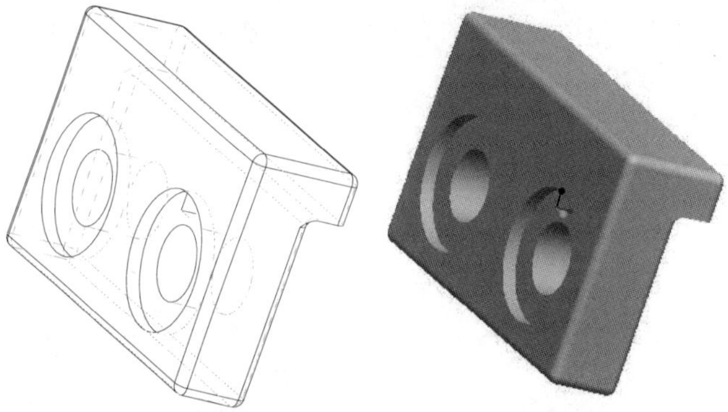

图 8-88　倒圆角结果

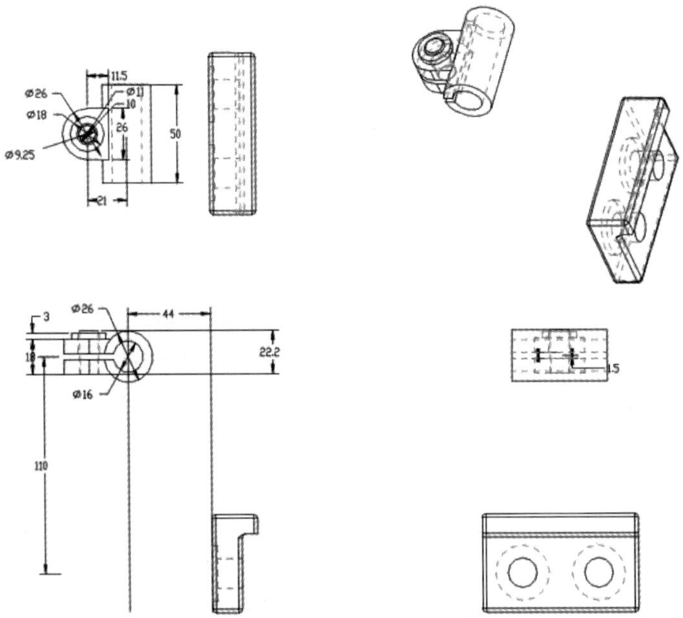

图 8-89　支承孔和夹紧螺栓孔工程图

1）生成基准平面。单击“基准特征”工具栏中的“基准平面”按钮，然后选择 TOP 面，在“平移”框中输入 110 并确定；重复该操作，选择 RIGHT 面，在“平移”框中输入-44 并确定。

2）建立支承孔基准轴。单击“基准特征”工具栏中的“基准轴”按钮，然后按下 Ctrl 键选择刚建立的两个基准平面，单击“确定”按钮，结果如图 8-90 所示。

（2）生成支承孔基本体。

1）进入拉伸操作环境，选择 FRONT 面作为草绘平面。

2）采用“圆”工具，以刚建立的两个基准平面为定位参照，以建立的基准轴投影为圆心，绘制直径为 26 和 16 的两个同心圆。确定后回到操控板中。

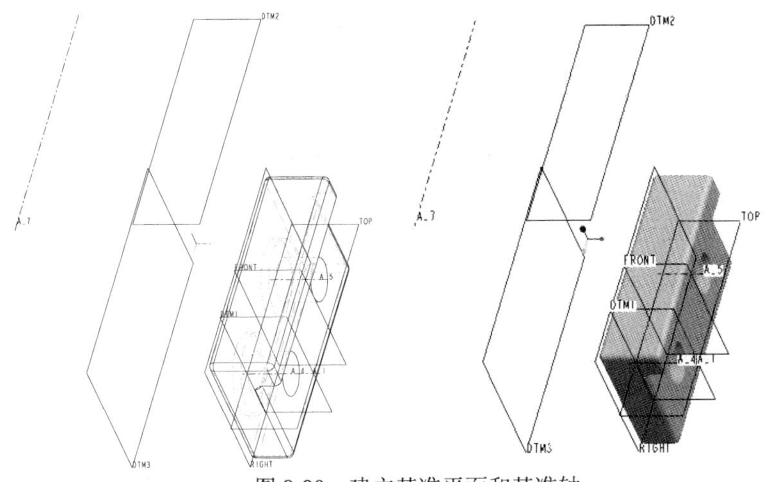

图 8-90　建立基准平面和基准轴

3）输入拉伸高度“50”，选择“对称”方式，确定后结果如图 8-91 所示。

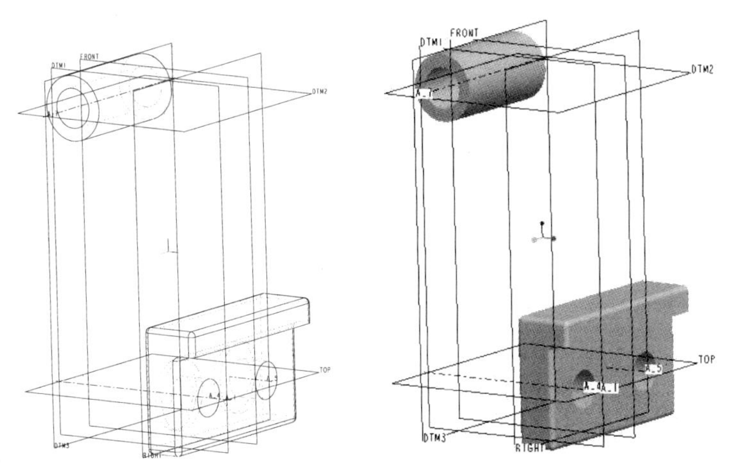

图 8-91　支承孔基本体

（3）生成螺纹孔基本体。

1）进入拉伸操作环境，选择刚建立的水平基准平面作为草绘平面。

2）采用“圆”工具和“线”工具，绘制圆及其切线，并通过删除段工具进行切减，结果如图 8-92 所示。确定后回到操控板中。

提示：有关直线进入到圆柱体中的距离，可以通过预览观察生成的实体来不断调整。

3）输入拉伸高度“18”，选择“对称”方式，确定后结果如图 8-93 所示。

（4）生成切减体。

1）进入拉伸操作环境，选择 FRONT 面作为草绘平面。

2）采用“矩形”工具，绘制如图 8-94 所示草图，确定。

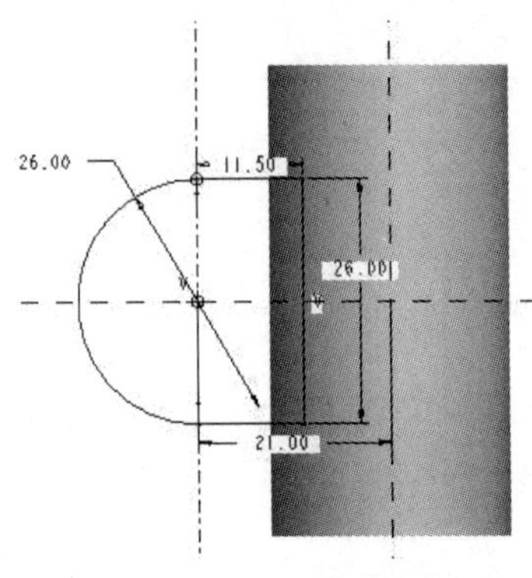

图 8-92　草绘截面

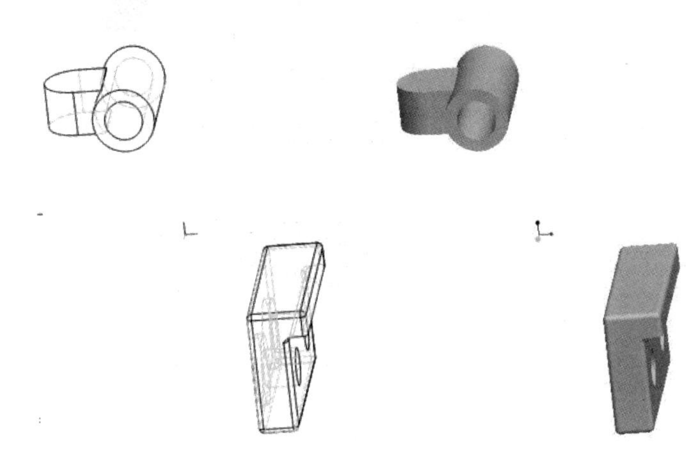

图 8-93　生成螺栓孔基本体

3）输入拉伸高度“50”，选择“对称”方式和“切减”方式，确定后结果如图 8-95 所示。

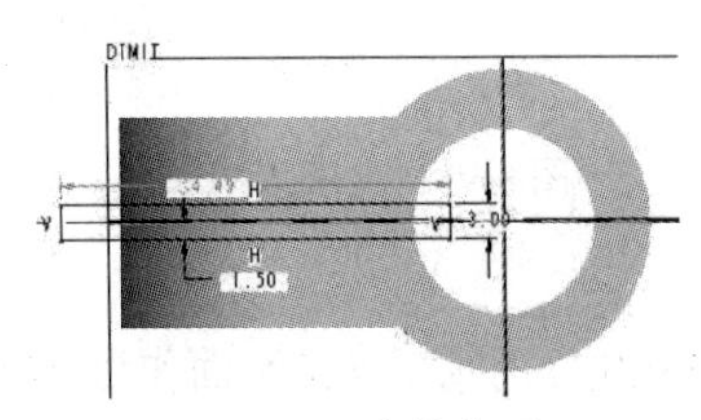

图 8-94　草绘截面

（5）生成螺栓孔凸台。

1）进入拉伸操作环境，选择螺栓孔基本体上表面作为草绘平面。

2）采用“圆”工具，绘制如图 8-96 所示草图，确定。

3）输入拉伸高度“3”，确定后结果如图 8-97 所示。

（6）生成上侧光孔。

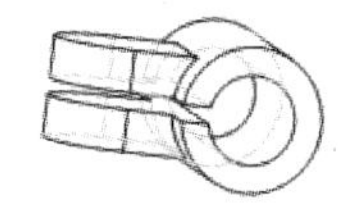

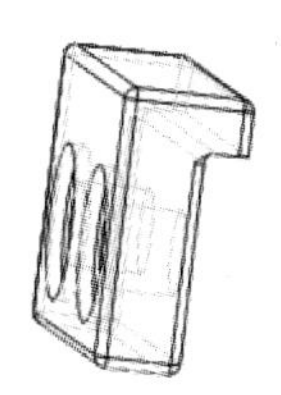
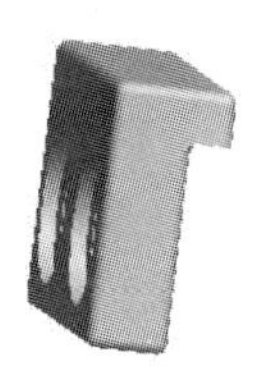

图 8-95　生成螺栓孔切减体

1）单击“孔”按钮，系统弹出“孔”操控板。

2）单击“放置”选项卡，显示上滑板。

3）选择凸台上表面作为主放置面，并选择刚建立的凸台中轴。

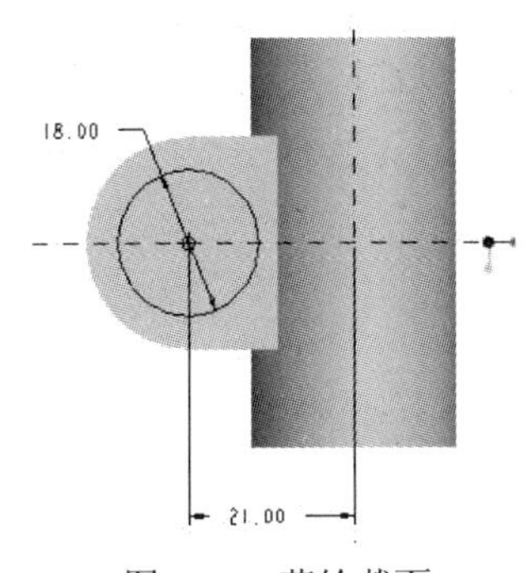

图 8-96　草绘截面

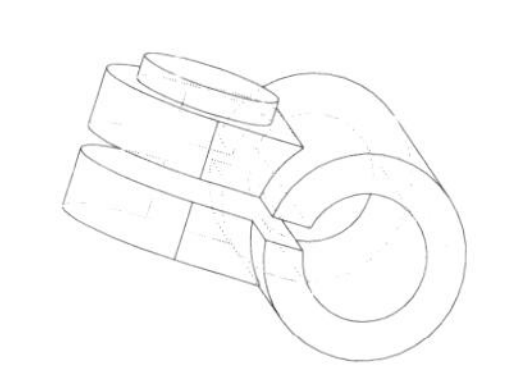
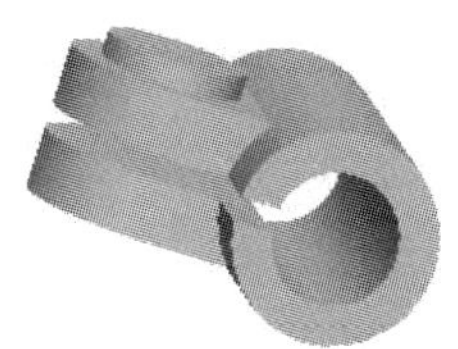

图 8-97　生成螺栓孔凸台

4）在操控板中输入直径值 11，选择“至下一曲面”方式。

5）确定后结果如图 8-98 示。

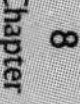

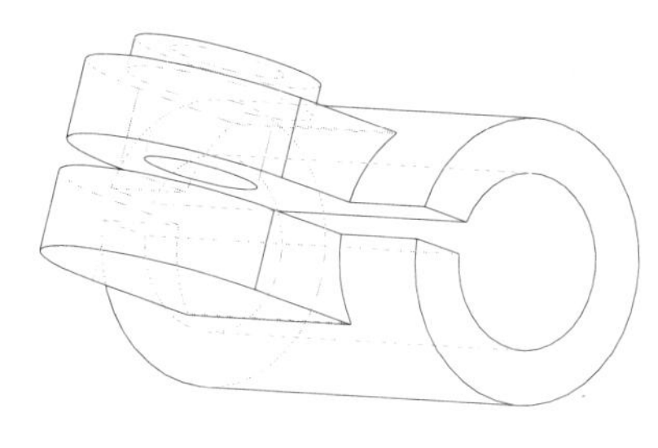
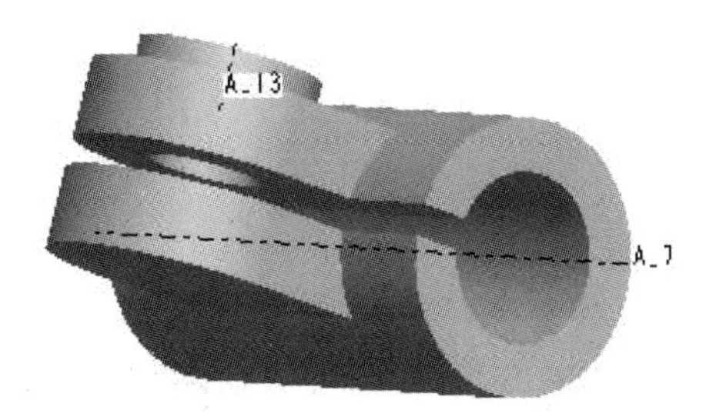

图 8-98　生成光孔

（7）生成下侧螺纹孔。

1）单击特征操作工具栏上的“孔”按钮，单击“螺纹孔”按钮。

2）单击“放置”选项卡，显示上滑板。

3）选择螺栓孔基本体下表面为主放置面，并选择凸台轴。

4）在操控板中选择 ISO 标准和 M10×0.75，选择“至下一曲面”方式。

5）确定后结果如图 8-99 所示。

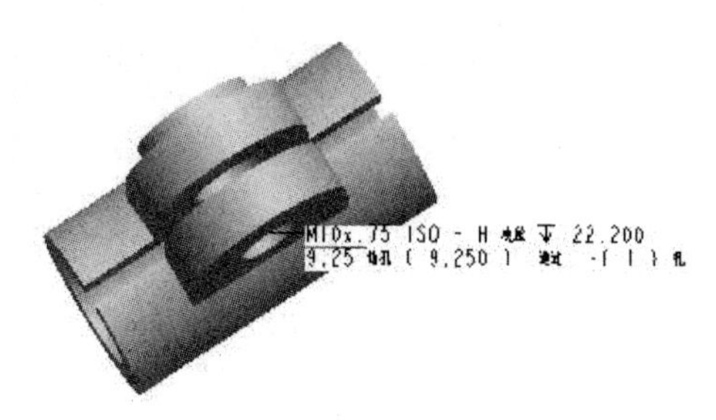

图 8-99　生成螺纹孔

4. 生成加强筋

在这个模型中，加强筋操作有两个，即一个宽筋和一个窄筋，如图 8-100 所示。其中，宽筋可以通过拉伸操作完成，而窄筋可以通过筋操作完成。另外，也可以通过变截面扫描方式一次完成。这里采用拉伸和筋操作。

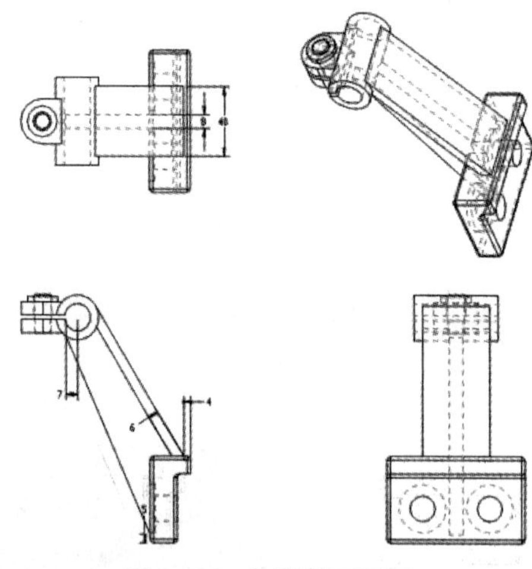

图 8-100　加强筋工程图

（1）生成上侧宽筋。

1）进入拉伸操作环境，选择 FRONT 面作为草绘平面。

2）绘制如图 8-101 所示草图，确定。

3）输入拉伸高度“40”，选择“对称”方式，确定后结果如图 8-102 所示。

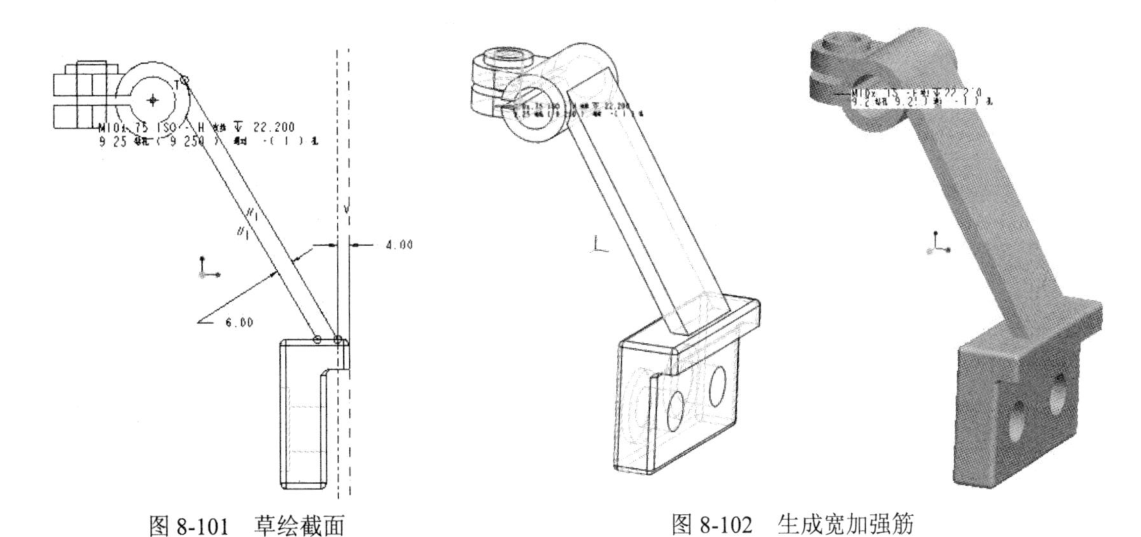

图 8-101　草绘截面　　　　图 8-102　生成宽加强筋

（2）生成下侧窄筋。

1）单击“轮廓筋”按钮，系统弹出“轮廓筋”操控板。

2）选择“参考”选项卡，单击“定义”按钮，系统弹出“草绘”对话框。

3）选择 FRONT 面为草绘平面，系统自动以 RIGHT 面为参考。

4）单击“草绘”按钮，进入草绘环境。

5）绘制如图 8-103 所示草图，确定。

6）输入筋板厚度“8”，确定后结果如图 8-104 所示。

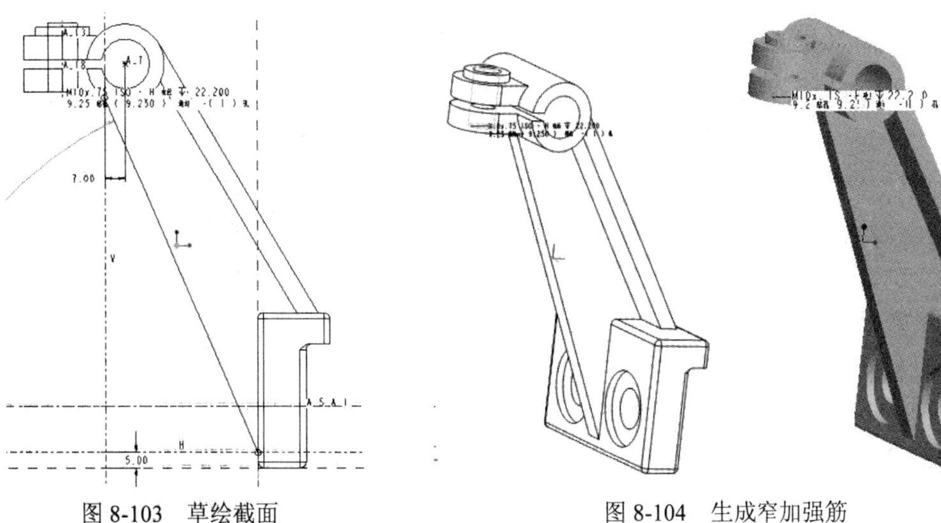

图 8-103　草绘截面　　　　图 8-104　生成窄加强筋

5. 生成圆角

所生成的圆角工程图如图 8-105 所示，完成的实体如图 8-106 所示。其基本操作较为简单，读者可参照前面的相同步骤练习。

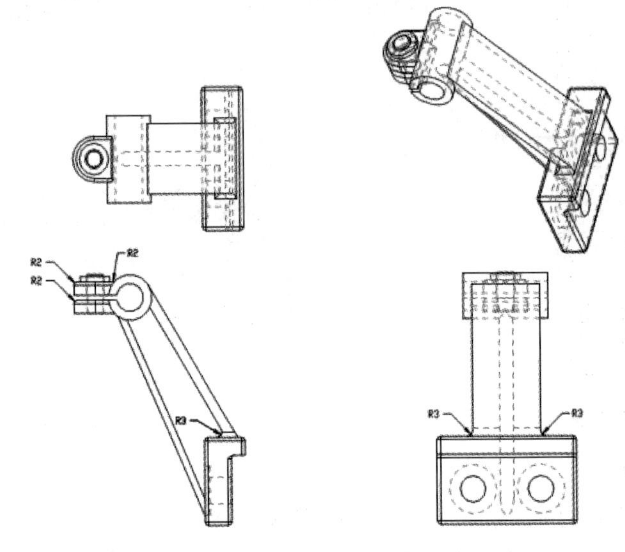

图 8-105　圆角工程图

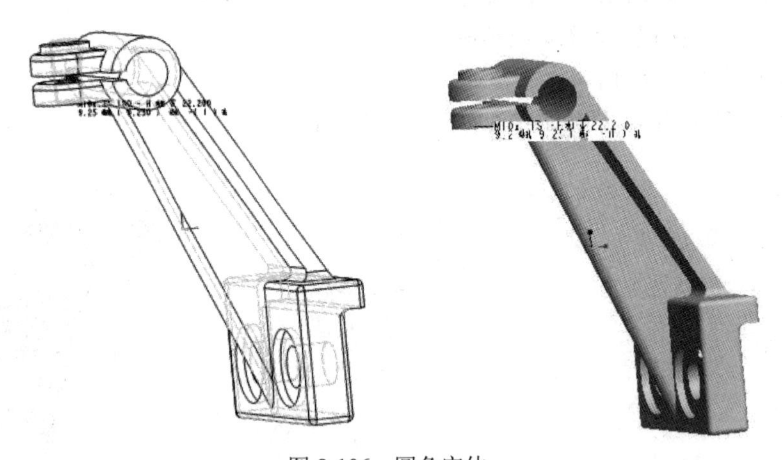

图 8-106　圆角实体

9

箱体类零件设计

9.1　箱体类零件结构特点和表达方法

箱体是组成机器或部件的主要零件之一。箱体内必须装配各种零件，因此结构较为复杂，一般为铸件。图 9-1 所示为减速器箱体的箱盖和箱座结构。

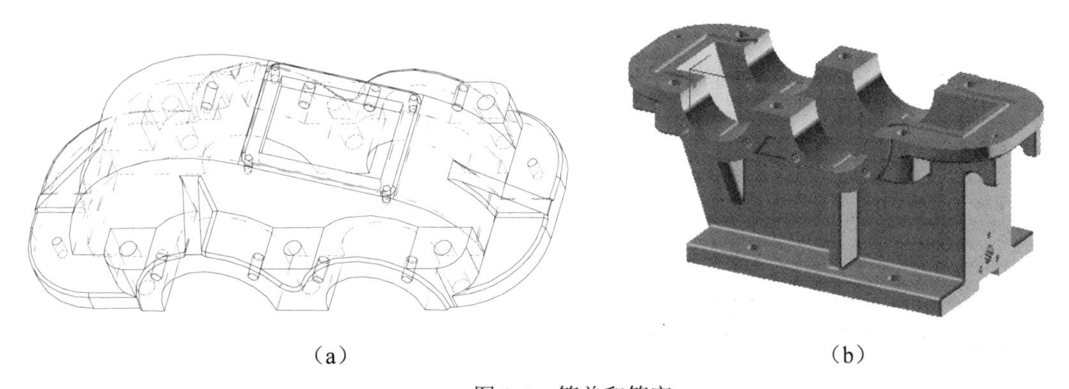

（a）　　（b）

图 9-1　箱盖和箱座

箱体零件的结构特点如下：

（1）这类零件起支承、包容其他零件的作用，常有内腔、轴承孔、凸台、肋等结构。

（2）为了使其他零件装在箱体上以及箱体再装在机座上，常有安装底板、安装孔、螺孔等。

（3）为了防止尘粒、污物进入箱体，通常要使箱体密封。此外，为了使箱体内的运动零件得到润滑，箱体内常盛放有润滑油，因此箱壁部分常有安装箱盖、轴承盖、油标、油塞等零件的凸台、凹坑、螺孔等结构。

在机械零件设计中，大部分零件都是规则形状的，所以它们的操作具有一定的规律性。选择减速器箱体的建模操作，因为它具有以下几个特点：造型复杂，特征丰富，具有代表性，且属于自由曲面的部分较少。读者在跟随本章造型的过程中，将对所学的 Creo 基本造型操作有一个全面、深刻的掌握，并对类似操作能够自己解决。

在进行本章的讲解过程中，分为上、下箱体进行讲解。对于初次出现的功能，进行一些较为详细的讲解，以便读者在实际操作中有所把握；而对于在后面重复出现的命令，则简要概括，给定一些参数，由读者自行练习完成。所以，上箱体详讲，而下箱体提示性给出。

我们选择了一级直齿轮减速器的箱体。

9.2 上箱体外形特征

9.2.1 特征分析与造型方式

箱体每一部分的形状与其功能紧密连在一起，上箱体底板的下平面与下箱体的上平面相结合，具体如图 9-2 所示。

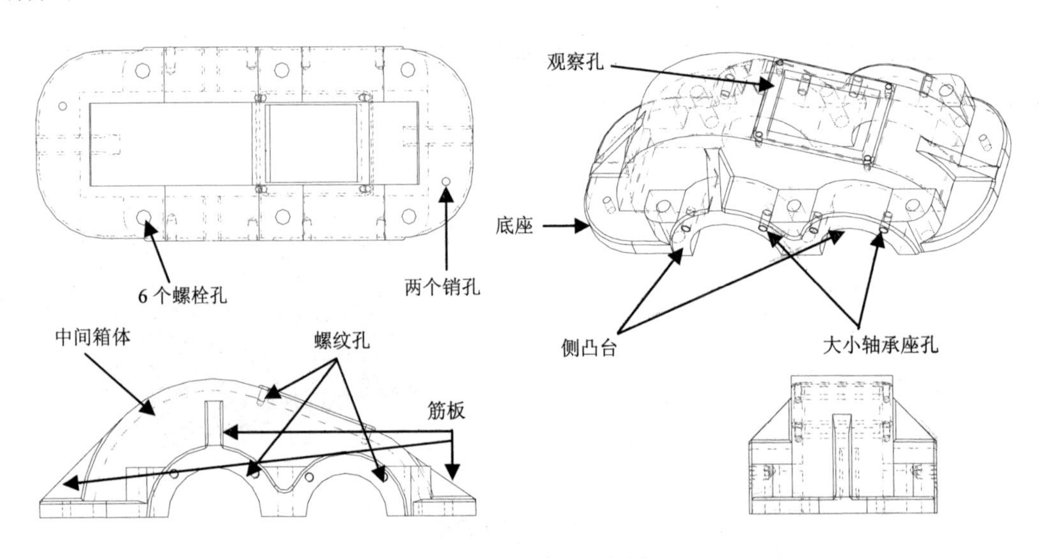

图 9-2 上箱体工程图

将其设计成长方体形状可以扩大两平面的接触面积，从而增加密封性能；两侧凸台是为了固定螺栓螺母；侧面拱形相当于轴承支座；而中间部分是由两个半圆柱体和它们的外公切面组成的实体经掏空而成，两半圆柱体半径是通过减速器内部齿轮大小决定，中心线距离等于两齿轮啮合时的中心距；通过中间部分上方的方孔能观察齿轮啮合情况，因此，这个方孔叫观察孔。两侧筋板起加固作用。在进行设计的过程中，往往是按照每个特征分别进行设计的。

在绘制过程中，既可以直接建立三维实体，也可以只建立平面图形，然后通过对平面图形的拉伸处理来获得三维图形。对于两侧凸台及凸台上的孔，可以采用镜像处理。

建模的过程主要有两种方式：

（1）先根据零件的三维特征绘制草图，再利用特征操作做出模型。

（2）利用三维实体特征及实体编辑建立模型。它们都是标准模型，在进行绘制时虽然成型方便，但对于复杂的模型来说，就显得不够灵活。

提示：这里主要采用第一种方式，因为事实证明这样做效率较高。

在进行上箱体的设计过程中，主要遵循了以下的步骤：中间箱体作为基础特征，然后绘制底板，并建立侧台。随后在箱体上开一个观察孔，并建立各种孔特征，包括通孔、螺纹孔和销孔，并构造筋板。随后对建立好的特征进行倒圆角等编辑操作。

读者可以从不同的特征出发进行设计，但是基础特征的选择非常重要，这将影响到三维造型的效率，甚至影响到三维模型的受力分析情况。

本练习所涉及的命令包括：

（1）草绘命令：圆、矩形、直线、圆弧、镜像、删除段、倒圆角、尺寸定义与修改。

（2）特征构建特征：拉伸。

（3）特征编辑：孔（简单孔、螺栓孔）、倒圆角、镜像、筋。

9.2.2 设计过程

下面就按照所分析的思路进行建模。

1. 建立零件文件 jiansuqi-xianggai.prt

不再赘述。

2. 绘制中间箱体

中间箱体是上箱体的主体部分，它实际上就是一个壳体。由于要将齿轮放置在其中，因此它的外形就带有拱形特点。首先建立起外形符合尺寸的实体模型，然后用抽壳操作来完成实体抽壳。

其工程图尺寸如图 9-3 所示。

（1）进入拉伸环境特征，选择 FRONT 面作为草绘平面，进入草绘环境。

（2）草图绘制。

利用“弧”工具绘制两个圆弧，并分别确定其半径为 100 和 66，其中心距为 100。然后利用“线”工具绘制两段圆弧的外切线，绘制一条平行于水平中心线、距离为 12 的直线。利用“删除段”工具进行修剪，结果如图 9-4 所示。

（3）构造实体。

在操控板上输入拉伸深度 76，并选择“对称”方式，然后单击“确定”按钮，结果如图 9-5 所示。

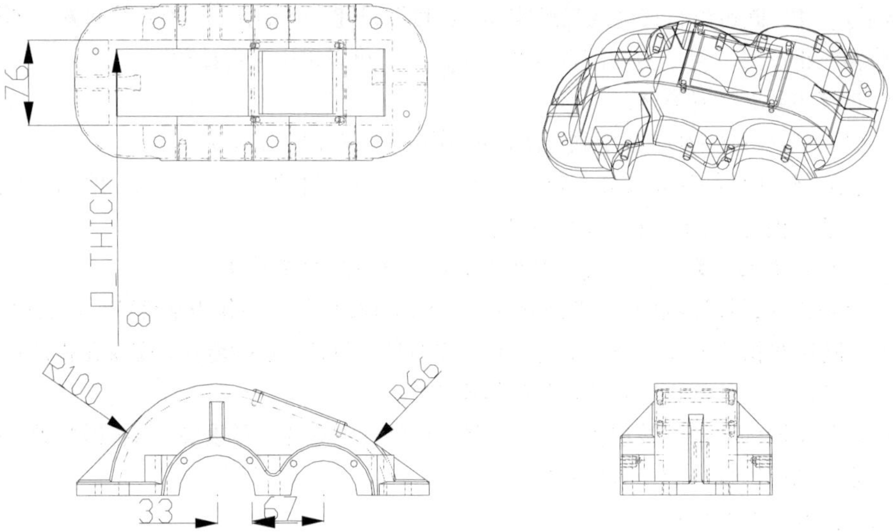

图 9-3　中间箱体工程图尺寸

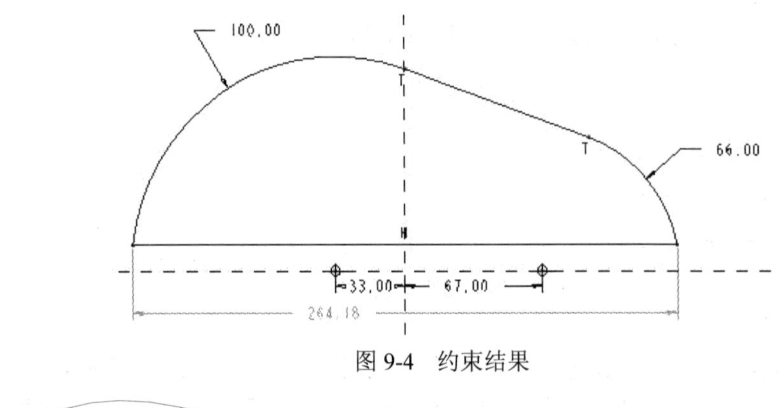

图 9-4　约束结果

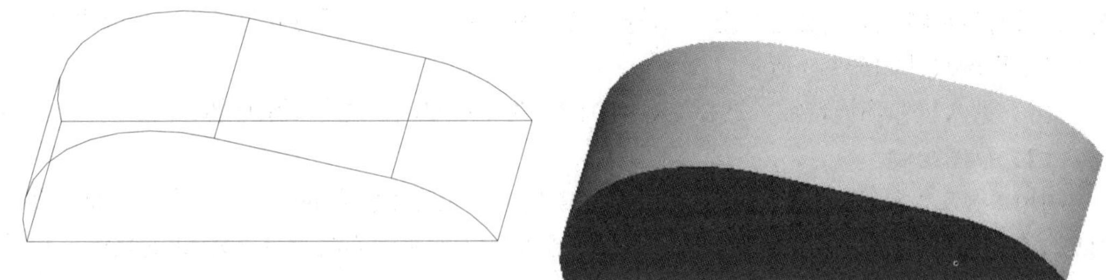

图 9-5　拉伸结果

（4）实体掏空。

在“工程”面板中选择“壳”按钮，系统弹出如图 9-6 所示操控板。在“厚度”文本框中输入壁厚为 8；单击“参考”选项卡，如图 9-7 所示，在“移除的曲面”列表框中单击，然后在图形窗口里选取实体的底平面，单击“确定”按钮，得到如图 9-8 所示结果。

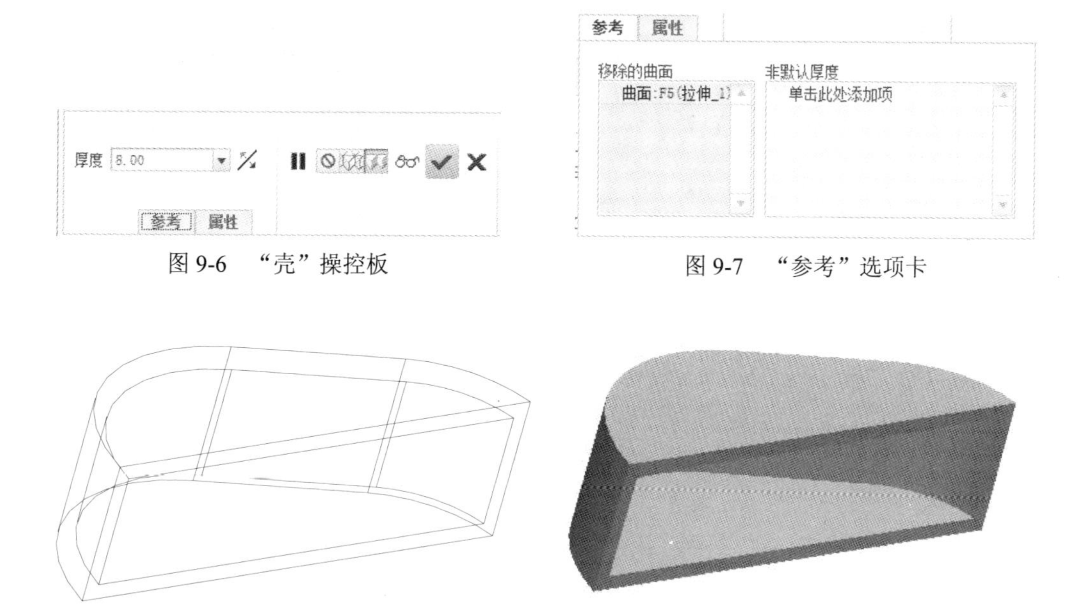

图 9-6　“壳”操控板　　图 9-7　“参考”选项卡

图 9-8　抽壳结果

重点讲解：抽壳操作主要分为两种方式，分别是使实体成为均匀厚度的薄壁体和不同壁厚的薄壁体。可以通过操控板的上滑板中“非默认厚度”栏进行设置。

3. 绘制底板

根据外形特征分析，实际上整个上箱体是建立在以矩形为基础特征的底板上的，所以先绘制出底板，后面其他特征的位置就比较好确定。

之所以先画中间箱体，是由于 Creo 操作上的问题，而这个问题是在 UG 等软件中不存在的：Creo 将所建立的所有特征都作为一个零件实体。所以，如果先建立底板再建立中间箱体，则在进行抽壳操作时将对底板也进行抽壳处理。

其工程图尺寸如图 9-9 所示。

（1）进入拉伸环境特征，选择中间箱体面底面作为草绘平面，系统自动选择拉伸面作为参考方向。单击“草绘”按钮，进入草绘环境。

（2）草绘截面轮廓。

1）单击“矩形”工具，相对原点绘制两个对称矩形。其中，大矩形的长度为 330，宽度为 136；小矩形的长度为 250，宽度为 60，如图 9-10 所示。

2）单击“圆角”工具，选择大矩形各角的两条边，然后修改半径值为 50，如图 9-11 所示。

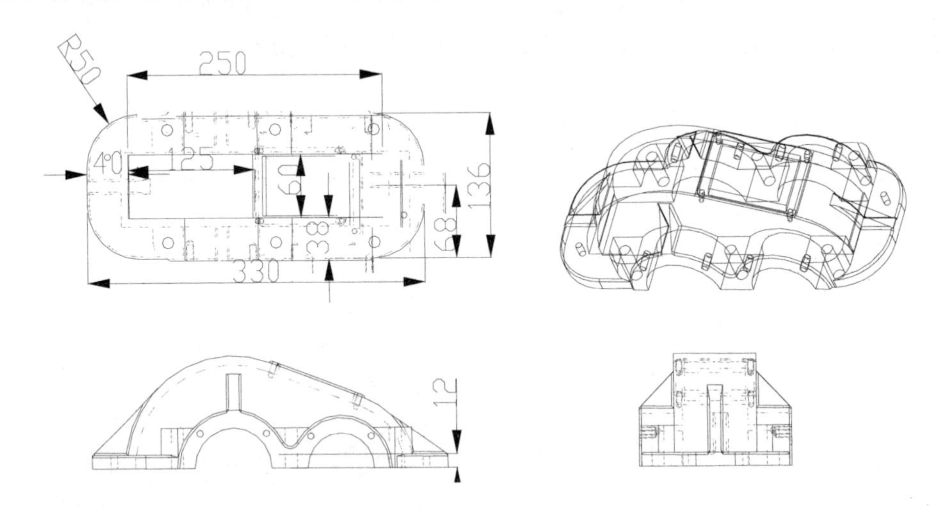

图 9-9　底板工程图

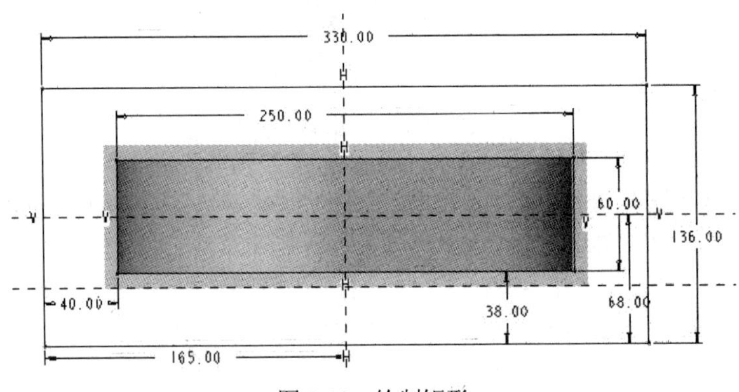

图 9-10　绘制矩形

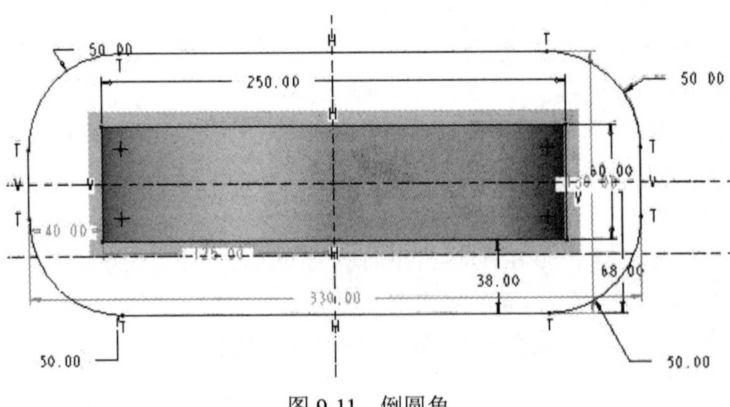

图 9-11　倒圆角

3）单击“确定”按钮，返回“拉伸”操控板。

（3）生成实体。

在操控板上输入拉伸深度 12，利用“反向”按钮确保相对箱体反向拉伸，然后单击“确定”按钮，结果如图 9-12 所示。

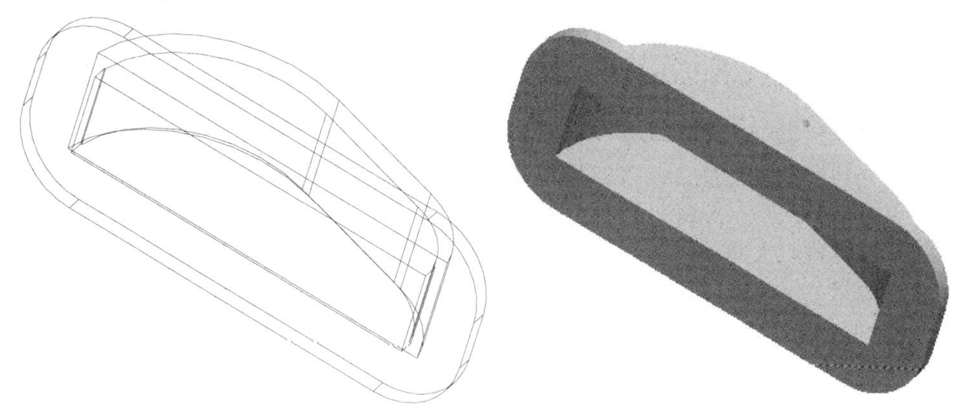

图 9-12　生成结果

4. 侧台处理

侧台包括安放大小轴承座孔的拱形凸台和安放螺栓的平台。可以采用镜像操作方式。

其工程图尺寸如图 9-13 所示。

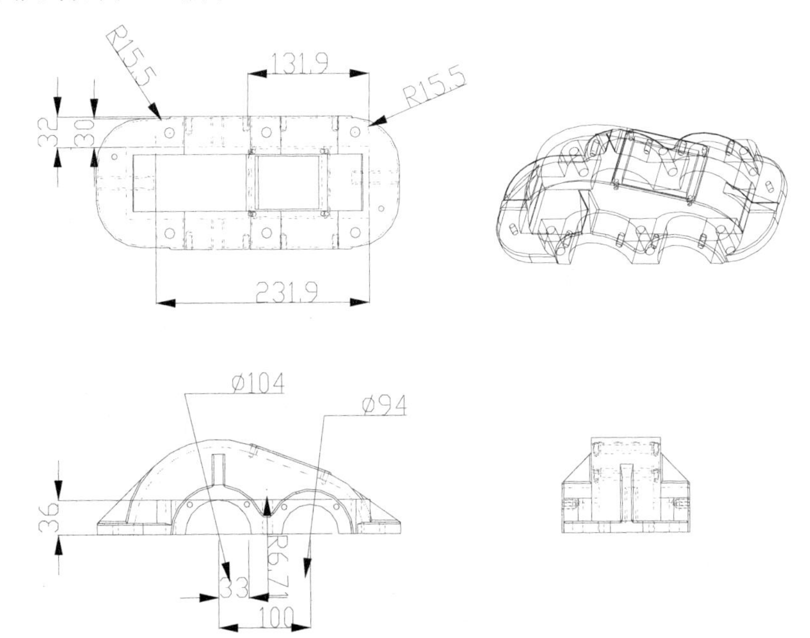

图 9-13　侧凸台工程图

（1）绘制拱形侧台。

在减速器中，轴承是放置在拱形侧台中的。具体的绘制步骤如下：

1）进入拉伸环境特征，选择中间箱体面正平面作为草绘平面，进入草绘环境。

2）截面草图绘制。

①利用“同心圆”工具◎绘制两个与中间箱体圆弧同心的圆，大圆对应直径为 104，小圆对应直径为 94。

②在任意位置利用“圆”工具⊙绘制一个直径很小的小圆，具体值可以自己把握。由于箱盖是铸造件，所以对此不作具体数值要求。

③单击“相切”按钮，然后分别选择该圆和绘制好的两个圆，完成相切约束设置。

④利用“线”工具绘制穿过圆心的直线。

⑤通过“删除段”工具进行修剪，结果如图 9-14 所示。

⑥单击“确定”按钮，返回“拉伸”操控板。

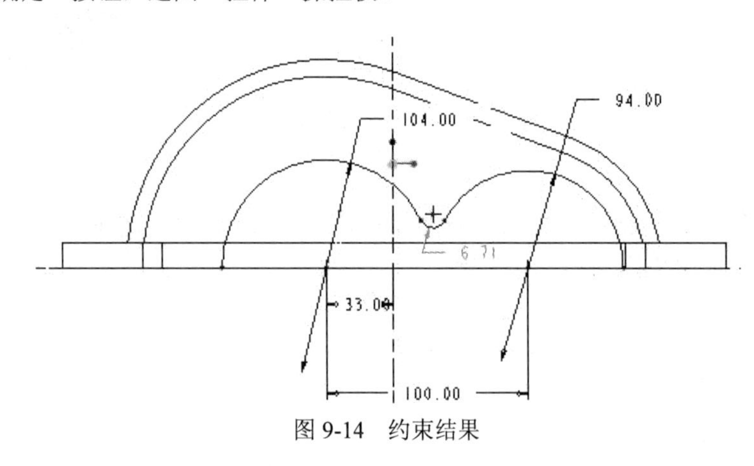

图 9-14 约束结果

3）拉伸成实体。

在操控板上输入拉伸深度 32，利用“反向”按钮确保相对箱体向外拉伸，然后单击“确定”按钮，结果如图 9-15 所示。

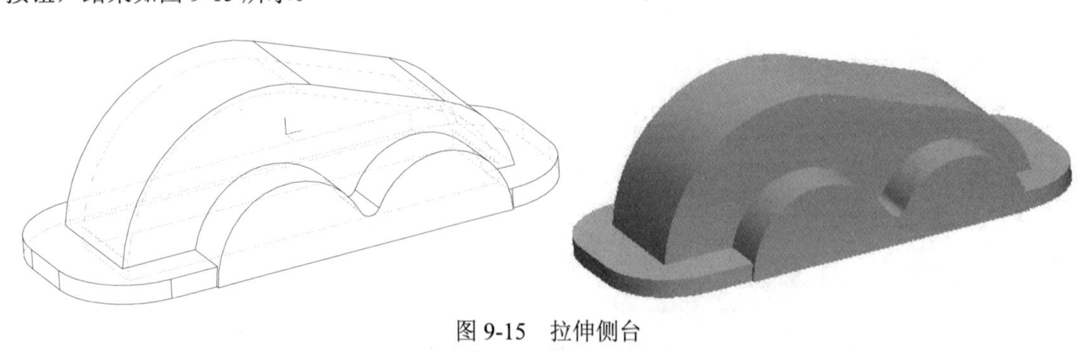

图 9-15 拉伸侧台

（2）绘制螺栓孔凸台。

1）进入拉伸环境特征。选择底板底面作为草绘平面。

2）截面草图绘制。利用“矩形”工具绘制如图9-16所示矩形，其具体尺寸与位置如图9-13所示。利用“圆角”工具对上面的两个角进行倒圆角操作，半径为15.5。单击“确定”按钮，返回“拉伸”操控板。

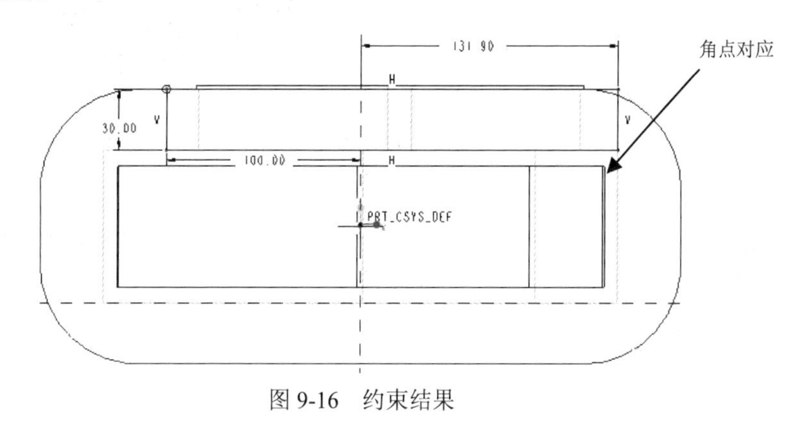

图9-16　约束结果

3）在操控板上输入拉伸深度36，利用“反向”按钮确保相对箱体上方拉伸，然后单击“确定”按钮，结果如图9-17所示。

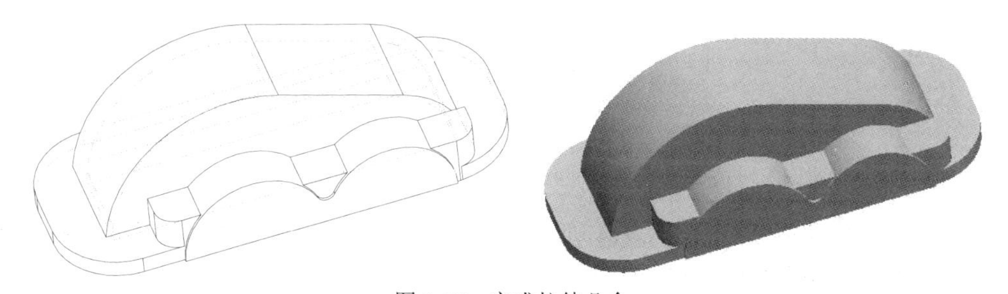

图9-17　完成拉伸凸台

（3）镜像侧台。

在中间壳体的两边侧台完全一样，由于其具有对称关系，因此没有必要从头绘制，只需用镜像操作就可以。这个对称中心就应该是底板中间面FRONT面。

具体操作步骤为：在模型树上选择刚建立的侧台和凸台，单击“编辑”面板上的“镜像”按钮，系统弹出“镜像”操控板。选择FRONT面，单击“确定”按钮，结果如图9-18所示。

5. 观察孔的绘制

观察孔是在中间实体的斜平面上。首先需要在斜面上建立一个凸台，然后建立一个贯穿凸台和壁厚的通孔。凸台特征比较复杂，需要建立一个坐标参照基准。可以采用基准平面与基准轴相结合的方式建立需要的参照基准平面。

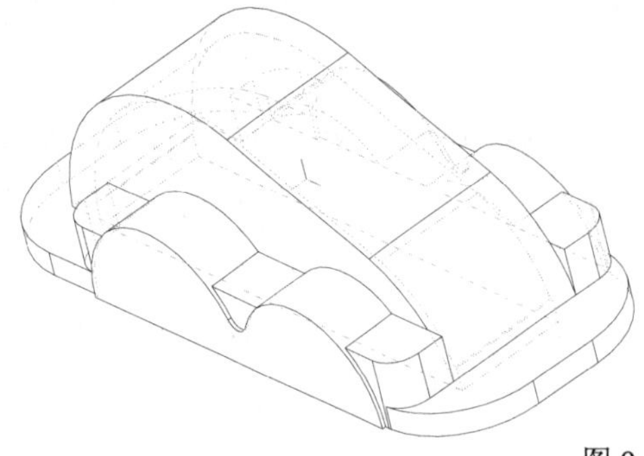

图 9-18　镜像结果

（1）建立参照平面。

1）建立通过斜面的平面 DTM1。单击“基准平面”按钮，系统弹出如图 9-19 所示的对话框；选择斜面，单击“确定”按钮，生成结果如图 9-20 所示。

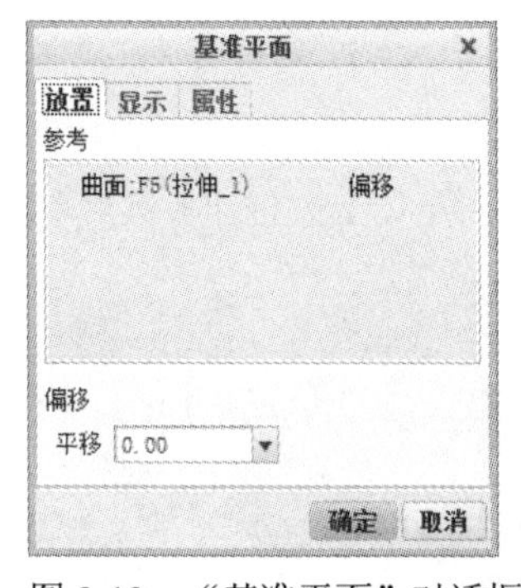

图 9-19　“基准平面”对话框

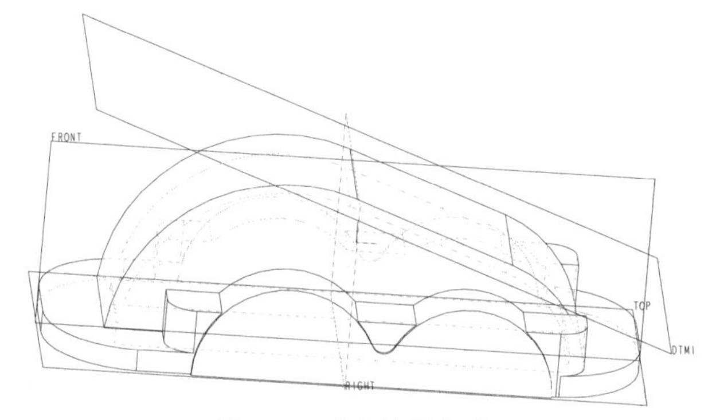

图 9-20　建立的基准面

2）建立基准轴。如果要建立与 DTM1 垂直的基准平面，就必须确定该平面所在位置。可以先建立一个轴，然后令该平面穿过该轴即可。

建立基准轴 A_1 的具体步骤为：单击“基准轴”按钮，系统弹出如图 9-21 所示对话框。按下 Ctrl 键，选择 DTM1 和 RIGHT 面，单击“确定”按钮，结果如图 9-22 所示。

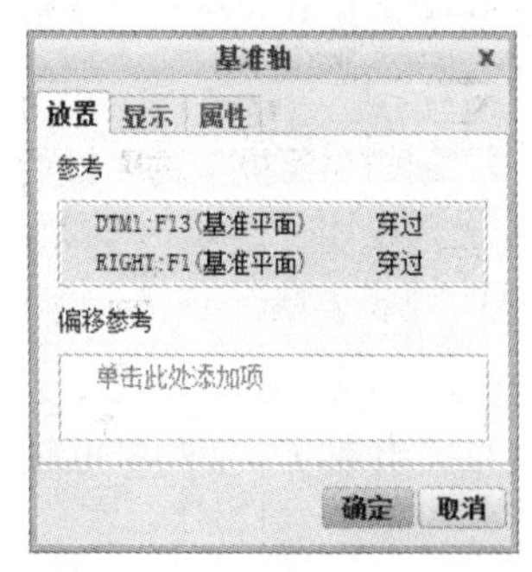

图 9-21　“基准轴”对话框

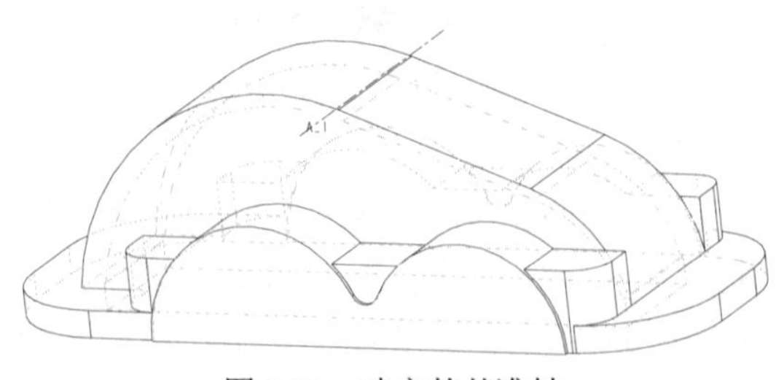

图 9-22　建立的基准轴

3）建立基准平面 DTM2。单击“基准平面”按钮▱，系统弹出如图 9-23 所示的“基准平面”对话框；选择 DTM1，并设置为“法向”方式。按下 Ctrl 键，选择 A_1，单击“确定”按钮，生成结果如图 9-24 所示。

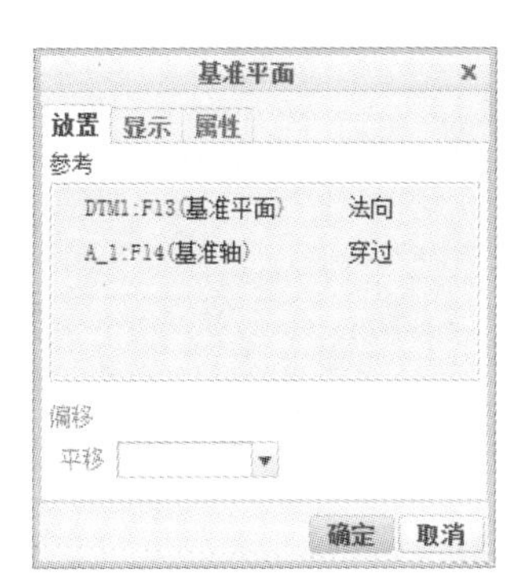

图 9-23　“基准平面”对话框

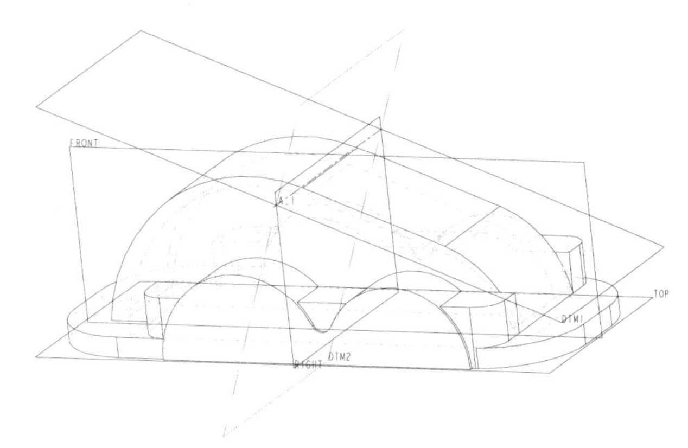

图 9-24　建立的基准平面

其工程图尺寸如图 9-25 所示。

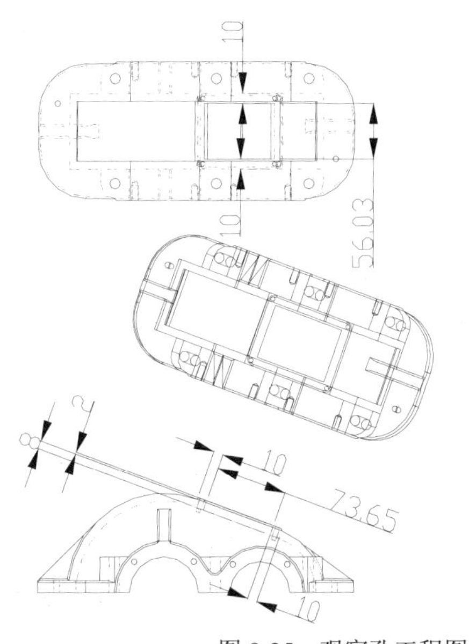

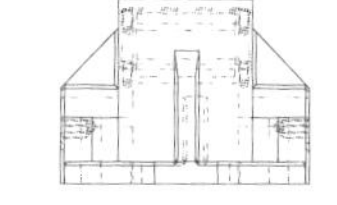

图 9-25　观察孔工程图

（2）建立斜面凸台。

1）进入拉伸环境特征。选择 DTM1 面作为草绘平面，以 FRONT 和 DTM2 面为参照，如图 9-26 所示。

2）截面草图绘制。利用“矩形”工具▭绘制如图 9-27 所示矩形，其具体尺寸与位置如图 9-27

所示。利用“圆角”工具对矩形的 4 个角进行倒圆角操作，半径为 15。单击“确定”按钮，返回“拉伸”操控板。

图 9-26　“参考”对话框

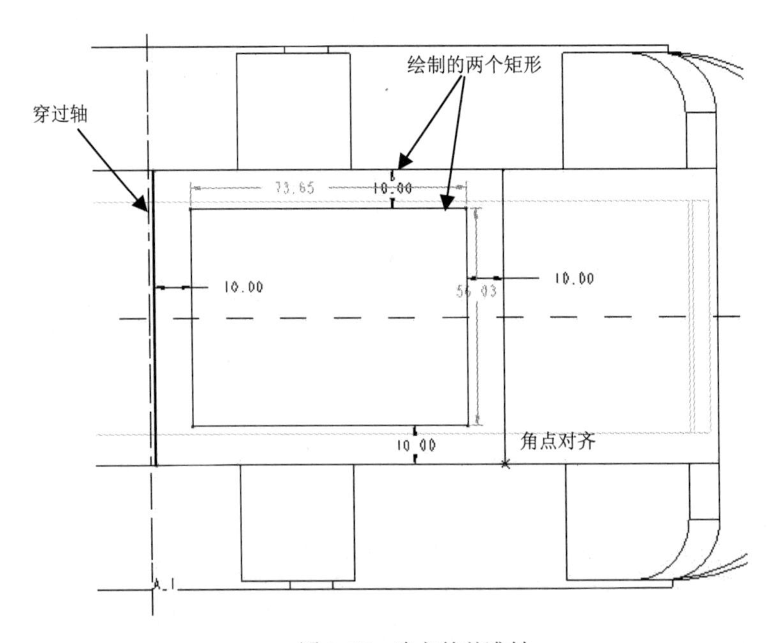

图 9-27　建立的基准轴

3）在操控板上输入拉伸深度 2，利用“反向”按钮确保相对箱体外面拉伸，然后单击“确定”按钮，结果如图 9-28 所示。

（3）建立斜面通孔。

可以看到，此时斜面壁仍然是实体，所以必须在上面完成孔操作。有两种方式：一种是通过“孔”工具建立；另一种是通过“拉伸”的切减操作。在此采用后一种方式。

具体操作与（1）完全一样，只是需要绘制一个同样大小的内矩形并向箱体内部拉伸切减，拉伸高度为 8，结果如图 9-29 所示。

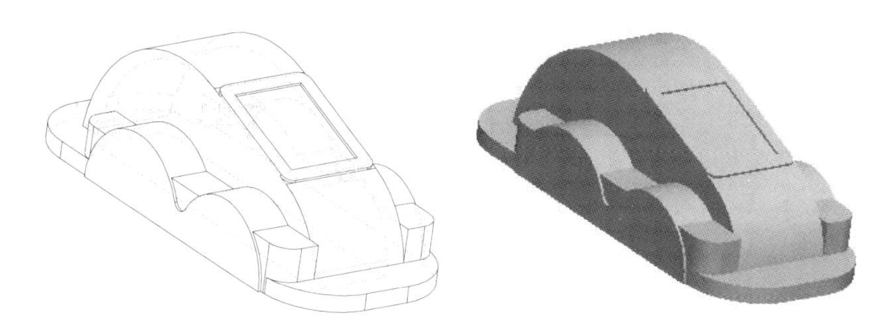

图 9-28　拉伸结果

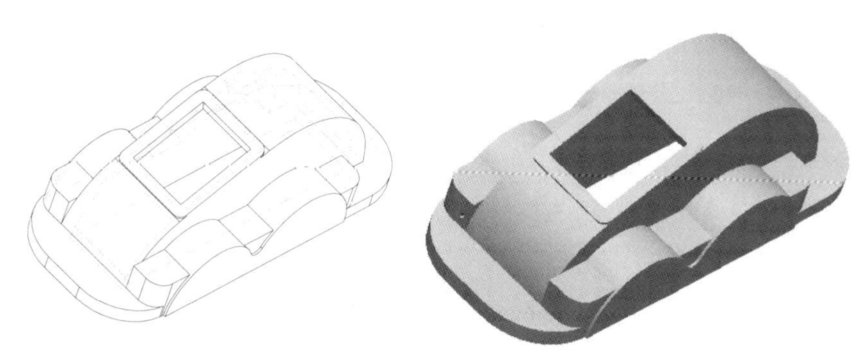

图 9-29　拉伸结果

草绘技巧： 在“草绘”工具栏中单击“投影”按钮□，系统弹出如图 9-30 所示的对话框。选择“链”方式，然后按下 Ctrl 键，选择小矩形的两条边即可完成矩形绘制。

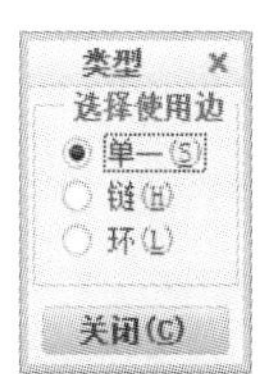

图 9-30　“类型”对话框

6. 打孔

在 Creo 中有多种绘制孔的方法，下面用到的只是常用的几种。从上箱体的外形特征中可以看出，两侧孔的位置是对称的，因此，可以只绘制一边孔，另一边孔通过特征镜像完成。但对于侧台孔，则采用一次绘制的方式。

各个孔的工程图尺寸如图 9-31 所示。

（1）绘制侧台半圆孔。

侧台上的半圆孔是安装轴承的，因此是通孔。它的具体绘制方式可以选择绘制一个圆柱体，然后和完成的箱体进行差集运算的方式，或者选择通孔方式。在这里选择第二种方式。

具体绘制小孔步骤如下：

1）在“形状”工具栏上单击“孔”按钮，系统弹出如图 9-32 所示的操控板。

2）在凸台侧面上单击，作为孔的放置面，并设置孔半径为 62。

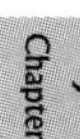

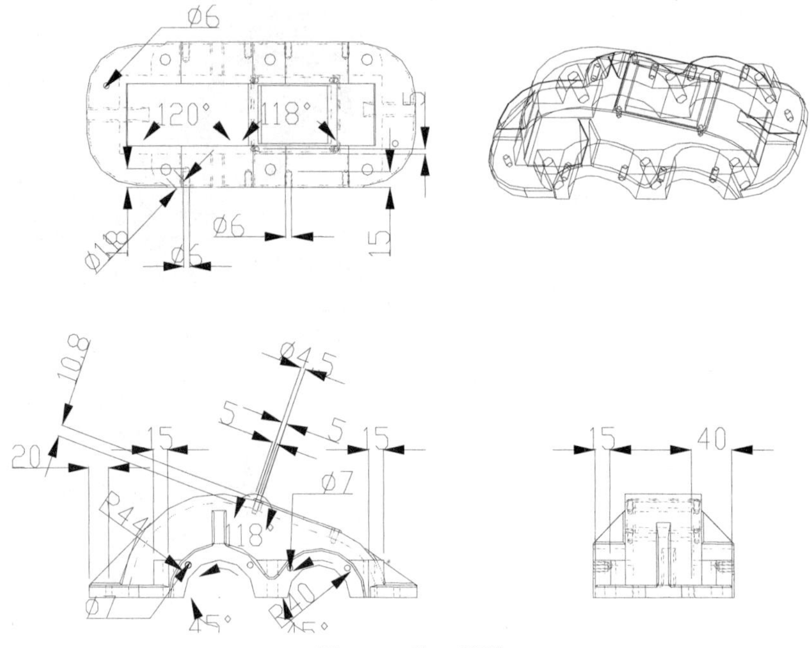

图 9-31　孔工程图

3）单击“放置”选项卡，选择“类型”中的“线性”选项。

4）在“偏移参考”列表中单击，然后按下 Ctrl 键，分别选择底板底边和 RIGHT 面。分别确定距离值为 0 和 67。

5）单击“确定”按钮，结果如图 9-33 所示。

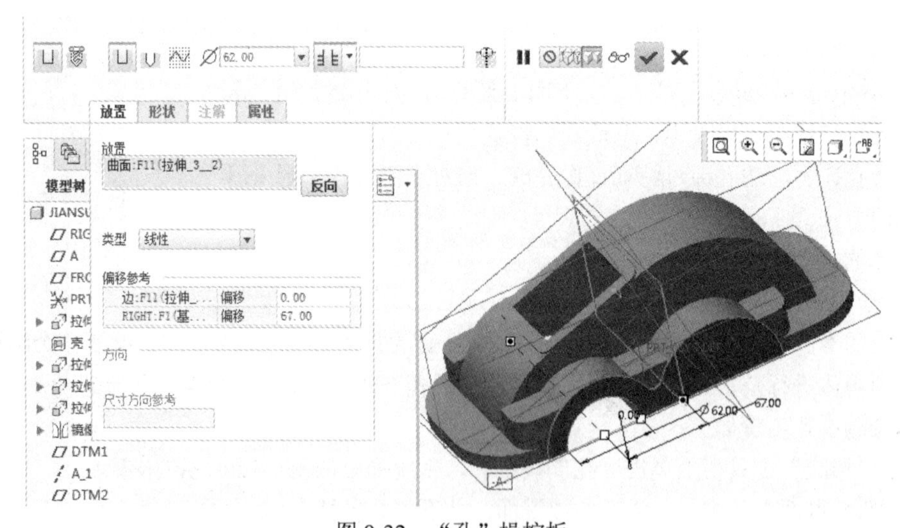

图 9-32　“孔”操控板

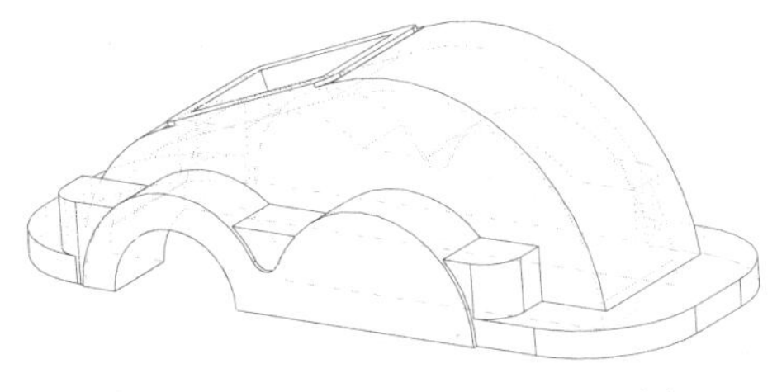
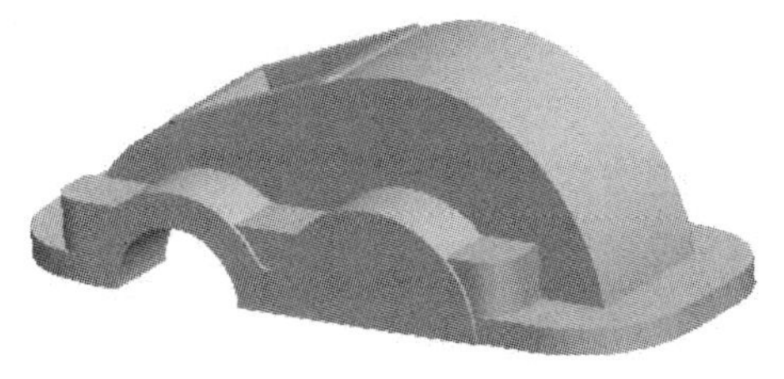

图 9-33　生成孔结果

以同样方法绘制另一侧半圆孔，直径为 72，绘制完毕如图 9-34 所示。

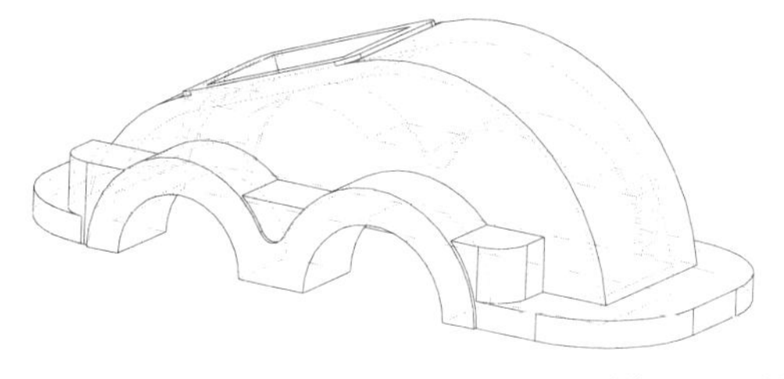
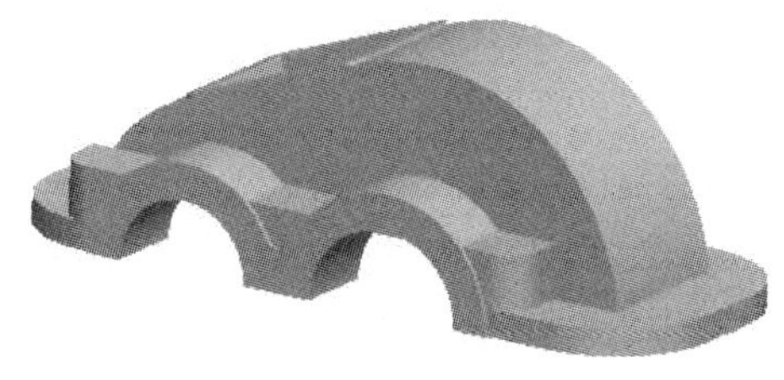

图 9-34　绘制另一侧台孔

（2）侧台打孔。

在侧台上有两种孔：光孔，其位于凸台上，垂直于箱体底面，用来安装螺栓；螺钉孔，位于侧台上，垂直于其端面，用来安装螺钉，因此需要进行螺纹操作。

1）凸台螺栓光孔绘制。

具体绘制孔步骤如下：

①在“形状”工具栏上单击“孔”按钮，系统弹出“孔”操控板。

②在凸台上表面单击，作为孔的放置面，并设置孔半径为 11。

③单击“放置”选项卡，选择“类型”中的“线性”选项。

④在“偏移参考”列表中单击，然后按下 Ctrl 键，分别选择凸台上表面侧边和正面边。分别确定距离值为 15 和 15。

⑤采用通孔方式，单击“确定”按钮，结果如图 9-35 所示。

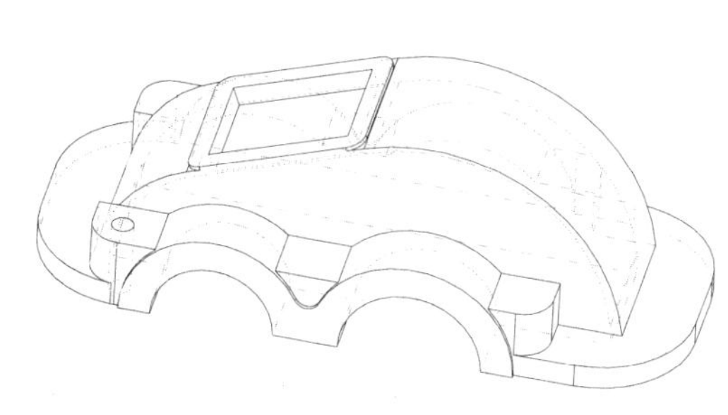

图 9-35　绘制圆柱孔

⑥另外两个凸台上的孔也按同样步骤作出，中间孔位于该平面的中间位置，如图 9-36 所示。

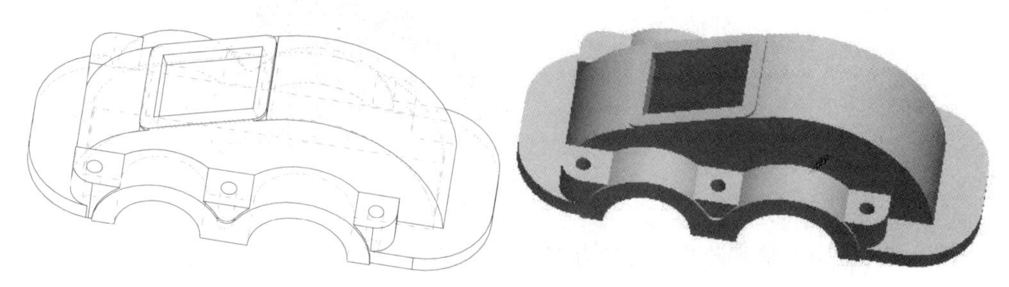

图 9-36　最终完成

2）端面螺钉孔的绘制。

螺纹必须附在圆柱面上，因此，绘制内螺纹孔要分两种方法，第一种是先绘制光孔，然后绘制螺纹；还有一种方法就是使用系统提供的 ISO 和 UNC 标准螺栓孔。这里采用第二种方式。

在进行螺纹孔绘制之前，必须要弄清楚当前所在的单位。在本章的建模过程中一直没有进行单位设置，也就是说，一直在使用系统默认的“英寸磅秒”，所以无法直接使用 ISO 标准。必须进行单位转换。

①设置公制单位。

具体步骤如下：

- 选择主菜单“文件”→“准备”→“模型属性”命令。
- 在系统弹出的“模型属性”对话框中单击“单位”选项后面的“更改”按钮，系统弹出如图 9-37 所示的“单位管理器”对话框。
- 选择“毫米牛顿秒”选项，单击“设置”按钮，系统弹出如图 9-38 所示的对话框。
- 选中“解释尺寸”单选按钮，单击“确定”按钮，完成单位转换。

图 9-37　“单位管理器”对话框

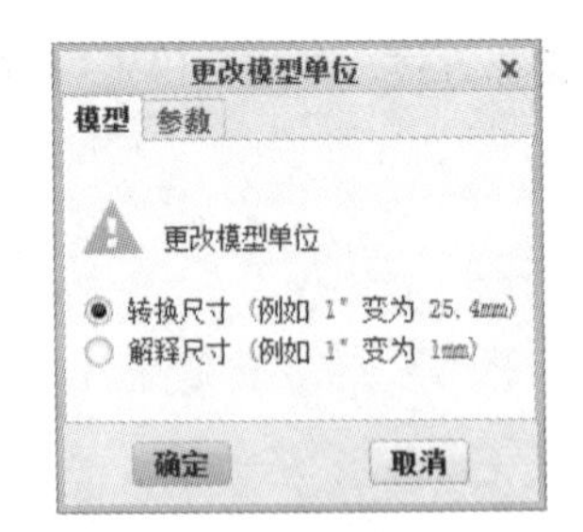

图 9-38　“更改模型单位”对话框

提示：如果选中上面的“转换尺寸”单选按钮，则直接进行转换，数值改变；而选中“解释尺寸”单选按钮，则数值不变，只改变单位制。

②绘制螺纹孔。

螺纹孔是环绕凸台孔中心均布的，所以需要采用径向定位方式比较方便。

具体步骤如下：

- 在“工程”面板上单击“孔”按钮，系统弹出如图 9-39 所示的操控板。
- 在凸台外表面单击，作为孔的放置面，并单击“标准孔”按钮，选择 ISO 标准，如图 9-39 所示。

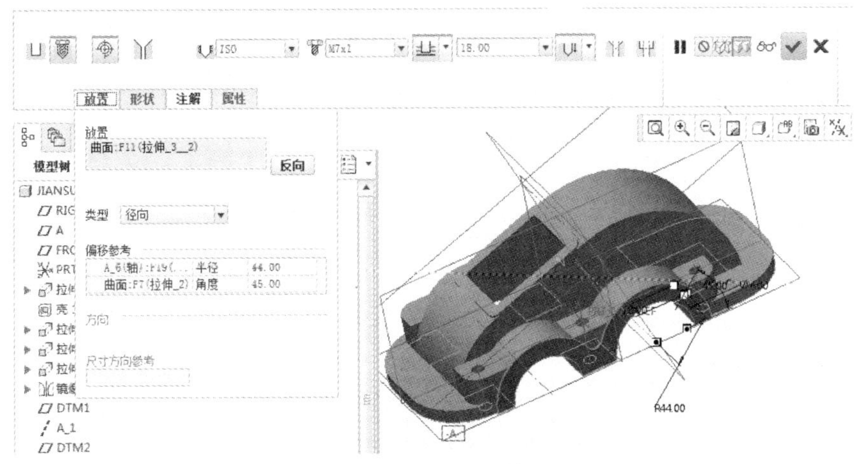

图 9-39　“孔”操控板

- 单击“放置”选项卡，选择“径向”方式。在“偏移参考”列表中单击，然后按下 Ctrl 键，分别选择大凸台孔轴线和底板底面，并分别输入半径 44 和角度 45。
- 选择 M7×1 类型。如果对当前的形状不是太清楚，可以单击“形状”选项卡，弹出如图 9-40 所示上滑板。进行必要的参数设置即可。在此设置螺纹高度为 15，角度为 120。

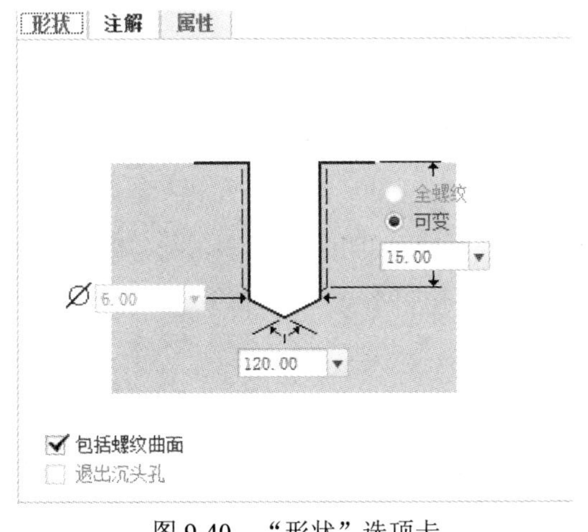

图 9-40　“形状”选项卡

- 单击“确定”按钮，结果如图 9-41 所示。

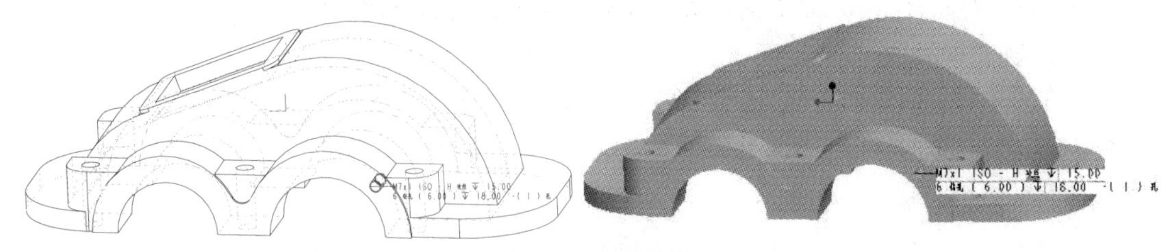

图 9-41 生成结果

采用相同的方法，建立另一个孔，只是角度为 135°。结果如图 9-42 所示。

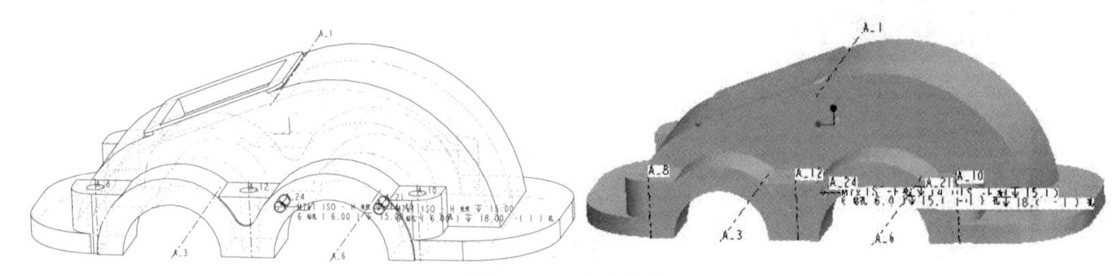

图 9-42 生成结果

采用同样的方法，在小凸台上建立两个对称孔，半径值为 40，半径参照为小凸台孔轴线，角度参照仍然为底板底面。结果如图 9-43 所示。

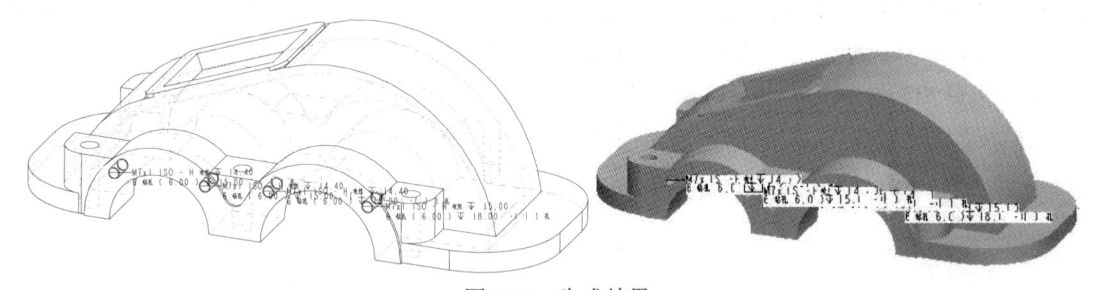

图 9-43 生成结果

（3）观察孔凸缘打螺纹孔。

这个操作同上面的操作基本上一致。采用线性定位方式，距离凸缘的两个侧边距离分别为 5，通孔，直径为 M5×.5，在靠近箱盖正面的两个角位置生成两个孔，顶角为 120°。结果如图 9-44 所示。

（4）孔的镜像。

箱盖上的各个光孔和螺纹孔都是对称放置的，所以可以通过镜像方式生成。

具体操作步骤为：在模型树上选择刚建立的各种孔（不包括凸台轴承座孔），单击“编辑”面板上的“镜像”按钮，系统弹出“镜像”操控板。选择 FRONT 面，单击“确定”按钮，结果如

图 9-45 所示。

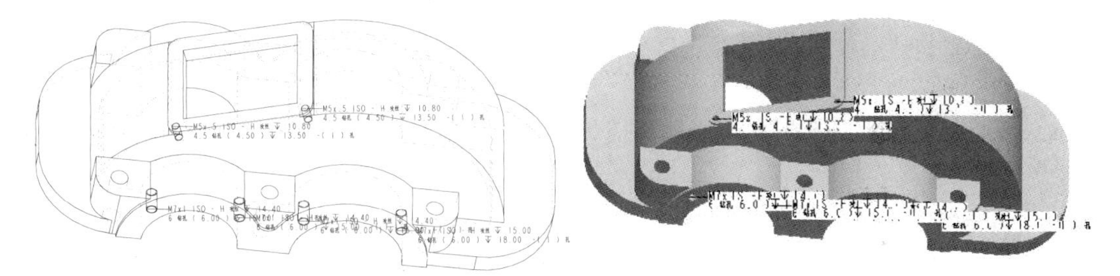

图 9-44　生成结果

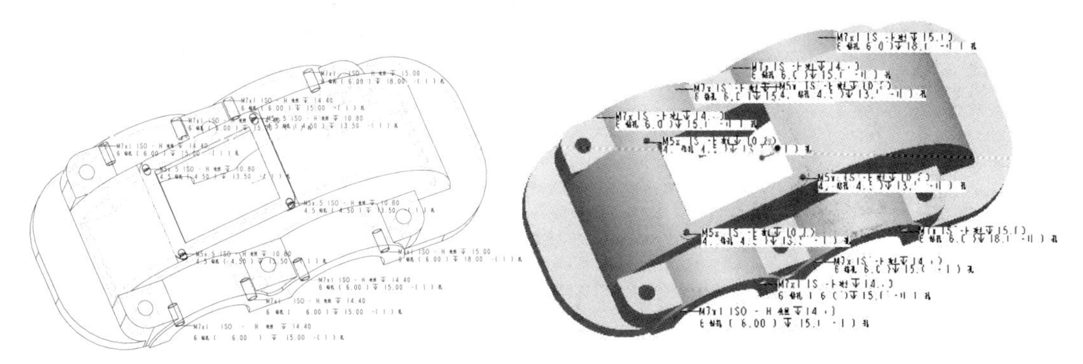

图 9-45　生成结果

（5）定位孔的绘制。

定位孔就是销孔，位于底板的两侧，用来放置销。它基本上是不对称的，所以需要分别绘制。

具体方法同上面的光孔操作，采用简单通孔方式，直径为 6，以距离最近的两条底板垂直边为参照，分别距离短边为 20，距离长边为 40，结果如图 9-46 所示。

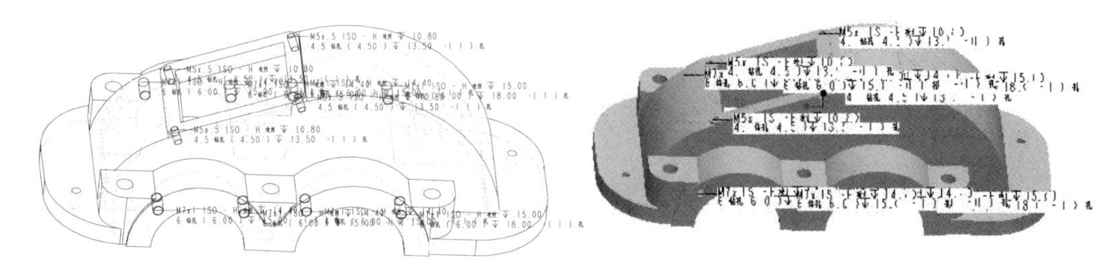

图 9-46　生成结果

7. 绘制筋板

筋板位于凸台上面、中间箱体两侧，因此需要做一定的定位。各个筋板厚度均为 10。由于现在箱盖上的螺栓孔较多，影响观察，最简单的处理办法就是将其隐藏起来，以后再恢复显示。

提示：在本小节完成的筋板，基本上没有规定具体尺寸，因为铸造件的要求有时不高。

（1）隐藏孔。

具体的操作步骤为：在模型树上选择要隐藏的光孔和螺栓孔（不包括销孔）并右击，系统弹出如图 9-47 所示的快捷菜单。选择“隐含”命令，相关孔将自动隐藏或显示，且名称在模型树上也将消失。

如果要恢复，可以依次单击“操作”面板中的“恢复”→“恢复全部”命令，如图 9-48 所示。

（2）绘制大轴承座孔上方的筋板。

筋板是对称结构，所以需要定位其中间面，在此可以通过建立基准平面的方式来完成。

具体操作步骤如下：

1）建立基准平面。单击“基准平面”按钮，系统弹出如图 9-49 所示的“基准平面”对话框。按下 Ctrl 键，选择大轴承座孔轴线和 TOP 平面，选择方向为 TOP 面的法向，单击“确定”按钮，完成基准平面绘制，如图 9-50 所示。

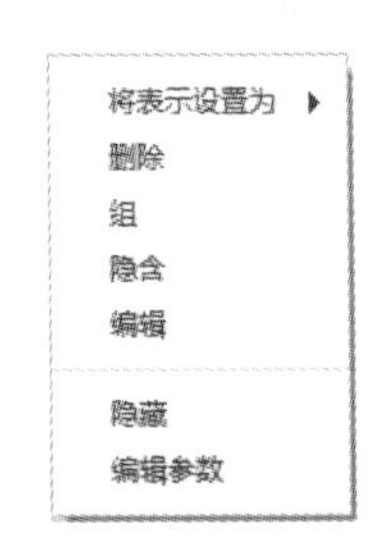

图 9-47　快捷菜单

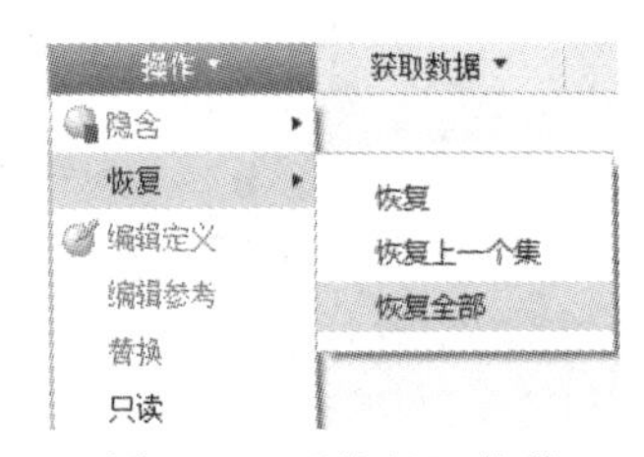

图 9-48　“恢复”菜单

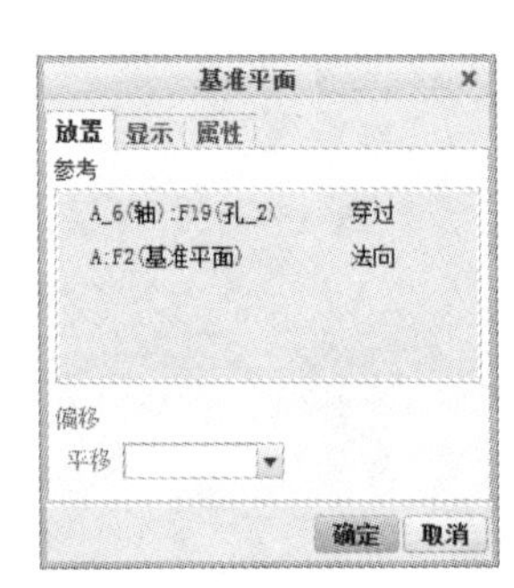

图 9-49　“基准平面”对话框

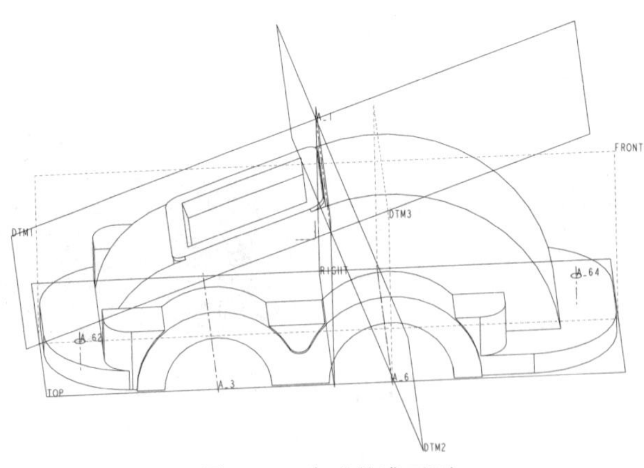

图 9-50　生成基准平面

2）建立一侧加强筋。

①单击“轮廓筋”按钮，系统弹出“轮廓筋”操控板。

②选择“参考”选项卡，单击“定义”按钮，系统将弹出“草绘”对话框。

③选择刚建立的基准平面作为草绘平面，单击“草绘”按钮，进入草绘环境。

④如图 9-51 所示，利用直线工具绘制图 9-51 中直线。注意令其两端与中间箱体壁和轴承座孔上方线对齐。

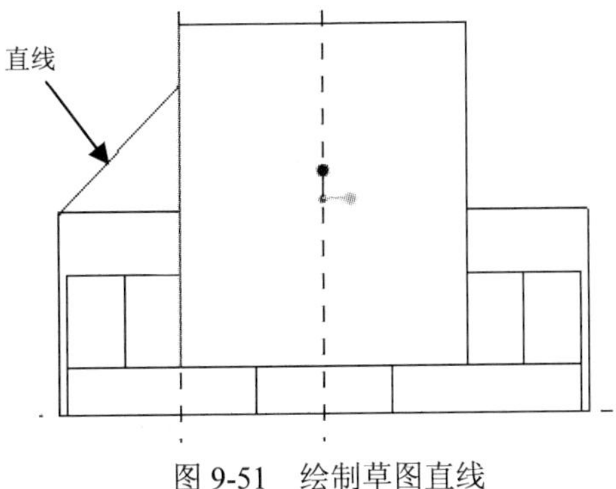

图 9-51　绘制草图直线

⑤确定后返回操控板，输入筋板厚度 10 并确定，结果如图 9-52 所示。

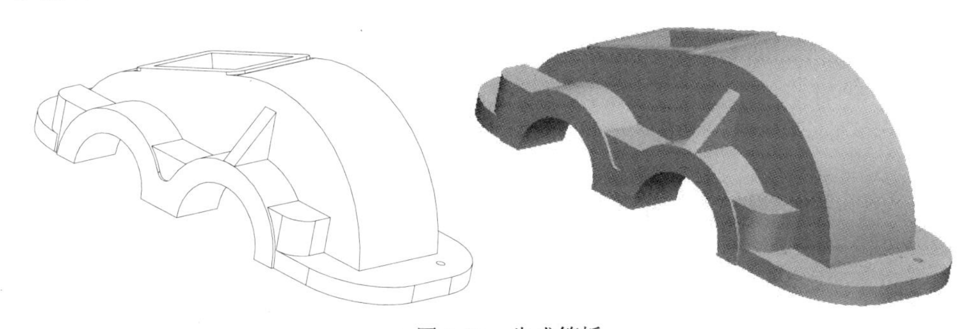

图 9-52　生成筋板

3）建立另一侧加强筋。

通过镜像操作，以 FRONT 面为对称面，结果如图 9-53 所示。

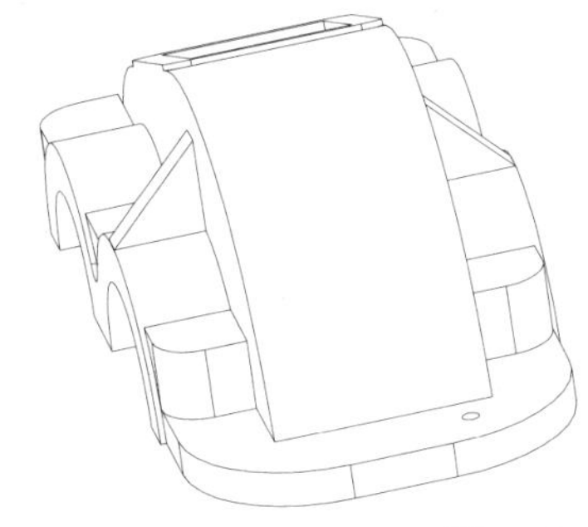

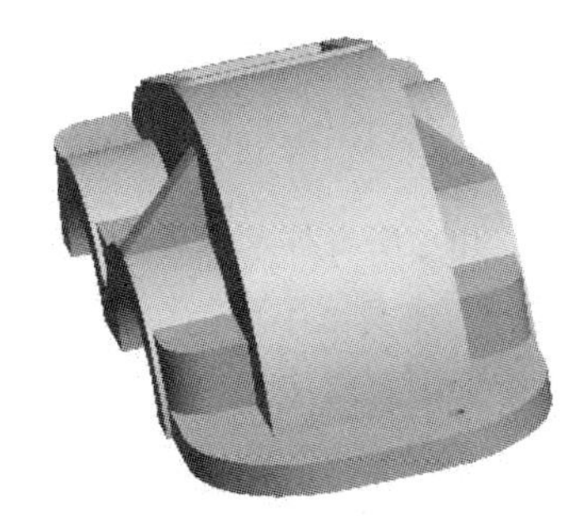

图 9-53　生成另一侧筋

（3）绘制中间箱体小圆弧部分的筋板。

采用同上面一样的方法，选择 FRONT 面作为草绘平面，绘制如图 9-54 所示的草图，生成的筋如图 9-55 所示。

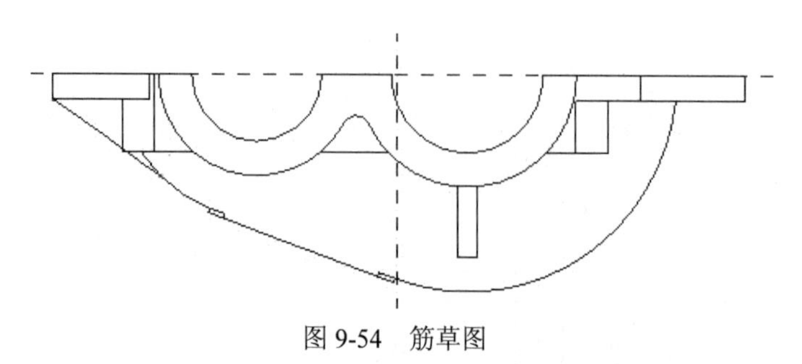

图 9-54　筋草图

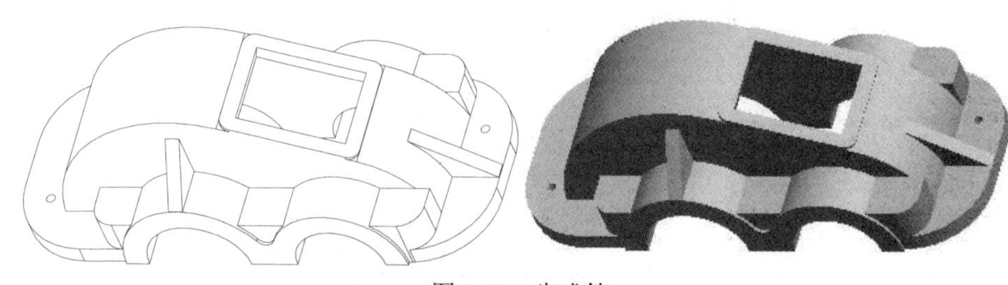

图 9-55　生成筋

（4）绘制中间箱体大圆弧部分的筋板。

同理制作大筋板，结果如图 9-56 所示。

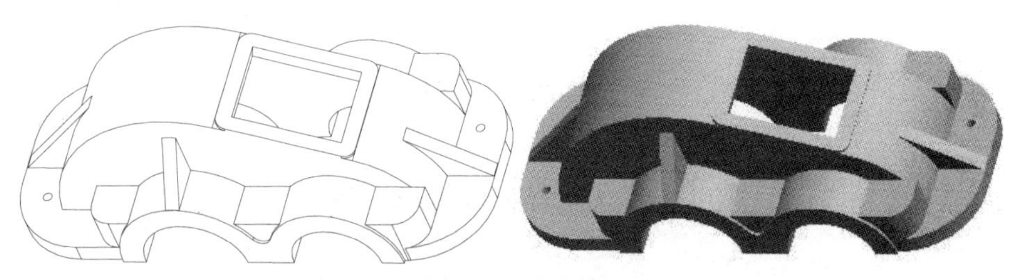

图 9-56　生成筋

8. 倒边角

在实际生产中，几乎所有外部零件凸出的边角都是圆整的，这可以防止工作人员不小心被零件所伤。另外，如铸件等本身就不可能铸出尖角，所以倒边角这一步必不可少。

Creo Parametric 中倒边角功能类型很多，由于减速器外壳不需要做特别处理，因此，只需用其中比较简单的倒圆角类型。

具体的单个边倒圆步骤如下：

（1）单击“倒圆角”按钮，系统弹出“倒圆角”操控板。

（2）输入半径值 2，选择要倒圆角的边并确定即可。用户可以选择多个对象。这里要选择的圆角边为每个棱边以及相交面之间的交线。结果如图 9-57 所示。

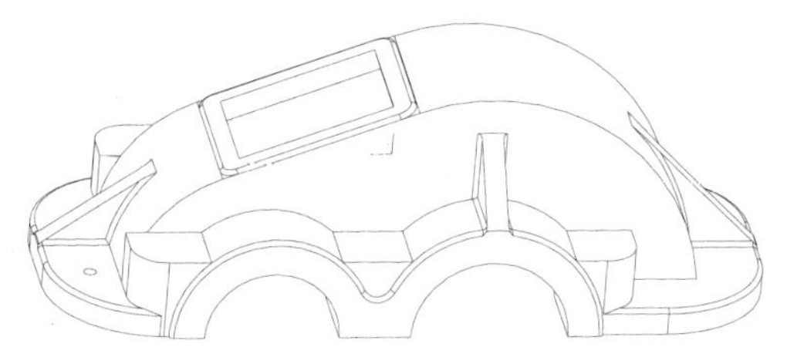

图 9-57　倒圆角操控结果

取消孔的隐含，最终结果如图 9-58 所示。

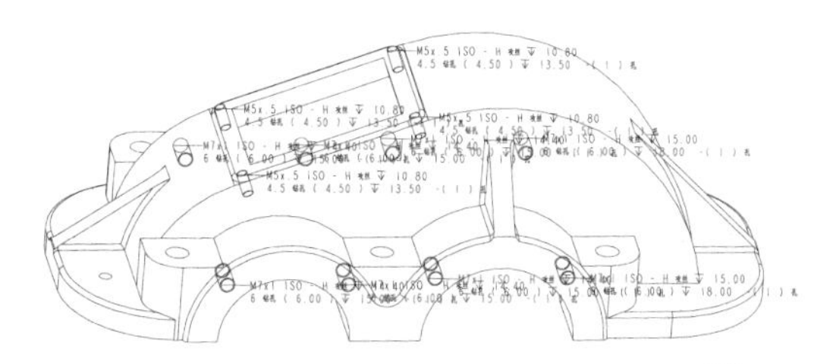

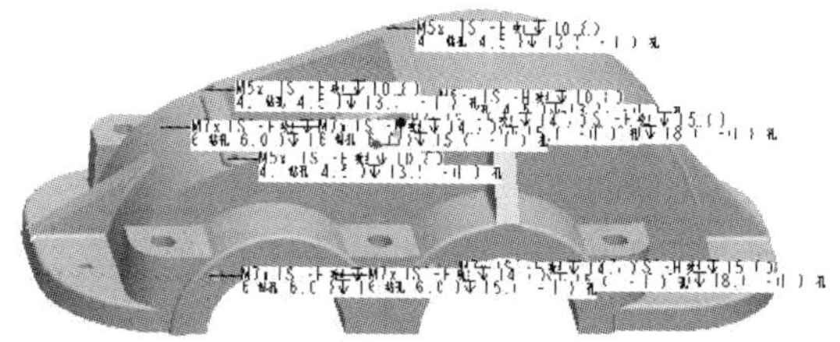

图 9-58　最终结果

至此，上箱体绘制完成。

9.3　下箱体外形特征

9.3.1　特征分析与造型方式

箱体每一部分的形状与其功能紧密联系在一起，上箱体底板的下平面与下箱体的上平面相结合，具体尺寸如图 9-59 所示。

下箱体主要由长方体的底板和中间方体掏空后，再加上两侧面半圆台及凸台组成。在绘制过程中，既可以直接建立三维实体，也可以只建立平面图形，然后通过对平面图形的拉伸处理来获得三维图形。对于两侧凸台及凸台上的孔，可以采用镜像处理。

从外形特征上看，上箱体与下箱体主要是中间部分的区别。

本练习所涉及的命令包括：

（1）草绘命令：圆、矩形、直线、圆弧、镜像、删除段、倒圆角、尺寸定义与修改。

（2）特征构建特征：拉伸。

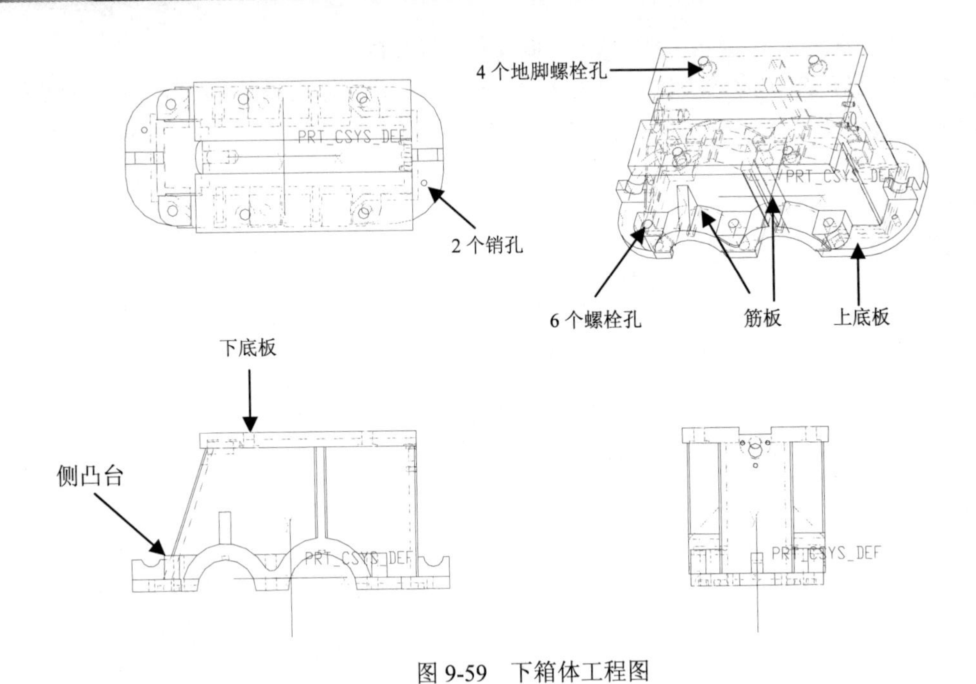

图 9-59 下箱体工程图

（3）特征编辑：孔（简单孔、螺栓孔）、倒圆角、镜像、筋

9.3.2 设计过程

除了个别的特征外，下箱体的建模过程基本上和上箱体一样，所以对于类似操作我们不做具体的解释了，只对参数进行讲解。

1. 建立零件文件 jiansuqi-xiangzuo.prt

此处不再赘述。

2. 绘制中间箱体

中间箱体是箱座的主体部分，呈梯形状，它实际上就是一个壳体。首先通过拉伸操作建立起外形符合尺寸的实体模型，然后用抽壳操作来完成实体抽壳。

其工程图尺寸如图 9-60 所示。

（1）利用拉伸操作，以 FRONT 面作为草绘平面，绘制如图 9-61 所示草图。拉伸方式为两侧对称式，拉伸高度为 76。结果如图 9-62 所示。

（2）利用抽壳操作，选择上、下端面作为去除面，壁厚为 8，结果如图 9-63 所示。

3. 绘制上底板

下箱体上底板形状特征及尺寸与上箱体的完全一样，具体绘制步骤参见上箱体的底板绘制。其草绘平面位于中间箱体大端面上，结果如图 9-64 所示。

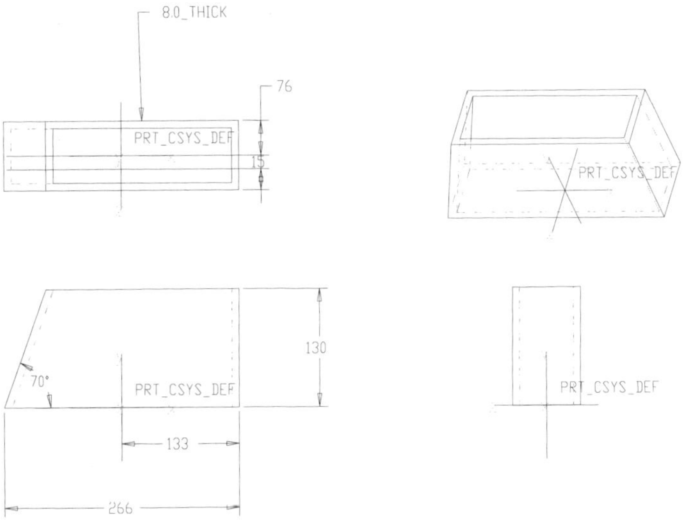

图 9-60 中间箱体工程图

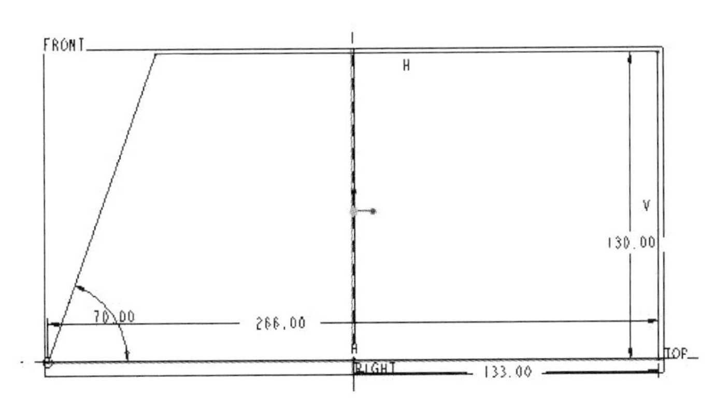

图 9-61 中间箱体草图

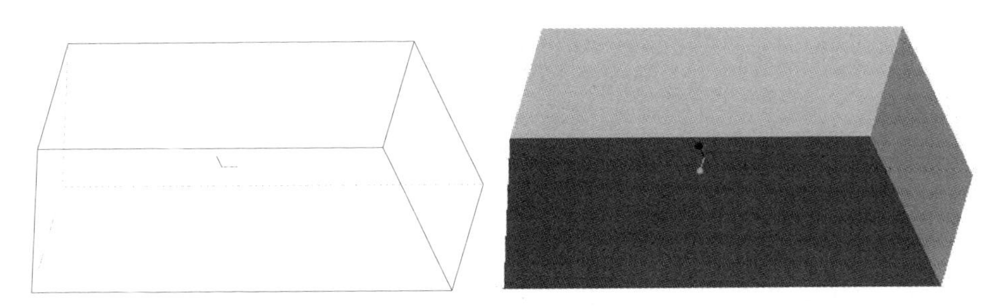

图 9-62 中间箱体实体

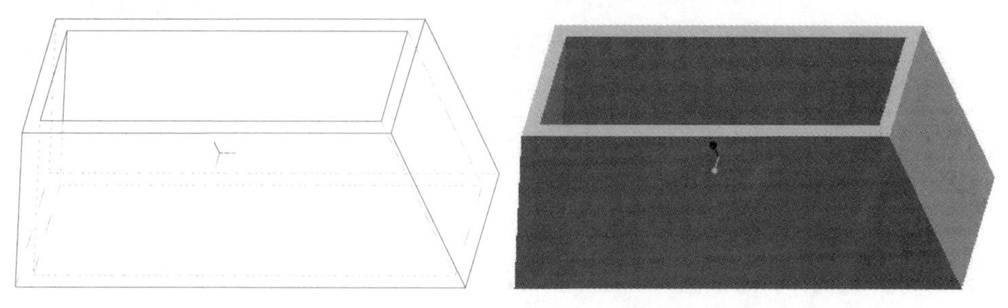

图 9-63　中间箱体抽壳

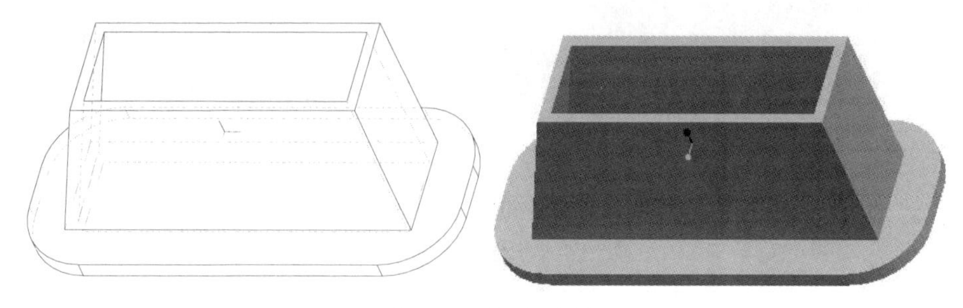

图 9-64　绘制上底板

4. 下底板的绘制

利用拉伸操作，以中间箱体铅垂侧面为草绘平面，绘制如图 9-65 所示的草图，可以采用“直线”和“镜像”工具来实现。拉伸高度为 225，结果如图 9-66 所示。

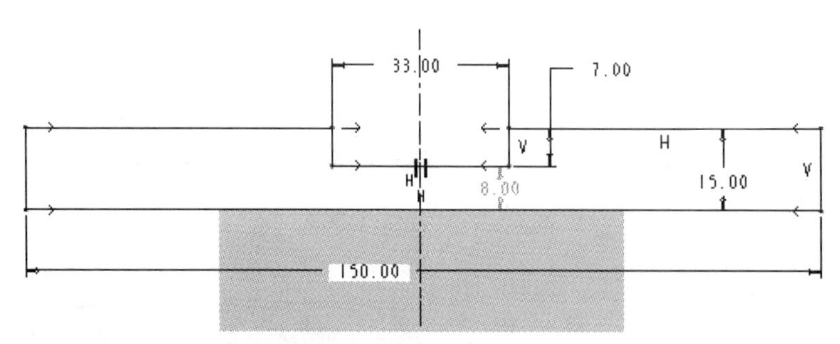

图 9-65　绘制下底板草图

5. 绘制侧台

（1）绘制拱形侧台。

下箱体的拱形侧台和上箱体的侧台是对应的，而且由于要放置轴承等支承件，所以其几何尺寸也是相互对应的。因此，其绘制过程和上箱体的侧台绘制是一样的。

利用拉伸操作，首先在上底板上绘制如图 9-67 所示的草图，注意与箱盖相应部分的对应关系。其草绘平面在箱座正表面上，拉伸高度为 32，结果如图 9-68 所示。

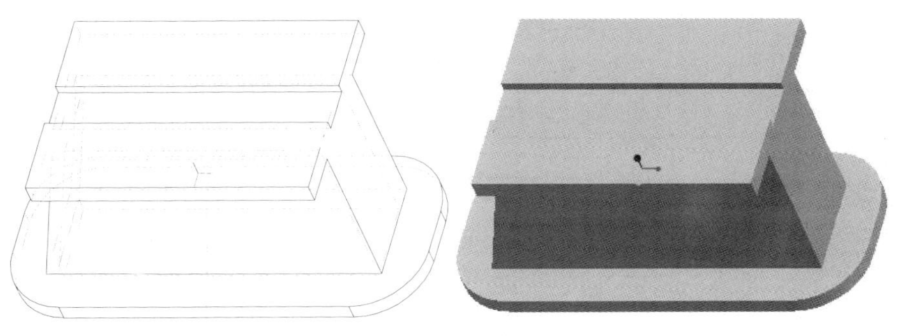

图 9-66　绘制下底板

（2）绘制螺栓孔凸台。

利用拉伸操作，以上底板下底面为草绘平面，绘制如图 9-69 所示草图，拉伸高度为 24，结果如图 9-70 所示。

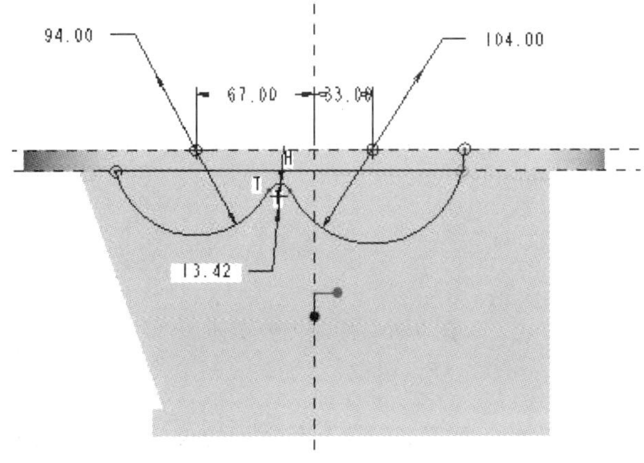

图 9-67　绘制侧台草图

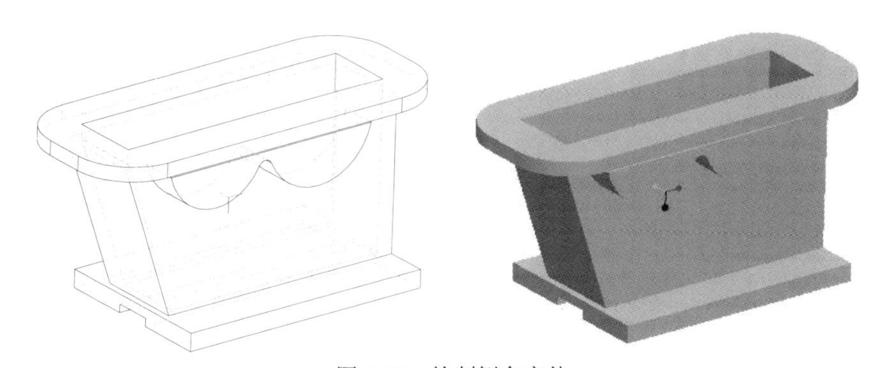

图 9-68　绘制侧台实体

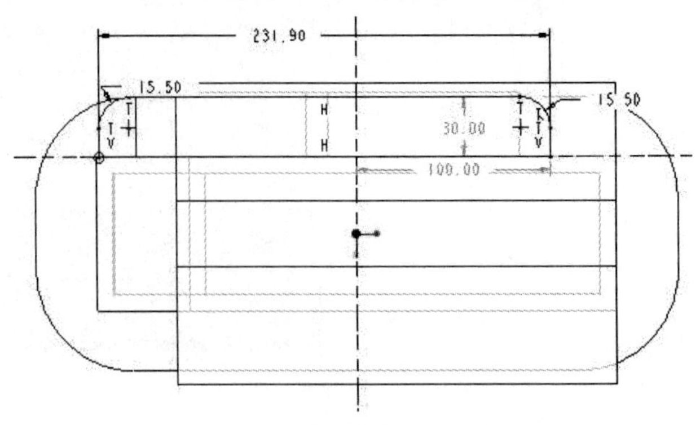

图 9-69　绘制螺栓孔凸台草图

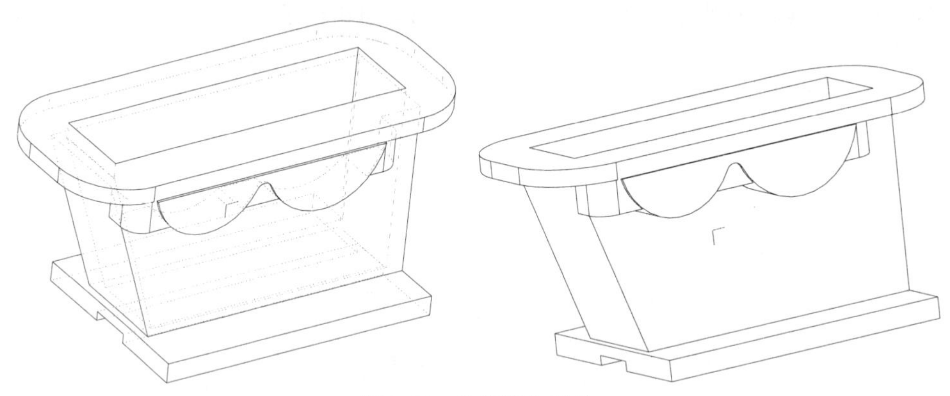

图 9-70　绘制侧台实体

（3）镜像侧台。

两边侧台完全一样，因此没有必要重新创建，只需用镜像操作就可以了。

采用镜像操作，以 FRONT 平面为参照面，选择刚建立的凸台和侧台，结果如图 9-71 所示。

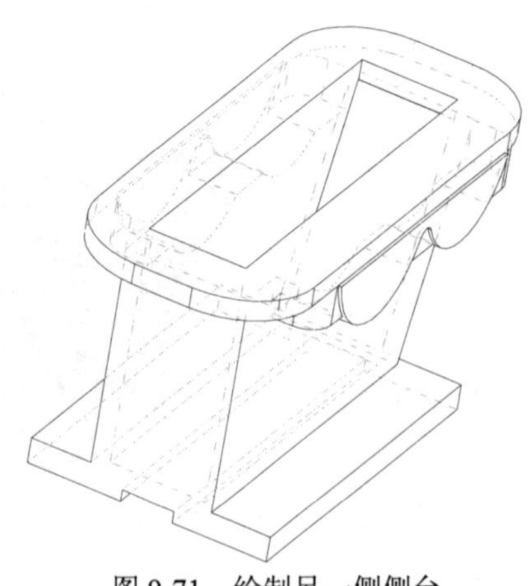

图 9-71　绘制另一侧侧台

6. 打孔

在下箱体中有很多类似的孔，应该说，它们和上箱体中的孔都是对应关系，其几何位置也一致。所以，完成的方法和步骤也相同。

（1）绘制侧台半圆孔

利用孔操作，在小圆凸台上开一个通孔，直径为62，在大圆凸台上绘制另一圆孔，直径为72。绘制结果如图9-72所示。

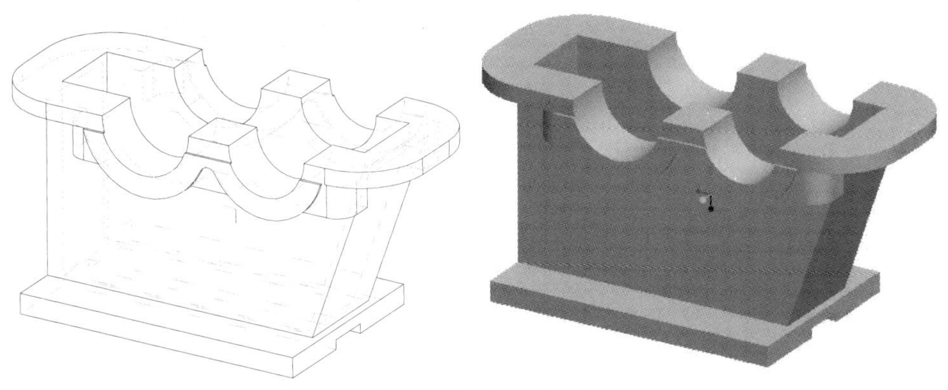

图9-72　构造圆柱孔

（2）侧台打孔。

1）凸台螺栓光孔。采用简单孔操作，建立凸台上的通孔。其放置平面均为凸台表面，两侧的两个孔距离其凸台外侧边的距离均为15，中间孔为凸台中间位置，距离外边15，直径都为11，结果如图9-73所示。

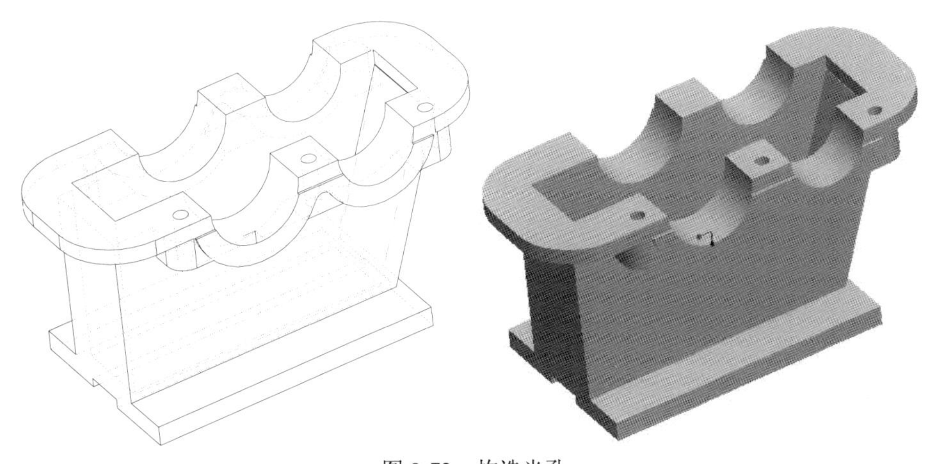

图9-73　构造光孔

2）轴承座螺纹孔的绘制。轴承座侧面上的螺纹孔的安放位置与箱盖一致，分别是大座上半径44

圆心线上的两个 M7 孔和小座上半径 40 的两个 M7 孔，孔深 20，顶角 120°。结果如图 9-74 所示。

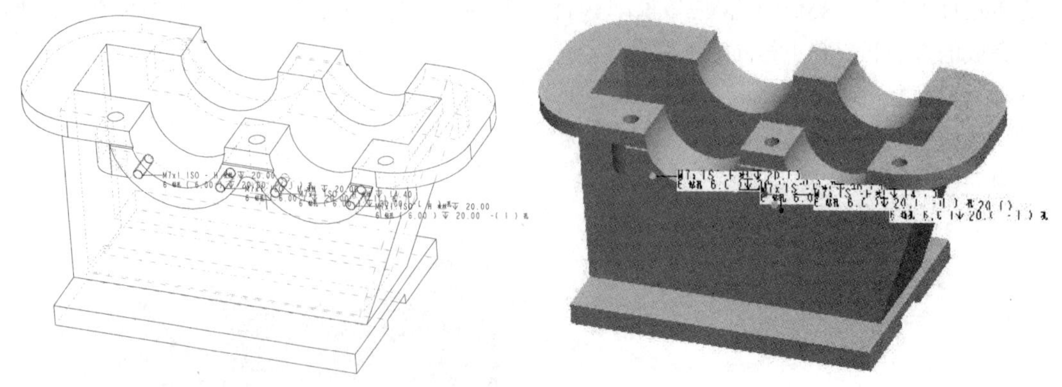

图 9-74　绘制螺纹孔

（3）下底板打孔。

同上箱体的底板不同，下箱体的下底板必须有放置地脚螺栓的孔，所以还要另外开出，它们是圆柱孔。在此需要通过草绘孔方式实现。

具体操作步骤如下：

1）单击“孔”按钮，系统弹出“孔”操控板。

2）选择“草绘孔”方式。

3）单击“草绘”按钮，进入草绘环境。

4）采用直线工具和中心线工具绘制如图 9-75 所示的草图。

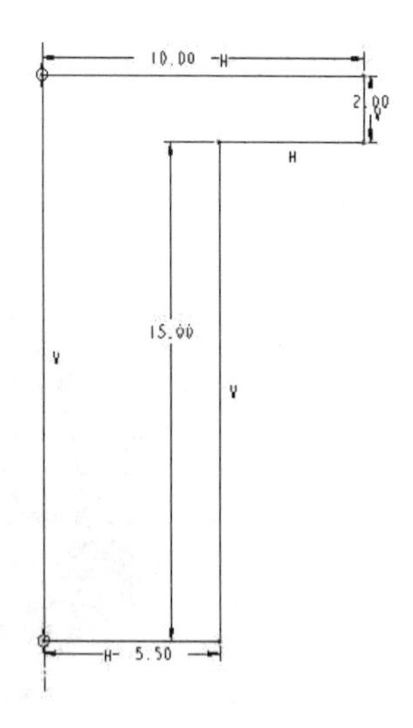

图 9-75　孔截面

提示：必须绘制中心线作为孔中心线，而且截面必须封闭。

5）选择下底板上表面作为主放置面，以两条底板侧边作为次参照，距离长边为 17.5，距离短边为 51，结果如图 9-76 所示。

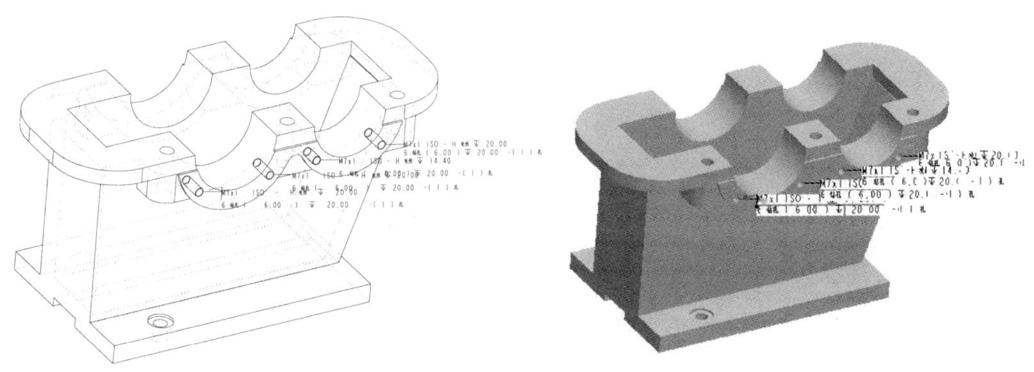

图 9-76 定位一个孔

以同样方法在另一端打出一孔，如图 9-77 所示。

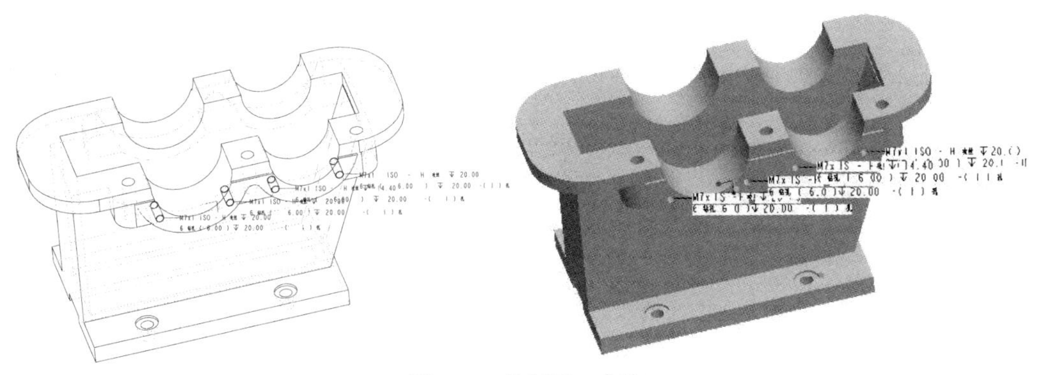

图 9-77 绘制另一个孔

（4）上底板定位销孔的绘制。

参数、方法和过程同上箱体的定位销孔完全一样，结果如图 9-78 所示。

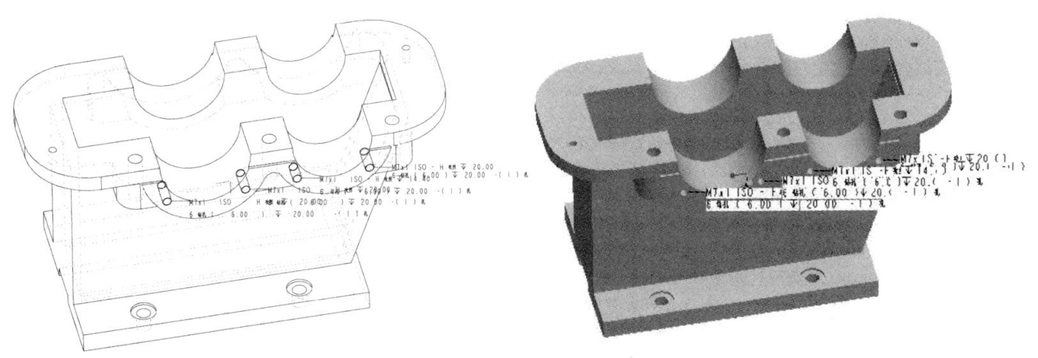

图 9-78 定位销孔的绘制

（5）生成另一侧的相应孔，采用镜像操作或者重复上面相应操作即可，结果如图 9-79 所示。

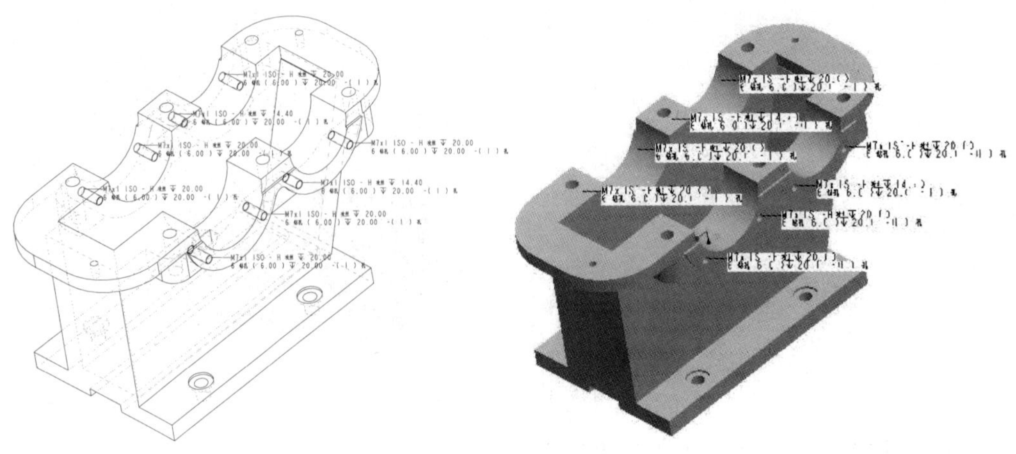

图 9-79　镜像结果

7. 导油槽的绘制

导油槽的形状比较复杂，根据其特征可使用扫描方法。首先绘制扫描轨迹，然后绘制截面曲线并进行扫描。

具体操作步骤如下：

（1）进入扫描环境。单击“形状”选项卡中的“扫描”按钮，系统弹出如图 9-80 所示的操控板。

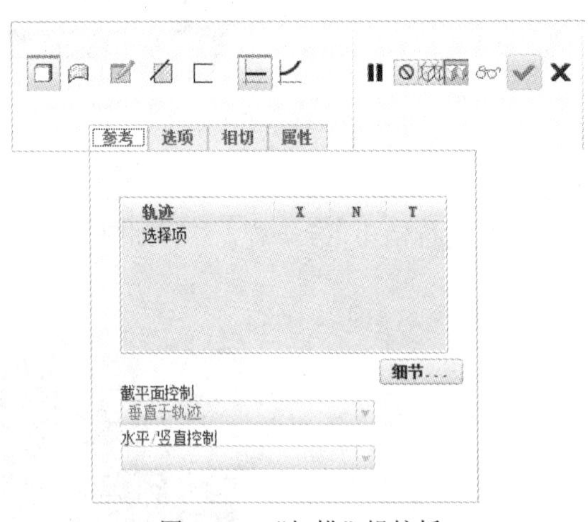

图 9-80　“扫描”操控板

（2）扫描轨迹绘制。

1）单击“基准”下拉按钮中“草绘轨迹”按钮，系统弹出“草绘”对话框。

2）选择上底板的上表面，并保证生成方向指向箱座内部。

3）单击“草绘”按钮，进入草绘环境。

4）绘制如图9-81所示的直线段。在对拐角处进行实际加工时，由于进刀等原因将会向外延伸一段，在此不给出。

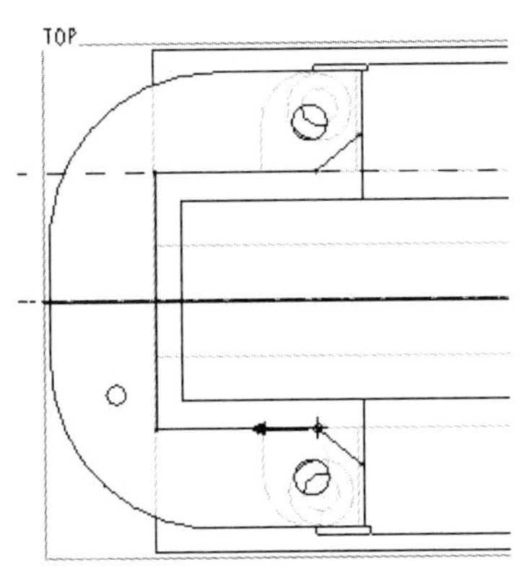

图9-81 扫描轨迹绘制

（3）绘制扫描截面。

1）单击“确定”按钮，返回操控板中。

2）单击“草绘”按钮，视图切换到截面方向，如图9-82所示。注意，在轨迹起点处将显示十字交叉线。

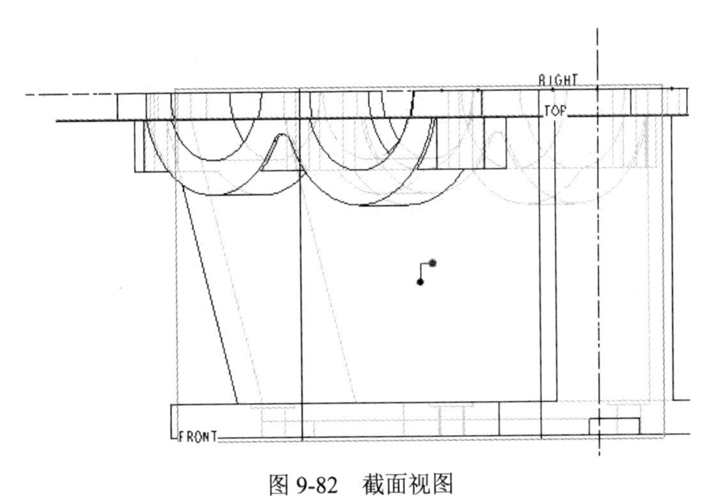

图9-82 截面视图

3）绘制如图9-83所示的矩形截面，长为6mm，宽为6mm。

4）单击“确定”按钮。

（4）完成扫描特征。

单击“扫描”操控板中的“移除材料”按钮并确定，完成扫描特征。结果如图9-84所示。

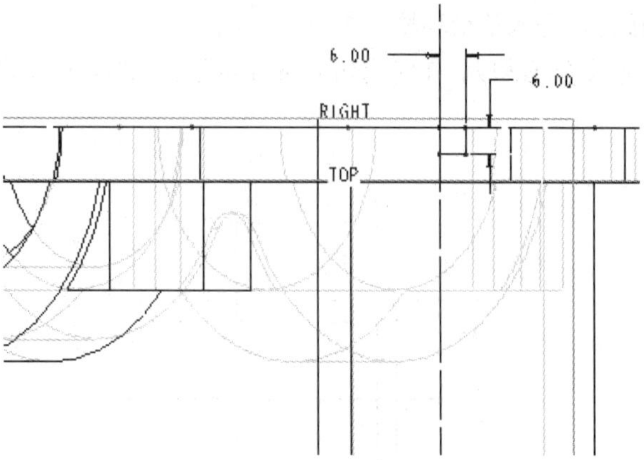

图 9-83　建立矩形截面

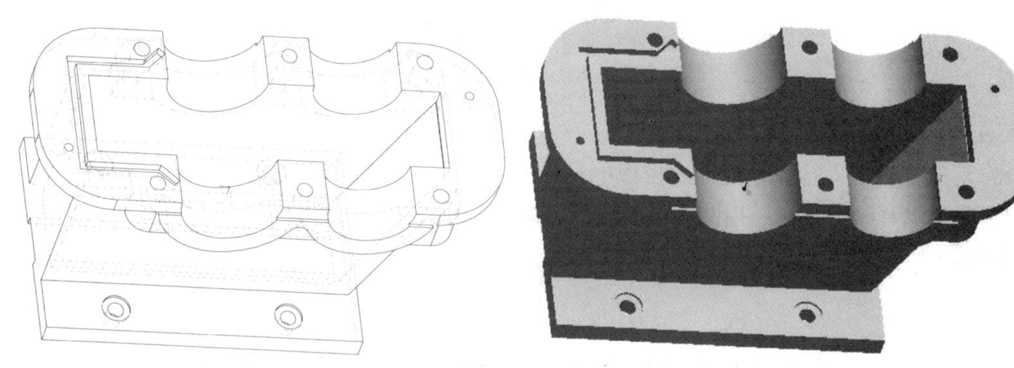

图 9-84　生成结果

可以看到，在扫描特征端部没有直接连接到轴承座上，而是有一定的距离。这是由于在前面采用了默认的“封闭端点”选项，必须对其进行更改。

具体更改方式如下：

1）在建立好的切减特征名称上右击，从弹出快捷菜单中选择“编辑定义”命令，系统弹出“扫描”操控板。

2）选择“选项”选项卡。

3）选择“合并端”选项，确定后结果如图 9-85 所示。

另一端也用同样方法绘制，结果如图 9-86 所示。

8. 回油槽的绘制

回油槽的位置在轴瓦上，两边对称，因此，只绘制一边，另一边用镜像方法绘制。

首先通过轴承座孔轴心建立一个垂直于底面的基准平面，然后拉伸切减操作建立一个油槽，其草绘平面为轴承座内箱侧面上，草绘截面如图 9-87 所示，该矩形对称于刚建立的基准平面，中心点在轴承座孔圆弧中点上，长、宽均为 7。其拉伸深度为 35，结果如图 9-88 所示。

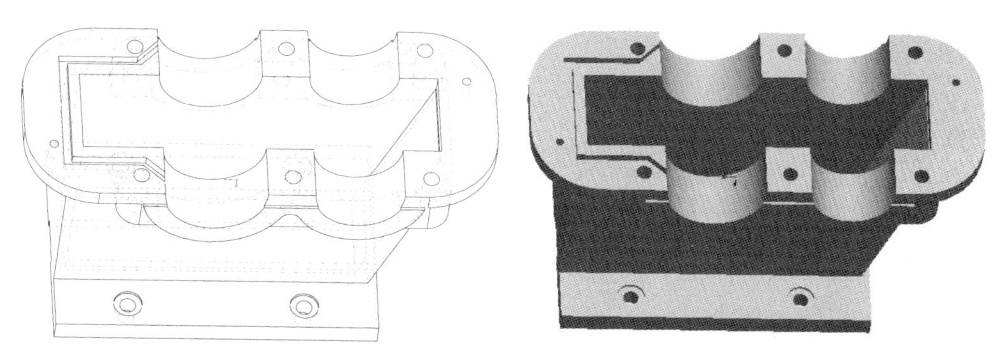

图 9-85　更改结果

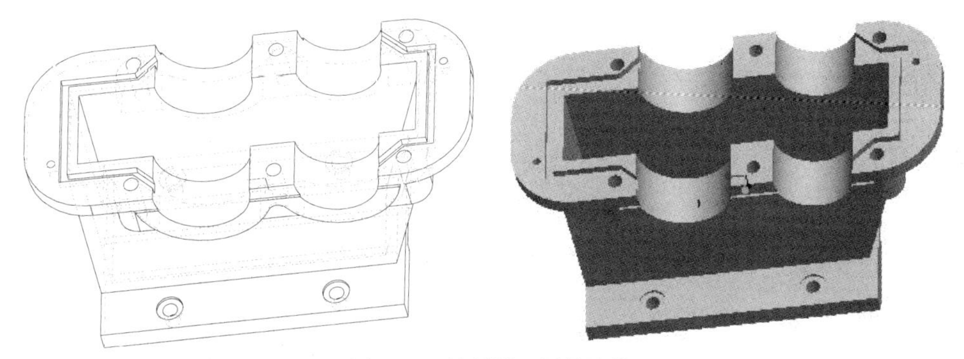

图 9-86　绘制另一侧导油槽

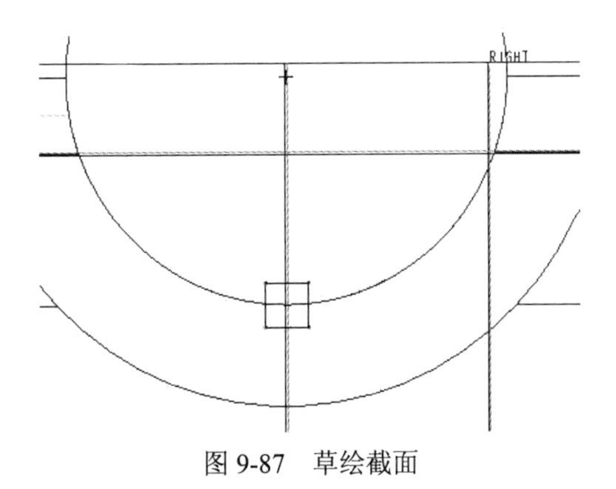

图 9-87　草绘截面

继续绘制另一个轴承座上的一侧油槽，参数同上。然后利用镜像操作建立剩余的油槽，结果如图 9-89 所示。

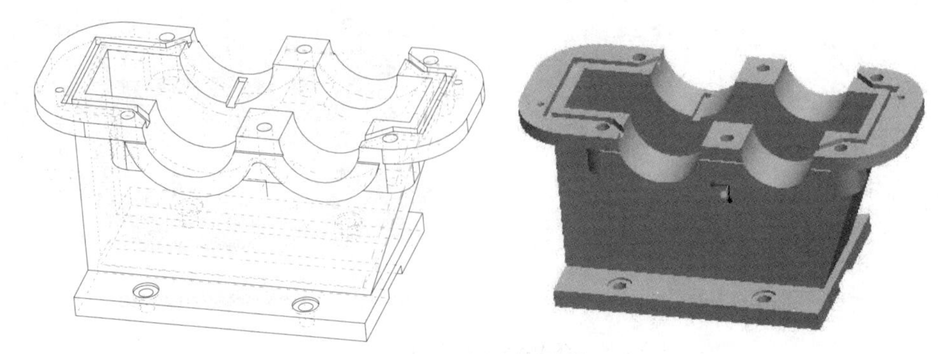

图 9-88 绘制回油槽

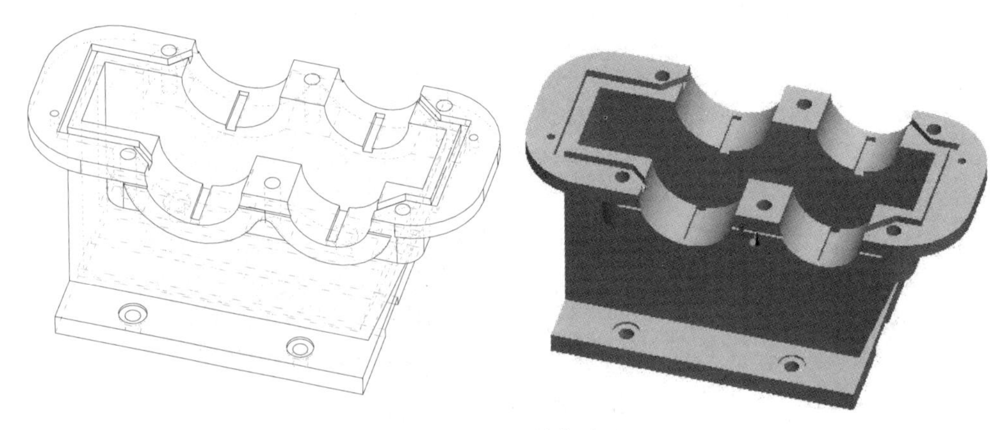

图 9-89 镜像结果

10 常见零件及标准件库

本章将讲解常见零件尺寸、螺栓和弹簧，并以螺钉为例建立一个标准件库。

10.1 直齿圆柱齿轮设计

齿轮零件是工程机械中经常遇到的零件，包括直齿圆柱齿轮、斜齿轮和圆锥齿轮等。本章只讲解直齿圆柱齿轮。

10.1.1 设计思路与方法

如图 10-1 所示为一个直齿圆柱齿轮零件，其轮廓为渐开线，所以采用前面讲解的规则方法是无法完成的，这里需要遵循严格的数学方程式并借用一个关系式来生成基本曲线。对于齿轮的轮坯部分来说比较容易，其他如倒角特征、倒圆角特征等都可以采用基准特征工具来完成。

图 10-1 齿轮零件

零件的设计过程简单介绍如下：

（1）建立齿轮基体。采用旋转特征操作即可，如图 10-2 所示。

（2）在基础特征的基础上生成倒角特征，如图 10-3 所示。

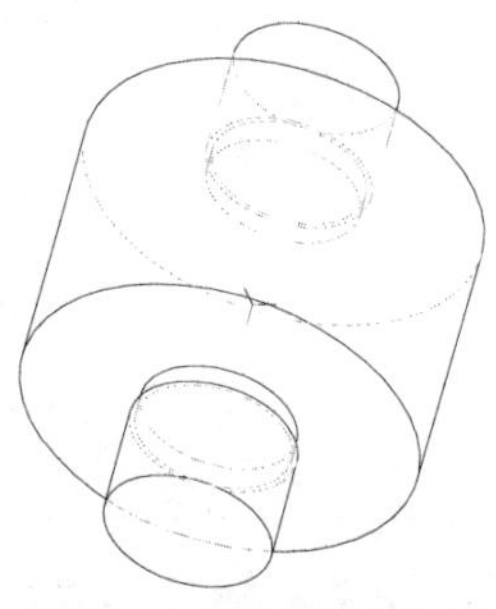

图 10-2　齿轮基础特征

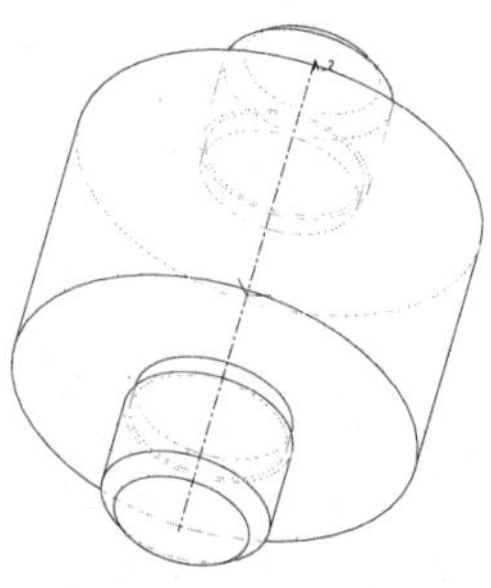

图 10-3　倒角特征

（3）生成渐开线齿廓。

1）利用草图关系式生成渐开线，如图 10-4 所示。

2）生成齿轮的齿根圆及分度圆，如图 10-5 所示。

3）镜像第一条渐开线，如图 10-6 所示。

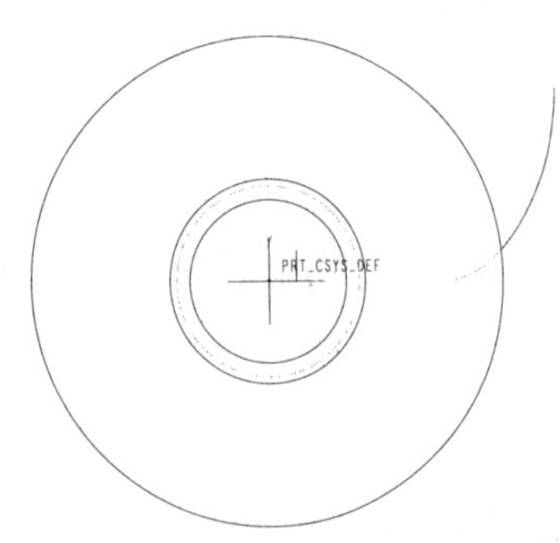

图 10-4　创建一条渐开线

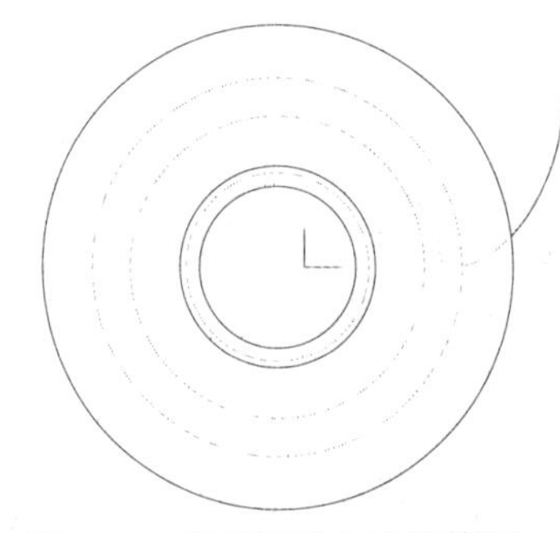

图 10-5　齿根圆及分度圆特征

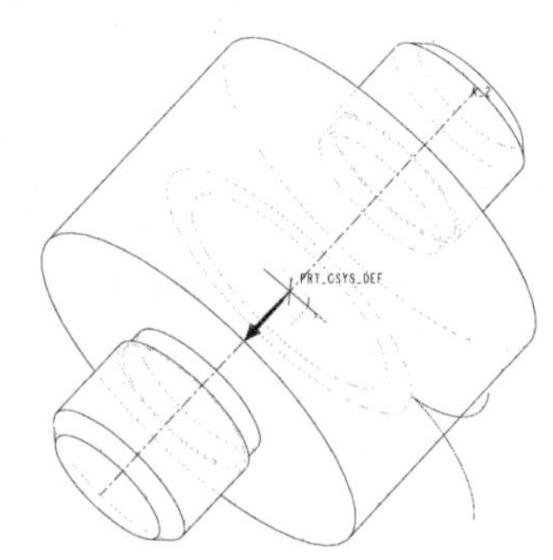

图 10-6　镜像第一条渐开线

4）移动复制渐开线，如图 10-7 所示。

5）再次移动复制渐开线，如图 10-8 所示。

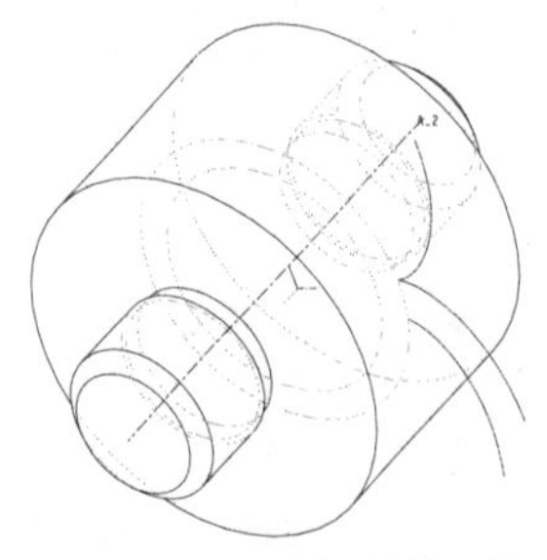

图 10-7　移动复制渐开线

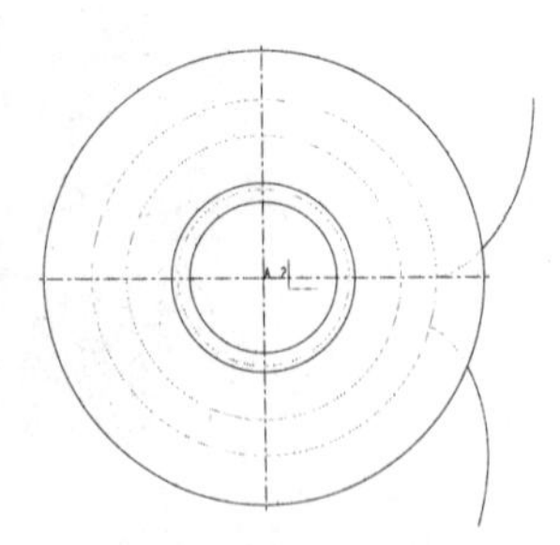

图 10-8　删除多余渐开线

6）生成齿轮被切剪部分曲线，如图 10-9 所示。

7）根据切剪部分曲线生成切剪特征，如图 10-10 所示。

8）进行倒圆角处理，如图 10-11 所示。

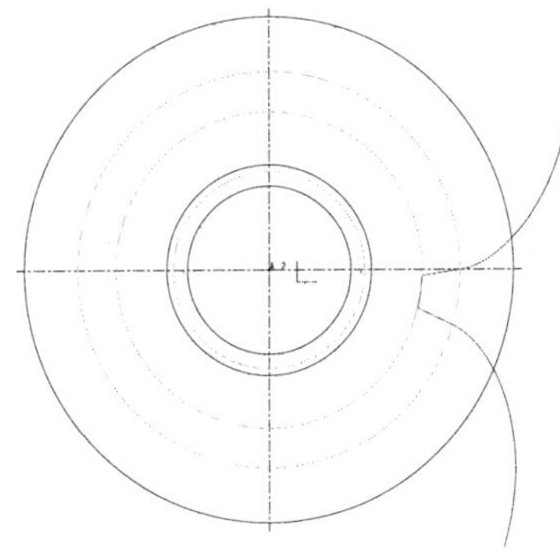

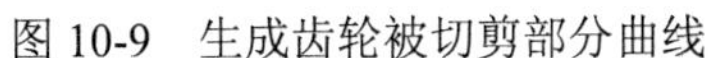

图 10-9　生成齿轮被切剪部分曲线

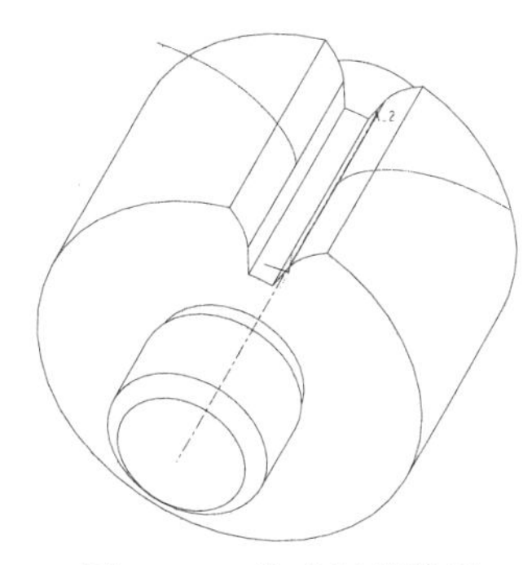

图 10-10　生成切剪特征

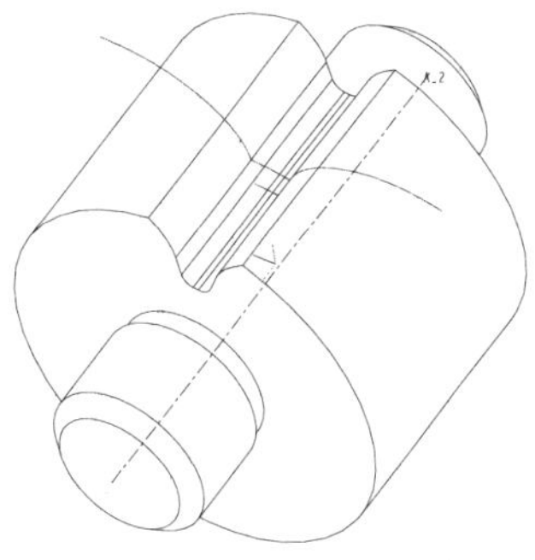

图 10-11　生成倒圆角特征

（4）轮齿阵列操作。对切剪特征和倒圆角特征进行阵列操作，结果如图 10-12 所示。

（5）生成齿轮零件。把辅助曲线隐藏起来，最终生成齿轮零件，如图 10-13 所示。

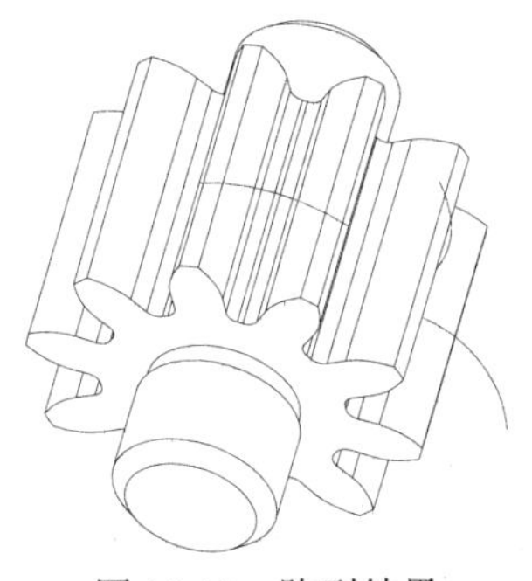

图 10-12　阵列结果

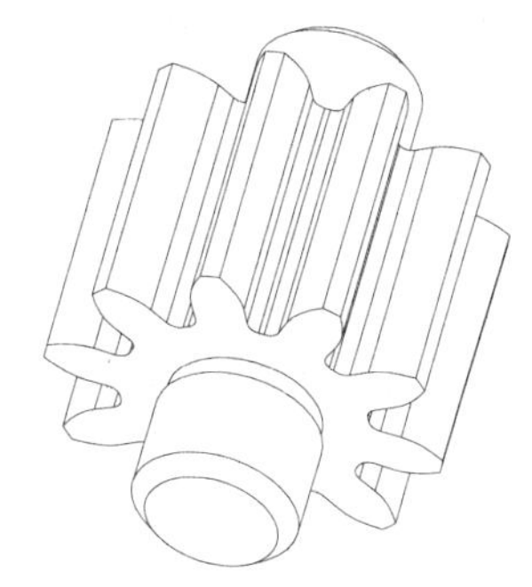

图 10-13　生成齿轮零件

10.1.2　齿轮建模的操作步骤

1. 齿轮基础特征的创建

（1）新建零件文件 chilun.prt。

（2）创建基础特征旋转拉伸特征。

1）打开“旋转”操控板。

2）选择“放置”选项卡，单击“定义”按钮，系统将弹出“草绘”对话框，选取 TOP 基准平面作为草绘平面。单击“草绘”按钮，系统将进入草绘模式。

3）进行草图设计。绘制一条垂直中心线作为旋转中心线，使之对齐基准中心。绘制直线并进行尺寸修改，结果如图 10-14 所示。单击草绘器工具栏中的“确定”按钮，完成草图设计，返回“旋转”操控板。

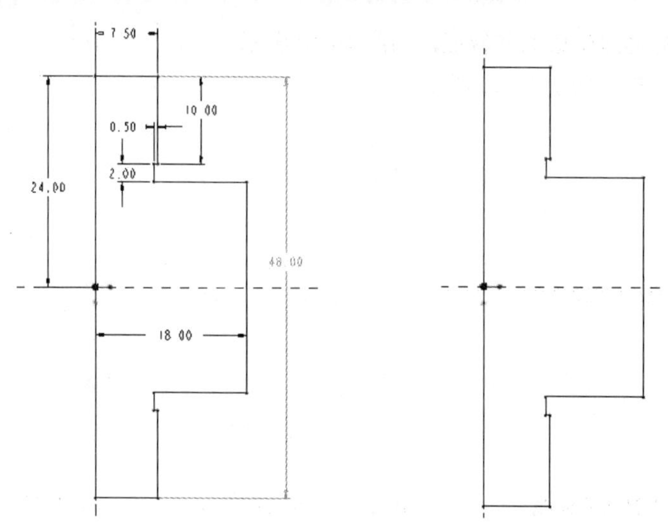

图 10-14　画完直线并修改尺寸后的结果

4）在操控板中单击（变量）按钮，并在其右侧的文本框中将“角度”设置为“360”，最后单击“旋转”操控板中的“确定”按钮，即可创建基础特征（即旋转特征）。

（3）查看生成的旋转特征。

单击视图查看工具栏中的“保存的视图列表”按钮，并选取“标准方向”选项，查看生成的旋转特征，其结果如图 10-15 所示。

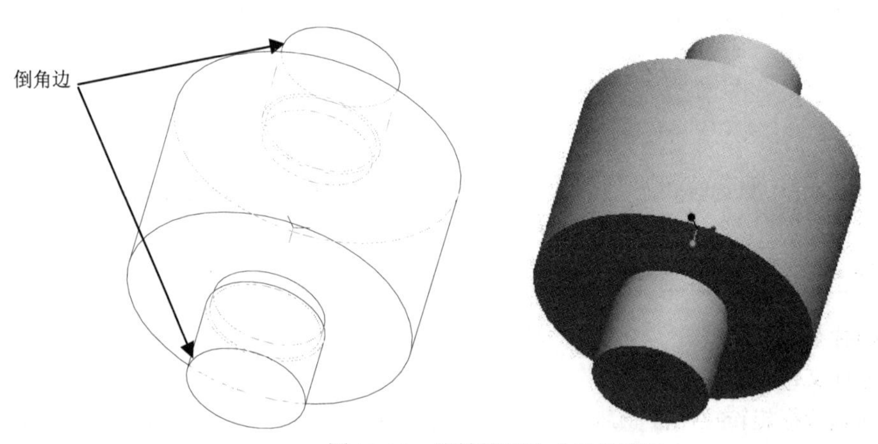

图 10-15　旋转特征生成后的情况

至此，齿轮基础特征的建模完成。

2. 生成倒角特征

（1）从“形状”选项卡中单击“倒角”按钮，系统将显示“倒角”操控板，如图 10-16 所示。

（2）在“布置类型”下拉列表框中选择“45×D”选项，然后在其右侧的“D”文本框中输入倒角尺寸“1.5”，并按回车键。

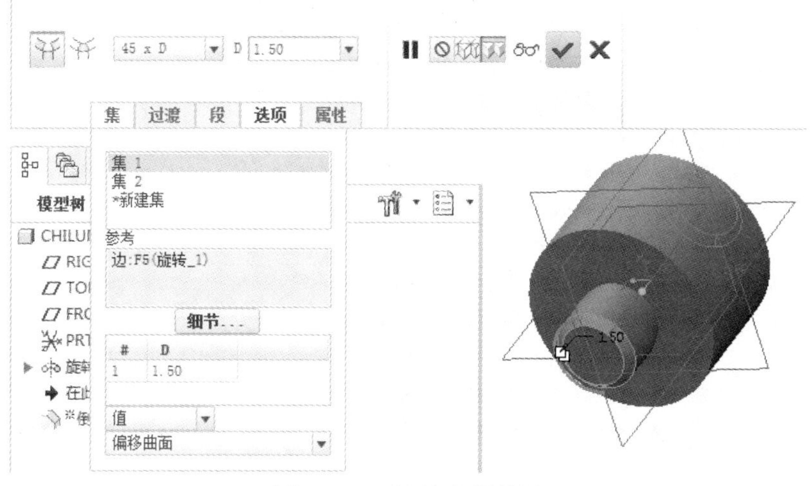

图 10-16　“倒角”操控板

（3）单击“倒角”操控板上的集选项卡，系统弹出“集”上滑板，同时信息区提示“选取一条边或一个边链以创建倒角集”，即要求用户选出一条或多条边来倒角。

（4）选取如图 10-16 所示的边。

（5）单击“倒角”操控板上的“确定”按钮，完成倒角操作，结果如图 10-17 所示。

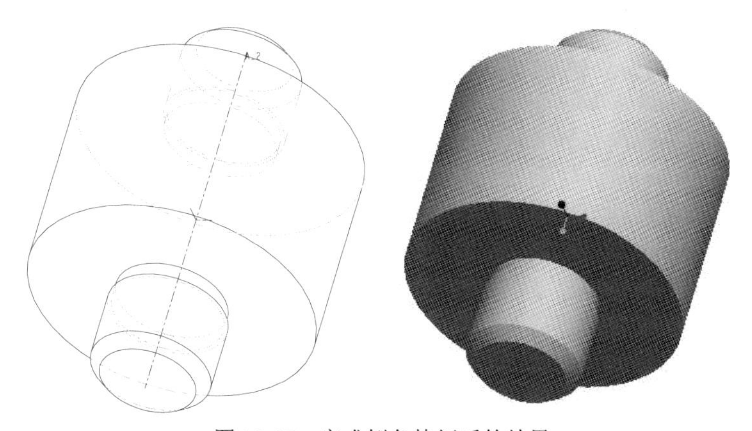

图 10-17　完成倒角特征后的结果

3. 生成渐开线齿轮

（1）生成渐开线。

1）单击“基准”面板中“基准曲线”列表中“来自方程的曲线” 按钮，如图 10-18 所示。

2）系统弹出如图 10-19 所示的操控板。在“坐标系”列表中选择“笛卡尔”坐标系，单击“参考”选项卡，然后选择需要参照的坐标系，此处选择零件本身的坐标系 PRT_CSYS_DEF 即可。

3）单击“方程”按钮，系统弹出如图 10-20 所示窗口，输入图中所示的方程式。

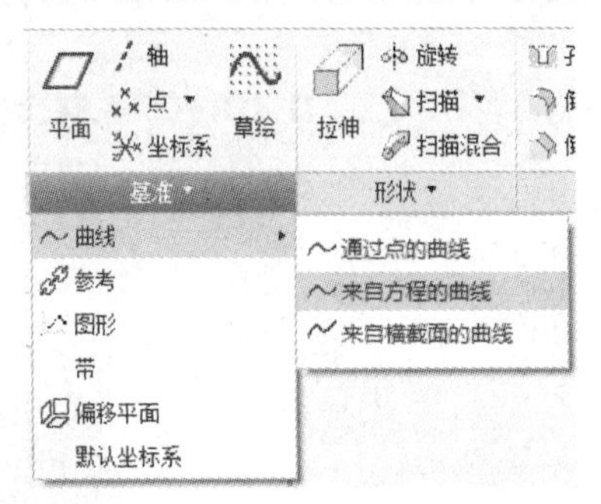

图 10-18 选择“来自方程的曲线”方式

图 10-19 方程曲线面板

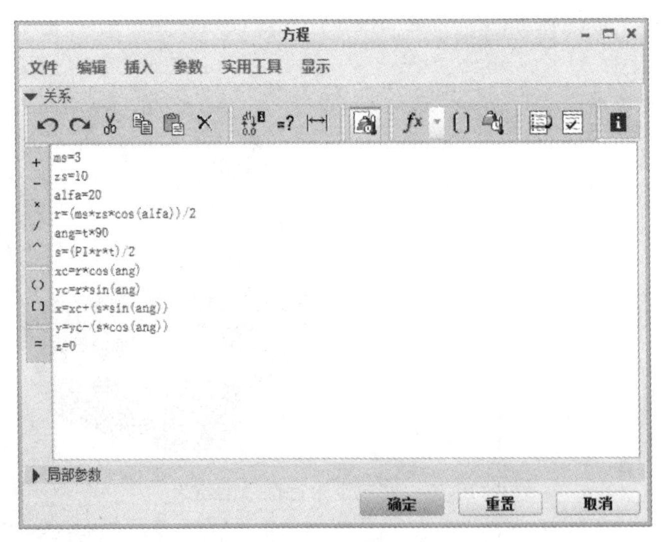

图 10-20 “方程”窗口

下面对语句逐一进行解释。

- ms=3——齿轮的模数，ms 是用户自定义的变量。
- zs=10——齿轮的齿数。
- alfa=20——齿轮的压力角角度。
- r=(ms*zs*cos(alfa))/2——齿轮的基圆半径。

- ang=t*90——渐开线展开的角度，这里 t 是 0~1 之间的数，也就是说 ang 是 1/4 圆。
- s=(PI*r*t)/2——1/4 圆周的周长。
- xc=r*cos(ang)——半径上一点在 x 轴上的投影。
- yc=r*sin(ang) ——半径上一点在 y 轴上的投影。
- x=xc+(s*sin(ang))——渐开线上一点在 x 轴上的投影。
- y=yc-(s*cos(ang)) ——渐开线上一点在 y 轴上的投影。
- z=0——z 方向上的位移为 0。

4）单击“确定”按钮，完成对关系式的创建。

5）单击“来自方程的曲线”面板中的“确定”按钮，完成插入曲线操作，结果如图 10-21 所示。

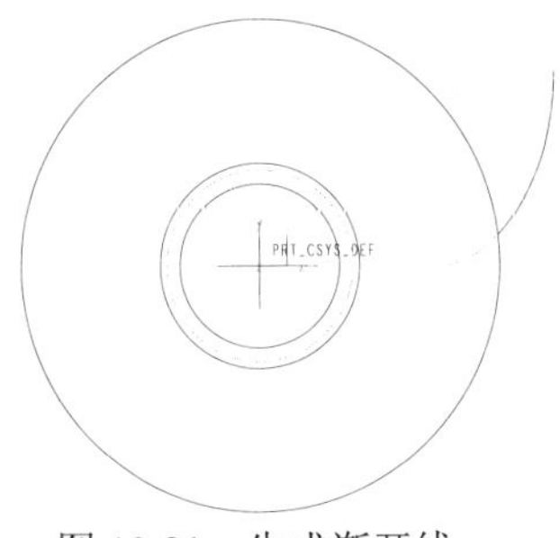

图 10-21 生成渐开线

（2）生成齿轮的齿根圆及基圆。

1）单击“基准”面板中的“草绘基准曲线”按钮，系统将弹出“草绘”对话框。选取 FRONT 基准平面作为草绘平面。

2）单击“草绘”按钮，系统将进入草绘模式。

3）在绘图区中分别绘制两个圆，使圆心都对齐基准中心。然后对尺寸进行修改，其中大圆（即基圆）的直径为 28.191，小圆（即齿根圆）的直径为 22.5。

4）单击草绘器工具栏中的“确定”按钮，完成草图设计。

5）完成草绘曲线操作后的结果如图 10-22 所示。

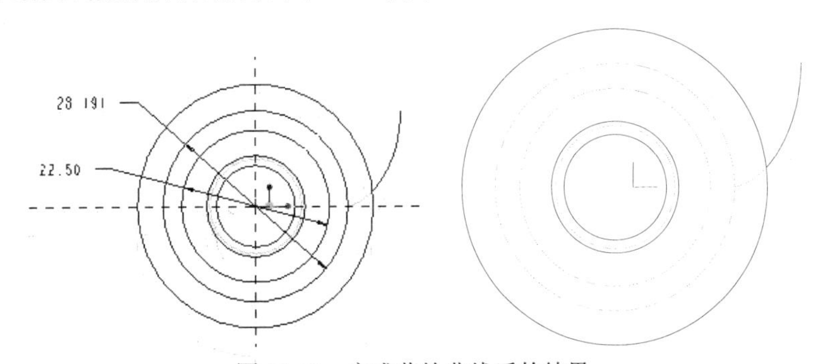

图 10-22 完成草绘曲线后的结果

（3）镜像第一条渐开线。

1）从模型树中选取前面绘制的渐开线曲线，完成后该曲线以红色显示。

2）从“编辑”面板中单击“镜像”按钮，系统将弹出“镜像”操控板。

3）在模型树中选取 TOP 基准平面作为镜像平面。

4）单击“镜像”操控板上“确定”按钮即可完成镜像操作，结果如图 10-23 所示。

（4）移动复制渐开线。

1）从模型树中选取刚刚镜像得到的渐开线曲线。

2）从“操作”面板中单击“复制”按钮。

3）在“操作”面板中选择“选择性粘贴”命令，系统弹出如图 10-24 所示的对话框。

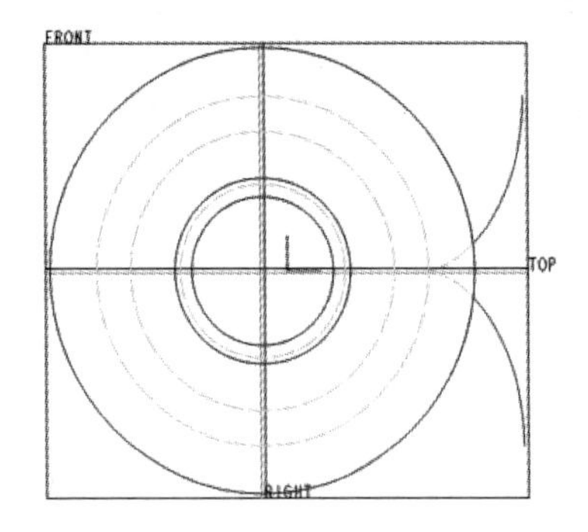

图 10-23　完成镜像后的结果

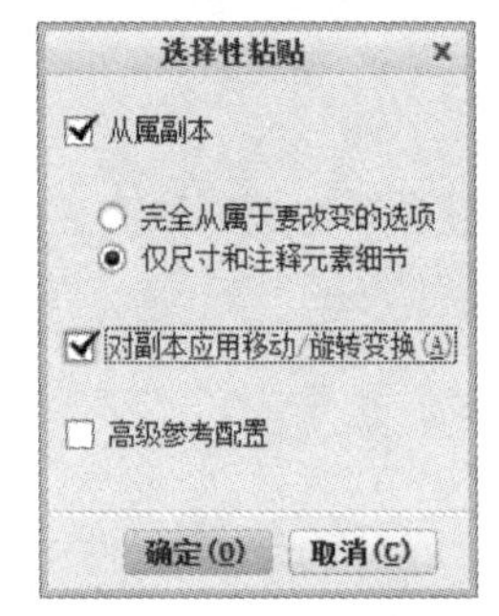

图 10-24　“选择性粘贴”对话框

4）选中“对副本应用移动/旋转变换”复选框，并单击“确定”按钮，系统弹出如图 10-25 所示的操控板。

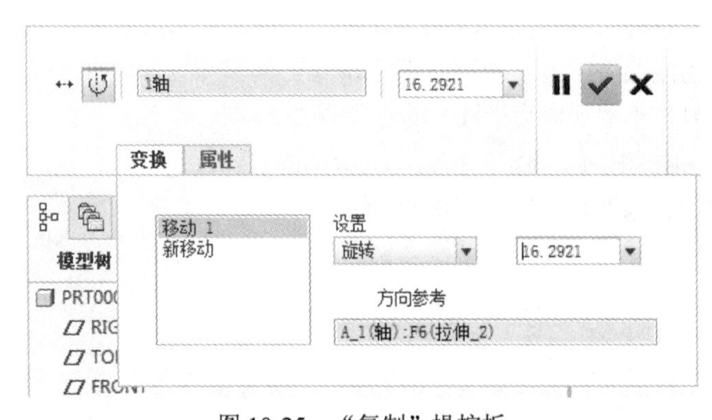

图 10-25　“复制”操控板

5）单击“旋转”按钮，确定为旋转方式。

6）单击“变换”选项卡，在“方向参考”中单击，然后在主工作区中旋转特征的旋转中心线 A_1。此时在主工作区中显示方向箭头，如图 10-26 所示。

7）选择“反向”选项，使主工作区中显示的箭头反向，并在信息文本框中输入旋转的角度值 16.2921，按下回车键。

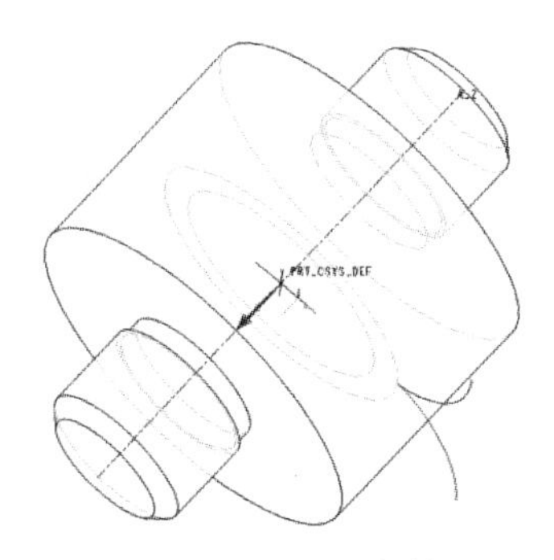

图 10-26　显示方向箭头

8）单击“确定”按钮，完成后主工作区中的模型如图 10-27 所示。

9）最后删除镜像的渐开线，结果如图 10-28 所示。

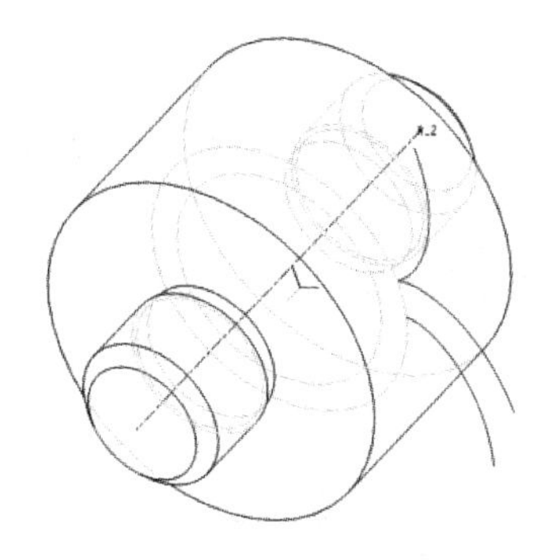

图 10-27　主工作区中的模型

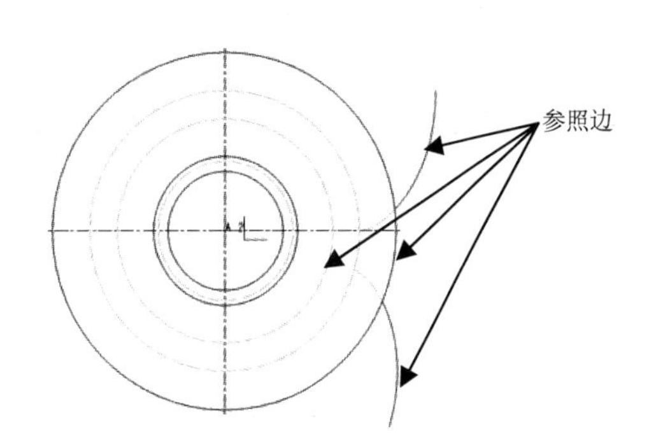

图 10-28　完成移动后的情况

（5）生成齿轮被切剪部分曲线。

1）单击“基准”面板中的“草绘”按钮，系统将弹出“草绘”对话框，选取 FRONT 基准平面作为草绘平面。

2）直接单击“草绘”按钮，系统将进入草绘模式。

3）单击“草绘”面板中的“投影”按钮，系统显示“类型”对话框。单击绘图区中的两个圆弧，即齿根圆和齿顶圆，还有创建的曲线，如图 10-28 所示，最后单击“类型”对话框中的“关闭”按钮。

4）单击“草绘”面板中的按钮，绘制两条相切线，起点为渐开线起点，当出现字符“T”，单击鼠标左键即可生成相切线。

5）单击“草绘”面板中的“删除段”按钮，单击最初借用的特征，只剩下被切剪部分。

6）单击“确定”按钮，完成草图设计。完成草绘曲线操作后的结果如图 10-29 所示。

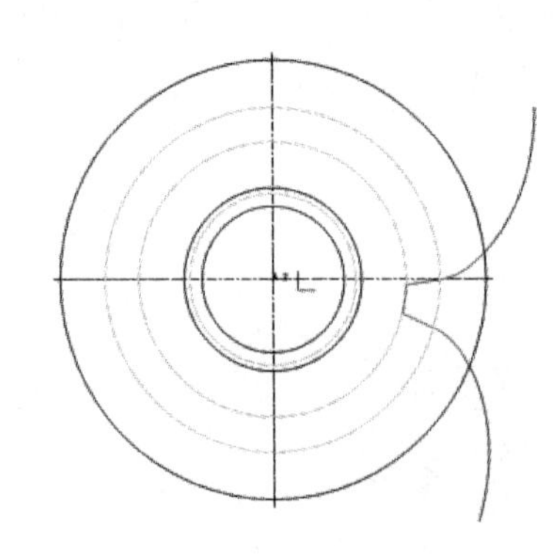

图 10-29　完成草绘曲线操作后的结果

（6）根据切剪部分曲线生成切剪特征。

1）从主工作区或者模型树中选取刚刚生成的齿轮被切剪部分的曲线，完成后该曲线以红色显示（即处于选中状态）。

2）打开“拉伸”操控板。

3）单击“去除材料”按钮。

4）单击“选项”选项卡，系统将弹出“选项”上滑面板，然后在该上滑面板中将“侧 1”与“侧 2”选项都设置为“穿透”。

5）单击“拉伸”操控板上的按钮即可完成拉伸切剪特征，结果如图 10-30 所示。

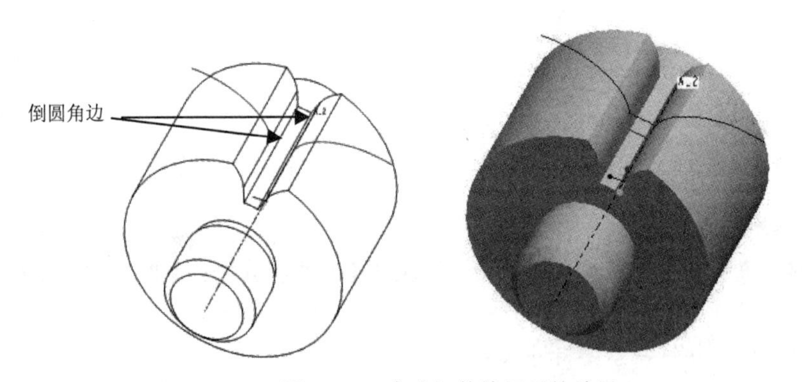

图 10-30　完成切剪特征后的结果

（7）进行倒圆角处理。

1）单击“工程”面板中的“倒圆角”按钮，系统将显示“倒圆角”操控板。

2）在文本编辑框中输入圆角半径数值“1.2”。

3）在主工作区中依次选取图 10-30 所示的边。

4）最后单击“倒圆角”操控板上的按钮，即可完成倒圆角特征，结果如图 10-31 所示。

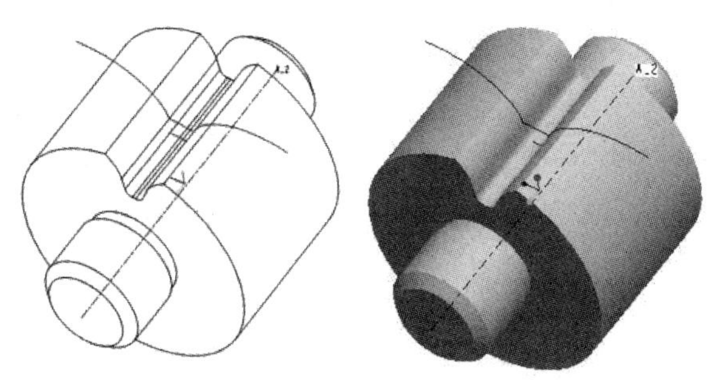

图 10-31 倒圆角特征生成结果

4. 阵列操作

阵列操作在前面的章节中已经详细介绍过，读者可以一个一个阵列，先阵列切剪特征，再阵列倒圆角特征。这里将介绍一个技巧，即先把切剪特征和倒圆角定义成一个组，然后对这个组进行阵列操作。

（1）建立组。

1）在模型树上选取切剪拉伸特征和倒圆角特征。

2）右击鼠标，系统弹出如图 10-32 所示的快捷菜单。

3）选择“组”命令，将二者组合成一个组，如图 10-33 所示。

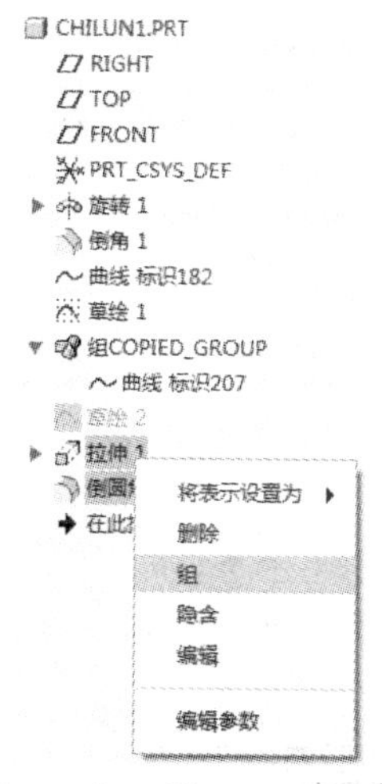

图 10-32 “打开”对话框

图 10-33 组合后的结果

（2）对组进行轴阵列操作，阵列数目为 10，阵列结果如图 10-34 所示。

5. 生成齿轮零件

最后要把辅助的渐开线曲线隐藏掉，使绘图区整洁。用户可以直接借助模型树快捷菜单中的“隐藏”命令来完成。但在这里练习使用层操作。具体操作步骤如下：

（1）在“视图”操控板中单击“层”按钮，系统显示“层”浏览器，如图 10-35 所示。

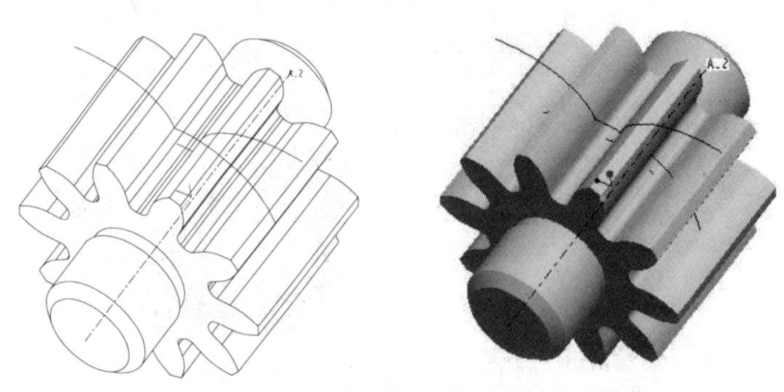

图 10-34　对切剪特征和倒圆角特征进行阵列操作

（2）依次单击“层”→“新建层”选项，系统显示“层属性”对话框，如图 10-36 所示。

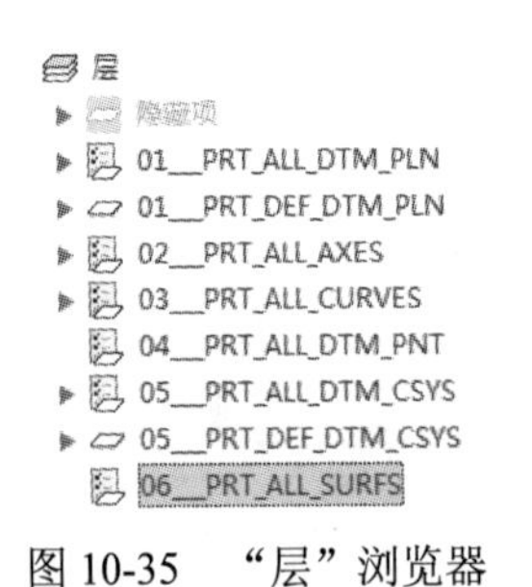

图 10-35　“层”浏览器

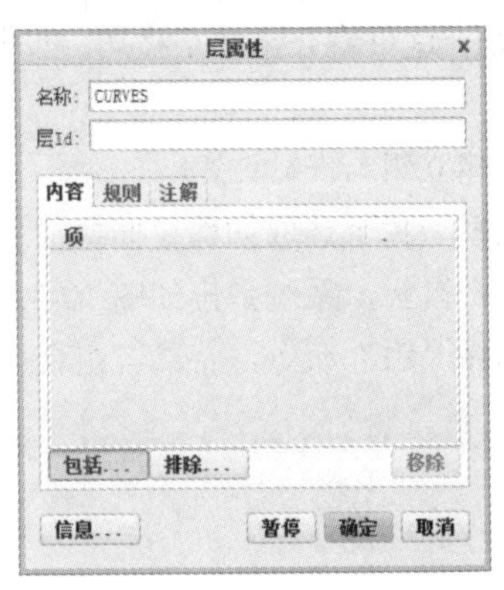

图 10-36　“层属性”对话框

（3）在“名称”文本框中输入“CURVES”。

（4）在工作区中框选出辅助曲线，被选取的曲线会被加亮显示，单击“确定”按钮。

（5）利用模型树快捷菜单方式隐藏层，结果如图 10-37 所示。

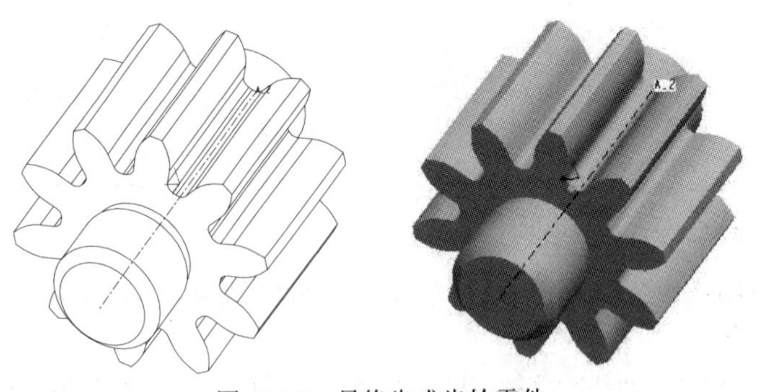

图 10-37　最终生成齿轮零件

至此，齿轮零件的建模完成。

10.2 起重螺杆

螺纹连接是用来连接两个零件的重要元件，其典型特征为螺旋切减。在本节只讲解普通螺纹操作。实际上，在处理螺纹时还需要对其端部进行处理，在此就不再详述了。

10.2.1 模型结构分析

如图 10-38 所示是一个千斤顶机构中的起重螺杆零件。去掉编辑修饰部分，即圆角、倒角及拔模斜面等，查看零件的对称性及工程图上的截面图，该零件的主要特征已经在图 10-38 中标示出，即旋转特征、盲孔特征、通孔特征、螺旋扫描特征及倒角特征。该零件的基础特征可以用“旋转”工具得到，而其余特征都是在其基础上生成的。

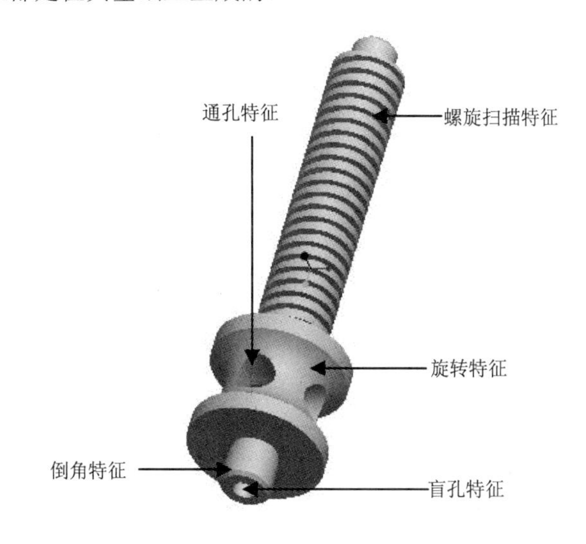

图 10-38 起重螺杆零件

零件设计过程简单介绍如下：

（1）建立起重螺杆基础特征。如图 10-39 所示，通过绘制草图然后旋转的方式生成。

（2）在基础特征的基础上生成通孔。

1）如图 10-40 所示，利用“孔”特征生成孔。

2）复制生成其他通孔特征，如图 10-41 所示。

（3）在基础特征上生成倒角特征，如图 10-42 所示。

（4）在基础特征上生成盲孔特征，如图 10-43 示。

（5）利用螺旋扫描特征，生成螺纹，如图 10-44 所示。

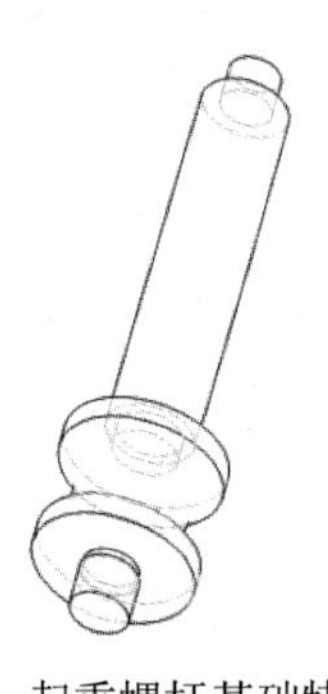
图 10-39　起重螺杆基础特征

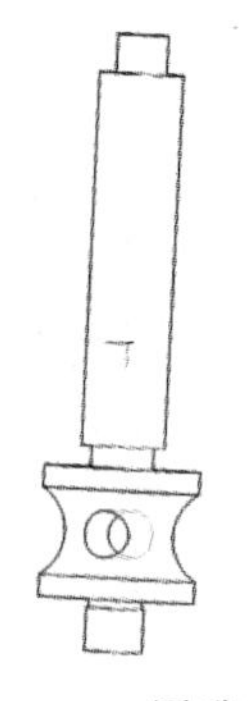
图 10-40　通孔特征

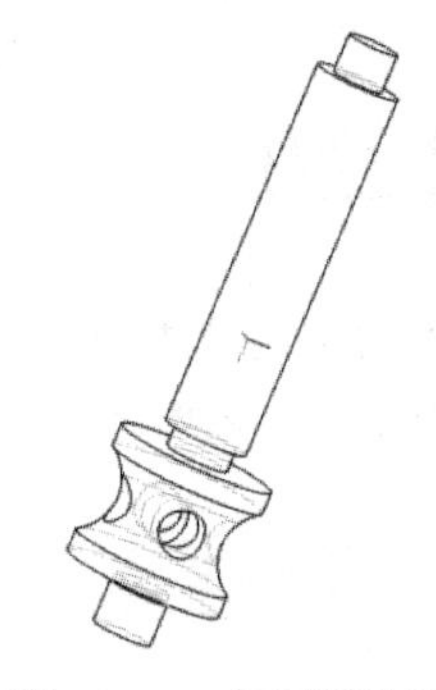
图 10-41　复制通孔特征

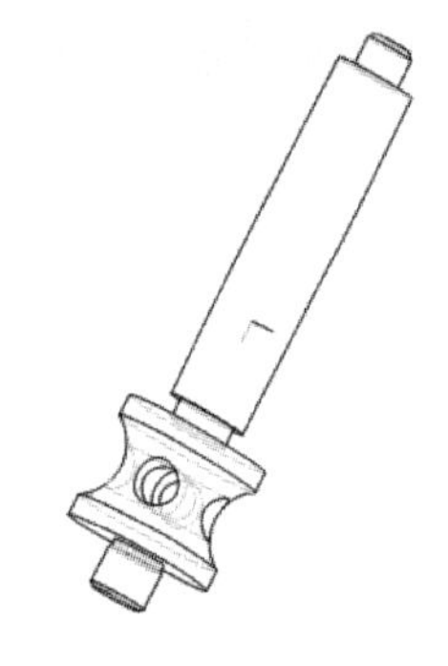
图 10-42　倒角特征

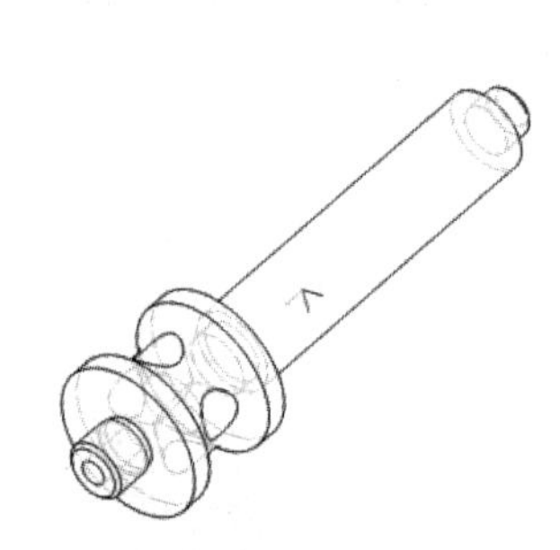
图 10-43　盲孔特征

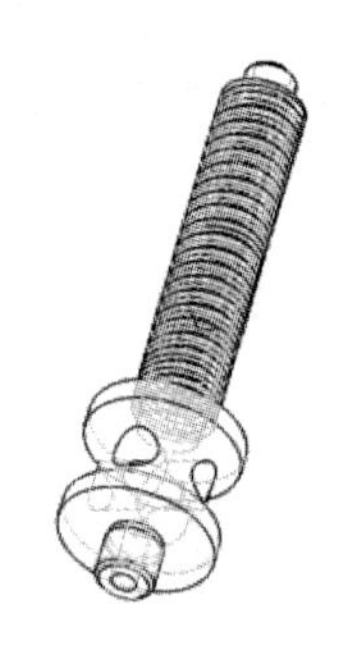
图 10-44　螺旋扫描特征

10.2.2　具体操作步骤

1. 起重螺杆基础特征的创建

（1）新建零件文件 qizhongluogan.prt。

（2）创建基础特征（即旋转特征）。

1）打开“旋转”操控板。

2）选择“放置”选项卡，单击“定义”按钮，系统将弹出“草绘”对话框，选取 TOP 基准平面作为草绘平面。接受系统提供的默认值，单击“草绘”按钮即可进入草绘模式。

3）进行草图设计。

①单击“中心线”按钮，在绘图区中绘制水平中心线和垂直中心线，均对齐基准中心。它们作为旋转中心线和辅助线为后续作图做准备。

②单击“线”按钮，绘制直线。

③单击“弧”按钮，绘制圆弧，中心对齐中心线。

④单击“修改“按钮，并单击相应的尺寸，在弹出的“修改尺寸”对话框的文本框中输入新的尺寸值，修改后的结果如图 10-45 所示。

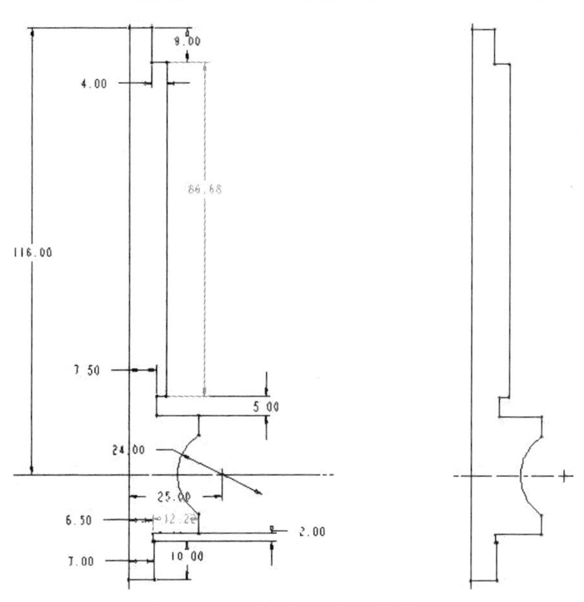

图 10-45　修改尺寸后的结果

⑤单击草绘器工具栏中的“确定”按钮，完成草图设计。系统返回“旋转”操控板。

4）在“旋转”操控板上单击“变量”按钮，接受默认旋转角度 360，单击“确定”按钮即可创建旋转特征，即起重螺杆的基础特征。

5）单击“视图查看”工具栏中“保存的视图列表”按钮，并选取“标准方向”选项，查看生成的旋转特征，其结果如图 10-46 所示。

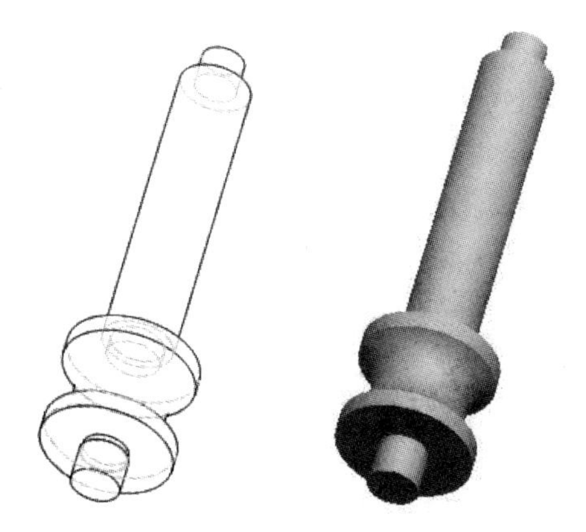

图 10-46　旋转特征生成后的情况

至此，螺杆基础特征的建模完成。

2. 生成通孔

在模型中可以看到，在螺杆的下端是两个通孔，其具体参数相同，只是方位不同而已。所以，可以首先生成一个孔，然后通过特征复制方式生成第二个通孔。

具体的操作步骤如下：

（1）生成第一个通孔。

1）打开“孔”操控板。

2）单击“直孔”按钮，并在“直径”文本框中输入直径 11，输入一个较大的深度值以便生成通孔，如图 10-47 所示。

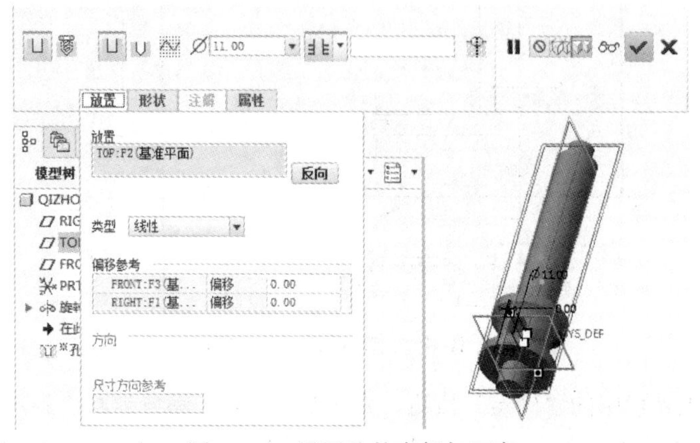

图 10-47　设置孔的直径与深度

3）单击放置选项卡，打开“放置”上滑板。选择 TOP 基准平面作为孔的主参照，并选择“类型”中的“线性”选项。然后如图 10-47 所示在“偏移参考”列表框中单击，选取 FRONT 基准平面作为第一个参照，按住 Ctrl 键并选取 RIGHT 基准平面作为第二个参照，在“距离”文本框中输入尺寸为 0 并按回车键。

4）单击形状选项卡，打开“形状”上滑面板，并在“侧 2”下拉列表框中选取“穿透”选项，如图 10-48 所示。

5）单击“确定”按钮，完成孔特征的创建，结果如图 10-49 所示。

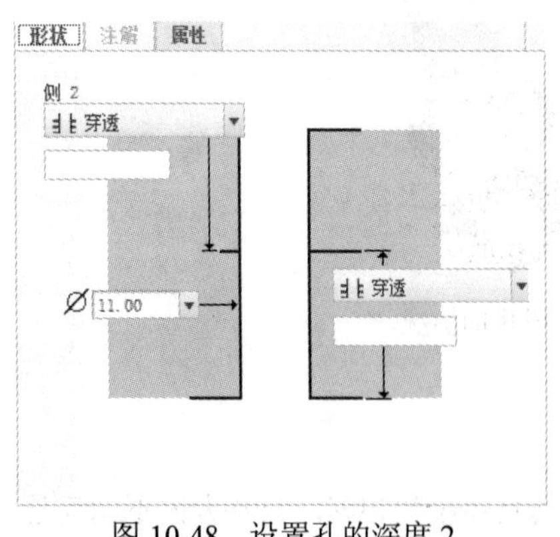

图 10-48　设置孔的深度 2

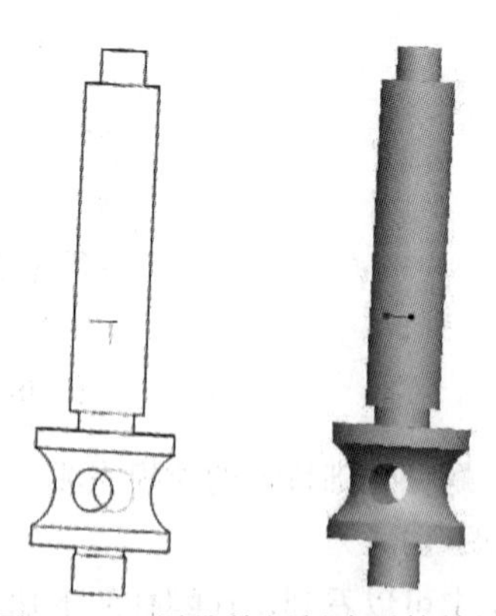

图 10-49　通孔特征创建后的结果

（2）复制生成通孔特征

1）选取要进行复制操作的特征。可以从图形窗口中选取刚生成的通孔特征，或者从模型树中选取。

2）单击“操作”面板中“复制”命令。

3）在“操作”面板中选择“选择性粘贴”命令，系统弹出“选择性粘贴”对话框。

4）选中“对副本应用移动/旋转变换”复选框，并单击“确定”按钮，系统弹出“复制”操控板。

5）单击“旋转”按钮，确定为旋转方式。

6）单击“变换”选项卡，在“方向参考”中单击，然后在主工作区中旋转特征的旋转中心线 A_1。此时在主工作区中显示方向箭头，如图 10-50 所示。

7）在信息文本框中输入旋转的角度值 90，按下回车键。

8）单击“确定”按钮，完成复制操作后的结果如图 10-51 所示。

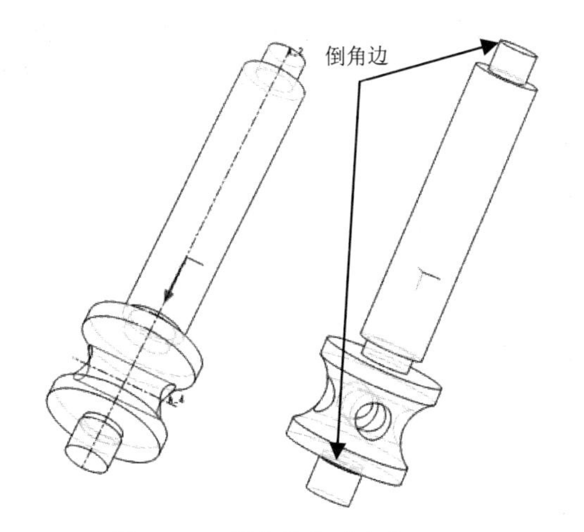

图 10-50　箭头的生成方向

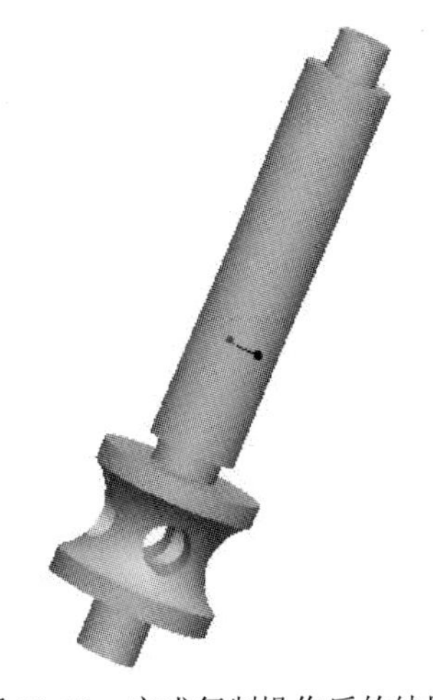

图 10-51　完成复制操作后的结果

3. 在基础特征上生成倒角特征

（1）单击“工程”面板中的“边倒角”按钮，系统将显示“倒角”操控板。

（2）在“布置类型”下拉列表框中选择“45×D”选项，然后在其右侧“D”文本框中输入倒角尺寸“1”。

（3）单击集选项卡，系统弹出“集”上滑板，信息区提示“选取一条边或一个边链以创建倒角集”，即要求用户选出一条或多条边来倒角。

（4）选取如图 10-51 所示的下边。

（5）单击“新建组”，选择如图 10-51 所示上边，输入 D 值为 1.5，结果如图 10-52 所示。

4. 在基础特征上生成盲孔特征

（1）打开“孔”操控板。

（2）单击“直孔”按钮，并在其右侧的下拉列表框中选取“草绘”选项。

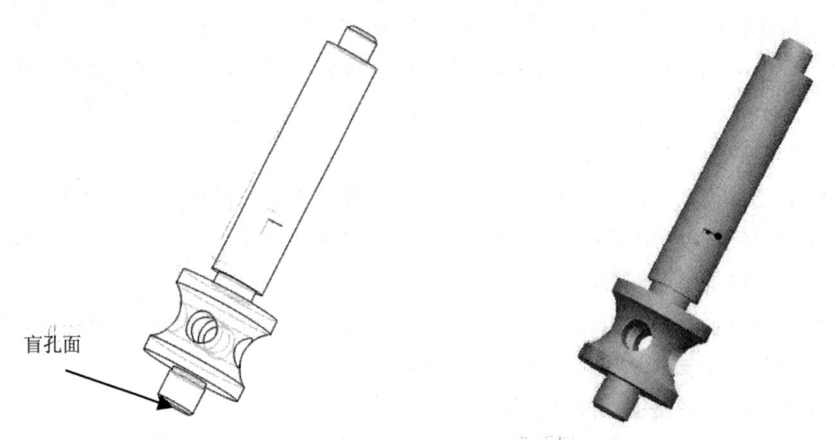

图 10-52　完成倒角特征后的结果

（3）单击“草绘”按钮，系统自动进入草绘模式。在草绘模式下，首先绘制垂直中心线，然后绘制孔的半截面，修改尺寸后的草绘结果如图 10-53 所示。单击“确定”按钮，完成草图设计。

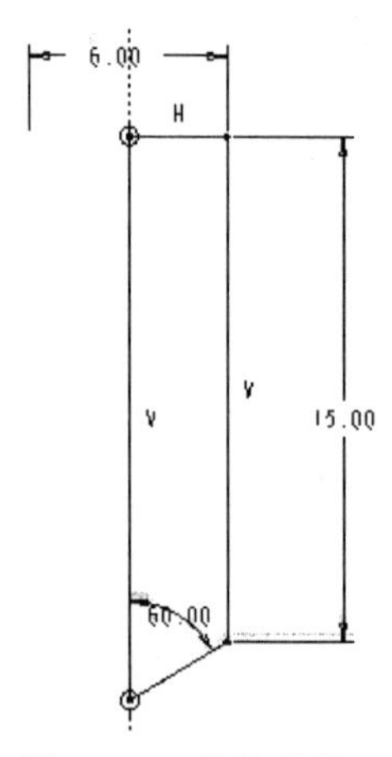

图 10-53　草绘孔结果

（4）单击放置选项卡，打开“放置”上滑板，选择 FRONT 基准平面作为孔的主参照，按下 Ctrl 键，并选取 A_1 轴作为孔的次参照。

（5）单击“确定”按钮，完成草绘孔特征的创建，结果如图 10-54 所示。

5. 生成螺纹

螺纹的生成要使用螺旋扫描特征。具体操作步骤如下：

（1）进入“螺旋扫描”特征菜单。单击“形状”面板中“螺旋扫描”按钮，打开如图 10-55 所示操控板。

（2）设置扫描特征。

1）选择“右手定则”方式，并单击“参考”选项卡，选中“穿过旋转轴”单选按钮。

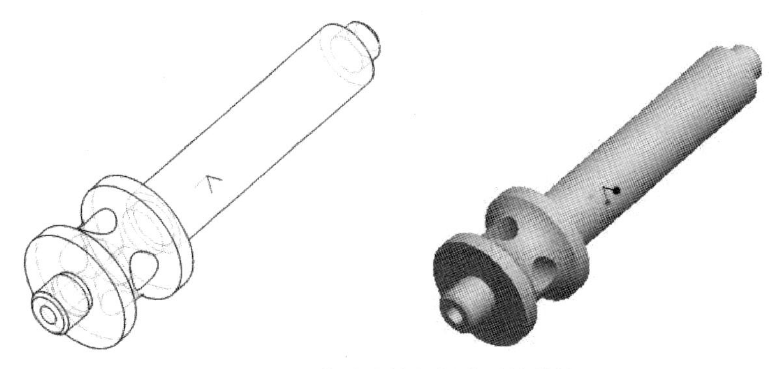

图 10-54　草绘孔特征创建后的结果

图 10-55　“螺旋扫描”操控板

2）单击“定义”按钮，选取 TOP 基准平面作为草绘平面，确保生成实体指向内侧，如图 10-56 所示。

3）单击“草绘”按钮进入草绘模式。

（3）绘制螺纹草图。

1）在绘图区中绘制一条垂直中心线，使之对齐基准中心。它将作为螺旋中心线。

2）单击“投影”按钮□，系统将显示“类型”对话框。

3）单击绘图区中螺杆的圆柱母线，单击“类型”对话框中的“关闭”按钮。这时在主工作区中显示出螺旋扫描的生成方向。

4）单击“删除段”按钮，将该边去除。

5）单击“线”按钮，绘制一条线段，其中一个端点与原借用线段的端点重合，另一个端点略长一些。

6）单击“修改”按钮，单击线段的长度尺寸，输入新的尺寸值“90”。

修改尺寸后的结果如图 10-57 所示。

7）单击草绘器工具栏中的“确定”按钮，完成扫描轮廓草图设计。

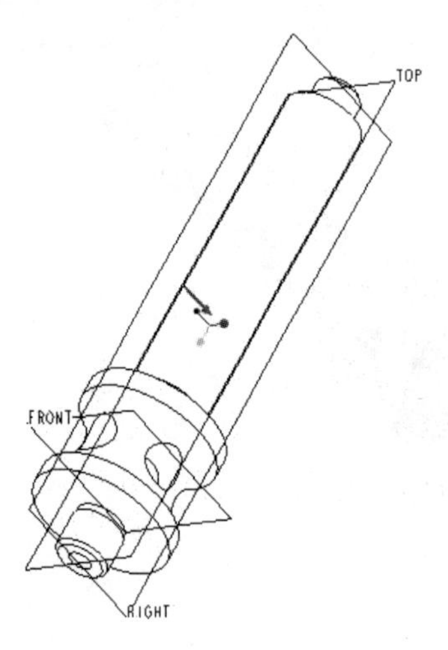

图 10-56 箭头的生成方向

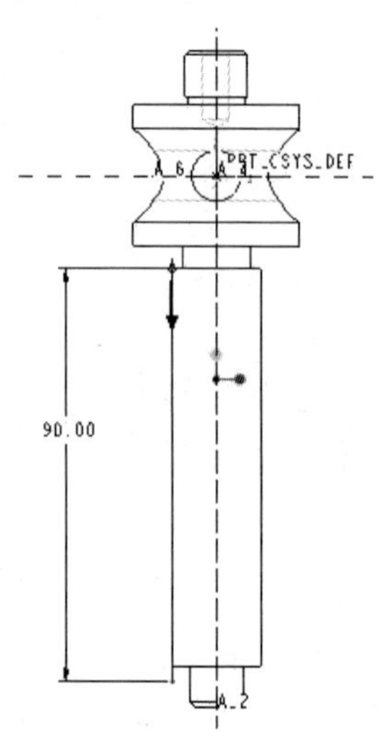

图 10-57 修改尺寸后结果

（4）单击“旋转轴”列表，选择旋转体中心轴线作为扫描轮廓中心线。

（5）确定螺纹节距。在操控板“输入节距值”文本框中输入“4”。

（6）绘制螺纹截面。

1）单击“草绘”按钮，进入草绘模式。

2）单击“线”按钮，绘制闭合直线，结果为一个正方形。

3）单击“修改”按钮，单击两条线段间距尺寸，输入新尺寸值“2”，结果如图 10-58 所示。

4）单击“确定”按钮，完成草图设计。

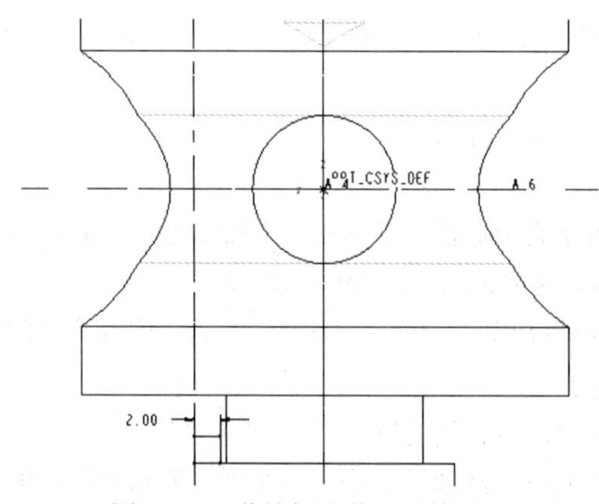

图 10-58 草绘螺纹截面后的结果

（7）实现切剪材料操作。单击操控板上“去除材料”按钮，单击“确定”按钮，结束操作。

（8）单击“视图查看”工具栏中的“保存视图列表”按钮，选取“标准方向”选项，查看生成的螺旋扫描特征，其结果如图 10-59 所示。

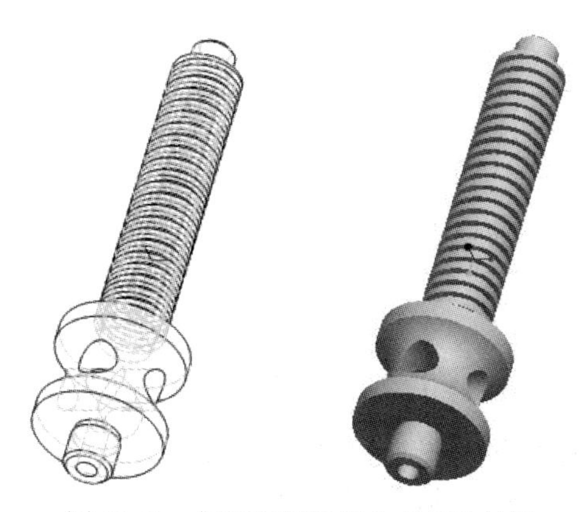

图 10-59　螺旋扫描特征生成后的结果

至此，千斤顶起重螺杆的建模完成。

10.3　弹簧设计

弹簧是常见的一种弹性元件，在机械设计中经常遇到。由于其扫描曲线是空间曲线，所以在制作过程中比较复杂。

10.3.1　设计思路与方法

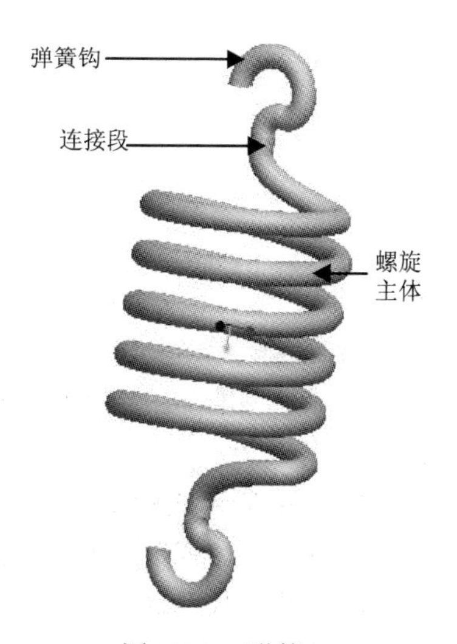

图 10-60　弹簧

弹簧是常见的一种弹性元件，在机械设计中经常遇到。由于其扫描曲线是空间曲线，所以在制作过程中比较复杂。本节将绘制如图 10-60 所示的弹簧。从图中可以看出，它的两端带有弹簧钩，主体是一个螺旋特征，弹簧钩与主体曲线是相切关系。在制作这个模型的过程中，可以通过定义螺旋线来确定主体的扫描曲线，然后绘制弹簧钩并连接这几条曲线，随后通过扫描混合操作生成实体。

零件设计过程简单介绍如下：

（1）建立螺旋扫描曲线，如图 10-61 所示，通过草绘基准曲线的方式生成。

（2）生成弹簧钩曲线，如图 10-62 所示，通过草绘曲线的方式生成。

（3）建立弹簧钩与螺旋扫描曲线的连接线段，如图 10-63 所示，通过草绘基准曲线的方式生成。

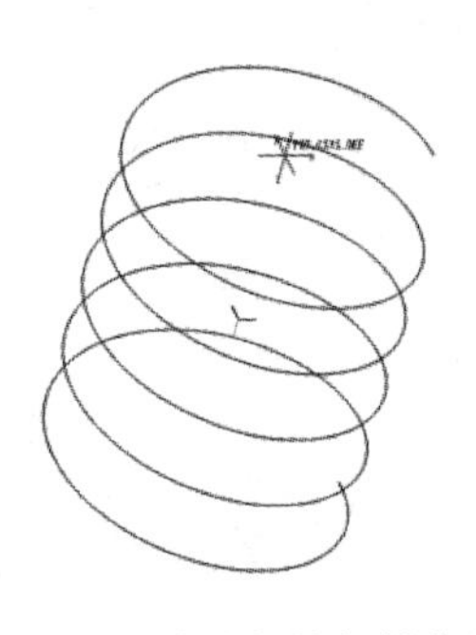

图 10-61　生成螺旋扫描曲线

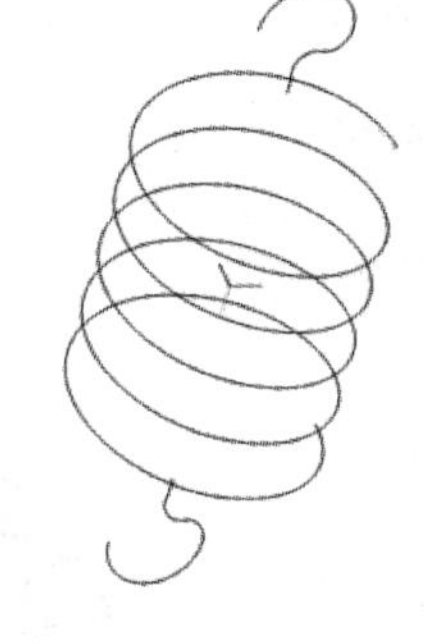

图 10-62　生成弹簧钩曲线

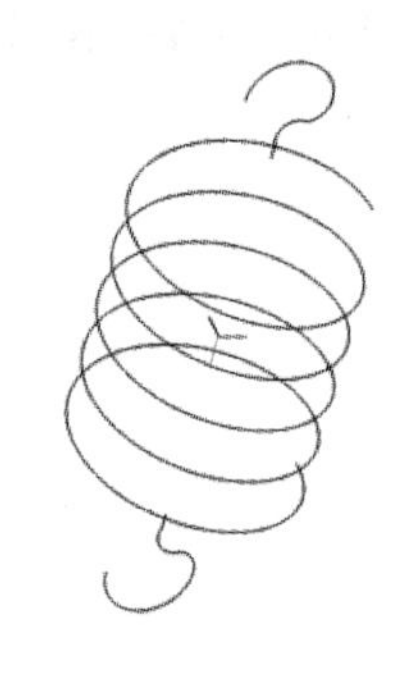

图 10-63　生成连接曲线

（4）通过“继承”方式将其组合成一条完整的曲线。

（5）通过扫描混合的方式生成实体，结果如图 10-64 所示。

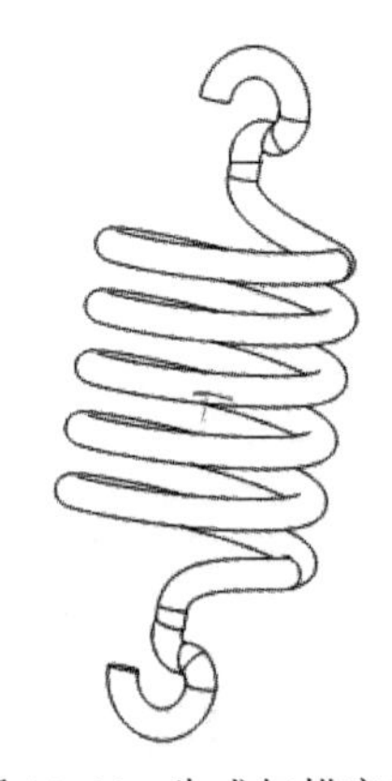

图 10-64　生成扫描实体

10.3.2　设计过程

1. 建立螺旋扫描曲线

（1）在“基准”操控板中单击“来自方程的曲线”按钮，系统弹出“来自方程的曲线”操控板。

（2）采用笛卡尔坐标系，并通过“参考”选项卡选择系统默认坐标系。

（3）单击“方程”按钮，系统弹出“方程”窗口，如图 10-65 所示输入方程并保存退出。

（4）在操控板中单击“确定”按钮完成该操作，结果如图 10-66 所示。

2. 生成弹簧钩曲线

（1）单击“基准”操控板中的“草绘”按钮，系统弹出“草绘”对话框。

（2）选择 TOP 面作为草绘平面，单击“草绘”按钮，进入草绘环境，如图 10-67 所示。可以看到，在这个图形中，螺旋线是相对于 FRONT 面一侧生成的。而弹簧钩则是对称于该曲线的中间位置的，所以需要确定放置对称线的位置。

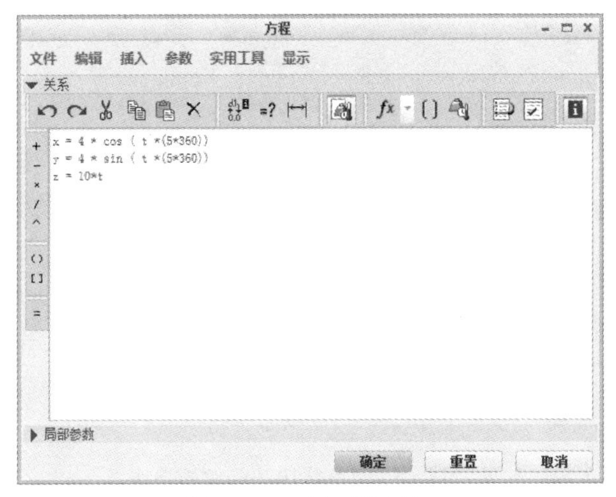

图 10-65　“方程”窗口

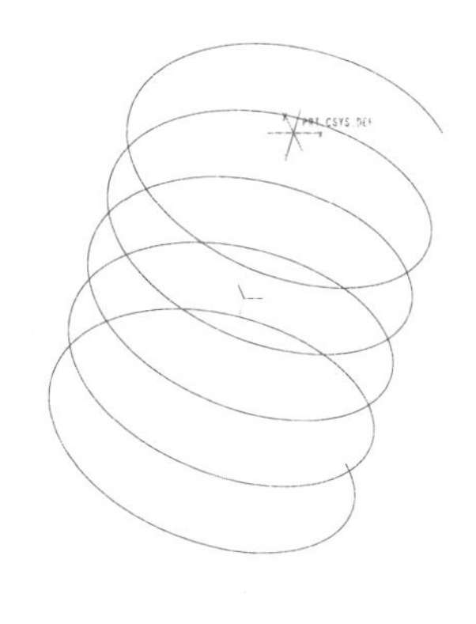

图 10-66　生成螺旋扫描曲线

（3）单击“分析”选项卡，在该操控板中单击“测量”面板中的“距离”按钮，系统弹出如图 10-68 所示对话框。选择螺旋线的两个端点，测量结果为 10。

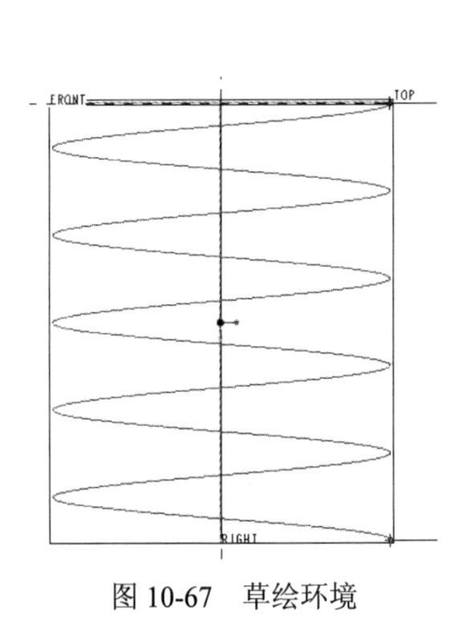

图 10-67　草绘环境

图 10-68　测量距离

（4）在距离 FRONT 面为 5 的位置绘制水平中心线。在螺旋线一侧绘制弹簧钩曲线，如图 10-69 所示。绘制的具体数值在此不再给出，读者可以自行确定，只要保证形状类似即可。单击“确定”按钮退出。结果如图 10-70 所示。

3. 建立弹簧钩与螺旋扫描曲线的连接线段

（1）在“基准”面板中单击“通过点的曲线”按钮，系统弹出“通过点的曲线”操控板，如图 10-71 所示。

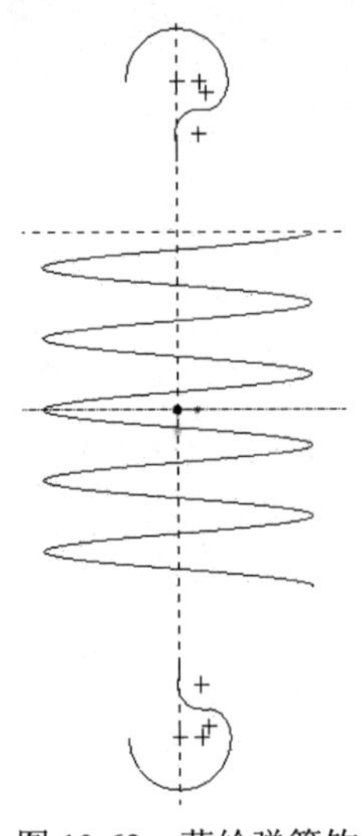

图 10-69　草绘弹簧钩

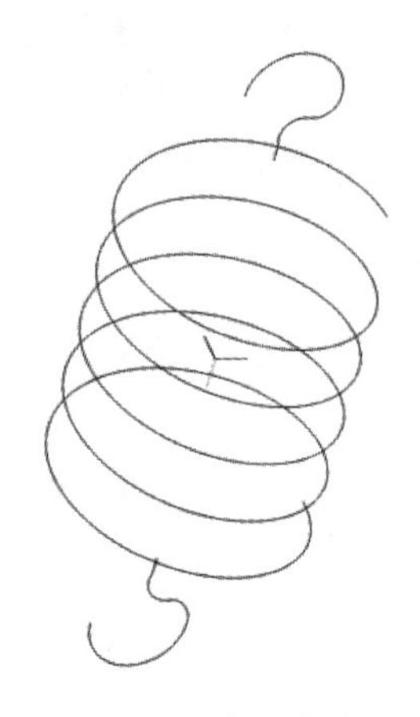

图 10-70　生成曲线

（2）单击“放置”选项卡，在列表中单击，选择弹簧钩与螺旋曲线相近端点作为连接点，并选择连接方式为“样条”。

（3）单击“末端条件”选项卡，如图 10-72 所示，选择“相切”作为终止条件。选择“起点”，然后选择弹簧钩曲线作为相切曲线，令箭头指向螺旋线；选择终点相切曲线为螺旋曲线，令箭头指向螺旋线内侧。

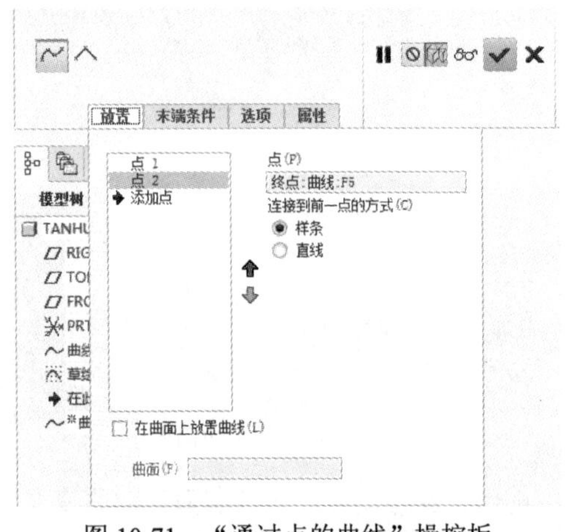

图 10-71　“通过点的曲线”操控板

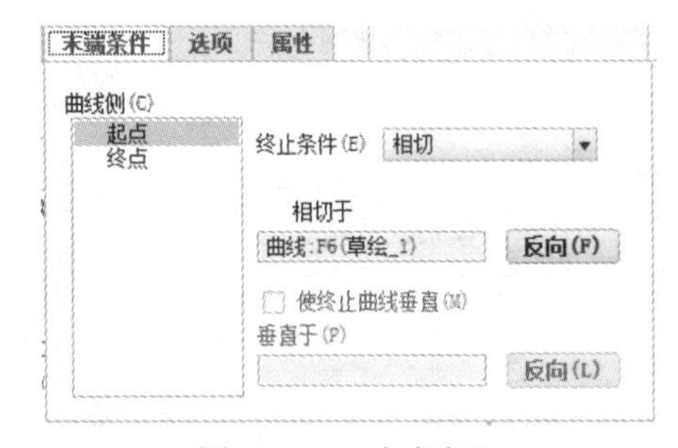

图 10-72　定义相切

（4）单击“确定”按钮，完成连接，结果如图 10-73 所示。

重复上面的步骤，连接另一端的弹簧钩曲线。结果如图 10-74 所示。

（5）将各曲线合并。

1）双击选中一个弹簧钩曲线，令其以粗曲线方式显示。

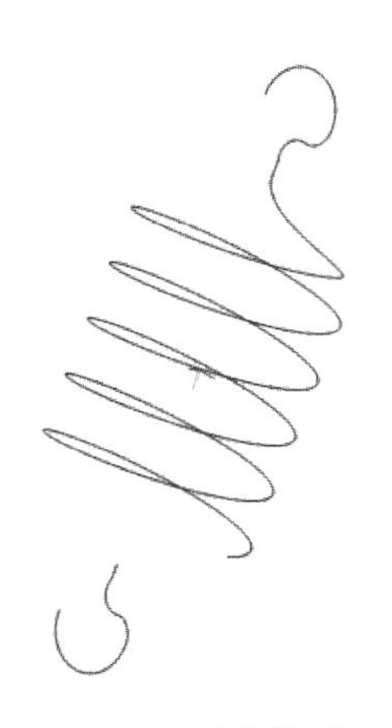

图 10-73　草绘弹簧钩

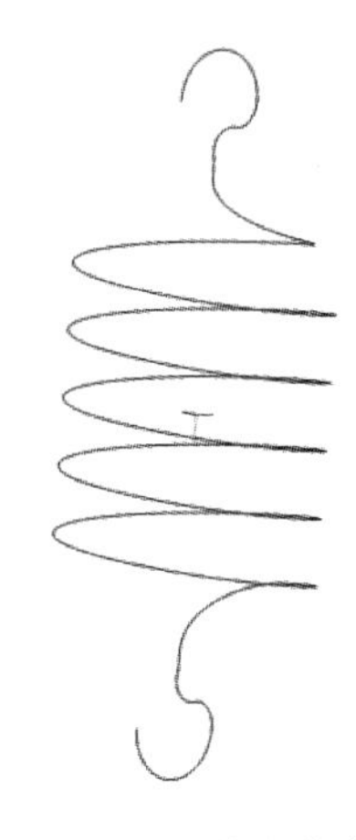

图 10-74　生成曲线

2）按下 Ctrl+C 组合键，然后按下 Ctrl+V 组合键，系统弹出“曲线：复合”操控板，如图 10-75 所示。

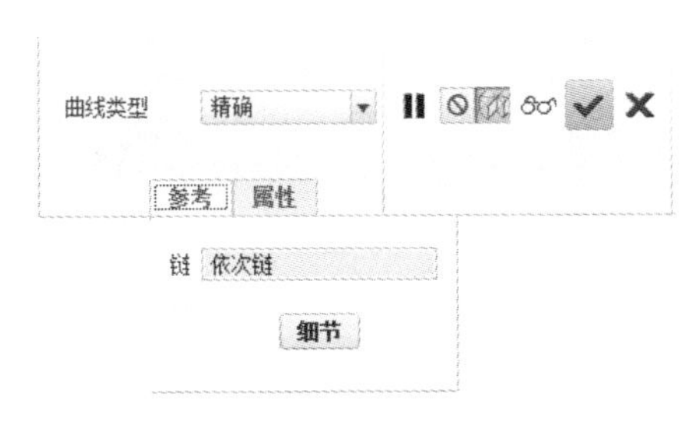

图 10-75　“曲线：复合”操控板

3）选择“精确”方式，按下 Shift 键，依次选择各曲线。

4）单击“确定”按钮，完成组合，4 条曲线合并为一。

4. 通过扫描混合的方式生成实体

（1）返回标准模式。

（2）单击“形状”面板中“扫描混合”按钮，系统弹出“扫描混合”操控板。

（3）单击“实体”按钮，然后单击“参考”选项卡，单击所完成的曲线以定义扫描方向。其他均保持默认值。注意，必须使扫描方向指向曲线内部。可以双击箭头来更改。

（4）单击“截面”选项卡，如图 10-76 所示，开始绘制剖面。

1）在“截面”列表上单击，然后在曲线上选择起点截面，这里选择一个端点。

2）单击“草绘”按钮，进入草绘环境。绘制如图 10-77 所示截面并确定。

3）单击“插入”按钮，然后在曲线上选择结束截面，这里选择另一个端点。

4）单击“草绘”按钮，进入草绘环境。绘制如图 10-78 所示截面并确定。

（5）单击操控板上“确定”按钮，结果如图 10-79 所示。

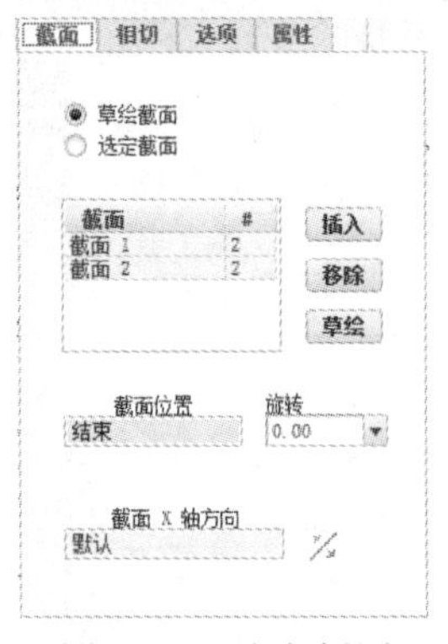

图 10-76　定义剖面

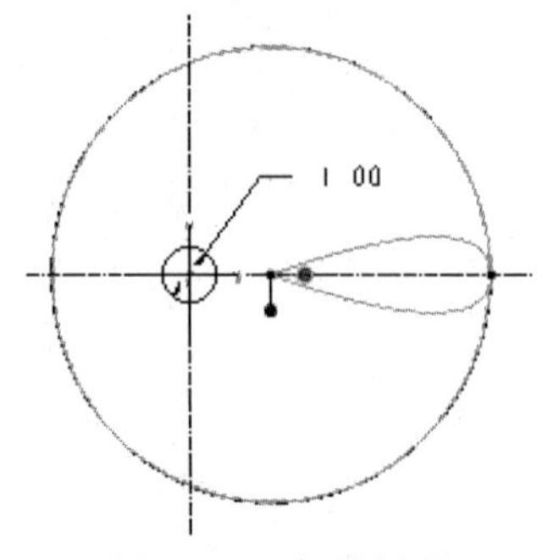

图 10-77　起始剖面

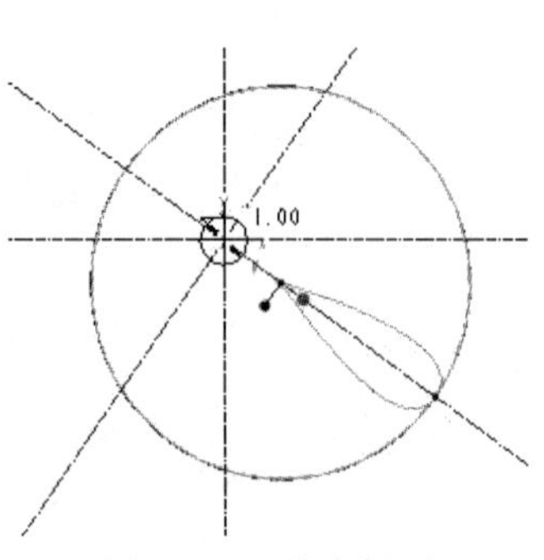

图 10-78　结束剖面

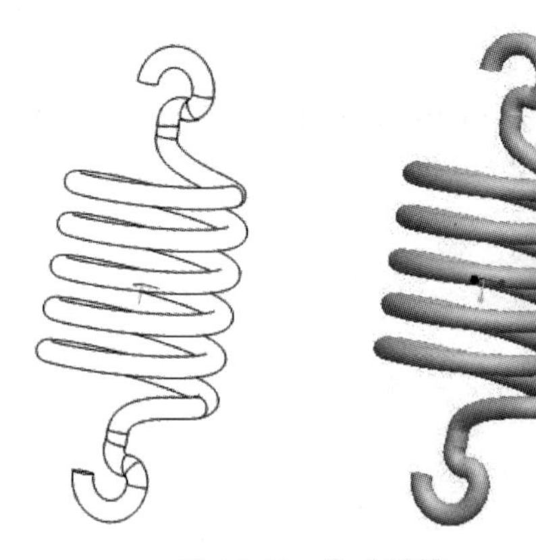
图 10-79　生成弹簧

至此，弹簧制作完成。

10.4　创建标准件库

在企业应用中，经常要从标准件库中选用需要的零件，这就是系列化带来的方便之处。下面将通过一个应用实例来详细介绍建立零件库的基本方法和操作步骤。

10.4.1　建立零件库

如图 10-80 所示为齿轮油泵中的内六角螺钉零件，本节将为该零件建立零件库，用户可以从中选取多个公称长度不一的内六角螺钉零件。

首先将光盘中的 neiliujiao-luoding.prt 文件复制到当前工作目录中并打开。

1. 修改公称长度参数的名称

（1）显示公称长度的尺寸。在如图 10-81 所示之处单击内六角螺钉的拉伸特征，系统将会显示该特征所有的尺寸，由此可见内六角螺钉零件的公称长度为 16.00。

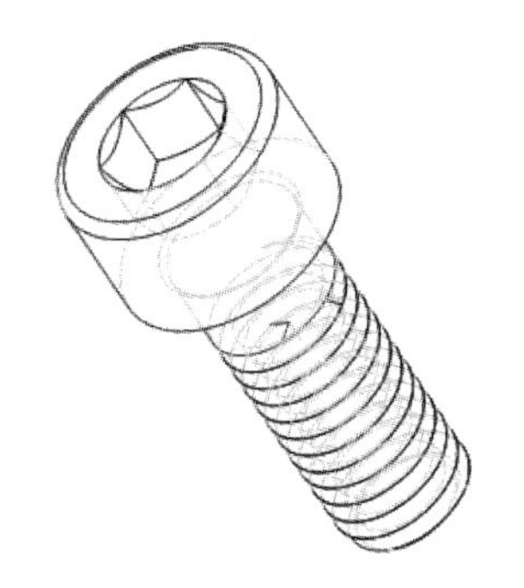

图 10-80 内六角螺钉原型零件

（2）显示公称长度的参数。单击“模型意图”面板中的“切换符号”选项，将以参数形式显示内六角螺钉拉伸特征的所有尺寸，如图 10-82 所示。

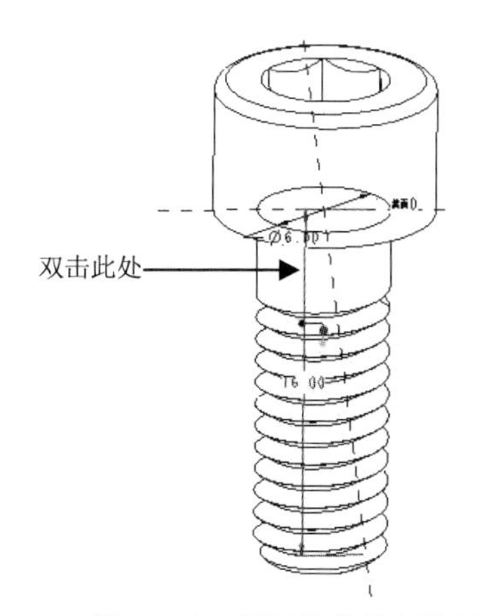

图 10-81 显示拉伸特征的尺寸

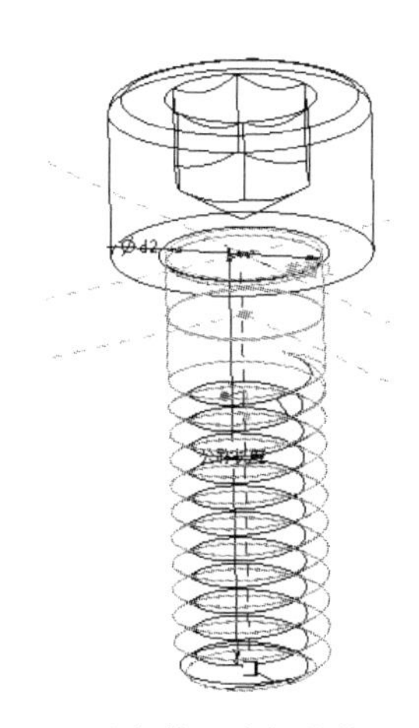

图 10-82 以参数形式拉伸特征的尺寸

（3）修改参数的名称。右击并按住“公称长度”，在弹出的快捷菜单中选择“属性”命令，系统弹出“尺寸属性”对话框，选择“属性”选项卡，并在“名称”文本框中输入新的名称，如图 10-83 所示。单击“确定”按钮。

2. 添加螺纹长度参数

（1）显示参数。

1）单击“模型意图”面板中的“关系”选项，然后单击螺纹特征，此时系统弹出“关系”窗口、“选取截面”菜单和“指定”菜单。

2）如图 10-84 所示，选中“指定”菜单的“轮廓”复选框，并单击“选取截面”菜单的“完成”命令，此时主窗口的零件模型如图 10-85 所示。

由图 10-85 可见，内六角螺钉的螺纹长度是由参数 d28 与 d29 控制的，所以必须添加关系式“d28＝螺纹长度＋d29”来控制螺纹的长度。

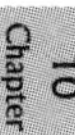

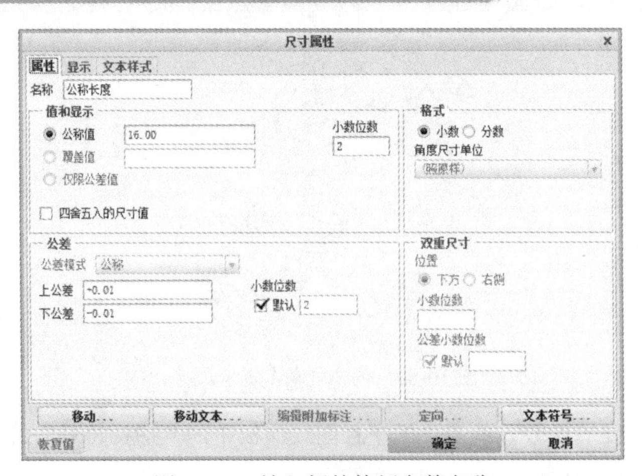

图 10-83 输入新的特征参数名称

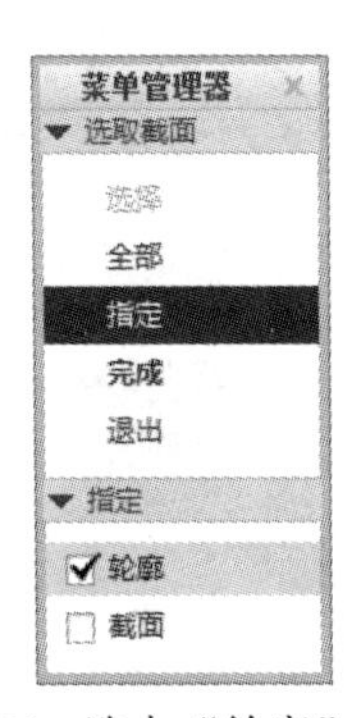

图 10-84 选中“轮廓”复选框

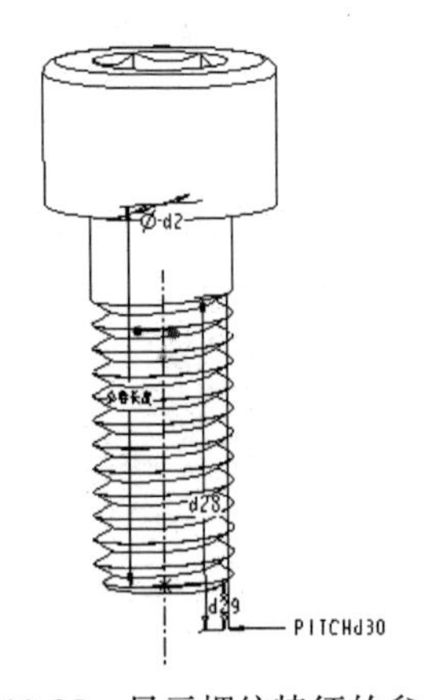

图 10-85 显示螺纹特征的参数

（2）添加螺纹长度参数。在“关系”窗口中单击“局部参数”展开按钮，并单击“添加新参数”按钮，在“名称”文本框中输入螺纹长度参数名称“螺纹长度”，将其默认值设置为 11，如图 10-86 所示。

（3）添加关系式。单击“关系”展开按钮，在信息提示区中输入关系式“d28＝螺纹长度＋d29”。

（4）单击“确定”按钮，完成关系式的添加。

3. 打开“族表”对话框

单击“模型意图”操控板下的“族表”选项，此时系统自动弹出如图 10-87 所示的“族表 NEILIUJIAO－LUODING”窗口。

4. 添加内六角螺钉公称长度尺寸参数、螺纹长度参数以及螺纹特征等项目

单击图 10-87 中的按钮，系统弹出“族项，类属模型：NEILIUJIAO－LUODING”对话框，如图 10-88 所示。

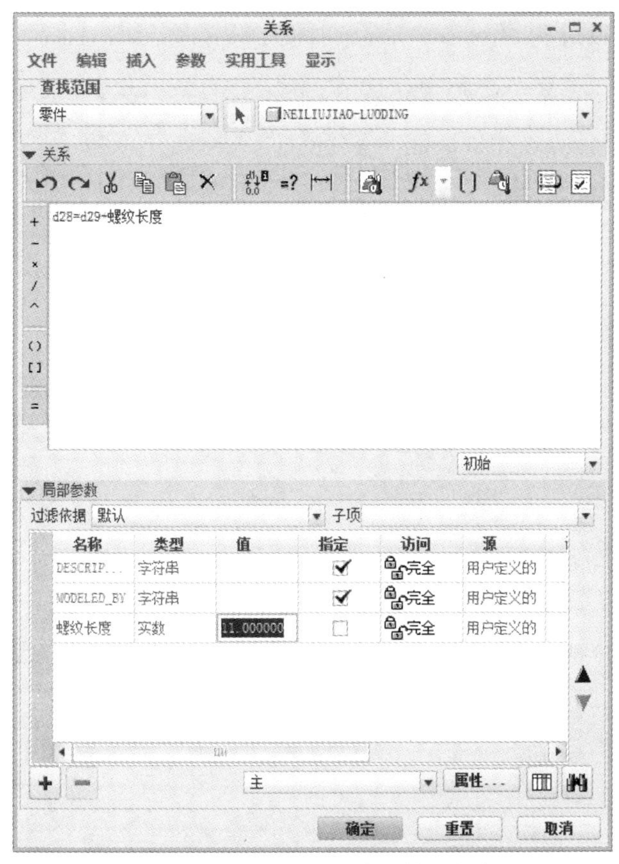

图 10-86　输入螺纹长度参数的名称

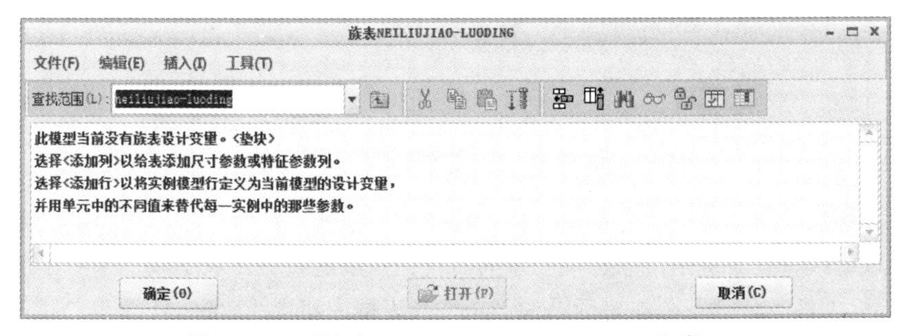

图 10-87　“族表 NEILIUJIAO－LUODING”窗口

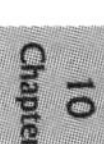

（1）选取内六角螺钉公称长度尺寸参数。单击内六角螺钉拉伸特征，然后选取“公称长度”参数，此时“项”列表框中出现“d3，公称长度”，如图 10-88 所示。

（2）选项螺纹长度参数。

1）选中“添加项”框中的“参数”单选按钮，表示接下来要添加参数项目，此时弹出“选择参数”窗口，如图 10-89 所示。

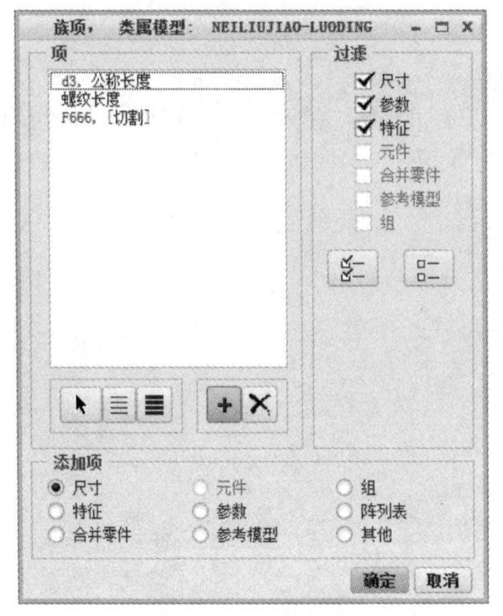

图 10-88 “族项，类属模型：NEILIUJIAO－LUODING”对话框

图 10-89 “选择参数”窗口

2）选中“螺纹长度”参数，并单击“插入选择的”按钮，此时“项”栏出现“螺纹长度”。

（3）选取螺纹特征。选中“添加项”框的“特征”单选按钮，表示接下来要添加特征项目。单击内六角螺钉的螺纹特征，则在对话框的“项”列表框中出现“F666，[切割]”。

完成以上操作后，单击确定按钮，完成项目的添加。此时系统弹出“族表 NEILIUJIAO－LUODING”窗口，如图 10-90 所示，显示内六角螺钉原型零件的名称、用户选取的参数和各个参数的值。

5. 增加新的实例（子零件）

单击按钮可以添加新的实例（子零件），其默认名称为 NEW_INSTANCE，用户可以对该实例（子零件）作相应的编辑。

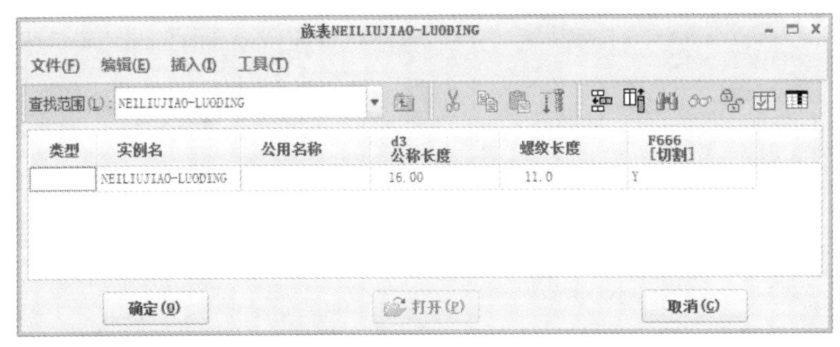

图 10-90 “族表 NEILIUJIAO－LUODING”窗口

在该零件库中依次添加实例（子零件）L_24_N、L_20、L_20_N，实例（子零件）的各项参数如图 10-91 所示。

族表NEILIUJIAO-LUODING

文件(F) 编辑(E) 插入(I) 工具(T)

查找范围(L): NEILIUJIAO-LUODING

类型	实例名	公用名称	d3 公称长度	螺纹长度	F666 [切割]
	NEILIUJIAO-LUODING		16.00	11.0	Y
	L_24		24.00	13.0	Y
	L_24_N		24.00	13.0	N
	L_20		20.00	10.0	Y
	L_20_N		20.00	10.0	N

确定(O) 打开(P) 取消(C)

图 10-91 “族表 NEILIUJIAO－LUODING”窗口

单击“族表 NEILIUJIAO－LUODING”窗口的 确定(O) 按钮，完成零件库的建立。并单击系统主菜单栏的“文件”→“保存”命令，保存内六角螺钉文件 neiliujiao－luoding.prt。

10.4.2 验证子零件

当建立了零件库后，需要系统重新进行计算，验证零件库中的每个实例（子零件）是否能够生成。

单击“族表 NEILIUJIAO－LUODING”窗口工具栏中的按钮，系统将弹出“族树”对话框，如图 10-92 所示，该对话框用于核实零件库的每个实例（子零件）是否可以生成。

单击“族树”对话框中的 校验 按钮，系统将自动逐个地进行校验，当零件能够成功生成时，就在其后面对应“校验状态”栏中显示“成功”字样，如图 10-93 所示。如果零件不能生成，则显示“失败”字样。

图 10-92 “族树”对话框（校验前）

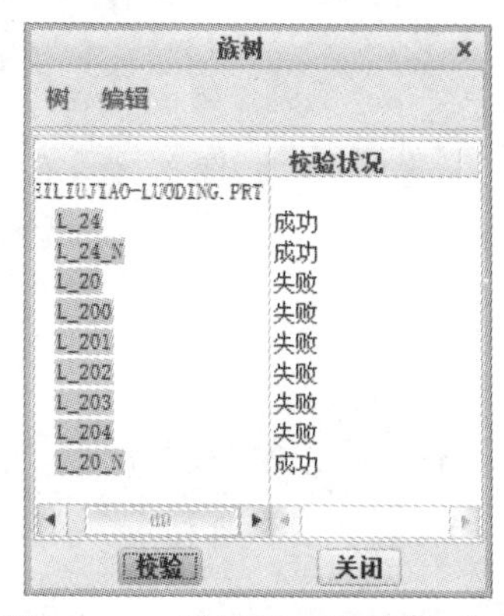

图 10-93 “族树”对话框校验后

10.4.3 预览子零件

验证零件库中的实例（子零件）后，用户可以预览该零件库中的任意实例（子零件），从中可以观察实例（子零件）的模样，如果发现实例（子零件）中存在不满意处，用户可以及时对该实例（子零件）进行调整修改。

“族表 NEILIUJIAO－LUODING”窗口工具栏中的按钮用于预览零件库中的实例(子零件)。其具体操作步骤如下：

单击对话框“实例名”列中的实例（子零件）的名称，然后单击按钮，系统将对实例（子零件）的参数进行计算，并弹出“预览”对话框，如图 10-94 所示。

使用同样的方法可以预览零件库中名为“L_24_N”的实例（子零件），其零件模型如图 10-95 所示。显然，该实例（子零件）模型中不存在螺纹特征，因为该实例（子零件）在“F666 ［切割］”栏下的值是“N”，表示不添加螺纹特征。

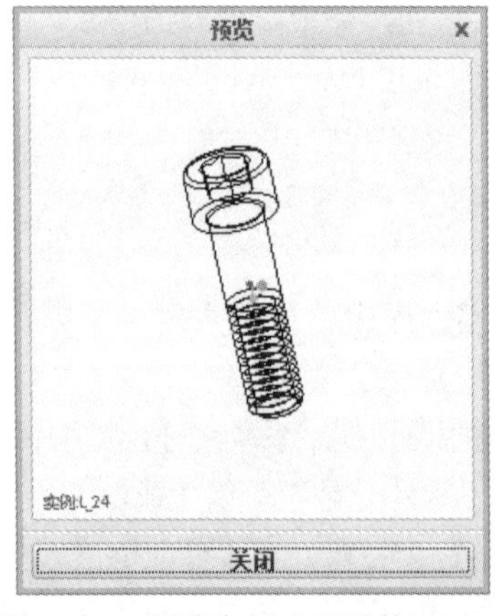

图 10-94 预览实例（子零件）L_24

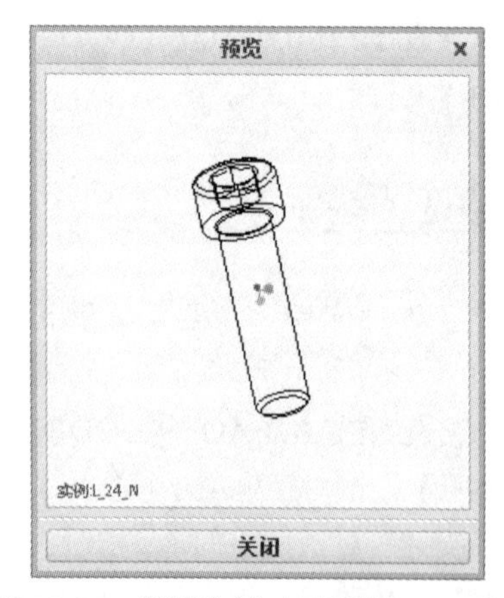

图 10-95 预览实例（子零件）L_24_N

10.4.4 复制子零件

在零件库中可以复制已有的零件，这与特征中的阵列功能相似，该功能可以同时复制零件和改变特征的尺寸。

例如，要复制零件库中的实例（子零件）L_20，其具体步骤如下：

（1）单击对话框“实例名”列中的实例（子零件）L_20，然后单击按钮，系统将弹出“阵列实例”对话框，单击“实例名”列中的实例（子零件）L_20，如图 10-96 所示。

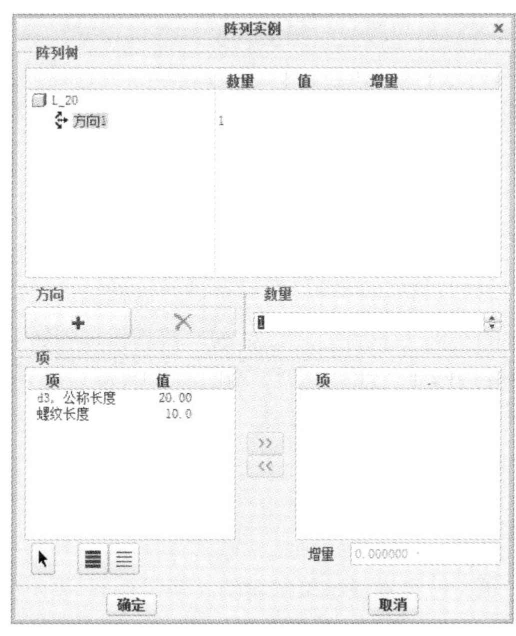

图 10-96 “阵列实例”对话框

（2）在“数量”栏的文本框中输入零件复制的数目 5，单击“项”栏中的“d3，公称长度”行，接着单击该图的按钮，并在“增量”文本框中输入公称长度的增量 2，表示根据实例（子零件）L_20 的公称长度变化来复制 5 个实例（子零件），它们的公称长度逐个增加 2。单击对话框的按钮，系统将根据用户设置的数值自动产生 5 个实例（子零件）。

（3）单击对话框的按钮，系统将根据用户设置的数值自动产生 5 个实例（子零件）。此时“族表 NEILIUJIAO－LUODING”窗口如图 10-97 所示。从该对话框可以看到已经增加了 5 个实例（子零件），其名称是在实例（子零件）L20 的后面依次加一个数字，即 L_200、 L_201、L_202、L_203、L_204。

从复制的实例（子零件）可以看出，在公称长度尺寸方向每增加 2 个单位就生成一个实例（子零件）。

当然，用户同样可以对这些复制出来的实例（子零件）进行验证和预览。

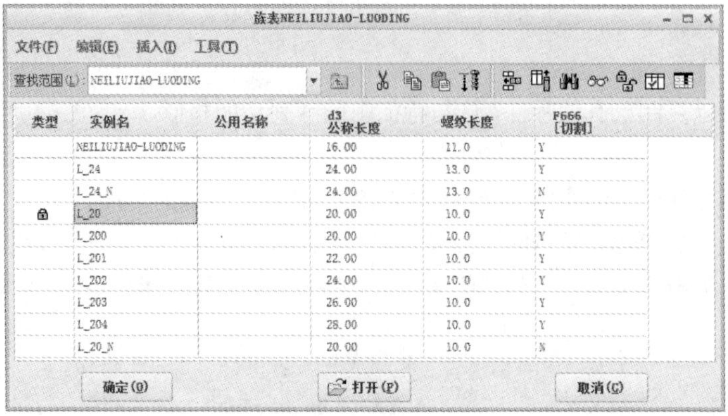

类型	实例名	公用名称	d3 公称长度	螺纹长度	F666 [切割]
	NEILIUJIAO-LUODING		16.00	11.0	Y
	L_24		24.00	13.0	Y
	L_24_N		24.00	13.0	N
🔒	L_20		20.00	10.0	Y
	L_200		20.00	10.0	Y
	L_201		22.00	10.0	Y
	L_202		24.00	10.0	Y
	L_203		26.00	10.0	Y
	L_204		28.00	10.0	Y
	L_20_N		20.00	10.0	N

图 10-97 “族表 NEILIUJIAO－LUODING ”窗口

10.4.5 删除子零件

当用户认为零件库中的某些子零件已经没有任何用处，则可以删除这些子零件以便维护零件库。

例如，要删除零件库中的实例（子零件）L_20_N，其具体步骤如下：

（1）右击“族表 NEILIUJIAO－LUODING”窗口“实例名”列中的实例（子零件）L_20_N，系统弹出快捷菜单。

（2）单击“删除行”命令，可以将实例（子零件）L_20_N 从零件库中删除。

10.4.6 锁定子零件

在零件库中，用户可以锁定已经完成编辑的实例（子零件），以防止对该实例（子零件）进行误操作。当实例（子零件）处于锁定状态时，用户不能对该子零件进行修改，如对该实例（子零件）名称或者各项参数进行的修改、编辑等操作都将会失败。用户确实需要修改这样的实例（子零件），则必须对其进行解锁。

例如，要锁定零件库中的实例（子零件）L_20，其具体步骤如下：

（1）单击“实例名”列中的实例（子零件）L_20，然后单击按钮，此时在实例（子零件）L_20 的前面出现图标，该图标表示当前实例（子零件）L_20 处于锁定状态。

（2）如果再次对实例（子零件）L_20 做相同的操作，则其前面的图标将消失，此时实例（子零件）L_20 解除锁定。

10.4.7 打开子零件

当零件库建立完成后，零件库中的实例（子零件）都可以像一般零件一样打开并使用。其具体操作步骤如下：

（1）单击主菜单栏的“文件”→“打开”命令，系统弹出“文件打开”对话框，选中

neiliujiao-luoding.prt 文件，并单击打开(O)按钮。系统将弹出“选择实例”对话框，如图 10-98 所示，该对话框用于选择打开零件库中的零件。

（2）“选择实例”对话框有两个选项卡，分别为“按名称”和“按列”选项卡。其中“按名称”选项卡用于通过零件的名字来选择要打开的零件，如图 10-98 所示；“按列”选项卡用于通过零件中设置的参数来选择要打开的零件，如图 10-99 所示。在其中选取 L_24，并单击打开按钮即可打开零件库中的实例（子零件）L_24。

使用同样的方法打开其他的零件。

图 10-98 “按名称”选项卡

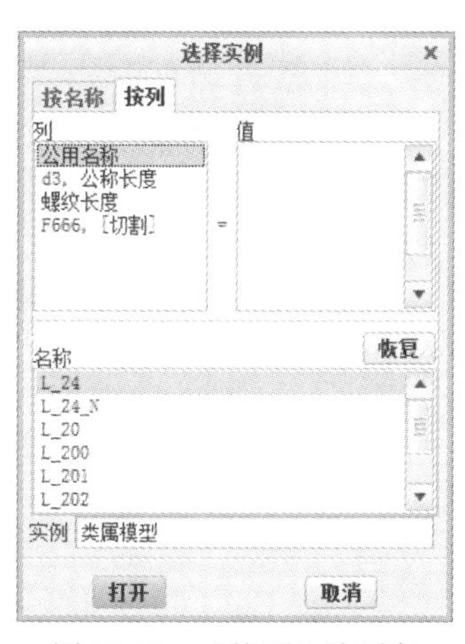

图 10-99 “按列”选项卡

10.4.8 产生加速文件

建立零件库后，用户每次打开零件库中的零件时，系统都将重新计算产生的所有特征，这样会花费很长的时间，为此 Creo Parametric 提供了加速文件，它将保存零件库中的信息，这样可以减少加载零件的时间。在零件模式中加速文件的后缀名为.xpr，而在装配模式中加速文件的后缀名为.xas。此外，系统还可以产生零件库的索引文件，其后缀名为*.idx。

1．产生索引文件

打开文件 neiliujiao-luoding.prt，并在“选择实例”对话框中选取“类属模型”选项，即可打开零件库的原型零件。然后依次单击“文件”→“管理会话”→“更新索引”命令。

此时系统提示用户输入索引文件的路径，如图 10-100 所示，输入该文件的路径后单击✔按钮。接着提示用户是否保存该索引，如图 10-101 所示，单击✔按钮或按回车键。这样系统在当前目录下产生了一个名为“*.idx”的索引文件，其中*为当前文件夹的名称。

图 10-100 提示输入索引文件的路径　　图 10-101 提示是否保存该索引

2. 产生加速文件

依次单击“文件”→“管理文件”→“实例加速器”命令，系统将弹出“实例加速器”对话框，如图 10-102 所示。

单击更新按钮，则系统弹出如图 10-103 所示的“确认”对话框，提示用户是否一定要更新。接着单击“确认”对话框的是(Y)按钮，系统将会进行计算，并自动产生加速文件，如 L_20.xpr、L_20_N.xpr、L_24.xpr、L_24_N.xpr 等。

保存并退出文件，如果再次打开该文件时，则可以减少加载零件的时间。

图 10-102 “实例加速器”对话框

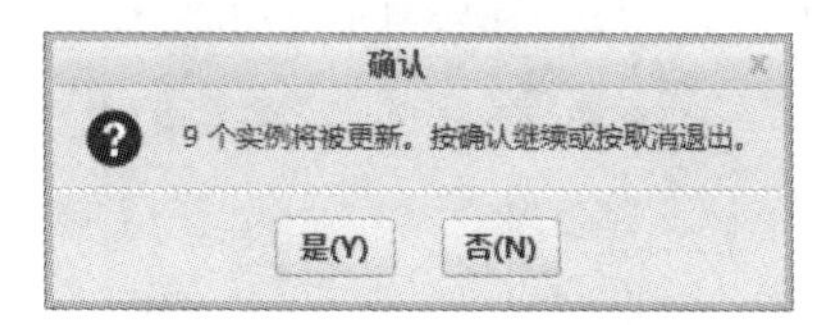

图 10-103 “确认”对话框

11 装配

11.1 装配概述

Creo Parametric 是一套基于特征的参数化与柔性化造型系统，它不仅提供了强大的零件设计功能，同时提供了强大的零件装配功能。为了检验零件之间可装配性、零件干涉等一系列问题，以及对设计产品有一个整体的评价，通常在基本零件设计完毕后，就进行零件模拟装配。

11.1.1 装配方式

在现实环境中，进行零件装配就是将生产出来的零件通过一定设计关系将零件组装在一起，使装配体能够完成某一项功能。对零件装配起关键作用是零件之间的设计关系，它将影响整个装配体的结构和功能。对于计算机辅助设计，就是将现实环境中的情况如实地映射到虚拟环境中，在虚拟环境中模拟现实环境中所有过程。现实环境中零件之间的设计关系映射到虚拟环境就是零件之间的装配约束关系。因此，在 Creo Parametric 中，零件装配是通过定义零件模型之间的装配约束关系来实现的。

下面就结合图形详细讲解零件装配的基本原理和方法。图 11-1 所示为两个要进行装配的零件模型（零件 1 和零件 2），通过定义两个装配约束关系就可完成整个零件的装配。

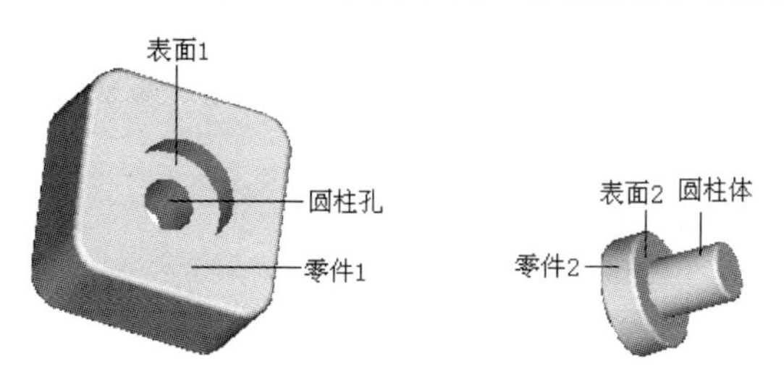

图 11-1　欲进行装配的零件模型

为了能够使零件 2 装入零件 1 中，首先零件 1 的表面 1 必须与零件 2 的表面 2 进行紧贴，然后零件 2 的圆柱体必须放入零件 1 的圆柱孔中，这样两个零件就装配好了。

为此，在 Creo Parametric 中，系统对应于现实环境中的装配情况定义了许多装配约束关系，比如与紧贴相对应的装配约束关系是“匹配”，与圆柱体放入圆柱孔中的对应装配约束关系是“插入”。如图 11-2 所示就是对两个零件进行装配约束关系的定义。

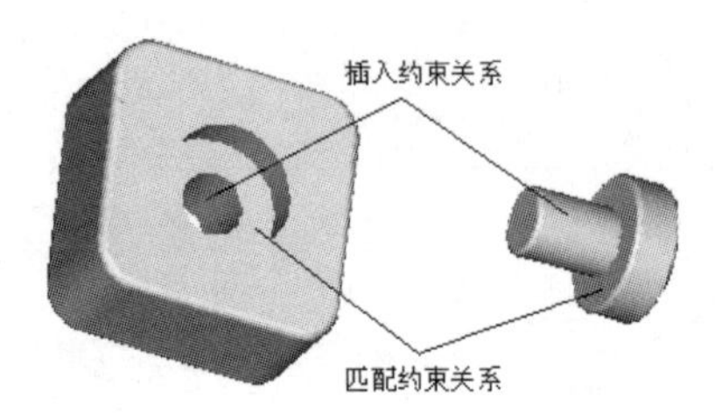

图 11-2　在 Creo Parametric 中定义装配约束关系

装配约束关系定义完毕后，系统就根据定义的约束关系自动进行组装，图 11-3 为系统模拟装配的整个过程；图 11-4 为完全装配后的装配体。

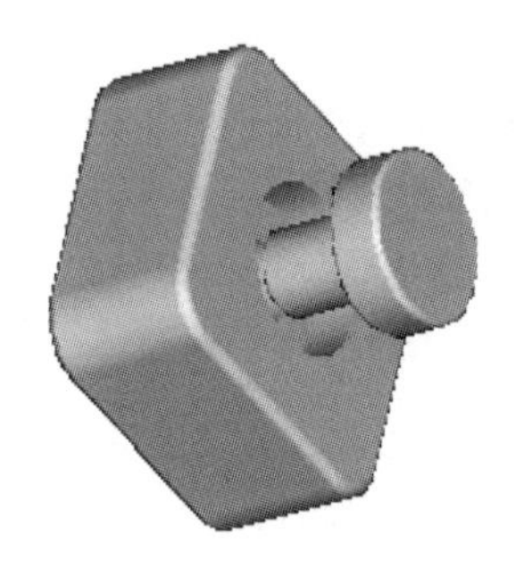

图 11-3　模拟装配过程

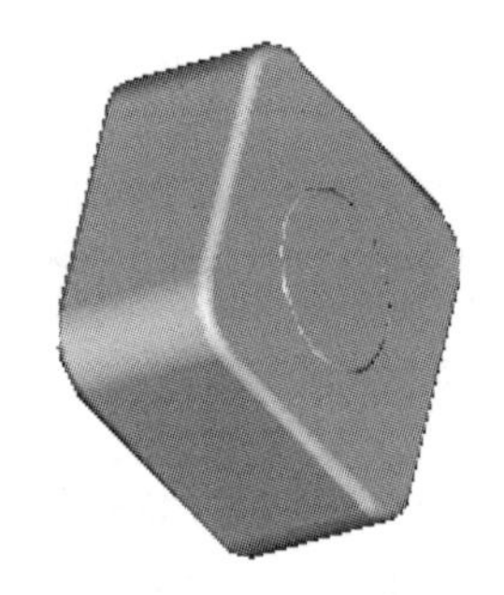

图 11-4　装配完毕后的装配体

11.1.2　装配步骤与环境

1. 装配步骤

下面简单讲解零件装配的基本步骤，使读者对零件装配部分有一个全面了解（本章将装配体中部件也称为“零件”）：

（1）启动 Creo Parametric，打开“新建”对话框，选择“装配”类型，输入装配体名称，进入零件装配模式。

（2）在零件装配模式中，直接单击“元件”面板中的“组装”按钮，通过“打开”窗口调入欲装配的主体零件到设计窗口中；然后用同样的方法调入欲装配的另一个零件到设计窗口中。

（3）根据装配体的要求定义零件之间的装配关系。

（4）再次执行步骤（2）和（3），直到全部装配完成。

（5）如果装配已经满意，则存盘退出。如果不满意，则对装配关系进行修改操作。

在产生设计过程中，如果所有零件的三维模型都设计完成了，那么下一步就是进行零件装配，零件装配是通过定义零件之间的装配约束关系来实现的。

2. 装配环境

进入组件模块后，基本环境如图 11-5 所示。同零件环境相比，装配环境中绝大部分都是保留了零件操作的功能，同时增加了部分工具。

（1）添加了装配元件工具。在“插入”菜单中增加了“元件”菜单，如图 11-5 所示；在操控板中增加了“元件”面板，用于插入或创建已有元件。

（2）添加了运动分析工具。在“应用程序”面板中增加了“焊接”、“机构”和“动画”等选项，可以分别进行机构定义和生成动画文件。

（3）在“检查几何”面板中增加了干涉检测工具。

（4）增加了装配操控板。当选择了“插入元件”操作后，系统将弹出如图 11-6 所示的操控板，从中可以进行元件的约束设置与移动操作。

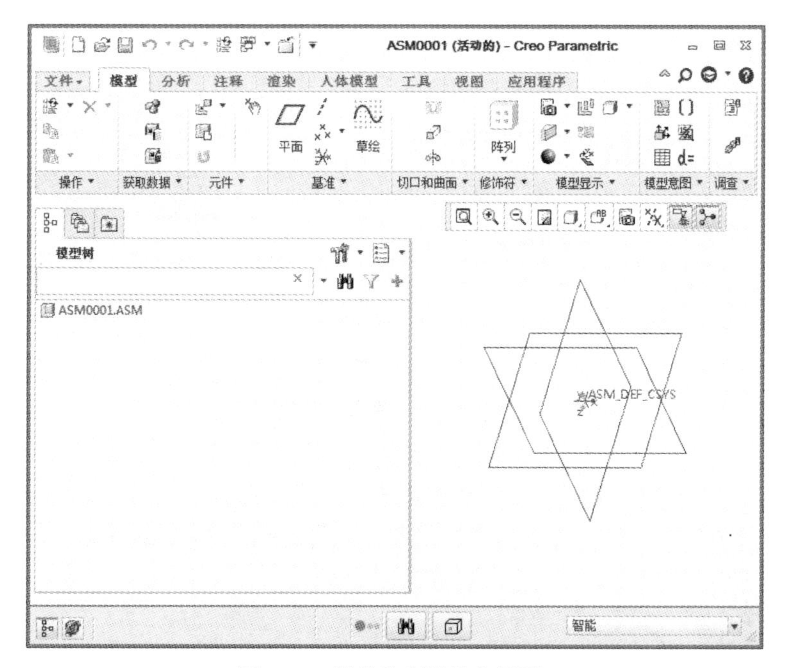

图 11-5　零件装配设计主界面

图 11-6　“元件插入”操控板

11.1.3 创建装配零件

单击“创建”按钮可以直接创建装配零件及结构图等。由于篇幅所限，在后面不准备采用这种方式，所以在这里对这种方法进行简单介绍。

（1）单击“元件”面板中的“创建”按钮，系统将弹出如图 11-7 所示的“元件创建”对话框。在此以零件为例进行说明。

（2）选取完创建类型后，在“名称”文本框中输入名字，对于创建零件，系统默认名字为 PRT0001。然后单击“确定”按钮，系统将弹出如图 11-8 所示的“创建选项”对话框。

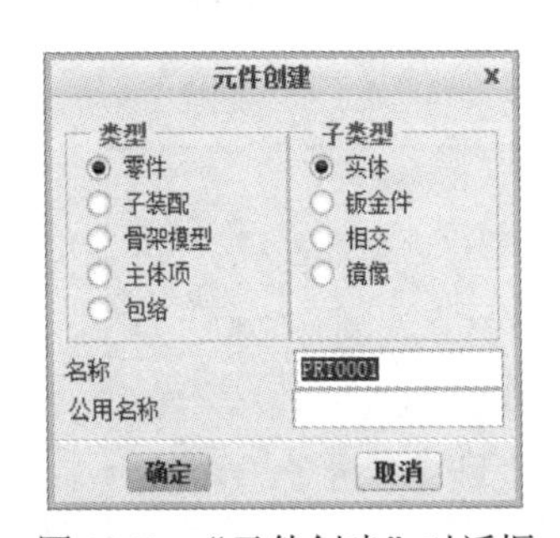

图 11-7 “元件创建”对话框

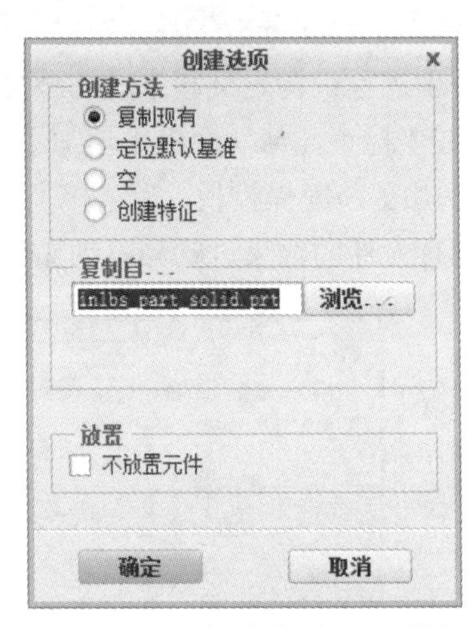

图 11-8 “创建选项”对话框

在该对话框中主要设置创建模型的方法，在“创建方法”栏中有 4 个选项，分别为“复制现有”选项（从已经存在的文件中复制而来）、“定位默认基准”选项（将它定位在默认基准上）、“空”选项（创建一个空零件）和“创建特征”选项（创建第一个特征）。

如果选取创建的零件从文件中复制而来，那么需要在“复制自...”栏的文本框中输入文件名，也可以单击“浏览...”按钮以浏览的方式选取文件。

（3）单击“确定”按钮，在装配环境中采用特征创建和编辑工具建立零件即可。

11.2 放置约束与移动元件

插入新元件后，接下来就可以对其进行一些自由度的限制及位置移动操作了，这样就可以使元件按照用户的意图准确组装。

11.2.1 组合元件显示

如图 11-6 所示，用户可以随时对所选中的元件进行显示操作。其中，在独立窗口中显示零件，在组件窗口中显示零件。当二者同时按下时，将在两个窗口中同时显示。

（1）以单独窗口显示。如果要单独显示装配零件，则在操控板中单击按钮，如图 11-9 所示，该窗口可以单独进行操作，如对零件进行旋转、移动、缩放等。

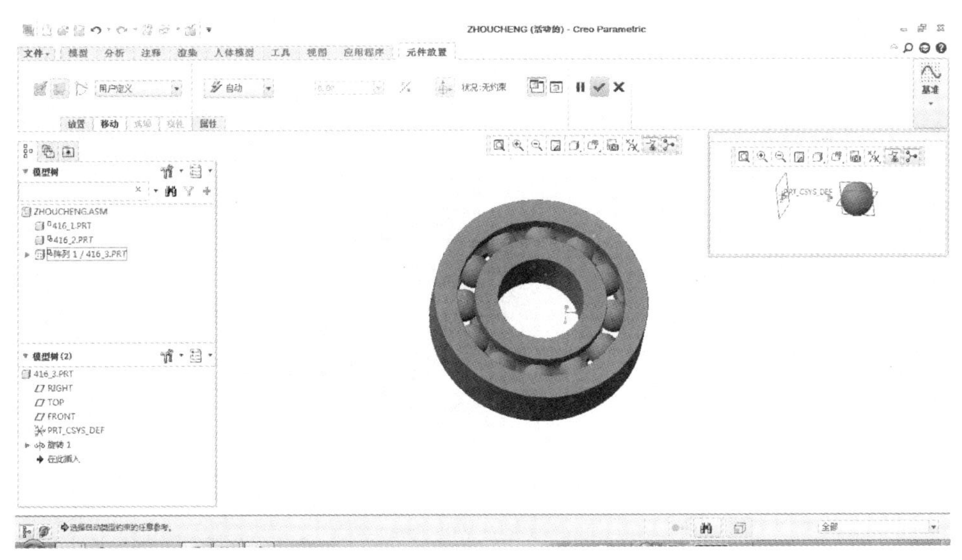

图 11-9　以单独窗口显示零件

通常当第一个零件（部件）比较大，而第二个零件相对比较小时，采用这种显示方式，这样便于选取第二个零件上的元素（即面、点等）。

（2）显示在装配窗口中。在操控板中单击按钮，该项为默认选项。此时读取的第二个零件将与第一个零件（或部件）显示在同一个窗口中，如图 11-10 所示。

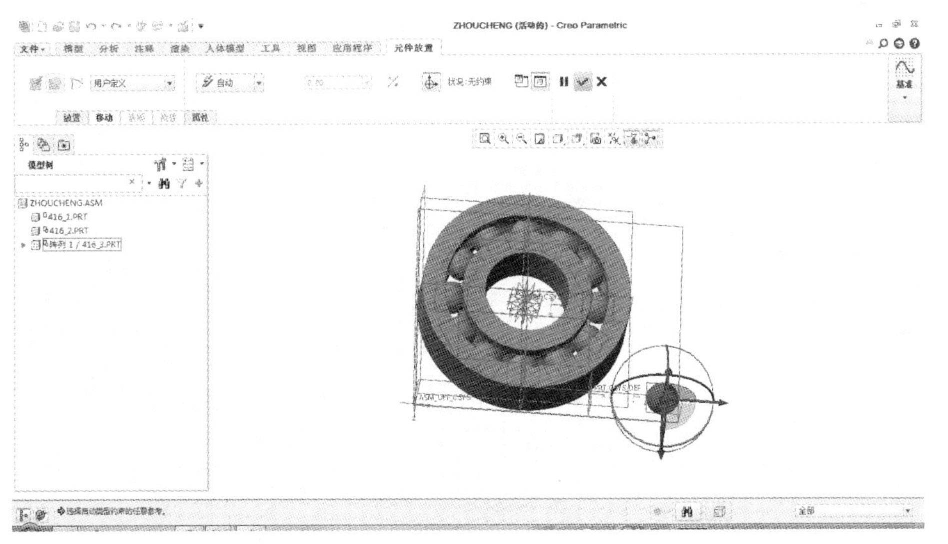

图 11-10　在装配窗口中显示零件

（3）两个窗口中都显示。如果同时选中按钮与按钮，则第二个零件同时显示在两个窗口中，如图 11-11 所示。

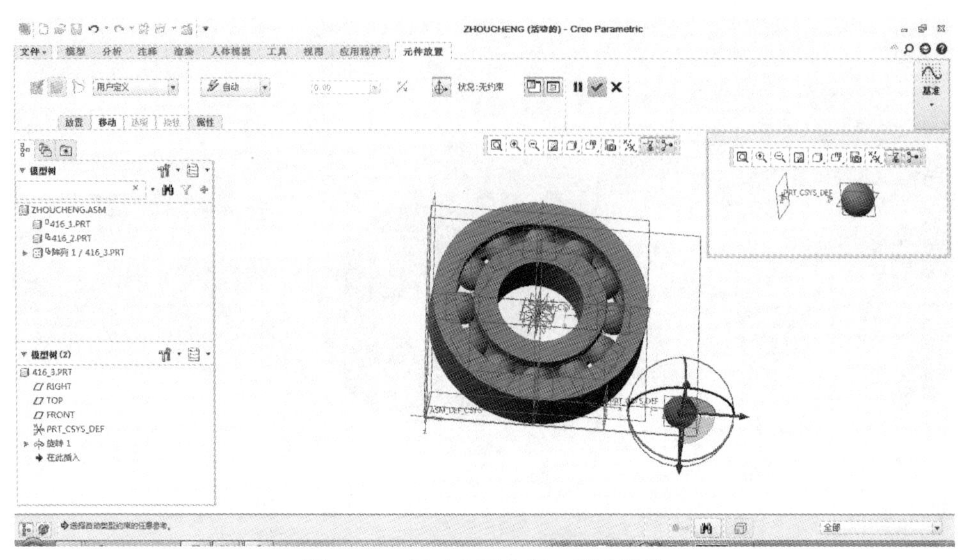

图 11-11　同时在两个窗口显示零件

11.2.2　约束设置

当读入零件后，系统自动弹出“装配”操控板，如图 11-12 所示为“放置”选项卡的显示情况。

图 11-12　“放置”选项卡

从图 11-12 中可以看出，“放置”选项卡包含 3 个内容，分别是“约束类型”及相应的“偏移”类型，选取元件参照和组件参照。对于约束的状态，将显示在操控板右侧。

下面分别进行介绍。

（1）约束对象的选择。

在“约束”组框中可以定义新约束或删除、修改约束。用户可以通过选择“选取元件项目”和“选取组件项目”来确定所选择的约束中对应部分，如在“距离”约束中需要选择两个面。当某个约束确定后，就可以通过下面的“新建约束”来选择新的约束，直到在“状态”中显示“完全约束”为止。

对于已经建立的约束，可以通过快捷菜单的“移除”命令删除。

如果取消选中“约束已启用”复选框，则当前约束无效，可以选择新的约束。

（2）约束类型与偏移。

这两个选项是组合使用的，“偏移”项用于对所选择的约束类型进行辅助约束。例如，在“对齐”约束中，选择了两个对齐表面后，可以通过“偏移”来决定两个面之间的间距。

“约束类型”用于定义零件的装配约束关系。单击其右边的下拉按钮，系统将显示如图11-12所示下拉列表框。Creo Parametric 中设置的所有约束关系都显示在此约束列表中。“约束类型”下拉列表框中有10个选项，即距离、角度偏移、平行、重合、法向、共面、居中、相切、固定和默认。

下面就“约束类型”下拉列表框中各选项的方法和场合予以介绍。

1）重合。该装配约束关系用于定义两基准（平面、轴或边等）平面反向相贴合，即两平面的法线方向相反，选取该约束关系后接着选取两个平面即可完成。用户也可以通过单击“反向”按钮来令匹配的表面反向。

根据是否指定偏距，该约束关系又可以分为匹配和匹配偏移两种情况。如果定义匹配约束时不指定偏距（“重合”），这样两个平面变成一个共同的平面，如图11-13所示。

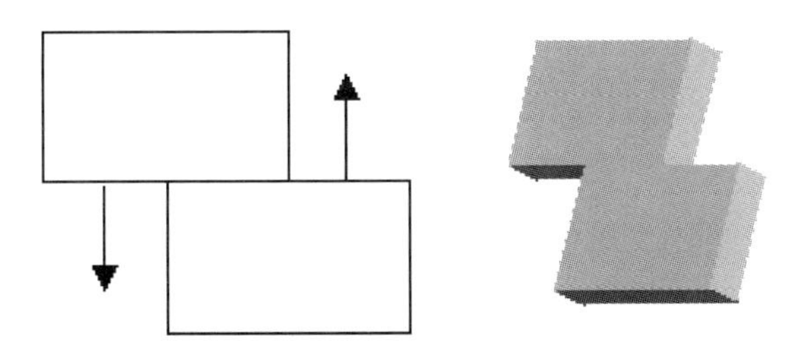

图11-13　匹配关系示意图

2）距离。与“重合”约束基本一致，只是它可以通过在“偏移”文本框输入偏移数值来使两基准（平面、轴或边等）平面呈反向相贴合并偏移一个指定的距离，如图11-14所示。用户输入的数值可以是正数也可以是负数，正数表示偏移的方向与指示的方向相同；负数表示偏移的方向与指示的方向相反。

3）角度偏移。令一个基准（平面、轴或边等）围绕另一个基准转动一定角度，其中，被装配件将围绕以自身几何坐标系原点所在轴线转动，该轴平行于两面交线或参照边，如图11-15所示，为两面之间的角度偏移。

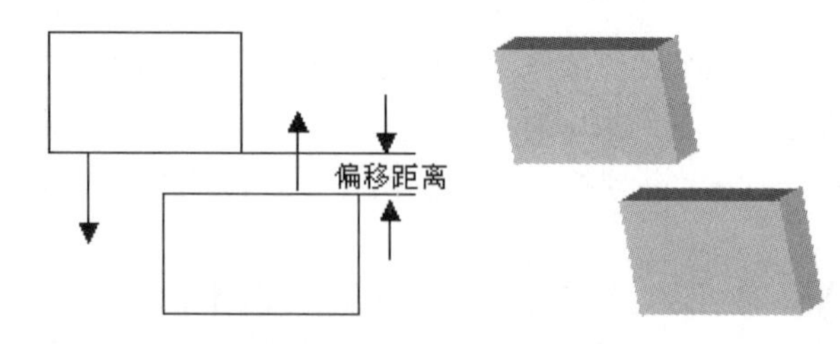

图 11-14　距离关系示意图

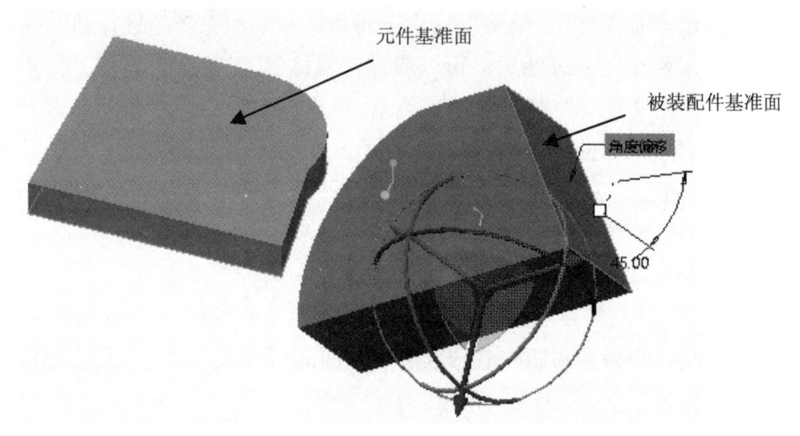

图 11-15　角度偏移

4）平行。如果两个基准（平面、轴或边等）要同向平行，如图 11-16 所示。对于平面而言，平行方式中的两个平面法向箭头朝向同一方向。被装配件以自身坐标系为回转中心来保证基准平面的平行。可以单击“反向”按钮令其反向平行。它也不能输入两平面距离值。对于轴或线而言，则二者在空间平行。

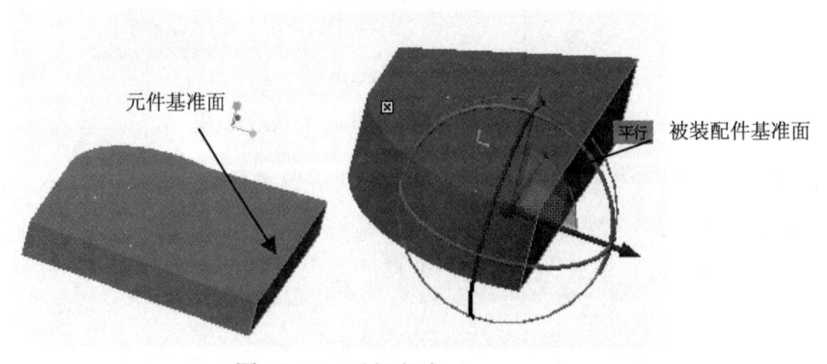

图 11-16　平行方式

5）法向。使两个对象（平面、轴或边等）之间垂直，如图 11-17 所示，元件中的边与装配件中的平面相互垂直，不能进行反向操作。

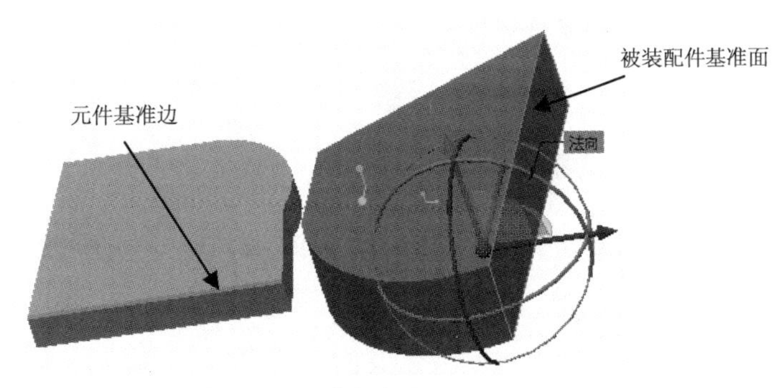

图 11-17　法向方式

6）共面。使两个基准（曲面、轴或边等）位于一个面上。

7）居中。使被装配件基准（曲面、坐标系）的坐标系与所选择元件上的对象（曲面或坐标系）重合。例如，选择元件上的曲面可以自动确定其中心位置，并与被装配件的基准坐标系重合。

8）相切。该装配约束是指两个曲面以相切方式进行装配。选取该装配约束后，分别选取要进行装配的两曲面即可，如图 11-18 所示。

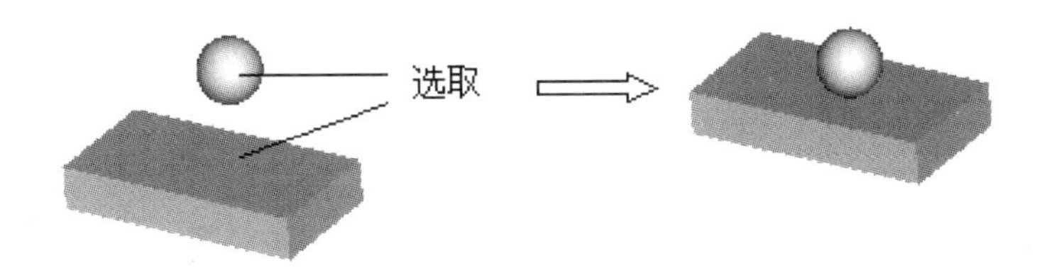

图 11-18　相切约束关系示意图

9）固定。用于将零件固定到当前位置上。

10）默认。用于在默认的位置上装配零件。

11）自动。该装配约束是指以默认的形式进行装配，该选项为系统的默认项。

用户可以随时通过“状态”组框来查看当前的装配情况。概括起来，装配情况可分为“没有约束”、“部分约束”、“完整约束”、“约束无效”等情况，此外还可以定义过度约束。其中：

①“没有约束”的装配情况表示当前没有定义任何约束关系。

②“部分约束”的装配情况表示当前定义了部分约束关系。

③“完全约束”的装配情况表示当前装配零件已被完全约束。

④“约束无效”的装配情况。如果系统无法完成定义的约束，那么这个约束就是无效的约束，比如与已定义的约束发生矛盾。

通常情况下，要完全装配零件需要两或三个约束关系，但也可以只部分地约束装配零件，即在约束不足的情况就完成零件装配，在这种情况下，系统提示零件将被包装。因此，约束不足也可称为包装。

除了对零件进行部分约束外，还可以对零件进行过度约束，过度约束通常是为了实现额外的设计意图而加入更多的约束。

11.2.3 移动元件

“移动”选项卡主要用于调整第二个装配零件在设计窗口中的位置，如图11-19所示。

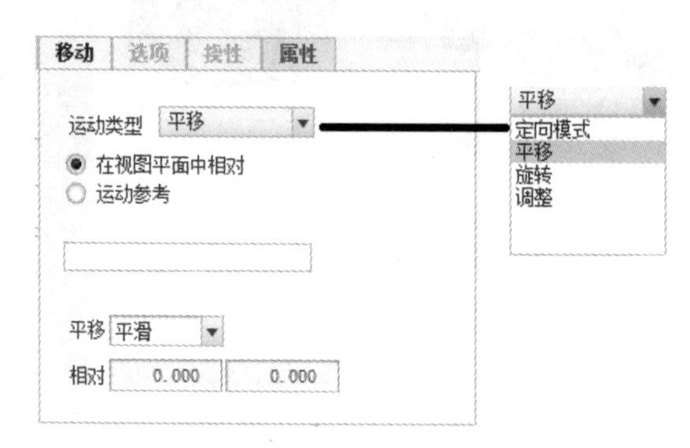

图11-19 “移动”选项卡

从图11-19可见，“移动”选项卡中有4项内容，分别是“运动类型”、“运动参考”、“平移”及“相对”。

下面将分别进行介绍。

（1）“运动类型”下拉列表框。

从图11-19中可以看出，移动类型有4种，分别为“定向模式”、“平移”、“旋转”及“调整”。选取后三种之一，然后在设计窗口中移动鼠标，选中的装配零件将跟着移动。

选择“定向模式”，将激活“定向”模式和“定向”模式快捷菜单，从而选择一个需要的方向。单击图形窗口，蓝色的旋转中心出现，旋转正放置的元件并确定。

选择“平移”或“旋转”，移动或者旋转元件。

选择“调整”，则选项卡如图11-20所示。此时可以输入偏移值，元件将自动进行调整。

（2）“运动参考”类型。

选取运动参考，就是说装配零件将相对于什么进行移动。选中“在视图平面中相对”单选按钮，则平行于视图平面移动元件；选中“运动参考”单选按钮则相对于运动参照移动元件，此时将添加“法向”和“平行”两种方式。

（3）“相对”坐标输入。

具体的相对坐标值，显示元件将相对于移动操作前位置的当前位置。只有在“调整”时才能够输入数值。

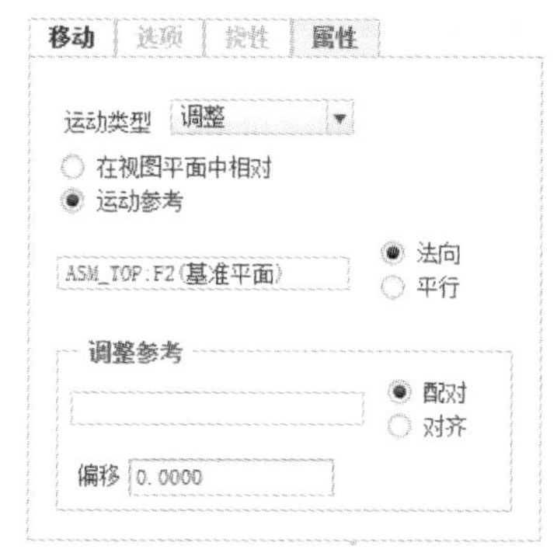

图 11-20　“移动”选项卡

（4）设置平移或旋转增量。

当对第二个装配零件进行平移操作时，需要设置平移增量，如图 11-21 所示。其中，“平滑”为默认设置项，即平稳移动，一次可移动任意长度的距离。“1”，一次移动 1 个单位。“5”，一次移动 5 个单位。“10”，一次移动 10 个单位。

当对第二个装配零件进行旋转操作时，需要设置旋转增量，此时“平移”变为“旋转”，如图 11-22 所示。其中，“平滑”为默认设置项，即平稳旋转，一次可旋转任意大小的角度。“5”、“10”、“30”、“45”、“90”分别为一次旋转 5°、10°、30°、45°、90°。

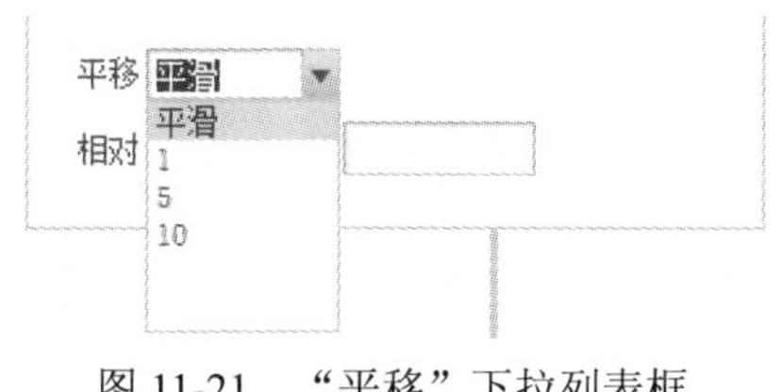

图 11-21　“平移”下拉列表框

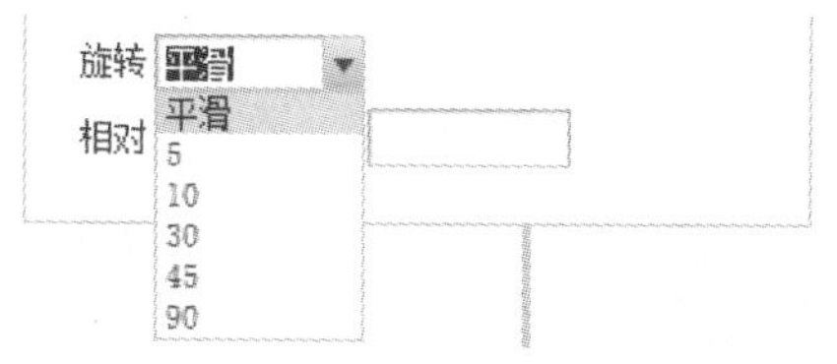

图 11-22　“旋转”下拉列表框

11.3　装配修改

Creo Parametric 是建立在单一数据库之上的，零件与装配件相关联，零件的修改将会引起装配件的更改，而装配件的修改有时也会导致零件的修改。Creo Parametric 提供多种方式进行装配件的设计修改，在本节中将分别进行讲解。

11.3.1　在零件模式中进行修改

（1）打开零件。在模型树中利用鼠标右键单击要进行修改的零件，系统将显示快捷菜单，如图 11-23 所示；或者在设计窗口中选取要进行修改的零件，然后单击鼠标右键，系统同样将显示快捷菜单，如图 11-24 所示。接着这两个快捷菜单中单击“打开”选项，系统将进入零件设计模式，并打开用户选中的零件。

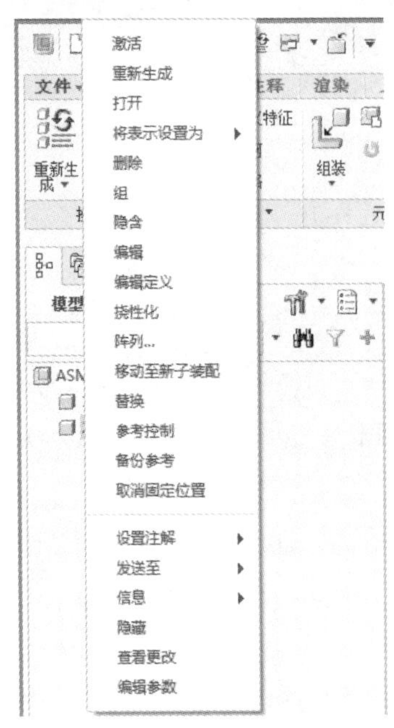

图 11-23 模型树快捷菜单

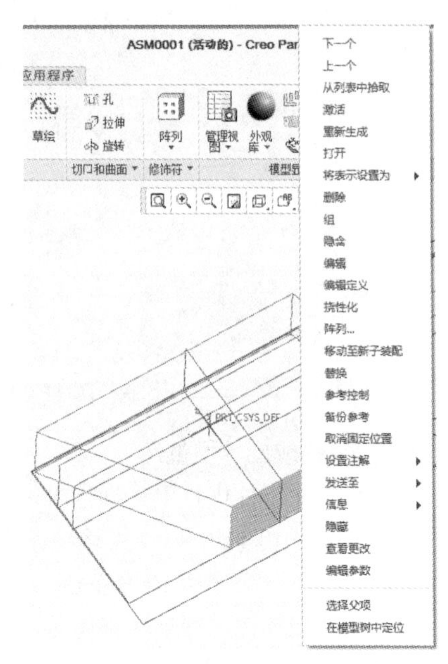

图 11-24 模型窗口快捷菜单

（2）修改零件。重新修改零件特征。

（3）再生零件模型。在“操作”操控板中选取“重新生成”选项，即可再生零件模型。

（4）激活装配文件窗口。激活装配文件窗口，在“操作”操控板中选取“重新生成”选项，此时装配体中的零件也进行了相应修改。

11.3.2 在装配模式中修改

（1）激活零件。同样在装配环境的模型树中右击要进行修改的零件，系统将显示快捷菜单，或者在设计窗口中选取要进行修改的零件，然后单击鼠标右键，系统同样显示快捷菜单。接着在快捷菜单中单击“激活”命令，此时图标出现在模型树中的零件 2 名称前，如图 11-25 所示，表示该零件已经被激活。

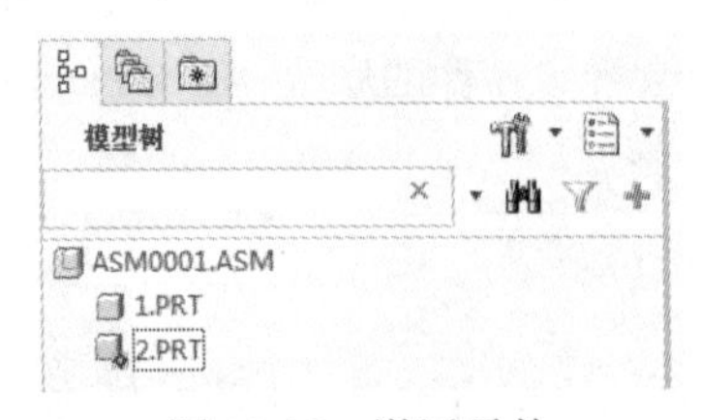

图 11-25 激活零件

（2）修改零件尺寸。重新修改零件特征。

（3）再生零件模型。在“操作”操控板中选取“重新生成”选项，即可再生零件模型。

11.4 分解视图

在装配完成后，有时还需要将装配好的零件分离开来，以便更清晰地看到装配体的组成情况。如图 11-26 所示为分解前、后的对比情况。

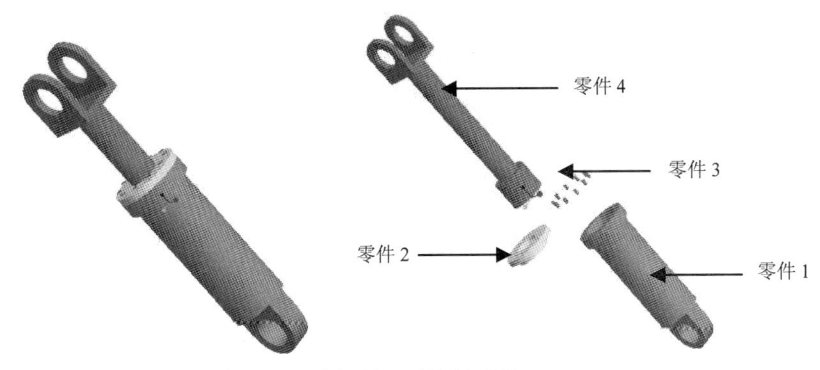

图 11-26 分解前、后的装配体

“模型显示”操控板中提供了“分解图”、“编辑位置”等工具，如图 11-27 所示。其中，“分解图”将分解装配视图。但是，默认分解状态的装配体往往表达得很不清晰，所以还需要利用“编辑位置”来单独编辑每个元件的位置，如平移、旋转等操作，如图 11-28 所示。

图 11-27 “模型显示”操控板

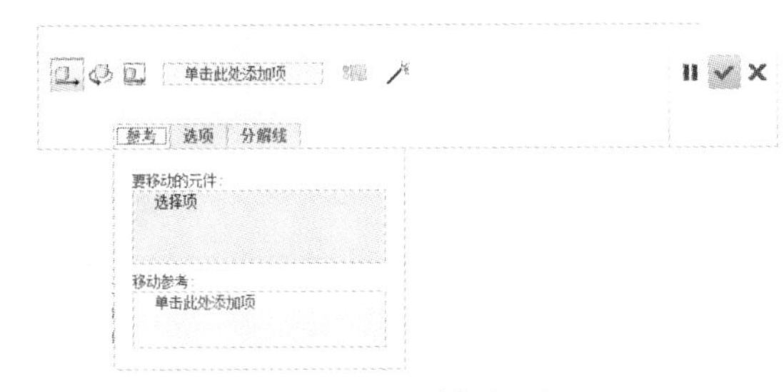

图 11-28 编辑位置

11.4.1 分解位置

1. 选择移动对象和运动参照

单击“参考”选项卡，然后在“要移动的元件”列表中单击，可以选择一个或多个元件的移动。

选中“移动参考”选项，在下面的列表中单击，然后选择运动参照即可。这与前面的装配移动中的运动参照类似，不再赘述。

2. 选择运动类型

在操控板上可以直接选择运动类型，共 3 种：

（1）平移：平行移动元件。

（2）旋转：围绕参照物旋转元件。

（3）视图平面：在平面上任意移动元件。

3. 运动选项设置

单击“选项”选项卡，如图 11-29 所示。

单击“复制位置”按钮，系统弹出如图 11-30 所示对话框。

图 11-29 “选项”选项卡

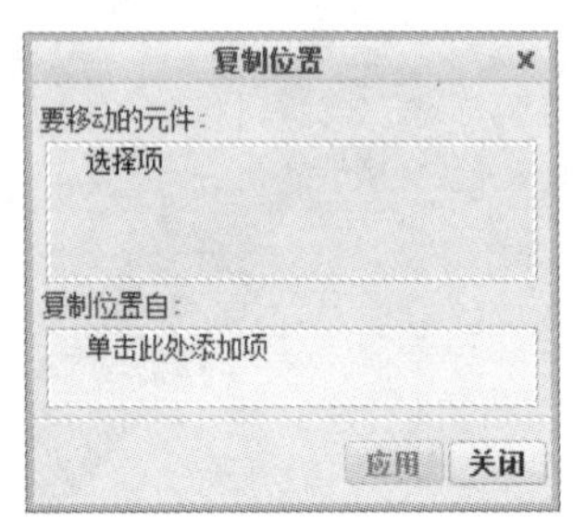

图 11-30 “复制位置”对话框

如果已经在“参考”选项卡中选择了移动元件，则该对话框中的“要移动的元件”列表中将直接列出，否则需要单击后选择元件。在“复制位置自”列表中单击，并选择一个要参考位置的元件，单击“应用”按钮，从而令二者对齐。如图 11-26 右图所示，当选择该选项后，首先选择零件 4，然后再选择零件 2，结果如图 11-31 所示。

图 11-31 复制结果

在“运动增量”下拉列表框中选择或者输入每次移动的增量值，来决定每次移动的效果。

如果选中“随子项移动”复选框，则移动对象及其子对象将一起移动。

4. 偏距线设置

单击“分解线”选项卡，如图 11-32 所示。偏距线用来表示装配的路径，从而便于跟踪移动后的位置状态。

（1）设置和修改线体。

单击“默认线造型”按钮，系统将弹出如图 11-33 所示的对话框，从中可以设置线体、线型、颜色等。

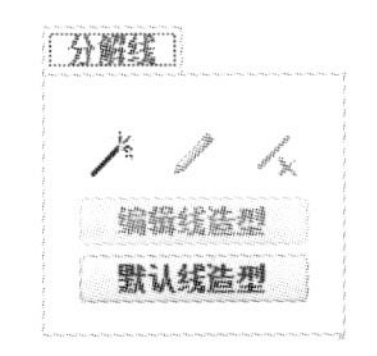

图 11-32　分解线设置

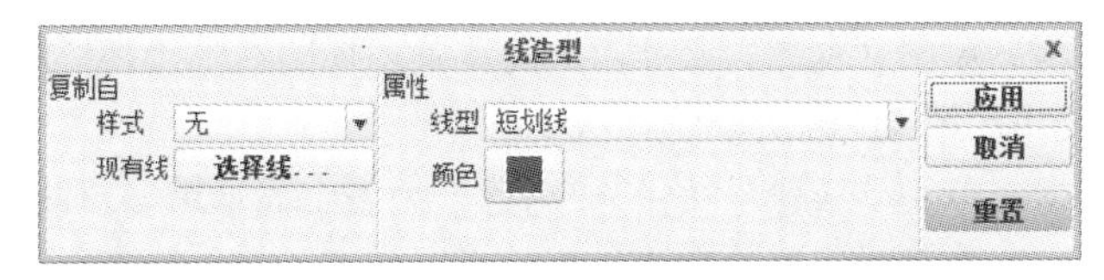

图 11-33　设置默认线体

当建立多个偏距线后，就可以修改单个的偏距线了。单击图 11-32 中的“编辑线造型”按钮，选择某个偏距线，将弹出图 11-33，修改即可。

（2）偏距线的创建、修改和删除。

单击图 11-32 中的按钮，系统弹出如图 11-34 所示的对话框。在“参考 1”中选择要标示的元件，在“参考 2”中选择相对元件，单击“应用”按钮，如图 11-35 所示显示偏距线。

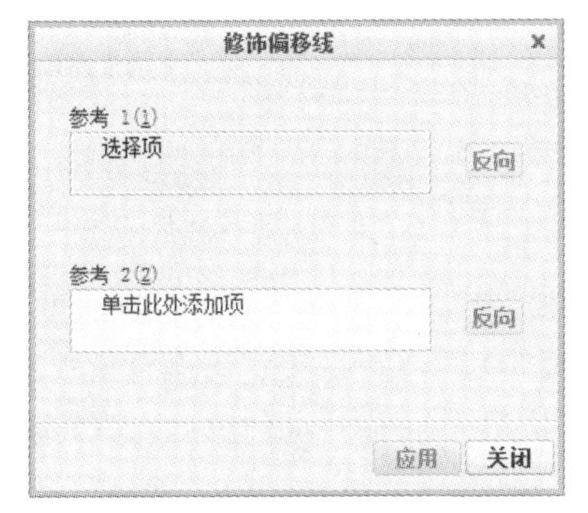

图 11-34　“修饰偏移线”对话框

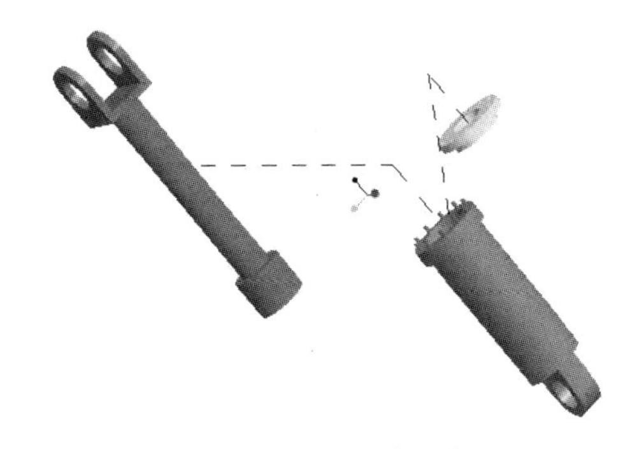

图 11-35　显示偏距线

选中某个偏距线，然后单击图 11-32 中的按钮，将可以对偏距线进行拖动等更改操作。在偏距线上右击，系统将弹出如图 11-36 所示的快捷菜单，可以增加角拐，如图 11-37 所示，将在鼠标选定位置增加相应符号，从而可以更改偏距线形状。

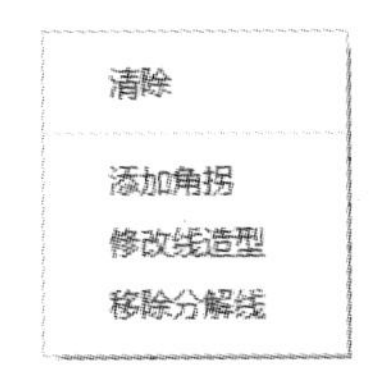

图 11-36　快捷菜单

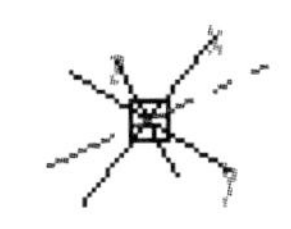

图 11-37　啮合点图标

选中某个偏距线，然后单击图 11-32 中的按钮，可以删除所选中的偏距线。

11.4.2 保存分解视图

分解视图可以保存起来，以便以后随时打开，Creo Parametric 提供的视图管理器可以完成此操作。

具体操作步骤如下：

（1）单击“视图”操控板中的“管理视图”→“视图管理器”选项，单击“分解”选项卡，系统弹出如图 11-38 所示的对话框。

（2）单击“新建”按钮，“名称”列表中显示可编辑的视图名称，输入新名称即可。

（3）单击“属性”按钮，系统弹出如图 11-39 所示的对话框。

图 11-38 “视图管理器”

图 11-39 创建分解视图

（4）单击“编辑位置”按钮，弹出“分解位置”操控板，设置元件分解位置即可。

（5）单击按钮，返回图 11-38。重复上面的步骤（2）~（4），创建多个分解视图。

（6）对所建立的视图进行编辑定义。单击“编辑”按钮，如图 11-40 所示，可以进行视图的重命名、移除、重定义、复制等操作。

（7）进行显示设置。单击“选项”按钮，如图 11-41 所示，从中可以设置活动状态、添加到列表中。

图 11-40 编辑分解视图

图 11-41 显示设置

11.5 实例操作

下面通过两个装配操作实例，使读者对零件装配的基本步骤有一个全面的掌握。学会该实例操作后，读者可以完成一些比较复杂的零件装配。

11.5.1 手刹

要完成的装配体如图 11-42 所示。这是一个手刹的部分装配体。

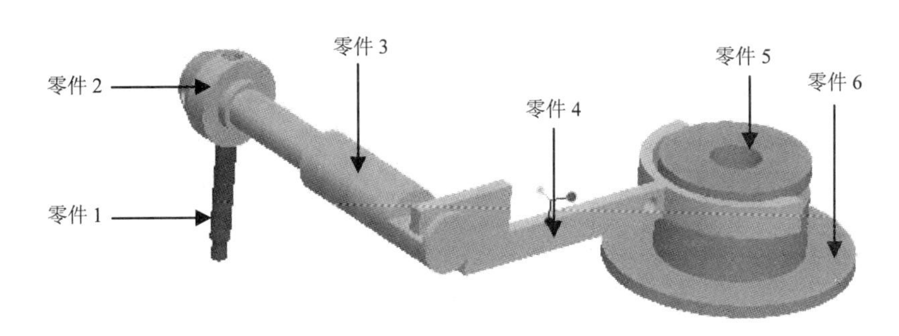

图 11-42 将要完成的装配体

其中，零件 1 为手柄小轴 zhoubingzhou.prt，零件 2 为手柄座 shoubingzuo.prt，零件 3 为手柄大轴 zhoubingzhou1.prt，零件 4 为拨叉体 bochati.prt，零件 5 为上离合器 shangliheqi.prt，零件 6 为下离合器 xilihe.prt。

下面是操作实例的具体步骤。

1. 设置工作目录

在 Creo Parametric 主界面中，从主菜单栏选取“文件”中的“设置工作目录”命令，系统将弹出“选取工作目录”对话框，在该对话框“查找范围”下拉列表框中选取目录作为工作目录，或者直接在“名称”文本框中输入工作目录路径。这样以后读取装配零件就比较容易了，并且所产生的装配文件，系统都会自动放在该工作目录中。

2. 新建零件装配文件 shoubing.asm 进入零件装配模式

在 Creo Parametric 主界面中，从主菜单栏选取“文件”→“新建”命令，或直接单击工具栏中的□按钮，系统将弹出“新建”对话框；在“类型”框中选中“装配”单选按钮，并保证右边“子类型”框选中“设计”单选按钮；然后在“名称”文本框中输入文件名 shoubing(也可以带有后缀.asm)，完毕后，单击“确定”按钮即可完成。

3. 调入主体装配零件 zhoubingzhou.prt

单击“元件”操控板中按钮，并在弹出的“打开”对话框中选取主体零件文件 zhoubingzhou.prt，单击“打开”按钮，完成主体零件的调入。所选中的主体装配零件将出现在主界面窗口中，如图 11-43 所示（关闭所有基准的显示）。同时系统显示“元件放置”操控板，直接单击该操控板的“确定”按钮，即可完成主体装配零件的调入。此时，零件1将处于自动装配状态，由于是第一个零件，所以可以不施加约束。

4. 调入并装配第2个零件 shoubingzuo.prt

（1）调入第2个装配零件。重复上面的步骤，调入第2个零件 shoubingzuo.prt。如图11-44所示为调入第2个零件后的情况。

图11-43　调入的第一个装配零件（主体）

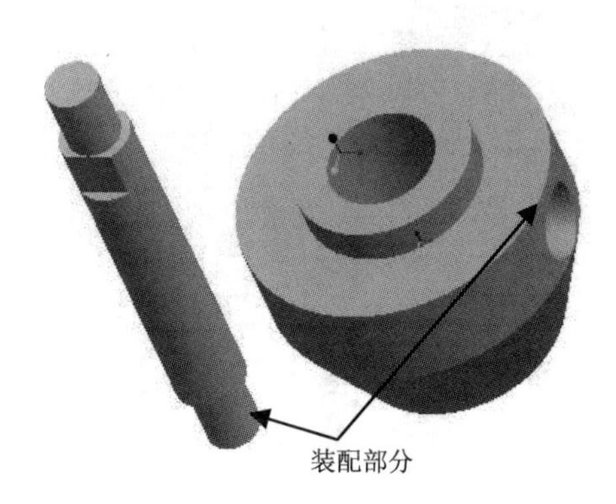

图11-44　读取第2个零件后的情况

（2）定义装配约束关系。零件调入完毕后，系统同时弹出“元件放置”操控板，如图11-45所示，该操控板用于定义零件之间的装配约束关系。

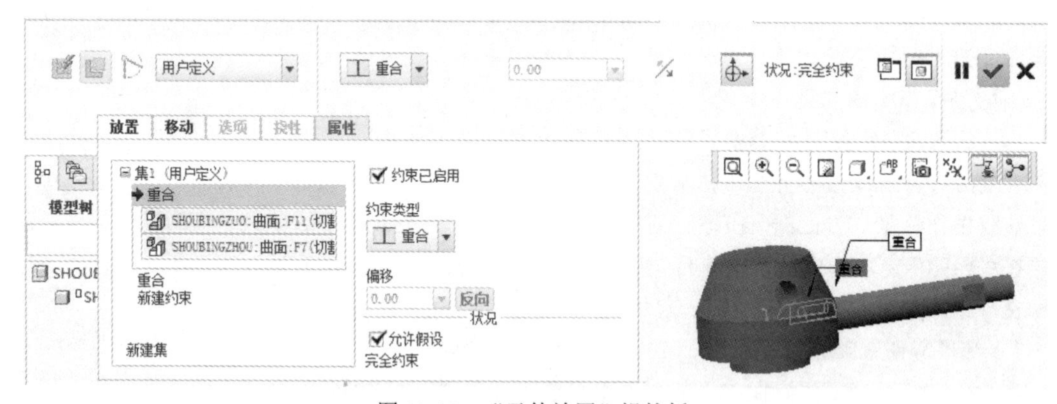

图11-45　“元件放置”操控板

根据零件的特点，要完成完整的装配需要定义两个约束关系，即重合约束。

1）定义手柄座孔与手柄外圆之间的重合约束。在“约束类型”下拉列表框中选取“重合”选项，然后在设计窗口中选取如图11-44所示插入约束的两个圆柱面，一个是手柄轴端部的圆柱外表面，另一个是零件2的圆柱孔内表面。完成后第1个零件（主轴）将自动插入到第2个零件的圆孔中。此时装配情况如图11-46所示。

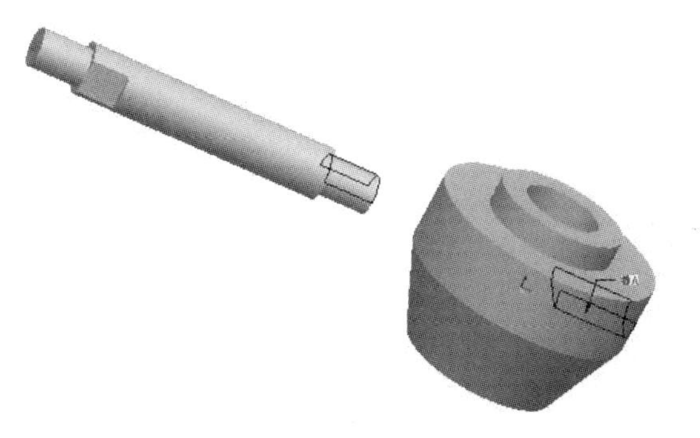

图 11-46　完成插入后的装配情况

2）定义手柄座端面与手柄阶梯端面之间的重合约束。单击“新建约束”，在“约束类型”下拉列表框中选取“重合”选项，显示基准平面。然后在设计窗口中选取手柄轴端部的轴环端面，另一个是零件 2 的外圆柱面切面 DTM1。完成后第 1 个零件将自动与第 2 个零件匹配，此时装配情况如图 11-47 所示。

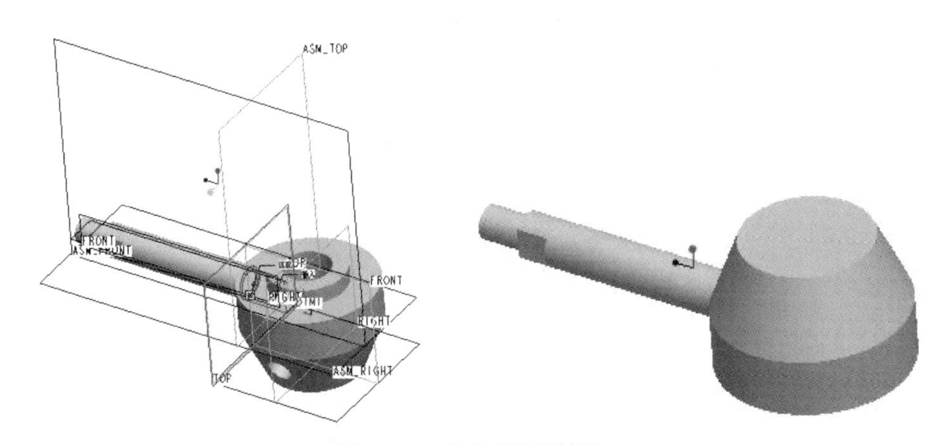

图 11-47　完成的装配情况

（3）确认装配约束关系的定义。然后单击“元件放置”操控板中“确定”按钮。

5. 调入并装配第 3 个零件 zhoubingzhou1.prt

（1）调入第 3 个装配零件。以同样的调入方法读取第 3 个零件 zhoubingzhou1.prt。如图 11-48 所示即为调入第 3 个零件后的情况。

（2）定义装配约束关系。零件读取完毕后，系统同时弹出“元件放置”操控板。根据零件的特点，要完成完整的装配需要定义两个约束关系，即重合，如图 11-48 所示。

1）定义手柄座孔与轴柄座圆柱面的重合约束关系。在“约束类型”下拉列表框中选取“重合”选项，然后在设计窗口中选取如图 11-48 所示的两个圆柱面，一个是手柄座轴内孔的圆柱表面，另一个是零件 3 的圆柱外表面。完成后第 3 个零件将自动插入到第 2 个零件的圆孔中，此时装配情况如图 11-49 所示。

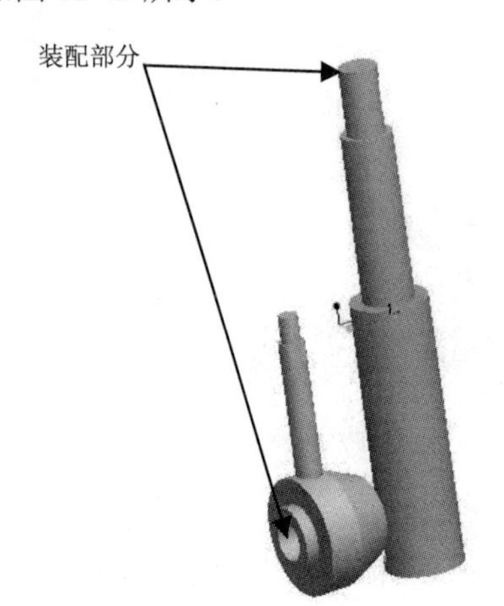

图 11-48　读取第 3 个零件后的情况

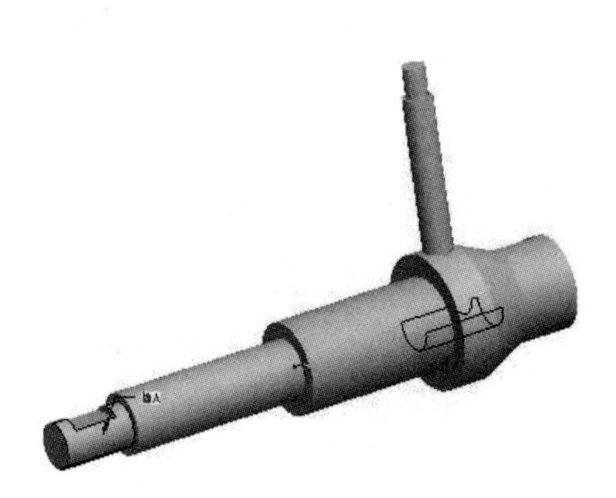

图 11-49　插入结果

2）定义手柄座端面与轴柄座阶梯端面之间的重合约束关系。单击“新建约束”，在“约束类型”下拉列表框中选取“重合”选项，显示基准平面。然后在设计窗口中选取手柄座的外端面，另一个是零件 3 的圆环端面。完成后第 3 个零件将自动与第 2 个零件匹配，此时装配情况如图 11-50 所示。

图 11-50　完成匹配后的装配情况

（3）确认装配约束关系的定义。然后单击“元件放置”操控板中的“确定”按钮。

6. 调入并装配第 4 个零件 bochati.prt

（1）调入第 4 个装配零件 bochati.prt。以同样的调入方法调入第 4 个零件。如图 11-51 所示即为调入第 4 个零件后的情况。

（2）定义装配约束关系。零件读取完毕后，系统同时弹出“元件放置”操控板。根据零件的特点，要完成完整的装配需要定义 3 个约束关系：两个“距离”和一个“重合”。

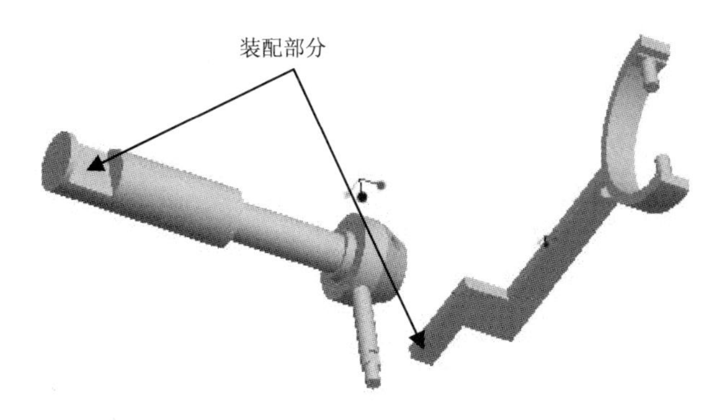

图 11-51　调入第 4 个零件后的情况

1）定义重合约束关系 1。在“约束类型”下拉列表框中选取“重合”选项。然后在设计窗口中选取拨叉体的装配部分的下端面，另一个是零件 3 的平面。完成后第 4 个零件将自动与第 3 个零件匹配，此时装配情况如图 11-52 所示。

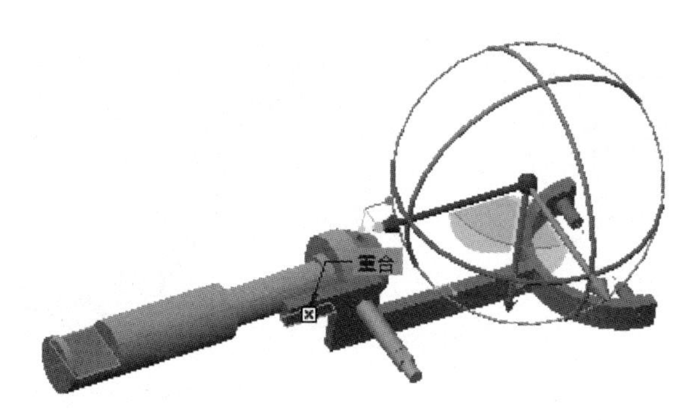

图 11-52　完成重合约束后的装配情况

2）定义距离约束关系 2。单击“新建约束”，在“约束类型”下拉列表框中选取“距离”选项。然后在设计窗口中选取拨叉体的装配部分的侧面，另一个是零件 3 靠近手柄座的侧平面。如图 11-53 所示，输入偏移距离 10。完成后第 4 个零件将自动与第 3 个零件匹配，此时装配情况如图 11-54 所示。

3）定义距离约束关系 3。单击“新建约束”，在“约束类型”下拉列表框中选取“距离”选项，显示基准平面。然后在设计窗口中选取拨叉体的基准平面 DTM1，另一个是零件 3 的基准平面 RIGHT。输入“偏移”距离-128。完成后第 4 个零件将自动与第 3 个零件对齐，此时装配情况如图 11-55 所示。

（3）确认装配约束关系的定义。然后单击“元件放置”操控板中的“确定”按钮。

7. 读取并装配第 5 个零件 shangliheqi.prt

（1）读取第 5 个装配零件 shangliheqi.prt。以同样的读取方法读取第 5 个零件。如图 11-56 所示即为读取第 5 个零件后的情况。

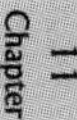

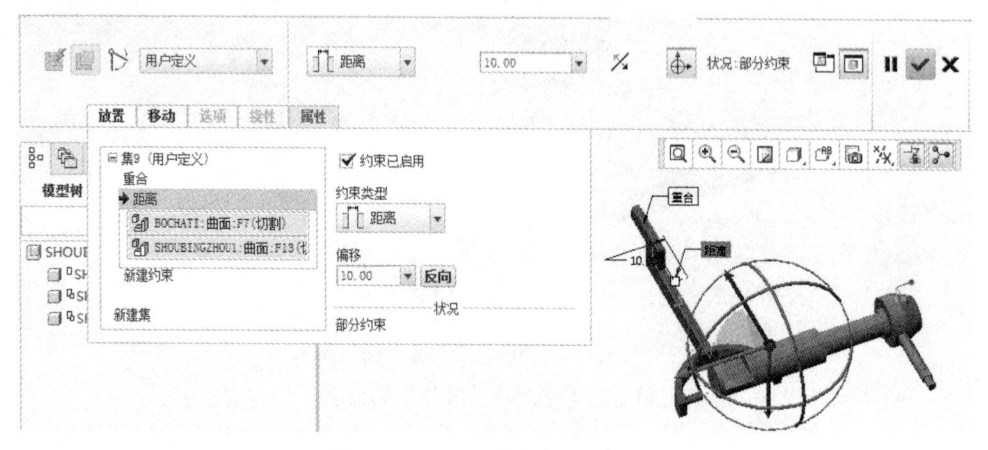

图 11-53 “元件放置”操控板

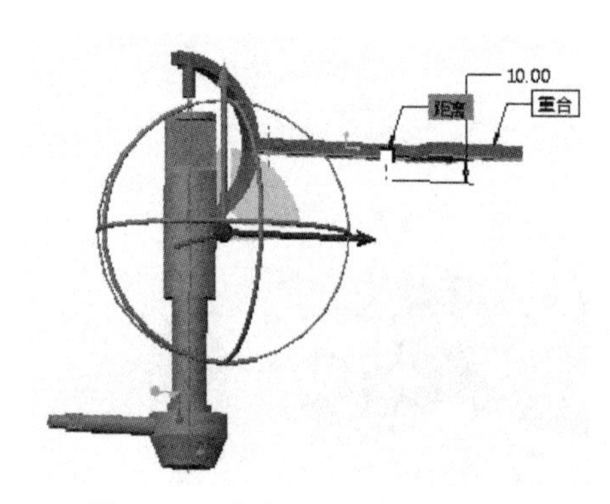

图 11-54 完成匹配后的装配情况

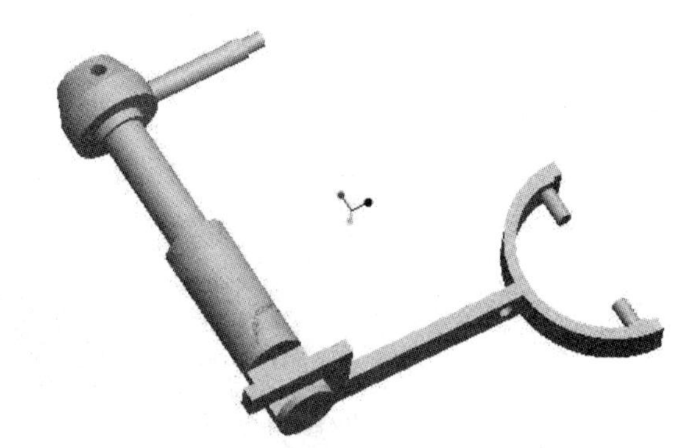

图 11-55 完成对齐后的装配情况

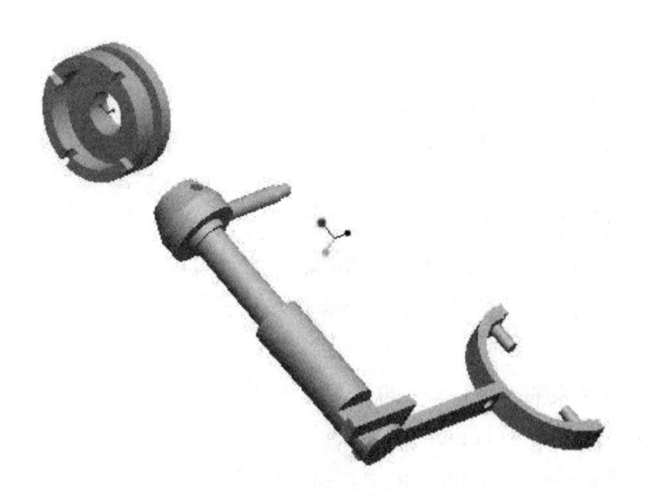

图 11-56 调入第 5 个零件后的情况

（2）定义装配约束关系。零件读取完毕后，系统同时弹出“元件放置”操控板，根据零件的特点，要完成完整的装配需要定义 3 个约束关系：两个重合和一个距离。

1）定义重合约束关系 1。在“约束类型”下拉列表框中选取“重合”选项，显示基准平面。然后在设计窗口中分别选取拨叉体的 DTM5 基准平面和上离合器的 FRONT 平面，结果如图 11-57 所示。

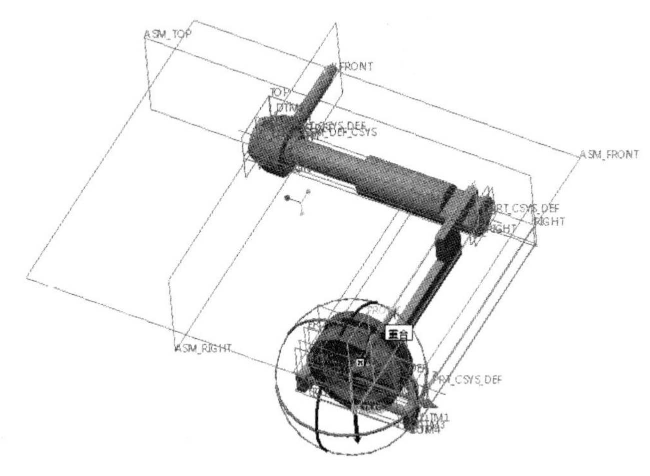

图 11-57 匹配结果

2）定义距离约束关系 2。单击“新建约束”，在“约束类型”下拉列表框中选取“距离”选项。然后在设计窗口中选取拨叉体下端面和上离合器的不带切口的平面，输入“偏移”距离 15，完成后第 5 个零件将自动与第 4 个零件匹配，此时装配情况如图 11-58 所示。

3）定义重合约束关系 3。单击“新建约束”，在“约束类型”下拉列表框中选取“重合”选项。然后在设计窗口中选取拨叉体外端面和上离合器的 RIGHT 平面，完成后第 5 个零件将自动与第 4 个零件匹配，此时装配情况如图 11-59 所示。

图 11-58 完成装配的装配体

图 11-59 完成装配的装配体

（3）确认装配约束关系的定义。然后单击“元件放置”操控板中的“确定”按钮。

8. 读取并装配第 6 个零件 xialihe.prt

（1）读取第 6 个装配零件 xialihe.prt。如图 11-60 所示即为读取第 6 个零件后的情况。

图 11-60　导入下离合

（2）定义装配约束关系。零件读取完毕后，系统同时弹出“元件放置”操控板，根据零件的特点，要完成完整的装配需要定义两个约束关系：重合。

1）定义重合约束关系。在“约束类型”下拉列表框中选取“重合”选项，显示基准轴。然后在设计窗口中分别选取下离合器的中心轴和上离合器的中心轴，结果如图 11-61 所示。

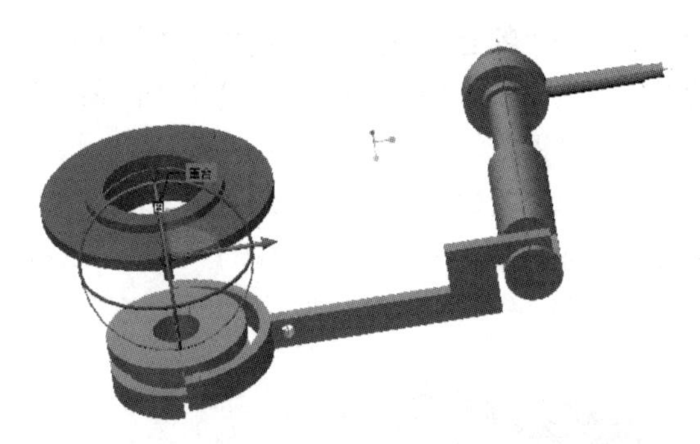

图 11-61　完成装配的装配体

2）定义匹配约束关系。单击“新建约束”，在“约束类型”下拉列表框中选取“重合”选项。然后在设计窗口中选取下离合的下表面和上离合器的带切口的端面，完成后第 6 个零件将自动与第 5 个零件匹配，此时装配情况如图 11-62 所示。

（3）确认装配约束关系的定义。然后单击“元件放置”操控板中的“确定”按钮。

9. 保存文件

选取主菜单“文件”→“保存”命令，结束整个装配过程。

10. 对装配体创建爆炸视图

利用“元件显示”操控板中的“编辑位置”和“分解图”按钮，创建装配体的爆炸视图。

图 11-62　匹配结果

（1）使用“分解图”按钮。装配完成后选择该选项，创建系统默认情况下的爆炸视图，如图 11-63 所示。

（2）使用“编辑位置”按钮手工创建爆炸视图。选择该选项，系统将弹出“分解位置”操控板。在选择参照项上面单击，选取 1 号零件的轴线，然后单击“参考”选项卡，选取一个零件并移动鼠标，该零件就会沿指定的方向移动，如图 11-64 所示是移动零件的情况。

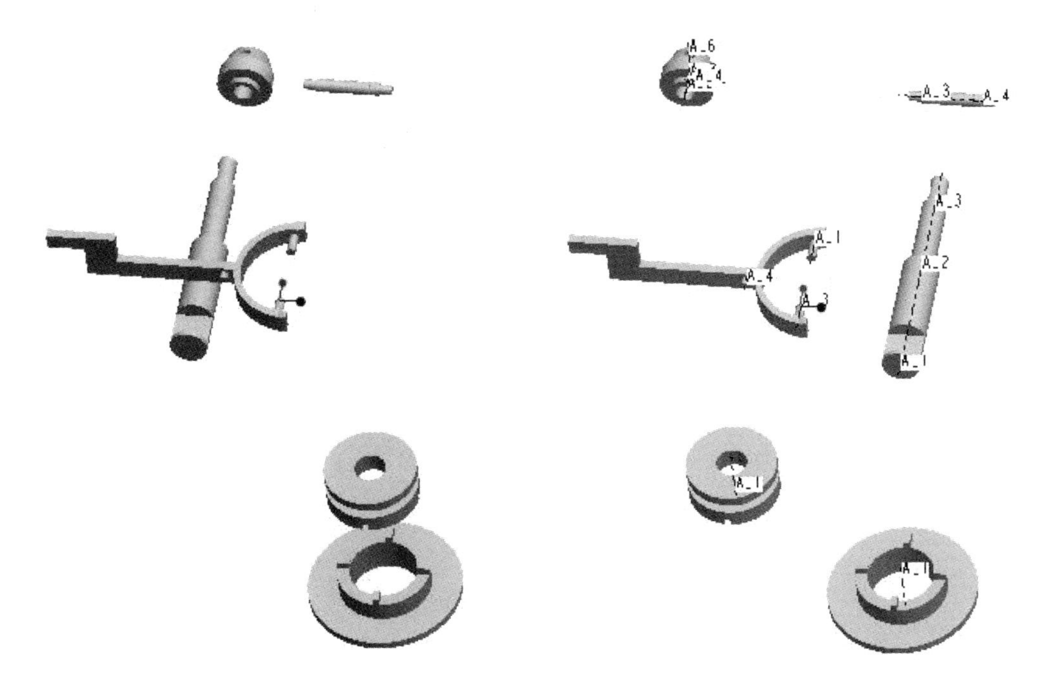

图 11-63　创建系统默认情况下的爆炸视图　　　　图 11-64　移动零件的情况

11.5.2　摊铺机补料器

安装后的摊铺机补料器如图 11-65 所示。在这个练习中，将首先创建一个轴承子装配体，然后在总装配中安装零件和自装配体。

1. 创建轴承子装配体

轴承由外圈、内圈和滚动体组成。在这里没有设计保持架。

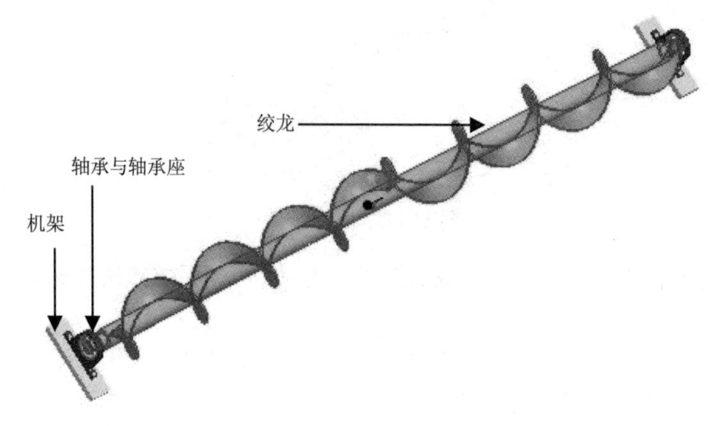

图 11-65　补料器装配体

具体操作步骤如下：

（1）新建装配文件 zhoucheng.asm，进入零件装配模式。

（2）调入主体装配零件 1 外圈 416_1.prt。

单击“元件”操控板中按钮，选取主体零件文件 416_1.prt，完成主体零件的调入。所选中的主体装配零件将出现在主界面窗口中，如图 11-66 所示（关闭所有基准的显示）。同时系统显示“元件放置”操控板，直接单击该操控板的“确定”按钮，即可完成主体装配零件的调入。此时，零件 1 将处于自动装配状态，由于是第一个零件，所以可以不施加约束。

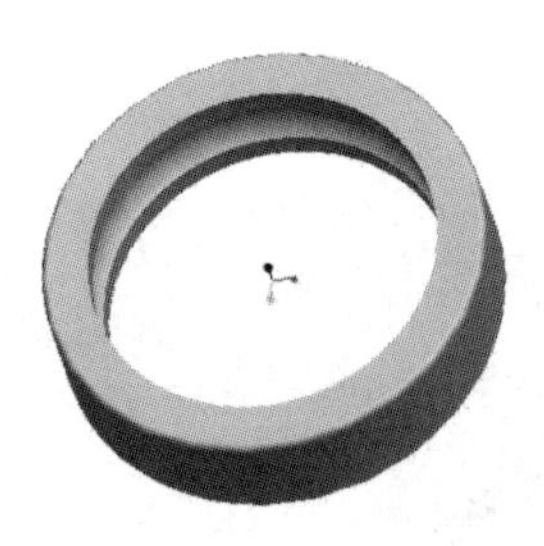

图 11-66　导入零件 1

（3）调入并装配第 2 个零件内圈 416_2.prt。

1）调入第 2 个装配零件。重复上面的步骤，调入第 2 个零件 416_2.prt。如图 11-67 所示即为调入第 2 个零件后的情况。

2）显示基准平面，令两个中轴线重合，并且两个端面匹配，结果如图 11-68 所示。

3）确认装配约束关系的定义。然后单击“元件放置”操控板中的“确定”按钮。

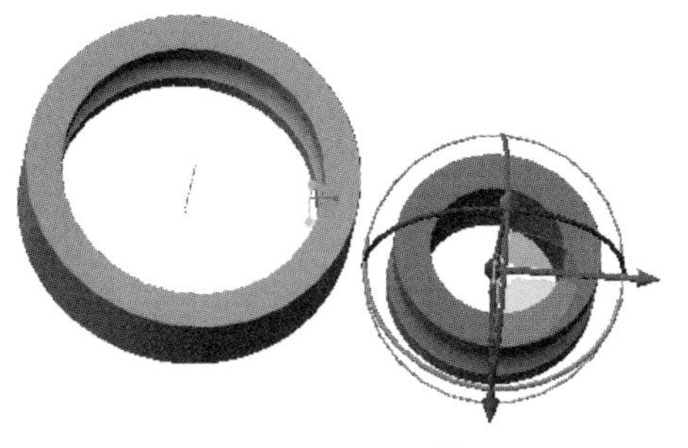

图 11-67　导入零件 2

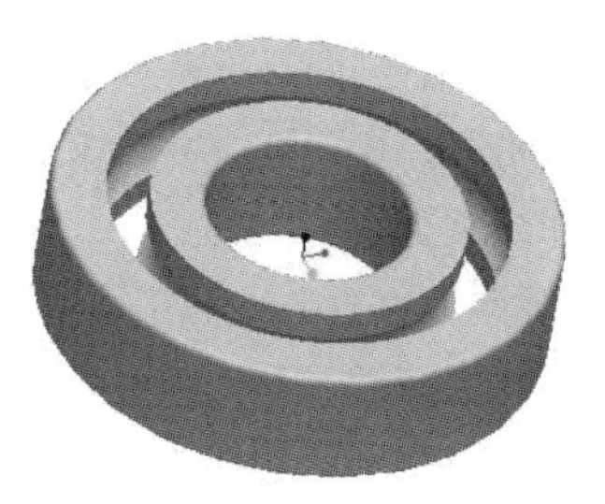

图 11-68　导入结果

（4）调入并装配第 3 个零件滚动体 416_3.prt。

1）调入第 3 个装配零件。重复上面的步骤，调入第 3 个零件 416_3.prt。如图 11-69 所示即为调入第 3 个零件后的情况。

2）显示基准坐标系，令装配体坐标系和零件 3 的坐标系对齐，结果如图 11-70 所示。

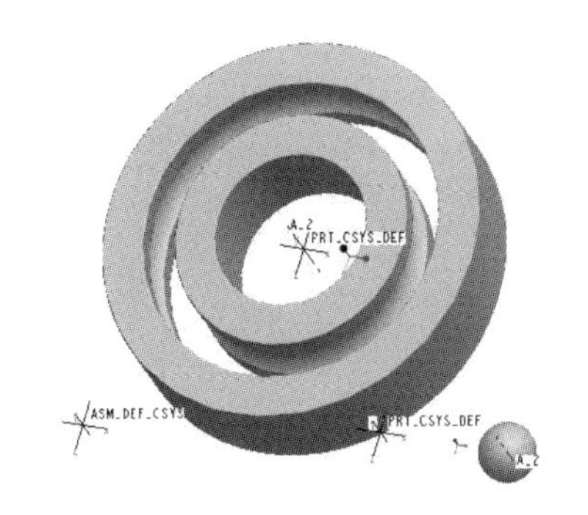

图 11-69　调入零件 3

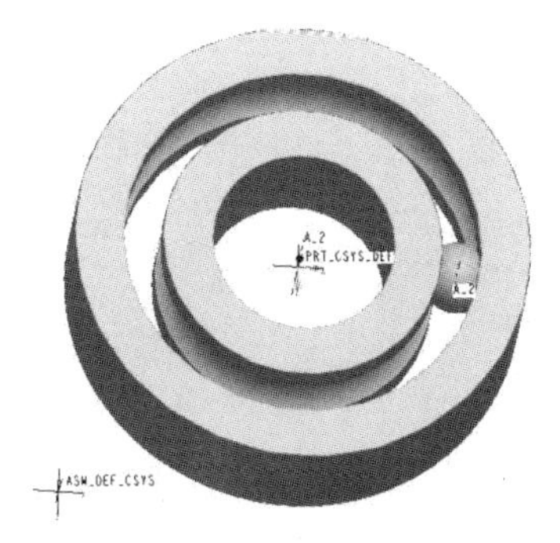

图 11-70　装配结果

（5）阵列滚动体。

1）选中滚动体，然后单击“阵列”按钮，系统弹出“阵列”操控板。

2）选择“轴”方式，然后选中装配体中心轴，输入 12 个和 30°间距。

3）单击“确定”按钮，结果如图 11-71 所示。

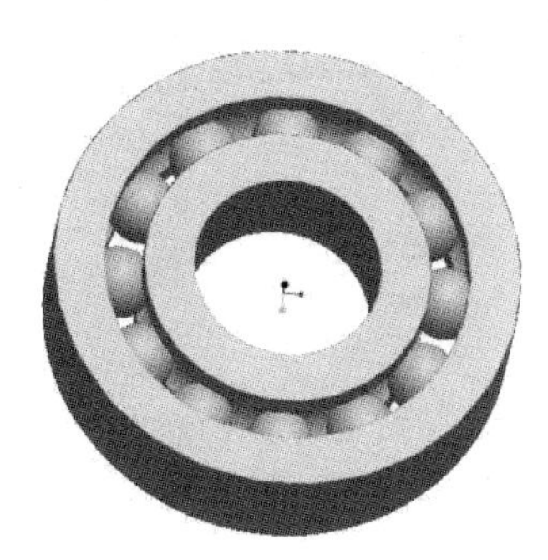

图 11-71　阵列结果

至此，轴承装配完毕。

2. 装配补料器

补料器由机架、轴承座、轴承和绞龙组成。

具体操作步骤如下：

（1）新建装配文件 buliaoqi.asm，进入零件装配模式。

（2）调入主体装配零件 1 绞龙 buliaoqi.prt，采用“自动”定位方式，所选中的主体装配零件将出现在主界面窗口中，如图 11-72 所示。

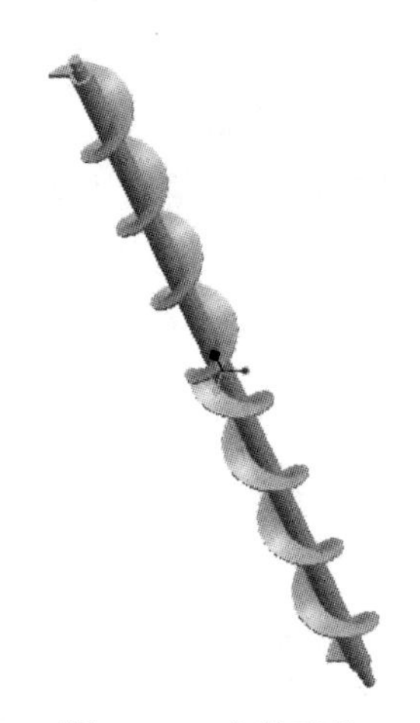

图 11-72　主装配体

（3）调入轴承装配体 zhoucheng.asm。

插入轴承装配体文件 zhoucheng.asm，在“元件放置”操控板中选择“重合”约束，选择轴承体内孔和绞龙一端的最小轴径；选择“重合”约束，选择轴承侧端面和绞龙最小轴径端部的轴环面，结果如图 11-73 所示。

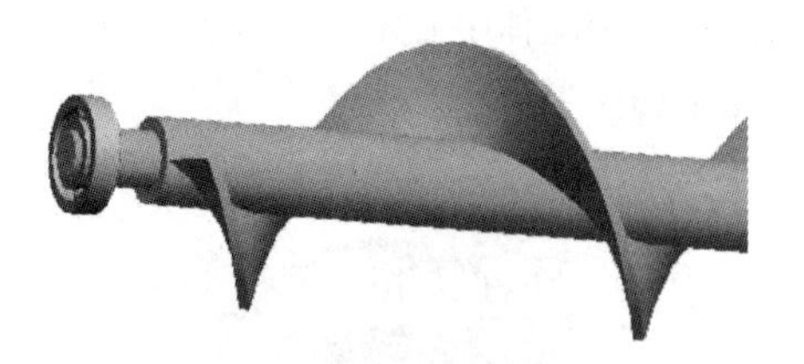

图 11-73　安装轴承

（4）调入轴承座零件 zczuo.prt。

调入轴承座零件文件，选择“重合”约束，选择轴承外圆柱面和轴承座内孔面；选择“重合”约束，选择轴承座端面与轴承靠近轴环端面。结果如图 11-74 所示。

（5）调入机架文件 jijia.prt。

调入机架零件文件，选择“重合”约束，选择机架的一个大面与轴承座底面；选择“距离”约束，选择轴承外端面和机架的一侧面，输入“偏移”距离为3；选择“距离”约束，选择轴承一个侧面和机架同侧的侧面，输入“偏移”距离为5。结果如图11-75所示。

图11-74 安装轴承座

图11-75 安装机架

按照上面的方式，安装另一侧的部件，结果如图11-76所示。

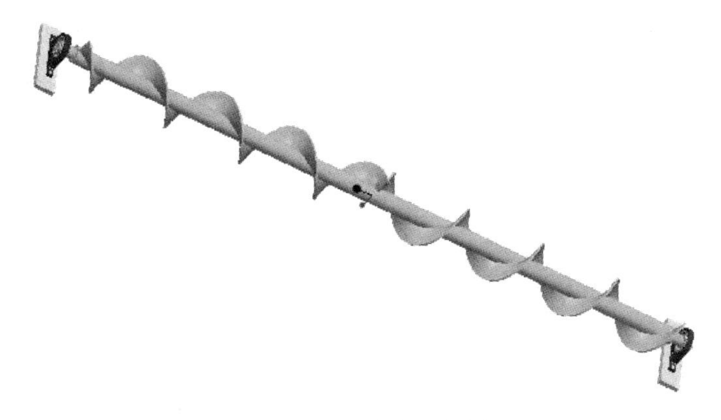

图11-76 最终安装结果

12 工程图

Creo Parametric 具有强大的工程图绘制功能。本章主要介绍工程图制作的基本操作及各种细节操作。通过本章的学习，读者将掌握 Creo Parametric 中工程制图的知识与技巧，并且能够快速学会利用 Creo Parametric 绘制工程图。

12.1 工程图概述

下面以概述方式讲解工程图制作的基本步骤和基本流程，使读者对工程图制作部分有一个初步的了解。

工程图制作基本步骤如下：

（1）启动 Creo Parametric，进入工程制图模式，修改工程图名称。

（2）选择要建立工程图的零件或装配件，并且选择图纸的规格。

（3）产生基本视图（前视图、顶视图和右视图）。

（4）随后修改或增加视图，使零件或装配件清楚表达出来。

（5）在生成的工程图上添加尺寸和批注等。

（6）如果设计已经满意，则存盘退出；如果不满意，将继续修改视图。

12.1.1 三视图基础

在机械制图中，将机件向投影面投影所得的图形称为视图。工程上常用三视图来表达机件。目前，在三面投影体系中常用的投影方法有两种：第一角投影法和第三角投影法，如图 12-1 所示。我国采用第一角投影法（GB 4458.1－84 中规定），而欧美等国家采用第三角投影法，Creo Parametric 默认值也是采用第三角投影法。在第三角投影体系中的正面投影称为前视图，垂直投影称为顶视图，侧面投影称为右视图，如图 12-2 所示。

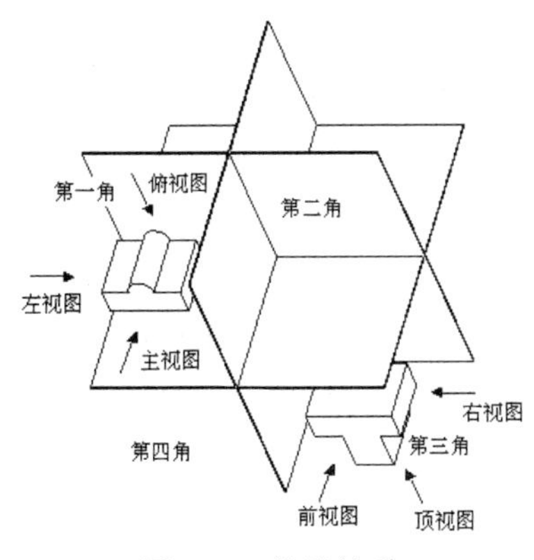

图 12-1 投影体系

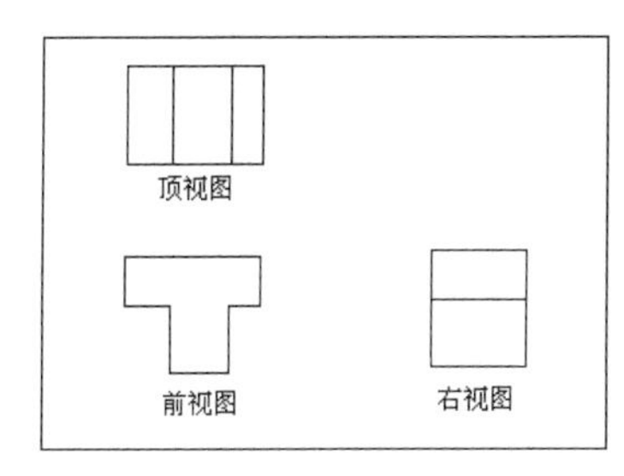

图 12-2 第三角投影视图

采用第一角投影法还是采用第三角投影法，用户可以进行环境设置。本书介绍的实例都采用 Creo Parametric 系统默认的第三角投影法，以便可以更好地与国际接轨。

此外，在工程设计中，为了更加清楚地表达设计意图，除了三视图外，还经常辅以局部视图、详图、辅助视图等来进行说明，在 Creo Parametric 系统中也相应地设置了这些视图的设计。如图 12-3 所示为在 Creo Parametric 中绘制的一些常见工程图。

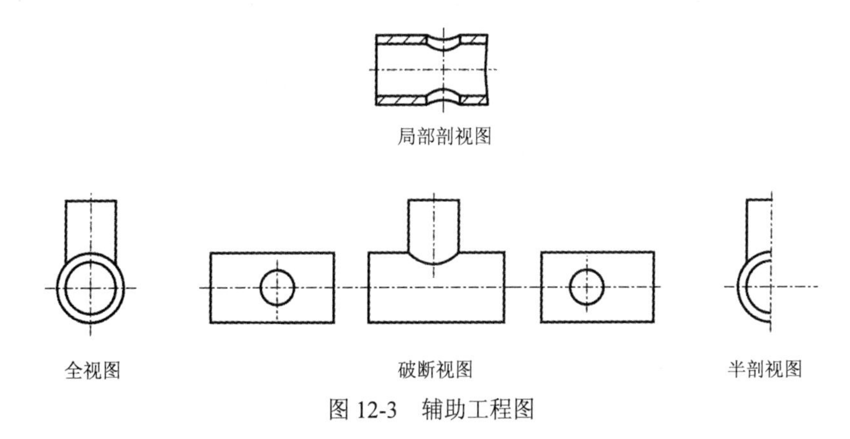

图 12-3 辅助工程图

在 Creo Parametric 中，当零件或装配件模型完成后，可以利用零件或装配件来产生工程图。工程图与零件或装配件之间存在着相互关联的关系，如果对其中一方作修改，另一方也同时随之自动更改。

12.1.2 工程图模板设置

从前面的章节可以知道，Creo Parametric 提供了多种设计模式，如草绘设计模式、零件设计模式、组件设计模式等。如果要绘制工程图，首先必须进入工程制图模式。

下面介绍由零件或装配件模型产生三视图的基本操作步骤。

（1）启动 Creo Parametric，进入设计主窗口。

（2）在设计主窗口中，选取主菜单栏“文件”→“新建”命令，系统将弹出“新建”对话框。

（3）在“类型”框中选中“绘图”单选按钮，在“名称”文本框中输入工程图名，默认为 drw0001（默认名字为“drw#”，“#”为文件流水号），单击“确定”按钮，将弹出如图 12-4 所示的“新建绘图”对话框。

（4）选取零件或者装配件模型。

如果在建立工程图文件之前没有打开任何 Creo Parametric 文件，则“新建绘图”对话框中的“默认模型”文本框中显示“无”字样，如果在建立工程图文件之前已经打开了一个 Creo Parametric 文件，则此文本框中将显示该文件的文件名。

当需要选取其他零件或者装配件模型时，可以单击右侧的“浏览”按钮，此时系统将弹出“打开”对话框，从工作目录或中内存中选择相应的模型文件即可。

（5）设置图纸的大小。

Creo Parametric 在“指定模板”栏中提供了 3 种定义工程图纸的方式，分别为“使用模板”、“格式为空”和“空”。选取不同的定义方式，“新建绘图”对话框将显示不同的内容。

下面分别详细介绍各方式的具体功能。

1. 使用模板

该方式表示选取系统自定义的模板，如图 12-4 所示，“模板”列表框中的“a0_drawing”、“b_drawing”、“c_drawing”等分别表示“A0 号图纸”、“B 号图纸”、“C 号图纸”等。单击其右侧的“浏览”按钮，系统将弹出“打开”对话框，此时用户可以选择以前建立的工程图文件，从而调用此工程图文件的模板。

2. 格式为空

该方式表示用现有的格式设置图纸大小，如图 12-5 所示。此时单击其右侧的“浏览”按钮，系统将弹出“打开”对话框，如图 12-6 所示，选取相应的图纸格式即可。

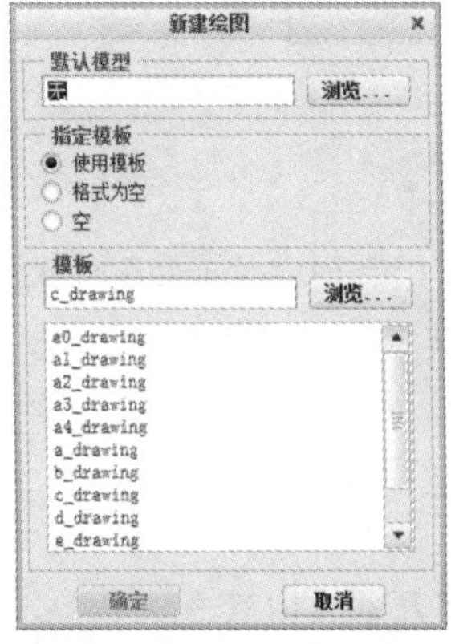

图 12-4 “新建绘图”对话框

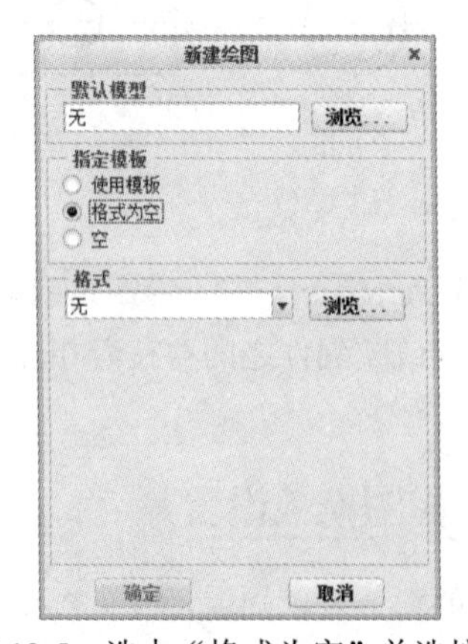

图 12-5 选中“格式为空”单选按钮

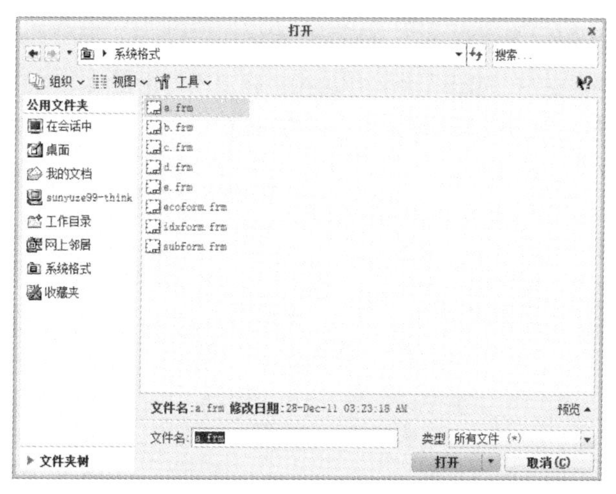

图 12-6 “打开”对话框

3. 空

该方式表示由用户设置图纸的大小和方向。选中“空”单选按钮，如图 12-7 所示。

如果要选择正规图纸，则可在“方向”组框中单击“纵向”或“横向”按钮。单击“纵向”按钮，将图纸设置为竖放；单击“横向”按钮，则将图纸设置为横放。然后在“标准大小”下拉列表框中可以选择标准图纸规格（A0~A4 及 A~E），其中各种图纸的大小不能修改。

如果要选择非正规的图纸，则可在“方向”组框中单击“可变”按钮，并在“宽度”文本框中设置图纸的宽度，在“高度”文本框中设置图纸的高度。选中“英寸”单选按钮，则图纸大小的单位为英寸；选中“毫米”单选按钮，则图纸大小的单位为毫米。例如，选择自定义的单位为毫米，宽为 200，高为 100 的非正规图纸，则如图 12-8 所示。

图 12-7 “空”选项对话框

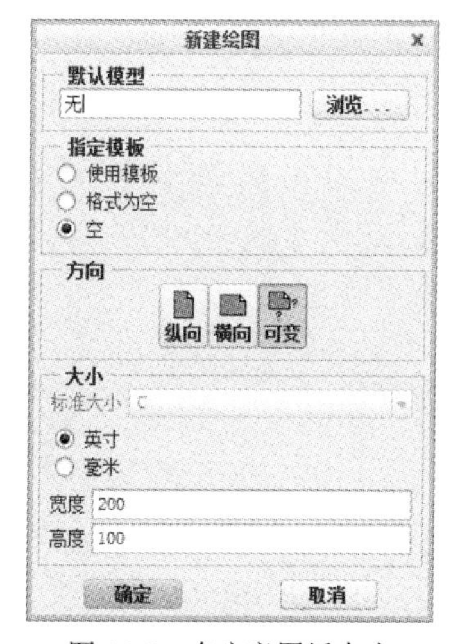

图 12-8 自定义图纸大小

最后单击“确定”按钮，系统将自动进入工程图制作模式。

如果用户采用“使用模板”的图纸定义方式（即选中“使用模板”单选按钮），则系统将自动创建并显示模型的 3 个基本视图，即顶视图、前视图和右视图，如图 12-9 所示。

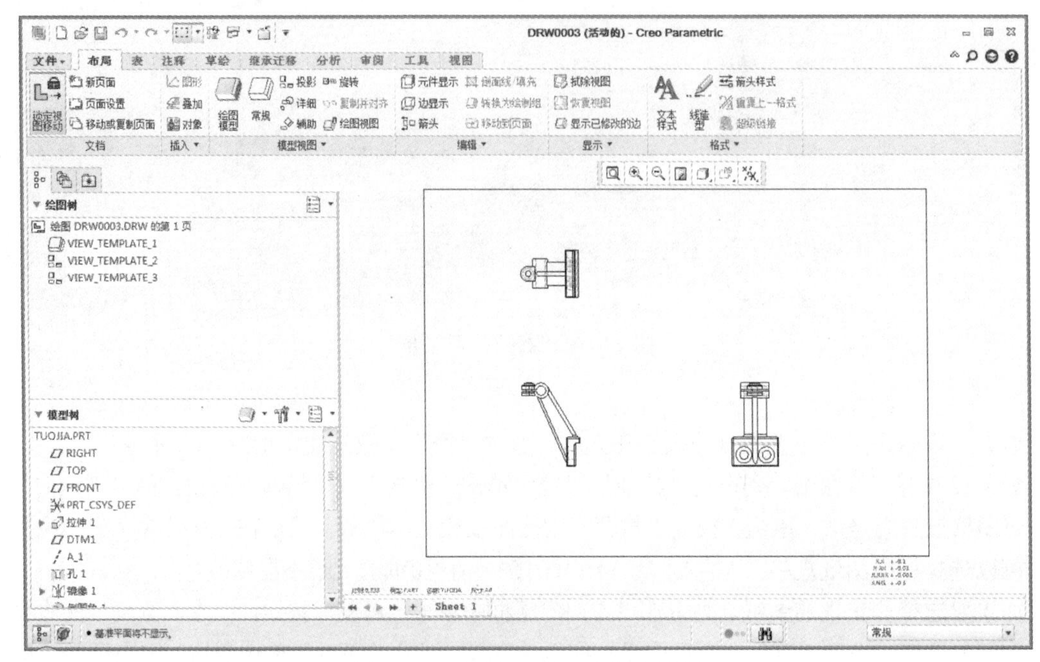

图 12-9　系统创建的 3 个基本视图

如果采用“空”的图纸定义方式（即选中“空”单选按钮）并且选取零件模型，单击“确定”按钮，系统将显示空白工程图界面。

12.1.3　插入常规视图

要插入工程视图，在“模型视图”操控板中单击“绘图视图”按钮，如图 12-10 所示，选择相应选项即可。

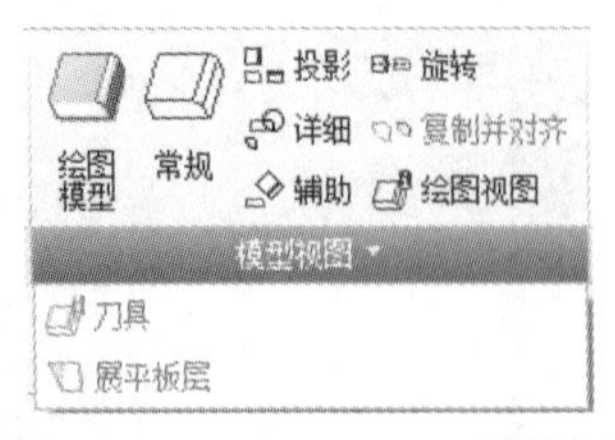

图 12-10　Model Views 操控板

如果单击“常规”按钮，则需要用鼠标左键在绘图窗口中的方框里单击一下，以确定视图的中心位置，此时系统将弹出如图 12-11 所示的对话框。

图 12-11　“绘图视图”对话框

在图 12-11 所示的“视图类型”类别中，可选择模型视图名，并选择视图方向或者设置显示方向、角度。另外，用户还可以设置其他的视图选项。

（1）在“可见区域”中，可以设置视图的形式，即它还包括“全视图”、“半视图”、“破断视图”、“局部视图”，如图 12-12 所示。

（2）在“比例”中，可以设置视图的比例，包括“页面的默认比例”，显示比例为 1.0 的视图；“自定义比例”，显示比例视图；“透视图”，显示透视图，如图 12-13 所示。

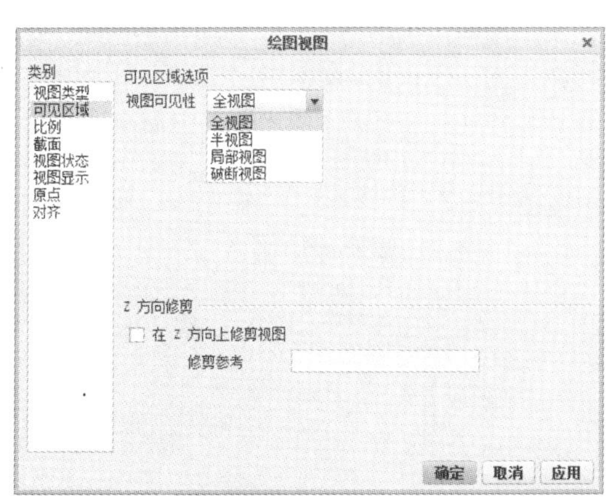

图 12-12　可见区域

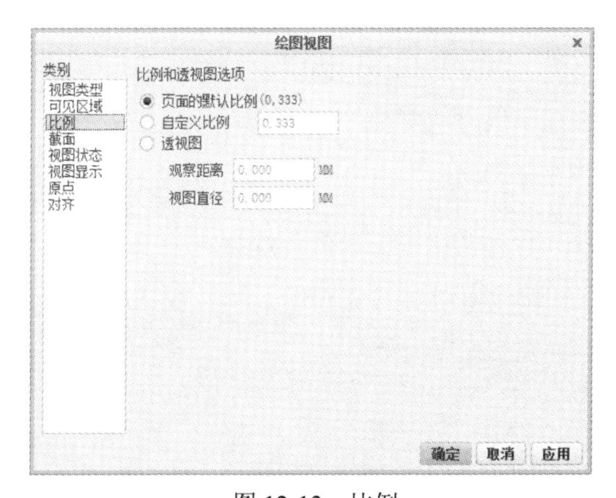

图 12-13　比例

（3）在“截面”中，用于设置视图的截面，包括“无截面”，不显示视图的剖面；“2D 横截面”，显示视图的剖面；“单个零件曲面”，显示视图的表面，如图 12-14 所示。

（4）在“视图状态”中，用于决定组件工程图中的组合和分解状态，如图 12-15 所示。

（5）在“视图显示”中，用于确定视图的显示方式，如线框方式等，如图 12-16 所示。

（6）在“原点”中，用于确定要插入的视图的原点位置，如图 12-17 所示。

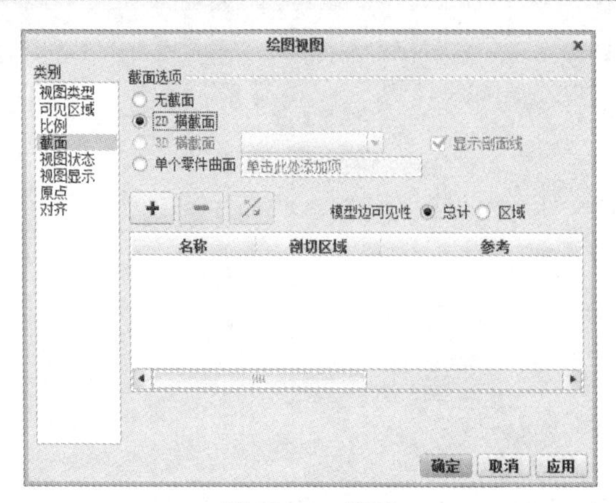

图 12-14　截面

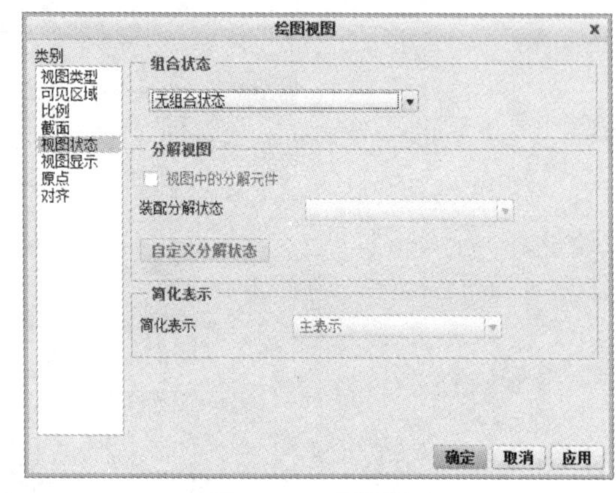

图 12-15　视图状态

（7）在“对齐”中，用于确定视图与其他视图的关系，如图 12-18 所示。

在完成设置后，单击“确定”按钮即可，结果如图 12-19 所示。

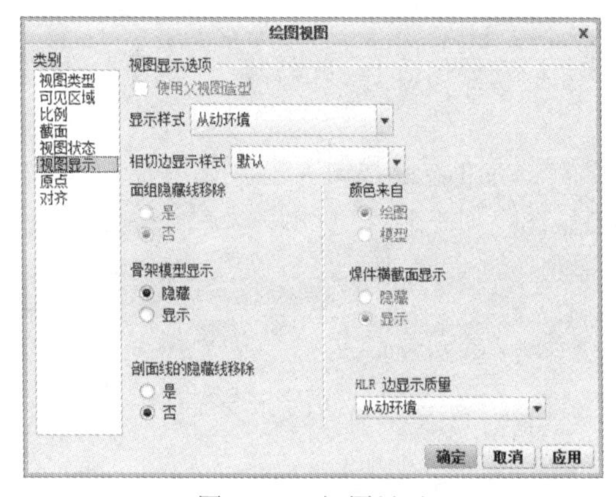

图 12-16　视图显示

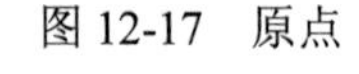

图 12-17　原点

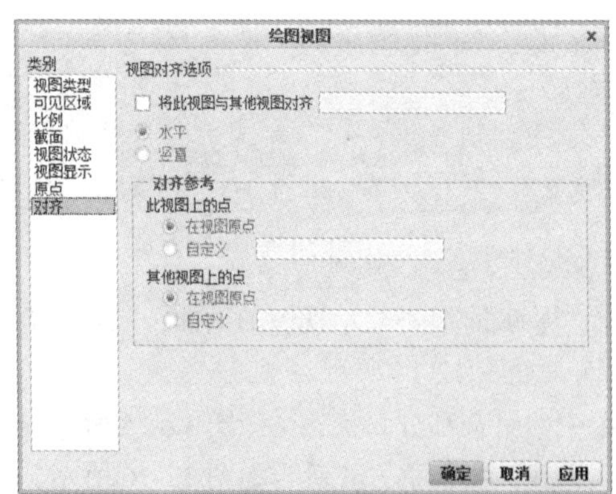

图 12-18　对齐

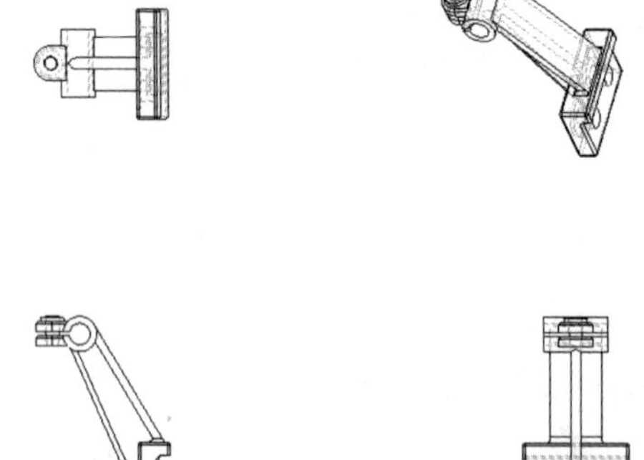

图 12-19　插入视图结果

除了常规视图外，还可以插入其他类型的视图：

（1）“投影”选项：沿着投影线创建零件的前视图、顶视图、右视图或左视图等投影视图。

（2）“详细”选项：将零件局部放大的视图。

（3）“辅助”选项：垂直某个斜面或基准面创建的辅助视图。

（4）“旋转”选项：当零件具有回转轴时，用两个相交的剖切平面剖开后旋转展开所得的视图。

（5）“复制并对齐”选项：用于为已有的部分视图或详细视图创建一个部分对齐视图。

（6）“展平板层”选项：用于创建一个展平板层的视图。

以上将在后面详细介绍。

12.2 工程图环境设置与基本操作

在 Creo Parametric 中，工程图的默认绘制习惯遵从美国标准，所以同国内有些出入。另外，插入视图后并不是一成不变了，而是可以调整。本节将就这些内容进行讲解。

12.2.1 工程图环境设置

在 GB 4458.1－84 中规定，我国采用第一角投影法。但 Creo Parametric 中默认值是采用第三角投影法，所以通过以上步骤制作出来的工程图不符合国家制图标准，必须进行环境设置。

Creo Parametric 中提供了几种工程图标注标准，如 JIS、ANSI、ISO、DIN 等。用户可以在 Creo Parametric 安装目录下的 text 目录中找到这些标准的设置文件，如 jis.dtl、din.dtl、iso.dtl、dwgform.dtl、prodetail.dtl 等。

下面简单地介绍一下绘图环境设置的方法。

在“文件”主菜单中提供了绘图属性命令，如图 12-20 所示。

图 12-20 “文件”属性菜单

选择“绘图属性”命令，系统将弹出“选项”对话框，如图 12-21 所示，从中即可修改各种绘图参数，配置新的绘图环境。

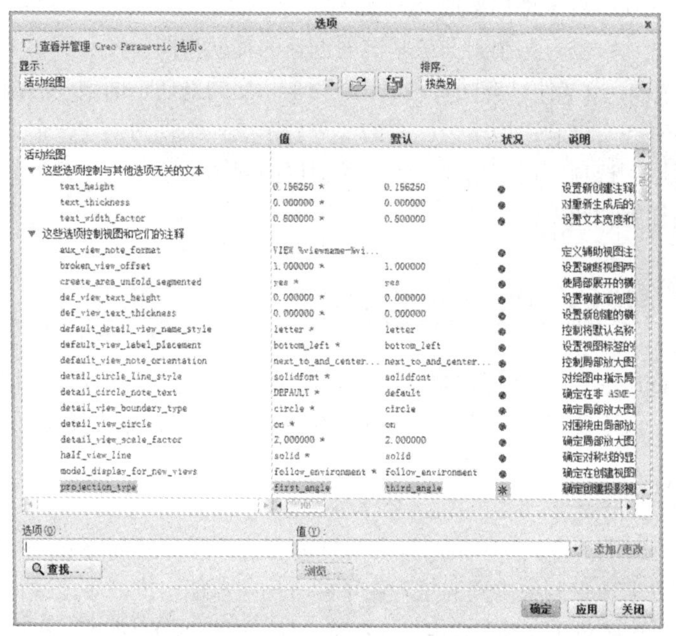

图 12-21 “选项”对话框

例如，参数 projection_type 控制视图的投影方式。选取该参数，此时该参数将出现在“选项”编辑框中，同时其值也出现在“值”编辑框中。单击右侧的▾按钮，并将 third_angle 改为 first_angle。单击“添加 / 更改”按钮，即可将视图的投影方式设置为第一角投影法。此后制作的工程图将符合第一角投影法，图 12-22 所示工程图是以第一角投影法投影得到的。

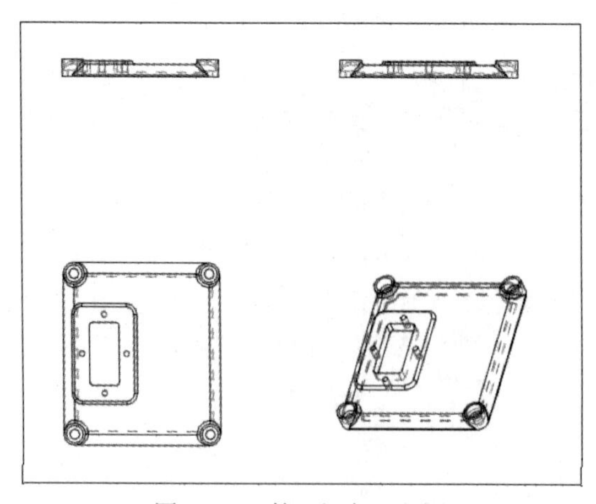

图 12-22 第一视角工程图

用户也可以直接单击“选项”对话框中的“打开”按钮，此时系统将弹出“打开”对话框，然后在 Creo Parametric 安装目录下的 text 目录中找到标准设置文件，如 jis.dtl、din.dtl、iso.dtl、dwgform.dtl、prodetail.dtl 等，选中其中一种标准设置文件即可。

12.2.2 视图基本操作

在本小节中将讲解视图操作及一些细节功能，使读者能够对视图进行修改、完善工程图。

1. 移动视图

当某视图的位置不符合设计要求时，可以通过移动视图操作来将视图移动到某一新位置。下面是移动视图的基本方法。

（1）选择要移动的视图。单击某一视图，此时该视图将显示其边界四角和原点处的图柄，如图 12-23 所示。

（2）在进行移动视图操作前，必须关闭锁定视图的开关。右击并选择快捷菜单中的“锁定视图移动”命令，取消其锁定状态，如图 12-24 所示；或者直接单击“文档”操控板中的“锁定视图移动”按钮，也可以取消锁定。

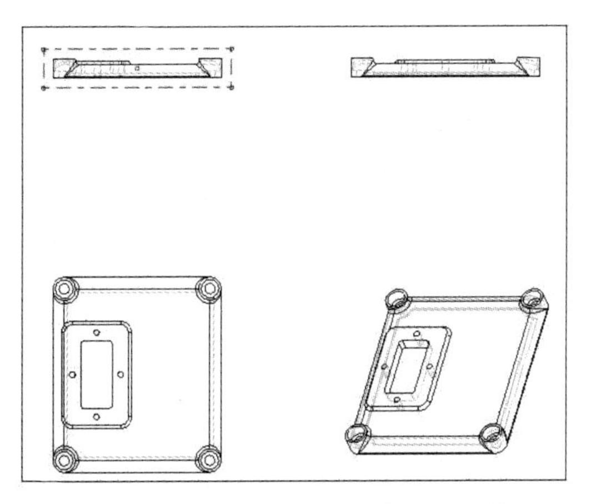

图 12-23 显示边界四角和原点处的图柄

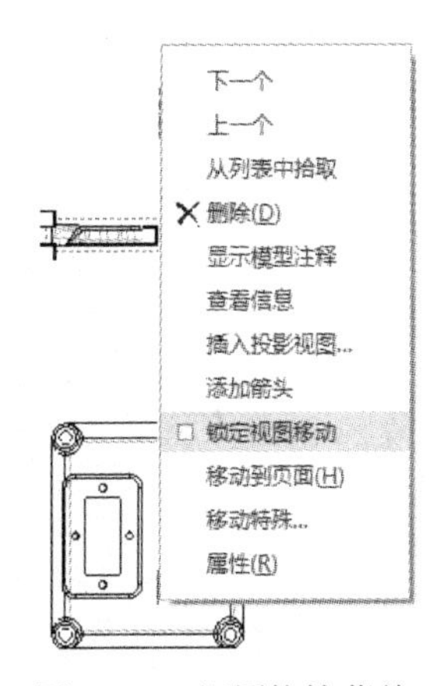

图 12-24 视图快捷菜单

（3）移动视图。按住鼠标左键并拖动，此时选中的视图将随着鼠标移动。移动到适合位置，释放鼠标左键即可。

提示：普通视图和局部放大视图可以移动到图纸的任意处，而投影视图、辅助视图和旋转剖面图只能沿着投影线移动。

2. 拭除视图

视图的拭除与零件的特征隐含作用类似，即用户可将某些不需要显示的视图暂时隐藏，等需要的时候再恢复过来。单击“显示”操控板中“拭除视图”按钮，选取要拭除的视图即可。拭除视图的结果如图 12-25 所示的左视图。

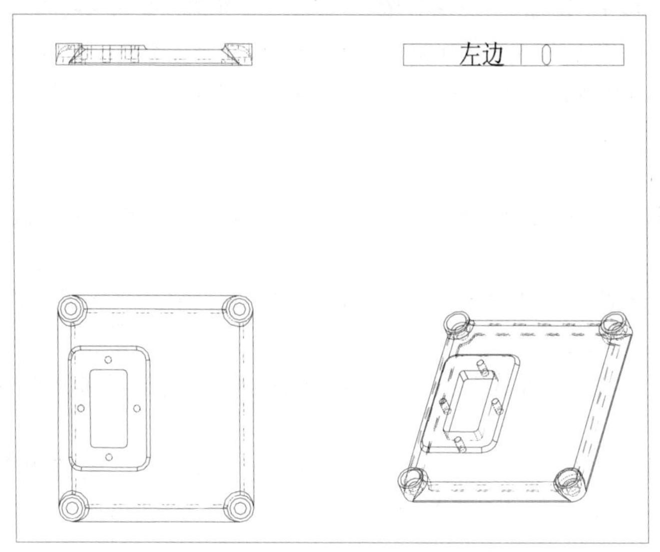

图 12-25　拭除视图的结果

3. 恢复视图

该操作主要与拭除视图的操作配对使用，将拭除的视图恢复显示，其操作方法如下：

（1）单击“显示”操控板中“恢复视图”按钮，系统显示如图 12-26 所示的“视图名称”菜单。

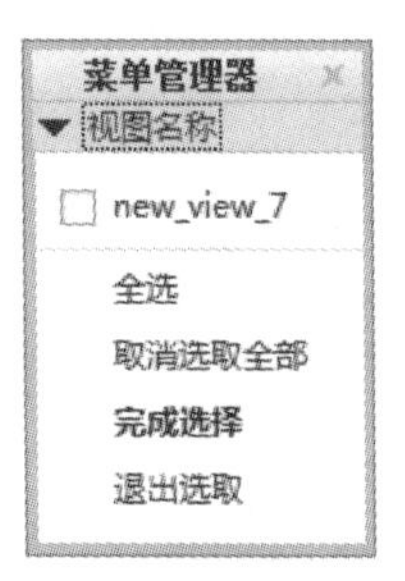

图 12-26　“视图名称”菜单

（2）从该菜单中选取要恢复的视图名称，如 VIEW_TEMPLATE_1，然后单击“完成选择”命令即可恢复显示选取的视图。

提示：“全选”命令用于恢复所有被拭除视图；“取消选取全部”命令用于取消选择的所有视图。

4. 删除视图

删除视图是将选中的视图彻底删除，此时被删除的视图不能通过恢复视图的操作来恢复显示。另外，删除视图时必须从子视图开始。删除视图的一般操作步骤如下：选取要删除的视图。在左侧“绘图树”窗口中选中要删除的视图名并右击，或者直接右击选中的视图，此时将显示一样的快捷菜单，从中选取“删除”命令，即可删除选中的视图。也可以直接选中视图并按下 Delete 键。

注意：删除视图与拭除视图是有区别的。删除视图是将选中的视图彻底删除，不能通过恢复视图操作来恢复已被删除的视图。而拭除视图只是将选中的视图隐藏起来，实际上并没有删除，所以可以通过恢复视图操作来恢复被隐藏起来的视图。

12.3 创建各种视图表达零件

本节将进一步讲解工程制图的细节操作，其中包括剖视图、辅助视图、详细视图及局部视图的基本操作、方法与技巧。通过本节的学习，读者将对工程图制作有一个更深刻、更全面的了解和认识，并能够熟练制作各种工程细节图。

12.3.1 剖视图

在工程制图中，剖视图是一个比较重要的概念，它能够比较清楚地显示零件的内部结构。在本节中将主要讲解剖视图的基本概念、产生方法与操作步骤。

1. 剖视图的基本概念与类型

在工程制图中，有时仅使用三视图不能全面表达整个零件的基本结构，因此经常使用剖视图来进行辅助说明。剖视图就是假想用剖切面（平面或柱面）把机件切开，移去观察者和剖切面之间的部分，将余下部分向投影面投影所建立的视图，它能够很清楚地显示零件的内部结构。如图 12-27 所示即为其中一种剖视图。

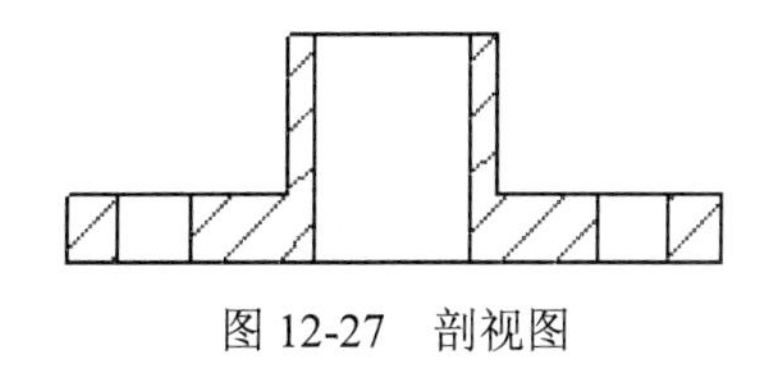

图 12-27 剖视图

Creo Parametric 中的剖视图包括 4 种基本类型，它们分别为全视图、半视图、局部视图及破断视图，分别如图 12-28 所示。这些可以在“绘图视图”对话框的“可见区域”中设置。

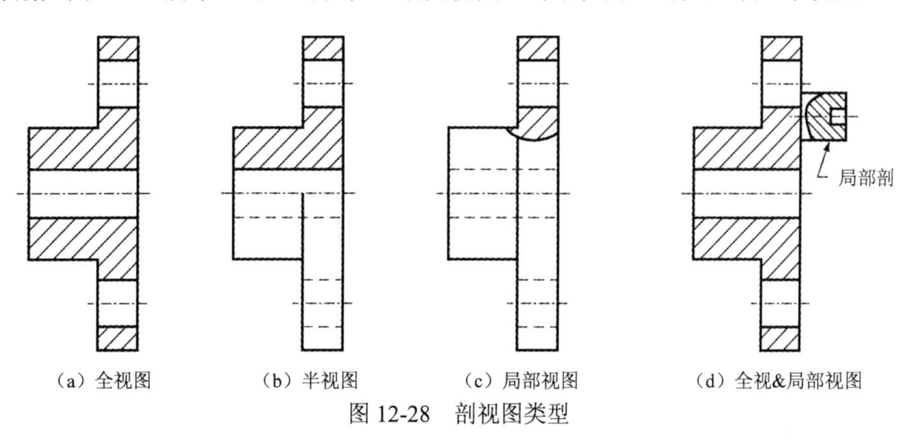

图 12-28 剖视图类型

其中：

（1）全视图。用剖切平面把零件完全地剖开后所得的剖视图，零件通常是无对称平面而且内形复杂。

（2）半视图。当零件具有对称平面，在垂直于对称平面的投影面上投影时，可以以对称中心线为界，一半画成视图，用以表达外部结构形状，另一半画成剖视图，用以表达内部结构形状。

（3）局部视图。当零件尚有部分的内容结构形状未表达清楚，但又没有必要作全剖视图或不适合于作半剖视图时，可以选择该选项用剖切平面局部地剖开零件，作出局部剖视图。

（4）破断视图。破断视图可以显示模型的内部细节，而不需创建一个全视图。破断视图并不使用剖切平面线。在 Creo Parametric 中，破断视图可以在一般视图、投影视图或者详图视图里创建。

（5）全视＆局部视图。当放置了全视图后，可以放置该视图，显示剖中剖视图，即在全剖视图中再作一次局部剖视图。当零件经过剖切后，仍有内部结构未能表达完全，而又不宜采用其他方法时，可以选择“全部＆局部”选项。如图 12-29 所示为全视&局部视图。

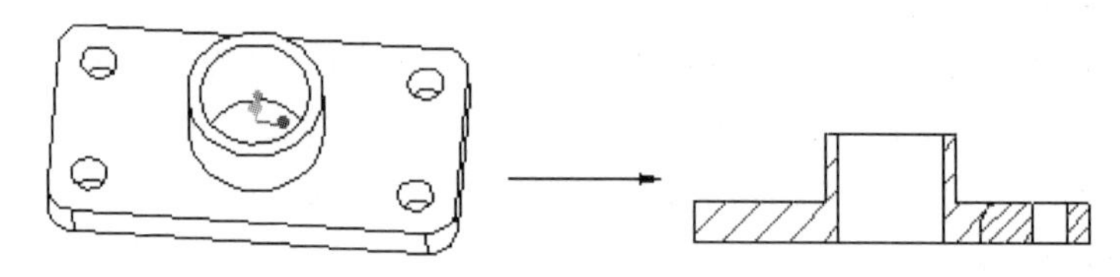

图 12-29　剖中剖视图

各种类型的剖视图又有以下几种显示方法：

1）全部剖截面：在剖视图中，除剖面的实体部分外，背景的边线也显示出来。具体情况如图 12-30 所示。

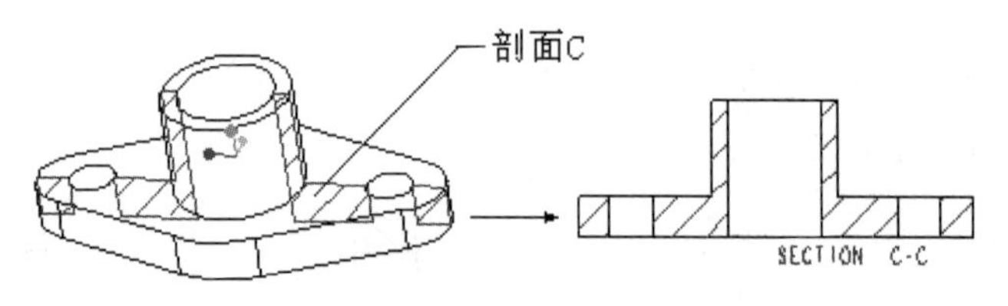

图 12-30　全部剖截面

2）区域剖截面：仅显示剖面实体部分，背景边线不显示。具体情况如图 12-31 所示。

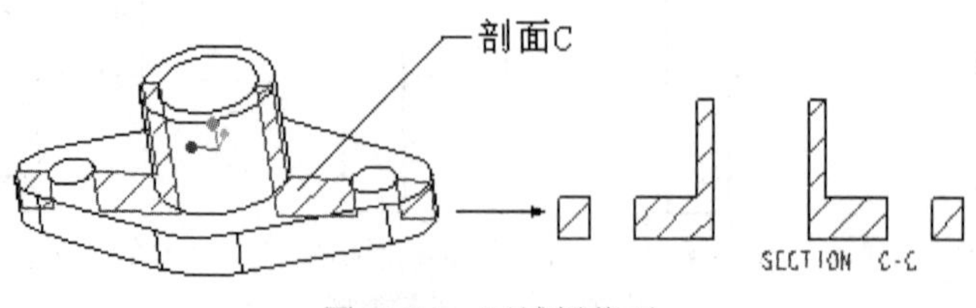

图 12-31　区域剖截面

3）“对齐剖截面”：将非平面的径向视图展开为平面视图。

2. 建立剖视图的操作步骤与实例

下面将以零件 xianggai.prt 为例，对建立剖视图的操作步骤作详细讲解。

零件 xianggai.prt 的三维模型如图 12-32 所示。

（1）在绘图模块建立顶视图。

采用空模板方式，在绘图模块下，单击“模型视图”操控板中“常规”按钮，选择并单击视图的位置以便加入三维视图，系统弹出“绘图视图”对话框，设置方向为 TOP，其余接受默认选项。单击“确定”按钮，结果如图 12-33 所示。

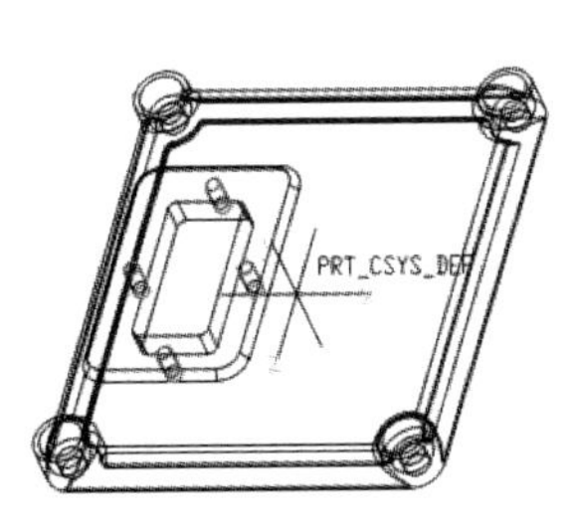

图 12-32　三维模型

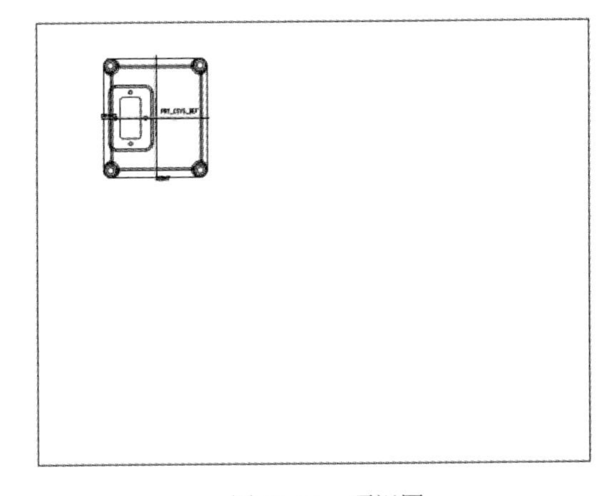

图 12-33　顶视图

（2）产生前视图的全剖视图。

1）在“模型视图”操控板上单击“投影”按钮。投影选项将相对已有视图投影一个视图。

2）选择顶视图作为父视图。

3）在屏幕上，为剖视图拾取位置。在顶视图下方放置该视图。

4）单击该视图，然后右击并按住鼠标，选择弹出快捷菜单中的“属性”命令，系统弹出如图 12-34 所示对话框。

5）输入一个名称作为剖视图名，并选中“添加投影箭头”复选框。

6）在左侧列表框中选择“截面”选项，在“截面选项”框中选中“2D 横截面”单选按钮。单击“添加横截面”图标+，系统弹出如图 12-35 所示的菜单管理器，要求用户定义剖面。定义剖截面最方便的方式是通过选择平面或者基准平面完成的。剖截面也可以是草图。

7）选择“平面”→“完成”命令，为截面输入一个描述名称，如 1。拾取一个基准平面或平面来定义剖截面，在此选择 FRONT 面并确定，此时“绘图视图”对话框如图 12-36 所示。选中“总计”单选按钮作为“模型边可见性”，接受默认项。

8）在对话框上选择“确定”按钮，结果如图 12-37 所示。

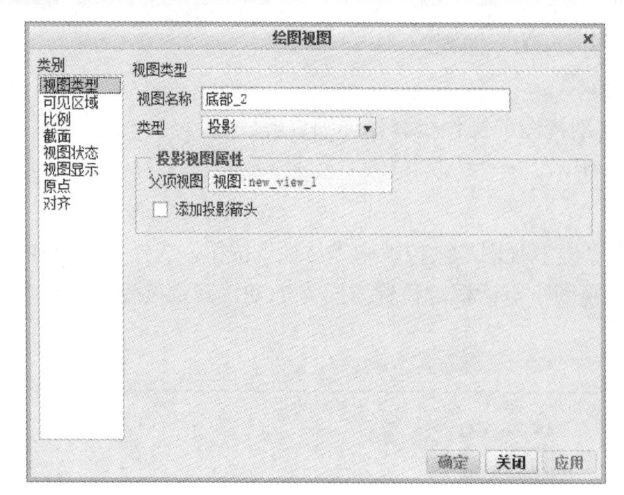

图 12-34 “绘图视图”对话框

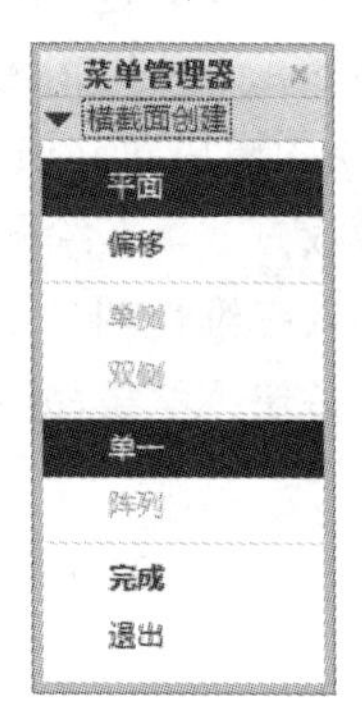

图 12-35 “横截面创建”菜单

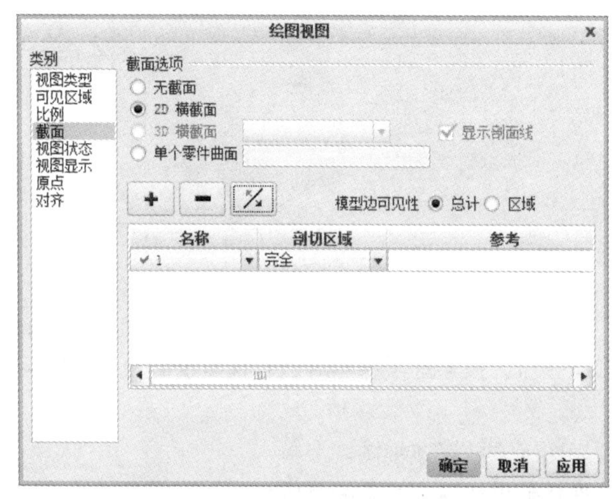

图 12-36 “绘图视图”对话框

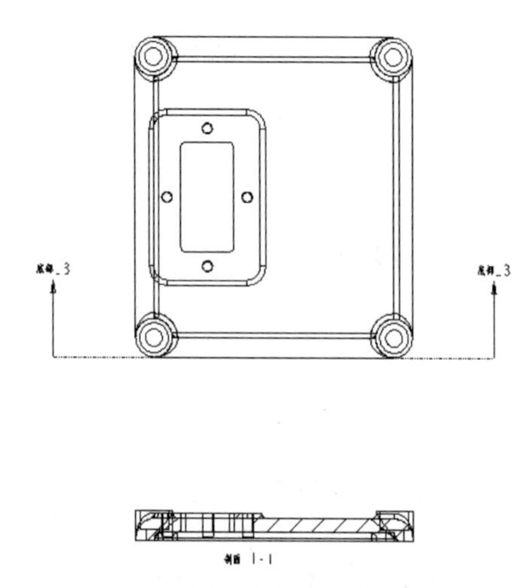
图 12-37 全视图结果

（3）产生前视图的剖中剖视图。

重复上面的步骤 1）~7)，建立 2D 横截面 2，选择图 12-36 中“剖切区域”为“一半”。选择左侧的“可见区域”选项，如图 12-38 所示。选中“在 Z 方向上修剪视图”复选框，并选择 RIGHT 平面作为参照，结果如图 12-39 所示。

（4）产生前视图的半剖视图。

重复上面的步骤 1）~7)，建立 2D 横截面 3，选择左侧的“可见区域”选项，选择“半视图”，选择 RIGHT 面作为半视图参照平面，如图 12-40 所示，此时系统将显示保留视图侧方向箭头，用户可以进行方向切换。选择 FRONT 平面作为投影参照，结果如图 12-41 所示。

（5）产生前视图的半剖视图。

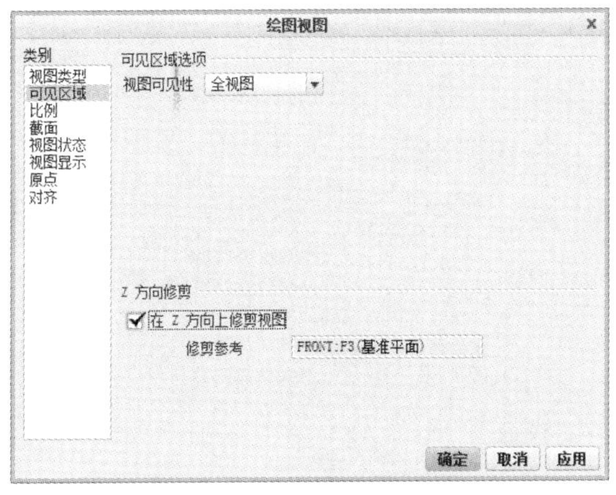

图 12-38 选择“可见区域”参照

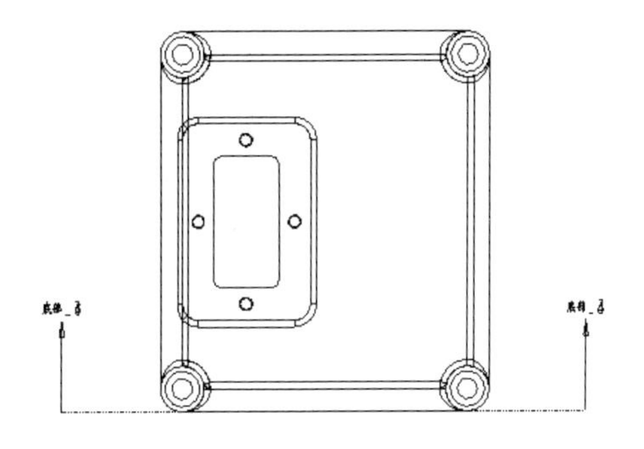
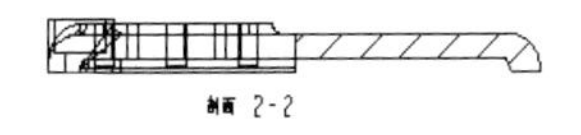

图 12-39 剖中剖结果

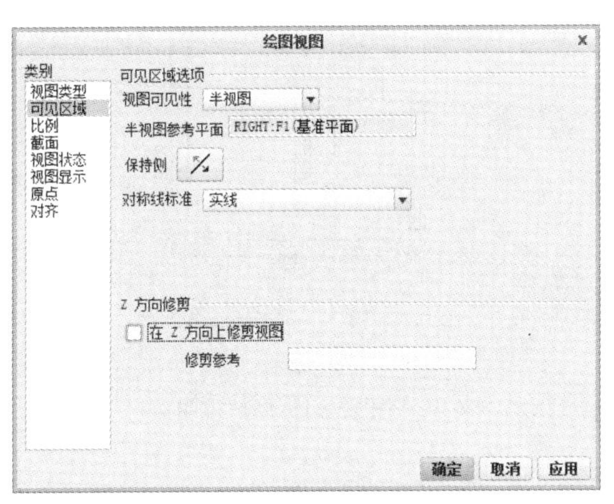

图 12-40 选择“半视图”

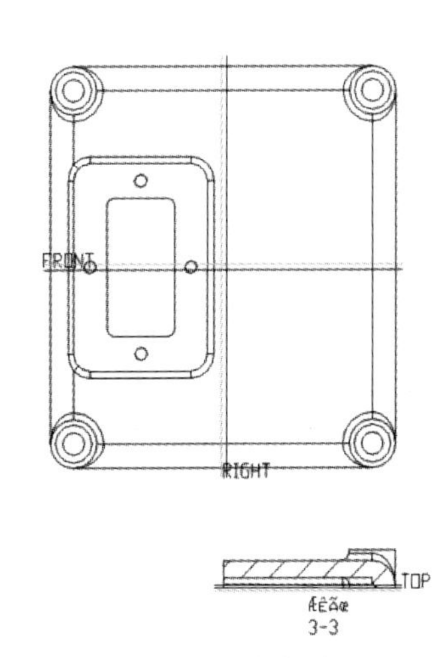

图 12-41 半剖结果

重复上面的步骤 1）~7)，建立 2D 横截面 4，选择左侧的“可见区域”选项，选择“局部视图”，在当前投影视图的右侧上端边上单击，作为几何上的参照点，如图 12-42 所示，此时系统将以叉的形式显示该点。利用样条曲线，围绕选择的参照点绘制局部范围曲线，如图 12-43 所示。选择 FRONT 平面作为投影参照，结果如图 12-44 所示。

（6）产生前视图的破断视图。

重复上面的步骤 1）~7)，选择左侧的“可见区域”选项，选择“破断视图”，如图 12-45 所示。在当前投影视图上选择两条水平线的起始点，如图 12-46 所示，确定后结果如图 12-47 所示。

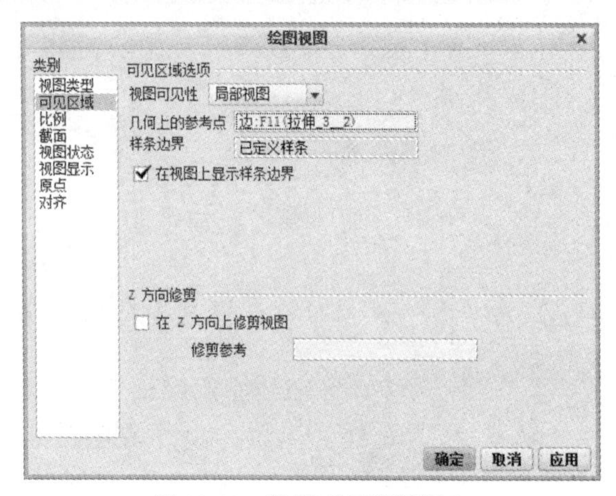

图 12-42 选择“局部视图”

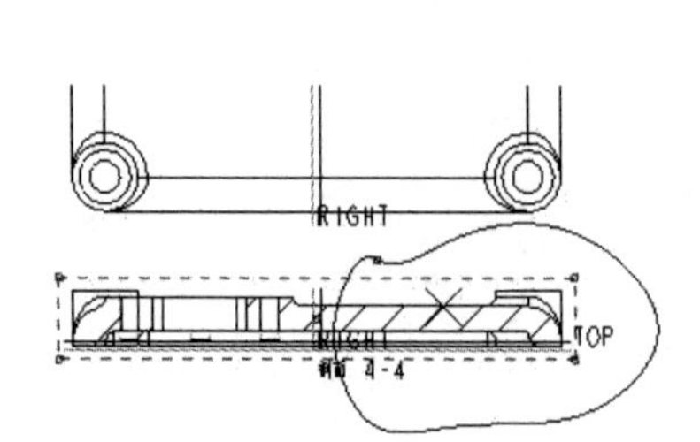

图 12-43 绘制样条曲线结果

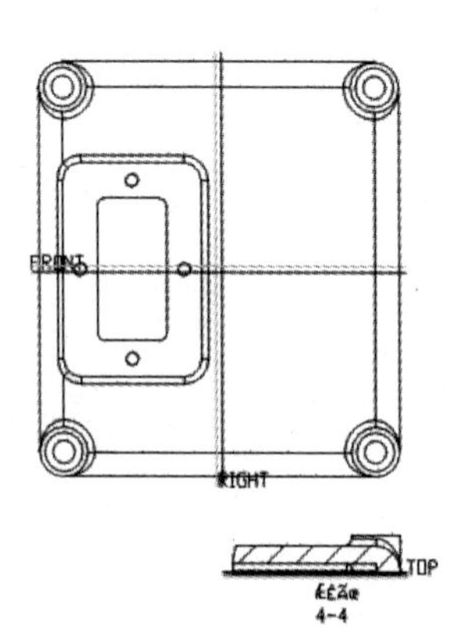

图 12-44 局部视图

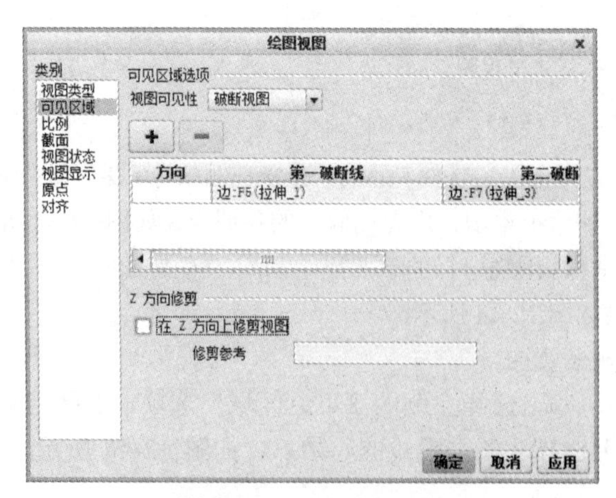

图 12-45 设置破断视图

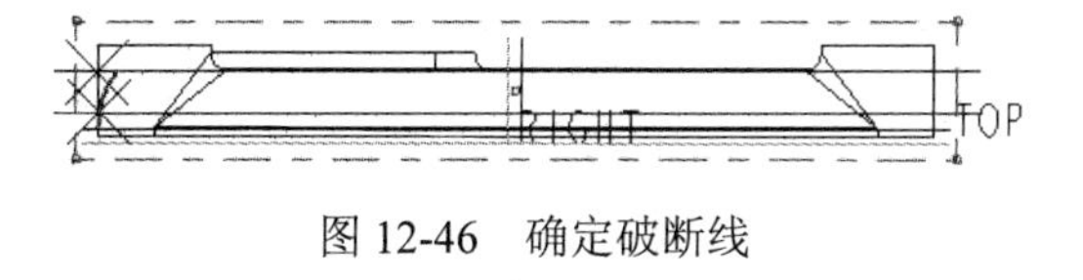

图 12-46　确定破断线

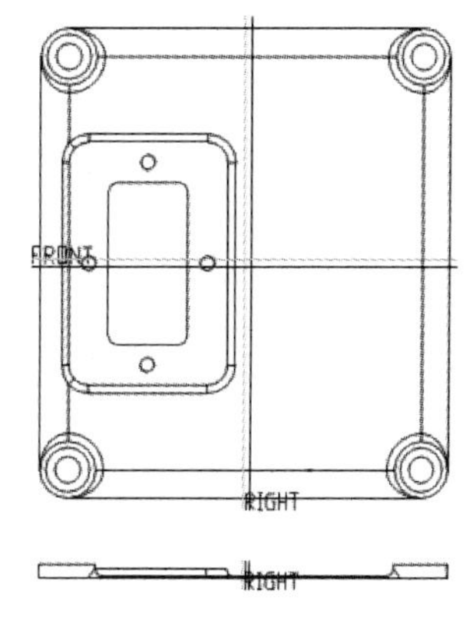

图 12-47　破断视图

12.3.2　辅助视图、详细视图与旋转视图

在本小节中将主要讲解辅助视图、详细视图与旋转视图的基本概念与产生视图的步骤。

1. 辅助视图

当零件上某一部分的结构形状是倾斜的，而且不平行于任何基本投影面时，无法在基本投影面上表达该部分的实形和标注真实尺寸。此时，可以采用变换投影面法选择一个与零件倾斜部分平行，而且垂直于一个基本投影面的辅助投影面，将该部分的结构形状向辅助投影面投影，然后将此投影面按投影方向旋转到与其垂直的基本投影面上。零件向不平行于基本投影面的平面投影所得的视图，称为辅助视图。图 12-48 即为辅助视图。

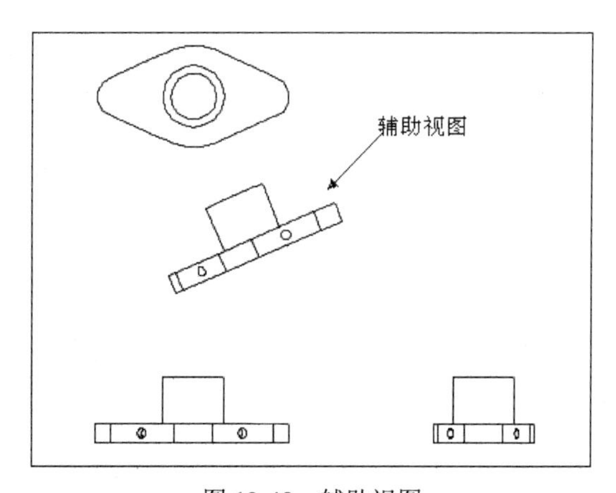

图 12-48　辅助视图

辅助视图的产生操作步骤如下：

（1）打开减速器箱盖文件 jiansuqi-xianggai.prt，它的三维零件模型如图 12-49 所示。采用默认设置，建立其工程图，如图 12-50 所示。

图 12-49　三维零件模型

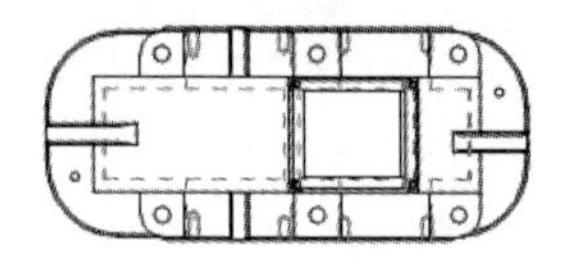

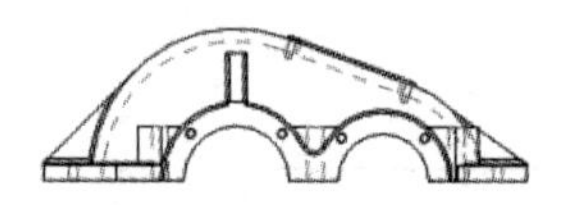

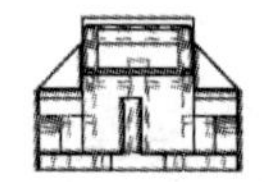

图 12-50　工程图

（2）单击“模型视图”操控板上的“辅助”按钮，在已存在的前视图上选择观察孔的上端斜边作为投影参照轴线。

（3）确定辅助视图在图纸上的位置。用鼠标左键单击顶视图的右上方，结果如图 12-51 所示。

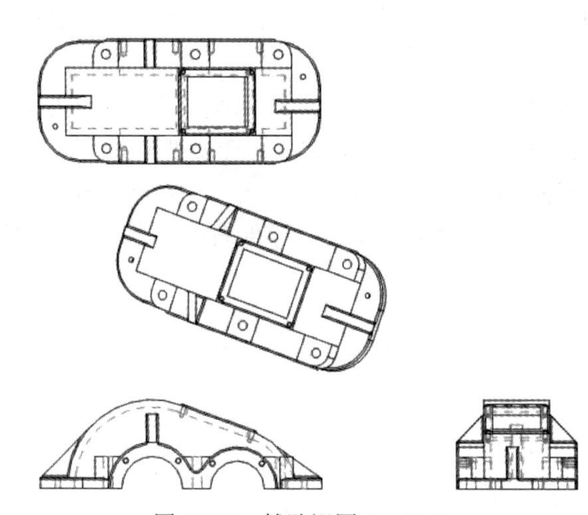

图 12-51　辅助视图 drw10_2

2. 详细视图

把零件上的细节部分结构用大于原图形所采用的比例画出的图形，称为详细视图。

详细视图应该尽量放置于被放大细节部分的附近。必要时可以采用几个视图来表达同一个被放大部分的结构。画详细视图时，应该用细实线圈出被放大部分的部位，并用罗马数字顺序地标记。在详细视图中标注出相应的罗马数字和采用的比例。详细视图的投影方向应和被放大部分的投影方向一致，与整体联系的部分用波浪线画出。若被放大部分为剖视图或剖面，则其剖面符号的方向和距离应与被放大部分相同。图 12-52 为详细视图。

产生详细视图的步骤如下：

（1）仍然沿用前面的模型和工程图。

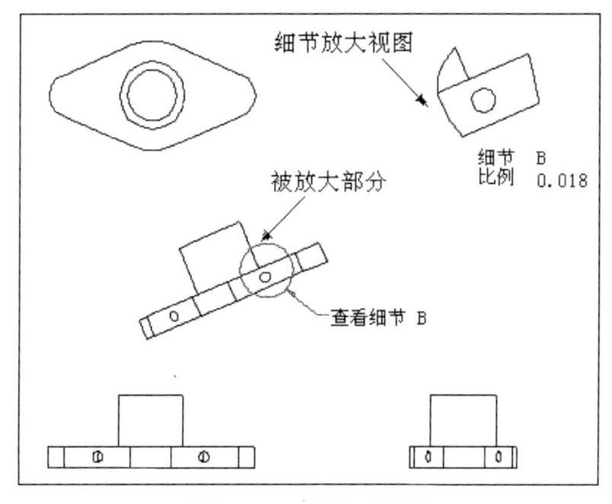

图 12-52 详细视图

（2）单击“模型视图”操控板中“详细”按钮，选取要放大的视图（必须在设计窗口内已存在）上某一点，作为详细视图的中心点。在此选取顶视图的观察孔上端线条上的一点。

（3）确定放大区域。围绕着中心点用鼠标左键连续单击，作出一条不规则的曲线，然后单击中键结束画线。这样就作出一条封闭曲线，选择了要放大区域。

（4）确定详细视图在图纸上的位置。单击顶视图的右上方，即选取详细视图的放置中心并确定，结果如图 12-53 所示。

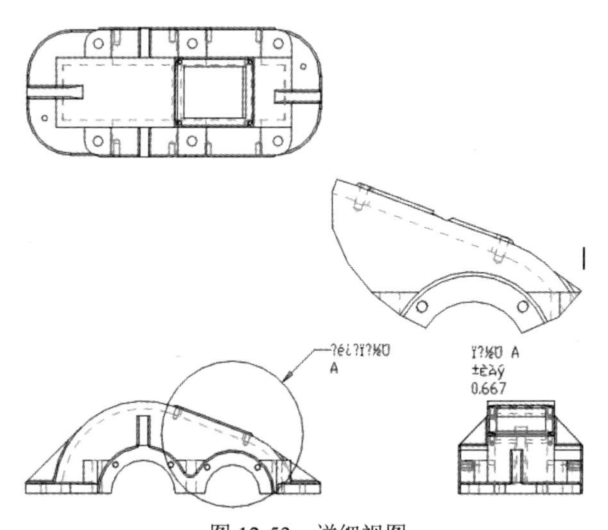

图 12-53 详细视图

（5）要修改详细视图的具体细节，选择该视图并右击，从弹出的快捷菜单中选择“属性”命令，系统弹出如图 12-54 所示对话框。从中可以决定边界是否显示及边界的类型。

3. 旋转剖视图

工程图是用来交流设计意图的语言。支配设计意图表现的标准和规范都会在工程图中显示出来。在工程制图领域，设计是用多个投影视图显示出来的，但多视图投影并不总能最好地显示设计意图。图 12-55 是用一般的投影方法显示的设计意图，一般的多视图的投影线是以 90° 角投影的。在如图 12-55 所示的工程图里，零件并不形成 90° 角，这就是一个投影问题。使用旋转剖视图可以提高设计表达的清晰度，如图 12-56 所示，模型上成一定角度的特征可以与一般投影线对齐以创建更清晰的工程图。

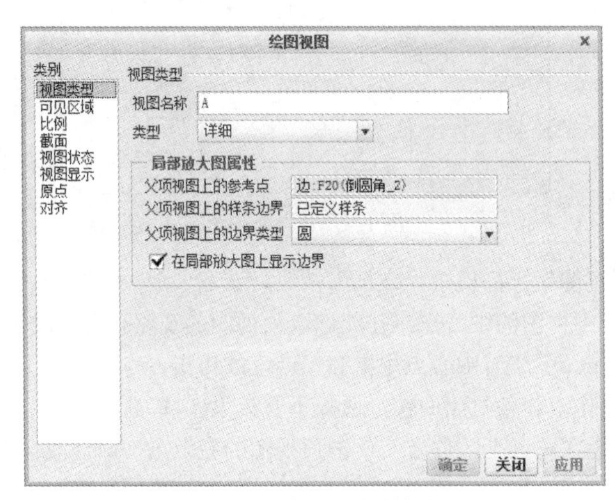

图 12-54　详细视图属性设置

下面讲述如何创建旋转剖视图。

（1）采用零件文件 duangai.prt，如图 12-57 所示，并建立工程图，如图 12-58 所示。

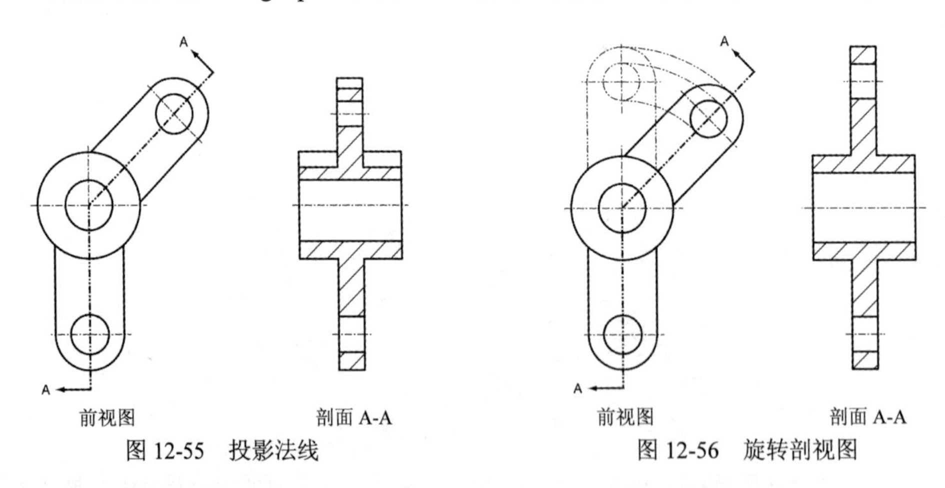

图 12-55　投影法线　　　　图 12-56　旋转剖视图

（2）单击“模型视图”操控板中“投影”按钮，选择主视图作为父视图。

（3）选择适当位置放置左视图。

（4）在该视图上右击，从弹出的快捷菜单中选择“属性”命令，系统弹出“绘图视图”对话框。

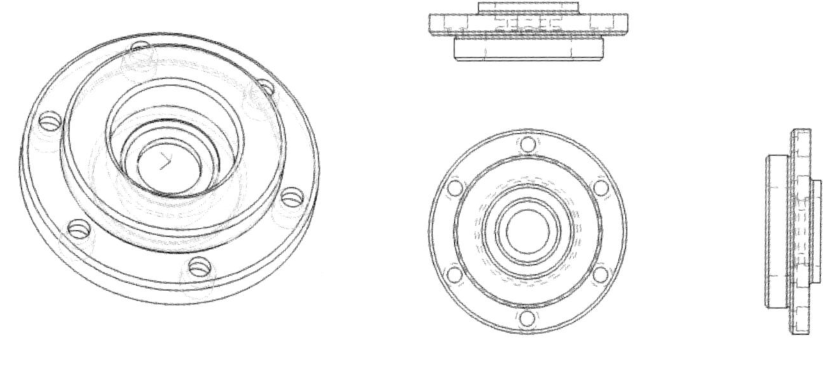

图 12-57 三维模型　　　　图 12-58 详细视图

（5）选择左侧的“截面”，然后选中“2D 横截面”单选按钮，单击按钮，系统弹出“横截面创建”菜单。

（6）选择“偏移”→“完成”命令，输入旋转视图名称。

（7）进入三维模型，选择零件顶面为草绘平面。

（8）选择“草绘”→“参照”命令，选择如图 12-59 所示对象为参照，绘制如图 12-60 所示剖切平面线，确定并返回。

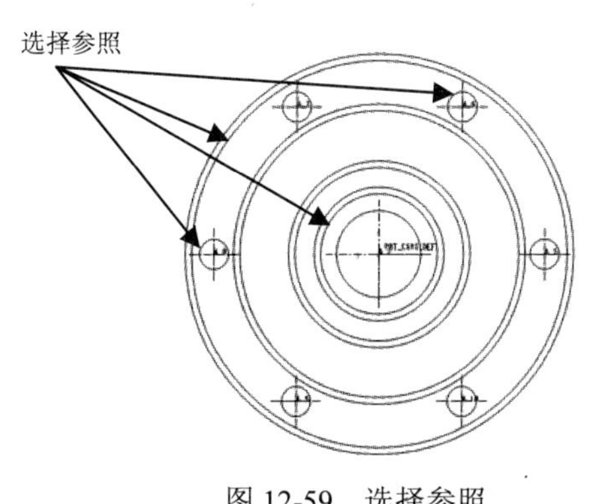

图 12-59 选择参照

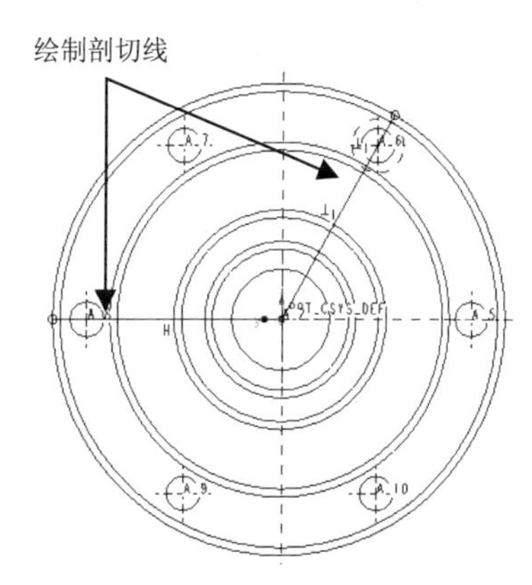

图 12-60 绘制剖切线

（9）单击“应用”按钮并关闭对话框，结果如图 12-61 所示。

（10）重新打开“绘图视图”对话框，选择“剖切区域”为“全部（对齐）”方式，选择旋转视图的轴线为参照轴，确定后结果如图 12-62 所示。

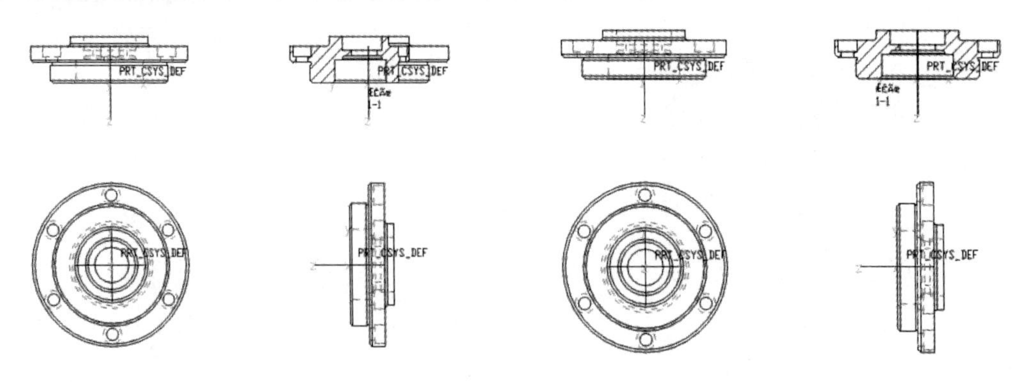

图 12-61　完全剖视　　　　图 12-62　剖视并展开

12.4　尺寸标注与注释

本节将着重讲解如何对工程图进行尺寸标注与注释操作。

12.4.1　尺寸标注

1. 尺寸的显示与拭除

单击“注释”选项卡，在“注释”面板中单击“显示模型注释”按钮，系统将弹出“显示模型注释”对话框，该对话框用于尺寸标注，如图 12-63 所示。

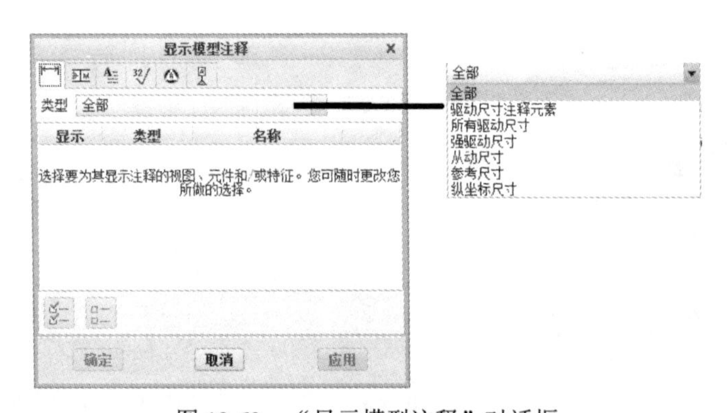

图 12-63　“显示模型注释”对话框

其中，“类型”下拉列表框中提供了可以显示的各种对象。

（1）全部：将所有的尺寸标注出来。

（2）驱动尺寸注释元素：显示驱动尺寸注释内容。

（3）所有驱动尺寸：显示所有驱动尺寸。

（4）强驱动尺寸：显示强驱动尺寸。

（5）从动尺寸：显示从动尺寸。

（6）参考尺寸：显示参照尺寸。

（7）纵坐标尺寸：显示纵坐标尺寸。

当选中某个类型后，如“所有驱动尺寸”，将在下面的列表中显示相关内容，如图 12-64 所示。选中某个元素前面的复选框，表示该内容将显示。单击“应用”按钮，选择要显示的视图，将显示相应内容。未选中的尺寸对象将不显示。如果单击按钮，所有元素都将显示；单击按钮，所有元素都不显示，即被拭除。

2. 手工插入尺寸

在 Creo Parametric 中，可以手工插入草绘图的尺寸。单击“注释”操控板中“尺寸”按钮，系统弹出如图 12-65 所示的菜单管理器。选择依附类型后在视图中选择视图中的对象图素，并单击鼠标中键确定尺寸位置即可。

图 12-64 “显示模型注释”对话框

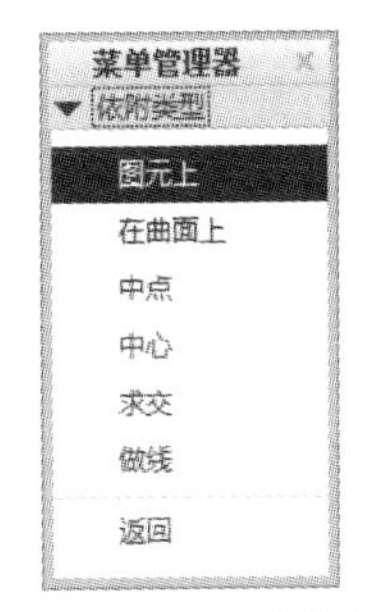

图 12-65 依附类型

下面以上一节建立的工程图为例，讲解尺寸标注的基本步骤。

（1）显示和拭除尺寸。选中要显示尺寸的顶视图，单击“注释”操控板中“显示模型注释”按钮，系统弹出“显示模型注释”对话框，选取“强驱动尺寸”类型，然后单击“应用”按钮，选中所有尺寸显示元素，系统将显示如图 12-66 所示尺寸。

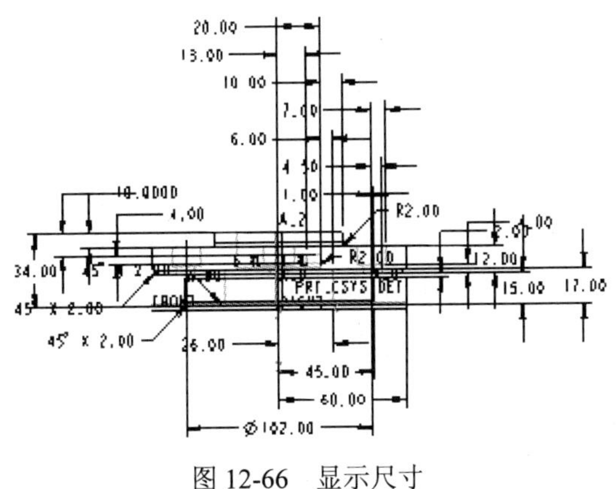

图 12-66 显示尺寸

要删除某个尺寸，可以先选中该尺寸，按下 Delete 键即可。

要移动某个尺寸，可以先按下鼠标选中该尺寸并拖动即可。

要插入某个尺寸，可以如上面所述内容添加尺寸。

（2）修改尺寸文本样式。双击要修改的尺寸标注，系统弹出“尺寸属性”对话框，如图 12-67 所示，从中可以修改该尺寸的属性。例如，单击“显示”选项卡中的“反向箭头”按钮，即可改变该尺寸标注的箭头方向。

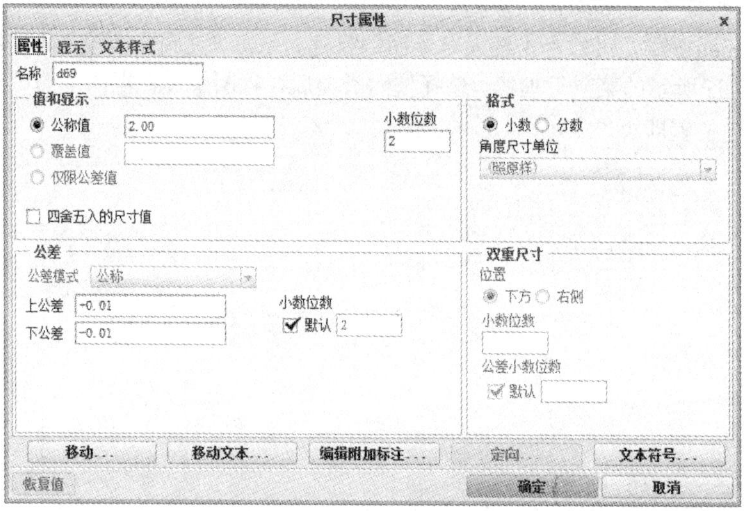

尺寸属性
属性
显示
文本样式
名称
d69
值和显示
公称值
2.00
覆盖值
仅限公差值
四舍五入的尺寸值
小数位数
2
格式
小数
分数
角度尺寸单位
(照原样)
公差
公差模式
公称
上公差
-0.01
下公差
-0.01
小数位数
默认
2
双重尺寸
位置
下方
右侧
小数位数
公差小数位数
默认
移动...
移动文本...
编辑附加标注...
定向...
文本符号...
恢复值
确定
取消

图 12-67　“尺寸属性”对话框

各个尺寸调整后的工程图如图 12-68 所示。

20.00
13.00
10.00
10.00
4.00
7.00
R2.00
17.00
34.00
6.00
15.00
2.00
26.00
1.00
45.00
60.00
1-1

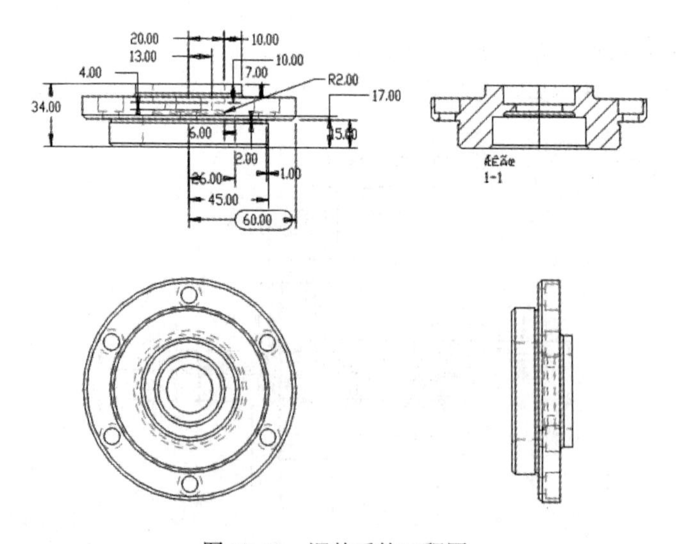

图 12-68　调整后的工程图

（3）修改视图比例。在设计窗口左下角的“比例”处双击鼠标左键，信息区将出现文本编辑框，提示用户输入视图的比例值。输入新的比例值，即可放大或缩小视图。本例在此选取系统的默认值，即直接按回车键或单击☑按钮接受系统默认的数值。

12.4.2 插入几何公差

几何公差用于控制几何图形特征的形状和位置。在 Creo Parametric 里，几何公差可以在零件、组件或者绘图模块里添加到模型中。

下面具体讲解插入几何公差的步骤。

（1）打开减速器箱盖文件 jiansuqi-xianggai.prt，并建立其工程图。

（2）在“注释”操控板中单击“几何公差”按钮，显示“几何公差”对话框，选择“角度”公差符号，如图 12-69 所示。

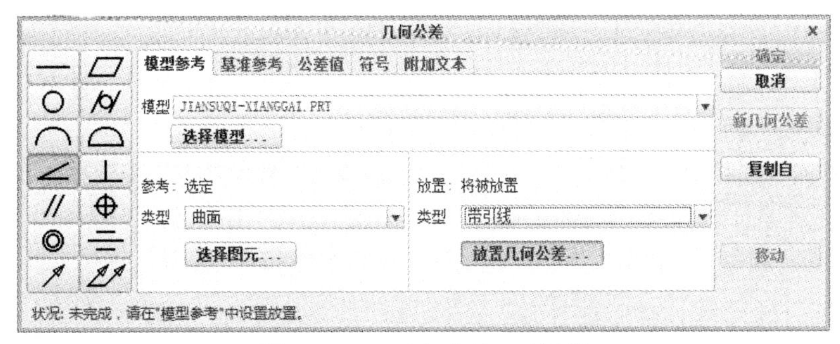

图 12-69 “几何公差”对话框

（3）改变“参考类型”为“曲面”，然后在工作区选择主视图中的观察孔表面。

（4）改变“放置类型”为“带引线”。特征控制框将通过引线附着到表面。

（5）打开“依附类型”菜单，选择“图元上”→“箭头”选项。

（6）在工作区里，选择顶视图观察孔的斜面边（只选择一次）。边的选择位置将是斜面和引线的附着点。

（7）在“依附类型”菜单中选择“完成”命令。

（8）在工作区里，选择特征控制框放置位置。

（9）在“几何公差”对话框中，单击“基准参考”选项卡，设置“首要”选项卡的“基本”为 A 选项，如图 12-70（a）所示。

（10）在“几何公差”对话框中，设置“第二”和“第三”选项卡的“基本”为“无”选项，如图 12-70（b）所示。

（11）单击“公差值”选项卡，设置“总公差”的值为 0.005，设置“材料条件”为“RFS（无标志符）”选项，如图 12-71（a）所示。

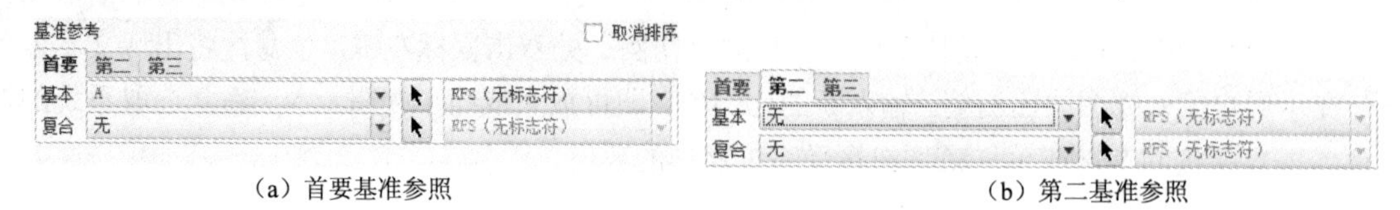

（a）首要基准参照　　　　（b）第二基准参照

图 12-70　“基准参考”选项卡

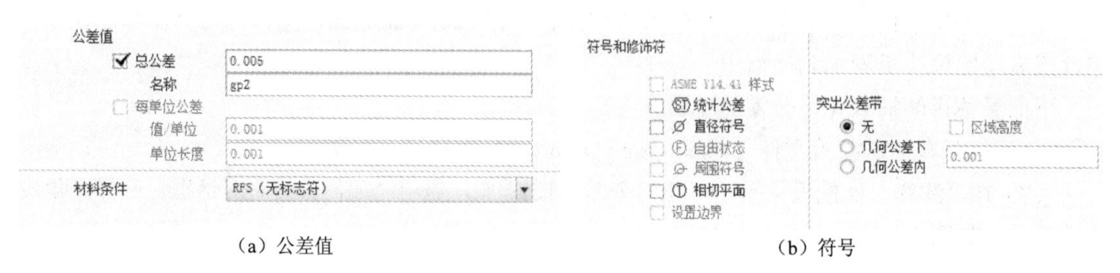

（a）公差值　　　　（b）符号

图 12-71　公差值和尺寸符号

（12）单击“符号”选项卡，取消选择“直径符号”复选框。角度几何公差不会建立圆柱公差区域，因此不需要直径符号，如图 12-71（b）所示。

（13）单击“确定”按钮。因为角度几何公差，所以定义倾斜角度大小的标注将被设置为基本标注。

（14）单击“确定”按钮退出对话框。现在工程图如图 12-72 所示。

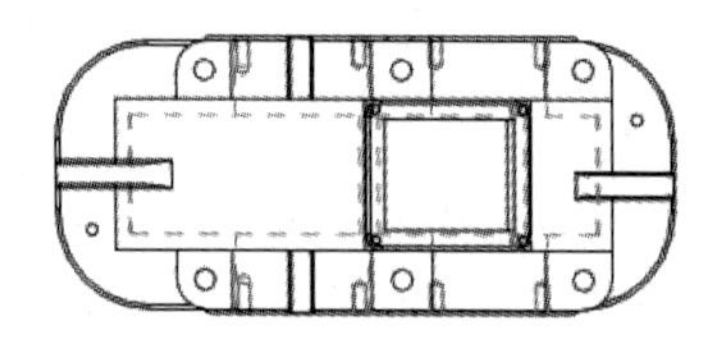

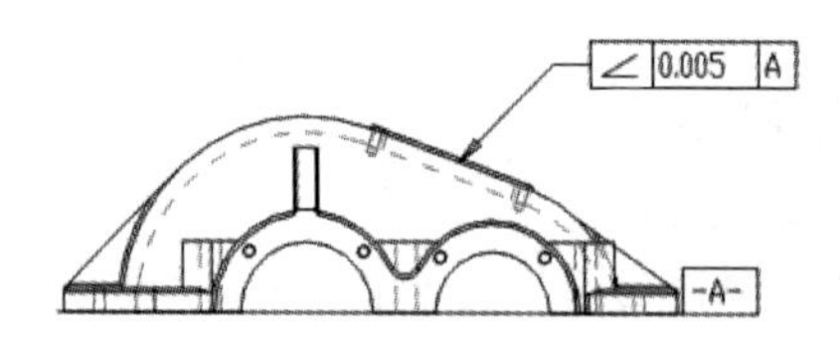

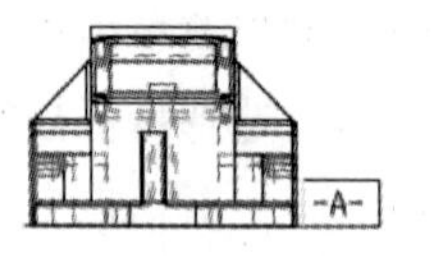

图 12-72　插入公差结果

12.4.3　插入注解

单击“注释”操控板中“注解”按钮，弹出“注解类型”菜单，如图 12-73 所示，进行创建即可。

具体操作步骤如下：

（1）选择以下选项建立注释：

- 无引线：不用引线建立注释。
- 输入：通过键盘建立注释。
- 水平：在工作区里建立水平注释。

（2）在“注解类型”菜单中选择“居中”命令。

“居中”命令将调整注解文本居中。其他调整命令有“左”、“右”及“默认”。

（3）选择“进行注解”命令输入文本注解，系统弹出如图 12-74 所示的对话框。

（4）在工作区中，选择注解的放置位置，系统弹出信息窗口和“文本符号”对话框，如图 12-75 所示，用来选择特殊符号。

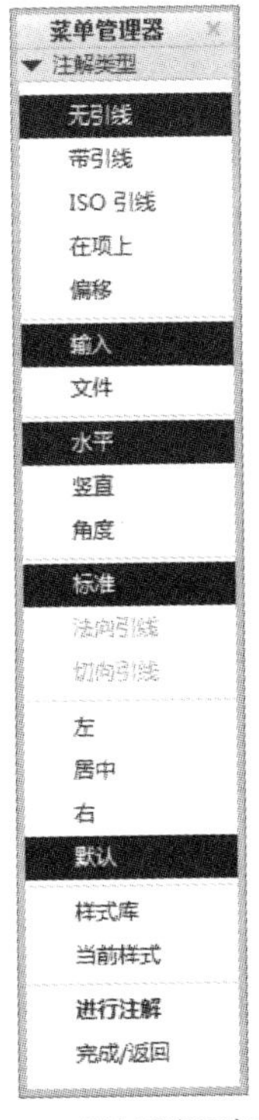

图 12-73 “注释解型”菜单

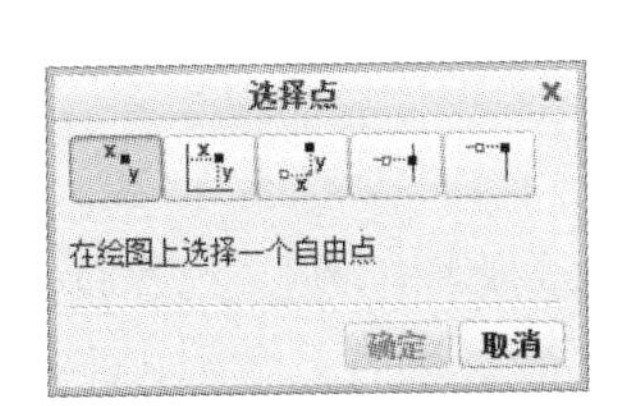

图 12-74 “选择点”对话框

图 12-75 “文本符号”对话框

（5）输入文本“技术要求”，然后按 Enter 键。

（6）结束建立注释过程。

（7）重复注解建立步骤，创建注解“倒角尺寸为 C1。”。

（8）选择“注解类型”菜单中“完成/返回”命令，退出注解建立菜单。

（9）在工作区里选择建立的注解“倒角尺寸为 C1。”。

（10）使用快捷菜单的“文本样式”命令，如图 12-76 所示，可以修改注解的文本字体和高度，这里修改文字高度为 0.12。

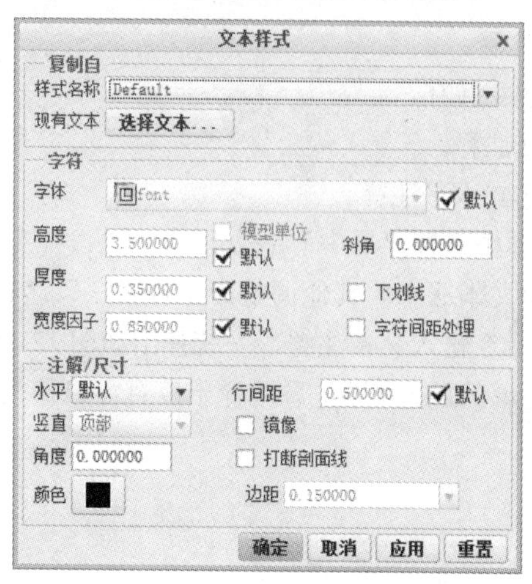

图 12-76　公差值和尺寸符号

提示：首先去掉后面的“默认”复选框选中状态，输入具体数值或选择即可。

（11）在“文本样式”对话框中单击“确定”按钮，结果如图 12-77 所示。

技术要求

倒角尺寸为C1。

图 12-77　技术要求信息

12.5　装配体工程图

同零件一样，装配体也可以创建工程图，只不过可以进行明细表、球标等特殊操作而已。

12.5.1　装配体工程图的创建与编辑

对象的装配体视图可以放置在工程图或报表中，这个过程同放置零件视图一样。但是，可以进行一些组合方式的更改，具体操作步骤如下：

（1）打开装配体文件 xiaoyougangzhuangpei.asm，如图 12-78 所示。

（2）建立其工程图，如图 12-79 所示，采用 A0 图纸模板。

（3）选择某个视图并右击，从弹出的快捷菜单中选择“属性”命令，弹出“绘图视图”对话框。

（4）选择“视图状态”选项，如图 12-80 所示。

（5）单击“自定义分解状态”按钮，选择要移动的零件工程图并放置到合适的位置，系统弹出如图 12-81 所示的对话框。

（6）确定后工程图如图 12-82 所示。移动后的视图位置不能进行对齐等操作。

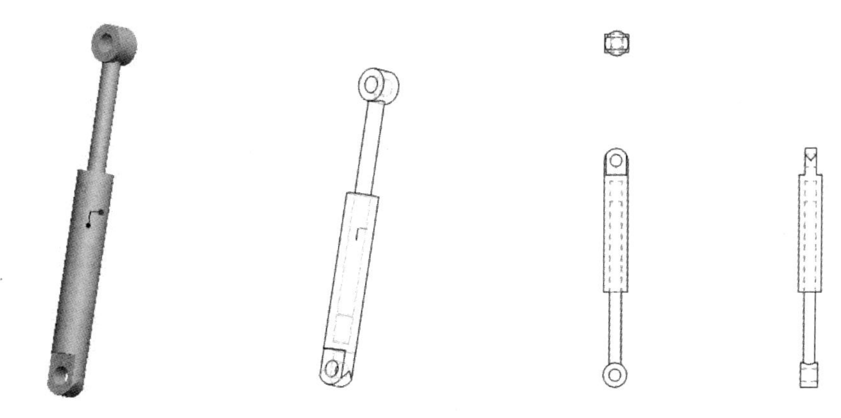

图 12-78　装配体文件　　　　图 12-79　工程图文件

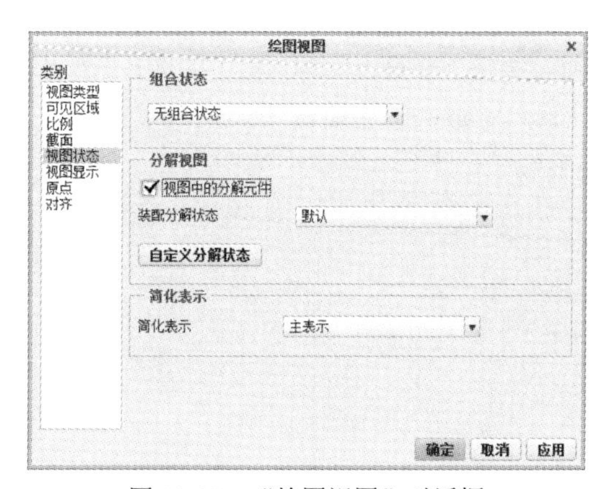

图 12-80　“绘图视图”对话框

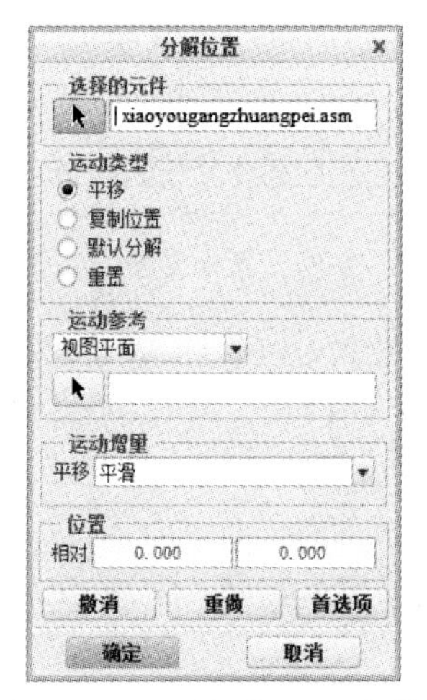

图 12-81　“分解位置”对话框

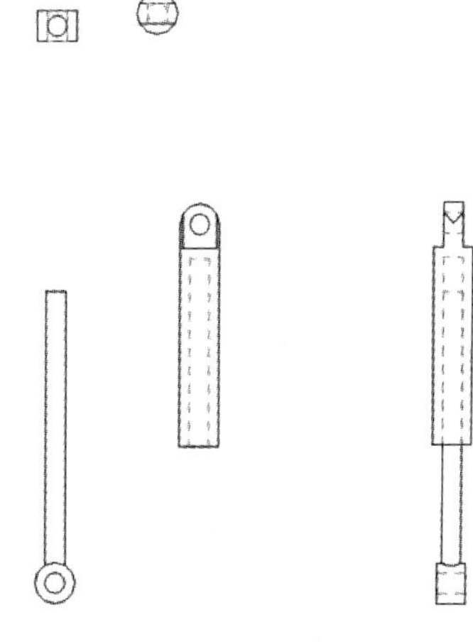

图 12-82　分解结果

12.5.2 装配体工程图报表

本节将介绍如何通过报表模块建立一张装配体工程图。除了装配体视图，还需要创建一张材料和零件序号注释清单。Creo Parametric 可以把诸如材料清单等的报表添加到一张工程图中。本节将在报表区内创建一张材料清单表。报表区允许扩展一张表以集成装配体所有的元件列表。

具体操作步骤如下：

（1）新建一个报表对象文件，命名为 Assembly。

选择“文件”→“新建”菜单命令，然后选中“报告”单选按钮，输入 Assembly 作为文件名称，单击“确定”按钮。

（2）在“新报告”对话框中进行如图 12-83 所示的选择。

选择本学习指导创建的装配体文件作为默认模型。选中“格式为空”单选按钮，然后单击“浏览”按钮查找 A 尺寸格式。选择 A 尺寸格式，工程图纸将被设置为 A 型号大小的图纸。

（3）单击“确定”按钮，接受“新报告”对话框中的选择，结果如图 12-84 所示。

单击“确定”按钮后，Creo Parametric 将弹出一个新报表进程。注意报表模块中的选项类似于绘图模块中的选项。

图 12-83 “新报告”对话框

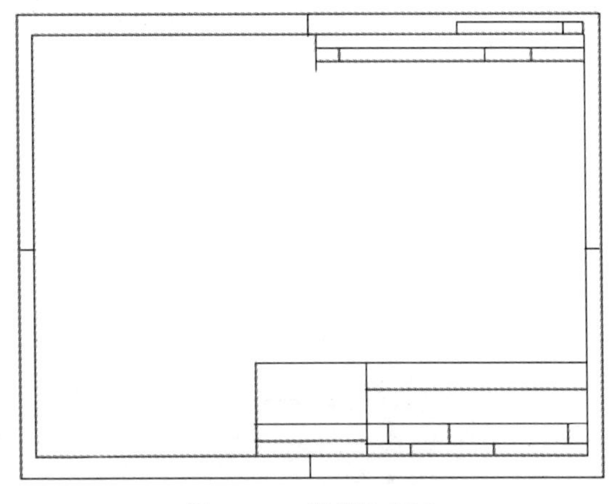

图 12-84 新报告窗口

（4）单击工具栏中的“插入表”按钮，系统弹出如图 12-85 所示的对话框。

“方向”栏中的 4 个按钮从左至右依次为向右且向下、向左且向下、向右且向上和向左且向上。向上即为升序，向右为左对齐。其他类似。

创建装配体工程图的第一步是定义材料表清单和报表区。

（5）选择向左且向上选项，建立两行三列表格，每行的高度为一个字符。确定后系统弹出“选择点”对话框。

（6）在图中选择表的起点并单击，完成表格创建，如图 12-86 所示。

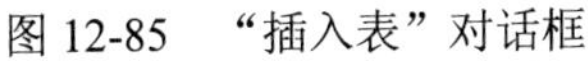

图 12-85　“插入表”对话框

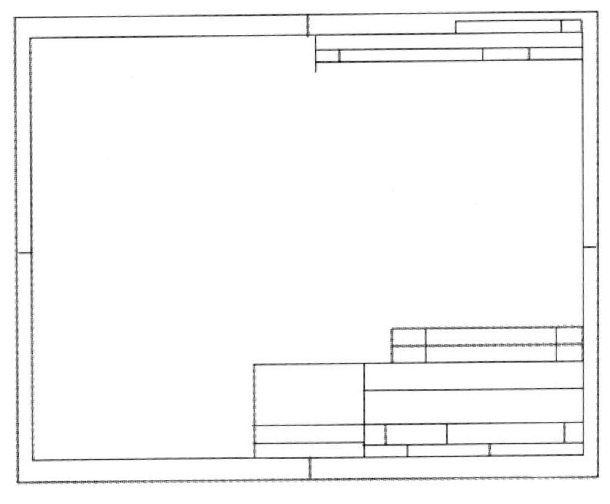

图 12-86　创建表格

（7）在单元格上右击，从弹出的快捷菜单中选择“高度和宽度”命令，系统弹出如图 12-87 所示的对话框，进行单元格大小设置并确定。

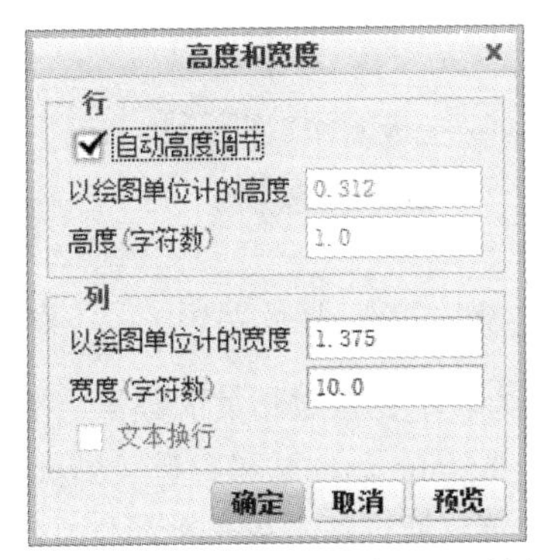

图 12-87　“高度和宽度”对话框

（8）使用“插入”菜单中“注解”选项，创建如图 12-88 所示的列标题 ITEM[项目]、DESCRIPTION [说明]和 QTY[数量]。

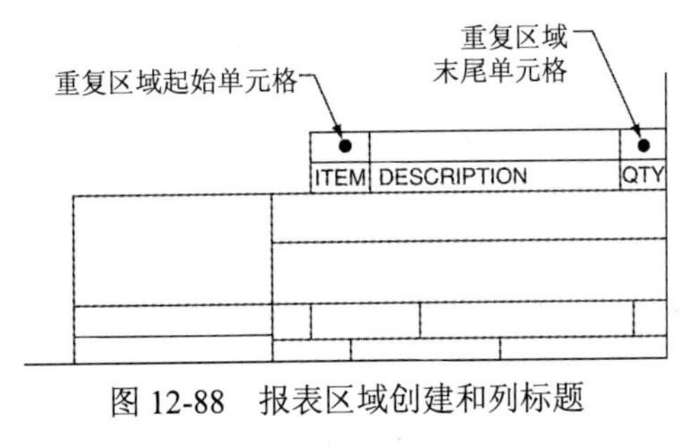

图 12-88　报表区域创建和列标题

（9）在主菜单栏中选择“表”→“重复区域”命令，系统弹出如图 12-89 所示的“菜单管理器”对话框。

（10）在“域表”菜单中选择“添加”命令，弹出展开菜单，如图 12-90 所示。然后选择重复区的开始和结束单元。

（11）在工作区双击 ITEM 标题上方单元以打开“报告符号”对话框，如图 12-91 所示。

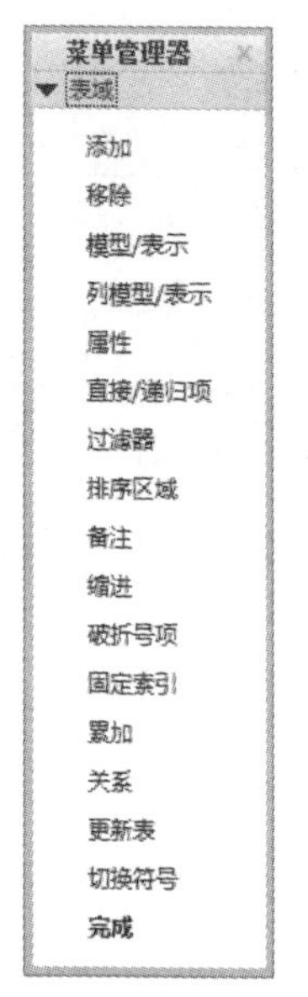

图 12-89 域表

图 12-90 区域类型

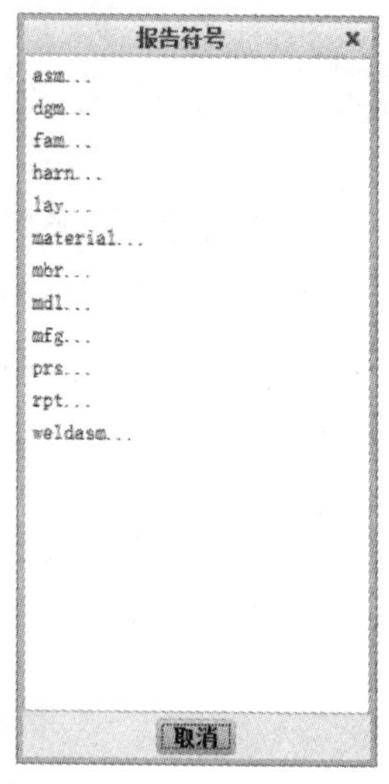

图 12-91 “报告符”对话框

Creo Parametric 使用报表参数为表单元指定相关的数据。在这个实例中，将指定定义每个元件项目编号（&rpt.index）、描述（&asm.mbr.name）和数量（&rpt.qty）的参数，如图 12-92 所示。可以直接从菜单上输入每个参数，该菜单通过双击单个单元打开。

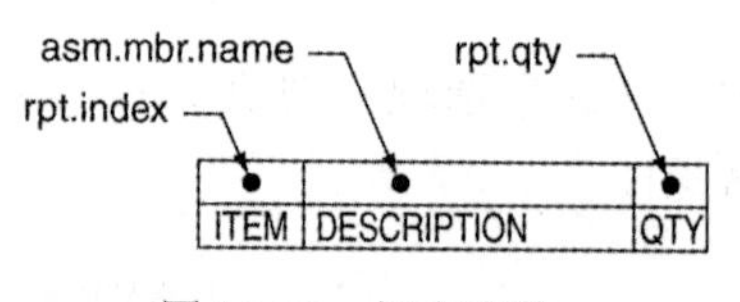

图 12-92 报表参数

（12）在“报告符号”对话框中选择 RPT，然后选择 INDEX。

这两个选择将添加&rpt.index 参数到明细表的第 1 行的第 1 个单元中。注意如何在工作区中添加这个参数，不必担心参数会写到旁边单元里。

（13）在工作区双击 DESCRIPTION 标题栏上方的单元以打开“报告符号”对话框。

（14）在“报告符号”对话框里选择 ASM，然后选择 MBR，再选择 NAME 选项。

这些选项的作用是在第 2 个单元内输入装配体成员的名称参数。

（15）在 QTY 标题栏的上方单元内输入元件数量 RPT.QTY。

（16）在工具栏上单击“常规”按钮，系统弹出如图 12-93 所示的对话框。

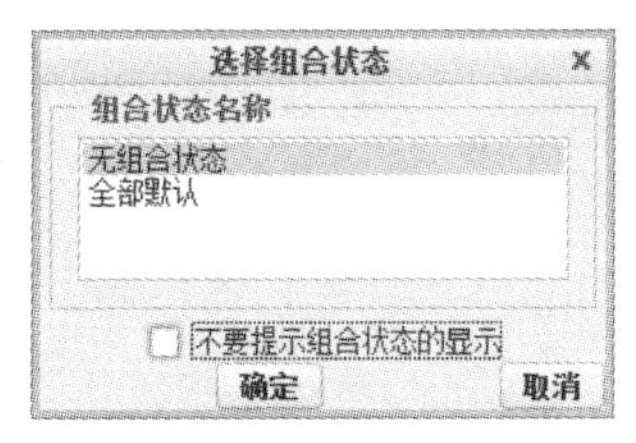

图 12-93 系统提示

（17）接受默认设置，在工作区里选择分解视图放置的位置，系统弹出“绘图视图”对话框。

（18）选择放置的状态，任何定义的分解状态都可以放置到工程图中。

（19）选择左侧的“比例”选项，然后输入 0.005 作为视图比例，如图 12-94 所示。

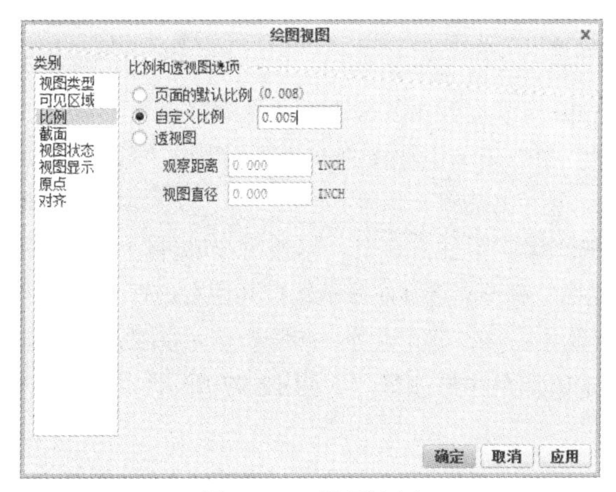

图 12-94 设置比例

（20）单击“确定”按钮。

（21）放置视图后，注意工作区中包括了所有的装配体元件。现在，明细表在单独行上显示每个元件，即使它是复制件也是如此。下一步将更改它。

注意：用户可能实际上看不到重复区域表中的元件名称。随后将说明它们。

（22）选择菜单栏中的“表”→“重复区域”命令。

（23）选择“属性”选项，然后在工作区中选择重复区表，如图 12-95 所示。

（24）选择“无多重记录”→“完成/返回”命令。

“无多重记录”命令不会在模型树上复制元件。选择“完成/返回”命令，注意明细表包括了所有的装配体元件。剩下的几步将添加材料零件序号清单。一旦添加零件序号注释后，材料明细表将对每个元件进行更新。

（25）在菜单栏上选择“表”→“BOM 球标”命令，如图 12-96 所示，然后在工作区中选择重复区表。

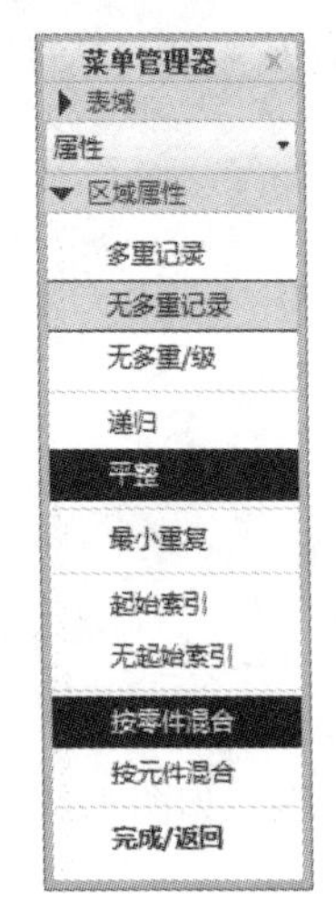

图 12-95 “属性”菜单

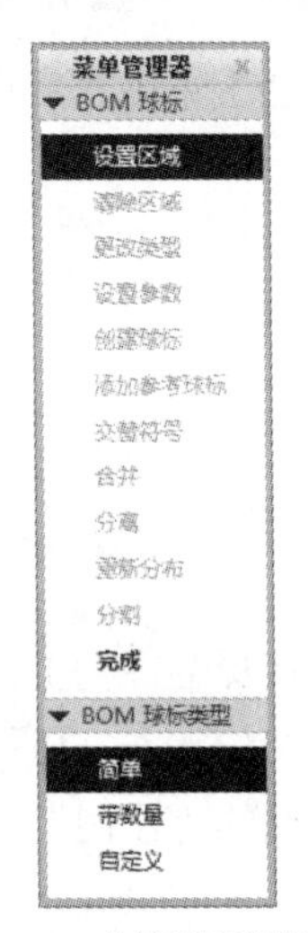

图 12-96 “设置区域”菜单

选择区后，校对在信息区内添加到重复区中的零件序号属性。

（26）在“BOM 球标类型”菜单中选择“创建球标”→“显示全部”命令。

（27）选择“完成”命令退出菜单。

（28）使用快捷菜单的“编辑附件”命令，修改每个零件序号的接触方式。

快捷菜单是通过利用鼠标左键预先选择序号引线打开后右击打开的。“依附类型”菜单可以修改所选项目：引线的箭头类型（箭头、点、填充点等）和附着点（在图元上、在表面上、中点及交点）。

（29）使用鼠标重新定位每个序号注释，如图 12-97 所示。

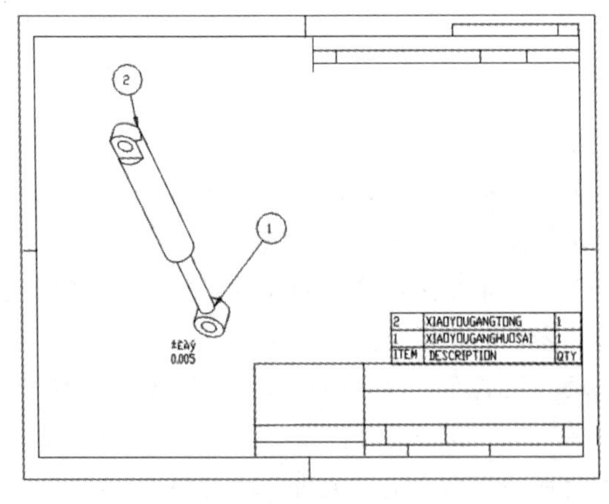

图 12-97 完成的装配体报告

（30）保存报告对象。

最终的报告工程图如图 12-97 所示。

参考文献

[1] 孙江宏．Creo Parametric 2.0 标准案例教程．北京：中国水利水电出版社，2013．

[2] 孙江宏．三维计算机辅助设计——Pro/Engineer 野火版．北京：高等教育出版社，2011．

[3] 孙江宏，陈秀梅．Pro/Engineer 2001 数控加工教程．北京：清华大学出版社，2003．

[4] 孙江宏．Pro/Engineer Wildfire 高级应用详解．北京：中国水利水电出版社，2006．

[5] 孙江宏，黄小龙．Pro/Engineer 2001 中文版入门与提高．北京：清华大学出版社，2003．

[6] 詹友刚．Creo 1.0 快速入门教程．北京：中国机械工业出版社，2012．

[7] 王全景，席丹．Creo Parametric 2.0 中文版完全自学一本通（升级版）．北京：电子工业出版社，2013．

[8] 北京兆迪科技有限公司．Creo 2.0 曲面设计实例精解．北京：机械工业出版社，2013．

[9] 胡仁喜，王宏．Creo Parametric 1.0 中文版参数化设计从入门到精通．北京：机械工业出版社，2012．

[10] 王宏．Creo 1.0 中文版辅助设计从入门到精通．北京：人民邮电出版社，2012．

[11] 北京兆迪科技有限公司．Creo 2.0 快速入门教程．北京：机械工业出版社，2013．